W0258446

Klaus W. Usemann/Horst Gralle

Bauphysik

Problemstellungen, Aufgaben und Lösungen

Verlag W. Kohlhammer
Stuttgart Berlin Köln

Die Deutsche Bibliothek – CIP-Einheitsaufnahme

Usemann, Klaus W.:
Bauphysik : Problemstellungen, Aufgaben und Lösungen /
Klaus W. Usemann ; Horst Gralle. - Stuttgart ; Berlin ; Köln :
Kohlhammer, 1997

NE: Gralle, Horst:

ISBN 978-3-8348-1633-7   ISBN 978-3-322-99489-9 (eBook)
DOI 10.1007/978-3-322-99489-9

Inhalt

Es ist nicht genug zu wissen,
man muß es auch anwenden.
Es ist nicht genug zu wollen,
man muß es auch tun.
(J. W. v. Goethe)

Wer immer mit den Begriffen der Bauphysik arbeitet, kann die Wahrheit dieses *Goethe*wortes bestätigen, denn es ist ein weiter Weg von der Theorie bis zu ihrer Anwendung auf praktische Fälle und von den Formeln bis zum praxisgerechten Ergebnis.

Bau- und Ausbaugewerke tragen gemeinsam die Verantwortung, bestmögliche Verhältnisse in Bauwerken aller Art zu schaffen, wobei die Bauphysik besonders gefordert ist, in enger Verbindung mit der Bautechnik Konstruktion, Form und Architektur zu integrieren.

Weil die Bauphysik nicht nur Anforderungen stellt, sondern auch Lösungen aufzeigt, ist sie keine abstrakte Wissenschaft, sondern das wichtigste Fundament einer auf den Menschen bezogenen Architektur. Voraussetzung für diese humane Architektur, energieökonomisches Bauen und die seit den 70er Jahren dramatische Reduzierungen des Energieverbrauchs von Gebäuden waren einmal mehr fundierte Kenntnisse in der Bauphysik, aufbauend auf wissenschaftliche Vorarbeiten der letzten Jahrzehnte.

Bis zur Energiekrise waren Gebäude die größten Energieverschwender und bei der Bewältigung dieser neuen Herausforderung hat die Bauphysik klar bewiesen, welch hohen Stellenwert sie derzeit einnimmt und auch in Zukunft einnehmen wird. Erst recht in Bezug auf Umweltschutz und Lärmschutz. Als weiteres Ergebnis bleibt festzuhalten, daß die Bauphysik sich zu einer bedeutsamen Fachdisziplin entwickelt hat und umfassende und praxisorientierte Lösungen zu den oben erwähnten Problemen anbieten kann.

Wie unentbehrlich bauphysikalische Kenntnisse bei der Planung, Detaillierung und Ausführung von Bauwerken aller Art geworden sind, läßt sich auch an der, seit 1977 geltenden Honorarordnung für Architekten und Ingenieure (HOAI) ableiten, die bauphysikalische Leistungen des Architekten und Bauingenieurs ausdrücklich einschließt. Fehlleistungen auf diesem Gebiet führen zu Bauschäden, Umweltbelastungen und Energieverschwendung.

Das vorliegende Werk ist aus Vorlesungen, Seminaren, Übungen, Klausuren, Repetitorien und gutachtlichen Stellungnahmen an der Universität Kaiserslautern aus allen Stadien des Studiums der Architektur, des Bauingenieurwesens und des Lehramtes Bautechnik hervorgegangen.

Gegliedert wurde das Werk nach der klassischen Einteilung der Bauphysik entsprechend dem Memorandum der Hochschullehrer für Bauphysik, die u.a. die Phänomene von Wärme (Energie), Feuchte und Schall umfasst. Diese Darstellung hat sich didaktisch am besten bewährt und korrespondiert auch mit den zunehmenden mathematischen Kenntnissen der Studierenden. Durch diese Konzentration auf die wichtigsten Teile der Bauphysik blieben baustofftechnologische Aspekte und die Themenbereiche Licht, Brandschutz und Stadtbauphysik zunächst unberücksichtigt.

Das Werk enthält als Einleitung in konzentrierter Form die Grundlagen zur Bearbeitung der Stoffgebiete. Über 300 gelöste und detailliert ausgearbeitete Aufgaben aus der Bauphysik und ihren Anwendungen in der Bau- und Gebäudetechnik bilden ein umfassendes Kompendium, das nicht nur Material zum Selbststudium und zur Prüfungsvorbereitung bietet, sondern auch unentbehrlich zum Weiterlernen und Auffrischen von Kenntnissen ist. Zahlreiche Abbildungen, Diagramme und Tabellen ergänzen und vertiefen den übersichtlich dargebotenen Stoff.

In den Aufgaben werden systematisch die wichtigen grundlegenden Sätze der Bauphysik anhand von vollständigen Lösungen einer Vielfalt konkreter bauphysikalischer Probleme verdeutlicht. Gleichzeitig soll damit die Fähigkeit zur mathematisch-physikalischen Modellierung einzelner Themen entwickelt und damit aufgezeigt werden, welche Maßnahmen für die einwandfreie Funktion eines Bauwerkes erforderlich sind.

Da die Berechnungsbeispiele jedes für sich abgeschlossen dargestellt sind, müssen aus didaktischen Gründen in Einzelfällen Wiederholungen von Formeln usw. in Kauf genommen werden.

Bei den Grundfragen am Beginn jedes Abschnitts dienen kurze Antworten zur Orientierung des Lesers. Im Mittelpunkt stehen die Berechnungsformeln, Berechnungsverfahren und Berechnungshilfen, die der Architekt und Bauingenieur benötigen; teilweise war es jedoch notwendig, Lösungsrichtlinien anzugeben. Denoch war die klare und allgemein verständliche Darstellung der Lösung oberstes Gebot der Verfasser.

Das vorliegende Werk ist vordergründig ein Lehrbuch der Übung, soll aber auch der Ergänzung des Vorlesungsstoffes dienen. Naturgemäß kann hier kein Anspruch auf Vollständigkeit erhoben werden, vielmehr ist es der Wunsch der Verfasser, mit Hilfe dieser Sammlung weitere exemplarische Aufgabenstellungen aus der Praxis herzuleiten, die dann in späteren Auflagen eingearbeitet werden können.

Alle Berechnungen und Inhalte beziehen sich ausschließlich auf die wichtigsten Normen, Verordnungen und Richtlinien mit dem neuesten Ausgabedatum. In begründeten Fällen wurde auf die Literatur zur Bauphysik verwiesen.

Die Autoren danken den Mitarbeitern des Lehr- und Forschungsgebietes "Bauphysik" im Fachbereich Architektur / Bauingenieurwesen an der Universität Kaiserslautern: *Frau* Dr.-Ing. *Monika Mrziglod-Hund,* Dipl.-Ing *Stefan Breuer,* Dipl.-Ing. *Karl-Heinz Dahlem,* Dr.-Ing. *Mingyi Wang* und Dipl.-Ing. *Siegfried Vogel* † für ihre tatkräftige Mithilfe, die in ihren Ausarbeitungsmethoden aufzeigten, wie verschiedene Konzepte in der Bauphysik gefunden werden können.

Außerdem ist es den Verfassern eine angenehme Pflicht dem Verlag *W. Kohlhammer* GmbH, Stuttgart, und den Lektoren für ihre Unterstützung, Betreuung und Hilfe Dank zu sagen.

Die Verfasser

Kaiserslautern, im Sommer 1996

8

101 Bei dem nachstehenden, auszugsweise wiedergegebenen Zeitungsartikel ist zu den markierten Textstellen in bauphysikalischer Hinsicht kritisch Stellung zu nehmen.

Ein <u>Schutzwall</u> gegen Wärmeverluste

<u>Einfache Innendämmung senkt die Heizkosten</u> und schafft ein <u>angenehmes Raumklima</u>

Das einst so preiswerte Heizöl hat viele zu einem recht sorglosen Umgang mit der Heizenergie verführt. Für verhältnismäßig wenig Geld ließ sich in den heimischen vier Wänden buchstäblich "ohne <u>Rücksicht auf Verluste wohlige Wärme verbreiten</u>.......

.....Wer neu baut, kann <u>durch entsprechende Dämmstoffe dafür sorgen, daß die kostbare Wärme optimal genutzt wird und nicht durch die Wände ins Freie entschwindet</u>.....
.....Aber auch im Altbau läßt sich manches tun, um die Energiebilanz zu verbessern. Grundsätzlich bieten sich 3 Möglichkeiten zur Verbesserung des Wärmeschutzes. Man kann zum Beispiel im Rahmen einer ohnehin anstehenden Fassadenrenovierung eine Außendämmung vorsehen, bei <u>Mauerwerk mit eingeschlossener Luftschicht</u> den <u>Hohlraum mit flüssig oder in Form kleiner Kügelchen eingebrachtem Schaum ausfüllen</u> (sogenannte Kernisolierung) oder aber eine innenseitige Wärmedämmung vorsehen......

.......Bei <u>Rohbauwänden</u> kann die wärmedämmende <u>Innendämmung</u> aus Gips-Verbundplatten direkt mit Ansetzmörtel auf die vorhandene Wand gesetzt werden. Bei bereits geputzten unebenen Wänden mit schlecht haftendem Putz werden die <u>Platten auf einer an die Wand gedübelten Unterlattung montiert</u>, die durch Unterlegkeile eben ausgerichtet wird.
Noch einfacher und sicherer ist die Montage mit den neuartigen <u>Justier - Schwingbügeln</u>, die <u>auf die Wand gedübelt</u> werden. Die <u>Holzlattung</u> wird in diese <u>Bügel</u> gesetzt und nach dem Ausrichten verschraubt. Die Dämmschicht aus weichem Mineralfaserfilz liegt bei dieser Montageweise zwischen Lattung und Wand. Das Ganze wird mit aufgeschraubten Gipsplatten verkleidet.......

.......Bei Problemwänden, die keine direkte Befestigung der Vorsatzschale erlauben, auf denen frei verlegte Rohre und Leitungen stören, oder die durch größere Unebenheiten Schwierigkeiten bereiten, hilft eine <u>freistehende Gips-Vorsatzschale</u> auf einer zwischen Boden und Decke verspannten Holz- oder Metallständer-Konstruktion....
<u>Als besonders angenehm und energiesparend erweist sich das schnelle Ansteigen der Wandoberflächen-Temperatur während des Anheizens</u>, da nicht die gesamte tragende Wand durchwärmt werden muß und <u>so kaum Wärme nach außen abfließt</u>. Folglich heizt sich die Raumluft schneller auf und schon bald <u>strahlt die Gips-Bekleidung Wärme und Behaglichkeit aus</u>.
Dies ist ein sehr wichtiger Aspekt. Weicht nämlich die <u>Temperatur der Wände um mehr als 3 Grad C von der Lufttemperatur im Raum ab, so kommt es zu thermischen Luftbewegungen, die als Zug empfunden werden.</u> Außerdem <u>entziehen kalte Wände dem Raum, wie auch dem menschlichen Körper</u> durch das Temperaturgefälle ständig Wärme und gestalten somit das <u>Raumklima unbehaglich. All dies wird</u> durch eine wirkungsvolle Innendämmung <u>verhindert</u>, die im Trockenbau-Verfahren rationell und mit einem Minimum an Schmutz und Zeitaufwand durchgeführt werden kann. Durch eine deutliche Einsparung an Heizkosten und einen gesteigerten Wohnkomfort <u>macht sich die Investition zudem schnell bezahlt</u>.........

Lösung

Deutsch korrekt! Hier haben wir es mit einem leicht mißglückten Versuch zu tun, viel Inhalt mit wenigen Worten wiederzugeben. Das ist oft schwer, aber so schwer auch wieder nicht. Man muß natürlich nicht gleich von Sprachverhunzung sprechen, wenn die Formulierer keine Sprachmeister sind, nicht über das richtige Stilgefühl verfügen und im Umgang mit der Sprache eine gewisse Sorglosigkeit an den Tag legen. Wer kritisiert, sollte auch sagen, wie er es besser gemacht hätte.

Zu "Schutzwall":

Der Ausdruck ist falsch. Ein Schutzwall dient zur Abwehr "äußerer" Feinde und nicht zur Abwehr "innerer" Feinde. Wärme - gemeint ist Heizwärme - fließt jedoch von innen nach außen.

Zu "Einfache Innendämmung senkt die Heizkosten . . .":

Was ist mit "einfach" gemeint?

Richtig müßte es heißen: "Zusätzliche Innendämmung bzw. nachträgliche Innendämmung . . . " bzw. ganz allgemein "Erhöhter Wärmeschutz . . . ".

Nachteil einer Innendämmung:

Außenschale ist stark temperaturexponiert und dadurch stark den temperaturbedingten Formänderungen ausgesetzt.

Der Wasserdampf-Diffusionsdurchlaßwiderstand der Innenschale muß höher sein als derjenige der Außenwand und der diffusionstechnischen Beanspruchung genügen.

Vorteil einer Innendämmung:

Die Wärmespeicherfähigkeit der Wand ist gering. Dies erleichtert eine schnelle Erwärmung und ebenso eine schnelle Abkühlung des Raumes.

Die Wand ist geeignet für stoßweise genutzte Räume bzw. selten benutzte Räume und bei der Altbausanierung (Sonderfall "erhaltenswerte" Fassade).

Zu ". . . angenehmes Raumklima":

Hierfür sind ca. 10 Komponenten maßgebend. Durch verbesserten Wärmeschutz wird die Oberflächentemperatur auf der Innenseite der Außenwände angehoben. Dadurch wird u.a.

die zeitliche und örtliche Gleichmäßigkeit der Lufttemperatur verbessert,

die mittlere Oberflächentemperatur der Raumumschließungsflächen und die empfundene Temperatur angehoben
und
die durch die Temperaturdifferenz zwischen Lufttemperatur
und Oberflächentemperatur der Außenwand bedingte Luftbewegung vermindert.

Fazit: Durch verbesserten Wärmeschutz können nur einige
der maßgeblichen Klimakomponenten beeinflußt werden.

Zu ". . . ohne Rücksicht auf Verluste wohlige Wärme verbreiten":
Hierfür sind die Wärmeverluste maßgebend, d.h. ohne Berücksichtigung der Wärmeverluste kann keine wohlige Wärme
verbreitet werden.

Zu ". . . durch entsprechende Dämmstoffe dafür sorgen, daß die
kostbare Wärme optimal genutzt wird . . .":
Dämmstoffe können Wärme gar nicht gut oder schlecht nutzen; sie können die Wärmeverluste reduzieren!

Zu ". . . und nicht durch die Wände ins Freie entschwindet.":
Wärme entschwindet über alle Raumumschließungsflächen,
die Temperaturdifferenzen ausgesetzt sind.

Zu ". . . Mauerwerk mit eingeschlossener Luftschicht":
Solche Konstruktionen sind wegen der Gefahr der Tauwasserbildung auf der kalten Seite der Luftschicht in diffusionstechnischer Hinsicht problematisch. Luft ist nur in Porenform
ein guter Dämmstoff.

Zu ". . . Hohlraum . . . mit Schaum ausfüllen.":
Maßnahme bedarf unbedingt einer diffusionstechnischen
Überprüfung.

Zu ". . . Rohbauwänden . . . Innendämmung . . .":
Nicht empfehlenswert! Siehe Ausführung zu "Einfache Innendämmung . . .".

Zu ". . . Platten auf einer . . . gedübelten Unterlattung . . .":
Bezüglich der eingeschlossenen Luftschicht siehe Ausführung
zu ". . . Mauerwerk mit eingeschlossener Luftschicht".

Zu "... Bügel ... Dübel ... Lattung ...":
Sie können als Wärmebrücken wirken.

Zu „... freistehende Gips - Vorsatzschale ...":
Siehe Ausführungen zu "... Mauerwerk mit eingeschlossener Luftschicht":

Zu "Als besonders angenehm und energiesparend erweist sich das schnelle Ansteigen der Wandoberflächen - Temperatur während des Anheizens ...":
Warum dies besonders angenehm und energieeinsparend sein soll, ist nicht ausgesagt!

Zu "... so kaum Wärme nach außen abfließt":
Aussage trifft nur bei selten und kurzzeitig beheizten Räumen zu. Der Wärmefluß hängt vom Wärmedurchlaßwiderstand ab, und nicht vom Ort der Anordnung der Dämmschicht.

Zu "... strahlt die Gips - Bekleidung Wärme und Behaglichkeit aus.":
Der Mensch "strahlt" infolge der höheren Oberflächentemperatur Wärme an die kältere Wand! Für die thermische Behaglichkeit des Menschen sind mindestens 7 Komponenten maßgebend und nicht nur die Oberflächentemperatur der Außenwand.

Zu "... Temperatur der Wände um mehr als 3 Grad C ...":
Einheit der Temperatur ist falsch geschrieben! 3°C bzw. 3 K. Mit "Wänden" sind sämtliche Raumumschließungsflächen gemeint!

Zu "... so kommt es zu thermischen Luftbewegungen ...":
Thermische Luftbewegungen entstehen durch Temperaturdifferenzen, d.h. Luftbewegungen - thermisch bedingt - sind praktisch immer vorhanden. Zugerscheinungen treten auf, wenn die Luftbewegung zu groß ist. Zugerscheinungen hängen von den Oberflächentemperaturen sämtlicher Raumumschließungsflächen und vom Luftwechsel des Raumes ab.

Zu "... entziehen kalte Wände ... dem menschlichen Körper ...":
Alle Raumumschließungsflächen entziehen dem Raum und dem menschlichen Körper Wärme - falls Temperaturdifferenzen bestehen.

Ein bestimmter Wärmeentzug ist wärmephysiologisch notwendig für die thermische Behaglichkeit.

Zu ".. . Raumklima unbehaglich .. .":
Siehe Ausführungen zu ". . . Mauerwerk mit eingeschlossener Luftschicht" und " . . . kalte Wände . . . dem menschlichen Körper . . . !"

Zu ". . . All dies . . . verhindert":
Richtig muß es heißen: vermindert!

Zu ". . . macht sich die Investition zudem schnell bezahlt . . .":
Nachweis fehlt! Die meist überdimensionierte Heizungsanlage müßte an die geänderte Situation angepaßt werden.

102 Es sind die Grundlagen der Fehlerfortpflanzung zu erläutern. Was sind maximale und statistische Ergebnisfehlergrenzen?
Als Beispiel sind die Fehlergrenzen der folgenden physikalischen Funktion zu ermitteln:

$$x = f(a, b, c) = \frac{a \cdot b}{c}$$ mit den beliebigen Variablen a, b und c.

Die Fehlergrenzen der einzelnen Variablen sollen zweiseitig (Vorzeichen ±) angenommen werden.

Lösung

Grundlagen von Fehlergrenzen bei Messungen enthalten DIN 1319 und die Richtlinie VDI / VDE 2620.
Physikalische Größen, z.B. Länge, Temperatur, elektrische Spannung, usw. werden als Werte x_1, x_2, . . . x_i mit den Fehlern Δx_1, Δx_2, . . . Δx_i angegeben. Wird ein Ergebnis y aus mehreren Werten x_1, x_2, . . . x_i gebildet, ist also $y = f(x_1, x_2, . . . x_i)$ und sind die Werte um die nach Vorzeichen und Betrag bekannten Werte Δx_1, Δx_2, . . . Δx_i fehlerhaft, wobei $\Delta x \ll x$, usw. vorausgesetzt sein soll, so wird unter Berücksichtigung des Vorzeichens der Einzelfehler Δx_i der Fehler des Ergebnisses

$$\Delta y = \frac{\partial y}{\partial x_1} \cdot \Delta x_1 + \frac{\partial y}{\partial x_2} \cdot \Delta x_2 + \ldots + \frac{\partial y}{\partial x_i} \cdot \Delta x_i$$

und der relative Fehler des Ergebnisses

$$\frac{\Delta y}{y} = \frac{\partial y}{\partial x_1} \cdot \frac{\Delta x_1}{y} + \frac{\partial y}{\partial x_2} \cdot \frac{\Delta x_2}{y} + \ldots + \frac{\partial y}{\partial x_i} \cdot \frac{\Delta x_i}{y}$$

Sind die relativen Fehler der einzelnen Werte bekannt, so rechnet man zweckmäßig nach Umformen der letzten Gleichung:

$$\frac{\Delta y}{y} = \frac{\partial y}{\partial x_1} \cdot \frac{x_1}{y} \cdot \frac{\Delta x_1}{x_1} + \frac{\partial y}{\partial x_2} \cdot \frac{x_2}{y} \cdot \frac{\Delta x_2}{x_2} + \ldots + \frac{\partial y}{\partial x_i} \cdot \frac{x_i}{y} \cdot \frac{\Delta x_i}{x_i}$$

Fehlergrenzen können einseitig (Vorzeichen + oder -) oder zweiseitig (±) sein und dürfen nicht überschritten werden, unabhängig z.B. von der Meßtechnik, mit der der Meßwert oder das Meßergebnis bestimmt werden kann.

Sind bei Messungen die tatsächlichen Fehler Δx_1, Δx_2, $\ldots$ Δx_i der Meßgeräte und somit der Meßwerte nicht bekannt, sondern nur die Fehlergrenzen G_1, G_2, $\ldots$ G_i der Meßgeräte, so werden die Fehlergrenzen des Ergebnisses mittels der zuvor gegebenen Formeln durch Einsetzen der Fehlergrenzen der Meßgeräte anstelle der Fehler der Meßwerte ermittelt. Da aber innerhalb der Fehlergrenzen die Fehler der Meßgeräte sowohl positiv als auch negativ sein können, müssen anstelle der Fehler Δx_i die Beträge der Fehlergrenzen G_i in die vorstehenden Gleichungen eingesetzt werden.

Unter diesen Voraussetzungen ergeben sich die absoluten Fehlergrenzen G'_y des Ergebnisses zu:

$$G'_y = \pm \left[\left| \frac{\partial y}{\partial x_1} \cdot G_1 \right| + \left| \frac{\partial y}{\partial x_2} \cdot G_2 \right| + \ldots + \left| \frac{\partial y}{\partial x_i} \cdot G_i \right| \right]$$

und die relativen Fehlergrenzen des Ergebnisses zu:

$$\frac{G'_y}{y} = \pm \left[\left| \frac{\partial y}{\partial x_1} \cdot \frac{G_1}{y} \right| + \left| \frac{\partial y}{\partial x_2} \cdot \frac{G_2}{y} \right| + \ldots + \left| \frac{\partial y}{\partial x_i} \cdot \frac{G_i}{y} \right| \right]$$

Sind anstelle der absoluten die relativen Fehlergrenzen der Meßgeräte bekannt, so wird die folgende, aus der letzten Gleichung abgeleitete Formel verwendet:

$$\frac{G'_y}{y} = \pm \left[\left| \frac{\partial y}{\partial x_1} \cdot \frac{x_1}{y} \cdot \frac{G_1}{x_1} \right| + \left| \frac{\partial y}{\partial x_2} \cdot \frac{x_2}{y} \cdot \frac{G_2}{x_2} \right| + \ldots + \left| \frac{\partial y}{\partial x_i} \cdot \frac{x_i}{y} \cdot \frac{G_i}{x_i} \right| \right]$$

Da es unwahrscheinlich ist, daß die Fehler Δx_i aller Werte nur an der positiven oder an der negativen Fehlergrenze liegen, ist es auch unwahrscheinlich, daß diese sicheren Ergebnisfehlergrenzen in Anspruch genommen werden. Man ermittelt daher die statistischen (wahrscheinlichen) Ergebnisfehlergrenzen durch die Quadratwurzel aus der Summe der Quadrate der Einzelfehlergrenzen:

$$G''_y = \pm \sqrt{\left(\frac{\partial y}{\partial x_1} \cdot G_1 \right)^2 + \left(\frac{\partial y}{\partial x_2} \cdot G_2 \right)^2 + \ldots + \left(\frac{\partial y}{\partial x_i} \cdot G_i \right)^2}$$

$$\frac{G''_y}{y} = \pm \sqrt{\left(\frac{\partial y}{\partial x_1} \cdot \frac{G_1}{y}\right)^2 + \left(\frac{\partial y}{\partial x_2} \cdot \frac{G_2}{y}\right)^2 + \ldots + \left(\frac{\partial y}{\partial x_i} \cdot \frac{G_i}{y}\right)^2}$$

Sind anstelle der absoluten die relativen Fehlergrenzen der verwendeten Meßgeräte bekannt, so ergibt sich aus der letzten Gleichung die Formel:

$$\frac{G''_y}{y} = \pm \sqrt{\left(\frac{\partial y}{\partial x_1} \cdot \frac{x_1}{y} \cdot \frac{G_1}{x_1}\right)^2 + \left(\frac{\partial y}{\partial x_2} \cdot \frac{x_2}{y} \cdot \frac{G_2}{x_2}\right)^2 + \ldots + \left(\frac{\partial y}{\partial x_i} \cdot \frac{x_i}{y} \cdot \frac{G_i}{x_i}\right)^2}$$

Sind die Fehler Δx_1, Δx_2, $\ldots \Delta x_i$ der Werte x_1, x_2, $\ldots x_i$ tatsächlich bekannt, erfolgt die mathematische Verknüpfung der Werte für x_i gleich mit den korrigierten (richtigen, wahren) Werten x_i. Anders verhält es sich jedoch beim Rechnen mit Fehlergrenzen. Hier sind nicht die tatsächlichen Fehler Δx_1, Δx_2, $\ldots \Delta x_i$ der Werte x_1, x_2, $\ldots x_i$ bekannt, sondern nur ihre Fehlergrenzen G_1, G_2, $\ldots G_i$. Bei der mathematischen Verknüpfung der Werte x_1, x_2, $\ldots x_i$ kann daher nichts über den tatsächlichen Fehler des Ergebnisses, sondern nur etwas über seine maximalen bzw. statistischen Fehlergrenzen ausgesagt werden.

Nach den Grundlagen für die Fortpflanzung von Fehlern und Fehlergrenzen gemäß DIN 1319 und Richtlinie VDI / VDE 2620 errechnet sich für das Beispiel:

Die absolute Fehlergrenze:

$$G'_x = \left|\frac{\partial x}{\partial a} \Delta a\right| + \left|\frac{\partial x}{\partial b} \Delta b\right| + \left|\frac{\partial x}{\partial c} \Delta c\right| = \pm\left\{\left|\frac{b}{c} \Delta a\right| + \left|\frac{a}{c} \Delta b\right| + \left|\frac{ab}{c^2} \Delta c\right|\right\}$$

Die relative Fehlergrenze beträgt dann:

$$\frac{G'_x}{x} = \pm\left\{\left|\frac{\Delta a}{a}\right| + \left|\frac{\Delta b}{b}\right| + \left|\frac{\Delta c}{c}\right|\right\}$$

Die statistische (wahrscheinliche) absolute Fehlergrenze:

$$G''_x = \pm\sqrt{\left(\frac{b}{c} \Delta a\right)^2 + \left(\frac{a}{c} \Delta b\right)^2 + \left(\frac{ab}{c^2} \Delta c\right)^2}$$

Die relative statistische Fehlergrenze:

$$\frac{G''_x}{x} = \pm\sqrt{\left(\frac{\Delta a}{a}\right)^2 + \left(\frac{\Delta b}{b}\right)^2 + \left(\frac{\Delta c}{c}\right)^2}$$

103 Von welchen 4 Einflußgrößen wird im wesentlichen das Innenraumklima bestimmt?

Lösung

Innenraumtemperatur, Temperatur der inneren Raumumschließungsflächen, relative Raumluftfeuchte, Luftbewegung im Raum.

104 Auf welche Art und Weise erfolgt die biologisch notwendige Ab-
gabe der Wärme vom Körper des Menschen an die Umgebung?

Lösung

Strahlung, Leitung, Konvektion, Wasserverdunstung, Atmung.

105 Was versteht man unter einem für die Behaglichkeit annehmba-
res Umgebungsklima?

Lösung

Nach DIN ISO 7726 ist die thermische Behaglichkeit definiert als
das Gefühl, welches Zufriedenheit mit dem Umgebungsklima aus-
drückt. Unzufriedenheit kann hervorgerufen werden durch Unbehagen des Körpers insgesamt aufgrund der Einwirkung von Wärme und Kälte. Aber eine Unbehagen verursachende Klimaempfin-
dung kann auch durch eine ungewollte Erwärmung oder Kühlung
eines bestimmten Körperteils (lokales Unbehagen) bedingt sein.
Durch die individuellen Unterschiede ist es unmöglich, ein Umgebungsklima festzulegen, das jedermann zufriedenstellt. Es wird
immer einen Prozentsatz Unzufriedener geben. Aber es ist möglich, ein Umgebungsklima festzulegen, von dem man weiß, daß es
von einem gewissen Prozentsatz ($\geq$ 80 %) dem Klima ausgesetzten Personen als annehmbar empfunden wird.
Für hauptsächlich leichte Tätigkeit nennt die Norm:
Unter Winterbedingungen (Heizperiode) u.a.:
   Temperatur (22 ± 2)°C.
   Gefälle der Lufttemperatur zwischen Kopf- und Fußhöhe < 3 K.
   Oberflächentemperatur des Fußbodens 19 bis 26°C, bei Fuß-
bodenheizung bis 29°C.
   Mittlere Luftgeschwindigkeit < 0,15 m/s.
   Unterschiede in der Strahlungstemperatur an Fenstern oder
anderen kalten senkrechten Flächen < 10 K.
   Unterschiede in der Strahlungstemperatur an einer warmen
(beheizten) Decke < 5 K.

Unter Sommerbedingungen (Kühlungsperiode) u.a.:
Temperatur $(24,5 \pm 1,5)°C$.
Gefälle der Lufttemperatur zwischen Kopf- und Fußhöhe < 3 K.
Mittlere Luftgeschwindigkeit < 0,25 m/s.

Aus Gründen z.B. der Wirtschaftlichkeit, Energieeinsparung kann es notwendig sein, reduzierte Behaglichkeitsanforderungen festzulegen, die von einem geringeren Prozentsatz der dem Klima ausgesetzten Personen als annehmbar empfunden wird.

106 Die sogenannte empfundene Temperatur ϑ_e kann als arithmetisches Mittel aus der Raumlufttemperatur ϑ_{Li} und der mittleren Oberflächentemperatur $\vartheta_{Oi,m}$ der Raumumschließung berechnet werden. Der Wert $\vartheta_e \approx 20°C$ wird als besonders behaglich empfunden. Dieser Wert ist auch rein rechnerisch in einem Iglu mit $\vartheta_{Li} = 40°C$ und $\vartheta_{Oi,m} = 0°C$ gegeben. Wie ist dieser Wert zu beurteilen?

Lösung

Der Mensch steht in einer thermischen Wechselbeziehung

$$\text{Mensch} \leftrightarrow \text{Raum.}$$

Thermische Behaglichkeit setzt voraus, daß die Temperaturregelung des Körpers nicht übermäßig beansprucht und die Wärmeabgabe auf physiologisch günstiger Höhe gehalten wird. Die einzelnen Anteile der Wärmeübertragung (Strahlung, Leitung und Konvektion sowie Verdunstung und Atmung) weisen bei $\vartheta_L = 40°C$ und $\vartheta_{Oi,m} = 0°C$ völlig andere Werte auf: Strahlungsanteil sehr hoch, Konvektion und Leitung praktisch nicht vorhanden. Dadurch wird die Temperaturregelung einseitig übermäßig beansprucht, folglich ist das Wertepaar in einem Iglu thermisch unbehaglich.

Nach DIN ISO 7726 ist bei geringer Luftbewegung (etwa max. 15 cm/s) die empfundene Temperatur gleich dem arithmetischen Mittelwert aus der Lufttemperatur und der mittleren Raumumschließungsflächentemperatur.

107 Welche Komponenten sind beim Menschen für die Empfindung von "Wärme" und "Kälte" innerhalb von Räumen maßgebend?

Lösung

Nach DIN ISO 7726: Lufttemperatur, mittlere Temperatur der Raumumschließungsflächen, Raumwinkelverhältnis, relative Raumluftfeuchte, Ausströmrichtung der Luft bzw. die getroffene Körperpartie, Schwere der Arbeit, Kleidung, usw.

108 Welche Bedeutung hat die Oberflächentemperatur der Raumumschließungsflächen auf den Wärmehaushalt des Menschen?

Lösung

Der Mensch gibt auf dem Weg der Strahlung regional differenziert an die im Vergleich zur Körperoberfläche kälteren Umschließungsflächen Wärme ab, während er gleichzeitig von den wärmeren Umschließungsflächen Wärme empfängt. Der Mensch muß aber auf dem Wege der Wärmeabgabe der Strahlung - um Behaglichkeit zu gewährleisten - je nach Lufttemperatur bestimmte Werte einhalten. Die Oberflächentemperatur der Raumumschließungsflächen ist also so abzustimmen, daß die biologisch notwendige Wärmeabgabe des Körpers weder gebremst noch forciert wird.

109 Wieviel Wärme gibt ein in Ruhe sitzender, normal bekleideter Mensch etwa ab: 25 W, 50 W, 120 W, 500 W, 1000 W?

Lösung

Nach der VDI-Richtlinie 2078 beträgt die Gesamtwärmeabgabe eines physisch nicht tätigen Menschen bei einer Lufttemperatur von etwa 20 bis 23°C ca. 120 W (trocken und feucht).

110 Wieviel Wasserdampf gibt ein nicht körperlich arbeitender Mensch bei einer Lufttemperatur von 20°C ab:

1 g/h?   10 g/h?   40 g/h?   100 g/h?   1000 g/h?

Lösung

Nach der Richtlinie VDI 2078 gibt ein physisch nicht tätiger Mensch ca. 35 bis 40 g/h Wasserdampf ab.

111 Welche Forderungen sind für die Erhaltung der Bauwerke und deren Funktionstüchtigkeit aus bauphysikalischer Sicht unabdingbar?

Lösung

Verhüten unkontrollierter Wärmeverluste.
Verhüten unkontrollierter Wasserbildung.
Kontrolle bestimmter Oberflächentemperaturen.
Kontrolle bestimmter thermischer Spannungen.

112 Welche wesentlichen Aufgaben des winterlichen Wärmeschutzes - bezogen auf Bauten - dienen dem dauernden Aufenthalt von Menschen?

Lösung

Hygienische Wohnraumverhältnisse: Behagliches (gesundes) Wohnklima, keine Tauwasserbildung, keine Schimmelbildung.
Vermeiden von Bauschäden z.B infolge Tauwasserbildung bei niedrigen Oberflächentemperaturen.
Energieeinsparung: Minimierung der Wärmeverluste.

113 Worauf weist eine große Differenz zwischen der Raumlufttemperatur und der inneren Oberflächentemperatur einer Außenwand hin?

Lösung

Eine große Differenz weist auf einen schlechten Wärmeschutz hin.

114 Von welchen Stoffgrößen ist die Wärmeleitfähigkeit abhängig?

Lösung

Dichte des Stoffes; Art, Größe und Verteilung der Poren; mineralogische Struktur der festen Grundstoffe; Dauerfeuchtigkeit des Stoffes.

115 In den wärmeschutztechnischen Anforderungen der Norm DIN 4108-2 und 4108-4 wird von Rechenwerten gesprochen. Warum?

Lösung

Rechenwerte sind Stoff-, Bauteil- oder Konstruktions - Kennwerte, die mit Sicherheit den Anforderungen an den Wärmeschutz besser genügen, obwohl diese Kennwerte durch unvermeidbare Schwankungen ihrer Eigenschaften bei der Herstellung, durch unvermeidbare Änderungen ihrer Eigenschaften im Laufe der Zeit (Alterung), durch unvermeidbare Fehler oder Unzulänglichkeiten bei der Überprüfung ihrer Eigenschaften (Güteüberwachung), durch den Einfluß einer Änderung der klimatischen Randbedingungen bei der praktischen Anwendung gegenüber der Prüfung und durch Unzulänglichkeiten beim praktischen Ausbau (z.B. Beschädigung) erhebliche Abweichungen von einmal festgestellten, mehr- oder weniger zufälligen Einzelergebnissen aufweisen können. Bei der Anwendung der Rechenwerte für Stoffe, Bauteile oder Bauarten können mit der gebotenen Neutralität und Objektivität Vergleiche erfolgen.

116 Auf welche Art und Weise wird in luftgefüllten Poren fester Baustoffe Wärme übertragen?

Lösung

Durch die molekulare Wärmeleitfähigkeit der Luft; durch die Umwälzung der Luft im Porenraum; durch die Strahlungsübertragungen von Porenwand zu Porenwand; durch den Ersatz der Porenluft durch Porenwasser; durch die Wasserdampf - Diffusionsvorgänge.

117 Durch welche Einflüsse wird die Wirksamkeit des Wärmeschutzes eines Bauteils gefährdet bzw. herabgesetzt.

Lösung

Durch Feuchtigkeit der Baustoffe (infolge Regen, Tauwasser, Kondensat, aufsteigende Feuchtigkeit).

Durch Luftdurchläßigkeit der Fenster und Türen (Fugendurchlaßkoeffizient, Lüftungswärmeverluste).

Durch Wärmebrücken (Stellen mit geringerem Dämmwert als die Umgebung aufweist).

118 Was versteht man bauphysikalisch unter den Begriffen "Parallelschaltung" und "Reihenschaltung"?

Lösung

Unter "Reihenschaltung" versteht man ein Bauteil mit hintereinander liegenden Schichten. Unter stationären Bedingungen ist z.B. der Wärmestrom an jeder Stelle gleich groß.
Unter "Parallelschaltung" versteht man ein Bauteil mit nebeneinander liegenden Bereichen mit unterschiedlichen Wärmedurchgangskoeffizienten. Der Wärmestrom ist in den einzelnen Bereichen unterschiedlich.

119 Welche Größen bestimmen den Strahlungswärmeaustausch zwischen zwei Flächen?

Lösung

Nach DIN ISO 7726: Flächenabmessungen, Strahlungszahlen der Flächen, Temperaturen der Flächen, Winkelverhältnis der Flächen (Einstrahlzahl, charakterisiert die Lage der Flächen zueinander).

120 Die von einem nicht "Schwarzen Körper" emittierte Gesamtstrahlung beträgt nach dem *Stefan-Boltzmann*schen Gesetz:

$$E = C \left(\frac{T}{100} \right)^4 = f(C,T).$$

Wie groß ist für diese Gesamtstrahlung die mögliche maximale Fehlergrenze (absolute / relative Fehlergrenzen) des Ergebnisses für die emittierte Gesamtstrahlung, wenn die Fehlergrenze der Strahlungszahl und der gemessenen Temperatur wie folgt ermittelt wurden:

$$\Delta C = \pm\, 0{,}05 \ \text{W/(m}^2\cdot\text{K}^4) \qquad \text{und} \qquad \Delta T = \pm\, 0{,}15 \ \text{K}.$$

Lösung

Nach den Grundlagen für die Fortpflanzung von Fehlern und Fehlergrenzen gemäß DIN 1319 und Richtlinie VDI / VDE 2620 sowie Aufgabe 102 errechnet sich:
Die absolute Fehlergrenze:

$$\Delta E = \frac{\partial E}{\partial C} \cdot \Delta C + \frac{\partial E}{\partial T} \cdot \Delta T = \left(\frac{T}{100} \right)^4 \cdot 0{,}05 + \frac{4C}{100} \cdot \left(\frac{T}{100} \right)^3 \cdot 0{,}15$$

$$= 5 \cdot 10^{-10} \cdot T^4 + 60 \cdot 10^{-10} \cdot CT^3$$

Die relative Fehlergrenze:

$$\frac{\Delta E}{E} = \frac{5 \cdot 10^{-10} \cdot T^4 + 60 \cdot 10^{-10} \cdot CT^3}{10^{-8} \cdot CT^4} = 5 \cdot 10^{-2}\frac{1}{C} + 60 \cdot 10^{-2}\frac{1}{T}$$

121 Warum besitzt eine Thermoskanne ein hohes Wärmedämmvermögen?

Lösung

Allgemein findet der Wärmetransport durch Leitung, Konvektion und Strahlung statt. Infolge des Vakuums im hohlen Wandaufbau kann keine Wärmeübertragung durch Wärmeleitung oder Konvektion stattfinden. Glas besitzt eine Strahlungszahl von etwa 5,4 W/(m²·K), blankes Metall dagegen nur von etwa 0,2 W/(m²·K); durch die Metallbeschichtung der beiden inneren Oberflächen der hohlen Glaswand wird die übertragende Wärmemenge auf etwa 4 % reduziert.

122 Was sagt der Begriff "Druck" aus? Zu erläutern sind die folgenden Begriffe:
Barometrischer Druck p_b, Absoluter Druck p_{ab}, Unterdruck p_u, Überdruck $p_ü$, Normdruck p.

Lösung

p_b: Luftdruck, der am Barometer abgelesen wird.

p_{ab}: Druck gegenüber dem Druck Null im luftleeren Raum.

p_u: Druckunterschied, um den der absolute Druck unter dem barometrischen Druck liegt.

$p_ü$: Wie vor, über dem barometrischen Druck.

p: Normdruck:

$$p = 1\ at = 9{,}81 \cdot 10^4\ Pa = 9{,}81 \cdot 10^4\ N/m^2 = 0{,}981\ bar = 981\ mbar.$$

123 Im allgemeinen wird das Wertepaar der Komponenten Lufttemperatur / relative Luftfeuchte 30°C / 55 % nach DIN 1946 als "schwül" empfunden. Wie sieht das bei dem Wertepaar 12°C / 100 % aus?

Lösung

Die biologisch notwendige Wärmeabgabe des Menschen ist praktisch nicht von der Lufttemperatur abhängig. Sie steigt mit zunehmender Arbeitsleistung. Je höher die Lufttemperatur liegt, desto größer ist der Anteil der feuchten Wärmeabgabe unter entsprechendem Absinken der trockenen Wärmeabgabe.
Bei 30°C ist der Anteil der feuchten Wärmeabgabe entsprechend hoch. Wird die auf der Haut erzielbare Wasserverdunstung durch die relative Luftfeuchte erheblich gehemmt, bedeutet dies eine stärkere Beeinträchtigung des Wohlbefindens, d.h. das Wertepaar Temperatur / rel. Luftfeuchte wird dann als "schwül" empfunden.
Bei 12°C ist die trockene Wärmeabgabe des Menschen so hoch, daß selbst eine relative Feuchte von 100 % (Sättigungszustand) die Wärmeabgabe des Menschen in einer Art und Weise nicht beeinträchtigt, so daß dieses Wertepaar nicht als "schwül" empfunden wird.

124 Im Winter wird vielfach über zu trockene Luft in beheizten Aufenthaltsräumen geklagt. Die relative Feuchte der Außenluft beträgt im Winter im Mittel zwischen 80 % und 90 %. Worin ist die Ursache für die trockene Luft zu suchen?

Lösung

Die Außenlufttemperatur im Winter liegt im Mittel um 0°C. Beim Lüften gelangt kalte Außenluft in den Innenraum und wird auf etwa 20°C erwärmt, d.h. bei gleichbleibender absoluter Luftfeuchte wird die relative Luftfeuchte im Raum sinken.

125 Was ist der Unterschied zwischen Regen und Schlagregen?

Lösung

Regen fällt senkrecht nach unten, d.h. parallel zu vertikalen Bauteilen.
Schlagregen ist der Regen, der unter Auswirkung der Windströmung, je nach der Windrichtung, unter einem Winkel das Bauteil trifft.

126 Warum muß bei Dächern für bestimmte bauphysikalische Forderungen ein höherer Maßstab angelegt werden als bei Außenwänden?

Lösung

Niederschlagswasser stellt bei Dächern, besonders bei Flachdächern, infolge der Schwerkraftwirkung eine größere Gefahr dar als bei Außenwänden.
Die Sonnenbestrahlung und dadurch die Temperaturbeanspruchung ist i.a. bei Dächern intensiver als bei Außenwänden.
Schnee- und Eisbildung beanspruchen Dächer stärker als Außenwände.
Warme Luft und Wasserdampf in Räumen beanspruchen durch ihre Auftriebswirkung Dächer stärker als Außenwände.
Dächer sind i.a. die größten zusammenhängenden Flächen der Umfassungskonstruktion eines Gebäudes.

127 Welche Größe wird durch die Frequenz und welche durch den Schalldruck gekennzeichnet?

Lösung

Durch die Frequenz wird die Tonhöhe, durch den Schalldruck die Lautstärke gekennzeichnet.

128 Bei welcher Frequenz entspricht der Schallpegel der Lautstärke?

Lösung

Bei 1000 Hz entspricht zahlenmäßig der Schallpegel der Lautstärke.

129 Was ist A-Bewertung in der Akustik?

Lösung

Frequenzmäßige Annäherung des menschlichen Gehörempfindens.

201 Welche bauphysikalischen Vorgänge werden durch den Wärmedurchlaß- und den Wärmedurchgangskoeffizienten berücksichtigt?

Lösung

Wärmedurchlaßkoeffizient:
    Berücksichtigt den Wärmestrom in W, den eine Bauteilschicht bei einem gleichbleibendem Temperaturunterschied der Oberflächen von 1 K je m^2 Flächeneinheit durchläßt.

Wärmedurchgangskoeffizient:
    Wärmestrom in W je m^2 Flächeneinheit eines Bauteils bei einer gleichbleibenden Temperaturdifferenz der bauseits angrenzenden Luft von 1 K; hierbei werden neben dem Wärmedurchlaß die Wärmeübergänge berücksichtigt, die die Wärmeübertragung an der Oberfläche eines festen Stoffes bei gleichbleibender Temperaturdifferenz des Stoffes an die angrenzende Luft und umgekehrt berücksichtigen.

202 Welche bauphysikalischen Materialkenngrößen werden für die Berechnung instationärer Wärmeleitvorgänge benötigt?

Lösung

Rohdichte ρ, spezifische Wärmekapazität c, Wärmeleitfähigkeit λ.

203 Es ist der Begriff "Wärmeübertragung durch Wärmemitführung" zu erläutern.

Lösung

Die Übertragung von Wärme durch Wärmemitführung in bewegten Medien, Strömungen (Gase, Luft, Flüssigkeiten) wird als Wärmekonvektion bezeichnet.
Formelzeichen α_K in $W/(m^2 \cdot K)$. Der Konvektionsstrom beträgt z.B. in üblich bewohnten Räumen $\alpha_K \approx 3\ W/(m^2 \cdot K)$.

204 Genügt es, ein Außenbauteil nur nach dem Wärmedurchlaßwiderstand und dem Wärmespeichervermögen zu beurteilen?

Lösung

Nein, von weiterem Einfluß: Temperaturamplitudendämpfung, Phasenverschiebung, Wasserdampfdiffusion, akustisches Verhalten.

205 Was sagt die Bezeichnung: Wärmeleitfähigkeitsgruppe 040?

Lösung

Die Rechenwerte der Wärmeleitfähigkeit werden i.a. für jeden Stoff in Abhängigkeit von der Rohdichte oder Rohdichteklasse in DIN 4108-4 angegeben. Eine Ausnahme hiervon bilden innerhalb der Stoffgruppe "Wärmedämmstoffe" die Korkdämmstoffe, Schaumkunststoffe, mineralische und pflanzliche Faserdämmstoffe und Schaumglas, deren Rechenwerte der Wärmeleitfähigkeit in Wärmeleitfähigkeitsgruppen eingeordnet werden. Dies ist geschehen, um die Vielfalt aller möglichen Werte der Wärmeleitfähigkeit auf einige wenige und typische Werte beschränken zu können. Die ungefähr für diese Stoffgruppe gültigen Bereiche der Rohdichte werden mitgeteilt.

WärmeLeitfähigkeitsGruppe (WLG): 020, 025, 030, 035, 040, 045, 050, . . .

Für die Zuordnung zur Wärmeleitfähigkeitsgruppe gilt z.B.:

Anforderung   WLG 040: $\lambda_R \leq 0{,}040$ W/(m·K),
              WLG 045: $\lambda_R \leq 0{,}045$ W/(m·K).

206 Unter welchen Randbedingungen gilt die Annahme eines konstanten Verlaufes der Wärmestromdichte für die graphische Bestimmung des Temperaturverlaufes?

Lösung

Stationäre Randbedingungen, homogenes Material und baupraktischer Feuchtegehalt der Baustoffe.

207 Ist es bauphysikalisch sinnvoll, das Dach einer Garage mit einer Wärmedämmung zu versehen?

Lösung

Mit einer über der tragenden Decke angebrachten Wärmedämmung können die temperaturbedingten Formänderungen des Daches beträchtlich vermindert werden. Die Fläche und Auflagerung des Daches sind hierbei mit zu berücksichtigen.

208 In einer Wohnung unter einem nicht ausgebauten Dachraum zeichnen sich die Stahlträger an der Decke ab. Wie ist dies zu erklären?

Lösung

Mangelnder Wärmeschutz, Wärmebrücke, Taupunkt.

209 Die Berechnung der äquivalenten Wärmeleitfähigkeit einer mehrschichtigen Konstruktion setzt voraus, daß alle Schichten dicht aneinander liegen. Bei rauhen Oberflächen bilden sich aber zwischen den Schichten dünne Luftspalten. Wie wird die äquivalente Wärmeleitfähigkeit der gesamten Konstruktion dadurch verändert?

Lösung

Sie wird durch die Luftspalten verkleinert, weil der Feststoffanteil der Schichten stets eine höhere Wärmeleitfähigkeit als Luft hat.

210 Wird die langwellige Strahlung bei der Berechnung des Wärmedurchgangskoeffizienten berücksichtigt? Wenn ja, wie?

Lösung

Ja, im Wärmeübergangskoeffizient der Außenluft enthalten.

211 Wann wird ein Körper im bauphysikalischen Sinn als "schwarz" bezeichnet?

Lösung

Einen Körper, der alle Strahlen vollkommen absorbiert (100 % bei allen Wellenlängen), nennt man "vollkommen schwarz".

Damit ein Körper als schwarz angesprochen werden kann, müssen drei unabhängige Bedingungen erfüllt werden:

Die Oberfläche muß "schwarz" sein, d.h. es darf keine Strahlung reflektiert werden.

Je nach den Absorptionseigenschaften des Körpers und der verlangten Vollkommenheit der Schwärze muß die Dicke des Körpers ein Mindestmaß aufweisen, damit nicht ein Teil der Strahlung unabsorbiert wieder heraustritt.

Die Streuung der Strahlung im Innern muß genügend klein sein, damit die zerstreute Strahlung nicht unabsorbiert durch die Oberfläche nach außen entweicht.

Die Dichte der Gesamtenergie der "Schwarzen Strahlung" hängt nicht von den Eigenschaften der Oberfläche des Strahlers ab, sondern allein von dessen absoluter Temperatur.

212 Es ist eine Formel zu entwickeln für die Temperatur ϑ_x, die in einer Schicht mit dem Abstand x von der Innenseite einer Bauteilschicht herrscht.

Es ist explizite anzugeben:

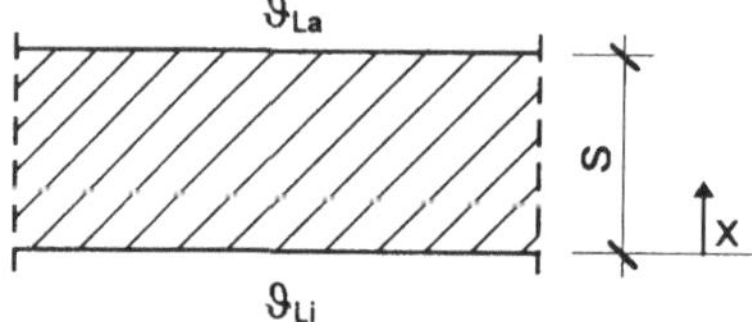

Wie verändert sich die Formel, wenn die Frostgrenze gesucht ist?

Lösung

Temperaturverlauf in einer Bauteilschicht mit dem Abstand x von der Innenseite gemessen, nach DIN 4108-5:

$$q = \frac{\lambda}{x} \cdot (\vartheta_{Li} - \vartheta_x), \qquad \vartheta_x = \vartheta_{Li} - \frac{x}{\lambda} \cdot q$$

Wärmestromdichte:

$$q = k \cdot (\vartheta_{Li} - \vartheta_{La}) = \frac{1}{R_i + \dfrac{s}{\lambda} + R_a} \cdot (\vartheta_{Li} - \vartheta_{La})$$

Somit die vorstehenden Formeln zusammengefaßt:

$$\vartheta_x = \vartheta_{Li} - \frac{\dfrac{x}{\lambda}}{R_i + \dfrac{s}{\lambda} + R_a} \cdot (\vartheta_{Li} - \vartheta_{La})$$

Frostgrenze:
Hierfür gilt $\vartheta_x = 0°C$, setzt man den für die Frostgrenze geforderten Wert in die obere Gleichung ein, so erhält man:

$$x = \lambda \cdot \left[\frac{\vartheta_{Li} \cdot \left(R_i + \dfrac{s}{\lambda} + R_a \right)}{\vartheta_{Li} - \vartheta_{La}} \right]$$

213 Eine Hausmülldeponie ist mit einer Tonschicht, darüber 3 m Mutterboden (Baugrubenaushub) abgedeckt. Im Inneren der Deponie herrschen Temperaturen bis zu 80°C, unmittelbar über der Tonschicht 40°C, an der Oberfläche des Aushubs unabhängig von Tagesschwankungen noch 18°C. Für die Schicht aus Mutterboden wurde im Labor ein mittlerer Wärmeleitfähigkeitskoeffizient von $\lambda = 1,8$ W/(m·K) ermittelt.
Wie groß ist die Wärmeabgabe je m^2 Deponiefläche unter stationären Bedingungen? Um wieviel Grad muß die Oberfläche wärmer sein als entsprechende Flächen außerhalb der Deponie, damit diese Energie gewonnen werden kann. Wegen der geringen Luftbewegung an der Oberfläche der Deponie gilt ein Wärmeübergangskoeffizient von $\alpha_a \approx 12$ W/(m^2·K).

Lösung

Der Wärmestrom zwischen der Tonschicht und dem Mutterboden errechnet sich nach DIN 4108-5 aus der Formel:

$$q = \frac{\lambda}{s} \cdot (\vartheta_{Tonschicht} - \vartheta_{Mutterboden}).$$

Für die Schichtdicke s = 3 m, $\lambda = 1,8$ W/(m·K) folgt:

$$q = \frac{1,8}{3,0} \cdot (40,0 - 18,0) \text{ W/m}^2 = 13,2 \text{ W/m}^2$$

Der gesuchte Temperaturunterschied $\Delta\vartheta$ beträgt für eine Wärmestromdichte q = 13,2 W/m^2:

$$\Delta\vartheta = \frac{q}{\alpha_a} = \frac{13,2}{12,0} \text{ K} = 1,1 \text{ K}.$$

214 Eine Außenwand aus Ziegelmauerwerk (λ_R = 0,55 W/(m·K), c = 0,837 kJ/(kg·K), ρ = 1530 kg/m^3) erfüllt die Forderung des Mindestwärmeschutzes.
Welcher Wärmedurchlaßwiderstand und welche Schichtdicke sind bei gleicher Wärmespeicherfähigkeit erforderlich für eine Außenwand aus Gasbeton (λ_R = 0,21 W/(m·K), c = 1,300 kJ/(kg·K), ρ = 850 kg/m^3)?
In welchem Verhältnis stehen dabei die Wärmedurchlaßwiderstände und die flächenbezogenen Massen?

Lösung

Nach DIN 4108-2 beträgt der Mindestwärmeschutz
$\dfrac{1}{\Lambda}$ = 0,55 W/(m^2·K), hieraus Wanddicke des Ziegelmauerwerks

$$s_{Ziegel} = \frac{1}{\Lambda} \cdot \lambda_{R,Ziegel} = 0{,}30 \text{ m.}$$

Wärmespeicherfähigkeit des Ziegelmauerwerkes:
$(c \cdot \rho \cdot s)_{Ziegel}$ = 0,837 kJ/(kg·K) · 1530 kg/m^3 · 0,30 m
$\qquad\qquad\quad$ = 384,2 kJ/(m^2·K)
Wärmespeicherfähigkeit des Gasbetons gefordert:
$(c \cdot \rho \cdot s)_{Beton}$ = 384,2 kJ/(m^2·K)
Hieraus Schichtdicke für Gasbeton: s_{Beton} ≈ 0,35 m.
Wärmedurchlaßwiderstand Gasbeton:

$$\left(\frac{1}{\Lambda}\right)_{Beton} = \left(\frac{s}{\lambda_R}\right)_{Beton} = 1{,}67 \text{ m}^2\text{·K/W}$$

Vergleich der Wärmedurchlaßwiderstände:

$$\left(\frac{1}{\Lambda}\right)_{Beton} : \left(\frac{1}{\Lambda}\right)_{Ziegel} \approx 3:1$$

Vergleich der flächenbezogenen Massen (s · ρ):
g_{Ziegel} = 459,0 kg/m^2;
g_{Beton} = 297,5 kg/m^2 < 300 kg/m^2, d.h. leichtes (fast schweres) Bauteil.

215 Warum werden in DIN 4108-2 "Bauteil leicht" und "Innenbauart leicht" berücksichtigt?

Lösung

Ein Außenbauteil wird als leichtes Bauteil bezeichnet, wenn seine flächenbezogene Gesamtmasse < 300 kg/m^2 ist. Warum?

Um die fehlende Masse (bzw. Wärmespeicherfähigkeit) und
somit die geringe Abkühlungszeit eines solchen Bauteils auszugleichen, wird eine höhere Anforderung bezüglich des Wärmeschutzes gestellt.

Eine leichte Innenbauart liegt vor, wenn der raumweise ermittel-
te Quotient aus der Masse der raumumschließenden Innenbauteile sowie gegebenenfalls anderer Innenbauteile und der Außenwandfläche < 600 kg/m^2 ist. Warum? Es soll die fehlende
Masse (bzw. Wärmespeicherfähigkeit) durch zusätzliche Sonnenschutzvorrichtungen kompensiert werden, um eine unzuläs-
sige Erwärmung der Räume im Sommer infolge Sonneneinstrahlung zu verhindern.

216 Warum dürfen für "leichte Dächer und Wände" mit geringer flächenbezogener Gesamtmasse höhere Mindestwärmedurchlaß-
widerstände gefordert werden als bei "schweren Bauteilen"?

Lösung

Das Wärmespeichervermögen beeinflußt die Geschwindigkeit
der Erwärmungs- und Abkühlungsvorgänge und wirkt daher
auf die Raumtemperatur ausgleichend. Bauteile mit großer
Masse haben ein großes Wärmespeichervermögen. Ist die
flächenbezogene Masse gering (< 300 kg/m^2), dann muß
durch erhöhte Wärmedämmung gesorgt werden, daß im
Winter eine schnelle Abkühlung und im Sommer eine schnelle
Erwärmung verhindert werden.

Daher werden für "leichte Bauteile" höhere Wärmedurchlaßwiderstände $\dfrac{1}{\Lambda}$ in DIN 4108-2 gefordert. Als Anhalt kann z.B.
dienen: Eine flächenbezogene Masse der raumseitigen Bauteilschichten von 20 kg/m^2 entspricht ca. 1,4 m^2·K/W Wärmedurchlaßwiderstand des Bauteils.

217 Warum dürfen bei der Ermittlung der flächenbezogenen Masse
nach DIN 4108-2 bzw. nach DIN 4701-1 oder in der VDI-
Richtlinie 2078 für "leichte Bauteile" die raumseitigen Bauteilschichten Holz- oder Holzwerkstoffe mit dem zweifachen Wert
ihrer Masse in Rechnung gestellt werden?

Lösung

Die spezifische Wärmekapazität von Holz und ähnlichen Baustoffen ist etwa doppelt so groß wie die anorganischer Baustoffe, d.h. sie können bei gleicher Masse doppelt so viel Wärme speichern wie Bauteile aus anorganischen Baustoffen.

218

Die Skizze zeigt die Ergebnisse einer meßtechnischen Untersuchung. Die Wärmestromdichte beträgt $q = 25$ W/m^2. Gesucht ist die Wärmeleitfähigkeit λ der Bauteilschicht 2.

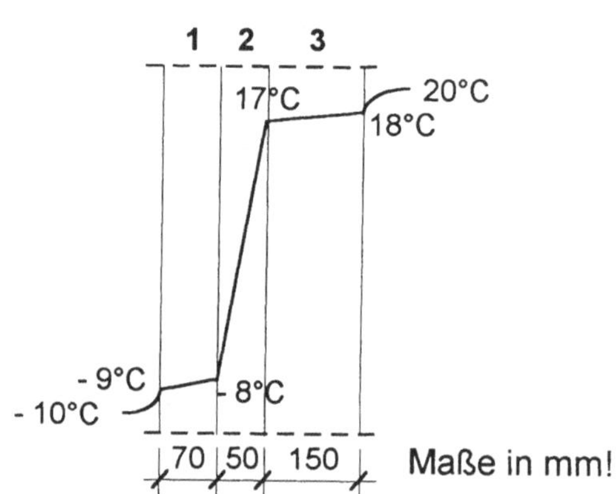

Lösung

Nach DIN 4108-5 beträgt der Wärmestrom $q = \Lambda \cdot \Delta\vartheta$, wobei $\Delta\vartheta$ der Temperaturunterschied der Begrenzungsschichten des Bauteils 2 bedeutet und der Wärmedurchlaßkoeffizient $\Lambda = \left(\dfrac{\lambda}{s}\right)_2$ beträgt.

Aufgelöst nach der unbekannten Wärmeleitfähigkeit ergibt:

$$\lambda_2 = \frac{q \cdot s_2}{\Delta\vartheta} = \frac{25{,}0 \cdot 0{,}05}{17{,}0 - (-8{,}0)}\ \text{W/(m·K)} = 0{,}05\ \text{W/(m·K)}$$

219 In einigen Ländern werden u.a. Heizflächen (Plattenheizkörper) aus Glas ($\lambda \approx 0{,}70$ W/(m·K)) eingesetzt.
Üblich ist Stahl oder Gußeisen ($\lambda \approx 50$ W/(m·K)). Wenn man die hohe Stoßempfindlichkeit als gemeistert ansieht, ist zahlenmäßig zu beurteilen, welchen Einfluß das auf die spezifische Wärmeabgabe der Heizflächen hat?

Lösung

Wanddicke s gewählt von Blech und Glas ≈ 3 mm,
Heizflächentemperatur geschätzt $\vartheta_H \approx 50$°C,

Raumlufttemperatur $\vartheta_{Li} \approx 20°C$ angenommen,
Wärmeübergangskoeffizient $\alpha_H \approx 30 \ldots 50$ W/(m²·K) geschätzt zwischen Heizmedium und innerer Oberfläche der Heizfläche. Wärmeübergangskoeffizient $\alpha_R \approx 10 \ldots 20$ W/(m²·K) geschätzt zwischen Raumluft und äußerer Oberfläche der Heizfläche. Mit den Gesetzen der Wärmeübertragung nach DIN 4108-5 gilt: Wärmedurchgangskoeffizient der Heizfläche

aus Eisen / Stahl:
$$k_E = \frac{1}{\dfrac{1}{50} + \dfrac{0,003}{50} + \dfrac{1}{10}} \approx 8,33 \text{ W/(m}^2\cdot\text{K)}$$

$$q_E = 8,33 \cdot (50,0 - 20,0) \text{ W/m}^2 = 249,9 \text{ W/m}^2$$

aus Glas:
$$k_G = \frac{1}{\dfrac{1}{50} + \dfrac{0,003}{0,70} + \dfrac{1}{10}} \approx 8,05 \text{ W/(m}^2\cdot\text{K)}$$

$$q_G = 8,05 \cdot (50,0 - 20,0) \text{ W/m}^2 = 241,5 \text{ W/m}^2$$

Ergebnis: Heizflächen aus Glas wären möglich; der Wärmedurchgangskoeffizient der Heizfläche ist nur proportional dem Wärmeübergangskoeffizient auf der Außenseite der Platte, $k \sim \alpha_R$, andere Einflüsse sind unbedeutend.

Minderleistung q_G gegenüber q_E:
$$\Delta q = \frac{249,9 - 241,5}{249,9} \cdot 100 \% \approx 3,4 \%.$$

220 Es wurden folgende Temperaturen für eine Außenwand in einem Wohnraum gemessen: $\vartheta_{Li} = 14,0°C$; $\vartheta_{Oi} = 10,5°C$; $\vartheta_{La} = -5,0°C$; Wie groß ist der Wärmedurchgangskoeffizient der Außenwand bei Annahme eines stationären Wärmedurchgangs?

Lösung

Nach DIN 4108-5 folgt: $\alpha_i \cdot (\vartheta_{Li} - \vartheta_{Oi}) = \dfrac{1}{R_i} \cdot (\vartheta_{Li} - \vartheta_{Oi}) = k \cdot (\vartheta_{Li} - \vartheta_{La})$

Mit $R_i = \dfrac{1}{\alpha_i} = 0,13$ m²·K/W nach DIN 4108-4 Tabelle 5 folgt:

$$k = \frac{(\vartheta_{Li} - \vartheta_{Oi})}{(\vartheta_{Li} - \vartheta_{La}) \cdot R_i} = \frac{14,0 - 10,5}{[14,0 - (-5,0)] \cdot 0,13} \text{ W/(m}^2\cdot\text{K)} = 1,42 \text{ W/(m}^2\cdot\text{K)}$$

221 Wie groß ist der Wärmedurchgangskoeffizient einer Außenwand, die lediglich aus einer sehr dünnen Folie (0,5 mm dick) besteht?

Lösung

Nach DIN 4108-5 errechnet sich der Wärmedurchgangskoeffizient nach der Formel:

$$k = \frac{1}{R_i + \dfrac{1}{\Lambda} + R_a}$$

R_i in $m^2 \cdot K/W$ ist der innere, R_a in $m^2 \cdot K/W$ der äußere Wärmeübergangswiderstand.

Nach DIN 4108-4: $R_i = 0{,}13\ m^2 \cdot K/W$, $R_a = 0{,}04\ m^2 \cdot K/W$. Ferner gilt: $\dfrac{1}{\Lambda} = \dfrac{s}{\lambda}$. Der Wert strebt für eine Schichtdicke - gleichgültig, wie groß die Wärmeleitfähigkeit λ ist - nach null, $\lim \dfrac{1}{\Lambda} = 0$, somit:

$$k \approx \frac{1}{R_i + R_a} \approx \frac{1}{0{,}17}\ W/(m^2 \cdot K) \approx 6{,}0\ W/(m^2 \cdot K)$$

222 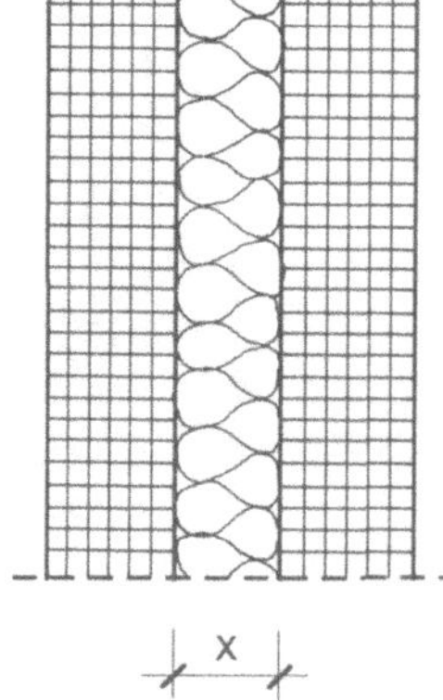

Unter Berücksichtigung der Forderungen des Mindestwärmeschutzes zur Verhütung von Tauwasserbildung ist die Dicke x einer Dämmschicht für ein Fertigteilelement gemäß Skizze zu ermitteln. Die Gesamtdicke der Wand darf aus konstruktiven Gründen s = 0,12 m nicht überschreiten.

Gefordert: $\vartheta_{Li} = 20°C$, $\varphi_i = 60\ \%$.
Gegeben: $\vartheta_{La} = -24°C$.
$\lambda_{Beton} = 1{,}2\ W/(m \cdot K)$,
$\lambda_{Dä} = 0{,}04\ W/(m \cdot K)$.

Wie groß sind der Wärmedurchlaßwiderstand und der Wärmedurchgangskoeffizient und welche Oberflächentemperatur herrscht auf der Wandaußenseite?

Lösung

Der Mindestwärmeschutz fordert nach DIN 4108-2 wegen der Taupunktproblematik (DIN 4108-5 Tab.1) für die gegebenen Raumklimawerte eine Oberflächentemperatur auf der Innenseite der Außenwand von $\vartheta_S = \vartheta_{Oi} \geq 12,0°C$. Lösungsansatz nach DIN 4108-5:

$$q = k \cdot (\vartheta_{Li} - \vartheta_{La}) = \frac{\vartheta_{Li} - \vartheta_{Oi}}{R_i} \text{ hieraus } \frac{1}{k} = R_i \cdot \frac{\vartheta_{Li} - \vartheta_{La}}{\vartheta_{Li} - \vartheta_{Oi}}.$$

Andererseits gilt aber:

$$\frac{1}{k} = R_i + \frac{x}{\lambda_{Dä}} + \frac{s-x}{\lambda_{Beton}} + R_a = R_i + x \cdot \left(\frac{1}{\lambda_{Dä}} - \frac{1}{\lambda_{Beton}}\right) + \frac{s}{\lambda_{Beton}} + R_a$$

Durch Umformen der beiden Gleichungen ergibt sich:

$$x = \frac{\frac{1}{k} - R_i - R_a - \frac{s}{\lambda_{Beton}}}{\frac{1}{\lambda_{Dä}} - \frac{1}{\lambda_{Beton}}} = \frac{R_i \cdot \frac{\vartheta_{Li} - \vartheta_{La}}{\vartheta_{Li} - \vartheta_{Oi}} - \frac{s}{\lambda_{Beton}} - (R_i + R_a)}{\frac{1}{\lambda_{Dä}} - \frac{1}{\lambda_{Beton}}}$$

Einsetzen der Zahlenwerte:

$$x = \frac{0{,}13 \cdot \left(\frac{20{,}0 - (-24{,}0)}{20{,}0 - 12{,}0}\right) - \frac{0{,}12}{1{,}2} - (0{,}13 + 0{,}04)}{\frac{1}{0{,}04} - \frac{1}{1{,}2}} \ m = 0{,}032 \, m = 3{,}2 \, cm$$

Die Dämmschicht muß mindestens 3,2 cm dick sein, um Tauwasserbildung auf der Innenseite des Fertigteilelements zu verhüten.

Zur Frage des Wärmedurchlaßwiderstandes und des Wärmedurchgangskoeffizienten:

Wärmedurchlaßwiderstand:

$$\frac{1}{\Lambda} = \frac{x}{\lambda_{Dä}} + \frac{s-x}{\lambda_{Beton}} = \left(\frac{0{,}032}{0{,}04} + \frac{0{,}12 - 0{,}032}{1{,}2}\right) \ m^2 \cdot K/W = 0{,}87 \ m^2 \cdot K/W$$

Wärmedurchgangskoeffizient:

$$k = \frac{\vartheta_{Li} - \vartheta_{Oi}}{R_i \cdot (\vartheta_{Li} - \vartheta_{La})} = \frac{20{,}0 - 12{,}0}{0{,}13 \cdot (20{,}0 - (-24{,}0))} \ W/(m^2 \cdot K) = 1{,}40 \ W/(m^2 \cdot K)$$

Oberflächentemperatur auf der Wandaußenseite:

$$\vartheta_{Oa} = \vartheta_{La} + k \cdot (\vartheta_{Li} - \vartheta_{La}) \cdot R_a$$
$$\vartheta_{Oa} = [-24{,}0 + 1{,}40 \cdot (20{,}0 - (-24{,}0)) \cdot 0{,}04] \ °C$$

Die Oberflächentemperatur auf der Wandaußenseite beträgt -21,5°C.

223 Gegeben sei eine Außenwand mit folgendem Schichtenaufbau von innen nach außen:

Innenputz: $s = 0{,}015$ m, $\lambda = 0{,}70$ W/(m·K),
Mauerziegel: $s = 0{,}250$ m, $\lambda = 0{,}81$ W/(m·K),
Außenputz: $s = 0{,}020$ m, $\lambda = 0{,}87$ W/(m·K).

Gesucht ist der Wärmedurchgangskoeffizient.
Die Außenwand ist so zu dämmen, daß der Mindestwärmeschutz nach DIN 4108-2 erfüllt ist. Gesucht ist die Dicke der Dämmplatte bei einer Wärmeleitfähigkeit von $\lambda = 0{,}04$ W/(m·K).

Lösung

Wärmedurchgangskoeffizient k nach DIN 4108-5:

$$k_W = \cfrac{1}{R_i + \cfrac{1}{\Lambda} + R_a}\ \text{W/(m}^2\text{·K)} = \cfrac{1}{R_i + \sum \cfrac{s}{\lambda} + R_a}\ \text{W/(m}^2\text{·K)}$$

$$k_W = \cfrac{1}{0{,}13 + \cfrac{0{,}015}{0{,}70} + \cfrac{0{,}25}{0{,}81} + \cfrac{0{,}02}{0{,}87} + 0{,}04}\ \text{W/(m}^2\text{·K)} = 1{,}91\ \text{W/(m}^2\text{·K)}$$

Zur Frage des Mindestwärmeschutzes nach DIN 4108-2 gilt für eine nicht hinterlüftete Außenwand: $k_W \leq 1{,}39$ W/(m²·K).

Gesucht ist nun die Dicke der Dämmplatte ($x_{Dä}$) mit $\lambda = 0{,}04$ W/(m·K), um den Mindestwärmeschutz nach DIN 4108-2 zu erfüllen.
Einsetzen in obenstehende Formel:

$$k_W = \cfrac{1}{0{,}13 + \cfrac{0{,}015}{0{,}70} + \cfrac{0{,}25}{0{,}81} + \cfrac{0{,}02}{0{,}87} + \left(\cfrac{x}{0{,}04}\right)_{Dä} + 0{,}04}\ \text{W/(m}^2\text{·K)}$$

$$1{,}39\ \text{W/(m}^2\text{·K)} = \cfrac{1}{0{,}523 + \left(\cfrac{x}{0{,}04}\right)_{Dä}}\ \text{W/(m}^2\text{·K)}$$

$$x_{Dä} = 0{,}0079\ \text{m} \approx 8\ \text{mm}$$

Um die Forderungen des Mindestwärmeschutzes nach DIN 4108 zu erfüllen, muß die Dämmplatte baupraktisch mindestens 1 cm dick sein.

224

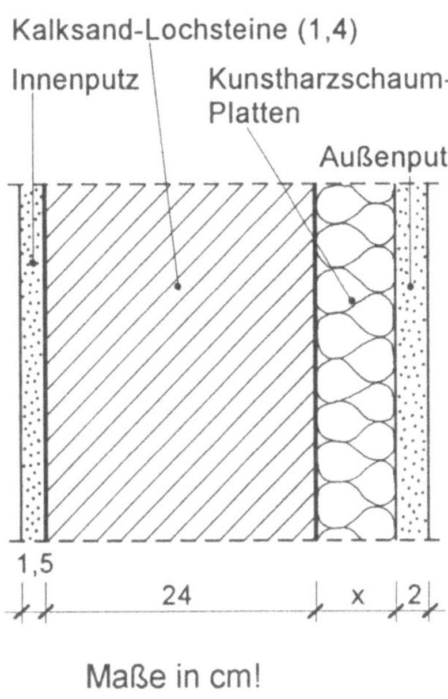

Für die skizzierte Außenwand einer klimatisierten Produktionshalle (ϑ_{Li} = 23°C, φ_i = 65 %, ϑ_{La} = - 18°C) ist die Dicke der Dämmschicht zu ermitteln. Die Dämmung ist so zu dimensionieren, daß die Forderungen des Mindestwärmeschutzes zur Verhütung von Tauwasserbildung erfüllt werden, die Oberflächentemperaturen auf der Innenseite der Außenwand zwischen ungestörtem Wandfeld und Außenwandecke um nicht mehr als 6,5 K differieren, und die Fuge "Dämmung / Tragende Wandkonstruktion" nicht dem Frost ausgesetzt wird.

Lösung

Forderungen zum Tauwasserschutz: $\vartheta_{Oi} \geq \vartheta_s$
ϑ_s aus DIN 4108-5 Tabelle 1
ϑ_{Oi} - ϑ_s ≈ 6,9 K, hieraus ϑ_s = 16,1°C.
Nach den Forderungen des Mindestwärmeschutzes errechnet

sich: $q = k \cdot (\vartheta_{Li} - \vartheta_{La}) = \dfrac{\vartheta_{Li} - \vartheta_{Oi}}{R_i}$

$$k \leq \frac{\vartheta_{Li} - \vartheta_{Oi}}{R_i \cdot (\vartheta_{Li} - \vartheta_{La})}$$

$$k \leq \frac{6,9}{0,13 \cdot (23,0 - (-18,0))} \ \text{W/(m}^2\text{·K)} = 1,29 \ \text{W/(m}^2\text{·K)}$$

Zur Forderung der Temperaturdifferenz von max. 6,5 K:
ϑ_{Oi} - $\vartheta_{i,Ecke}$ ≤ A. Nach der Formel von *A. P. Weber*:

$$\vartheta_{Oi} = \vartheta_{Li} - k \cdot R_i \cdot (\vartheta_{Li} - \vartheta_{La})$$

$$\vartheta_{i,Ecke} \approx \vartheta_{Li} - 1,42 \cdot k \cdot (\vartheta_{Li} - \vartheta_{La}) \cdot R_{i,Ecke}$$

$$\vartheta_{Oi} - \vartheta_{i,Ecke} = k \cdot (\vartheta_{Li} - \vartheta_{La}) \cdot (1,42 \cdot R_{i,Ecke} - R_i)$$

$$k = \frac{\vartheta_{Oi} - \vartheta_{i,Ecke}}{(\vartheta_{Li} - \vartheta_{La}) \cdot (1,42 \cdot R_{i,Ecke} - R_i)}$$

$$k \le \frac{A}{(\vartheta_{Li} - \vartheta_{La}) \cdot (1{,}42 \cdot R_{i,Ecke} - R_i)}$$

Zahlenwerte eingesetzt, $R_{i,Ecke} \approx 0{,}22$ m²·K/W gewählt nach *Weber.*

$$k \le \frac{A}{(23{,}0 - (-18{,}0)) \cdot (1{,}42 \cdot 0{,}22 - 0{,}13)} \; W/(m^2 \cdot K) = \frac{A}{7{,}48} \; W/(m^2 \cdot K)$$

A	K	8,0	7,5	7,0	6,5	6,0	5,5	5,0
k	W/(m²·K)	1,07	1,00	0,94	0,87	0,80	0,74	0,67

Gewählt: A = 6,5 K.

Damit die Oberflächentemperaturen auf der Innenseite der Außenwand zwischen ungestörtem Wandfeld und Außenwandecke um nicht mehr als 6,5 K differieren, muß der Wärmedurchgangskoeffizient der Außenwand $k \le 0{,}87$ W/(m²·K) betragen.

Um die Fuge "Dämmung / Tragende Wandkonstruktion" nicht dem Frost auszusetzen, ist zu fordern: $\vartheta_{Fuge} \ge 0°C = \vartheta_2$.

Ansatz: $\vartheta_2 = \vartheta_{Li} - k \cdot (\vartheta_{Li} - \vartheta_{La}) \cdot (R_i + R_1 + R_2)$;

hieraus:
$$k \le \frac{\vartheta_{Li} - \vartheta_{Fuge}}{(\vartheta_{Li} - \vartheta_{La}) \cdot \left[R_i + \left(\dfrac{1}{\Lambda}\right)_{Innenputz} + \left(\dfrac{1}{\Lambda}\right)_{Kalksandstein} \right]}$$

$$k \le \frac{23{,}0 - 0}{(23{,}0 - (-18{,}0)) \cdot \left(0{,}13 + \dfrac{0{,}015}{0{,}75} + \dfrac{0{,}24}{0{,}6}\right)} \; W/(m^2 \cdot K) = 1{,}02 \; W/(m^2 \cdot K)$$

Fazit: Die Forderung der Temperaturdifferenz von max. 6,5 K ergibt den kleineren Wert für den Wärmedurchgangskoeffizient: $k \le 0{,}87$ W/(m²·K). Die Forderung nach der Frostgrenze ist somit ebenfalls erfüllt.

Dimensionierung der Dämmschichtdicke aus:

$$\frac{1}{k} = R_i + \left(\frac{1}{\Lambda}\right)_{Innenputz} + \left(\frac{1}{\Lambda}\right)_{Kalksandstein} + \left(\frac{1}{\Lambda}\right)_{Dämmung} + \left(\frac{1}{\Lambda}\right)_{Außenputz} + R_a$$

folgt:

$$\left(\frac{1}{\Lambda}\right)_{Dämmung} = \frac{1}{k} - R_i - \left(\frac{1}{\Lambda}\right)_{Innenputz} - \left(\frac{1}{\Lambda}\right)_{Kalksandstein} - \left(\frac{1}{\Lambda}\right)_{Außenputz} - R_a$$

mit $\left(\dfrac{1}{\Lambda}\right)_{Dämmung} = \left(\dfrac{s}{\lambda}\right)_{Dämmung}$ ergibt sich die Dämmschichtdicke

$$s_{\text{Dämmung}} \geq 0,035 \cdot \left(\frac{1}{0,87} - 0,13 - \frac{0,015}{0,75} - \frac{0,24}{0,6} - \frac{0,02}{0,75} - 0,04 \right)$$

$s_{\text{Dämmung}} \geq 0,019$ m, gewählt: 2 cm.

225 Gegeben sei eine Außenwandkonstruktion mit folgendem Aufbau:

2 cm Gipsinnenputz $\qquad$ (λ_R = 0,7 W/(m·K))

Mauerwerk s = 36,5 cm, HLz, MG IIa (L x B x H = 36,5 cm x 30,0 cm x 23,8 cm), 13 Stück Steine je m^2

2 cm Kalk-Zement-Außenputz $\quad$ (λ_R = 0,87 W/(m·K))

und einem Wärmedurchgangskoeffizienten k = 0,574 W/(m^2·K).

Wird das Mauerwerk mit werksmäßig hergestelltem Leichtmörtel aus Zuschlägen mit porigem Gefüge gebaut, so kann die Wärmedämmung der Konstruktion dadurch entscheidend verbessert werden. Leichtmörtel sind genormt nach DIN 1053-1 und werden hinsichtlich ihrer Trockenrohdichte und Wärmeleitfähigkeit unterschieden in LM 21 (λ_R = 0,16 W(m·K)) und LM 36 (λ_R = 0,21 W/(m·K)).
Welche Verbesserung der Wärmedämmung kann dadurch erreicht werden?
Welche Einsparung des Energieverbrauchs kann für ein Gebäude mit oben angegebener Außenwandkonstruktion dadurch erzielt werden? (Die Energieverluste durch Fenster, Dach und Keller, sowie der Luftwechsel sind zu vernachlässigen).

Lösung

Zunächst ist zu überprüfen, mit welcher Wärmeleitfähigkeit λ_R des Mörtels und HLz der Wärmedurchgangskoeffizient k = 0,574 W/(m^2·K) errechnet wurde. Ansatz:
R_i = 0,13 m^2·K/W; R_a = 0,04 m^2·K/W nach DIN 4108-4.

$$k = \frac{1}{R_i + \sum \frac{s_i}{\lambda_i} + R_a} \quad \text{nach DIN 4108-5}$$

$$k = \frac{1}{0,13 + \frac{0,02}{0,7} + \frac{0,365}{\lambda_x} + \frac{0,02}{0,87} + 0,04} \; \text{W/(m}^2\text{·K)} = 0,574 \; \text{W/(m}^2\text{·K)}.$$

Hieraus: λ_x = 0,24 W/(m·K)

Dies ist ein Mittelwert für die Flächenanteile HLz und Mörtel:

$\lambda_x = f_{HLz} \cdot \lambda_{HLz} + f_M \cdot \lambda_M$

Flächenanteil von HLz bei 1 m^2 Mauerwerk (13 Steine/m^2):

$$f_{HLz} = \frac{13 \cdot (0{,}300 \text{ m} \cdot 0{,}238 \text{ m})}{1{,}0 \text{ m}^2} = 0{,}9282.$$ Dann ergibt sich der

Flächenanteil des Mörtels: $f_M = 1 - 0{,}9282 = 0{,}0718$

Somit findet sich durch Iteration und der Annahme für
$\lambda_{HLz} = 0{,}19$ W/(m·K) bei LM 36 $\lambda_M = 0{,}21$ W/(m·K):
$\lambda_x = (0{,}9282 \cdot 0{,}19 + 0{,}0718 \cdot 0{,}21)$ W/(m·K) $\approx 0{,}191$ W/(m·K)

Prozentuale Verbesserung: $1 - \dfrac{0{,}19}{0{,}24} = 0{,}204 \approx 20$ %

bei LM 21 $\lambda_M = 0{,}16$ W/(m·K):
$\lambda_x = (0{,}9282 \cdot 0{,}19 + 0{,}0718 \cdot 0{,}16)$ W/(m·K) $\approx 0{,}188$ W/(m·K)

Prozentuale Verbesserung: $1 - \dfrac{0{,}188}{0{,}24} = 0{,}217 \approx 22$ %

Die Verbesserung der Wärmedämmung durch die Anwendung von Leichtmörtel LM 36 und LM 21 beträgt jeweils 20 % bzw. 22 %.

Einsparung des Energieverbrauchs nach DIN 4108-5:
bei LM 36 und $\lambda_x = 0{,}191$ W/(m·K)

$$k_W = \frac{1}{0{,}2216 + \dfrac{0{,}365}{0{,}191}} \text{ W/(m}^2\text{·K)} \approx 0{,}47 \text{ W/(m}^2\text{·K)}$$

Prozentuale Verbesserung: $1 - \dfrac{0{,}47}{0{,}574} = 0{,}181 \approx 18$ %

bei LM 21 und $\lambda_x = 0{,}188$ W/(m·K)

$$k_W = \frac{1}{0{,}2216 + \dfrac{0{,}365}{0{,}188}} \text{ W/(m}^2\text{·K)} \approx 0{,}46 \text{ W/(m}^2\text{·K)}$$

Prozentuale Verbesserung: $1 - \dfrac{0{,}46}{0{,}574} = 0{,}199 \approx 20$ %

Die Energieeinsparung durch die Anwendung von Leichtmörtel LM 36 und LM 21 beträgt jeweils 18 % bzw. 20 %.

226 Die Skizze zeigt einen Ausschnitt aus einem Mauerwerk aus Leichthochlochziegeln mit allen Abmessungen.
Für Mauerwerk aus Leichthochlochziegeln mit einer Länge von mindestens 240 mm und einer Höhe von mindestens 238 mm sind folgende Werte der Wärmeleitfähigkeit nach Herstellerangaben in Ansatz zu bringen:

Rohdichte in kg/m³	700	800
Wärmeleitfähigkeit in W/(m·K)	0,28	0,34

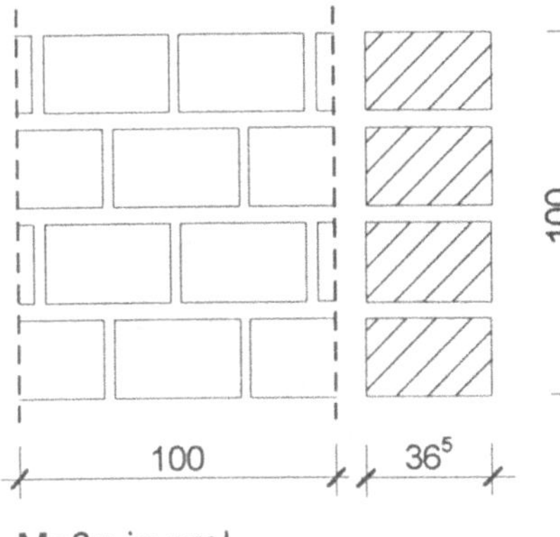

Maße in cm!

Beim rechnerischen Nachweis des Wärmeschutzes für Mauerwerk aus den vorstehend aufgeführten Leichtziegeln und bei Verwendung von Leichtmörtel dürfen diese Rechenwerte der Wärmeleitfähigkeit nach DIN 52 612-2 um das Verbesserungsmaß $\Delta\lambda_R = 0,06$ W/(m·K) vermindert werden. Wie groß ist die Wärmeleitfähigkeit des Leichtmörtels?

Wanddicke s in cm	Abmessung in cm L B H	Steine Stück
36,5	30,0 36,5 23,8	13

Lösung

Das Mauerwerk besteht aus zwei parallelgeschalteten (nebeneinanderliegenden) Konstruktionsschichten Leichthochlochziegel und Mörtel.

Nach DIN 4108-5 beträgt der mittlere Wärmedurchgangskoeffizient:

$$k = \frac{A_1}{A} \cdot k_1 + \frac{A_2}{A} \cdot k_2 + \ldots + \frac{A_n}{A} \cdot k_n = a_1 \cdot k_1 + a_2 \cdot k_2 + \ldots + a_n \cdot k_n.$$

Mauerwerk (MW) mit

1) Normalmörtel   (N): $k_{MWN} = (a \cdot k)_{MW} + (a \cdot k)_N$

2) Leichtmörtel   (L): $k_{MWL} = (a \cdot k)_{MW} + (a \cdot k)_L$

Ermittlung der Flächenanteile mit $A = 1\ m^2$:

$$\text{Mauerwerk: } a_{MW} = \frac{13 \cdot 0,3 \cdot 0,238\ m^2}{1\ m^2} = 0,9282$$

$$\text{Mörtel: } a_N = a_L = 1 - a_{MW} = 0,0718$$

$$\text{Für das Mauerwerk gilt: } k_{MW} = \frac{1}{R_i + \left(\dfrac{s}{\lambda}\right)_{MW} + R_a}$$

mit R_i und R_a nach DIN 4108-4 und s = 0,365 m ergeben sich folgende Wärmedurchgangskoeffizienten:

Rohdichte in kg/m³		λ_{MW} in W/(m·K)	k_{MW} inW/(m²·K)
700	N	0,28	0,679
	L	0,28 - 0,06	0,547
800	N	0,34	0,804
	L	0,34 - 0,06	0,679

$$k_{MWN} - k_{MWL} = \left[(a \cdot k)_{MW} + (a \cdot k)_L \right] - \left[(a \cdot k)_{MW} - (a \cdot k)_L \right]$$

$$= (a \cdot k)_N - (a \cdot k)_L = a_N \cdot (k_N - k_L).$$

Somit $\quad k_L = k_N - \dfrac{k_{MWN} - k_{MWL}}{a_N}$, weiterhin gilt:

$$k_L = \frac{1}{R_i + \left(\dfrac{s}{\lambda}\right)_L + R_a} \quad \text{hieraus} \quad \frac{1}{k_L} = R_i + \left(\frac{s}{\lambda}\right)_L + R_a$$

$$\lambda_L = \frac{s}{\dfrac{1}{k_L} - (R_i + R_a)} \quad \text{und durch Umformen:}$$

$$\lambda_L = \frac{s}{\dfrac{1}{\dfrac{1}{R_i + \left(\dfrac{s}{\lambda}\right)_N + R_a} - \dfrac{k_{MWN} - k_{MWL}}{a_N}} - (R_i + R_a)}$$

λ_N nach DIN 4108-4 eingesetzt:

λ_N in W/(m·K)		0,7	0,87	0,90	1,2	1,4
λ_L in W/(m·K) für die	700	-0,134	-0,051	-0,036	0,104	0,192
Rohdichte in kg/m³	800	-0,102	-0,016	-0,001	0,143	0,235

Folgerung:

Bei Mauerwerk mit Normalmörtel mit $\lambda_N <$ 0,90 W/(m·K) müßte die Wärmeleitfähigkeit des Leichtmörtels $\lambda_L <$ 0 sein! Das angegebene Verbesserungsmaß besitzt demnach nur Gültigkeit für Mauerwerk mit Normalmörtel mit etwa $\lambda_N \geq$ 0,95 W/(m·K).

227

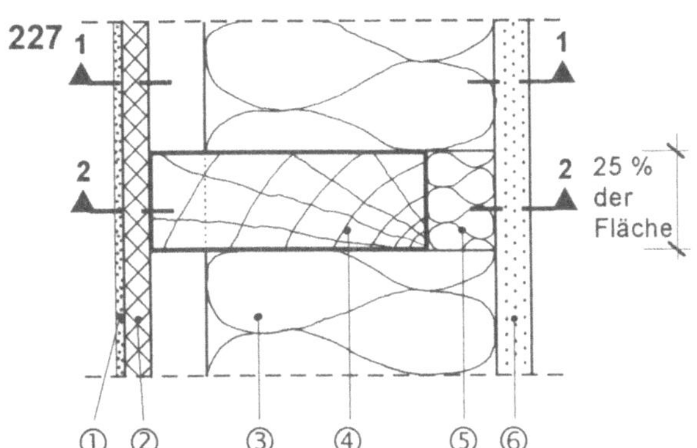

Die Skizze zeigt eine belüftete Fertighauswand nach Firmenangaben.
Wie groß ist der vorhandene Wärmedurchlaßwiderstand und wird die Forderung nach DIN 4108-2 zum Wärmeschutz erfüllt?

Baustoff	Dicke s	Rohdichte ρ	Wärmeleitfähigkeit λ
	m	kg/m³	W/(m·K)
1 Außenputz	0,002	400	0,16
2 Faserzementplatte	0,008	1800	0,75
3 Mineralwolle	0,100	100	0,035
4 Holzbalken	0,100	500	0,12
5 Mineralwolle-plattenstreifen	0,020	100	0,035
6 Gipskartonplatte	0,010	500	0,18

Lösung

Um zu ermitteln, ob es sich bei der gegebenen Fertighauswand um ein leichtes Bauteil nach DIN 4108-2 handelt, ist zunächst die *flächenbezogene Gesamtmasse* zu bestimmen:

$$m = \rho \cdot V = \rho \cdot A \cdot s, \text{ daraus folgt: } \frac{m}{A} = \rho \cdot s$$

Schicht	flächenbezogene Gesamtmasse	
	Schnitt 1 - 1	Schnitt 2 - 2
	kg/m²	kg/m²
1	(0,8)	(0,8)
2	(14,4)	(14,4)
3	10,0	—
4	—	40,0
5	—	2,0
6	5,0	5,0
Summe	15,0	47,0

Der Holzbalken wird nur anteilig bis zur Luftschicht berücksichtigt.

Also ergibt sich folgende *flächenbezogene Gesamtmasse* der Fertighauswand:

$$\frac{m}{A} = a_1 \cdot \left(\frac{m}{A}\right)_1 + a_2 \cdot \left(\frac{m}{A}\right)_2 = (0{,}75 \cdot 15{,}0 + 0{,}25 \cdot 47{,}0)\ kg/m^2$$

$$\frac{m}{A} = 23{,}0\ kg/m^2$$

Es handelt sich hier um ein leichtes Bauteil (*flächenbezogene Gesamtmasse* < 300 kg/m^2). Mit Hilfe der Tabelle 2 in DIN 4108-2 ergibt sich nun der Mindestwert des Wärmedurchlaßwiderstandes durch Interpolation mit $\frac{1}{\Lambda} = 1{,}66$ m^2·K/W, bei ausschließlicher Berücksichtigung der *flächenbezogenen Masse* der Gipskartonplatte (5,0 kg/m^2)!

Berechnung des vorhandenen Wärmedurchlaßwiderstandes:

Die Wand ist belüftet, d.h. bei Schnitt 1 - 1 darf die Außenschale nicht berücksichtigt werden. Um auf der sicheren Seite zu liegen, wird bei Schnitt 2 - 2 die Außenschale (inklusive dem in den Luftspalt ragenden Teil des Holzbalkens) ebenfalls nicht berücksichtigt.

Dann ergibt sich für den Wärmedurchgangskoeffizienten des Bauteils: $k = a_1 \cdot k_1 + a_2 \cdot k_2$

Berechnung der Wärmedurchgangskoeffizienten k_1 und k_2 nach DIN 4108-5:

$$k_1 = \frac{1}{0{,}13 + \dfrac{0{,}01}{0{,}18} + \dfrac{0{,}10}{0{,}035} + 0{,}08}\ W/(m^2 \cdot K) \qquad = 0{,}32\ W/(m^2 \cdot K)$$

$$k_2 = \frac{1}{0{,}13 + \dfrac{0{,}01}{0{,}18} + \dfrac{0{,}02}{0{,}035} + \dfrac{0{,}10 - 0{,}02}{0{,}12} + 0{,}08}\ W/(m^2 \cdot K) = 0{,}67\ W/(m^2 \cdot K)$$

Damit ergibt sich für den Wärmedurchgangskoeffizienten der Fertighauswand:

$k = (0{,}75 \cdot 0{,}32 + 0{,}25 \cdot 0{,}67)\ W/(m^2 \cdot K) = 0{,}41\ W/(m^2 \cdot K)$

Zur Frage des Wärmedurchlaßwiderstandes der gesamten Fertighauswand erhält man aus der allgemeinen Schreibform für den Wärmedurchgangskoeffizient und Auflösen nach:

$$\frac{1}{\Lambda} = \frac{1}{k} - (R_i + R_a) = \left[\frac{1}{0{,}41} - (0{,}13 + 0{,}08)\right]\ m^2 \cdot K/W = 2{,}23\ m^2 \cdot K/W$$

Der vorhandene Wärmedurchlaßwiderstand ist größer als der geforderte. Somit ist die Dämmung der Fertighauswand ausreichend.

228 Für eine senkrechte Fachwerkaußenwand von 10 cm Dicke aus Holz (λ = 0,13 W/(m·K)) und Korkplatten (λ = 0,05 W/(m·K)) ohne zusätzlichen Putz sind der Wärmedurchgangskoeffizient, der Wärmedurchlaßwiderstand und rechnerisch die Oberflächentemperaturen innen und außen für den Rippen- und Gefachbereich gesucht.

Angaben: ϑ_{Li} = 20°C, ϑ_{La} = - 15°C.

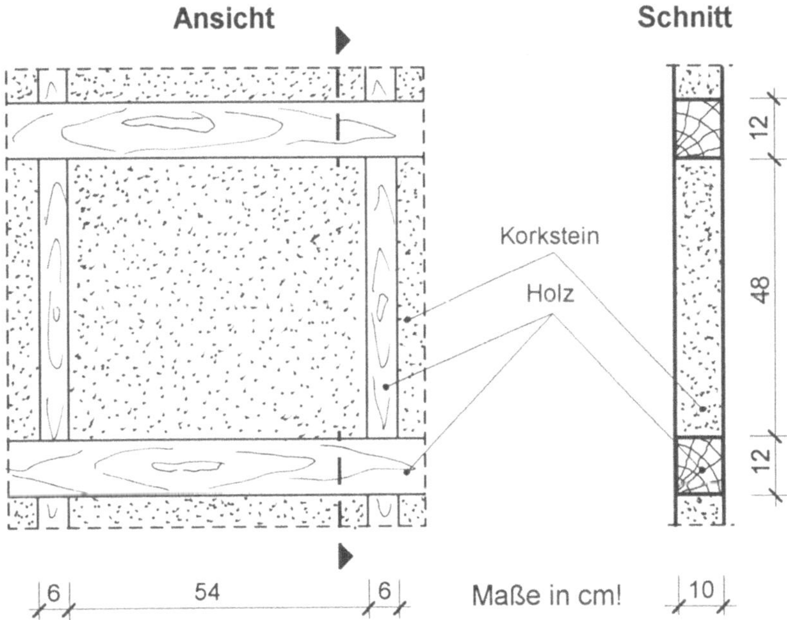

Lösung

Berechnung der Flächenanteile eines herausgeschnittenen, repräsentativen Teilquerschnittes (Gefach sowie 1 horizontale und 1 senkrechte Rippe):

A_{Rippe} = (60,0 · 12,0 cm^2 + 48,0 · 6,0 cm^2) = 1 008,0 cm^2

A_{Gefach} = (54,0 · 48,0 cm^2) = 2 592,0 cm^2

Summe der Flächenanteile: 3 600,0 cm^2

Wärmedurchgangskoeffizient k nach DIN 4108-5:

$$k_{Rippe} = \frac{1}{0,13 + \dfrac{0,1}{0,13} + 0,04} \; W/(m^2 \cdot K) = 1,07 \; W/(m^2 \cdot K)$$

$$k_{Gefach} = \cfrac{1}{0,13 + \cfrac{0,1}{0,05} + 0,04} \; W/(m^2 \cdot K) = 0,46 \; W/(m^2 \cdot K)$$

Berechnung des Wärmedurchgangskoeffizienten k_W der Außenwandkonstruktion nach DIN 4108-5:

$$k_W = \frac{A_{Rippe}}{A} \cdot k_{Rippe} + \frac{A_{Gefach}}{A} \cdot k_{Gefach} = a_{Rippe} \cdot k_{Rippe} + a_{Gefach} \cdot k_{Gefach}$$

$$k_W = \frac{1008}{3600} \cdot 1{,}07 \; W/(m^2 \cdot K) + \frac{2592}{3600} \cdot 0{,}46 \; W/(m^2 \cdot K) = 0{,}63 \; W/(m^2 \cdot K)$$

Der Wärmedurchlaßwiderstand errechnet sich nach DIN 4108-5:

$$\frac{1}{\Lambda} = \frac{1}{k_W} - \left(R_i + R_a\right) \; m^2 \cdot K/W = \left[\frac{1}{0,63} - (0,13 + 0,04)\right] m^2 \cdot K/W$$

$$\frac{1}{\Lambda} = 1{,}42 \; m^2 \cdot K/W$$

Zur Frage der Oberflächentemperaturen nach DIN 4108-5:

$$q = k \cdot (\vartheta_{Li} - \vartheta_{La}) = \frac{\vartheta_{Li} - \vartheta_{Oi}}{R_i} = \frac{\vartheta_{La} + \vartheta_{Oa}}{R_a} \; W/m^2$$

Somit ergeben sich für die Oberflächentemperaturen im Bereich des Holzes (Rippe):

$\vartheta_{Oi} = \vartheta_{Li} - k_{Rippe} \cdot (\vartheta_{Li} - \vartheta_{La}) \cdot R_i$

$\vartheta_{Oi} = [20,0 - 1,07 \cdot (20,0 - (-15,0)) \cdot 0,13] \; °C \quad = \; 15,1°C$

$\vartheta_{Oa} = \vartheta_{La} + k_{Rippe} \cdot (\vartheta_{Li} - \vartheta_{La}) \cdot R_a$

$\vartheta_{Oa} = [(-15,0) + 1,07 \cdot (20,0 - (-15,0)) \cdot 0,04] \; °C \; = \; -13,5°C$

Oberflächentemperaturen im Bereich der Korkplatten (Gefach):

$\vartheta_{Oi} = [20,0 - 0,46 \cdot (20,0 - (-15,0)) \cdot 0,13] \; °C \quad = \; 17,9°C$

$\vartheta_{Oa} = [(-15,0) + 0,46 \cdot (20,0 - (-15,0)) \cdot 0,04] \; °C \; = \; -14,4°C$

229 Für eine Betonskelettfassade ist der mittlere Wärmedurchgangskoeffizient zu prüfen. Nach einer Wärmebilanzrechnung des Bürogebäudes darf der mittlere Wärmedurchgangskoeffizient geschoßweise maximal $k_{m,W+F} \leq 1{,}85 \; W/(m^2 \cdot K)$ betragen. Wie hoch (h_F) dürfen, bei der vorgegebenen Fassadenkonstruktion gemäß Skizze, die Fensterelemente maximal sein, damit die Anforderungen an den mittleren Wärmedurchgangskoeffizienten erfüllt werden?

Schnitt b - b

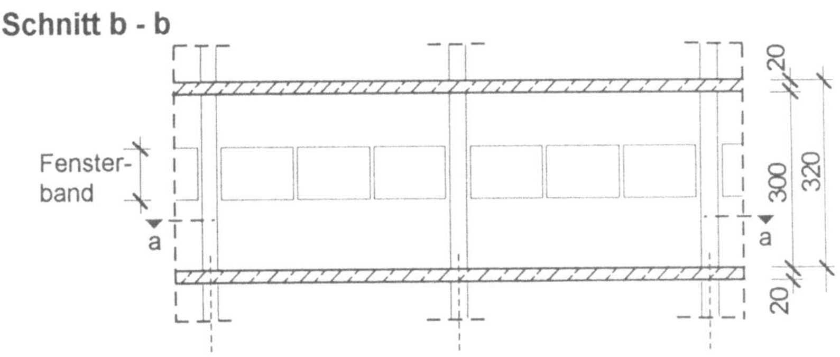

Schnitt a - a

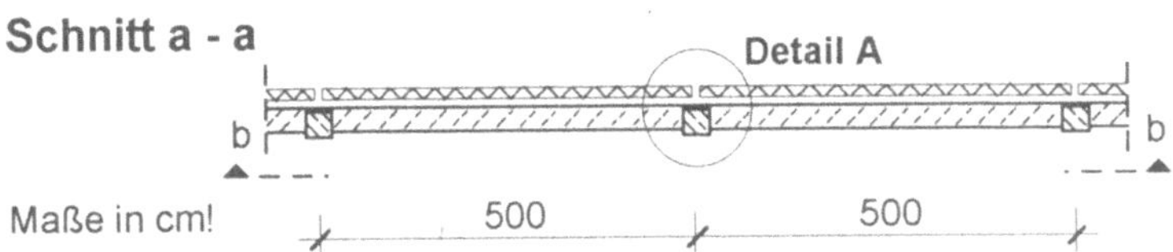

Detail a

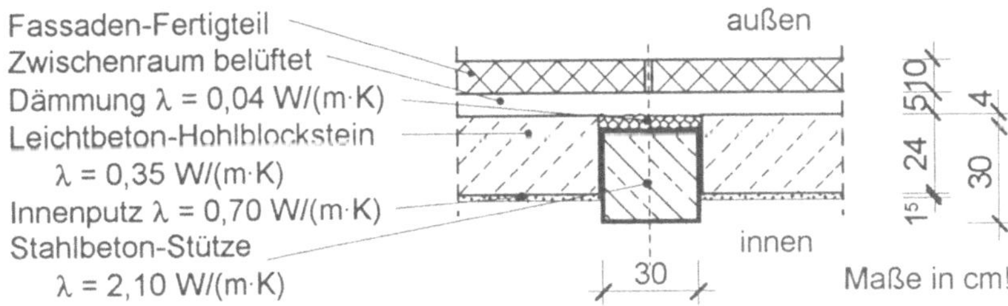

Fensterelement: Isolierglas, Rahmenmaterialgruppe RG 2,1 nach DIN 4108-4 mit Luftzwischenraum LZR 10 mm.

Lösung

Konstruktiv besteht die Fassadenkonstruktion aus transparenten (k_F) und nichttransparenten (k_W) Flächen mit einem mittleren Wärmedurchgangskoeffizienten $k_{m,W+F}$. Gesucht ist für die Fensterfläche bei vorgegebener flächenmäßiger Aufteilung und bei gegebenem Wärmedurchgangskoeffizienten der Fenster k_F die Fensterhöhe h_F.

Die nichttransparente Fassadenfläche k_W setzt sich bauphysikalisch aus einem Mittelfeld (Gefachbereich) und einer Rippenkonstruktion zusammen. Nach DIN 4108-5 gilt für den mittleren Wärmedurchgangskoeffizient der nichttransparenten Fassadenfläche: $\qquad k_W = k_1 \cdot a_1 + k_2 \cdot a_2,$

worin k_1 und k_2 die Wärmedurchgangskoeffizienten der Teilflächen 1 (Mittelfeld) und 2 (Rippenbereich) bedeuten, und a_1 bzw. a_2 die Flächenanteile der nebeneinanderliegenden Bereiche.

Bei gleicher Raumhöhe H ergibt sich vereinfachend für die Flächenanteile:

$$\text{Gefachbereich: } a_1 = \frac{A_1}{A} = \frac{4,7\text{ m}}{5,0\text{ m}} = 0,94$$

$$\text{Rippenbereich: } a_2 = \frac{A_2}{A} = \frac{0,3\text{ m}}{5,0\text{ m}} = 0,06$$

Teilwärmedurchgangskoeffizienten:

$$k_1 = \frac{1}{0,13 + \dfrac{0,24}{0,35} + \dfrac{0,015}{0,70} + 0,08} \; \text{W/(m}^2\text{·K)} = 1,090 \; \text{W/(m}^2\text{·K)}$$

$$k_2 = \frac{1}{0,13 + \dfrac{0,215}{2,1} + \dfrac{0,04}{0,04} + 0,08} \; \text{W/(m}^2\text{·K)} = 0,762 \; \text{W/(m}^2\text{·K)}$$

Hieraus:

$$k_W = (0,94 \cdot 1,090 + 0,06 \cdot 0,762) \; \text{W/(m}^2\text{·K)} = 1,070 \; \text{W/(m}^2\text{·K)}.$$

Rechnerisch ergibt sich nun für das gesamte Fassadenelement:

$$k_{m,W+F} = k_W \cdot \frac{A_W}{A_{W+F}} + k_F \cdot \frac{A_F}{A_{W+F}} \leq 1,85 \; \text{W/(m}^2\text{·K)}$$

$$A_W + A_F = A_{W+F} \qquad\qquad \frac{A_W}{A_{W+F}} = 1,0 - \frac{A_F}{A_{W+F}}$$

$$k_{m,W+F} = k_W \cdot \left(1 - \frac{A_F}{A_{W+F}}\right) + k_F \cdot \frac{A_F}{A_{W+F}} \leq 1,85 \; \text{W/(m}^2\text{·K)}$$

$$\frac{A_F}{A_{W+F}} = \frac{k_{m,W+F} - k_W}{k_F - k_W}$$

Geometrisch gilt:
$$A_F = h_F \cdot b, \qquad\qquad A_W = h \cdot b$$

h_F ... Fensterhöhe in m,

h ... Geschoßhöhe in m,

b ... Länge des Gefachbereiches,

k_F ... Wärmedurchgangskoeffizient des Fensterelements nach DIN 4108-4 (RG 2,1 und LZR 10) mit $k_F = 3,0$ W/(m^2·K).

$$\frac{h_F}{h} = \frac{k_{m,W+F} - k_W}{k_F - k_W} = \frac{1,85 - 1,07}{3,0 - 1,07} = 0,404, \text{ hieraus}$$

$$h_F = 0,404 \cdot 3,2 \text{ m} = 1,29 \text{ m}$$

Die gesuchte Fensterhöhe h_F beträgt 1,29 m.
Die Lösung kann aber auch analytisch erfolgen:

Aufgetragen sind über dem Fensterflächenanteil $\dfrac{A_F}{A_{W+F}}$ = 0 bis

100 % die Wärmedurchgangskoeffizienten k_W und k_F:

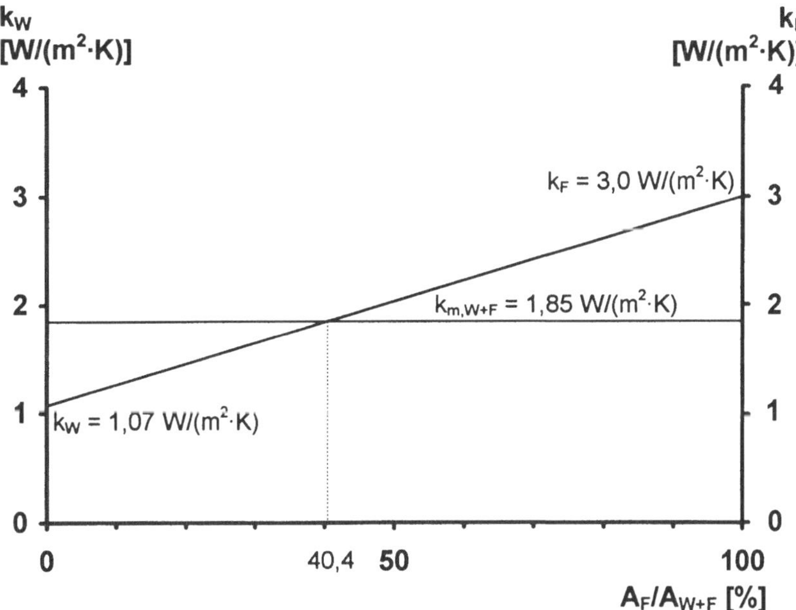

Ergebnis: Fensterflächenanteil 40,4 %.
Dieses Ergebnis läßt sich auch aus dem vorstehenden Schaubild geometrisch herleiten:

$$\frac{k_F - k_W}{100\%} = \frac{k_{m,W+F} - k_W}{x\%}$$

$$x = \frac{k_{m,W+F} - k_W}{k_F - k_W} \cdot 100\% = \frac{1,85 - 1,07}{3,0 - 1,07} \cdot 100\% = 40,4\%$$

Mit $A_F = k_F \cdot b$, $A_W = h \cdot b$ folgt:

$$\frac{A_F}{A_{W+F}} = \frac{h_F}{h}, \quad h_F = 0,404 \cdot 3,20 \text{ m} = 1,29 \text{ m}$$

230 Nach dem *Fourier*schen Erfahrungsgesetz beträgt die Wärmestromdichte einer einschichtigen Konstruktion mit den Oberflächentemperaturen ϑ_{Oi} und ϑ_{Oa} bei einem eindimensionalen Temperaturfeld

$$q = \frac{\lambda}{s}\left(\vartheta_{Oi} - \vartheta_{Oa}\right).$$

Wie groß sind die statistischen (wahrscheinlichen) Ergebnisfehlergrenzen der Wärmestromdichte, wenn durch Messungen folgende Fehlergrenzen festgestellt wurden?

$\Delta\lambda = \pm\,0{,}018\ \text{W/(m·K)}, \quad \Delta\vartheta = \pm\,0{,}010\ \text{K}$ und $\Delta s = \pm\,25 \cdot 10^{-5}\ \text{m}$.

Lösung

Nach den Grundlagen für die Fortpflanzung von Fehlern und Fehlergrenzen gemäß DIN 1319 und Richtlinie VDI / VDE 2620, sowie Aufgabe 102 errechnet sich die absolute Ergebnisfehlergrenze von q zu:

$$G'_q = \pm\left\{\left|\left(\frac{\vartheta_{Oi} - \vartheta_{Oa}}{s}\right)\cdot\Delta\lambda\right| + \left|\frac{\lambda}{s}\cdot\Delta\vartheta\right| + \left|\frac{\lambda}{s}\cdot\Delta\vartheta\right| + \left|\frac{\lambda}{s^2}\cdot\left(\vartheta_{Oi} - \vartheta_{Oa}\right)\cdot\Delta s\right|\right\}$$

$$= \pm\left\{\frac{0{,}018}{s}\cdot\left(\vartheta_{Oi} - \vartheta_{Oa}\right) + 2\cdot\frac{0{,}010}{s}\cdot\lambda + \frac{0{,}00025}{s^2}\cdot\lambda\cdot\left(\vartheta_{Oi} - \vartheta_{Oa}\right)\right\}$$

Die relative Fehlergrenze des Ergebnisses von q zu:

$$\frac{G'_q}{q} = \pm\left\{\frac{0{,}018}{\lambda} + \frac{0{,}020}{\left(\vartheta_{Oi} - \vartheta_{Oa}\right)} + \frac{0{,}00025}{s}\right\}$$

Die statistische (wahrscheinliche) absolute Fehlergrenze des Ergebnisses für die Wärmestromdichte beträgt dann:

$$G''_q = \pm\sqrt{\left[\frac{0{,}018}{s}\cdot\left(\vartheta_{Oi} - \vartheta_{Oa}\right)\right]^2 + 2\cdot\left[\frac{0{,}010}{s}\cdot\lambda\right]^2 + \left[\frac{0{,}00025}{s^2}\cdot\lambda\cdot\left(\vartheta_{Oi} - \vartheta_{Oa}\right)\right]^2}$$

Die relative statistische Fehlergrenze des Ergebnisses für die Wärmestromdichte beträgt dann:

$$\frac{G''_q}{q} = \pm\sqrt{\left(\frac{0{,}018}{\lambda}\right)^2 + 2\cdot\left(\frac{0{,}010}{\vartheta_{Oi} - \vartheta_{Oa}}\right)^2 + \left(\frac{0{,}00025}{s}\right)^2}$$

231 Wie verändern sich die innere Oberflächentemperatur und die Frostgrenze einer Außenwand während der Heizperiode, wenn sich der äußere Wärmeübergangskoeffizient ändert?

Lösung

Nach DIN 4108-5 wird $\vartheta_{Oi} = \vartheta_{Li} - q \cdot R_i$

$$q = k \cdot \left(\vartheta_{Li} - \vartheta_{La}\right) = \frac{\left(\vartheta_{Li} - \vartheta_{La}\right)}{\left(\dfrac{1}{\alpha_a} + \sum \dfrac{1}{\Lambda_i} + R_i\right)} \rightarrow \vartheta_{Oi} = \frac{\vartheta_{Li} - \left(\vartheta_{Li} - \vartheta_{La}\right) \cdot R_i}{\left(\dfrac{1}{\alpha_a} + \sum \dfrac{1}{\Lambda_i} + R_i\right)}.$$

Das Betrachtungsergebnis läßt sich auch sehr einfach im Temperaturschema z.B. einer einschichtigen Konstruktion für den stationären Wärmestrom $q = k \cdot (\vartheta_{Li} - \vartheta_{La})$ erklären, ϑ_{Li} Raumlufttemperatur im Winter, ϑ_{La} Außenlufttemperatur im Winter und den gegebenen Werten für den Wärmedurchlaßwiderstand $\dfrac{1}{\Lambda}$, sowie den Wärmeübergangswiderständen R_i und R_a nach DIN 4108-4.

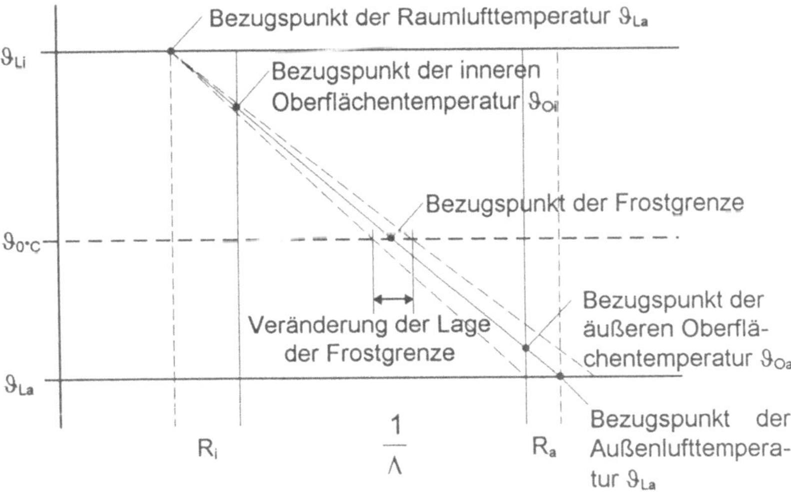

$R_a = \dfrac{1}{\alpha_a} = 0{,}04 \ \text{m}^2 \cdot \text{K/W}$. Steigt z.B. bei hoher Windgeschwindigkeit α_a an, wird der Kehrwert $\dfrac{1}{\alpha_a} = R_a \rightarrow 0 \ \text{m}^2 \cdot \text{K/W}$. Der Bezugspunkt im oberen Diagramm wird die Oberflächentemperatur auf der Außenseite der Konstruktion annehmen, $\vartheta_{0°C}$ (Frostgrenze) wandert in Richtung Innenoberfläche der Wandkonstruktion, die Wärmestromdichte q nimmt zu, die innere Oberflächentemperatur wird niedriger.

Die Verhältnisse kehren sich um, wenn α_a nach 0 strebt (z.B. bei Windstille), R_a ansteigt und die Wärmestromdichte q abnimmt; als Folge steigt die innere Oberflächentemperatur und die Frostgrenze wandert in Richtung Außenseite der Konstruktion.

232 Worauf weist eine große Differenz zwischen der Raumlufttemperatur ϑ_{Li} und der inneren Oberflächentemperatur ϑ_{Oi} hin? Warum ist $\vartheta_{Li} \neq \vartheta_{Oi}$?

Lösung

Voraussetzung: Im Winter ist die Raumlufttemperatur $\vartheta_{Li} > \vartheta_{La}$, d.h. der Außenlufttemperatur. Folglich verändern sich in den Niveauflächen nach *Fourier* durch die Wärmeleitung ($\lambda > 0$) in Richtung der Normalen - d.h. senkrecht zu den Begrenzungsflächen der raumumschließenden Konstruktion - die Temperaturen. Nach dem Gesetz von *Fourier* findet in den Niveauflächen kein Wärmestrom statt, wenn kein Temperaturgefälle vorhanden ist, da alle Punkte auf den Niveauflächen die gleichen Temperaturen besitzen. Durch das Temperaturgefälle in der Konstruktion findet folglich an deren innerer Oberfläche des Raumes mit dem angrenzenden Medium Luft ein Wärmestrom statt, der als Wärmeübergang bezeichnet wird. Durch den Wärmestrom in Richtung des Temperaturgefälles ϑ_{Li} - ϑ_{Oi} muß $\vartheta_{Li} \neq \vartheta_{Oi}$ sein. Der temperierte Raum ist bestrebt, die Temperaturen durch Wärmeleitung, Konvektion und Strahlung auszugleichen. Angenommen eine einschichtige, raumumschließende Konstruktion mit der Dicke s in m, Wärmeleitfähigkeit λ in W/(m·K), Wärmeübergangskoeffizient α_i in W/(m²·K), dann gilt nach DIN 4108-5 für den Wärmestrom der Ansatz:

$$\frac{\lambda}{s} \cdot (\vartheta_{Oi} - \vartheta_{Oa}) = \alpha_i \cdot (\vartheta_{Li} - \vartheta_{Oi}) = \frac{1}{R_i} \cdot (\vartheta_{Li} - \vartheta_{Oi})$$

$$R_i \cdot \frac{\lambda}{s} \cdot (\vartheta_{Oi} - \vartheta_{Oa}) = \vartheta_{Li} - \vartheta_{Oi}$$

Da R_i, s und $\vartheta_{Oa} \approx \vartheta_{La}$ konstante Werte sind, hängt der Temperaturunterschied ϑ_{Li} - ϑ_{Oi} von der Wärmeleitfähigkeit λ ab. Je wärmedämmender ein Baustoff ist, z.B. λ = 0,04 W/(m·K) gegenüber einem sehr schlecht dämmenden, z.B. λ = 3,0 W/(m·K), desto größer wird dieser Einfluß.

Für λ = 0 W/(m·K) folgt $\vartheta_{Li} = \vartheta_{Oi}$. Der Unterschied steigt mit zunehmender Wärmeleitfähigkeit bzw. abnehmendem Wärmedurchlaßwiderstand $\frac{s}{\lambda}$.

Nach DIN 4108-2 beträgt der Mindest - Wärmedurchlaßwiderstand $\frac{1}{\Lambda} = \frac{s}{\lambda}$ = 0,55 m²·K/W und hieraus für den Wärmeübergangswiderstand R_i = 0,13 m²·K/W folgt:

$\vartheta_{Li} - \vartheta_{Oi} \approx$ 7 K, für ϑ_{Li} = 20,0°C, $\vartheta_{La} \approx \vartheta_{Oa}$ = - 15,0°C.

233 Welche Differenz der Oberflächentemperaturen herrschen an einer Glasscheibe bei ϑ_{Li} = 20°C, ϑ_{La} = - 15°C?

Lösung

Nach DIN 4108-4 beträgt bei einer Einfachverglasung:
$$k = 5{,}8 \text{ W/(m}^2\text{·K)}.$$

Ansatz nach DIN 4108-5:

$$q = k \cdot (\vartheta_{Li} - \vartheta_{La}) = \frac{1}{R_i} \cdot (\vartheta_{Li} - \vartheta_{Oi}) = \frac{1}{R_a} \cdot (\vartheta_{Oa} - \vartheta_{La})$$

Hieraus: $k \cdot (\vartheta_{Li} - \vartheta_{La}) = \frac{1}{R_i} \cdot (\vartheta_{Li} - \vartheta_{Oi})$

$$\vartheta_{Oi} = \vartheta_{Li} - k \cdot R_i \cdot (\vartheta_{Li} - \vartheta_{La})$$

Nach DIN 4108-4 beträgt der innere Wärmeübergangswiderstand R_i = 0,13 m²·K/W und somit:

ϑ_{Oi} = [20,0 - 5,8 · 0,13 · (20,0 - (- 15,0))]°C   = - 6,4°C
In gleicher Weise - mit R_a = 0,04 m²·K/W:
$\vartheta_{Oa} = \vartheta_{La} + k \cdot R_a \cdot (\vartheta_{Li} - \vartheta_{La})$
ϑ_{Oa} = [(- 15,0) + 5,8 · 0,04 · (20,0 - (- 15,0))]°C = - 6,9°C

Somit beträgt der Temperaturunterschied an der Scheibe praktisch $\approx$ 0,5 K.

234 Der Wärmeübergang auf der äußeren Oberfläche eines Außenbauteils hängt u.a. von der Windgeschwindigkeit ab. Wie stellt sich der Wärmeübergang bei vollkommener Windstille dar?

Lösung

Bei Windstille wird dieser Wärmeübergang in erster Linie durch Wärmeübertragung (Strahlung) zwischen äußerer Oberfläche und Umgebung und durch natürliche Konvektion (thermisch) infolge der Temperaturdifferenzen zwischen äußerer Oberfläche und Außenluft bewirkt. Der Wärmeübergangskoeffizient beträgt für $\alpha_a \approx 6$ W/(m^2·K), für $\alpha_s \approx 5$ W/(m^2·K).

235 Der Wärmedurchgangskoeffizient eines Fensters beträgt 3,10 W/(m^2·K), der einer Außenwand 0,60 W/(m^2·K). Überschlägig ist der Einfluß des Windes während der Heizperiode auf diesen Wert in Bezug zur Windstille abzuschätzen.

Lösung

Nach DIN 4108 und DIN 4701 liegt dem äußeren Wärmeübergangswiderstand $R_a = 0{,}04$ m^2·K/W eine mittlere Windgeschwindigkeit von etwa 4 m/s zugrunde. Bei Windstille verringert sich der äußere Wärmeübergangskoeffizient α_a durch fehlende Konvektion. Zu berücksichtigen ist nur noch ein Strahlungsanteil mit etwa $\alpha_s \approx 5$ W/(m^2·K), entsprechend einem äußeren Wärmeübergangswiderstand von 0,20 m^2·K/W. Unter Vernachlässigung des Einflußes der Thermik auf den äußeren Wärmeübergangswiderstand errechnet sich für die Wärmeübergangskoeffizienten bei Windstille (wobei $\dfrac{1}{\Lambda}$ aus den vorgegebenen Wärmedurchgangskoeffizienten für das Fenster 0,15 m^2·K/W und für die Außenwand 1,50 m^2·K/W beträgt):

$$k_{\text{Fenster}} = \frac{1}{0{,}13 + 0{,}15 + 0{,}20} \text{ W/(m}^2\text{·K)} = 2{,}08 \text{ W/(m}^2\text{·K)}$$

$$k_{\text{Außenwand}} = \frac{1}{0{,}13 + 1{,}50 + 0{,}20} \text{ W/(m}^2\text{·K)} = 0{,}55 \text{ W/(m}^2\text{·K)}$$

Prozentuale Abschätzung der Wärmedurchgangskoeffizienten bei Windstille im Vergleich zu den Bedingungen beim Norm-Wärmeübergangswiderstand:

$$\text{Fenster:} \qquad \left(1 - \frac{2{,}08}{3{,}10}\right) \cdot 100\% \approx 33\ \%$$

Außenwand: $\left(1 - \dfrac{0{,}55}{0{,}60}\right) \cdot 100\% \approx\ 8\ \%$

Daraus kann gefolgert werden: Je schlechter der Wärmedurchgangskoeffizient eines Bauteils, desto größer ist der Anteil der Windgeschwindigkeit auf diesen Wert.

236 Der Wärmeübergangskoeffizient auf der Innenseite von Außenwänden geschlossener Wohn- und ähnlicher Räume - bei natürlicher Luftbewegung - beträgt nach DIN 4108-5 Tabelle 5:

$$\alpha_i = \frac{1}{R_i} = \frac{1}{0{,}13}\ \text{W/(m}^2\text{·K)} \approx 7{,}7\ \text{W/(m}^2\text{·K)}.$$

Warum ist bei Außenwänden von Hallen und ähnlichen Räumen nach DIN 4701-2 ein anderer Wert [$\alpha_i = \dfrac{1}{R_i} = \dfrac{1}{0{,}21}\ \text{W/(m}^2\text{·K)} \approx$

$4{,}8\ \text{W/(m}^2\text{·K)}$ bzw. $\alpha_i = \dfrac{1}{R_i} = \dfrac{1}{0{,}12}\ \text{W/(m}^2\text{·K)} \approx 8{,}3\ \text{W/(m}^2\text{·K)}$] in

Rechnung zu setzen?

Lösung

Die Heizlastberechnung weicht in zwei Punkten von den üblichen Fällen ab:
Es fehlen die erwärmten Innenflächen, die mit den Außenwänden und Fenstern im Strahlungsaustausch stehen,
und die Lufttemperatur verändert sich mit der Hallenhöhe, sie nimmt mit der Raumhöhe um 2 K (5 bis 10 m) bis 4 K (über 18 m) zu.
Daraus folgt:
Erhöhung des inneren Wärmeübergangswiderstandes und Wärmedurchgangswiderstandes an der Außenfläche bei konvektiver Wärmeabgabe. DIN 4701-2 gibt die Grenzwerte der inneren Wärmeübergangswiderstände R_i in Hallen an:
Hallen ohne Innenwände und Geschosse, wenn die lichte Höhe größer ist als die Raumtiefe $R_i = 0{,}21$ bis $0{,}12\ \text{m}^2\text{·K/W}$,
Hallen mit Innenwänden und Hallen mit lichten Höhen kleiner als die Raumtiefe $R_i = 0{,}17$ bis $0{,}12\ \text{m}^2\text{·K/W}$.
Wird der Wärmebedarf überwiegend durch Strahlung gedeckt, so kann die Minderung des Strahlungsaustausches zwischen Innenflächen und Außenbauteilen, je nach der geometrischen Anordnung von Strahlungsflächen und Außenbauteilen, ausge-

glichen oder auch überkompensiert werden. Es ist dann ein innerer Wärmeübergangswiderstand zwischen dem Maximum der vorgenannten Werte und dem Normalwert abzuschätzen:

$R_i \approx (0{,}15 \ldots 0{,}18)$ m²·K/W, d.h. $\alpha_i \approx 5{,}6$ bis $6{,}7$ W/(m²·K).

237 Aus baulichen Gründen muß ein Lufttransportkanal von 1 m x 1 m Kantenlänge durch einen temperierten Gebäudeflur gezogen werden. Wie dick muß die Mineralwolleschicht der Blechkanaldämmung zur Verhütung von Tauwasserbildung gewählt werden, wenn in dem Kanal Außenluft von - 15°C mit 8 m/s strömt und der Flur im Gebäudeinnern eine Raumlufttemperatur von 14°C bei einer angenommenen maximalen relativen Luftfeuchte von 60 % hat?

Lösung

Wegen der großen Kantenabmessungen können für die Berechnung des Wärmeflusses die Formeln nach DIN 4108-5 verwendet werden.

Forderung zur Verhütung von Tauwasserbildung:

$$\vartheta_{Oi} \geq \vartheta_s$$

Aus DIN 4108-5 folgt für $\vartheta_{Li} = 14°C$ bei einer relativen Luftfeuchte von $\varphi_i = 60\ \%$, eine Taupunkttemperatur von $\vartheta_\varepsilon = 6{,}4°C$.

Folglich: $\vartheta_{Oi} \geq 6{,}4°C$.

Aus der Formel für den Wärmestrom nach DIN 4108-5 folgt:

$$q = k \cdot (\vartheta_{Li} - \vartheta_{La}) = \alpha_i \cdot (\vartheta_{Li} - \vartheta_{Oi})$$

$$k = \alpha_i \cdot \frac{\vartheta_{Li} - \vartheta_{Oi}}{\vartheta_{Li} - \vartheta_{La}} = \frac{1}{R_i + \left(\dfrac{s}{\lambda}\right)_{\text{Dämmung}} + \left(\dfrac{s}{\lambda}\right)_{\text{Blech}} + R_a},$$

und aufgelöst nach der gesuchten Dämmschichtdicke:

$$s_{\text{Dämmung}} = \lambda_{\text{Dämmung}} \cdot \left(R_i \cdot \frac{\vartheta_{Li} - \vartheta_{La}}{\vartheta_{Li} - \vartheta_{Oi}} - R_i - R_a - \left(\frac{s}{\lambda}\right)_{\text{Blech}} \right)$$

Annahme: $\quad s_{\text{Blech}} = 0{,}001$ m

$\lambda_{\text{Blech}} \approx 60$ W/(m·K) aus DIN 4108-4,

dann ergibt sich: $\left(\dfrac{s}{\lambda}\right)_{\text{Blech}} = \dfrac{0{,}001}{60}$ m²·K/W $= 0{,}000\ldots$ m²·K/W,

d.h. vernachlässigbar klein!

Für strömende Luft kann der Wärmeübergangswiderstand im Kanal nach *Jürges* ermittelt werden:

$\alpha_a = 7{,}14 \cdot w^{0{,}78} = 7{,}14 \cdot 8^{0{,}78}$ W/(m²·K) $\approx 36{,}2$ W/(m²·K)

Für $R_i = 0{,}13$ m²·K/W, $\vartheta_{Li} = 14{,}0°C$, $\vartheta_{La} = -15{,}0°C$, $\vartheta_{Oi} = 6{,}4°C$

und $R_a = \dfrac{1}{\alpha_a}$, sowie $\lambda_{Dämmung} = 0{,}041$ W/(m·K) für Mineralwolle

nach DIN 4108-4 folgt:

$$s_{Dämmung} = 0{,}041 \cdot \left(0{,}13 \cdot \frac{14{,}0 - (-15{,}0)}{14{,}0 - 6{,}4} - 0{,}13 - \frac{1}{36{,}2} - 0 \right) \text{ m}$$

$$s_{Dämmung} = 0{,}0139 \text{ m} \approx 1{,}4 \text{ cm}.$$

238 Durch eine Fabrikhalle (Abmessungen: 10 m x 20 m x 6 m, Temperatur in der Halle 15°C, mittlere Temperatur der Hallenumschließungsflächen 10°C) führt eine ungedämmte Heißluftrohrleitung (Länge 24 m, Außendurchmesser 400 mm, Heißlufttemperatur 75°C, Temperatur der Rohroberfläche ca. 75°C). Wie groß ist die Wärmeabgabe des Heißluftrohres durch Strahlung und Konvektion an die Hallenluft. Wie groß ist der Wärmeübergangskoeffizient der Rohrleitung durch Strahlung?
Die Strahlungskoeffizienten der Rohroberfläche und der Hallenumschließungsflächen sollen gleich groß angenommen werden zu $C = 5{,}3$ W/(m²·K⁴). Der Wärmeübergangskoeffizient für Konvektion kann nach folgender Zahlenwertgleichung ermittelt werden:

$$\alpha_K = 1{,}05 \cdot \left(\frac{\Delta\vartheta}{D} \right)^{0{,}25}$$

Hierin bedeuten: $\Delta\vartheta$ Temperaturdifferenz zwischen Rohroberfläche und Hallenluft in K.
                D   Rohrdurchmesser in m.

Lösung

Wärmeabgabe des Rohres: $Q = Q_S + Q_K$,
d.h. Summe aus Wärmeabgabe durch Strahlung Q_S und durch Konvektion Q_K.

Konvektionsanteil:
Wärmeübergangskoeffizient durch Konvektion:

$$\alpha_K = 1{,}05 \cdot \left(\frac{\Delta\vartheta}{D} \right)^{0{,}25} = 1{,}05 \cdot \left(\frac{75{,}0 - 15{,}0}{0{,}40} \right)^{0{,}25} \text{ W/(m²·K)}$$

$$\alpha_K = 3{,}675 \text{ W/(m²·K)}$$

Somit: $Q_K = \alpha_K \cdot \Delta\vartheta \cdot A$
Rohrleitungsoberfläche $A = \pi \cdot D \cdot L = \pi \cdot 0{,}40 \cdot 24 \text{ m}^2 = 30{,}16 \text{ m}^2$

Dann ergibt sich für Q_K:
$Q_K = 3{,}675 \cdot 30{,}16 \cdot (75{,}0 - 15{,}0) \text{ W} = 6\,650 \text{ W} = 6{,}65 \text{ kW}$

Strahlungsanteil:
Für einen Körper mit Umhüllung berechnet sich nach den Strahlungsgesetzen der Physik

$$Q_S = \frac{1}{\dfrac{1}{C_1} + \dfrac{A_1}{A_2} \cdot \left(\dfrac{1}{C_2} - C_s\right)} \cdot A_1 \cdot \left[\left(\frac{T_1}{100}\right)^4 - \left(\frac{T_2}{100}\right)^4\right]$$

Für die Strahlungsaustauschzahl $C_{1,2}$ gilt:

$$C_{1,2} = \frac{1}{\dfrac{1}{C_1} + \dfrac{A_1}{A_2} \cdot \left(\dfrac{1}{C_2} - \dfrac{1}{C_s}\right)}$$

A_2 ist die innere Hallenoberfläche, die sich aus den gegebenen Baumaßen errechnet:
$A_2 = 2 \cdot (10{,}0 \cdot 20{,}0 + 6{,}0 \cdot 20{,}0 + 6{,}0 \cdot 10{,}0) \text{ m}^2 = 760{,}0 \text{ m}^2$,
mit der Rohroberfläche $A_1 = 30{,}16 \text{ m}^2$ folgt für:
$$\frac{A_1}{A_2} = \frac{30{,}16}{760{,}0} = 0{,}0397,$$

und somit beträgt die Strahlungsaustauschzahl mit der Strahlungszahl des "Schwarzen Körpers" $C_s = 5{,}77 \text{ W/(m}^2 \cdot \text{K}^4)$:

$$C_{1,2} = \frac{1}{\dfrac{1}{5{,}3} + 0{,}0397 \cdot \left(\dfrac{1}{5{,}3} - \dfrac{1}{5{,}77}\right)} \text{ W/(m}^2 \cdot \text{K}^4) = 5{,}28 \text{ W/(m}^2 \cdot \text{K}^4),$$

d.h. wenn $\dfrac{A_1}{A_2}$ sehr klein ist, folgt für $C_{1,2} \approx C_1 \approx C$.

Wärmeübergangskoeffizient durch Strahlung nach den Gesetzen der Physik:
$\alpha_S = C_{1,2} \cdot \sigma$

$$\sigma = \frac{\left(\dfrac{T_1}{100}\right)^4 - \left(\dfrac{T_2}{100}\right)^4}{\Delta \vartheta} = \frac{\left(\dfrac{348{,}16}{100}\right)^4 - \left(\dfrac{283{,}16}{100}\right)^4}{75{,}0 - 10{,}0} \text{ K}^3 = 1{,}271 \text{ K}^3$$

$\alpha_S = 1{,}271 \cdot 5{,}28 \text{ W/(m}^2 \cdot \text{K}) = 6{,}71 \text{ W/(m}^2 \cdot \text{K})$
$Q_S = \alpha_S \cdot A_1 \cdot (\Delta \vartheta) = 6{,}71 \cdot 30{,}16 \cdot (75{,}0 - 10{,}0) \text{ W}$
$Q_S = 13\,154 \text{ W} = 13{,}15 \text{ kW}$

$Q = (6\,650 + 13\,154) \text{ W} = 19\,804 \text{ W} \approx 19{,}8 \text{ kW}.$

Hieraus ergibt sich: Konvektionsanteil: 33,6 %, d.h. $\approx$ 1/3 von Q,
Strahlungsanteil: 66,4 %, d.h. $\approx$ 2/3 von Q.

239 Bedeutet auf Dächern lagernder Schnee (Hartschnee) eine Erhöhung oder Verminderung der Wärmeverluste?

Lösung

Die Frage ist nicht einfach und einheitlich zu beantworten. Je nach Temperaturverhältnissen und der Wärmedurchlässigkeit des Daches selbst kann Schnee die Wärmeverluste sowohl erhöhen als auch vermindern. Der Wärmeverlust wird erhöht, wenn die äußere Oberflächentemperatur des Daches an sich über 0°C liegen würde, also durch den schmelzenden Schnee auf 0°C herabgekühlt wird.

Bei $\vartheta_{Li} \approx 20°C$ beträgt die oberste Grenze der Außenlufttemperatur zur Ermöglichung einer Wärmeschutzwirkung des Schneebelags bei mittlerer Windgeschwindigkeit von $\approx$ 4 m/s ca. - 1°C bis - 2°C, bei Windstille ca. - 2°C bis - 5°C. In den Fällen, in denen die Lufttemperaturen unter diesen Grenzwerten liegen, ist die Wärmeschutzwirkung des Schnees abhängig von der Schneehöhe und der Schneedichte. Nach *E. Schmidt* besteht etwa folgender Zusammenhang zwischen Wärmeleitfähigkeit des Schnees und seiner Dichte, wobei erhebliche Abweichungen, je nach Struktur, im einzelnen möglich sind:

Dichte des Schnees kg/m³	Wärmeleitfähigkeit W/(m·K)
100 (Pulverschnee)	$\approx 0,04$
200	$\approx 0,09$
300	$\approx 0,20$
500	$\approx 0,55$
900 (Eis)	$\approx 1,90$

Die dauernd mögliche Höhe des Schnees besitzt wiederum eine obere Grenze dadurch, daß, wenn die Schneehöhe das zulässige Maß überschreitet, die Temperatur an der Oberfläche der Dachhaut auf über 0°C heraufgedrückt wird, so daß das Schmelzen des Schnees eintritt. Diese Grenze hängt außerdem von der Schutzwirkung der Dachhaut und von der Außenlufttemperatur ab. Die dauernd mögliche Schneehöhe in Abhängigkeit von der Schneedichte für $\vartheta_{La} = -10°C$ bzw. $-20°C$ bei mittlerer Windgeschwindigkeit von ≈ 4 m/s und einem Wärmedurchlaßwiderstand $\frac{1}{\Lambda} \approx 0,55$ m²·K/W beträgt:

Dichte des Schnees kg/m³	Maximale Schneehöhe in cm bei	
	$\vartheta_{La} = -10°C$	$\vartheta_{La} = -20°C$
100	1,4	2,9
200	3,0	6,5
300	6,4	14,6
500	19,0	40,0
900	68,0	139,0

In Wirklichkeit spielt sich der Vorgang in der Weise ab (genügender Schneefall vorausgesetzt), daß der frisch gefallene Schnee mit seinem losen Gefüge von z.B. einer Dichte von 100 kg/m³ nach Überschreiten der dauernd möglichen Höhe (2,9 cm bei $\vartheta_{La} = -20°C$) an der Berührungsstelle mit der Dachhaut zu schmelzen beginnt. Das Schmelzwasser fließt besonders bei niedrigen Temperaturen nur zum geringsten Teil ab, zum anderen Teil wird es durch Kapillarität in den Schnee hineingezogen, gefriert hier und erzielt so eine Verdichtung der unteren Schneeschicht. Die dauernd mögliche Schneehöhe stellt sich also nicht nur durch Verminderung der zu großen Schneehöhe aufgrund des Schmelzvorganges ein, sondern auch durch Erhöhen der Wärmeleitfähigkeit in ihren unteren Schichten. Durch die Schwankungen der Lufttemperatur, Sonnenbestrahlung, usw. werden sich niemals die theoretisch möglichen Höhen des Schnees einstellen. Außerdem können sich durch teilweises Ablaufen des Schmelzwassers bei rauher Oberfläche des Daches auch dünne Luftschichten unter dem Schnee ausbilden.

Ist der Schneefall sehr reichlich, so ist trotz der Unsicherheit, welche Dichte sich in den verschiedenen Partien des Schnees einstellt und welche tatsächliche Höhe deshalb dauernd erhalten bleiben kann, der Wärmeverlust durch das Dach sowohl während des Schmelzvorganges wie nach Erreichen des Gleichgewichtszustandes konstant und auch unabhängig von der äußeren Lufttemperatur; denn sowohl während des Schmelzvorganges, wie nach Eintritt des Gleichgewichts beträgt die Temperatur auf der Oberfläche der Dachhaut stets $\approx 0°C$, und sie kann nur dann niedriger werden, wenn nach Aufhören des Schneefalls durch Sinken der Außenlufttemperatur die ursprünglich dauernd mögliche Schneehöhe nunmehr den maximalen Wert unterschreitet oder eben der Schneefall von vornherein ungenügend war.

Für ein Dach mit der genannten Wärmeschutzwirkung beträgt der Wärmeverlust mit und ohne Schnee die maximale Schichthöhe vorausgesetzt bei $\vartheta_{Li} \approx 20°C$

ϑ_{La} °C	Wärmeverlust in W/m²	
	ohne Schnee	mit Schnee
- 10	42	≈ 30
- 20	56	≈ 30

Man erkennt, wie erheblich die Schutzwirkung einer Schneedecke werden kann. Bemerkt sei, daß bei kleinen Schneehöhen der Wärmeverlust durch die Dachhaut wieder abhängig von der Außenlufttemperatur werden kann.

Von Interesse ist noch die Dauer der Zeit, die der Schmelzvorgang bei heftigem Schneefall benötigt, bis der Gleichgewichtszustand erreicht wird. Während der ganzen Zeit beträgt der Wärmestrom durch das Dach 30 W/m²:

Dichte kg/m³	In der Stunde geschmolzene Schneehöhe in mm
100	3,30
200	1,60
300	1,10
500	0,65
900	0,36

Da die Schmelzwärme des Eises ≈ 92 Wh/kg beträgt, werden 0,33 kg Schnee / m² unmittelbar an der Dachhaut geschmolzen.

240 Das Bild zeigt die schematische Darstellung eines Querschnittes durch den Dachraum eines älteren Gebäudes mit Angabe der transportiven Wärmeströme und den geometrischen Abmessungen. Auf dem Dach ruht eine Schneeschicht. Durch Aufstellung einer Wärmebilanz ist die unbekannte Dachraumtemperatur ϑ_{uR} in °C in Abhängigkeit vom Dachneigungswinkel α und der Schneeart zu ermitteln. In der Wärmebilanz können die Giebelflächen und die Schornsteinwärmeabgabe im Dachraum vernachlässigt werden, ebenso ein Luftwechsel im Dachraum. Folgende Werte sollen Geltung besitzen:

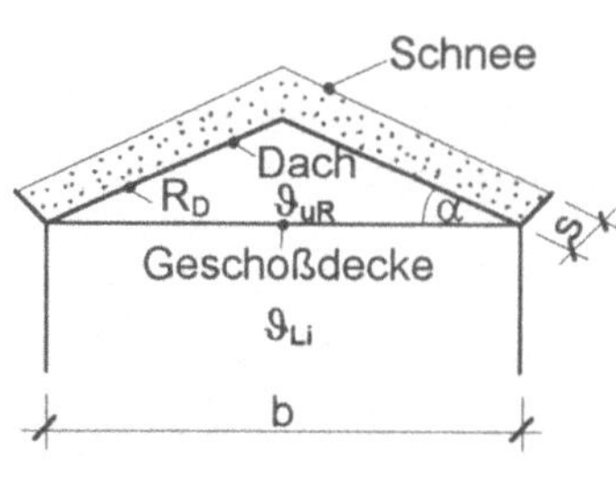

$\vartheta_{Li} = 20°C$, $\vartheta_{La} = -15°C$

$\alpha = 10°$ (flach), $30°$ (mittel), $50°$ (steil)

$s = 0,2$ m Schneebelag, konstant und ohne Einfluß der geschmolzenen Schneehöhe

$R_a = 0,04$ m²·K/W

$R_i = 0,13$ m²·K/W

$R_D = 0,20$ m²·K/W

$\lambda_S = 0,04$ W/(m·K) für Pulverschnee

$\lambda_S = 1,90$ W/(m·K) für Pappschnee

$$\left(\frac{1}{\Lambda}\right)_G = 0,75 \text{ m}^2\text{·K/W für Geschoßdecke}$$

$$\left(\frac{1}{\Lambda}\right)_D = 0,03 \text{ m}^2\text{·K/W für Dach (Eindeckung ohne Holzschalung)}$$

Das Ergebnis ist graphisch aufzutragen.

Lösung

Im Beharrungszustand muß die Summe der aus dem Dachraum abgeführten Wärmeströme gleich der Summe der dem Dachraum zugeführten Wärmeströme sein.

$$\Sigma\, Q_{Zu} = \Sigma\, Q_{Ab}$$

Anwendung auf den vorliegenden Fall (Index G: Geschoßdecke, D: Dach):

$$\Sigma\, Q_{Zu} = Q_G = k_G \cdot A_G \cdot (\vartheta_{Li} - \vartheta_{uR})$$

$$\Sigma\, Q_{Ab} = Q_D = k_D \cdot A_D \cdot (\vartheta_{uR} - \vartheta_{La})$$

Somit Wärmebilanz im stationären Zustand:

$$k_G \cdot A_G \cdot (\vartheta_{Li} - \vartheta_{uR}) = k_D \cdot A_D \cdot (\vartheta_{uR} - \vartheta_{La})$$

$$\vartheta_{uR} = \frac{k_G \cdot A_G \cdot \vartheta_{Li} + k_D \cdot A_D \cdot \vartheta_{La}}{k_G \cdot A_G + k_D \cdot A_D}$$

Diese Formel läßt sich auch in DIN 4701-1 finden, allerdings erweitert um den eventuellen Luftwechseleinfluß.

Im vorliegenden Fall läßt sich die Formel weiter vereinfachen, da sich die Dachfläche A_D in Abhängigkeit von der Geschoßdeckenfläche A_G und dem Dachneigungswinkel α angeben läßt:

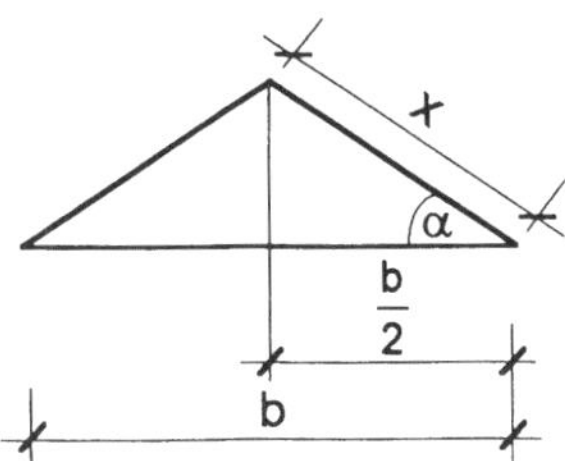

$$\cos \alpha = \frac{\frac{b}{2}}{x}; \ x = \frac{b}{2 \cdot \cos \alpha}$$

$$A_G = b \cdot l$$

$$A_D = 2 \cdot \frac{b}{2 \cdot \cos \alpha} \cdot l = \frac{b \cdot l}{\cos \alpha} = \frac{A_G}{\cos \alpha}$$

Damit ergibt sich für die unbekannte Dachraumtemperatur ϑ_{uR}:

$$\vartheta_{uR} = \frac{k_G \cdot \vartheta_{Li} \cdot \cos \alpha + k_D \cdot \vartheta_{La}}{k_G \cdot \cos \alpha + k_D}$$

Berechnung der Wärmedurchgangskoeffizienten
Geschoßdecke:

$$k_G = \frac{1}{R_i + \left(\frac{1}{\Lambda}\right)_G + R_D} = \frac{1}{0,13 + 0,75 + 0,2} \ \text{W/(m}^2\text{·K)} = 0,926 \ \text{W/(m}^2\text{·K)}$$

Dach:

$$k_D = \frac{1}{R_D + \left(\frac{1}{\Lambda}\right)_D + \left(\frac{1}{\Lambda}\right)_S + R_a} = \frac{1}{0,2 + 0,03 + \dfrac{0,2}{\lambda_S} + 0,04} \ \text{W/(m}^2\text{·K)}$$

$$k_D = \frac{1}{0,27 + \dfrac{0,2}{\lambda_S}} \ \text{W/(m}^2\text{·K)}$$

Schneeart	λ_S W/(m·K)	k_D W/(m²·K)
Pulverschnee	0,04	0,190
Pappschnee	1,90	2,665

Berechnung der Dachraumtemperatur für Pulverschnee:

$$\vartheta_{uR} = \frac{0,926 \cdot \cos \alpha \cdot 20,0 + 0,190 \cdot (-15,0)}{0,926 \cdot \cos \alpha + 0,190} \ °C = \frac{18,5 \cdot \cos \alpha - 2,85}{0,926 \cdot \cos \alpha + 0,190} \ °C$$

Berechnung der Dachraumtemperatur für Pappschnee:

$$\vartheta_{uR} = \frac{0,926 \cdot \cos \alpha \cdot 20,0 + 2,665 \cdot (-15,0)}{0,926 \cdot \cos \alpha + 2,665} \ °C = \frac{18,5 \cdot \cos \alpha - 39,98}{0,926 \cdot \cos \alpha + 2,665} \ °C$$

Dachneigung		ϑ_{uR} in °C	
α	$\cos \alpha$	Pulverschnee	Pappschnee
0°	1,0000	14,02	- 5,98
10°	0,9848	13,95	- 6,08
30°	0,8660	13,28	- 6,91
50°	0,6428	11,52	- 8,62

Graphische Lösung für die Dachraumtemperatur ϑ_{uR} in Abhängigkeit von der Dachneigung und Schneeart:

Dachraumtemperatur ϑ_{uR} in °C

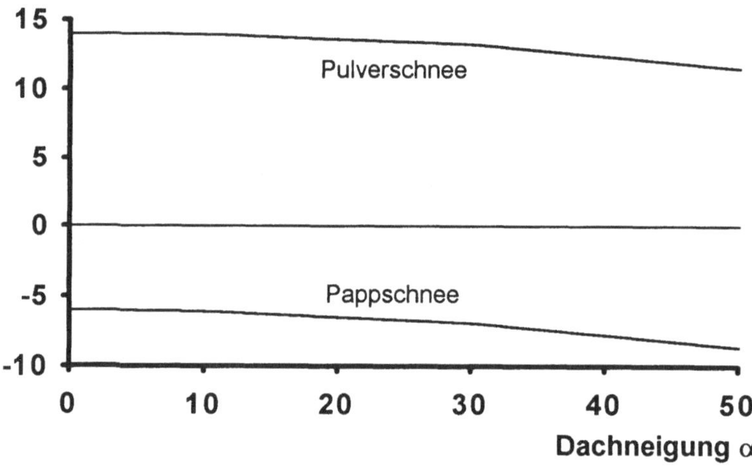

241 Warum sind große Luftschichten in Außenbauteilen bauphysikalisch ungünstig?

Lösung

In hinreichend ruhender Luftschicht setzt sich der Wärmedurchlaßwiderstand aus den Anteilen der Wärmeleitfähigkeit der ruhenden Luft, der Wärmeleitfähigkeit durch Bewegung (Konvektion) und der scheinbaren Wärmeleitfähigkeit der Luft durch die im Strahlungsaustausch stehenden Begrenzungsflächen zusammen. Bei größeren Luftschichten (ca. > 2 cm) fällt der Anteil der reinen Wärmeleitung ab, bei gleichzeitigem Anwachsen des Konvektionsanteils bei konstanter, scheinbarer Wärmeleitfähigkeit der Luft durch Strahlungsaustausch. Durch die unterschiedlich temperierten Bauteiloberflächen kommt es zur verstärkten

Konvektion (Luftumwälzung) und Gefahr der Ausscheidung von Tauwasser auf der kälteren Oberfläche.

242 Warum ist der Wärmedurchlaßwiderstand abgeschlossener Luftschichten von den Begrenzungsflächen der Luftschicht abhängig?

Lösung

Wärmeübertragung in der Luftschicht durch Wärmeleitung, Konvektion und Strahlung.
Die jeweiligen Anteile dieser 3 Übertragungsarten hängen im wesentlichen von der Dicke der Luftschicht und den Strahlungseigenschaften der Begrenzungsflächen ab. Die Wärmestrahlung hängt von den Strahlungszahlen und den Temperaturen der Begrenzungsflächen ab. Bei diesen Oberflächen muß im wesentlichen zwischen metallisch blank und nichtmetallisch unterschieden werden.

243 Werden bei der wärmeschutztechnischen Berechnung hinterlüfteter Bauteile die Wärmedurchlaßwiderstände der Luftschicht berücksichtigt?

Lösung

Bei Luftschichten, die mit der Außenluft in Verbindung stehen, hängt der Wärmedurchlaßwiderstand im wesentlichen von der Schichtdicke und der Größe der Strömungsgeschwindigkeit in der Schicht ab. Die Wärmeübertragung in dieser Luftschicht erfolgt durch Konvektion und durch Wärmestrahlung zwischen den Oberflächen, die die Luftschicht begrenzen.
Für die konvektive Wärmeübertragung spielt neben der Strömungsgeschwindigkeit auch der Strömungscharakter eine Rolle. Bei langsamer Luftströmung in der Schicht ist der Wärmeübergang relativ groß, weil sich die Strömung - von der Lufteintrittsstelle weg - erst aerodynamisch ausbilden muß. Bei turbulenter Luftströmung ist der Wärmeübergang von der Schichtlänge unabhängig und in der Regel etwas niedriger als in der aerodynamischen Einlaufecke bei langsamer Strömung. Allgemein kann festgestellt werden, daß der Wärmeübergang umso größer und die wärmedämmende Wirkung der Luftschicht umso kleiner ist, je stärker sich die Luft in der Schicht bewegt.

Die zwischen den Luftschichtbegrenzungen durch Strahlung übertragene Wärme hängt von den Strahlungszahlen der Oberflächen ab. Besitzen diese Oberflächen die Strahlungseigenschaften üblicher Baustoffe, so ist die Strahlungsemission und damit der Wärmeaustausch relativ groß. Bestehen die Oberflächen hingegen - wie dies z.B. durch Auskleidung der Luftschichten mit aluminiumbeschichteter Dämmfolie erreicht werden kann - aus metallisch blanken Flächen, so tritt eine Reduzierung der strahlungsbedingten Wärmeübertragung ein, die - vor allem bei kleineren Strömungsgeschwindigkeiten - eine merkliche Erhöhung des Wärmedurchlaßwiderstandes bewirkt.

Die wärmedämmende Wirkung von bewegten Luftschichten ist geringer als diejenige von ruhenden bzw. hinreichend ruhenden Luftschichten und bleiben bei der wärmeschutztechnischen Berechnung unberücksichtigt.

Bei einer hinreichend ruhenden Luftschicht erhöht sich der Wärmedurchlaßwiderstand des betreffenden Bauteils nach DIN 4108-4 Tabelle 2 auf 0,14 $m^2 \cdot K/W$ bzw. 0,17 $m^2 \cdot K/W$ je nach Dicke und Lage der Luftschicht. Eine bewegte Luftschicht hat zur Folge, daß sich lediglich der äußere Wärmeübergangswiderstand R_a verdoppelt (R_a = 0,04 $m^2 \cdot K/W$, bzw. R_a = 0,08 $m^2 \cdot K/W$ bei bewegten Luftschichten), welcher somit keinen Einfluß auf den Wärmedurchlaßwiderstand ausübt.

244 Welche Arten der Wärmeübertragung treten in einer senkrecht angeordneten und hinreichend ruhenden Luftschicht auf? Wie wirkt sich die Dicke der Luftschicht aus, d.h. wie verändert sich mit Zunahme der Luftschichtdicke der Wärmedurchlaßwiderstand? Die Zusammenhänge sind skizzenhaft in einem Diagramm darzustellen.

Lösung

Rechenwerte für die Wärmedurchlaßwiderstände hinreichend ruhender Luftschichten in Abhängigkeit von der Luftschichtdicke sind in DIN 4108-4 und DIN 4701-2 angegeben. Der Wärmedurchlaßwiderstand $\frac{1}{\Lambda}$ einer Luftschicht läßt sich wie folgt angeben:

$$\frac{1}{\Lambda} = \frac{s}{\lambda_{\text{äquiv}}},$$

worin s die Dicke der Luftschicht in m und $\lambda_{\text{äquiv}}$ die äquivalente Wärmeleitfähigkeit der Luftschicht in W/(m·K) bedeuten. Hieraus folgt für den, den Wärmetransport zwischen den Begrenzungsflächen des Luftraumes bestimmenden Wärmedurchlaßkoeffizienten:

$$\Lambda = \frac{\lambda_{\text{äquiv}}}{s}$$

Bezeichnet man mit λ die molekulare Wärmeleitfähigkeit der ruhenden Luft, mit λ_K die scheinbare Wärmeleitfähigkeit der Luft durch ihre Bewegung (Konvektion) und mit λ_S die scheinbare Wärmeleitfähigkeit der Luft durch die im Strahlungsaustausch stehenden Begrenzungsflächen, so lassen sich die äquivalente Wärmeleitfähigkeit und der Wärmedurchlaßwiderstand wie folgt schreiben:

$$\lambda_{\text{äquiv}} = \lambda + \lambda_K + \lambda_S$$
$$\Lambda = \frac{\lambda + \lambda_K + \lambda_S}{s} = \frac{\lambda}{s} + \frac{\lambda_K}{s} + \frac{\lambda_S}{s}$$

Dieser Ansatz hat nur Gültigkeit für ebene, parallel zueinander stehende Begrenzungsflächen. Wählt man eine mittlere Temperatur von 10°C in der Luftschicht, eine Temperaturdifferenz zwischen den Begrenzungsflächen von 20 K und eine Strahlungszahl der Begrenzungsflächen C = 5,2 W/(m²·K⁴), so kann folgender Zusammenhang ermittelt werden:

Wärmedurchlaßkoeffizient Λ in W/(m²·K)

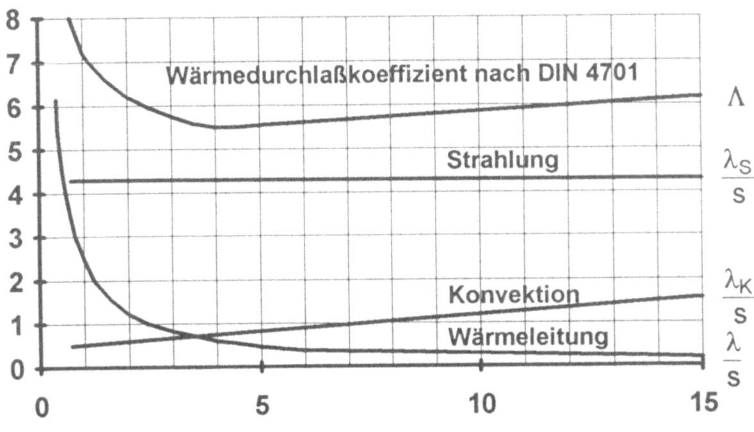

Nach dem Bild ist aus dem Abfall des reinen Wärmeleitungsanteils λ und dem gleichzeitigen Anwachsen des Konvektionsanteils λ_K bei konstantem λ_S auf einen Kleinstwert für $\lambda_{äquiv}$ bzw. für s zu schließen. Das Optimum liegt dann bei einer senkrechten Luftschicht bei etwa $s \approx 5$ cm Schichtdicke mit $\frac{1}{\Lambda} \approx 0{,}18$ m²·K/W.

Große zusammenhängende Lufträume haben infolge der Luftbewegung nur einen geringen Wärmedurchlaßwiderstand.

245

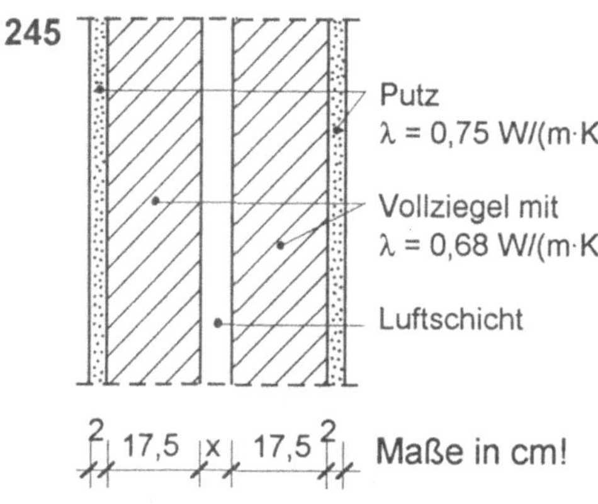

Die Skizze zeigt ein zweischaliges Mauerwerk.
Unter der Forderung des Mindestwärmeschutzes zur Verhütung von Tauwasserbildung ist die Dicke der Luftschicht zu ermitteln.
$\vartheta_{Li} = 25°C$, $\varphi_i = 60\%$,
$\vartheta_{La} = -18°C$.
Anmerkung: der Luftraum ist als geschlossen zu betrachten.

Lösung

Der Mindestwärmeschutz zur Verhinderung von Tauwasserbildung fordert eine bestimmte innere Wandoberflächentemperatur:

$$\vartheta_{Oi} = \vartheta_s$$

Mit den gegebenen Werten $\vartheta_{Li} = 25°C$ und $\varphi_i = 60\%$ erhält man anhand der Tabelle 1 nach DIN 4108-5 die Taupunkttemperatur

$$\vartheta_s = 16{,}7°C$$

Der Mindestwärmeschutz fordert also im vorliegenden Fall:

$$\vartheta_{Oi} \geq 16{,}7°C$$

Berechnung (DIN 4108-5) der erforderlichen Luftschichtdicke.

Aus $q = k \cdot (\vartheta_{Li} - \vartheta_{La}) = \dfrac{\vartheta_{Li} - \vartheta_{Oi}}{R_i}$ ergibt sich $k = \dfrac{\vartheta_{Li} - \vartheta_{Oi}}{\vartheta_{Li} - \vartheta_{La}} \cdot \dfrac{1}{R_i}$.

Andererseits gilt für den Wärmedurchgangskoeffizienten:

$$k = \cfrac{1}{R_i + \left(\dfrac{1}{\Lambda}\right)_{Wand} + \left(\dfrac{1}{\Lambda}\right)_{Luft} + R_a}$$

Aus beiden Gleichungen für den Wärmedurchgangskoeffizienten erhält man den erforderlichen Wärmedurchlaßwiderstand der Luftschicht:

$$\left(\frac{1}{\Lambda}\right)_{Luft} = R_i \cdot \frac{\vartheta_{Li} - \vartheta_{La}}{\vartheta_{Li} - \vartheta_{Oi}} - \left(R_i + \left(\frac{1}{\Lambda}\right)_{Wand} + R_a\right) m^2 \cdot K/W$$

Berechnung des Wärmedurchlaßwiderstandes der Wand:

$$\left(\frac{1}{\Lambda}\right)_{Wand} = \sum \frac{s}{\lambda} = \left(\frac{s}{\lambda}\right)_{Putz} + \left(\frac{s}{\lambda}\right)_{Ziegel} + \left(\frac{s}{\lambda}\right)_{Ziegel} + \left(\frac{s}{\lambda}\right)_{Putz} m^2 \cdot K/W$$

$$\left(\frac{1}{\Lambda}\right)_{Wand} = \frac{0,02}{0,75} + \frac{0,175}{0,68} + \frac{0,175}{0,68} + \frac{0,02}{0,75} = 0,568 \ m^2 \cdot K/W$$

Somit kann der erforderliche Wärmedurchlaßwiderstand der Luftschicht berechnet werden:

$$\left(\frac{1}{\Lambda}\right)_{Luft} = \left[0,13 \cdot \frac{25 - (-18)}{25 - 16,7} - (0,13 + 0,568 + 0,04)\right] m^2 \cdot K/W$$

$$= -0,065 \ m^2 \cdot K/W < 0$$

Es ist keine Luftschicht erforderlich.

Anders sieht das Ergebnis aus, wenn aus praktikablen Gründen die Oberflächentemperatur mit einem gewissen Abstand zur Taupunkttemperatur gewählt wird, z. B.:

$$\vartheta_{Oi} = \vartheta_s + (1 \dots 2) \ K$$

Hieraus gewählt ϑ_{Oi} = 16,7 °C + 2 K = 18,7°C.

Somit ergibt sich: $\left(\frac{1}{\Lambda}\right)_{Luft}$ = 0,15 $m^2 \cdot K/W$,

sowie die Schichtdicke der Luft nach Tabelle 2 DIN 4108-4:
s_{Luft} > 20 mm.

246 Für die beiden Konstruktionen (a) und (b) sind der Einfluß des Wärmedurchlaßwiderstandes vertikaler eingeschlossener Luftschichten auf den Wärmedurchgangskoeffizienten zu untersuchen. Variationsbreite der Luftschicht entsprechend DIN 4108-4 für s = 10 bis 150 mm. Die Ergebnisse sind graphisch aufzutragen: k = f(s). Ergebnis hieraus?

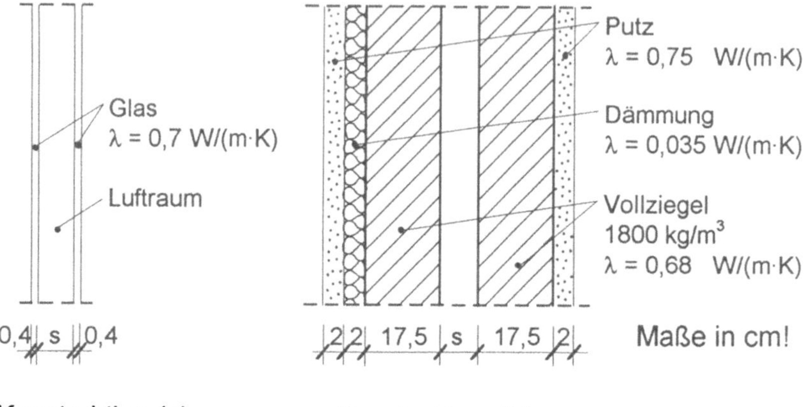

Konstruktion (a)   Konstruktion (b)

Lösung

Wärmedurchlaßwiderstand der Konstruktion (a)

$$\left(\frac{1}{\Lambda}\right)_a = \left(\frac{s}{\lambda}\right)_G + \left(\frac{s}{\lambda}\right)_s + \left(\frac{s}{\lambda}\right)_G \qquad \text{, Index G: Glas, s: Luftschicht.}$$

$$\left(\frac{s}{\lambda}\right)_G = \frac{0,004}{0,7} \ m^2 \cdot K/W = 0,0057 \ m^2 \cdot K/W$$

Wärmedurchlaßwiderstand der Konstruktion (b):

$$\left(\frac{1}{\Lambda}\right)_b = \Sigma\left(\frac{s}{\lambda}\right)_W \qquad \text{, Index W: Wand.}$$

$$\Sigma\left(\frac{s}{\lambda}\right)_W = 2 \cdot \left(\frac{s}{\lambda}\right)_P + 2 \cdot \left(\frac{s}{\lambda}\right)_V + \left(\frac{s}{\lambda}\right)_{Dä} = \left[2 \cdot \frac{0,02}{0,75} + 2 \cdot \frac{0,175}{0,68} + \frac{0,02}{0,035}\right] m^2 \cdot K/W$$

$$\Sigma\left(\frac{s}{\lambda}\right)_W = 1,139 \ m^2 \cdot K/W$$

Index P: Putz, Index V: Vollziegel, Index Dä: Dämmplatte.

Ermittlung des Wärmedurchgangskoeffizienten für die Fälle (a), (b) nach DIN 4108-5:

$$k = \frac{1}{R_i + \left(\dfrac{1}{\Lambda}\right)_{(a),(b)} + R_a}$$

Luftschicht-dicke	Wärmedurchlaßwiderstand $\frac{1}{\Lambda}$			Wärmedurchgangs-koeffizient k	
s	Luftschicht	Konstr. (a)	Konstr. (b)	Konstr. (a)	Konstr. (b)
mm	$m^2 \cdot K/W$*	$m^2 \cdot K/W$	$m^2 \cdot K/W$	$W/(m^2 \cdot K)$	$W/(m^2 \cdot K)$
0	0	0,011	1,139	5,52	0,76
10	0,14	0,151	1,279	3,12	0,69
20	0,16	0,171	1,299	2,93	0,68
50	0,18	0,191	1,319	2,77	0,67
100	0,17	0,181	1,309	2,85	0,68
150	0,16	0,171	1,299	2,93	0,68

* Nach DIN 4701-2

Wärmedurchgangskoeffizient k in $W/(m^2 \cdot K)$

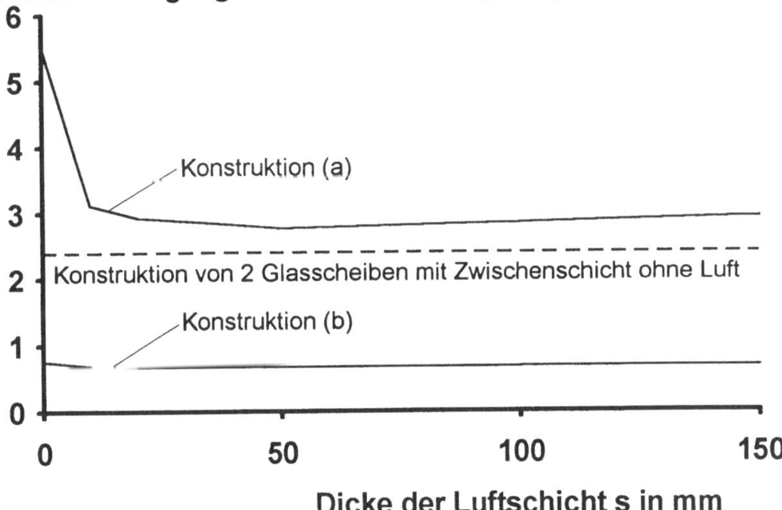

Wärmedurchgangskoeffizient zweier Konstruktionen in Abhängigkeit von der Dicke einer eingeschlossenen vertikalen Luftschicht, k = f(s).

Wenn die Konstruktion (a) ein Vakuum (im Strahlungsaustausch) einschließt, ergibt sich folgender Wärmedurchgangskoeffizient:

$$k = \frac{1}{R_i + 2 \cdot \left(\frac{s}{\lambda}\right)_G + \frac{1}{C_{1,2} \cdot \sigma} + R_a}$$

Somit ergibt sich für die Strahlungsaustauschzahl $C_{1,2}$ mit den Strahlungszahlen für Glas $C_1 \approx C_2 \approx 5,4$ $W/(m^2 \cdot K^4)$ und für den "Schwarzen Körper" $C_s = 5,77$ $W/(m^2 \cdot K^4)$:

$$C_{1,2} = \cfrac{1}{\cfrac{1}{C_1} + \cfrac{1}{C_2} - \cfrac{1}{C_s}} = \cfrac{1}{\cfrac{1}{5,4} + \cfrac{1}{5,4} - \cfrac{1}{5,77}} \; W/(m^2 \cdot K^4) \approx 5,0 \; W/(m^2 \cdot K^4)$$

Mit dem Umrechnungsfaktor $\sigma \approx 0,8$ (bei -20°C) . . . 0,9 (bei $\pm$ 0°C), gemittelt auf 0,85 ergibt sich durch Einsetzen in obenstehende Formel der Wärmedurchgangskoeffizient:

$$k \approx \cfrac{1}{0,13 + 2 \cdot \cfrac{0,004}{0,7} + \cfrac{1}{5,0 \cdot 0,85} + 0,04} \; W/(m^2 \cdot K) \approx 2,4 \; W/(m^2 \cdot K)$$

Diskussion der Ergebnisse:

Konstruktion (a): Im Bereich kleiner Luftschichtdicken (s $\leq$ 20 mm) ist der Wärmedurchgangskoeffizient k stark von der Dicke der eingeschlossenen Luftschicht abhängig. Der kleinste k - Wert liegt bei einer Schichtdicke von etwa $\approx$ 50 mm. Würde man die Luft aus dem Innenraum entfernen, so würde die Wärme in dem Innenraum nicht mehr durch Leitung, Konvektion und Strahlung übertragen, sondern nur noch durch Strahlung. Eine solche Konstruktion hätte einen Wärmedurchgangskoeffizienten von k $\approx$ 2,4 W/(m²·K), und zwar unabhängig von der Schichtdicke zwischen den Scheiben. An dieser Stelle muß noch geklärt werden, ob die Glasscheiben dem atmosphärischen Druck standhalten könnten. Eine überschlägige Rechnung zeigt, daß bei einer Scheibendicke von 10 mm (!) Scheibengrößen von maximal 25 cm x 25 cm gebaut werden könnten.
Konstruktion (b): Der Einfluß der Luftschicht auf den Wärmedurchgangskoeffizienten der Konstruktion ist ohne praktische Bedeutung (ca. 13 %), d.h. die Luftschicht könnte im vorliegenden Fall ganz weggelassen werden.

247 Welche Arten von Wärmebrücken gibt es?

Lösung

Nach DIN 4108-2 Abschn. 5.4 sind Wärmebrücken örtlich begrenzte Stellen von Außenbauteilen in der Umfassungskonstruktion, die gegenüber den benachbarten Schichten eine erhöhte Wärmestromdichte und dadurch verringerte innere Oberflächentemperaturen aufweisen. Wärmebrücken können stoffbedingt (z.B. durch erhebliche Unterschiede der Wärmeleitfähigkeit der Baustoffe bei Metallverankerungen, die Wärmedämmschichten durchdringen, durch metallische Ummantelungen von Bauelementen, durch tragende Elemente bei Skelettkonstruktionen usw.) und/oder geometrisch (z.B. Raumwinkel, Raumecken, Fensterlaibungen, Flachdachvorsprünge usw.) bedingt sein. Wärmebrücken verursachen einen erhöhten Wärmeverlust und geben infolge ihrer verringerten inneren Oberflächentemperaturen Anlaß zur Bildung von Tauwasser, Reif, Eis und deren Folgeerscheinungen. Planungs- und Ausführungsempfehlungen zur Verminderung von Wärmebrückenwirkungen enthält ein Normentwurf E DIN 4108-X vom Juli 1995.

248 Welche beiden Möglichkeiten gibt es, die durch Wärmebrücken entstandene Problematik zu entschärfen?

Lösung

Bauliche Maßnahmen:
Durch zusätzliche Dämmung der Wärmebrücke oder konstruktive Unterbrechung der Wärmebrücke durch Stoffe geringer Wärmeleitfähigkeit.

Heiz- und lufttechnische Maßnahmen:
In Form von Raumheizflächen, Lüftungs- und Klimaanlagen, bei denen der Wärmeübergang auf der Innenseite der Wärmebrücke merklich vergrößert wird. Dadurch steigt die Oberflächentemperatur auf der Innenseite der Konstruktion an. Das sind aber Maßnahmen im Sinne einer Energieverschwendung.

249 Wie ist der Begriff "stoffbedingte Wärmebrücke" bezüglich eines benachbarten Bereiches definiert?

Lösung

Die Wärmedurchlaßwiderstände $\dfrac{1}{\Lambda}$ benachbarter Bereiche einer stoffbedingten Wärmebrücke dürfen sich nach DIN 4108-2 höchstens um den Faktor 5 unterscheiden.

250 Wie verändern sich in einem Wohnraum im Winter die Temperaturen an den Außen- und Innenoberflächen einer Wärmebrükke im Verhältnis zu den Oberflächentemperaturen des angrenzenden ungestörten Wandbereiches?

Lösung

$$\vartheta_{Oi, \text{Wärmebrücke}} \quad < \quad \vartheta_{Oi, \text{angrenzender Bereich}}$$
$$\vartheta_{Oa, \text{Wärmebrücke}} \quad > \quad \vartheta_{Oa, \text{angrenzender Bereich}}$$

An der Außenoberfläche wird die Temperatur im Verhältnis zu der des angrenzenden Bereiches höher sein, an der Innenoberfläche niedriger.

251 Eine innere, ebene Wandoberfläche besitzt bei 22°C Raumlufttemperatur eine Oberflächentemperatur von 16°C. Um wieviel Prozent ist der Wärmedurchgang im Bereich einer örtlichen Wärmebrücke erhöht, wenn die Oberflächentemperatur dort nur 12°C beträgt?

Lösung

Nach DIN 4108-4 für beide Fälle Annahme: $R_i = 0{,}13 \; m^2 \cdot K/W$. Ermittlung der Wärmestromdichten für die beiden Wandbauteile:

$$q_1 = \frac{1}{0{,}13} \cdot (22{,}0 - 16{,}0) \; W/m^2 = 46{,}15 \; W/m^2$$

$$q_2 = \frac{1}{0{,}13} \cdot (22{,}0 - 12{,}0) \; W/m^2 = 76{,}92 \; W/m^2$$

Der Wärmedurchgang ist um 60 %, bezogen auf q_1, erhöht.

252 Eine Sandwichplatte enthält eine 50 mm dicke Dämmschicht aus Mineralfasern mit einer Wärmeleitfähigkeit $\lambda = 0{,}035 \; W/(m \cdot K)$. Die Dämmschicht ist jedoch durch Verankerungen unterbrochen. Auf einer Fläche von 1 m x 1 m sind konstruktiv bedingt 4 Flacheisen mit dem Querschnitt von 5 mm x 20 mm lotrecht zur Dämmschicht angeordnet worden. Wärmeleitfähigkeit der Anker $\lambda = 35 \; W/(m \cdot K)$ nach Firmenangabe.

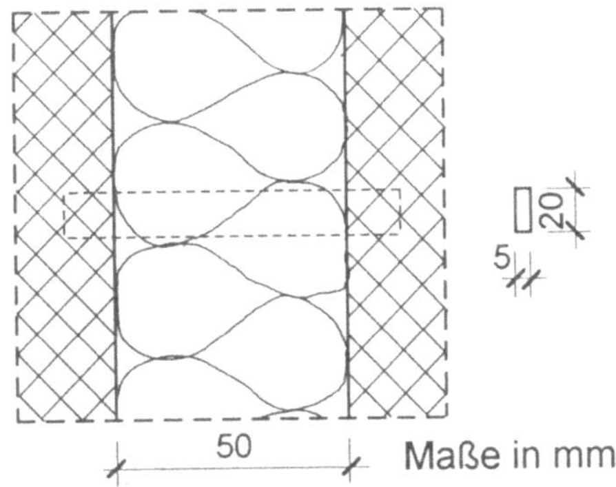

Gesucht ist der Wärmedurchlaßwiderstand der Dämmschicht ohne und mit Wirkung der Verankerung.
Wie groß ist der prozentuale Unterschied des Wärmedurchlaßwiderstandes, d.h. die Minderung in %?

Lösung

Wärmedurchlaßwiderstand ohne Berücksichtigung der Anker nach DIN 4108-5:

$$\frac{1}{\Lambda} = \frac{s}{\lambda} = \frac{0,05}{0,035} \ m^2 \cdot K/W = 1,429 \ m^2 \cdot K/W$$

Wärmedurchlaßwiderstand mit Berücksichtigung der Anker:

$$\left(\frac{1}{\Lambda}\right)_A = \frac{s}{\lambda_m} \qquad , \text{Index A} \ldots \text{Anker.}$$

Berechnung des mittleren Wärmeleitfähigkeitskoeffizienten der Schicht λ_m:
Wenn mehrere Bereiche mit verschiedenen Wärmeleitfähigkeitskoeffizienten nebeneinander liegen, läßt sich der mittlere Wärmeleitfähigkeitskoeffizient - ähnlich wie der mittlere Wärmedurchgangskoeffizient k_m nach DIN 4108-5 - wie folgt beschreiben:

$$\lambda_m = \frac{\lambda_1 \cdot V_1}{\sum V} + \frac{\lambda_2 \cdot V_2}{\sum V} = \frac{\lambda_1 \cdot V_1 + \lambda_2 \cdot V_2}{\sum V}, \text{ wobei } \sum V \text{ das Gesamt-}$$

volumen der Schicht, V_1 das Volumen der Dämmschicht mit der zugehörigen Wärmeleitfähigkeit und V_2 das Volumen der Anker usw. bedeuten.

Volumen der Dämmschicht je m^2:

$$\sum V = 100 \cdot 100 \cdot 5 \ cm^3 = 50\ 000 \ cm^3$$

Volumen der 4 Anker je m^2: $\qquad V_1 = 4 \cdot 0,5 \cdot 2 \cdot 5 \ cm^3 = 20 \ cm^3$

Volumen des Dämmaterials je m^2: $V_2 = \sum V - V_1 = 49\ 980 \ cm^3$

Dann ergibt sich für λ_m:

$$\lambda_m = \frac{20 \cdot 35 + 49980 \cdot 0,035}{50000} \ \text{W/(m·K)} = 0,049 \ \text{W/(m·K)}$$

Somit ergibt sich der Wärmedurchlaßwiderstand:

$$\left(\frac{1}{\Lambda}\right)_A = \frac{0,05}{0,049} \ \text{m}^2\text{·K/W} = 1,02 \ \text{m}^2\text{·K/W}.$$

Minderung des Wärmedurchlaßwiderstandes durch die Anker:

$$\Delta\frac{1}{\Lambda} = \frac{\dfrac{1}{\Lambda} - \left(\dfrac{1}{\Lambda}\right)_A}{\dfrac{1}{\Lambda}} \cdot 100 \ \% = \frac{1,429 - 1,020}{1,429} \cdot 100 \ \% = 28,6 \ \%.$$

253 Für die gegebene Situation ist der Wärmestrom durch Strahlung zu berechnen.

$$\vartheta_1 = 60°C \qquad \vartheta_2 = 10°C$$
$$\varepsilon_1 = 0,04 \qquad \varepsilon_2 = 0,93$$

$$A = 10 \ \text{m}^2$$

Lösung

Für den Emissionsgrad gilt: $\varepsilon = \dfrac{E}{E_s}$, worin E_s die Gesamtstrahlung eines Baukörpers bedeutet. Es gilt:

$$E_s = C_s \cdot \left(\frac{T}{100}\right)^4, \ \text{sowie} \ E = C \cdot \left(\frac{T}{100}\right)^4,$$

worin $C_s = 5,77 \ \text{W/(m}^2\text{·K}^4)$ die Strahlungszahl des "Schwarzen Körpers" bzw. C des Baukörpers darstellen. T in K ist die thermodynamische Temperatur, für 0°C beträgt T = 273,16 K.
Mit den Zahlenwerten ergibt sich:

$$\varepsilon_1 = 0,04 = \frac{E_1}{E_S}, \ E_1 = 0,04 \cdot E_s$$

$$E_1 = 0,04 \cdot 5,77 \ \text{W/(m}^2\text{·K}^4) \cdot \left(\frac{273,16 + 60,0}{100}\right)^4 \text{K}^4 = \ 28,43 \ \text{W/m}^2$$

$$\varepsilon_2 = 0{,}93 = \frac{E_2}{E_S},$$

$$E_2 = 0{,}93 \cdot 5{,}77 \ \text{W/(m}^2\text{·K}^4) \cdot \left(\frac{273{,}16 + 10{,}0}{100}\right)^4 \text{K}^4 = 344{,}97 \ \text{W/m}^2$$

Gesucht sind nunmehr die Strahlungszahlen C_1 und C_2 der beiden Strahlungsflächen. Allgemein gilt:

$$E = C \cdot \left(\frac{T}{100}\right)^4 \quad \text{und somit:}$$

$$C_1 = \frac{E_1}{\left(\dfrac{T}{100}\right)^4} = \frac{28{,}43}{\left(\dfrac{273{,}16 + 60{,}0}{100}\right)^4} \ \text{W/(m}^2\text{·K}^4) = 0{,}23 \ \text{W/(m}^2\text{·K}^4)$$

$$C_2 = \frac{E_2}{\left(\dfrac{T}{100}\right)^4} = \frac{344{,}97}{\left(\dfrac{273{,}16 + 10{,}0}{100}\right)^4} \ \text{W/(m}^2\text{·K}^4) = 5{,}37 \ \text{W/(m}^2\text{·K}^4)$$

Für die Wärmeübertragung zweier paralleler Flächen gilt nach den Gesetzen der Wärmestrahlung:

$$Q = \frac{1}{\dfrac{1}{C_1} + \dfrac{1}{C_2} - \dfrac{1}{C_S}} \cdot A \cdot \left[\left(\frac{T_1}{100}\right)^4 - \left(\frac{T_2}{100}\right)^4\right]$$

$$Q = \frac{1}{\dfrac{1}{0{,}23} + \dfrac{1}{5{,}37} - \dfrac{1}{5{,}77}} \cdot 10 \cdot \left[\left(\frac{273{,}16 + 60{,}0}{100}\right)^4 - \left(\frac{273{,}16 + 10{,}0}{100}\right)^4\right] \text{W}$$

$$= 135{,}10 \ \text{W}.$$

254 Der Wärmedurchgangskoeffizient der Außenwand eines Aufenthaltsraumes beträgt 1,00 W/(m²·K). Der Wärmeschutz des Bauteils soll durch Aufbringen einer glänzenden metallischen Folie (z.B. mit der Strahlungszahl C = 0,22 W/(m²·K⁴) entweder auf der Innenoberfläche oder auf der Außenoberfläche der Außenwand erhöht werden.
Für beide Fälle ist überschlägig die Verbesserung der Wärmedurchgangskoeffizienten zu ermitteln. Sind die beiden Maßnahmen sinnvoll?

Lösung

Durch das Aufbringen der Folie verändert sich der Wärmeübergang infolge Wärmestrahlung. Die Veränderung läßt sich mittels der Strahlungsaustauschzahlen $C_{1,2}$ überschlägig abschätzen.

Unter Normbedingungen gilt nach DIN 4108-4:

Für $\quad R_i = 0{,}13$ m$^2\cdot$K/W folgt:
$\quad \alpha_i \approx 7{,}7$ W/(m$^2\cdot$K), $\quad \alpha_{iK} \approx 2{,}7$ W/(m$^2\cdot$K), $\quad \alpha_{iS} \approx 5{,}0$ W/(m$^2\cdot$K).

Für $\quad R_a = 0{,}04$ m$^2\cdot$K/W folgt:
$\quad \alpha_a \approx 25{,}0$ W/(m$^2\cdot$K), $\quad \alpha_{aK} \approx 20{,}0$ W/(m$^2\cdot$K), $\quad \alpha_{aK} \approx 5{,}0$ W/(m$^2\cdot$K).

Für beide Wärmeübergangskoeffizienten gilt für die Strahlungszahlen: $C_1 = C_2 \approx 5{,}40$ W/(m$^2\cdot$K^4) und $C_s \approx 5{,}77$ W/(m$^2\cdot$K^4).
Somit Strahlungsaustauschzahl $C_{1,2}$:

$$C_{1,2} = \cfrac{1}{\cfrac{1}{5{,}40} + \cfrac{1}{5{,}40} - \cfrac{1}{5{,}77}}\; \text{W/(m}^2\cdot\text{K}^4) \approx 5{,}00 \;\text{W/(m}^2\cdot\text{K}^4).$$

Das entspricht 100 %.

Bei Verwendung metallischer Folien gilt:

$$C_{1,2} = \cfrac{1}{\cfrac{1}{0{,}22} + \cfrac{1}{5{,}40} - \cfrac{1}{5{,}77}}\; \text{W/(m}^2\cdot\text{K}^4) = 0{,}22 \;\text{W/(m}^2\cdot\text{K}^4).$$

Das entspricht 4,3 %, d.h. der Strahlungsanteil wird auf 4,3 % reduziert und ist damit vernachlässigbar klein.
Somit verändern sich die Wärmeübergangskoeffizienten auf der Innen- und Außenoberfläche der Wand unter Vernachlässigung des Strahlungsanteils durch die Folien auf:

$\alpha_i \;\approx\; 7{,}70$ W/(m$^2\cdot$K) $-$ $5{,}00$ W/(m$^2\cdot$K) $\approx\;$ $2{,}70$ W/(m$^2\cdot$K)
$\alpha_a \;\approx\; 25{,}00$ W/(m$^2\cdot$K) $-$ $5{,}00$ W/(m$^2\cdot$K) $\approx\; 20{,}00$ W/(m$^2\cdot$K)

Ermittlung des Wärmedurchlaßwiderstandes der Außenwand ohne Folienbeschichtung:

$$\frac{1}{\Lambda} = \frac{1}{k} - R_i - R_a = \left(\frac{1}{1{,}00} - 0{,}13 - 0{,}04\right) \text{m}^2\cdot\text{K/W} = 0{,}83 \;\text{m}^2\cdot\text{K/W}$$

Damit ergibt sich für den Wärmedurchgangskoeffizienten mit Folienbeschichtung auf der Innenoberfläche:

$$k = \cfrac{1}{\cfrac{1}{2{,}70} + 0{,}83 + 0{,}04}\; \text{W/(m}^2\cdot\text{K)} = 0{,}81 \;\text{W/(m}^2\cdot\text{K)}$$

Die Verbesserung um ca. 19 % ist beachtlich, jedoch muß sichergestellt sein, daß die Strahlungszahl der Folie nicht durch Verschmutzung, Reinigung, usw. erhöht wird. Die Folie stellt zugleich eine wirksame Dampfsperre auf der "richtigen" Seite dar, d.h. im Winter auf der Seite mit dem höheren Wasserdampfteildruck. Die Metallfolie ist also unbedenklich. Aber durch Erhöhung des Wärmeübergangswiderstandes sinkt die Oberflächentemperatur auf der Metallfolie, d.h. die Gefahr der Tauwasserbildung wird erhöht.

Außenoberfläche mit Folienbeschichtung:

$$k = \frac{1}{0{,}13 + 0{,}83 + \dfrac{1}{20{,}00}} \ W/(m^2 \cdot K) = 0{,}99 \ W/(m^2 \cdot K)$$

Die Verbesserung um ca. 1 % ist vernachlässigbar klein, zumal die Strahlungszahl der Folie durch Verschmutzung erhöht werden kann.

255 Gegeben ist eine Einfachverglasung mit einer Dicke von 4 mm und einer Wärmeleitfähigkeit $\lambda = 0{,}80 \ W/(m \cdot K)$. Welche Temperatur nimmt die Glasscheibe an, wenn die Innenlufttemperatur 20°C und die Außenlufttemperatur - 15°C betragen?
Wie verändern sich die Verhältnisse, wenn die Glasscheibe durch eine glänzende Metallfolie ersetzt wird?

Lösung

Für die Einfachverglasung gilt:

$$k = \frac{1}{0{,}13 + \dfrac{0{,}004}{0{,}80} + 0{,}04} \ W/(m^2 \cdot K) = 5{,}71 \ W/(m^2 \cdot K)$$

Oberflächentemperaturen:

$$\vartheta_{Oi} = [20{,}0 - 5{,}71 \cdot 0{,}13 \cdot (20{,}0 - (- 15{,}0))] \quad °C = - 5{,}98 °C$$
$$\vartheta_{Oa} = [(- 15{,}0) + 5{,}71 \cdot 0{,}04 \cdot (20{,}0 - (- 15{,}0))] \ °C = - 7{,}01 °C$$

Mitteltemperatur der Scheibe $\approx - 6{,}5 °C$

Der Wärmedurchlaßwiderstand der Scheibe kann vernachlässigt werden.

Für die Metallfolie nach Aufgabe 254 gilt:

$$\alpha_i \approx 2{,}70 \ \text{W/(m}^2\text{·K)} \text{ und somit } R_i \approx 0{,}370 \ \text{m}^2\text{·K/W}$$
$$\alpha_a \approx 20{,}00 \ \text{W/(m}^2\text{·K)} \text{ und somit } R_a \approx 0{,}050 \ \text{m}^2\text{·K/W,}$$

weil im genormten Wärmeübergangskoeffizient nach DIN 4108-4 z.B. für $\dfrac{1}{R_i} = \alpha_i \approx 7{,}70 \ \text{W/(m}^2\text{·K)}$ der Strahlungsanteil von ca. 5,00 W/(m²·K) entfällt. Unter Vernachlässigung des Wärmeleitwiderstandes der Metallfolie ergibt sich somit:

$$k = \frac{1}{0{,}370 + 0{,}050} \ \text{W/(m}^2\text{·K)} = 2{,}38 \ \text{W/(m}^2\text{·K)}$$

Temperatur der Metallfolie: $\vartheta_{Oi} \approx \vartheta_{Oa} = -10{,}8°C$.

Die Metallfolie wird somit im Vergleich zur Glasscheibe eine niedrigere Temperatur annehmen.

256 Wie groß ist der Wärmedurchlaßwiderstand und Wärmedurchgangskoeffizient der skizzierten Außenkonstruktion einer Experimentierwand. Der Abstand s zwischen den beiden Folien ist für die Ermittlung im Bereich zwischen 1 cm und 5 cm zu variieren.

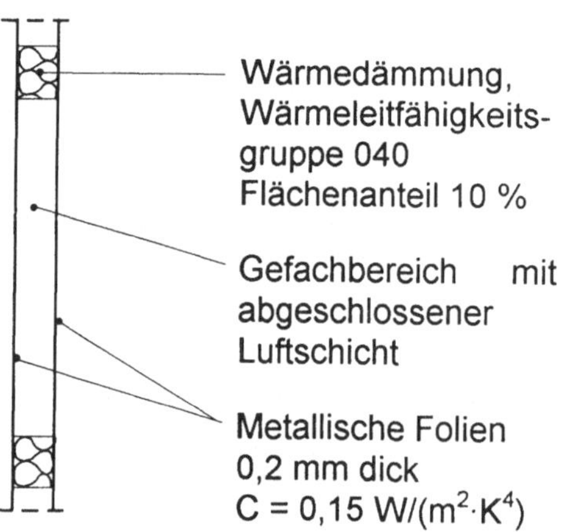

Lösung

Der Wärmedurchlaßwiderstand (Mittelwert) eines Bauteils mit nebeneinanderliegenden Bereichen (Parallelschaltung) ergibt sich aus den Wärmedurchgangskoeffizienten der einzelnen Bereiche und deren Flächenanteilen nach DIN 4108-5:

$$\frac{1}{\Lambda} = \frac{1}{k} - (R_i + R_a) \qquad\qquad k = a_1 \cdot k_1 + a_2 \cdot k_2$$

Flächenanteile:

Rippenbereich (Wärmedämmung)   10%, $a_1 = 0,1$
Gefachbereich (Luftschicht)   90%, $a_2 = 0,9$

Wärmedurchgangskoeffizient: $k_1 = \dfrac{1}{R_i + \left(\dfrac{1}{\Lambda}\right)_1 + R_a}$

Wärmedurchlaßwiderstand $\left(\dfrac{1}{\Lambda}\right)_1 = \left(\dfrac{s}{\lambda}\right)_{\text{Folie}} + \left(\dfrac{s}{\lambda}\right)_{\text{Dämmung}} + \left(\dfrac{s}{\lambda}\right)_{\text{Folie}}$

Wegen der geringen Dicke s und der großen Wärmeleitfähigkeit der metallischen Folie gilt:

$\left(\dfrac{s}{\lambda}\right)_{\text{Folie}} \approx 0.$ Daraus folgt $\left(\dfrac{1}{\Lambda}\right)_1 \approx \left(\dfrac{s}{\lambda}\right)_{\text{Dämmung}}$

Innerer und äußerer Wärmeübergangswiderstand: Nach DIN 4108-4 betragen

$R_i = \dfrac{1}{\alpha_i} = 0{,}13 \ \text{m}^2 \cdot \text{K/W}$ und $R_a = \dfrac{1}{\alpha_a} = 0{,}04 \ \text{m}^2 \cdot \text{K/W}$

Hieraus allgemein $\alpha = \dfrac{1}{R} = \alpha_K + \alpha_S$. Der Wärmeübergangskoeffizient α setzt sich aus einem Konvektionsanteil α_K und einem Strahlungsanteil α_S zusammen; für normale Raum- und Witterungsbedingungen gilt etwa:

$\alpha_i \approx 7{,}7 \ \text{W/(m}^2 \cdot \text{K)} \approx \alpha_{iK} + \alpha_{iS} \approx (2{,}7 + 5{,}0) \quad \text{W/(m}^2 \cdot \text{K)}$
$\alpha_a \approx 25{,}0 \ \text{W/(m}^2 \cdot \text{K)} \approx \alpha_{aK} + \alpha_{aS} \approx (20{,}0 + 5{,}0) \quad \text{W/(m}^2 \cdot \text{K)}$

Bei metallischen Folien kann der Strahlungsanteil im Wärmeübergangskoeffizient vernachlässigt werden.
(vgl. Aufgaben 253, 254)

Beweis:
Nach DIN EN 27726 gilt für die Strahlungsaustauschzahl:

$C_{1,2} = \dfrac{1}{\dfrac{1}{C_1} + \dfrac{1}{C_2} - \dfrac{1}{C_s}}$

Allgemein beträgt für $\alpha_i \approx 7{,}7 \ \text{W/(m}^2 \cdot \text{K)}$ $C_{1,2} = 5{,}07 \ \text{W/(m}^2 \cdot \text{K}^4)$ entsprechend 100 % mit $C_1 = C_2 = 5{,}40 \ \text{W/(m}^2 \cdot \text{K}^4)$ und $C_s = 5{,}77 \ \text{W/(m}^2 \cdot \text{K}^4)$.

Bei metallischen Folien errechnet sich dann nach Aufgabenstellung mit $C_1 = 0{,}15 \ \text{W/(m}^2 \cdot \text{K}^4)$ und $C_2 = 5{,}40 \ \text{W/(m}^2 \cdot \text{K}^4)$ die Strahlungsaustauschzahl $C_{1,2} = 0{,}15 \ \text{W/(m}^2 \cdot \text{K}^4)$ entsprechend $\approx 3 \ \%$ und ist vernachlässigbar.

Somit α_i = 2,70 W/(m²·K) und hieraus R_i = 0,37 m²·K/W
α_a = 20,00 W/(m²·K) und hieraus R_a = 0,05 m²·K/W

s [cm]	1	2	3	4	5
$\left(\dfrac{1}{\Lambda}\right)_1$ [m²·K/W]	0,25	0,50	0,75	1,00	1,25
k_1 [W/(m²·K)]	1,49	1,09	0,86	0,70	0,60

Wärmedurchgangskoeffizient:
$$k_2 = \frac{1}{R_i + \left(\dfrac{1}{\Lambda}\right)_2 + R_a}$$

Wärmedurchlaßwiderstand:
$$\left(\frac{1}{\Lambda}\right)_2 = \left(\frac{s}{\lambda}\right)_{Folie} + \left(\frac{1}{\Lambda}\right)_{Luft} + \left(\frac{s}{\lambda}\right)_{Folie} \ ; \quad \left(\frac{s}{\lambda}\right)_{Folie} \approx 0$$

Daraus folgt:
$$\left(\frac{1}{\Lambda}\right)_2 = \left(\frac{1}{\Lambda}\right)_{Luft}$$

$\left(\dfrac{1}{\Lambda}\right)_{Luft}$ wird DIN 4108-4 entnommen, wobei zu beachten ist, daß
diese Werte mit den Strahlungszahlen $C_1 = C_2 = 5,20$ W/(m²·K⁴)
ermittelt wurden.

$$C_{1,2} = \frac{1}{\dfrac{1}{5,2} + \dfrac{1}{5,2} - \dfrac{1}{5,77}} = 4,73 \text{ entspr. 100 \%}$$

$$C_{1,2} = \frac{1}{\dfrac{1}{0,15} + \dfrac{1}{0,15} - \dfrac{1}{5,77}} = 0,08 \text{ entspr. 1,7 \%}$$

Der Strahlungsanteil zwischen den metallischen Folien ist bei
der Wärmeübertragung vernachlässigbar.

Somit gilt:
$$\left(\frac{1}{\Lambda}\right)_2 = \frac{1}{\lambda_{Leitung} + \lambda_{Konvektion} + \left(\lambda_{Strahlung}\right)}$$

Angaben über die Wärmeübertragung durch Leitung $\lambda_{Leitung}$ und
Konvektion $\lambda_{Konvektion}$ in der spaltförmigen Luftschicht finden sich
im Aufsatz von *H. Niemann* über die Wärmeübertragung durch
natürliche Konvektion in spaltförmigen Hohlräumen.
Vgl. Tabelle.

Für die Wärmeübergangswiderstände R_i und R_a gelten weiterhin: $R_i = 0{,}370$ m^2·K/W und $R_a = 0{,}050$ m^2·K/W.

s [cm]	1	2	3	4	5
λ_L [W/(m·K)]	2,40	1,20	0,85	0,60	0,45
λ_K [W/(m·K)]	0,45	0,55	0,65	0,75	0,85
$\lambda_L + \lambda_K$	2,85	1,75	1,50	1,35	1,3
$\left(\frac{1}{\Lambda}\right)_2$ [m^2·K/W]	0,351	0,571	0,67	0,74	0,77
k_2 [W/(m^2·K)]	1,30	1,01	0,92	0,86	0,84

Somit errechnet sich letztlich der mittlere Wärmedurchgangskoeffizient $k = a_1 \cdot k_1 + a_2 \cdot k_2$, mit $a_1 = 0{,}10$ und $a_2 = 0{,}90$:

s [cm]	1	2	3	4	5
k_1 [W/(m^2·K)]	1,49	1,09	0,86	0,70	0,60
k_2 [W/(m^2·K)]	1,30	1,01	0,92	0,86	0,84
k_{ges} [W/(m^2·K)]	1,32	1,02	0,91	0,84	0,82
$\left(\frac{1}{\Lambda}\right)$ [m^2·K/W]	0,338	0,562	0,674	0,765	0,805

257 Für die Temperatur auf der Innenoberfläche in einem Winkel zwischen zwei Außenbauteilen gilt näherungsweise folgende Zahlenwertgleichung nach *Künzel*:

$$\vartheta_{Oi,\,Ecke} \approx \vartheta_{La} + \frac{0{,}026 + R}{0{,}468 + R} \cdot (\vartheta_{Li} - \vartheta_{La})$$

Hierin bedeutet neben den üblichen Temperaturbezeichnungen

$R = \sum \dfrac{1}{\Lambda}$ in m^2·K/W: Wärmedurchlaßwiderstand des ungestörten

Bauteils. In dieser Formel bleibt unberücksichtigt, daß der innere Wärmeübergangskoeffizient im Winkel kleiner ist, als an freien Bauteilflächen.

Es ist zu ermitteln, um welchen Faktor der Wärmeschutz im Winkel erhöht werden müßte, um im Winkel und auf dem ungestörten Außenbauteil dieselbe Temperatur auf der Innenoberfläche sicherzustellen.

Lösung

Allgemein gilt für das ungestörte Feld des Außenbauteils:

$$\alpha_i \cdot (\vartheta_{Li} - \vartheta_{Oi}) = \frac{1}{R_i} \cdot (\vartheta_{Li} - \vartheta_{Oi}) = k \cdot (\vartheta_{Li} - \vartheta_{La})$$

Forderung: $\vartheta_{Oi} = \vartheta_{Oi,\,Ecke}$

$$\vartheta_{Li} - k \cdot R_i \cdot (\vartheta_{Li} - \vartheta_{La}) = \vartheta_{La} + \frac{0{,}026 + R}{0{,}468 + R} \cdot (\vartheta_{Li} - \vartheta_{La})$$

Durch Umformungen ergeben sich folgende Gleichungen:

$$R = \frac{0{,}442}{k \cdot R_i} - 0{,}468 = \frac{1}{k_{Ecke}} - R_i - R_a$$

$$k_{Ecke} = \frac{1}{\dfrac{0{,}442}{k \cdot R_i} - 0{,}468 + R_i + R_a} \ \ W/(m^2 \cdot K)$$

Mit $R_i = 0{,}13 \ m^2 \cdot K/W$ und $R_a = 0{,}04 \ m^2 \cdot K/W$ folgt:

$$k_{Ecke} = \frac{1}{\dfrac{3{,}40}{k} - 0{,}298} \ \ W/(m^2 \cdot K) = f(k). \ \text{Tabellarische Auswertung:}$$

k in $W/(m^2 \cdot K)$	2	1	0,5	0,3
k_{Ecke} in $W/(m^2 \cdot K)$	0,713	0,322	0,154	0,091
Verhältnis k / k_{Ecke}:	2,80	3,10	3,25	3,31

Der Faktor beträgt für den praxisrelevanten Bereich ca. 3. Aus der vorliegenden Berechnung kann auch allgemein für die Wärmedurchlaßwiderstände gefordert werden: $R_{Ecke} \approx 0{,}5 \cdot R$.

258 Wie läßt sich der für eine ebene Wand gefundene Wärmedurchgangskoeffizient auf die gekrümmte Wand eines Zylinders übertragen? Wie verändern sich hierdurch die Wärmestromdichte und die Oberflächentemperatur auf der Innenseite?

Lösung

Wärmedurchgangskoeffizient einer monolithischen (einschichtigen) Konstruktionsschicht nach DIN 4108-5 für die ebene Außenwand:

$$k = \frac{1}{R_i + \dfrac{s}{\lambda_R} + R_a}$$

Durch eine konzentrische Zylinderfläche vom Radius r strömt unter Beachtung des *Fourier*schen Erfahrungsgesetzes der Wärmestrom $Q = -\dfrac{d\vartheta}{dr} \cdot \lambda_R \cdot A$, $A = 2 \cdot \pi \cdot r \cdot L$.

L ist die Länge des Zylinders.

Im stationären Zustand muß der Wärmestrom durch die innere und äußere Zylinderoberfläche gleich sein. Setzt man für die äußere Zylinderoberfläche $r = r_a$ und $\vartheta = \vartheta_{Oa}$ und berücksichtigt, daß der Wärmestrom auf L = 1 m Länge bezogen wird, so gilt für die zylindrische Außenwand:

$$k_{Zyl.} = \cfrac{1}{\dfrac{r}{r_i} \cdot R_i + r \cdot \ln \dfrac{r_a}{r_i} \cdot \dfrac{1}{\lambda_R} + \dfrac{r}{r_a} \cdot R_a}$$

Den Ausdruck $\ln \dfrac{r_a}{r_i}$ kann man auch schreiben als:

$$\ln \frac{r_i + s}{r_i} = \ln \left(1 + \frac{s}{r_i}\right)$$

Für $-1 < x \leq +1$ läßt sich dieser Ausdruck als *Taylor*sche Reihe angeben:

$$\ln(1 + x) = x - \frac{x^2}{2} + \frac{x^3}{3} - \frac{x^4}{4} + \ldots$$

$$= \frac{s}{r_i} - \frac{1}{2} \cdot \left(\frac{s}{r_i}\right)^2 + \frac{1}{3} \cdot \left(\frac{s}{r_i}\right)^3 - \frac{1}{4} \cdot \left(\frac{s}{r_i}\right)^4 + \ldots$$

Für größere Radien wird das Verhältnis $\dfrac{s}{r_i}$ so klein, daß die Ausdrücke $\left(\dfrac{s}{r_i}\right)^2, \left(\dfrac{s}{r_i}\right)^3 \ldots$ vernachlässigt werden können. Somit folgt für den Wärmedurchgangskoeffizienten der zylindrischen Außenwand: $k_{Zyl.} = \cfrac{1}{\dfrac{r}{r_i} \cdot R_i + \dfrac{r}{r_i} \cdot \dfrac{s}{\lambda_R} + \dfrac{r}{r_a} \cdot R_a}$

Für größere Radien gilt: $r \approx r_i \approx r_a$ und somit für

$$k_{Zyl.} \approx \cfrac{1}{R_i + \dfrac{s}{\lambda_R} + R_a} = k_{ebene\ Außenwand}$$

Für größere Radien und für im Verhältnis zum Radius kleine Wanddicken kann näherungsweise der Wärmedurchgangskoeffizient für die ebene Wand eingesetzt werden. Bei kleineren Radien ist allerdings die Gleichung für die zylindrische Wand anzuwenden.

Der Unterschied in den Wärmestromdichten beträgt bei einem Radius von etwa 2 m immerhin ca. 8 %, bei einer Wärmeleitfähigkeit des Baustoffes von $\lambda_R \approx 1$ W/(m·K).

Im stationären Zustand muß der Wärmestrom durch die innere und äußere Zylinderoberfläche gleich sein. Daraus folgt, daß die innere Wärmestromdichte größer, und damit die innere Oberflächentemperatur niedriger wird.

259 Welche bauphysikalischen Kenngrößen bestimmen die Wärmeableitung eines Fußbodens?

Lösung

Wärmeleitfähigkeit, spezifische Wärmekapazität und Rohdichte
der obersten Schicht (Nutzschicht) und z.T. auch der darunterliegenden folgenden Schicht des Fußbodens.

260 Der Wärmeeindringkoeffizient b ist für das instationäre, energie-
technische Verhalten von Bauteilen ein Maß für die Geschwindigkeit, mit der Wärme in eine Stoffschicht eindringen oder aus
ihr abgeführt werden kann. Für folgende Baustoffe und deren
Stoffwerte ist der Unterschied mit Folgerungen zu ermitteln:

Dämmstoff, $\rho = 30 \text{ kg/m}^3$, $\lambda = 0{,}04 \text{ W/(m·K)}$,
Gasbeton, $\rho = 600 \text{ kg/m}^3$, $\lambda = 0{,}19 \text{ W/(m·K)}$,
Normalbeton, $\rho = 2400 \text{ kg/m}^3$, $\lambda = 2{,}10 \text{ W/(m·K)}$.

Lösung

Der Wärmeeindringkoeffizient b ist in der Thermodynamik defi-
niert: $\quad b = \sqrt{c \cdot \rho \cdot \lambda}$ in $\text{J/(m}^2\text{·K·s}^{0,5})$,

worin bedeuten: $\quad \lambda$ in W/(m·K) die Wärmeleitfähigkeit des Baustoffes,
c in J/(kg·K) die spezifische Wärmekapazität
des Baustoffes und
ρ in kg/m^3 die Dichte des Baustoffes.

Mit den Stoffwerten nach DIN 4108-4 ergibt sich für:

Dämmstoff $\quad b = \sqrt{1500 \cdot 30 \cdot 0{,}04} \quad \approx \quad 42 \text{ J/(m}^2\text{·K·s}^{0,5})$
Gasbeton $\quad b = \sqrt{1000 \cdot 600 \cdot 0{,}19} \quad \approx \quad 338 \text{ J/(m}^2\text{·K·s}^{0,5})$
Normalbeton $\quad b = \sqrt{1000 \cdot 2400 \cdot 2{,}10} \quad \approx 2245 \text{ J/(m}^2\text{·K·s}^{0,5})$

Je größer der Wärmeeindringkoeffizient b ist, desto schneller
nimmt der Baustoff Wärme auf, d.h. desto langsamer erwärmt
sich ein Raum und umgekehrt: Der Baustoff nimmt Wärme um
so langsamer auf und ein Raum heizt sich schneller auf.
Da der Wärmeeindringkoeffizient $\text{J/(m}^2\text{·K·s}^{0,5})$ in $\text{J/(m}^2\text{·K·h}^{0,5})$ oft
umzurechnen ist, gilt:

$$1 \text{ kJ/(m}^2\text{·K·h}^{0,5}) = \frac{1}{60} \text{ kJ/(m}^2\text{·K·s}^{0,5}) \approx 0{,}0167 \text{ kJ/(m}^2\text{·K·s}^{0,5}).$$

261 Im Hinblick auf die thermische Behaglichkeit in Wohnräumen soll die Oberflächentemperatur des Fußbodens nicht unter $\vartheta_F = 17°C$ (bei $\vartheta_{Li} = 20°C$) liegen. Für die Beurteilung eines Fußbodens (fußkalt, fußwarm) ist die Temperaturänderung in K an der Fußsohle maßgebend. Die Hauttemperatur ϑ_H beträgt ungefähr 30°C beim unbekleideten Fuß ohne Berührung einer Bodenfläche.

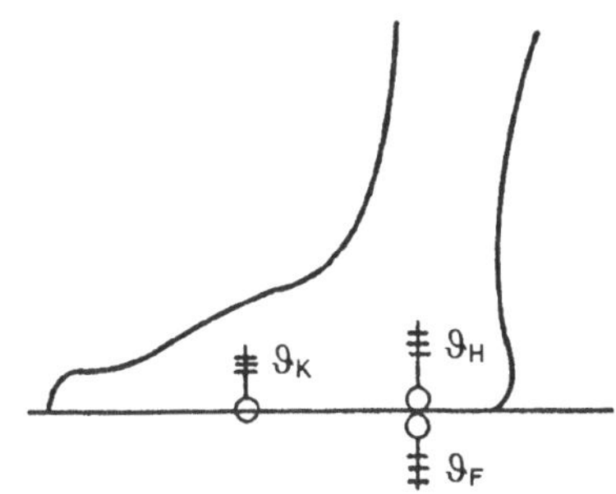

Wie groß ist die Kontakttemperatur auf einer Korkschicht und die Temperaturänderung in K an der Fußsohle?
Für die Korkschicht gelten folgende Werte nach Firmenangaben:
$c = 0{,}45$ Wh/(kg·K)
$\rho = 280{,}0$ kg/m³
$\lambda = 0{,}045$ W/(m·K)

Welchen Wert darf der Wärmeeindringkoeffizient b_F höchstens annehmen, damit der Fußboden noch nicht als fußkalt zu bezeichnen ist?

Lösung

Berühren sich zwei Körper von anfänglich verschiedener Temperatur, so nehmen die Berührungsstellen bei gutem Kontakt gleiche Temperatur an. Die Wärme, die der eine Körper über die Kontaktstelle abgibt, nimmt der andere auf. Vorgänge, bei denen zwei Körper mit verschiedenen Eigenschaften an dem Gesamtablauf teilhaben, sind mathematisch nur in komplizierter Weise zu beschreiben. Der mathematische Aufwand ist wesentlich geringer, wenn man nicht den gesamten Vorgang bis zum Ausgleich, sondern nur seinen Beginn beschreibt, in dem gar nicht der ganze Körper am Wärmeaustausch teilhat, sondern nur die der Kontaktstelle benachbarten Zonen. Unter dieser Voraussetzung kann man den Körper in Bezug auf die Berührungszeit als unendlich ausgedehnt ansehen. Solange diese Voraussetzung gilt, bleibt während der Dauer des Kontaktes die Temperatur der sich berührenden Flächen - die sogenannte Kontakttemperatur ϑ_K - konstant, während an der der Kontaktfläche entgegengesetzten Oberfläche die anfängliche Temperatur aufrecht erhalten bleibt. Einzelheiten *J.S. Cammerer* und *W. Schüle*.

Überträgt man diese Überlegungen z.B. auf den Fall des Wärmeaustausches zwischen dem unbekleideten Fuß und dem Fußboden, so lassen sich unter den Voraussetzungen, daß der Wärmestrom nur senkrecht zur Kontaktfläche erfolgen soll und daß die berührenden Körper als halbunendlich ausgedehnte Körper betrachtet werden können, für die Kontakttemperatur folgende Berechnungsformel angeben:

$$\vartheta_K = \frac{b_H \cdot \vartheta_H + b_F \cdot \vartheta_F}{b_H + b_F},$$

worin b_H und b_F die Wärmeeindringkoeffizienten der Haut und des Fußbodens kennzeichnen.

Der Wärmeeindringkoeffizient b ist ein Maß für die Geschwindigkeit, mit der Wärme in eine Bauteilschicht eindringen oder aus ihr abgeführt werden kann. Der Wärmeeindringkoeffizient ist nach folgender Formel definiert: $b = \sqrt{c \cdot \rho \cdot \lambda}$ in $Wh^{0,5}/(m^2 \cdot K)$

worin bedeuten: c . . . spez. Wärmekapazität in $Wh/(kg \cdot K)$

ρ . . . Rohdichte in kg/m^3

λ . . . Wärmeleitfähigkeit in $W/(m \cdot K)$

Anhaltswerte für den nackten Fuß: $\vartheta_H = 30°C$,

$b_H = 18,6 \ Wh^{0,5}/(m^2 \cdot K)$.

Ermittlung der Kontakttemperatur und der Temperaturänderung an der Fußsohle.

Wärmeeindringkoeffizient der Korkschicht:

$b_K = b_F = \sqrt{c \cdot \rho \cdot \lambda} = \sqrt{0,45 \cdot 280 \cdot 0,045} \ Wh^{0,5}/(m^2 \cdot K)$

$b_F \approx 2,4 \ Wh^{0,5}/(m^2 \cdot K)$

Damit ergibt sich als Kontakttemperatur nach der angegebenen Formel:

$$\vartheta_K = \frac{18,6 \cdot 30 + 2,4 \cdot 17}{18,6 + 2,4} \ °C = 28,5°C$$

Temperaturänderung an der Fußsohle:

$\Delta\vartheta = \vartheta_K - \vartheta_H = (28,5 - 30,0) \ K = -1,5 \ K$

Es wird sich eine Kontakttemperatur von 28,5°C einstellen. Demnach beträgt der Temperaturabfall an der Fußsohle 1,5 K.

Ermittlung des gesuchten Wärmeeindringkoeffizient:

Ist der Temperaturunterschied an der Fußsohle größer als 4 K, so wird der Fußboden als fußkalt bezeichnet (nach *Cammerer* und *Schüle*). Damit gilt: $\vartheta_H - \vartheta_K \leq 4 \ K$, daraus folgt: $\vartheta_K \geq 26°C$.

Durch Umformung der Gleichung für die Kontakttemperatur erhält man:

$$\vartheta_K \cdot (b_H + b_F) = b_H \cdot \vartheta_H + b_F \cdot \vartheta_F$$

$$b_F \cdot (\vartheta_K - \vartheta_F) = b_H \cdot (\vartheta_H - \vartheta_K)$$

$$b_F = b_H \cdot \frac{\vartheta_H - \vartheta_K}{\vartheta_K - \vartheta_F} \; Wh^{0,5}/(m^2 \cdot K)$$

$$b_F \le 18{,}6 \cdot \frac{30 - 26}{26 - 17} \; Wh^{0,5}/(m^2 \cdot K) = 8{,}27 \; Wh^{0,5}/(m^2 \cdot K)$$

Der Wärmeeindringkoeffizient des Fußbodens darf höchstens den Wert 8,27 $Wh^{0,5}/(m^2 \cdot K)$ annehmen, damit der Fußboden noch nicht als fußkalt bezeichnet werden darf.

Richtwerte nach *Cammerer* und *Schüle* für die Beurteilung von Fußböden nach der Temperaturabsenkung:

Besonders fußwarm	≤ 3 K.
Ausreichend fußwarm	> 3 K bis ≤ 4 K.
Nicht mehr ausreichend fußwarm	> 4 K bis ≤ 5 K.
Fußkalt	> 5 K.

262 Wie groß ist die Kontakttemperatur ϑ_K einer inneren Außenwandoberfläche beim Berühren mit der Hand, wobei die Oberflächenschicht

aus einem üblichen Innenputz

aus einer dünnen Schaumkunststoff-Tapete

bestehen soll? Gegeben:

Hauttemperatur der Hand	$\vartheta_H = 33°C$
Oberflächentemperatur der Wand	$\vartheta_W = 12°C$
Wärmeeindringkoeffizient	
der Haut	$b_H = 1100 \; J/(m^2 \cdot K \cdot s^{0,5})$
des Putzes	$b_P = 1250 \; J/(m^2 \cdot K \cdot s^{0,5})$
der Schaumkunststoff-Tapete	$b_T = \;\;\; 35 \; J/(m^2 \cdot K \cdot s^{0,5})$

Lösung

Für den Betrachtungsfall der Hand auf Innenputz ergibt sich:

$$\vartheta_K = \frac{b_H \cdot \vartheta_H + b_P \cdot \vartheta_W}{b_H + b_P} = \frac{1100 \cdot 33{,}0 + 1250 \cdot 12{,}0}{1100 + 1250} \; °C = 21{,}8°C$$

und für den Betrachtungsfall der Hand auf Schaumkunststoff-Tapete:

$$\vartheta_K = \frac{b_H \cdot \vartheta_H + b_T \cdot \vartheta_W}{b_H + b_T} = \frac{1100 \cdot 33{,}0 + 35 \cdot 12{,}0}{1100 + 35} \; °C = 32{,}4°C$$

Die Schaumkunststoff-Tapete "fühlt sich wärmer an" als die Putzschicht, obwohl die Wand vor der Berührung mit der Handfläche in beiden Betrachtungsfällen die gleiche Oberflächentemperatur $\vartheta_{Oi} = \vartheta_W = 12°C$ hatte.

Folge: Ein Temperaturempfinden durch Berühren einer "Oberfläche" ist kein Maß für die wirkliche Oberflächentemperatur ϑ_{Oi} und für eine Beurteilung z.B. einer Wärmedämmwirkung.

263 Ein Raum, der über einer offenen Durchfahrt angeordnet ist, soll als Kinderhort ($\vartheta_{Li} = 22°C$) genutzt werden. Die Decke, die den Raum nach unten gegen die Außenluft abgrenzt, entspricht in ihrem Wärmeschutz exakt den Forderungen des Wärmeschutzes nach DIN 4108. Die oberste Schicht dieser Decke (Fußboden!) besteht aus einem 2 cm dicken Holzparkett ($\lambda = 0,20$ W/(m·K), $c \approx 0,60$ Wh/(kg·K), $\rho = 800$ kg/m³).
Der Fußboden ist hinsichtlich seiner thermischen Behaglichkeit bei der Außentemperatur $\vartheta_{La} = -12°C$ zu beurteilen. Hierbei ist davon auszugehen, daß der Fußboden auch mit unbekleidetem Fuß betreten wird (Wärmeeindringkoeffizient der Haut: $b_H = 18,6$ Wh^{0,5}/(m²·K); Hauttemperatur $\vartheta_H = 30°C$).
Es ist zu prüfen, ob der Fußboden in seiner thermischen Behaglichkeit durch Anbringung einer außen angeordneten Dämmschicht verbessert werden kann. Ist durch Außendämmung die Beurteilung "besonders fußwarm" erreichbar?

Lösung

Nach DIN 4108-2: $\dfrac{1}{\Lambda} \geq 1,75$ m²·K/W

$$k = \frac{1}{R_i + \dfrac{1}{\Lambda} + R_a} = \frac{1}{0,17 + 1,75 + 0,04}\ \text{W/(m}^2\text{·K)} = 0,51\ \text{W/(m}^2\text{·K)}$$

Oberflächentemperatur:
$\vartheta_{Oi} = \vartheta_{Li} - k \cdot (\vartheta_{Li} - \vartheta_{La}) \cdot R_i$
$\vartheta_{Oi} = [22,0 - 0,51 \cdot (22,0 - (-12,0)) \cdot 0,17]\ °C = 19,1°C$
Kontakttemperatur beim unbekleideten Fuß:
Mit dem Index: H für Haut und F für Fußboden, wird

$$\vartheta_K = \frac{b_H \cdot \vartheta_H + b_F \cdot \vartheta_F}{b_H + b_F}$$

$$b_F = \sqrt{\rho \cdot \lambda \cdot c} = \sqrt{800 \cdot 0{,}20 \cdot 0{,}60} \; \text{Wh}^{0,5}/(\text{m}^2{\cdot}\text{K}) = 9{,}8 \; \text{Wh}^{0,5}/(\text{m}^2{\cdot}\text{K})$$

$$\vartheta_K = \frac{18{,}6 \cdot 30{,}0 + 9{,}8 \cdot 19{,}1}{18{,}6 + 9{,}8} \; {}^{\circ}\text{C} = 26{,}2\,{}^{\circ}\text{C}$$

Demnach beträgt die Temperaturabsenkung an der Fußsohle:
$30{,}0\,{}^{\circ}\text{C} - 26{,}2\,{}^{\circ}\text{C} = 3{,}8 \; \text{K}$.

Nach den Richtwerten von *Cammerer* und *Schüle* ist der Fußboden somit noch ausreichend fußwarm.

Zur Frage, wenn der Fußboden "besonders fußwarm" sein soll:
$\vartheta_H - \vartheta_K \leq 3 \; \text{K}$ nach den vorgenannten Beurteilungskriterien.
Also folgt: $\vartheta_K \geq 27\,{}^{\circ}\text{C}$

Aus $\vartheta_K = \dfrac{b_H \cdot \vartheta_H + b_F \cdot \vartheta_F}{b_H + b_F}$ folgt:

$$\vartheta_F = \frac{\vartheta_K \cdot (b_H + b_F) - b_H \cdot \vartheta_H}{b_F} = \frac{27{,}0 \cdot (18{,}6 + 9{,}8) - 18{,}6 \cdot 30{,}0}{9{,}8} \; {}^{\circ}\text{C}$$

$\vartheta_F = 21{,}3\,{}^{\circ}\text{C}$

Da ϑ_F sich fast dem Wert für $\vartheta_{Li} = 22\,{}^{\circ}\text{C}$ nähert, ist eine solche Lösung für einen besonders fußwarmen Boden durch Anordnen einer außenseitigen Dämmschicht nicht möglich.

264 Wie groß sind die Ergebnisfehler (absoluter und relativer Fehler) der Wärmestromdichte bei der Bestimmung der Wärmeableitung von Fußböden, wenn folgende Randbedingungen nach DIN 52 614 gegeben sind:

$$q = \frac{2 \cdot b_H \cdot (\vartheta_H - \vartheta_K)}{\sqrt{\pi \cdot z}} \quad \text{und} \quad \vartheta_K = \frac{b_H \cdot \vartheta_H + b_F \cdot \vartheta_F}{b_H + b_F} \; ?$$

Weiterhin besitzen Gültigkeit:

$b_H = 18{,}6 \; \text{Wh}^{0,5}/(\text{m}^2{\cdot}\text{K}); \quad \vartheta_H = 30\,{}^{\circ}\text{C};$
$b_F = 25{,}4 \; \text{Wh}^{0,5}/(\text{m}^2{\cdot}\text{K}); \quad \vartheta_F = 18\,{}^{\circ}\text{C};$
$\Delta\vartheta = \pm\, 0{,}10 \; \text{K}; \quad z = 10 \; \text{Min} \quad \Delta z = \pm\, 0{,}25 \; \text{s}.$

Lösung

Zunächst Berechnung von ϑ_K und q:

$$\vartheta_K = \frac{b_H \cdot \vartheta_H + b_F \cdot \vartheta_F}{b_H + b_F} = 23{,}07\,{}^{\circ}\text{C}$$

$$q = \frac{2 \cdot b_H \cdot (\vartheta_H - \vartheta_K)}{\sqrt{\pi \cdot z}} = 356,27 \text{ W/m}^2$$

Nach den Grundlagen für die Fortpflanzung von Fehlern und Fehlergrenzen gemäß DIN 1319 und Richtlinie VDI / VDE 2620, sowie Aufgabe 102 errechnet sich die absolute Fehlergrenze des Ergebnisses von q:

$$G_q' = \left| \frac{\partial q}{\partial \vartheta_H} \cdot \Delta\vartheta \right| + \left| \frac{\partial q}{\partial \vartheta_K} \cdot \Delta\vartheta \right| + \left| \frac{\partial q}{\partial z} \cdot \Delta z \right|$$

$$\frac{\partial q}{\partial \vartheta_H} = \frac{2 \cdot b_H}{\sqrt{\pi \cdot z}} \qquad\qquad = \quad 51,41 \text{ W/(m}^2\text{·K)}$$

$$\frac{\partial q}{\partial \vartheta_K} = -\frac{2 \cdot b_H{}^2}{(b_H + b_F) \cdot \sqrt{\pi \cdot z}} - \frac{2 \cdot b_H \cdot b_F}{(b_H + b_F) \cdot \sqrt{\pi \cdot z}} = \quad -51,41 \text{ W/(m}^2\text{·K)}$$

$$\frac{\partial q}{\partial z} = -\frac{b_H \cdot (\vartheta_H - \vartheta_K)}{\sqrt{\pi \cdot z^3}} \qquad\qquad = -1068,80 \text{ W/(m}^2\text{·h)}$$

$$G_q' = 2 \cdot 51,41 \text{ W/(m}^2\text{·K)} \cdot (0,10 \text{ K}) + 1068,80 \text{ W/(m}^2\text{·h)} \cdot \left(\frac{0,25}{3600} \text{h} \right)$$

$$= \pm 10,36 \text{ W/m}^2$$

Die relative Fehlergrenze des Ergebnisses von q:

$$\frac{G_q'}{q} = \pm \frac{10,36}{356,27} = \pm 0,0291 \text{ entsprechend } \pm 2,91 \text{ \%.}$$

Die statistische (wahrscheinliche) absolute Fehlergrenze des Ergebnisses von q:

$$G_q'' = \pm \sqrt{\left(\frac{\partial q}{\partial \vartheta_H} \cdot \Delta\vartheta \right)^2 + \left(\frac{\partial q}{\partial \vartheta_K} \cdot \Delta\vartheta \right)^2 + \left(\frac{\partial q}{\partial z} \cdot \Delta z \right)^2}$$

$$= \pm \sqrt{(51,41 \cdot 0,10)^2 + (-51,41 \cdot 0,10)^2 + \left(-1068,80 \cdot \frac{0,25}{3600} \right)^2}$$

$$= \pm 7,27 \text{ W/m}^2$$

Die relative statistische Fehlergrenze des Ergebnisses von q:

$$\frac{G_q''}{q} = \pm \frac{7,27}{356,27} = \pm 0,0204 \text{ entsprechend } \pm 2,04 \text{ \%.}$$

301 Welche bauphysikalischen Forderungen werden durch die Einhaltung der Mindestwerte der DIN 4108-2 ("Wärmeschutz im Hochbau") und der Wärmeschutzverordnung (WSVO) sichergestellt?

Lösung

DIN 4108-2: Zielsetzung ist hygienisch einwandfreie Verhältnisse durch Anforderungen an Innen- und Außenbauteile zu erreichen sowie verschiedene Nutzungsbereiche und Wohnungen voneinander zu trennen. Keine Tauwasserbildung auf den einzelnen inneren Bauteiloberflächen.

WSVO: Zielsetzung ist die Energieeinsparung durch Anforderungen an Bauteile, die einen beheizten Gebäudeteil nach außen oder gegen nicht beheizte Gebäudebereiche abgrenzen, d.h. Begrenzung von Energieverlusten eines Gebäudes.

302 Bei großen und aufwendigen Bauvorhaben wird empfohlen, eine Optimierungsrechnung für die Dimensionierung des Wärmeschutzes durchzuführen. Welche Einflußgrößen sind für eine Optimierungsrechnung zu beachten?

Lösung

Klimatologische Einflußgrößen, u.a. Außenlufttemperaturen, Standort, Heizperiode.
Bauliche Einflußgrößen, u.a. Gebäudegeometrie, Fenstergrößen, Fensterqualität, Dämmung der Gebäudeumfassung, solare Wärmegewinne.
Heiztechnische Einflußgrößen, u.a. Auslegung der Heizungsanlage, Lüftung.
Finanzwirtschaftliche Einflußgrößen, u.a. Energiepreis, Anlagekosten der Heizungsanlage, Baukosten und Baufolgekosten, Baufinanzierung, Gebäudelebensdauer.

303 Welche rein baulichen Einflußparameter beeinflussen die Heizwärmeverluste eines Gebäudes?

Lösung

Form des Baukörpers (u.a. Grundrißgestaltung).
Wärmeschutz der Gebäude-Hüllkonstruktion.
Luftdurchlässigkeit des Gebäudes.

304 Der Wärmeschutz eines Wohngebäudes wurde vor vielen Jahren mit folgenden maßgeblichen Werten ausgeführt:

Gebäudeum-schließungsfläche	Fläche m^2	k $W/(m^2 \cdot K)$
Außenwand	228	0,78
Fenster	20	2,2
	32	2,6
Flachdach	105	0,38
Grundfläche	170	0,85
Decke gegen Außenluft	5	0,43

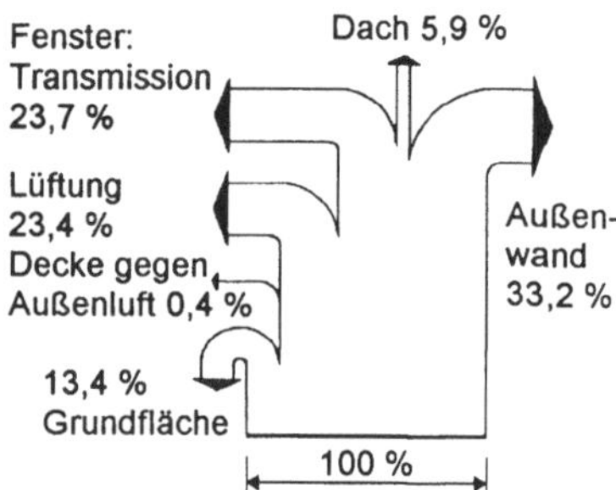

Das neben der Tabelle stehende Bild zeigt das Wärmeflußdiagramm des Gebäudes und die thermischen Löcher.
Anhand der gegebenen Werte und des Wärmeflußdiagramms sind Vorschläge zur Verbesserung des Wärmeschutzes des Gebäudes zu erarbeiten. Begründung!

Lösung

Aus dem Wärmeflußdiagramm läßt sich ablesen, daß über die Außenwände (≈ 33 %), die Fenster (≈ 24 % Transmission; auf die Lüftungswärmeverluste ist kein direkter Einfluß möglich) und die Grundfläche (≈ 13 %) die größten Transmissionswärmeverluste erfolgen. Will man spürbare Verbesserungen erreichen, so ist an diesen Flächen anzusetzen. Es hat keinen Zweck, den Wärmeschutz des Daches zu verbessern, da der Wärmedurchgangskoeffizient schon nahe an der baupraktischen Grenze liegt (dies drückt sich auch an dem geringen Anteil von ≈ 6 % aus) und somit nur Verbesserungen von etwa maximal 3 % - Punkten zu erreichen wären.

Außenwand: Der Wärmedurchgangskoeffizient ist nicht schlecht, könnte aber auf ca. 0,5 $W/(m^2 \cdot K)$ gesenkt werden (entsprechend dem Wert des vereinfachten Nachweises der Wärmeschutzverordnung), was einer

Verbesserung von $\dfrac{0{,}78 - 0{,}5}{0{,}78} \cdot 33{,}2\ \% \approx 11{,}9\ \%$ -
Punkten entsprechen würde. Hierbei ist zu beachten, daß die Fläche der Außenwände groß ist, was sich auf die Heizkosten auswirken wird.

Fenster: Ein Teil der Fenster scheint schon als Dreifachverglasung ausgeführt zu sein. Ein Wärmedurchgangskoeffizient von z.B. 1,9 W/(m²·K) scheint möglich, dies entspricht

$$\frac{2{,}2 \cdot 20{,}0 + 2{,}6 \cdot 32{,}0 - 1{,}9 \cdot (20{,}0 + 32{,}0)}{2{,}2 \cdot 20{,}0 + 2{,}6 \cdot 32{,}0} \cdot 23{,}7\ \% \approx$$

5,3 % - Punkten. Hieraus ist zu erkennen, daß der Effekt gering ist, obwohl über die Flächenverhältnisse $\dfrac{A_W}{A_F} = \dfrac{228{,}0}{52{,}0} = 4{,}4$ jede Maßnahme an den Fenstern um diesen Faktor teurer sein darf.

Grundfläche: Eine Verbesserung des Wärmedurchgangskoeffizienten auf $k_G = 0{,}35$ W/(m²·K) (entsprechend dem Wert des vereinfachten Nachweises der Wärmeschutzverordnung) entspricht $\dfrac{0{,}85 - 0{,}35}{0{,}85} \cdot 13{,}4\ \% \approx 7{,}9\ \%$ - Punkten.

Fazit:

Eine Verbesserung des Wärmeschutzes der Außenwand und der Grundfläche sind bei diesem Gebäude vorzuschlagen. Die Wärmedurchgangskoeffizienten sind den Werten des vereinfachten Nachweises der Wärmeschutzverordnung anzupassen. Dementsprechend beträgt die Verbesserung 11,9 % - Punkte + 7,9 % - Punkte $\approx$ 20 % - Punkte.

305 Bei Flächenheizungen in Bauteilen, die beheizte Räume gegen die Außenluft, das Erdreich oder gegen Gebäudeteile mit wesentlich niedrigeren Innentemperaturen abgrenzen, darf nach der Wärmeschutzverordnung der Wärmedurchgangskoeffizient der Bauteilschichten zwischen der Heizfläche und der Außenluft, dem Erdreich oder Gebäudeteilen mit wesentlich niedrigeren Innentemperaturen den Wert $k_{FH} \le 0{,}35$ W/(m²·K) nicht überschreiten. Der Index FH bedeutet Flächenheizung.

Wie wirkt sich diese Forderung für unterschiedliche Wärmedämmstoffe der WLG 025 bis 050 aus, im Gegensatz zu der Forderung, die sich in DIN 4108-2 Tab. 1 für die gleichen Anforderungen der Decke eines Aufenthaltsraumes, der an Außenluft, Erdreich oder an einen Kellerraum grenzt?

Als Beispiel soll eine 15 cm dicke Stahlbeton - Plattendecke mit 4,5 cm Zementestrich, üblichem Fußbodenbelag und Wärmedämmschicht gewählt werden. Es sei ferner vereinfacht angenommen, daß die Unterkante der Heizrohre mit der Unterkante der Heizbetonschicht übereinstimmt.

Lösung

Aufenthaltsraum

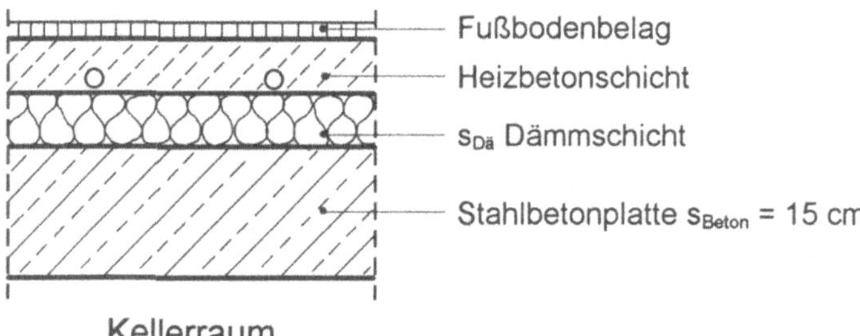

Kellerraum

Das Bild zeigt den prinzipiellen Aufbau. Die Bezeichnung für den Wärmedurchgangskoeffizienten k_{FH} ist in der Wärmeschutzverordnung nicht korrekt, es handelt sich nach den Rechenvorschriften der Thermodynamik um einen Teilwärmedurchgangskoeffizienten κ, der nur 1 Wärmeübergang und die Wärmedurchlaßwiderstände erfaßt; zwischen der Ebene Unterkante Heizrohre und Dämmschicht gibt es keinen Wärmeübergangskoeffizient.

Beispielhaft soll die Berechnung für eine Kellerdecke durchgeführt werden. Dann besitzen folgende Werte Gültigkeit:

R_i = 0,17 m²·K/W nach DIN 4108-4 für Wärmestrom von oben nach unten auf der Innenseite geschlossener Räume bei natürlicher Luftbewegung,

$\lambda_{Dä}$ in W/(m·K), Wärmeleitfähigkeit der Dämmung, gemäß Aufgabe für die WLG 025, 035, 040, 045 und 050,

$s_{Dä}$ in m, Dicke der Dämmschicht,

λ_{Beton} in W/(m·K) Wärmeleitfähigkeit der Stahlbetonplatte nach DIN 4108-4, λ_{Bet} = 0,79 W/(m·K) für Rohdichte $\approx$ 1400 kg/m³,

s_{Beton} in m, Dicke der Stahlbetonplatte, s_{Beton} = 0,15 m,

k_{FH} in W/(m²·K), Wärmedurchgangskoeffizient nach der Wärmeschutzverordnung $k_{FH} \leq 0,35$ W/(m²·K),

κ in W/(m²·K), sogenannter Teilwärmedurchgangskoeffizient nach der Thermodynamik für flächenbezogene Gesamtmasse über 300 kg/m², κ = 0,81 W/(m²·K) im Mittel. Nach DIN 4108-2 wird empfohlen, die Wärmedurchlaßwiderstände über diese Mindestforderungen hinaus zu erhöhen.

Allgemein gilt nach DIN 4108-5: $k_{FH} = \kappa = \dfrac{1}{R_i + \left(\dfrac{s}{\lambda}\right)_{Dä} + \left(\dfrac{s}{\lambda}\right)_{Beton}}$

Mit den Werten: $0,35 \text{ W/(m}^2\text{·K)} = \dfrac{1}{0,17 + \left(\dfrac{s}{\lambda}\right)_{Dä} + \dfrac{0,15}{0,79}} \text{ W/(m}^2\text{·K)}$

z.B. für $\lambda_{Dä}$ = 0,04 W/(m·K) ergibt sich $s_{Dä}$ = 0,10 m = 100 mm, und für die Forderung mit κ nach DIN 4108-2 $s_{Dä}$ = 0,035 m = 35 mm. Unterschied $\Delta s_{Dä}$ = 100 mm - 35 mm = 65 mm ≈ 7 cm!

Die Ergebnisse für die 3 Forderungen für die Lage der Decke nach DIN 4108-2 und der Wärmeschutzverordnung enthält die Tabelle:

Decke des Aufenthalts-raumes grenzt	Forderung	Mindestdicke $s_{Dä}$ der Wärme-dämmschicht in mm bei Wärmeleitfähigkeitsgruppe				
		025	035	040	045	050
an Außenluft	DIN 4108	43	61	69	78	87
	WSVO	66	92	105	118	131
	$\Delta s_{Dä}$	+ 23	+ 31	+ 36	+ 40	+ 44
ans Erdreich	DIN 4108	22	31	35	40	44
	WSVO	67	93	107	120	133
	$\Delta s_{Dä}$	+ 45	+ 62	+ 72	+ 80	+ 89
an Kellerräume	DIN 4108	22	31	35	39	44
	WSVO	62	87	100	112	125
	$\Delta s_{Dä}$	+ 40	+ 56	+ 65	+ 73	+ 81

Folge: Eine außergewöhnliche Dämmschichtdicke für eine Decke eines Aufenthaltsraumes, die an einen Kellerraum grenzt mit $s_{Dä}$ = 12,5 cm der WLG 050 kann nur vermindert werden durch ein Dämm - Material mit verbesserter Wärmeleitfähigkeitsgruppe, z.B. WLG 035, mit $s_{Dä}$ = 8,7 cm ≈ 9 cm.

306 Was versteht man unter einem Betonabsorber?

Lösung

In Außenbauteilen aus Beton: Außenwände, Balkonbrüstungen, Gartenmauern, Garagenwände werden Rohrleitungen eingebaut. Eine darin zirkulierende Flüssigkeit wird auf der kalten Seite einer Wärmepumpe unter Umgebungstemperatur abgekühlt. Die Bauteile können dann Wärmeenergie aus der Umwelt (Sonne, Luft, Wind, Regen) aufnehmen. Die Wärmepumpe "hebt" die so gewonnene Energie auf ein für die Raumheizung nutzbares Temperaturniveau. Die hohe Wärmeleit- und Wärmespeicherfähigkeit macht den Baustoff Beton zu einem Umwelt - Absorber.

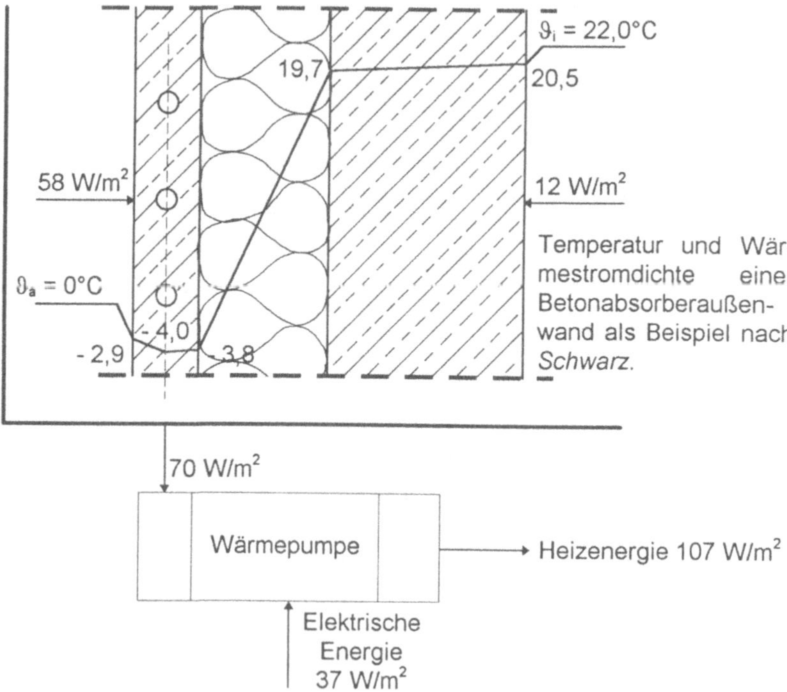

Temperatur und Wärmestromdichte einer Betonabsorberaußenwand als Beispiel nach *Schwarz*.

307 Im Rahmen einer Sanierungsmaßnahme soll eine Fachwerk-Außenwand eines 2 - geschossigen Reihenmittelhauses mit einer Innendämmung versehen werden, um die historische Fassadenansicht zu wahren.

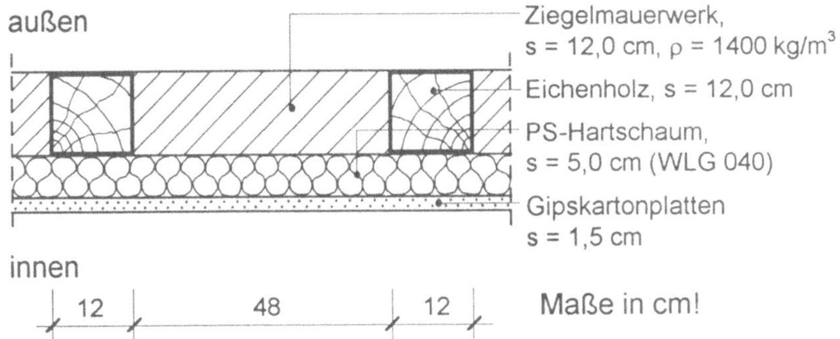

Ist ein Mindestwärmeschutz durch die vorgenommene Sanierungsmaßnahme nach der Wärmeschutzverordnung gewährleistet? Welcher Fensterflächenanteil ist in diesem Fall zulässig, wenn die Anforderung für $k_{m,W+F}$ eingehalten werden soll?

Lösung

Nach der Wärmeschutzverordnung gilt für bauliche Änderungen bestehender Gebäude (normale Innentemperaturen) für den winterlichen Wärmeschutz einer Außenwand bei der Sanierung:
$k_W \leq 0{,}50$ W/(m²·K)
Überprüfung des vorhandenen Wärmeschutzes mit der vorgegebenen Innendämmung nach DIN 4108-5:

Gefach:

$$k_{Gefach} = \cfrac{1}{R_i + \left(\dfrac{s}{\lambda}\right)_{Gips} + \left(\dfrac{s}{\lambda}\right)_{Dämmung} + \left(\dfrac{s}{\lambda}\right)_{Ziegel} + R_a} \; \text{W/(m}^2\text{·K)}$$

$$k_{Gefach} = \cfrac{1}{0{,}13 + \dfrac{0{,}015}{0{,}21} + \dfrac{0{,}05}{0{,}04} + \dfrac{0{,}12}{0{,}58} + 0{,}04} \; \text{W/(m}^2\text{·K)} = 0{,}59 \; \text{W/(m}^2\text{·K)}$$

Rippe:

$$k_{Rippe} = \cfrac{1}{R_i + \left(\dfrac{s}{\lambda}\right)_{Gips} + \left(\dfrac{s}{\lambda}\right)_{Dämmung} + \left(\dfrac{s}{\lambda}\right)_{Holz} + R_a} \; \text{W/(m}^2\text{·K)}$$

$$k_{Rippe} = \cfrac{1}{0{,}13 + \dfrac{0{,}015}{0{,}21} + \dfrac{0{,}05}{0{,}04} + \dfrac{0{,}12}{0{,}20} + 0{,}04} \; \text{W/(m}^2\text{·K)} = 0{,}48 \; \text{W/(m}^2\text{·K)}$$

Dann ergibt sich für den gesamten Wärmedurchgangskoeffizienten der Außenwand:

$$k_W = \frac{A_{Gefach}}{A_W} \cdot k_{Gefach} + \frac{A_{Rippe}}{A_W} \cdot k_{Rippe}$$

$$k_W = \left(\frac{48}{60} \cdot 0{,}59 + \frac{12}{60} \cdot 0{,}48 \right) W/(m^2 \cdot K) = 0{,}57 \ W/(m^2 \cdot K)$$

Die Forderung der Wärmeschutzverordnung ist nicht erfüllt, da $k_W > 0{,}50 \ W/(m^2 \cdot K)$. Folglich muß die Dicke der Innendämmung (PS-Hartschaum) verbessert werden.

Ansatz und Auflösung der vorstehenden Gleichungen nach der unbekannten zusätzlichen Schichtdicke s_x durch eine quadratische Gleichung:

$$0{,}50 \ W/(m^2 \cdot K) = \left[\frac{48}{60} \cdot \frac{1}{0{,}13 + 1{,}53 + \dfrac{s_x}{0{,}04} + 0{,}04} + \right.$$
$$\left. \frac{12}{60} \cdot \frac{1}{0{,}13 + 1{,}92 + \dfrac{s_x}{0{,}04} + 0{,}04} \right] W/(m^2 \cdot K)$$

$$0{,}50 \ W/(m^2 \cdot K) = \left[0{,}8 \cdot \frac{1}{1{,}70 + \dfrac{s_x}{0{,}04}} + 0{,}2 \cdot \frac{1}{2{,}09 + \dfrac{s_x}{0{,}04}} \right] W/(m^2 \cdot K)$$

$$s_x = 0{,}0105 \ m \approx 0{,}01 \ m$$

Somit Gesamtdicke der Innendämmung: 5 cm + 1 cm = 6 cm

Für Gebäude mit 2 Trennwänden (Reihenmittelhäuser) ist nach der Wärmeschutzverordnung beim vereinfachten Nachweis der mittlere Wärmedurchgangskoeffizient der Fassadenfläche $k_{m,W+F} \leq 1{,}00 \ W/(m^2 \cdot K)$ zu begrenzen.

$$k_{m,W+F} = (1 - f) \cdot k_W + f \cdot k_F$$

Als Ansatz für einen Fensterflächenanteil f der Fassade wird z.B. $k_F = 3{,}10 \ W/(m^2 \cdot K)$ gewählt für Isolier- und Doppelverglasung, so ergibt sich ein Fensterflächenanteil f von:

$$f = \frac{k_{m,W+F} - k_W}{k_F - k_W} = \frac{1{,}0 - 0{,}5}{3{,}1 - 0{,}5} = 0{,}19, \ d.h. \ 19 \ \%.$$

308 Unter Berücksichtigung der bekannten Gesetze der Wärmeübertragung ist die Dicke einer Dämmplatte zu berechnen. In der Außenwand eines Raumes ist, wie die Skizze zeigt, eine Nische zur Anordnung einer Heizfläche vorgesehen. Um zu hohe Wärmeverluste durch die Heizflächen zu vermeiden, muß nach den Forderungen der Wärmeschutzverordnung in der Nische eine

Dämmplatte vorgesehen werden, die den Wärmeverlust an dieser Stelle wenigstens auf diesen Wert des Wärmeverlustes anderer, nicht mit Heizfläche belegter Wandteile reduziert.

Gegeben sind: $s = 30$ cm, $s_N = 20$ cm,

$\lambda_W = 0{,}85$ W/(m·K), $\lambda_{Dä} = 0{,}04$ W/(m·K),

$\vartheta_{Li} = 20°C$, $\vartheta_{La} = -15°C$.

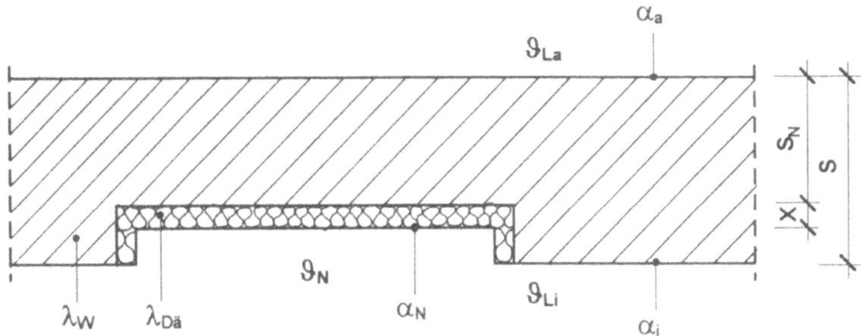

N ... Nische; W ... Wandfeld.

Lösung

Die Wärmestromdichte im Nischenbereich soll nicht größer als im ungestörten Wandfeld sein. Forderung:

$$q_N = q_W$$

$$k_N \cdot (\vartheta_N - \vartheta_{La}) = k_W \cdot (\vartheta_{Li} - \vartheta_{La})$$

$$\frac{\vartheta_N - \vartheta_{La}}{\left(\dfrac{1}{\alpha}\right)_N + \left(\dfrac{x}{\lambda}\right)_{Dä} + \dfrac{s_N}{\lambda_W} + R_a} = \frac{\vartheta_{Li} - \vartheta_{La}}{R_i + \dfrac{s}{\lambda_W} + R_a}$$

In der Nische muß für die Raumtemperatur im Bereich zwischen Rückseite der Heizfläche und Dämmplatte beim Heizbetrieb ein höherer Wert angenommen werden, daher gewählt $\vartheta_N \approx 65°C$. Außerdem ändert sich auch in diesem Bereich der Wärmeübergangskoeffizient, da durch die höhere Lufttemperatur der Anteil der konvektiven Wärmeübertragung steigt, desgleichen der Anteil der Strahlung, daher gewählt $\alpha_N \approx 15$ W/(m²·K).

Hieraus die gesuchte Plattendicke:

$$x_{Dä} = \lambda_{Dä} \cdot \left[\left(R_i + \frac{s}{\lambda_W} + R_a \right) \cdot \frac{\vartheta_N - \vartheta_{La}}{\vartheta_{Li} - \vartheta_{La}} - \left(\left(\frac{1}{\alpha}\right)_N + \frac{s_N}{\lambda_W} + R_a \right) \right]$$

$$x_{Dä} = 0{,}04 \cdot \left[\left(0{,}13 + \frac{0{,}30}{0{,}85} + 0{,}04 \right) \cdot \frac{65 - (-15)}{20 - (-15)} - \left(\frac{1}{15} + \frac{0{,}20}{0{,}85} + 0{,}04 \right) \right] \text{m}$$

$$x_{Dä} = 0{,}034 \text{ m} = 3{,}4 \text{ cm}.$$

Die Dämmplatte in der Nische muß mindestens 3,4 cm betragen, um der Forderung der Wärmeschutzverordnung zu entsprechen.

Wird die Korrektur für α_N und ϑ_N nicht vorgenommen, errechnet sich $x_{Dä} \approx 0{,}5$ cm, was falsch ist.

309 Werden Heizflächen vor außenliegenden Fensterflächen angeordnet, so sind nach der Wärmeschutzverordnung zur Verringerung der Wärmeverluste geeignete, nicht demontierbare oder integrierte Abdeckungen an der Heizflächenrückseite vorzusehen. Der Wärmedurchgangskoeffizient der Abdeckung darf 0,9 W/(m²·K) nicht überschreiten.

Wie dick muß eine solche Abdeckplatte mit einer WLG 035 gewählt werden?

Lösung

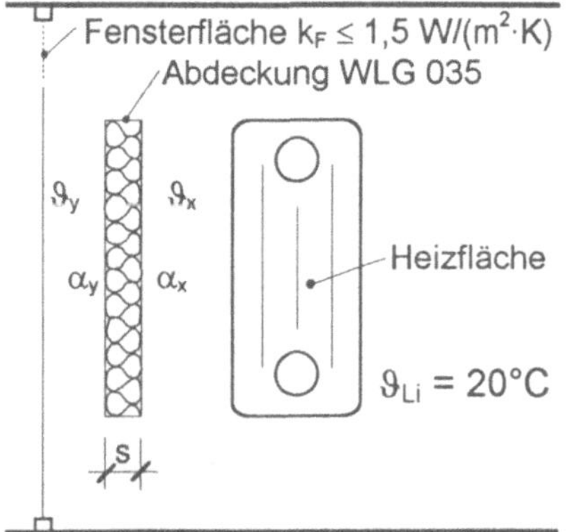

Zur Berechnung der Plattendicke s können die Rechenwerte der Wärmeübergangswiderstände nach DIN 4108-4 nicht angewendet werden, weil die Strahlungs-, Konvektions- und Temperaturverhältnisse von den dortigen Forderungen abweichen.

Nach DIN 4108-4 wäre der Wärmeübergangswiderstand $R_i = 0{,}13$ m²·K/W entsprechend $\alpha_i \approx 7{,}7$ W/(m²·K) anzuwenden. Nach Messungen von *Kast* bewegen sich die Lufttemperaturen in den Bereichen x und y zwischen $\vartheta_x \approx 50$ bis 60°C bzw. $\vartheta_y \approx 10 \ldots 20°C$. Durch erhöhte Konvektions- und Strahlungsverhältnisse beträgt - nach Untersuchung von *Kast* - $\alpha_x \approx 15$ bis 20 W/(m²·K) und $\alpha_y \approx 10 \ldots 15$ W/(m²·K). Hieraus:

$$R_x \approx (0{,}05 \ldots 0{,}07) \text{ m}^2\text{·K/W},$$
$$R_y \approx (0{,}07 \ldots 0{,}10) \text{ m}^2\text{·K/W}.$$

Wärmedurchgangskoeffizient der Abdeckung:

$$k = \cfrac{1}{0,06 + \cfrac{s}{0,035} + 0,085} \; W/(m^2 \cdot K) = 0,9 \; W/(m^2 \cdot K)$$

Auflösung nach der Dicke der Abdeckung:
$$s \approx 0,034 \; m = 3,4 \; cm.$$

Nach DIN 4108-3 führt die Aufstellung von Heizflächen mit nennenswertem Strahlungsanteil (Radiatoren, Plattenheizkörper) vor Glasflächen zu so erheblichen Abweichungen, daß die Auslegung der Heizeinrichtungen nicht nach der nach DIN 4701 ermittelten Norm - Heizlast vorgenommen werden kann. Wegen des erhöhten Energieverbrauchs müssen solche Anforderungen vermieden werden. Es war somit erforderlich, die Anforderungen in erster Linie an die Abdeckung der Heizfläche selbst zu stellen, damit die Hersteller solcher integrierten Heizflächen eine klare Zielvorgabe haben. Gleichzeitig wird damit klargestellt, daß dieser Wärmedurchgangskoeffizient $k = 0,9 \; W/(m^2 \cdot K)$ nicht mit dem der angrenzenden Wand identisch sein muß.

310 Für ein Badezimmer (L x B x H = 2,0 m x 2,0 m x 2,5 m) in einem Reihenmittelhaus ($\vartheta_{Li} = 22°C$, $\vartheta_{La} = -12°C$) ist der Anteil der Fensterfläche (Holzfenster, Doppelverglasung, 30 mm Scheibenabstand) an der Außenwand nach dem vereinfachten Nachweis für kleine Wohngebäude der Wärmeschutzverordnung zu untersuchen.
Die Außenwand sei:
  Nach den Forderungen des Mindestwärmeschutzes gestaltet (DIN 4108),
  nach den Forderungen des verbesserten Wärmeschutzes gestaltet.
Erforderlich ist eine graphische Lösung der Fensterflächengröße.

Lösung

Mittlerer Wärmedurchgangskoeffizient nach der Wärmeschutzverordnung: $\quad k_{m,W+F} \leq 1,00 \; W/(m^2 \cdot K)$.
Nach DIN 4108-2: $\quad k_W \leq 1,39 \; W/(m^2 \cdot K)$.
Nach DIN 4108-4: $\quad k_F = 2,50 \; W/(m^2 \cdot K)$.

Graphische Lösung vgl. Diagramm.

Forderung des verbesserten Wärmeschutzes nach DIN ISO 7726:
$$\vartheta_{Li} - \vartheta_{Oi} \approx 3{,}0 \text{ K}.$$
Hieraus: $\vartheta_{Oi} = 22{,}0°C - 3{,}0 \text{ K} = 19{,}0°C$

$$\frac{\vartheta_{Li} - \vartheta_{Oi}}{R_i} = k \cdot (\vartheta_{Li} - \vartheta_{La}), \text{ hieraus:}$$

$$k = \frac{\vartheta_{Li} - \vartheta_{Oi}}{\vartheta_{Li} - \vartheta_{La}} \cdot \frac{1}{R_i} = \frac{3}{34} \cdot \frac{1}{0{,}13} \text{ W/(m}^2\cdot\text{K)} = 0{,}68 \text{ W/(m}^2\cdot\text{K)}$$

Graphische Lösung vgl. Diagramm.

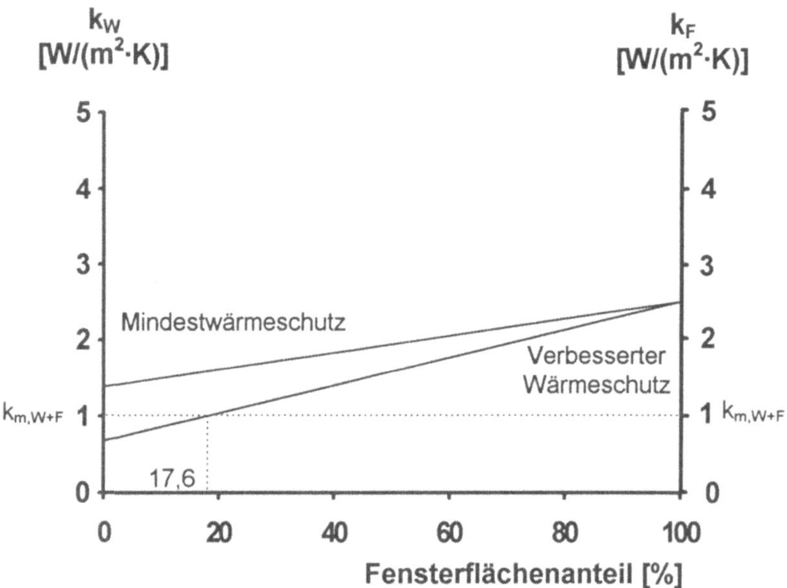

Zur Frage des Mindestwärmeschutzes: Nach DIN 4108 ist keine Lösung möglich, da die Forderung der Wärmeschutzverordnung einen negativen Wert für den Fensterflächenanteil ergibt.

Zur Frage des verbesserten Wärmeschutzes:
$f = 17{,}6 \%$, d. h. $A_F = (2{,}0 \text{ m} \cdot 2{,}5 \text{ m}) \cdot 0{,}176 = 0{,}88 \text{ m}^2$.

311 Die Wärmeschutzverordnung ermöglicht vielfältige Möglichkeiten, Sonnenenergie für Heizzwecke zu nutzen. Wie lassen sich diese in den Entwurfsprozeß für ein Gebäude einordnen?

Lösung

Bei "passiven Solarenergie - Systemen" werden ausschließlich bauliche Mittel zur Solarenergienutzung angewandt, z.B. Fenster als sogen. Sonnenkollektoren, Gebäudemassen als Energiespeicher, usw.

Bei "aktiven Solarenergie - Systemen" werden apparative Systemteile, wie Sonnenkollektoren, Wärmepumpen, Beton - Absorber - Heizsysteme, usw. angewendet.

Bei "Hybriden Solarenergie - Systemen" kommen Mischformen zwischen aktiven und passiven Solarenergie - Systemen zur Anwendung; die Energieaufnahme erfolgt durch bauliche Mittel, Umwälzeinrichtungen (für den Wärmeträger Wasser bzw. Luft) übernehmen die Energieübertragung und - verteilung.

312 Die nebenstehenden Skizzen zeigen die Ansicht und den Grundriß eines Winkelbungalows mit den äußeren Abmessungen. Der Fensterflächenanteil beträgt 25 %. Die Fenster sind gleichmäßig über die Wände verteilt. Der Kellerraum ist unbeheizt. Der Wärmeschutz der wärmeübertragenden Umfassungsflächen des Gebäudes genügt gerade der DIN 4108-2. Es ist zu überprüfen, ob der Wärmeschutz den Anforderungen der Wärmeschutzverordnung genügt. Werden die Anforderungen nicht erfüllt, so ist der Wärmeschutz entsprechend zu verbessern.

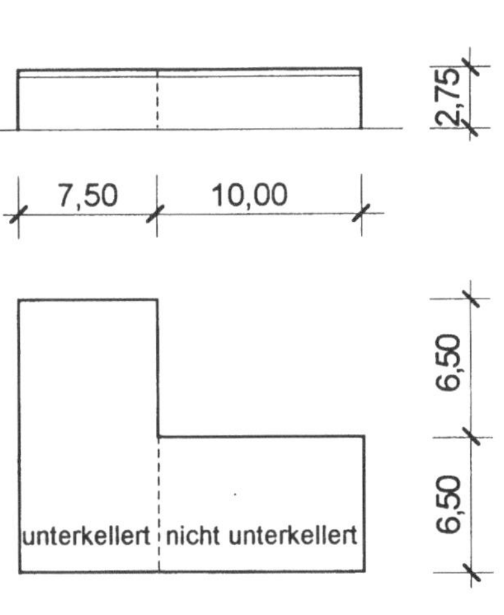

Maße in m!

Zusammenstellung der Wärmedurchgangskoeffizienten der einzelnen Bauteile der Gebäudeumfassungsfläche entsprechend den Anforderungen nach DIN 4108-2 (Annahme: Die flächenbezogene Gesamtmasse der Bauteile soll > 300 kg/m^2 sein):

Außenwand: $k_W = 1,39$ W/(m$^2\cdot$K)

Dach $k_D = 0,79$ W/(m$^2\cdot$K)

Grundfläche unterkellert $k_{G1} = 0,81$ W/(m$^2\cdot$K)

Grundfläche nicht unterkellert $k_{G2} = 0,93$ W/(m$^2\cdot$K)

Für die Fenster wurden folgende Werte gewählt:

Fenster (Holzrahmen / Wärmeschutzglas):

$k_F = 1,80$ W/(m$^2\cdot$K), g = 0,72.

Für die einzelnen Faktoren zur Berechnung des Jahres - Heizwärmebedarfs ist eine Fehlerbetrachtung durchzuführen.

Lösung

Vereinfachtes Nachweisverfahren nach der Wärmeschutzverordnung:
Für kleine Wohngebäude (bis zu zwei Vollgeschossen und nicht mehr als drei Wohneinheiten) kann der vereinfachte Nachweis geführt werden. Danach müssen folgende Werte eingehalten werden:

Außenwand:	k_W	$\leq 0{,}50 \ W/(m^2 {\cdot} K)$
Dach	k_D	$\leq 0{,}22 \ W/(m^2 {\cdot} K)$
Grundfläche	k_G	$\leq 0{,}35 \ W/(m^2 {\cdot} K)$
Fenster	$k_{m,F \, eq}$	$\leq 0{,}70 \ W/(m^2 {\cdot} K)$

Die geforderten Wärmedurchgangskoefizienten der Wärmeschutzverordnung von Außenwand, Dach und Grundfläche werden nicht erfüllt.

$$k_{m,F \, eq} = \frac{k_{eq,FS} + k_{eq,FO} + k_{eq,FW} + k_{eq,FN}}{4}$$

$$k_{m,F \, eq} = \frac{(1{,}8 - 2{,}4 \cdot 0{,}72) + 2 \cdot (1{,}8 - 1{,}65 \cdot 0{,}72) + (1{,}8 - 0{,}95 \cdot 0{,}72)}{4} \ W/(m^2 {\cdot} K)$$

$$k_{m,F \, eq} = 0{,}603 \ W/(m^2 {\cdot} K) \ < \ 0{,}70 \ W/(m^2 {\cdot} K) \ \text{erfüllt!}$$

Damit ist der vereinfachte Wärmeschutznachweis nicht erfüllt.
Der entsprechend den Maximalwerten der Wärmedurchgangskoeffizienten nach DIN 4108-2 dimensionierte Wärmeschutz der Gebäudeumfassungsflächen liegt beträchtlich über der Forderung nach dem vereinfachten Verfahren der Wärmeschutzverordnung, d.h. der Wärmeschutz genügt nicht den Forderungen des vereinfachten Verfahrens und muß deshalb verbessert werden.

Zusammenstellung der verbesserten Wärmedurchgangskoeffizienten:

k_W	$= 0{,}50 \ W/(m^2 {\cdot} K)$
k_D	$= 0{,}22 \ W/(m^2 {\cdot} K)$
k_{G1}	$= 0{,}35 \ W/(m^2 {\cdot} K)$
k_{G2}	$= 0{,}35 \ W/(m^2 {\cdot} K)$
$k_{m,F \, eq}$	$= 0{,}60 \ W/(m^2 {\cdot} K)$

Mit diesen Werten ist der vereinfachte Nachweis erfüllt.
Ausfüllen des Wärmebedarfsausweises:

Wärmebedarfsausweis nach § 12 Wärmeschutzverordnung
für ein Gebäude mit normalen Innentemperaturen
bei vereinfachtem Nachweis nach Anlage 1 Ziffer 7 Wärmeschutzverordnung

Bezeichnung des Gebäudes oder des Gebäudeteils ....**Winkelbungalow**............................

Ort ....Straße und Hausnummer ....

Gemarkung ....Flurstücknummer ....

I. Wärmedurchgangskoeffizienten der Außenbauteile

Für das Gebäude wurde aufgrund von § 3 Abs. 1 Satz 2 der Wärmeschutzverordnung der vereinfachte Nachweis nach Anlage 1 Ziffer 7 geführt:

Teilfläche	Benennung / Orientierung der Teilflächen	maximal zulässiger Wärmedurchgangskoeffizient k_i [W/(m²·K)]	vorhandener
Außenwände	Außenwand	**0,50**	0,50
Decken unter nicht ausgebauten Dachräumen und Decken (einschl. Dachschrägen), die Räume nach oben und unten gegen Außenluft abgrenzen.	Decke	**0,22**	0,22
Kellerdecken, Wände und Decken gegen unbeheizte Räume sowie Decken und Wände, die an das Erdreich grenzen	Keller G_1		0,35
	Keller G_2	**0,35**	0,35

	Benennung / Orientierung der Teilflächen	Fläche [m²]	maximal zulässiger äquivalenter Wärmedurchgangskoeffizient k_{Feq} [W/(m²·K)]	vorhandener
Außenliegende Fenster Fenstertüren sowie Dachfenster	Nord	10,5		1,116
	Ost	10,5		0,612
	West	10,5		0,612
	Süd	10,5		0,072
	mittlerer äquivalenter Wärmedurchgangskoeffizient $k_{m,Feq}$		**0,7**	0,603

Die folgenden Angaben sind freigestellt:

II. Jahres-Heizwärmebedarf

A/V_{vorh}	Maximal zulässiger Jahres-Heizwärmebedarf entsprechend Anlage 1 Tabelle 1 der Wärmeschutzverordnung
(Wärmeübertragende Umfassungsfläche A = ...492,8.....m² Beheiztes Raumvolumen V = ...446,9......m³ A/V = .1,103..m⁻¹	Q'_{Hzul} = ...32,0........ ..kWh/(m³·a) oder Q''_{Hzul} = ...100,0........kWh/(m²·a)

Hinweis zu vorstehend angegebenen Werten:

Die Werte können zur Beschreibung der energetischen Qualität eines Gebäudes als Orientierungswerte herangezogen werden; sie geben vorrangig Anhaltspunkte für die vergleichende Beurteilung von Gebäuden. Ihnen liegen einheitliche Randbedingungen zugrunde, die durch die Wärmeschutzverordnung vorgegeben sind (z.B. meteorologische Daten, bestimmte Annahmen über nutzbare interne Wärmegewinne und den Luftwechsel). Insoweit, wegen des nicht einbezogenen Wirkungsgrades der Heizungsanlage und wegen der im Einzelfall unterschiedlichen Nutzergewohnheiten kann der tatsächliche Heizenergieverbrauch aus dem Jahres-Heizwärmebedarf nur bedingt abgeleitet werden.

Die vorstehend angegebenen Werte können darüberhinaus nur dann zutreffen, wenn die Dichtheitsanforderungen und die übrigen Anforderungen der Wärmeschutzverordnung erfüllt werden.

*(**Anmerkung**: Eine Angabe des maximal zulässigen Jahres-Heizwärmebedarfs in der obenstehenden Tabelle ist absurd, weil der Ermittlung der Wärmedurchgangskoeffizienten der Außenbauteile ein vereinfachter rechnerischer Nachweis zugrunde liegt und die oben genannten Werte nicht in jedem Fall eingehalten werden können, wie die Rechnung zeigt!)*

Name und Anschrift des Aufstellers	Datum der Ausfertigung und Unterschrift
....	 ....

Im folgenden soll untersucht werden, ob diese Werte auch dem Nachweis für Gebäude mit normalen Innentemperaturen entsprechen.

Ermittlung der einzelnen Bauteilflächen:

$$A_W \quad = 0,75 \cdot 2 \cdot (17,5 + 13,0) \cdot 2,75 \text{ m}^2 = 125,8 \text{ m}^2$$
$$A_F \quad = 0,25 \cdot 2 \cdot (17,5 + 13,0) \cdot 2,75 \text{ m}^2 = 42,0 \text{ m}^2$$
$$A_{F,S} \quad = 0,25 \cdot 42,0 \text{ m}^2 \qquad\qquad = 10,5 \text{ m}^2$$
$$A_{F,O/W} = 0,5 \cdot 42,0 \text{ m}^2 \qquad\qquad = 21,0 \text{ m}^2$$
$$A_{F,N} \quad = 0,25 \cdot 42,0 \text{ m}^2 \qquad\qquad = 10,5 \text{ m}^2$$
$$A_D \quad = (7,5 \cdot 13,0 + 10,0 \cdot 6,5) \text{ m}^2 = 162,5 \text{ m}^2$$
$$A_G \quad\qquad\qquad\qquad\qquad\qquad\qquad = 162,5 \text{ m}^2$$

$$A_{ges} \qquad\qquad\qquad\qquad\qquad\qquad = 492,8 \text{ m}^2$$
$$V \quad = 162,5 \cdot 2,75 \text{ m}^3 \qquad\qquad = 446,9 \text{ m}^3$$
$$A/V \quad = \frac{492,8}{446,9} \text{ m}^{-1} \qquad\qquad = 1,103 \text{ m}^{-1}$$
$$V_L \quad = 0,8 \cdot V = 0,8 \cdot 446,9 \text{ m}^3 \qquad = 357,5 \text{ m}^3$$

Berechnung des Jahres - Heizwärmebedarfs:
$$Q_H = 0,9 \cdot (Q_T + Q_L) - (Q_I + Q_S)$$

Die Berücksichtigung der solaren Wärmegewinne erfolgt über $k_{m,F \text{ eq}}$.

$$Q_T = 84 \cdot (k_W \cdot A_W + k_{m,F \text{ eq}} \cdot A_F + 0,8 \cdot k_D \cdot A_D + 0,5 \cdot k_G \cdot A_G)$$

$$Q_T = 84 \cdot (0,5 \cdot 125,8 + 0,6 \cdot 42,0 + 0,8 \cdot 0,22 \cdot 162,5 + $$
$$0,5 \cdot 0,35 \cdot 162,5) \text{ kWh/a}$$

$$Q_T = 12\,192 \text{ kWh/a}$$

$$Q_L = 22,85 \cdot V_L = 22,85 \cdot 0,8 \cdot 446,9 \text{ kWh/a} \quad = 8\,169 \text{ kWh/a}$$

$$Q_I = 8,0 \cdot V = 8,0 \cdot 446,9 \text{ kWh/a} \qquad\qquad = 3\,575 \text{ kWh/a}$$

$$Q_H = [0,9 \cdot (12\,192 + 8\,169) - 3\,575] \text{ kWh/a} \quad = 14\,750 \text{ kWh/a}$$

Zur Erfüllung der Anforderung der Wärmeschutzverordnung muß ein Grenzwert nach Tab. 1 der Wärmeschutzverordnung eingehalten werden.

$$Q''_H = \frac{Q_H}{0,32 \cdot V} = \frac{14750}{0,32 \cdot 446,9} \text{ kWh/(m}^2\text{·a)} = 103 \text{ kWh/(m}^2\text{·a)}$$

$A/V = 1,103 \text{ m}^{-1} > 1,05 \text{ m}^{-1}$, daraus folgt:

$Q''_{H,max} = 100 \text{ kWh/(m}^2\text{a)}$ nach Tab. 1 der Wärmeschutzverordnung.

$Q''_H = 103 \text{ kWh/(m}^2\text{·a)} > 100 \text{ kWh/(m}^2\text{·a)} = Q''_{H,max}$, demnach ist der Nachweis nicht erfüllt.

Änderungsvorschlag: Verbesserung des Wärmeschutzes der Fenster mit $k_F = 1,50 \text{ W/(m}^2\text{·K)}$ und $g = 0,65$ (Fenster mit Holzrahmen und Wärmeschutzglas und zusätzlicher wärmedämmender Gasfüllung zwischen den Glasscheiben).

Dann ergibt sich:

$$k_{m,F\,eq} = \frac{(1,5 - 2,4 \cdot 0,65) + 2 \cdot (1,5 - 1,65 \cdot 0,65) + (1,5 - 0,95 \cdot 0,65)}{4} \text{ W/(m}^2\text{·K)}$$

$k_{m,F\,eq} = 0,42 \text{ W/(m}^2\text{·K)}$

$Q_T = 84 \cdot (0,5 \cdot 125,8 + 0,42 \cdot 42,0 + 0,8 \cdot 0,22 \cdot 162,5 + 0,5 \cdot 0,35 \cdot 162,5) \text{ kWh/a}$

$Q_T = 11\,557 \text{ kWh/a}$

$Q_H = [0,9 \cdot (11\,557 + 8\,169) - 3\,575] \text{ kWh/a} = 14\,178 \text{ kWh/a}$

$$Q''_H = \frac{Q_H}{0,32 \cdot V} = \frac{14178}{0,32 \cdot 446,9} \text{ kWh/(m}^2\text{·a)} = 99 \text{ kWh/(m}^2\text{·a)}$$

$Q''_H = 99 \text{ kWh/(m}^2\text{·a)} < 100 \text{ kWh/(m}^2\text{·a)} = Q''_{H,max}$, demnach ist der Nachweis erfüllt.

Ausfüllen des Wärmebedarfsausweises für "Gebäude mit normalen Innentemperaturen":

Wärmebedarfsausweis nach § 12 Wärmeschutzverordnung
für ein Gebäude mit normalen Innentemperaturen
bei Nachweis nach Anlage 1 Ziffer 1 und 6 Wärmeschutzverordnung

Bezeichnung des Gebäudes oder des Gebäudeteils ..... **Winkelbungalow** .....
Ort ....Straße und Hausnummer ....
Gemarkung ....Flurstücknummer ....

I. Jahres-Heizwärmebedarf

A/V	Maximal zulässiger Jahres-Heizwärmebedarf	Berechneter Jahres-Heizwärmebedarf
(Wärmeübertr. Umfassungsfläche $A = $ ..492,8.. m^2 Beheiztes Bauwerksvolumen $V = $ ..446,9.. m^3) $A/V = $ 1,103 m^{-1}	$Q'_{Hzul} = $ ..32,0.. $kWh/(m^3 \cdot a)$ oder $Q''_{Hzul} = $ ..100,0.. $kWh/(m^2 \cdot a)$	$Q'_H = $ ..32,9.. $kWh/(m^3 \cdot a)$ oder $Q''_H = $ ..99,0.. $kWh/(m^2 \cdot a)$

Dem flächenbezogenen Wert Q''_H des Jahres-Heizwärmebedarfs liegt eine aus dem Gebäudevolumen abgeleitete Fläche (Gebäudenutzfläche A_N) zugrunde.

Folgende Angabe ist freigestellt:

Umgerechnet auf die

☐ Wohnfläche nach § 44 Abs. 1 II.BV   ☐ Hauptnutzfläche nach DIN 277
  - nur bei Wohnnutzung - $A^* = $ ......m^2 - bei anderen Nutzungen - A^* ......m^2
ergibt sich ein Jahres-Heizwärmebedarf von
$$Q^{**}_H = Q_H / A^* = ...kWh/(m^2 \cdot a)$$

Hinweise zu den Grundlagen dieses Wärmebedarfsausweises

Die vorstehenden Werte des Jahres-Heizwärmebedarfs geben vorrangig Anhaltspunkte für die vergleichende Beurteilung der energetischen Qualität von Gebäuden. Diese Werte werden unter einheitlichen Randbedingungen ermittelt, die durch die Wärmeschutzverordnung vorgegeben sind (z.B. meteorologische Daten, bestimmte Annahmen über nutzbare interne Wärmegewinne und den Luftwechsel). Insoweit, wegen des nicht einbezogenen Wirkungsgrades der Heizungsanlage und wegen der im Einzelfall unterschiedlichen Nutzergewohnheiten kann der tatsächliche Heizenergieverbrauch aus dem Jahres-Heizwärmebedarf nur bedingt abgeleitet werden.
Die vorstehenden Werte des Jahres-Heizwärmebedarfs können darüberhinaus nur dann zutreffen, wenn die Dichtheitsanforderungen und die übrigen Anforderungen der Wärmeschutzverordnung erfüllt werden.

II. Weitere energiebezogene Merkmale

Jahres-Heizwärmebedarf (insgesamt)
$$Q_H = ...\mathbf{14\,178}...............kWh/a$$

Darin sind berücksichtigt:

Transmissionswärmebedarf
$Q_T = $ ....11557..............kWh/a

Nutzbare interne Wärmegewinne
$Q_I = $ ....3575..............kWh/a

Lüftungswärmebedarf
$Q_L = $ ....8169..............kWh/a

Nutzbare solare Wärmegewinne
☐ $Q_S = $ ....kWh/a ☒ in Q_T enthalten

Gebäudenutzfläche
nach Wärmeschutzverordnung $A_N = $ ..143,0..m^2 Anrechenbares Luftvolumen $V_L = $ ..357,5..m^3

Wärmeschutzverordnung (WSVO)

Lfd. Nr.	Teilfläche	Benennung / Orientierung der Teilflächen	Fläche A_i [m²]	Wärmedurchgangskoeffizient k_i [W/(m²·K)]	Gesamtenergiedurchlaßgrad g_i [-]	Faktor zur Berücksichtigung bauteilspezif. Temperaturdifferenzen[1]
	A_W: Außenwände	Wand	125,8	0,5		
	A_D: Dach- und Dachdeckenflächen	Dach	162,5	0,22		0,8
	A_G: unterer Gebäudeabschluß einschl. erdberührter Flächen	Keller	162,5	0,35		0,5
	A_{DL}: Decken nach unten gegen Außenluft					1,0
	A_{AB}: abgr. Flächen zu Gebäudeteilen mit niedr. Innentemp.					0,5
		Nord	10,5	1,5	0,65	
		Ost	10,5	1,5	0,65	
	A_F: Fenster, Fenstertüren und Außentüren					
		West	10,5	1,5	0,65	
		Süd	10,5	1,5	0,65	

Bei der Ermittlung des Jahres-Heizwärmebedarfs wurden berücksichtigt:

☐ geschlossener, nicht beheizter Glasvorbau mit Einfachverglasung / Isolier- oder Doppelverglasung / Wärmeschutzverglasung[2] bei den Flächen   (lfd.Nr.): ....

☐ erhöhte Werte für die nutzbare interne Wärme wegen ausschließlicher Nutzung als Büro- oder Verwaltungsgebäude

☐ mechanisch betriebene Lüftungsanlage mit Wärmerückgewinnung (mit oder ohne Wärmepumpe), Wärmerückgewinnung der Anlage η_W = ...%

☐ mechanisch betriebene Lüftungsanlage ohne Wärmerückgewinnung

---

1) Bei geschlossenen, nicht beheizten Glasvorbauten sind für die Außenbauteile im Bereich dieser Vorbauten auch die angesetzten Abminderungsfaktoren anzugeben.
2) Nichtzutreffendes bitte streichen

Name und Anschrift des Aufstellers	Datum und Unterschrift
....	....

Fehlerbetrachtung:

Nach den Grundlagen für die Fortpflanzung von Fehlern und Fehlergrenzen gemäß DIN 1319 und Richtlinie VDI / VDE 2620 kann diese Berechnung nicht durchgeführt werden, wenn Fehler und Fehlergrenzen > 10 %.

Die einzelnen Faktoren zur Berechnung von Q_H sind Mittelwerte, die je nach tatsächlichen örtlichen, räumlichen und heizungsspezifischen Gegebenheiten von den tatsächlichen Werten abweichen. In der "Fehlerbetrachtung zur Wärmeschutzverordnung" sind Gleichungen zur Berechnung der maximal auftretenden Fehler abhängig von den Verhältnissen $m = \dfrac{Q_L}{Q_T}$ und $n = \dfrac{Q_I}{Q_T}$ zu berücksichtigen.

Aus $\qquad Q_H = 0{,}9 \cdot (Q_T + Q_L) - (Q_I + Q_S)$

ergibt sich unter der Annahme, daß Q_S fehlerfrei ist und über $k_{m,F\ eq}$ in Q_T enthalten ist: $Q_H = 0{,}9 \cdot (Q_T + m \cdot Q_T) - n \cdot Q_T$

$$m = \frac{Q_L}{Q_T} = \frac{8169}{11557} = 0{,}71, \qquad\qquad n = \frac{Q_I}{Q_T} = \frac{3575}{11557} = 0{,}31$$

Setzt man statt den in der Wärmeschutzverordnung gewählten Wert von 0,8 für die Ermittlung von $V_L = 0{,}8 \cdot V$ (der sich auf eine Raumhöhe von 2,6 m bezieht) den tatsächlichen Wert von 0,75, für die Raumhöhe h = 2,5 m und für die übrigen Faktoren die Maximalwerte ein, so erhält man folgende maximale Fehler:

      nach oben: + 102 %

      nach unten: -   54 %, für m = 0,71 und n = 0,31.

Man erhält für Q''_H damit einen Schwankungsbereich von 45 kWh/(m²·a) bis 200 kWh/(m²·a) gegenüber dem nach der Wärmeschutzverordnung errechneten Wert von 99 kWh/(m²·a).

Die große Schwankungsbreite in der Berechnung des Jahres - Heizwärmebedarfs nach der Wärmeschutzverordnung ist in der starren Annahme der Parameter begründet (z.B. für die Heizgradtagezahl Gt, anrechenbares Luftvolumen V_L, interne Wärmegewinne 8 · V usw.). Eine sorgfältig projektbezogene Datenermittlung ist nicht ausreichend, um den berechneten Ergebnissen zu vertrauen. Besonders problematisch ist das unbedachte Eingeben von Berechnungsdaten bei PC-Anwendung ohne die Ergebnisse durch eine Plausibilitätsprüfung zu kontrollieren und ohne Abschätzung der Fehlerspannweite bzw. ohne eine Fehlerbetrachtung. Die Vornorm DIN V 4108-6 enthält Angaben zur "Berechnung des Jahres - Heizwärmebedarfs von Gebäuden" durch Bestimmen der Einzelgrößen unter Berücksichtigung der

dynamischen Einwirkungen energetischer und weiterer Einflußgrößen. Das Verfahren nach der Vornorm ist anwendbar auf
Wohngebäude und auf Gebäude, die ähnlich genutzt, ausschließlich beheizt und nicht gekühlt werden. Es werden entsprechende Regelungen aus E DIN EN 832 berücksichtigt
(Wärmetechnisches Verhalten von Gebäuden).

313 Für das zu errichtende Gebäude ist der Wärmeschutz nach der
Wärmeschutzverordnung zu erstellen. Der Dachraum ist nicht ausgebaut, der Keller ist unbeheizt. Die Fensterflächen betragen im Süden
15 m^2, im Osten und Westen je 12 m^2 und im Norden 8 m^2.

Für die einzelnen Gebäudeumschließungsflächen sind folgende
Angaben maßgebend:

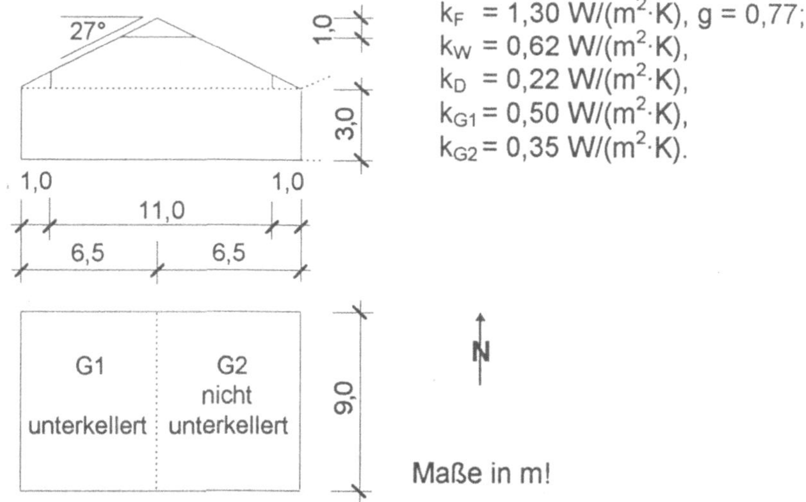

k_F = 1,30 W/(m^2·K), g = 0,77;
k_W = 0,62 W/(m^2·K),
k_D = 0,22 W/(m^2·K),
k_{G1} = 0,50 W/(m^2·K),
k_{G2} = 0,35 W/(m^2·K).

Wie wirkt sich eine Drehung des Hauses im Grundriß um jeweils
90°, bei entsprechender Veränderung der Fensterflächen, auf
den Jahres - Heizwärmebedarf aus? Prozentuale Veränderung
und graphische Darstellung der Ergebnisse.
Wie verändern sich die Ergebnisse bei ausgebautem Dachraum?
Wie ändern sich die Ergebnisse, wenn es sich bei dem Gebäude um ein Reihenmittelhaus handelt (Dachraum nicht ausgebaut, Dachraum ausgebaut)?
Wie ändern sich die Ergebnisse, wenn es sich bei dem Gebäude um eine freistehende Halle mit niedrigen Temperaturen
(Fußboden ungedämmt), ohne Dachraum handelt?

Lösung

Wärmeschutz nach der Wärmeschutzverordnung bei zu errichtenden Gebäuden mit normalen Innentemperaturen:
Die Anforderungen des "Vereinfachten Nachweisverfahrens bei kleinen Wohngebäuden mit bis zu zwei Vollgeschossen und nicht mehr als drei Wohneinheiten" nach der Wärmeschutzverordnung werden nicht erfüllt, da die Wärmedurchgangskoeffizienten von Wand (k_W = 0,62 W/(m²·K) > 0,50 W/(m²·K)) und Keller (k_{G1} = 0,50 W/(m²·K) > 0,35 W/(m²·K)) über den geforderten Werten liegen. Somit kann das vereinfachte Nachweisverfahren nicht zur Anwendung gelangen.
Daher Ermittlung des Jahres - Heizwärmebedarfs:

$$Q_H = 0,9 \cdot (Q_T + Q_L) - (Q_i + Q_S)$$

Flächen- und Volumenermittlung:

$$A_F = 15,0 \text{ m}^2 + 2 \cdot 12,0 \text{ m}^2 + 8,0 \text{ m}^2 \qquad\qquad = 47,0 \text{ m}^2$$
$$A_W = (9,0 \cdot 3,0 \cdot 2) \text{ m}^2 + (13,0 \cdot 3,0 \cdot 2) \text{ m}^2 - 47,0 \text{ m}^2 = 85,0 \text{ m}^2$$
$$A_D = 13,0 \text{ m} \cdot 9,0 \text{ m} \qquad\qquad\qquad\qquad\qquad = 117,0 \text{ m}^2$$
$$A_{G1} = 6,5 \text{ m} \cdot 9,0 \text{ m} \qquad\qquad\qquad\qquad\qquad = 58,5 \text{ m}^2$$
$$A_{G2} = A_{G1} \qquad\qquad\qquad\qquad\qquad\qquad\qquad = 58,5 \text{ m}^2$$

$$A_{ges} = \qquad\qquad\qquad\qquad\qquad\qquad\qquad = 366,0 \text{ m}^2$$
$$V = 13,0 \text{ m} \cdot 9,0 \text{ m} \cdot 3,0 \text{ m} \qquad\qquad = 351,0 \text{ m}^3$$
$$A/V \qquad\qquad\qquad\qquad\qquad\qquad\qquad\qquad = 1,04 \text{ m}^{-1}$$

Ermittlung des Transmissionswärmebedarfs Q_T:

$$Q_T = 84 \cdot [k_W \cdot A_W + k_F \cdot A_F + 0,8 \cdot k_D \cdot A_D + 0,5 \cdot (k_{G1} \cdot A_{G1} + k_{G2} \cdot A_{G2})]$$
$$Q_T = 84 \cdot [0,62 \cdot 85,0 + 1,3 \cdot 47,0 + 0,8 \cdot 0,22 \cdot 117,0 + 0,5 \cdot (0,5 \cdot 58,5 + 0,35 \cdot 58,5)] \text{ kWh/a}$$
$$Q_T = 84 \cdot (52,70 + 61,10 + 20,59 + 24,86) \text{ kWh/a}$$
$$Q_T = 13\ 377 \text{ kWh/a}$$

Ermittlung des Lüftungswärmebedarfs Q_L:

$$Q_L = 22,85 \cdot V_L$$
$$Q_L = 22,85 \cdot 0,8 \cdot 351,0 \text{ kWh/a} = 6\ 416 \text{ kWh/a}$$

Ermittlung der internen Wärmegewinne Q_i:

$$Q_i = 8,0 \cdot V = 8,0 \cdot 351,0 \text{ kWh/a} = 2\ 808 \text{ kWh/a}$$

Ermittlung der solaren Wärmegewinne Q_S:

$$Q_S = \sum_{i,j} 0,46 \cdot I_j \cdot g_i \cdot A_{F,j,i}$$
$$Q_S = 0,46 \cdot [(I_S \cdot g \cdot A_{F,S}) + (I_{O/W} \cdot g \cdot A_{F,O/W}) + (I_N \cdot g \cdot A_{F,N})]$$
$$Q_S = 0,46 \cdot [(400 \cdot 0,77 \cdot 15,0) + (275 \cdot 0,77 \cdot 24,0) + (160 \cdot 0,77 \cdot 8,0)] \text{ kWh/a}$$
$$Q_S = 4\ 916 \text{ kWh/a}$$

Einsetzen der ermittelten Werte in die Formel des Jahres - Heizwärmebedarfs:

$Q_H = 0,9 \cdot (13\,377 + 6\,416) - (2\,808 + 4\,916)$ kWh/a

$Q_H = 10\,090$ kWh/a

Zur Erfüllung der Anforderung der Wärmeschutzverordnung muß ein Grenzwert für den Jahres - Heizwärmebedarf je m^2 Gebäudenutzfläche A_N oder je m^3 Gebäudevolumen V eingehalten werden.

Forderungen:

Der maximale Wert des Jahres - Heizwärmebedarfs Q'_H auf das beheizte Gebäudevolumen V oder der maximale Wert des Jahres - Heizwärmebedarfs Q''_h auf die Gebäudenutzfläche A_N, bezogen auf den berechneten Jahres - Heizwärmebedarf Q_H in Abhängigkeit von der Gebäudegeometrie A/V ist in der Wärmeschutzverordnung festgelegt:

$$Q'_H = \left[13,82 + 17,32 \cdot \left(\frac{A}{V} \right) \right] \text{ kWh/(m}^3\text{·a)}$$

$$Q''_H = \frac{Q'_H}{0,32} \text{ kWh/(m}^2\text{·a)}$$

Die Berechnung ergibt für den Jahres - Heizwärmebedarf des Gebäudes, bezogen auf das beheizte Gebäudevolumen V:

$$Q'_H = \frac{Q_H}{V} = \frac{10090}{351} \text{ kWh/(m}^3\text{·a)} = 28,8 \text{ kWh/(m}^3\text{·a)}$$

und für den Jahres - Heizwärmebedarf des Gebäudes, bezogen auf die Gebäudenutzfläche A_N:

$$Q''_H = \frac{Q_H}{A_N} = \frac{Q_H}{0,32 \cdot V} = \frac{10090}{0,32 \cdot 351} \text{ kWh/(m}^2\text{·a)} = 89,8 \text{ kWh/(m}^2\text{·a)},$$

Maximalwert des Jahres - Heizwärmebedarfs bezogen auf V:

$Q'_H = [13,82 + 17,32 \cdot (1,04)]$ kWh/(m^3·a) $= 31,8$ kWh/(m^3·a)

Maximalwert des Jahres - Heizwärmebedarfs bezogen auf A_N:

$$Q''_H = \frac{31,8}{0,32} \text{ kWh/(m}^2\text{·a)} = 99,5 \text{ kWh/(m}^2\text{·a)}$$

Demnach sind die Forderungen der Wärmeschutzverordnung erfüllt, da $\dfrac{Q_H}{V} < Q'_H$ bzw. $\dfrac{Q_H}{A_N} < Q''_H$.

Die Ergebnisse dieser Berechnung nach der Wärmeschutzverordnung können auch übersichtlich tabellarisch gegenübergestellt werden, vgl. Formblatt:

Nachweis des baulichen Wärmeschutzes | Objekt

Hüllfläche	Fläche m^2 A	k - Wert $W/(m^2 \cdot K)$	max. k kl. Geb. $W/(m^2 \cdot K)$	Wichtung f	q W/K $A \times k \times f$	Q_T q x 84 norm. Temp. q x 30 niedr. Temp. kWh/a
Außenwand A_W	85,0		0,5	1	42,5	3570,0
Dach A_D	117,0		0,22	0,8	20,6	1730,4
Grundfläche A_{G1}	58,5		0,35	0,5	10,2	856,8
A_{G2}	58,5		0,35	0,5	10,2	856,8
Abseitenwand A_{AB}				0,5		
Fenster $k_F = g \cdot S_F$		k_{eg}	$k_{m,eqF}$			
Nord	0,95	8,0	1,3	$\leq 0,7$	1	10,4	873,6
Ost	1,65	12,0	1,3	vorh.	1	15,6	1310,4
West	1,65	12,0	1,3	$k_{m,eqF}$	1	15,6	1310,4
Süd	2,40	15,0	1,3	=	1	19,5	1638,0

ges. $\boxed{366,0}$ $k_m = q/A = 0,395$ $W/(m^2 \cdot K)$ 144,6 $\boxed{\textbf{13 377,0}}$

Solargewinne $0,46 \cdot I \cdot g \cdot A = Q_S$

			$A =$	$\boxed{366,0}$ m^2
Nord	$0,46 \cdot 160 \cdot 0,77 \cdot 8,0$	$= 453,4$ kWh/a	$V =$	$\boxed{351,0}$ m^3
O/W	$0,46 \cdot 275 \cdot 0,77 \cdot 24,0$	$= 2337,7$ kWh/a	$A/V =$	$\boxed{1,04}$ m^{-1}
Süd	$0,46 \cdot 400 \cdot 0,77 \cdot 15,0$	$= 2125,2$ kWh/a	$A_N = 0,32 \cdot V = 0,32 \cdot 351$	
	$Q_S = \boxed{4916,3}$ kWh/a		$A_N =$	$\boxed{112,3}$ m^2

Interne Wärmegewinne

Wohngebäude

$Q_I = 25 \cdot A_N = 25 \cdot 112,3 \quad = \boxed{2\,808,0}$ kWh/a $Q_I = 8 \cdot V = 8 \cdot 351,0 = \boxed{2\,808,0}$ kWh/a

Bürogebäude

$Q_I = 31,25 \cdot A_N = 31,25 \cdot \quad = \boxed{}$ kWh/a $Q_I = 10 \cdot V = 10 \cdot \quad = \boxed{}$ kWh/a

Lüftungswärmebedarf

ohne mech. Lüftungsanlage: $Q_L = 22,85 \cdot 0,8 \cdot V = 18,28 \cdot 351,0 \quad = \boxed{6\,416,3}$ kWh/a

mit mech. Lüftungsanlage:

mit Wärmerückgewinnung: $\quad Q_L = 18,28 \cdot 0,8 \cdot V = 14,62 \cdot \quad = \boxed{}$ kWh/a

ohne Wärmerückgewinnung: $\quad Q_L = 18,28 \cdot 0,95 \cdot V = 17,37 \cdot \quad = \boxed{}$ kWh/a

mit Wärmepumpe $\quad Q_L = 18,28 \cdot 0,8 \cdot V = 14,62 \cdot \quad = \boxed{}$ kWh/a

Jahres - Heizwärmebedarf

$Q_H = 0,9 \cdot (Q_T + Q_L) - Q_I = 0,9 \cdot (\quad + \quad) - \quad = \boxed{}$ kWh/a

$Q_H = 0,9 \cdot (Q_T + Q_L) - (Q_I + Q_S)$

$\quad = 0,9 \cdot (13\,377,0 + 6\,416,3) - (2\,808,0 + 4\,916,3) = \boxed{\textbf{10089,7}}$ kWh/a

Zulässiger Jahres - Heizwärmebedarf | mit normalen Innentemperaturen

$Q'_H = 13,82 + 17,32 \cdot A/V = 13,82 + 17,32 \cdot 1,04 \quad = \boxed{31,83}$ kWh/($m^3 \cdot$a)

$Q''_H = 43,18 + 54,12 \cdot A/V = 43,18 + 54,12 \cdot 1,04 \quad = \boxed{99,50}$ kWh/($m^2 \cdot$a)

$Q'_H = Q_H / V = 10089,7 / 351,0 \quad = \boxed{\textbf{28,8}}$ kWh/a

$Q''_H = Q_H / A_N = 10089,7 / 112,3 \quad = \boxed{\textbf{89,8}}$ kWh/a

mit niedrigen Innentemp. $Q_T = V \cdot (3,0 + 16 \cdot A/V) = V \cdot (3,0 + 16 \cdot \quad) \boxed{}$ kWh/a

Reihenmittelhäuser $k_{m,W+F} = (k_W \cdot A_W + k_F \cdot A_F)/(A_W + A_F)$ **Forderungen**

$k_{m,W+F} = (\quad \cdot \quad + \quad \cdot \quad)/(\quad \cdot \quad) = \boxed{}$ $W/(m^2 \cdot K)$ erfüllt

Forderung $k_{m,W+F} \leq 1,0$ $W/(m^2 \cdot K)$ **Ja** x | **nein**

Zur Frage, wie sich der Jahres - Heizwärmebedarf ändert, wenn das Gebäude um jeweils 90° im Grundriß gedreht wird.

Bei einer Drehung im Grundriß um 90° ändern sich jeweils nur die einzelnen Flächen der Fenster, bei gleichbleibender Gesamtfensterfläche von $A_F = 47$ m^2. Demzufolge verändern sich nur die solaren Wärmegewinne Q_S und somit der Jahres - Heizwärmebedarf Q_H. Q_T, Q_L und Q_I bleiben unverändert.

Zusammenstellung der veränderten Ergebnisse nach vorstehenden Berechnungen:

	$A_{F,S}$ [m^2]	$A_{F,O/W}$ [m^2]	$A_{F,N}$ [m^2]	Q_S [kWh/a]	%	Q_H [kWh/a]	%
Fall 1	15	24	8	4 916	100,0	10 090	100,0
Fall 2	12	8 + 15	12	4 621	94,0	10 385	102,9
Fall 3	8	24	15	4 321	87,9	10 685	105,9
Fall 4	12	15 + 8	12	4 621	94,0	10 385	102,9

Die Forderungen der Wärmeschutzverordnung bleiben weiterhin erfüllt, da $\dfrac{Q_H}{V} < Q'_H$ bzw. $\dfrac{Q_H}{A_N} < Q''_H$.

Fazit:

Bei einer Verringerung der solaren Wärmegewinne Q_S, vergrößert sich der Jahres - Heizwärmebedarf Q_H um die Hälfte dieser Verringerung, vgl. Diagramm.

Diagramm:

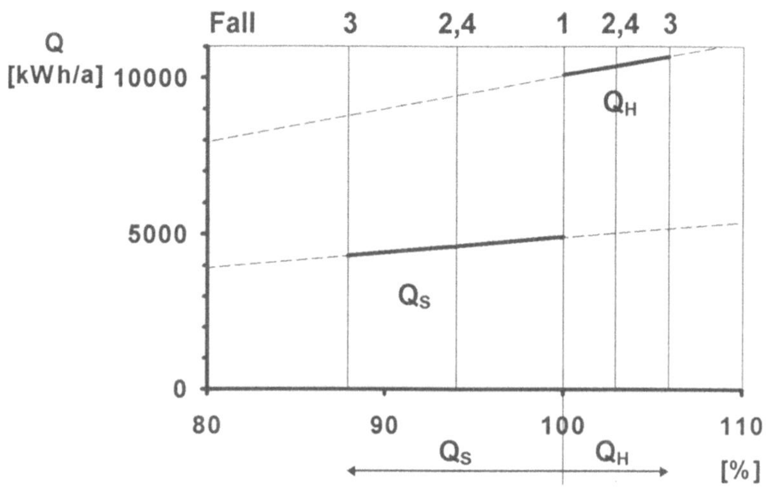

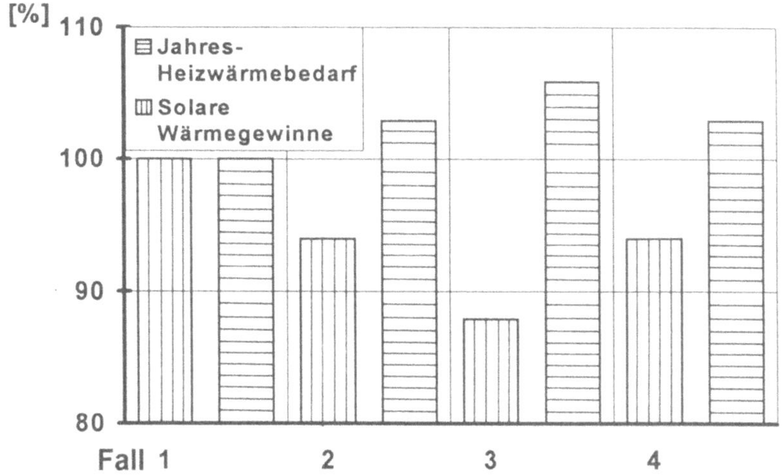

Zur Frage, wie sich die Ergebnisse ändern, wenn das Dachgeschoß ausgebaut ist:

Skizze:

Maße in m!

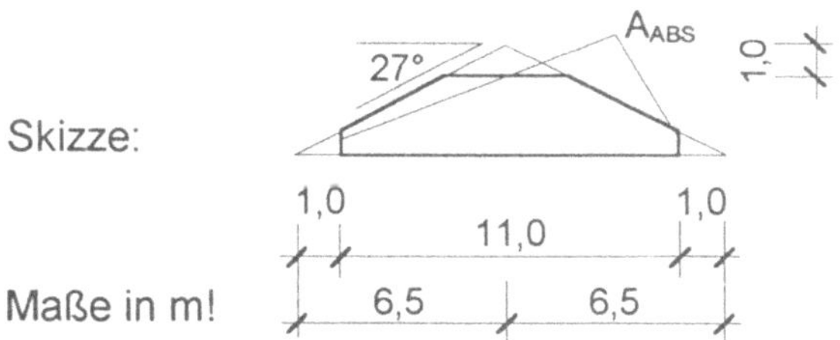

Nach der Wärmeschutzverordnung sind für Dach- oder Dachdeckenflächen der Wärmedurchgangskoeffizient k_D und für Flächen der Abseitenwände (A_{ABS}) zum nicht wärmegedämmten Dachraum der Wärmedurchgangskoeffizient k_W jeweils mit dem Faktor 0,8 zu multiplizieren.

Die Anforderungen des vereinfachten Nachweises bei kleinen Wohngebäuden nach der Wärmeschutzverordnung werden nicht erfüllt, da die Wärmedurchgangskoeffizienten von Wand und Keller über den geforderten Werten liegen.

Flächen- und Volumenermittlung:

Geometrie der Dachfläche A_D:

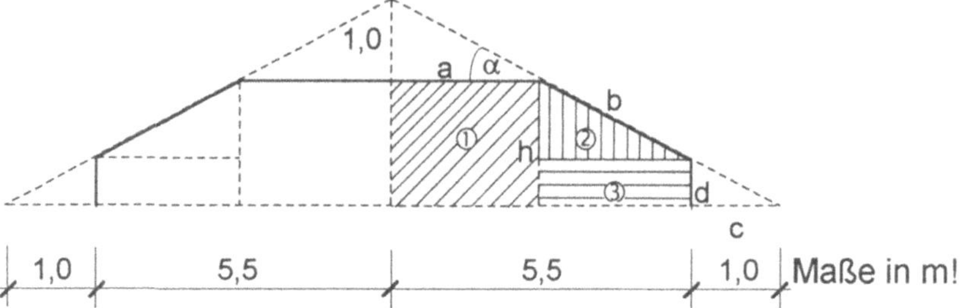

Ermittlung der Teildachflächen mit $\alpha = 27°$:

Strecke a:

$\tan \alpha = \dfrac{1,0}{a}$, dann ergibt a = 1,96 m.

Ermittlung der Teildachfläche hierzu: 1,96 m·9,0 m·2 = 35,28 m^2

Strecke b:
5,5 m - 1,96 m = 3,54 m

$\cos \alpha = \dfrac{3,54}{b}$, dann ergibt b = 3,97 m.

Ermittlung der Teildachfläche hierzu: 3,97 m·9,0 m·2 = 71,46 m^2

Strecke c = 1,0, dann ergibt die Teildachfläche:
1,0 m · 9,0 m · 2 = 18 m^2

Somit ergibt sich für die Gesamt - Dachfläche: A_D = 124,8 m^2.

Berechnung der Abseitenfläche A_{ABS}:

Strecke d:

$\tan \alpha = \dfrac{c}{1,0}$, dann ergibt c = 0,51 m.

A_{ABS} = 0,51 m · 9,0 m · 2 = 9,18 m^2

Berechnung der zusätzlichen Wandfläche A'_W durch die Giebel-felder:

Fläche ①:
Höhe h: 3,54 m + 1,0 m = 4,54 m

$\tan \alpha = \dfrac{h}{4,54}$, dann ergibt h = 2,31 m.

Die zugehörige Wandfläche beträgt dann:
$A_①$ = 2,31 m · 1,96 m = 4,53 m^2

Fläche ②:
h - d = 2,31 m - 0,51 m = 1,80 m
Die zugehörige Wandfläche beträgt dann:

$$A_{②} = \frac{1{,}80 \cdot 3{,}54}{2} \ m^2 = 3{,}19 \ m^2$$

Fläche ③:
$A_{③} = 3{,}54 \ m \cdot 0{,}51 \ m = 1{,}81 \ m^2$

Damit ergibt sich die Fläche für beide Giebelfelder:
$A'_W = 4 \cdot (4{,}53 + 3{,}19 + 1{,}81) \ m^2 = 38{,}1 \ m^2$

Flächen- und Volumenermittlung des Gesamtgebäudes:

A_F	= 47,0 m²
A_W = 132,0 m² + 38,1 m² - 47,0 m²	= 123,1 m²
A_D	= 124,8 m²
A_{G1}	= 58,5 m²
A_{G2}	= 58,5 m²
A_{ABS}	= 9,2 m²

A_{ges} =	= 421,1 m²
V = 351,0 m³ + 2 · 9,53 m² · 9,0 m	= 522,5 m³
A/V	= 0,81 m⁻¹

Ermittlung des Transmissionswärmebedarfs Q_T:

$Q_T = 84 \cdot [k_W \cdot A_W + k_F \cdot A_F + 0{,}8 \cdot k_D \cdot A_D + 0{,}8 \cdot k_W \cdot A_{ABS} + 0{,}5 \cdot (k_{G1} \cdot A_{G1}$
$\quad + k_{G2} \cdot A_{G2})]$

$Q_T = 84 \cdot (0{,}62 \cdot 123{,}1 + 61{,}1 + 0{,}8 \cdot 0{,}22 \cdot 124{,}8 + 0{,}8 \cdot 0{,}62 \cdot 9{,}2 +$
$\quad 24{,}86) \ kWh/a$

$Q_T = 15\,860 \ kWh/a$

Ermittlung des Lüftungswärmebedarfs Q_L:

$Q_L = 22{,}85 \cdot 0{,}8 \cdot 522{,}5 \ kWh/a = 9\,551 \ kWh/a$

Ermittlung der internen Wärmegewinne Q_I:

$Q_I = 8{,}0 \cdot V = 8{,}0 \cdot 522{,}5 \ kWh/a = 4\,180 \ kWh/a$

Ermittlung der solaren Wärmegewinne Q_S (bereits im Aufgaben-
teil 1 ermittelt): $Q_S = 4\,916 \ kWh/a$

Einsetzen der ermittelten Werte in die Formel für den Jahres -
Heizwärmebedarf:

$Q_H = 0{,}9 \cdot (15\,860 + 9\,551) - (4\,180 + 4\,916) \ kWh/a$

$Q_H = 13\,774 \ kWh/a$

Zur Erfüllung der Anforderung der Wärmeschutzverordnung muß
ein Grenzwert für den Jahres - Heizwärmebedarf je m² Gebäudenutzfläche A_N oder je m³ Gebäudevolumen V eingehalten werden.

Rechenergebnisse:

$$Q'_H \ = \ \frac{Q_H}{V} = \frac{13774}{522,5} \ \text{kWh/(m}^3\text{·a)} \qquad = 26,4 \ \text{kWh/(m}^3\text{·a)}$$

$$Q''_H \ = \ \frac{Q_H}{A_N} = \frac{13774}{522,5 \cdot 0,32} \ \text{kWh/(m}^2\text{·a)} \qquad = 82,4 \ \text{kWh/(m}^2\text{·a)}$$

Forderungen nach der Wärmeschutzverordnung:

$$Q'_H \ = \ [13,82 + 17,32 \cdot 0,81] \ \text{kWh/(m}^3\text{·a)} = 27,9 \ \text{kWh/(m}^3\text{·a)}$$

$$Q''_H \ = \ \frac{27,9}{0,32} \ \text{kWh/(m}^2\text{·a)} \qquad\qquad = 87,2 \ \text{kWh/(m}^2\text{·a)}$$

Danach sind die Forderungen der Wärmeschutzverordnung erfüllt, da $\dfrac{Q_H}{V} < Q'_H$ bzw. $\dfrac{Q_H}{A_N} < Q''_H$.

Zur Frage, wenn es sich bei dem zu errichtenden Gebäude um ein Reihenmittelhaus handelt (ohne ausgebautes Dachgeschoß). Außenwände sind nur die nördliche und südliche Hülle des Gebäudes.

Nach der Wärmeschutzverordnung werden bei Reihenhäusern die Trennwände bei der Flächenberechnung sowie beim A/V - Verhältnis nicht berücksichtigt. Zusätzlich gilt bei Reihenhäusern die Forderung:

$$k_{m,W+F} = \frac{k_W \cdot A_W + k_F \cdot A_F}{A_W + A_F} \leq 1,0 \ \text{W/(m}^2\text{·K)}$$

Die Anforderungen des vereinfachten Nachweises bei kleinen Wohngebäuden nach der Wärmeschutzverordnung werden nicht erfüllt, da die Wärmedurchgangskoeffizienten von Wand und Keller über den geforderten Werten liegen.

Flächen- und Volumenermittlung:

$$
\begin{aligned}
A_F \ &= 15,0 \ \text{m}^2 + 8,0 \ \text{m}^2 &&= \ 23,0 \ \ \text{m}^2 \\
A_W \ &= (13,0 \cdot 3,0 \cdot 2) \ \text{m}^2 - 23,0 \ \text{m}^2 &&= \ 55,0 \ \ \text{m}^2 \\
A_D \ & &&= 117,0 \ \ \text{m}^2 \\
A_{G1} \ & &&= \ 58,5 \ \ \text{m}^2 \\
A_{G2} \ & &&= \ 58,5 \ \ \text{m}^2 \\
\hline
A_{ges} = & &&= 312,0 \ \ \text{m}^2 \\
V \ & &&= 351,0 \ \ \text{m}^3 \\
A/V \ & &&= \ \ 0,89 \ \text{m}^{-1}
\end{aligned}
$$

Ermittlung des Transmissionswärmebedarfs Q_T:
$Q_T = 84 \cdot (0,62 \cdot 55,0 + 1,3 \cdot 23,0 + 20,59 + 24,86)$ kWh/a
$Q_T = 9\ 194$ kWh/a
Ermittlung des Lüftungswärmebedarfs Q_L:
$Q_L = 22,85 \cdot 0,8 \cdot 351,0$ kWh/a = 6 416 kWh/a
Ermittlung der internen Wärmegewinne Q_I:
$Q_I = 8,0 \cdot V = 8,0 \cdot 351,0$ kWh/a = 2 808 kWh/a
Ermittlung der solaren Wärmegewinne Q_S:
$Q_S = 0,46 \cdot [(I_S \cdot g \cdot A_{F,S}) + (I_N \cdot g \cdot A_{F,N})]$
$Q_S = 0,46 \cdot [(400 \cdot 0,77 \cdot 15,0) + (160 \cdot 0,77 \cdot 8,0)]$ kWh/a
$Q_S = 2\ 579$ kWh/a

Einsetzen der ermittelten Werte in die Formel für den Jahres - Heizwärmebedarf:
$Q_H = 0,9 \cdot (9\ 194 + 6\ 416) - (2\ 808 + 2\ 579)$ kWh/a
$Q_H = 8\ 662$ kWh/a

Zur Erfüllung der Anforderung der Wärmeschutzverordnung muß ein Grenzwert für den Jahres - Heizwärmebedarf je m^2 Gebäudenutzfläche A_N oder je m^3 Gebäudevolumen V eingehalten werden.

Rechenergebnisse:

$$Q'_H = \frac{Q_H}{V} = \frac{8662}{351}\ \text{kWh/(m}^3\cdot\text{a)} \qquad = 24,7\ \text{kWh/(m}^3\cdot\text{a)}$$

$$Q''_H = \frac{Q_H}{A_N} = \frac{8662}{351 \cdot 0,32}\ \text{kWh/(m}^2\cdot\text{a)} \qquad = 77,1\ \text{kWh/(m}^2\cdot\text{a)}$$

Forderungen nach der Wärmeschutzverordnung:

$$Q'_H = [13,82 + 17,32 \cdot 0,89]\ \text{kWh/(m}^3\cdot\text{a)} = 29,2\ \text{kWh/(m}^3\cdot\text{a)}$$

$$Q''_H = \frac{29,2}{0,32}\ \text{kWh/(m}^2\cdot\text{a)} \qquad = 91,3\ \text{kWh/(m}^2\cdot\text{a)}$$

Zusätzliche Forderung für Reihenhäuser:

$$k_{m,W+F} = \frac{0,62 \cdot 55 + 1,3 \cdot 23}{55 + 23}\ \text{W/(m}^2\cdot\text{K)} = 0,82\ \text{W/(m}^2\cdot\text{K)} < 1,0\ \text{W/(m}^2\cdot\text{K)}$$

Danach sind die Forderungen der Wärmeschutzverordnung erfüllt, da $\frac{Q_H}{V} < Q'_H$ bzw. $\frac{Q_H}{A_N} < Q''_H$ und $k_{m,W+F} < 1,0$ W/(m^2·K).

Zur Frage, wie sich die Ergebnisse verändern, wenn es sich um ein Reihenmittelhaus mit ausgebautem Dachgeschoß handelt: Die Anforderungen des vereinfachten Nachweises nach der Wärmeschutzverordnung sind wiederum nicht erfüllt.

Flächen- und Volumenermittlung:

A_F	$= 23,0 \ m^2$
$A_W = 78,0 \ m^2 + 38,1 \ m^2 - 23,0 \ m^2$	$= 93,1 \ m^2$
A_D	$= 124,8 \ m^2$
A_{G1}	$= 58,5 \ m^2$
A_{G2}	$= 58,5 \ m^2$
A_{ABS}	$= 9,2 \ m^2$

$A_{ges} =$	$= 367,1 \ m^2$
$V = 351,0 \ m^3 + 2 \cdot 9,53 \ m^2 \cdot 9,0 \ m$	$= 522,5 \ m^3$
A/V	$= 0,70 \ m^{-1}$

Ermittlung des Transmissionswärmebedarfs Q_T:

$$Q_T = 84 \cdot (0,62 \cdot 93,1 + 29,9 + 21,96 + 4,56 + 24,86) \ kWh/a$$
$$Q_T = 11\ 676 \ kWh/a$$

Ermittlung des Lüftungswärmebedarfs Q_L:

$$Q_L = 22,85 \cdot 0,8 \cdot 522,5 \ kWh/a = 9\ 551 \ kWh/a$$

Ermittlung der internen Wärmegewinne Q_I:

$$Q_I = 8,0 \cdot V = 8,0 \cdot 522,5 \ kWh/a = 4\ 180 \ kWh/a$$

Ermittlung der solaren Wärmegewinne Q_S:

$$Q_S = 2\ 579 \ kWh/a$$

Einsetzen der ermittelten Werte in die Formel für den Jahres - Heizwärmebedarf:

$$Q_H = 0,9 \cdot (11\ 676 + 9\ 551) - (4\ 180 + 2\ 579) \ kWh/a$$
$$Q_H = 12\ 345 \ kWh/a$$

Zur Erfüllung der Anforderung der Wärmeschutzverordnung muß ein Grenzwert für den Jahres - Heizwärmebedarf je m^2 Gebäudenutzfläche A_N oder je m^3 Gebäudevolumen V eingehalten werden.

Rechenergebnisse:

$$Q'_H = \frac{Q_H}{V} = \frac{12345}{522,5} \ kWh/(m^3 \cdot a) \qquad = 23,6 \ kWh/(m^3 \cdot a)$$

$$Q''_H = \frac{Q_H}{A_N} = \frac{12345}{522,5 \cdot 0,32} \ kWh/(m^2 \cdot a) \qquad = 73,8 \ kWh/(m^2 \cdot a)$$

Forderungen nach der Wärmeschutzverordnung:

$$Q'_H = [13,82 + 17,32 \cdot 0,70] \ kWh/(m^3 \cdot a) \quad = 25,9 \ kWh/(m^3 \cdot a)$$

$$Q''_H = \frac{25,9}{0,32} \ kWh/(m^2 \cdot a) \qquad = 80,9 \ kWh/(m^2 \cdot a)$$

Zusätzliche Forderung für Reihenhäuser:

$$k_{m,W+F} = \frac{0,62 \cdot 93,1 + 0,8 \cdot 0,62 \cdot 9,2 + 1,3 \cdot 23}{93,1 + 9,2 + 23} \; W/(m^2 \cdot K) = 0,74 \; W/(m^2 \cdot K)$$

$< 1,0 \; W/(m^2 \cdot K)$

Danach sind die Forderungen der Wärmeschutzverordnung erfüllt, da $\frac{Q_H}{V} < Q'_H$ bzw. $\frac{Q_H}{A_N} < Q''_H$ und $k_{m,W+F} < 1,0 \; W/(m^2 \cdot K)$.

Zur Frage, wie sich die Ergebnisse ändern, wenn es sich um eine freistehende Halle mit niedrigen Temperaturen (Fußboden ungedämmt) ohne Dachraum handelt:

Ermittlung des Transmissionswärmebedarfs Q_T:

$$Q_T = 30 \cdot (k_W \cdot A_W + k_F \cdot A_F + 0,8 \cdot k_D \cdot A_D + f_{G1} \cdot k_{G1} \cdot A_{G1} + f_{G2} \cdot k_{G2} \cdot A_{G2})$$

Ermittlung des Reduktionsfaktors f_G:

$$f_{G1} = f_{G2} = \frac{2,33}{\sqrt[3]{A_G}} = \frac{2,33}{\sqrt[3]{58,5}} = 0,60$$

Einsetzen in obenstehende Gleichung:

$$Q_T = 30 \cdot (0,62 \cdot 85,0 + 1,3 \cdot 47,0 + 0,8 \cdot 0,22 \cdot 117,0 + 0,60 \cdot (0,5 \cdot 58,5 +$$
$$0,35 \cdot 58,5) \; kWh/a$$
$$Q_T = 4\,927 \; kWh/a$$

Zur Erfüllung der Anforderung der Wärmeschutzverordnung muß ein Grenzwert für den Jahres - Transmissionswärmebedarf je m³ Gebäudevolumen V eingehalten werden.

Rechenergebnisse:
Der auf das beheizte Gebäudevolumen bezogene Jahres - Transmissionswärmebedarf Q'_T darf die folgenden Werte nicht überschreiten:

$$Q'_T = \frac{Q_T}{V} \le Q'_{T,max}$$

$$Q'_T = \frac{4927}{351} \; kWh/(m^3 \cdot a) = 14,0 \; kWh/(m^3 \cdot a)$$

Folgerung nach der Wärmeschutzverordnung:

Für $\frac{A}{V} = \frac{366}{351} \; m^{-1} = 1,04 \; m^{-1} > 1,00 \; m^{-1} = \left(\frac{A}{V}\right)_{max}$ gefordert:

$Q'_{T,max} = 19,0 \; kWh/(m^3 \cdot a)$.

Danach ist die Forderung der Wärmeschutzverordnung für Gebäude mit niedrigen Innentemperaturen erfüllt, da $Q'_T < Q'_{T,max}$.

314 Der Eigentümer des unten abgebildeten freistehenden Einfamilienhauses möchte sein Gebäude wärmeschutztechnisch verbessern, so daß es den derzeit gültigen Bestimmungen genügt. Das Gebäude ist vollständig unterkellert, der Dachraum ist nicht ausgebaut und das Gebäude besitzt einen Fensterflächenanteil der Fassaden von 28 %.

Der zusätzliche Wärmeschutz der Außenwand soll durch Aufbringen einer Außendämmung mit hinterlüfteter Vorsatzschale erbracht werden.

Wie dick muß die Dämmung sein?

Der Eigentümer möchte überschlägig wissen, wie groß seine Energieeinsparung je cm aufgebrachter Dämmung ist, auch über die nach den derzeit gültigen Wärmeschutzbestimmungen geforderte Dämmschichtdicke hinaus. Der Zusammenhang zwischen Dämmschichtdicke und Energieeinsparung durch den Jahres-Transmissionswärmebedarf ist in einem Diagramm darzustellen und das Ergebnis zu diskutieren.

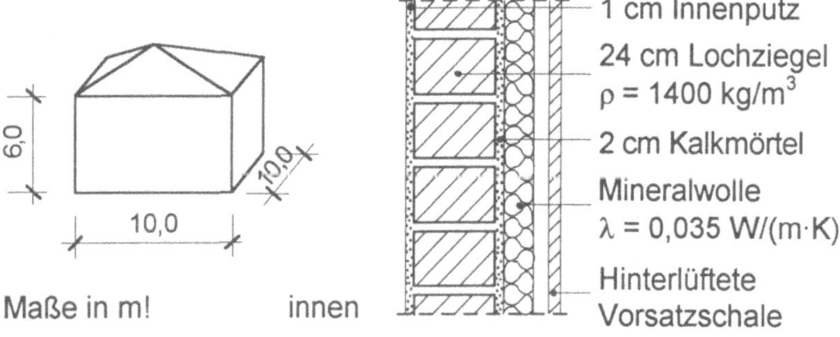

Lösung

Die derzeit gültigen Wärmeschutzbestimmungen sind DIN 4108 sowie Wärmeschutzverordnung (WSVO) 1995.

Nach DIN 4108-2 ergibt sich für Bauteile mit hinterlüfteter Außenhaut:

$$k_W \leq 1{,}32 \ \text{W/(m}^2\text{·K)}$$
$$k_D \leq 0{,}90 \ \text{W/(m}^2\text{·K)}$$
$$k_G \leq 0{,}81 \ \text{W/(m}^2\text{·K)}$$

Nach WSVO gelten für bauliche Änderungen bestehender Gebäude folgende Forderungen:

$$k_W \leq 0{,}40 \ \text{W/(m}^2\text{·K)}$$
$$k_D \leq 0{,}30 \ \text{W/(m}^2\text{·K)}$$
$$k_G \leq 0{,}50 \ \text{W/(m}^2\text{·K)}$$
$$k_F \leq 1{,}80 \ \text{W/(m}^2\text{·K)}$$

Die WSVO stellt höhere Anforderungen als DIN 4108, deshalb sind die Werte der WSVO maßgebend.
Gesucht ist die Dicke der Dämmung s = x.
Nach DIN 4108-5:

$$k_W = \cfrac{1}{R_i + \left(\dfrac{1}{\Lambda}\right)_{Putz} + \left(\dfrac{1}{\Lambda}\right)_{Ziegel} + \left(\dfrac{1}{\Lambda}\right)_{Mörtel} + \left(\dfrac{1}{\Lambda}\right)_{Dämmung} + R_a}$$

Mit den gegebenen Stoffwerten und Wärmeübergangskoeffizienten nach DIN 4108-4 errechnet sich:

$$k_W = \cfrac{1}{0,13 + \dfrac{0,015}{0,70} + \dfrac{0,24}{0,58} + \dfrac{0,02}{0,87} + \dfrac{x}{0,035} + 0,08} \; W/(m^2 \cdot K)$$

$$= \cfrac{1}{0,668 + \dfrac{x}{0,035}} \; W/(m^2 \cdot K) = 0,40 \; W/(m^2 \cdot K)$$

Hieraus ergibt sich die erforderliche Dämmschichtdicke:
$$x = 0,064 \text{ m, d.h.} \approx 7,0 \text{ cm.}$$

Zur Frage der Energieeinsparung durch die Dämmschichtdicke:

Bei baulichen Änderungen an bestehenden Gebäuden ist nach der WSVO die Berechnung des Jahres-Heizwärmebedarfs in kWh/a mit dem zulässigen Jahres - Transmissionswärmebedarf möglich:
$$Q_T = 84 \cdot \left(k_W \cdot A_W + k_F \cdot A_F + 0,8 \cdot k_D \cdot A_D + 0,5 \cdot k_G \cdot A_G\right)$$

Flächenberechnung: $A_{W+F} = 240,0 \; m^2$ $A_W = 172,8 \; m^2$,
$A_F = 67,2 \; m^2$ $A_D = A_G = 100,0 \; m^2$.

$$Q_T = 84 \cdot (k_W \cdot 172,8 + 121,0 + 24,0 + 25,0) \; kWh/a$$

Dämmschichtdicke in cm	k_W in $W/(m^2 \cdot K)$	Q_T in kWh/a	Relation in %
0	1,497	36 009	183
5	0,477	21 204	108
7	0,375	19 723	100
10	0,284	18 402	93
20	0,157	16 559	84

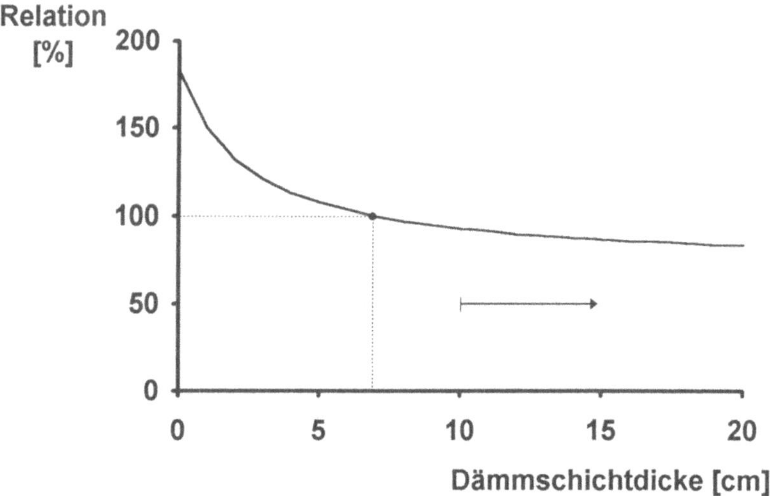

Mit zunehmender Dämmstoffdicke sinkt der Jahres - Transmissionswärmebedarf. Einschneidende Verringerungen des Jahres-Heizwärmebedarfs des Gebäudes lassen sich nicht allein durch zusätzliche Wärmedämm-Maßnahmen über die erforderliche Dämmschichtdicke von x ≈ 7 cm wirtschaftlich erreichen. Das liegt daran, daß zwischen Dämmschichtdicke und Energieverbrauch ein umgekehrt proportionaler Zusammenhang besteht. Mit zunehmender Dicke (x > 7 cm) wird der zuwachsbezogene Energiespareffekt immer geringer, ab ≈ 10 cm Dämmschichtdikke lohnt sich die Einsparung nicht mehr, wie die Relationsberechnung für den Jahres-Transmissionswärmebedarf zeigt. Voraussetzung für diese Betrachtungsweise ist, daß die in der WSVO vorgegebenen Wärmedurchgangskoeffizienten eingehalten werden.

315 Gegeben ist ein vollständig unterkellertes Einfamilienhaus mit einem Fensterflächenanteil von 25 % der Fassaden und des anteiligen Giebelfeldes. Für die Wärmedurchgangskoeffizienten der Gebäudeumschließungsflächen wurden die folgenden Werte ermittelt:

$$k_D = 0,35 \ W/(m^2 \cdot K); \qquad k_G = 0,55 \ W/(m^2 \cdot K);$$
$$k_W = 0,65 \ W/(m^2 \cdot K); \qquad k_F = 1,80 \ W/(m^2 \cdot K); \ g = 0,72.$$

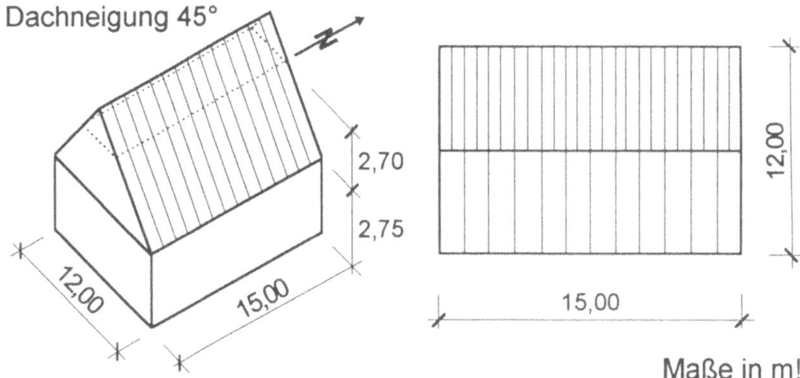

Für das Einfamilienhaus ist der Wärmeschutznachweis nach DIN 4108 sowie beide Nachweise der Wärmeschutzverordnung (WSVO) durchzuführen.

Die Außenwand-Konstruktion besteht aus:

Innenputz $\qquad$ $s = 1{,}5$ cm, $\rho = 1800$ kg/m^3;

KS-Mauerwerk $\qquad$ $s = 24{,}0$ cm, $\rho = 1600$ kg/m^3;

Schaumkunststoffplatte $\quad$ $s = 4{,}0$ cm, $\rho = 15$ kg/m^3;

Hinterlüftung $\qquad$ $s = 5{,}0$ cm;

Verkleidung $\qquad$ $s = 1{,}5$ cm, $\rho = 2000$ kg/m^3.

Um den Anforderungen der WSVO zu genügen, soll die Schaumkunststoffplatte durch PS-Hartschaumplatten WLG 025 ersetzt werden. Dementsprechend ist die erforderliche Dämmschichtdicke zu ermitteln, damit das gesamte Gebäude den Forderungen der Wärmeschutzverordnung entspricht.

Lösung

Nach DIN 4108-2 ergeben sich folgende Anforderungen:

$k_W \;\;= 0{,}65$ W/(m$^2{\cdot}$K) $< 1{,}39$ W/(m$^2{\cdot}$K) $\qquad$ erfüllt!

$k_{D1} = 0{,}35$ W/(m$^2{\cdot}$K) $< 0{,}90$ W/(m$^2{\cdot}$K) $\qquad$ erfüllt!

$k_{D2} = 0{,}35$ W/(m$^2{\cdot}$K) $< 0{,}79$ W/(m$^2{\cdot}$K) $\qquad$ erfüllt!

$k_G \;\;= 0{,}55$ W/(m$^2{\cdot}$K) $< 0{,}81$ W/(m$^2{\cdot}$K) $\qquad$ erfüllt!

Nach der Wärmeschutzverordnung gelten für kleine Wohngebäude mit bis zu 2 Vollgeschossen und nicht mehr als 3 Wohneinheiten die Anforderungen des vereinfachten Nachweises:

$k_W \;= 0{,}65$ W/(m$^2{\cdot}$K) $> 0{,}50$ W/(m$^2{\cdot}$K) $\qquad$ nicht erfüllt!

$k_D \;= 0{,}35$ W/(m$^2{\cdot}$K) $> 0{,}22$ W/(m$^2{\cdot}$K) $\qquad$ nicht erfüllt!

$k_G \;= 0{,}55$ W/(m$^2{\cdot}$K) $> 0{,}35$ W/(m$^2{\cdot}$K) $\qquad$ nicht erfüllt!

Da alle Forderungen nach vereinfachtem Nachweis der Wärmeschutzverordnung nicht erfüllt sind ist die Berechnung von $k_{meq,F}$ erst im 2. Nachweis durchzuführen.

Nachweis nach der Wärmeschutzverordnung: Berechnung des Jahres-Heizwärmebedarfs Q_H:

Flächenermittlung:

$$A_W = 2 \cdot (12{,}0 \cdot 2{,}75)\ m^2 + 2 \cdot (15{,}0 \cdot 2{,}75)\ m^2 + 2 \cdot (6{,}6 \cdot 2{,}7)\ m^2$$
$$+ (2{,}7^2 \cdot 2)\ m^2 = 198{,}7\ m^2 \cdot 0{,}75 \qquad = 149{,}0\ m^2$$
$$A_F = (198{,}7 - 149{,}0)\ m^2 \qquad = 49{,}7\ m^2$$
$$A_{F,S} = 0{,}25 \cdot (12{,}0 \cdot 2{,}75)\ m^2 + 2{,}7^2\ m^2 + (6{,}6 \cdot 2{,}7)\ m^2 \qquad = 14{,}5\ m^2$$
$$A_{F,N} = \qquad = 14{,}5\ m^2$$
$$A_{F,O} = A_{F,W} = 0{,}25 \cdot (15{,}0 \cdot 2{,}75)\ m^2 \qquad = 10{,}3\ m^2$$
$$A_{D1} = (6{,}6 \cdot 15{,}0)\ m^2 \qquad = 99{,}0\ m^2$$
$$A_{D2} = 2 \cdot \left(\sqrt{2{,}7^2 \cdot 2} \cdot 15{,}0 \right)\ m^2 \qquad = 114{,}6\ m^2$$
$$A_G = 15{,}0 \cdot 12{,}0\ m^2 \qquad = 180{,}0\ m^2$$

$$A_{ges} \qquad = 592{,}3\ m^2$$

Volumenberechnung:
$$V = (15{,}0 \cdot 12{,}0 \cdot 2{,}75)\ m^3 + (2{,}7^2 \cdot 15{,}0)\ m^3 + (6{,}6 \cdot 2{,}7 \cdot 15{,}0)\ m^3$$
$$V = 871{,}7\ m^3$$

Verhältnis A/V: $\qquad \dfrac{592{,}3}{871{,}7}\ m^{-1} \qquad = 0{,}68\ m^{-1}$

Ermittlung von $k_{meq,F}$ mit $k_F = 1{,}8\ W/(m^2 \cdot K)$ und $g = 0{,}72$:

$$k_{meq,F} = \frac{k_{eq,FS} \cdot A_{FS} + k_{eq,FO/W} \cdot A_{FO/W} + k_{eq,FN} \cdot A_{FN}}{A_F}\ W/(m^2 \cdot K)$$

$$k_{meq,F} = \frac{(1{,}8 - 0{,}72 \cdot 2{,}4) \cdot 14{,}5 + (1{,}8 - 0{,}72 \cdot 1{,}65) \cdot 20{,}6 + (1{,}8 - 0{,}72 \cdot 0{,}95) \cdot 14{,}5}{49{,}7}$$

$k_{meq,F} = 0{,}60\ W/(m^2 \cdot K) < 0{,}70\ W/(m^2 \cdot K)$, nach vereinfachtem Nachweis der Wärmeschutzverordnung!

Ermittlung des Transmissionswärmebedarfs Q_T:
$$Q_T = 84 \cdot (k_W \cdot A_W + k_{meq,F} \cdot A_F + 0{,}8 \cdot k_D \cdot A_D + 0{,}5 \cdot k_G \cdot A_G)\ kWh/a$$
$$Q_T = 84\ (0{,}65 \cdot 149{,}0 + 0{,}6 \cdot 49{,}7 + 0{,}8 \cdot 0{,}35 \cdot (99{,}0 + 114{,}6) +$$
$$0{,}5 \cdot 0{,}55 \cdot 180{,}0)\ kWh/a$$
$$Q_T = 19\ 822\ kWh/a$$

Lüftungswärmebedarf: $\qquad Q_L = 22{,}85 \cdot V_L = 18{,}28 \cdot V$
$$Q_L = 18{,}28 \cdot 871{,}7\ m^3 = 15\ 935\ kWh/a$$

Nutzbare Wärmegewinne: $Q_I = 8 \cdot V = 8 \cdot 871{,}7 \ m^3 = 6\ 974$ kWh/a

Ermittlung des Jahres-Heizwärmebedarfs Q_H:
$Q_H = 0{,}9 \cdot (Q_T + Q_L) - Q_i = 0{,}9 \cdot (19\ 822 + 15\ 935) - 6\ 974$ kWh/a
$Q_H = 25\ 207$ kWh/a

Nachweis: vorh. $Q''_H <$ zul. Q''_H:

$$\text{vorh. } Q''_H = \frac{25207}{(871{,}7 \cdot 0{,}32)} \text{ kWh/(m}^2 \cdot \text{a)} \qquad = 90{,}4 \text{ kWh/(m}^2 \cdot \text{a)}$$

$$\text{zul. } Q''_H = \frac{13{,}82 + 17{,}32 \cdot A/V}{0{,}32} \text{ kWh/(m}^2 \cdot \text{a)} = 80{,}0 \text{ kWh/(m}^2 \cdot \text{a)}$$

Da vorh. $Q''_H >$ zul. Q''_H sind die Forderungen nach Wärmeschutzverordnung nicht erfüllt.

Zur Frage der notwendigen Dämmschichtdicke, damit die Anforderungen nach WSVO erfüllt sind, muß gelten:
$$\text{vorh. } Q''_H \leq 80{,}0 \text{ kWh/(m}^2 \cdot \text{a)} = \text{ zul. } Q''_H$$
Gleichsetzen: vorh. $Q''_H = 80{,}0$ kWh/(m$^2 \cdot$a)

Ermittlung von Q_H:
$Q_H = Q''_H \cdot 0{,}32 \cdot V = 80{,}0 \cdot 0{,}32 \cdot 871{,}7$ kWh/a $= 22\ 316$ kWh/a

Berechnung des Wärmedurchgangskoeffizienten k_W über den Transmissionswärmeverlust, das bedeutet Q_I und Q_L bleiben konstant.

$$Q_T = \frac{Q_H + Q_I}{0{,}9} - Q_L = \left[\frac{22\ 316 + 6\ 974}{0{,}9} - 15\ 935 \right] \text{ kWh/a}$$
$Q_T = 16\ 609$ kWh/a

$Q_T = 84 \cdot (k_W \cdot A_W + k_{meq,F} \cdot A_F + 0{,}8 \cdot k_D \cdot A_D + 0{,}5 \cdot k_G \cdot A_G)$ kWh/a
Auflösen der Formel nach k_W:

$$k_W = \frac{\dfrac{Q_T}{84} - \left(k_{meq,F} \cdot A_F + 0{,}8 \cdot k_D \cdot A_D + 0{,}5 \cdot k_G \cdot A_G \right)}{A_W} \text{ W/(m}^2 \cdot \text{K)}$$

$$k_W = \frac{\dfrac{16609}{84} - 139{,}1}{149} \text{ W/(m}^2 \cdot \text{K)} = 0{,}39 \text{ W/(m}^2 \cdot \text{K)}$$

Wenn der Wärmedurchgangskoeffizient der Wand 0,39 W/(m$^2 \cdot$K) beträgt, dann sind die Forderungen der Wärmeschutzverordnung erfüllt.

Ermittlung der Dämmschichtdicke von PS - Hartschaumplatten mit $\lambda_{D\ddot{a}}$ = 0,025 W/(m·K) nach DIN 4108-4:

$$k_W = \cfrac{1}{R_i + \cfrac{1}{\Lambda} + R_a}\ W/(m^2 \cdot K) = \cfrac{1}{R_i + \sum\left(\cfrac{s}{\lambda}\right) + R_a}\ W/(m^2 \cdot K)$$

$$k_W = \cfrac{1}{0,13 + \cfrac{0,015}{0,87} + \cfrac{0,24}{0,79} + \cfrac{x_{D\ddot{a}}}{0,025} + 0,08}\ W/(m^2 \cdot K) = 0,39\ W/(m^2 \cdot K)$$

Auflösen nach $x_{D\ddot{a}}$:
$x_{D\ddot{a}}$ = 0,051 m $\approx$ 6,0 cm

Das bedeutet, daß mit praktisch gewählter 6 cm Dämmung der Wärmeschutz nach den Forderungen der WSVO erfüllt ist.

316 Das nebenstehend abgebildete Reihenhaus wird gerade erstellt. Der Wärmeschutz entspricht exakt den Anforderungen des vereinfachten Nachweises der Wärmeschutzverordnung. Der Bauherr überlegt sich jedoch, den Wärmeschutz der Fenster über die Anforderungen der Wärmeschutzverordnung hinaus zu erhöhen. Er möchte wissen, wie hoch seine Einsparung ist, wenn er sein Gebäude mit

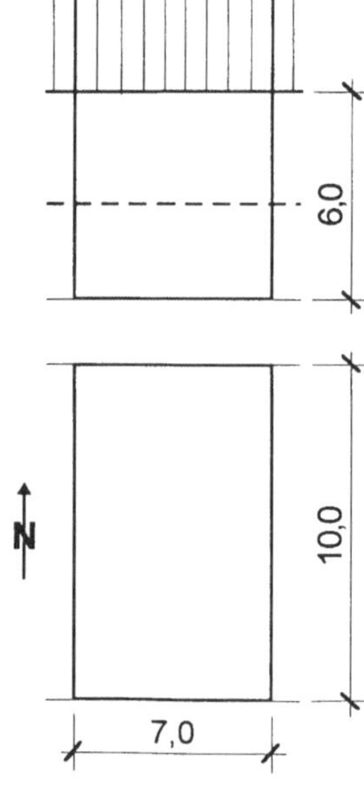

Isolierverglasung + Dämmläden ($k_{F,1}$)
(8 Stunden/Tag geschlossen)

Dreifachverglasung ($k_{F,2}$ = 1,3 W/(m²·K))

Dreifachverglasung + Dämmläden ($k_{F,3}$)
(8 Stunden/Tag geschlossen)

ausstattet. Das Reihenhaus ist vollständig unterkellert, der Dachraum ist nicht ausgebaut. Der gleichmäßige Fensterflächenanteil beträgt je Fassade 25 % (g = 0,72).
Die Dämmläden sind mit 2 cm Luftabstand vor der Fensterscheibe angeordnet und besitzen folgenden Aufbau:

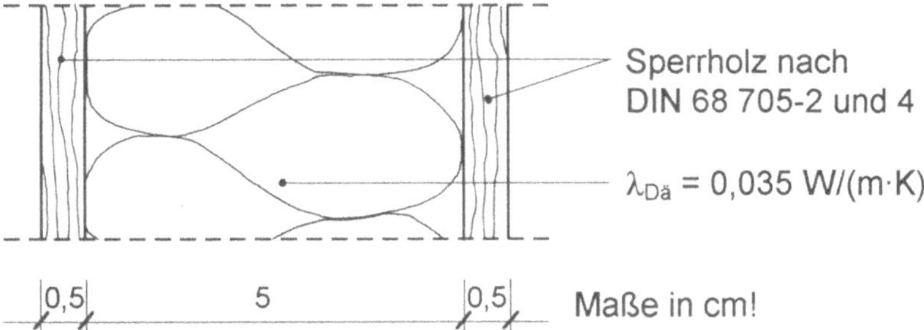

Die Luftschicht zwischen Dämmladen und Fensterscheibe kann als hinreichend ruhend angesehen werden.

Für die einzelnen Maßnahmen ist die prozentuale Verringerung des Jahres-Heizwärmebedarfs zu ermitteln.

Der Zusammenhang ist anschaulich in einem Diagramm darzustellen und das Ergebnis zu diskutieren.

Lösung

Anforderungen des vereinfachten Nachweises der Wärmeschutzverordnung:

$$k_W \leq 0,50 \text{ W/(m}^2\text{·K)}$$
$$k_D \leq 0,22 \text{ W/(m}^2\text{·K)}$$
$$k_G \leq 0,35 \text{ W/(m}^2\text{·K)}$$
$$k_{meq,F} \leq 0,70 \text{ W/(m}^2\text{·K)}$$

Flächenermittlung:

$$A_{W+F} = 2\,(6,0 \text{ m} \cdot 7,0 \text{ m}) = 84,0 \text{ m}^2$$
$$A_D = 7,0 \text{ m} \cdot 10,0 \text{ m} = 70,0 \text{ m}^2$$
$$A_G = 70,0 \text{ m}^2$$
$$A_{ges} = 224,0 \text{ m}^2$$
$$A_F = 84,0 \text{ m}^2 \cdot 0,25 = 21,0 \text{ m}^2$$
$$A_W = 84,0 \text{ m}^2 - 21,0 \text{ m}^2 = 63,0 \text{ m}^2$$

Volumenberechnung: $V = 10,0 \text{ m·}7,0 \text{ m·}6,0 \text{ m} = 420,0 \text{ m}^3$

A/V - Verhältnis: $A/V = 0,533 \text{ m}^{-1}$

Demnach ergibt sich folgender Transmissionswärmebedarf Q_T:

$$Q_T = 84 \cdot (k_W \cdot A_W + k_{meq,F} \cdot A_F + 0,8 \cdot k_D \cdot A_D + 0,5 \cdot k_G \cdot A_G) \quad \text{kWh/a}$$
$$Q_T = 84 \cdot (0,5 \cdot 63 + 0,7 \cdot 21 + 0,8 \cdot 0,22 \cdot 70 + 0,5 \cdot 0,35 \cdot 70) \quad \text{kWh/a}$$
$$Q_T = 5\,945 \text{ kWh/a}$$

Nutzbare Wärmegewinne: $Q_I = 8 \cdot V = 8 \cdot 420 \text{ m}^3 = 3\,360 \text{ kWh/a}$

Lüftungswärmebedarf: $Q_L = 22,85 \cdot V_L = 18,28 \cdot V$

$$Q_L = 18,28 \cdot 420 \text{ m}^3 = 7\,678 \text{ kWh/a}$$

Ermittlung des Jahres-Heizwärmebedarfs Q_H:
$Q_H = 0{,}9 \cdot (Q_T + Q_L) - Q_I = 0{,}9 \cdot (5945 + 7678)$ kWh/a - 3360 kWh/a
$Q_H = 8\,901$ kWh/a, das entspricht 100 %.

Zur Frage der Einsparung bei vorhandenen Isolierfenstern mit Dämmläden ist zunächst der Wärmedurchgangskoeffizient des Isolierfensters ohne Verbesserung k_F nach WSVO zu ermitteln:

$$k_{meq,F} = \frac{k_{eq,FS} \cdot A_{FS} + k_{eq,FN} \cdot A_{FN}}{A_F} \ \text{W/(m}^2\text{·K)}$$

$$k_{meq,F} = \frac{(k_F - g \cdot S_F) \cdot A_{FS} + (k_F - g \cdot S_F) \cdot A_{FN}}{A_F} \ \text{W/(m}^2\text{·K)}$$

$$k_{meq,F} = \frac{(k_F - 0{,}72 \cdot 2{,}4) \cdot 10{,}5 + (k_F - 0{,}72 \cdot 0{,}95) \cdot 10{,}5}{21{,}0} \ \text{W/(m}^2\text{·K)}$$

Dann ergibt sich für den Wärmedurchgangskoeffizient:
$k_F = 1{,}91$ W/(m²·K)
Nach DIN 4108-4 ergibt sich der Wärmedurchgangskoeffizient des Isolierfensters mit Dämmläden $k_{F,1}$:

$k_{F,1} = \dfrac{2}{3} \cdot k_F + \dfrac{1}{3} \cdot k_{F'}$ W/(m²·K), weil die Dämmläden 8 h/Tag geschlossen und 16 h/Tag geöffnet sind, vgl. Aufgabenstellung.

$$k_{F'} = \cfrac{1}{R_I + \left(\dfrac{1}{\Lambda}\right)_F + \left(\dfrac{1}{\Lambda}\right)_{Luft} + \left(\dfrac{1}{\Lambda}\right)_{Holz} + \left(\dfrac{1}{\Lambda}\right)_{Dämmung} + \left(\dfrac{1}{\Lambda}\right)_{Holz} + R_a}$$

$$\left(\frac{1}{\Lambda}\right)_F = \frac{1}{k_F} - (R_i + R_a) = \left[\frac{1}{1{,}91} - (0{,}13 + 0{,}04)\right] \ \text{m}^2\text{·K/W} = 0{,}354 \ \text{m}^2\text{·K/W}$$

$$k_{F'} = \cfrac{1}{0{,}13 + 0{,}354 + 0{,}14 + \dfrac{0{,}005}{0{,}15} + \dfrac{0{,}05}{0{,}035} + \dfrac{0{,}005}{0{,}15} + 0{,}04} \ \text{W/(m}^2\text{·K)}$$

$k_{F'} = 0{,}463$ W/(m²·K)

Einsetzen in obenstehende Formel nach $k_{F,1}$:

$k_{F,1} = \dfrac{2}{3} \cdot 1{,}91$ W/(m²·K) $+ \dfrac{1}{3} \cdot 0{,}463$ W/(m²·K) $= 1{,}43$ W/(m²·K).

Mit dem Wärmedurchgangskoeffizient $k_{F,1}$ ergibt sich folgender mittlerer äquivalenter Wärmedurchgangskoeffizient $k_{meq,F}$:

$$k_{meq,F} = \frac{k_{eq,FS} \cdot A_{FS} + k_{eq,FN} \cdot A_{FN}}{A_F} \ \text{W/(m}^2\text{·K)}$$

$$k_{meq,F} = \frac{(1{,}43 - 0{,}72 \cdot 2{,}4) \cdot 10{,}5 + (1{,}43 - 0{,}72 \cdot 0{,}95) \cdot 10{,}5}{21{,}0} \ \text{W/(m}^2\text{·K)}$$

$k_{meq,F} = 0{,}224$ W/(m²·K) $< 0{,}70$ W/(m²·K)

Demnach ergibt sich folgender Transmissionswärmebedarf Q_T:
$Q_T = 84 \cdot (k_W \cdot A_W + k_{meq,F} \cdot A_F + 0{,}8 \cdot k_D \cdot A_D + 0{,}5 \cdot k_G \cdot A_G)$ kWh/a
$Q_T = 84 \cdot (0{,}5 \cdot 63 + 0{,}224 \cdot 21 + 0{,}8 \cdot 0{,}22 \cdot 70 + 0{,}5 \cdot 0{,}35 \cdot 70)$ kWh/a
$Q_T = 5\ 105$ kWh/a

Ermittlung des Jahres-Heizwärmebedarfs Q_H mit den gleichbleibenden Werten von Q_L und Q_I:
$Q_H = 0{,}9 \cdot (Q_T + Q_L) - Q_I = 0{,}9 \cdot (5105 + 7678)$ kWh/a - 3360 kWh/a
$Q_H = 8\ 145$ kWh/a, das entspricht 91,5 %.

Zur Frage der Einsparung bei Dreifachverglasung mit $k_{F,2} = 1{,}3$ W/(m²·K) ist zunächst der mittlere äquivalente Wärmedurchgangskoeffizient $k_{meq,F}$ nach WSVO zu ermitteln:

$$k_{meq,F} = \frac{(1{,}3 - 0{,}72 \cdot 2{,}4) \cdot 10{,}5 + (1{,}3 - 0{,}72 \cdot 0{,}95) \cdot 10{,}5}{21{,}0}$$

$k_{meq,F} = 0{,}094$ W/(m²·K) < 0,70 W/(m²·K)
Demnach ergibt sich folgender Transmissionswärmebedarf Q_T:
$Q_T = 84 \cdot (0{,}5 \cdot 63 + 0{,}094 \cdot 21 + 0{,}8 \cdot 0{,}22 \cdot 70 + 0{,}5 \cdot 0{,}35 \cdot 70)$ kWh/a
$Q_T = 4\ 876$ kWh/a

Ermittlung des Jahres-Heizwärmebedarfs Q_H mit den gleichbleibenden Werten von Q_L und Q_I:
$Q_H = 0{,}9 \cdot (Q_T + Q_L) - Q_I = 0{,}9 \cdot (4876 + 7678)$ kWh/a - 3360 kWh/a
$Q_H = 7\ 939$ kWh/a das entspricht 89,2 %.

Zur Frage der Einsparung bei Dreifachverglasung mit Dämmläden ist nach DIN 4108-4 zunächst der Wärmedurchgangskoeffizient $k_{F,3}$ zu ermitteln:

$$k_{F,3} = \frac{2}{3} \cdot k_{F,2} + \frac{1}{3} \cdot k_{F''} \text{ W/(m}^2\text{·K)}$$

$$k_{F''} = \cfrac{1}{R_i + \left(\frac{1}{\Lambda}\right)_{F,2} + \left(\frac{1}{\Lambda}\right)_{Luft} + \left(\frac{1}{\Lambda}\right)_{Holz} + \left(\frac{1}{\Lambda}\right)_{D\ddot{a}mmung} + \left(\frac{1}{\Lambda}\right)_{Holz} + R_a}$$

$$\left(\frac{1}{\Lambda}\right)_{F,2} = \frac{1}{k_{F,2}} - (R_i + R_a) = \left[\frac{1}{1{,}3} - (0{,}13 + 0{,}04)\right] \text{ m}^2\text{·K/W} = 0{,}60 \text{ m}^2\text{·K/W}$$

$$k_{F''} = \cfrac{1}{0{,}13 + 0{,}60 + 0{,}14 + \frac{0{,}005}{0{,}15} + \frac{0{,}05}{0{,}035} + \frac{0{,}005}{0{,}15} + 0{,}04} \text{ W/(m}^2\text{·K)}$$

$k_{F''} = 0{,}416$ W/(m²·K)

Einsetzen in obenstehende Formel nach $k_{F,3}$:

$$k_{F,3} = \frac{2}{3} \cdot 1{,}3 \text{ W/(m}^2\cdot\text{K)} + \frac{1}{3} \cdot 0{,}416 \text{ W/(m}^2\cdot\text{K)} = 1{,}01 \text{ W/(m}^2\cdot\text{K)}$$

Mit dem Wärmedurchgangskoeffizient $k_{F,3}$ ergibt sich folgender mittlerer äquivalenter Wärmedurchgangskoeffizient $k_{meq,F}$:

$$k_{meq,F} = \frac{(1{,}01 - 0{,}72 \cdot 2{,}4) \cdot 10{,}5 + (1{,}01 - 0{,}72 \cdot 0{,}95) \cdot 10{,}5}{21{,}0} \text{ W/(m}^2\cdot\text{K)}$$

$$k_{meq,F} = -0{,}196 \text{ W/(m}^2\cdot\text{K)} < 0{,}70 \text{ W/(m}^2\cdot\text{K)}$$

Demnach ergibt sich folgender Transmissionswärmebedarf Q_T:

$Q_T = 84 \cdot (0{,}5 \cdot 63 - 0{,}196 \cdot 21 + 0{,}8 \cdot 0{,}22 \cdot 70 + 0{,}5 \cdot 0{,}35 \cdot 70)$ kWh/a

$Q_T = 4\ 364$ kWh/a

Ermittlung des Jahres-Heizwärmebedarfs Q_H mit den gleichbleibenden Werten von Q_L und Q_I:

$Q_H = 0{,}9 \cdot (Q_T + Q_L) - Q_I = 0{,}9 \cdot (4364 + 7678)$ kWh/a - 3360 kWh/a

$Q_H = 7\ 478$ kWh/a, das entspricht 84,0 %.

Diagramm 1:

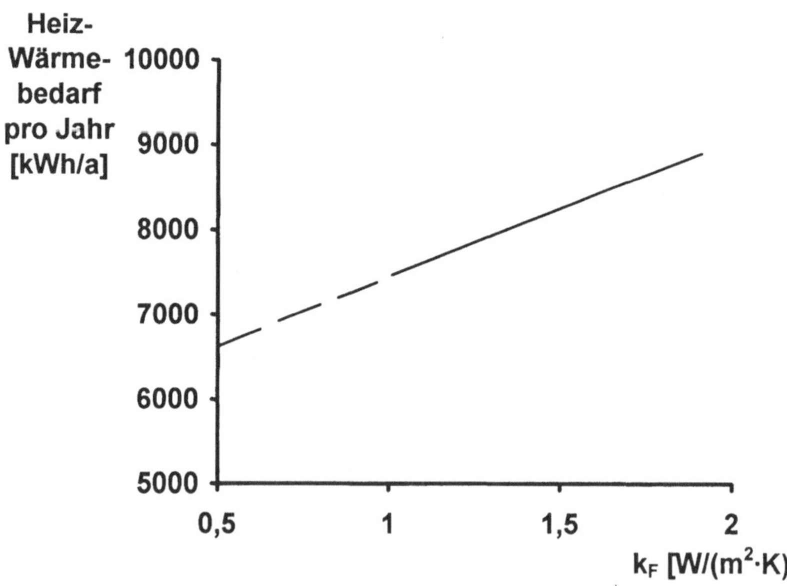

Mit den Wärmedurchgangskoeffizienten:

$k_F = 1{,}91$ W/(m$^2\cdot$K)

$k_{F,1} = 1{,}43$ W/(m$^2\cdot$K)

$k_{F,2} = 1{,}30$ W/(m$^2\cdot$K)

$k_{F,3} = 1{,}01$ W/(m$^2\cdot$K)

Diagramm 2:

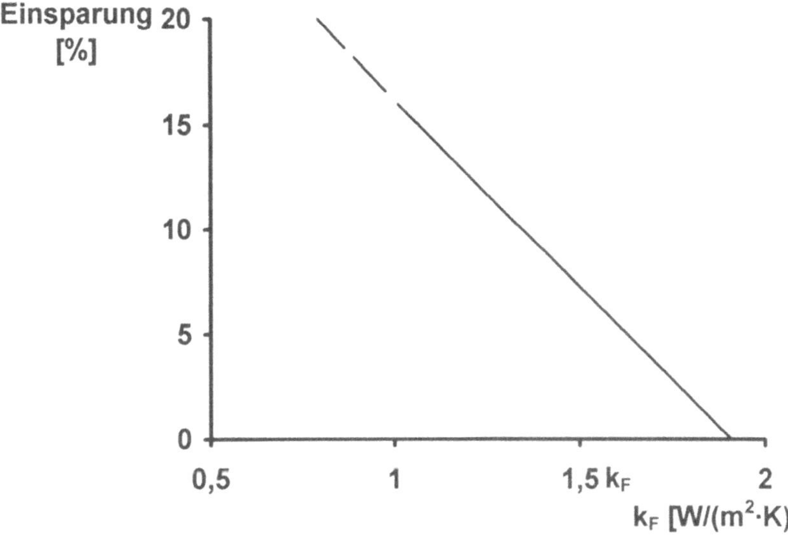

Diskussion:

Diagramm 1 zeigt ein lineares Absinken des Jahres-Heizwärmebedarfs bei gleichzeitigem Absinken der Wärmedurchgangskoeffizienten der Fenster.
Aus Diagramm 2 folgt ein linearer Anstieg der Einsparungen bei
sinkenden Wärmedurchgangskoeffizienten der Fenster.

317 Die nachfolgend abgebildete Skizze zeigt
den Entwurf eines
Wohngebäudes auf
einem Hang, wobei
der Gebäudeteil auf
dem Hang unterkellert
ist. Der Fensterflä-
chenanteil f beträgt
gleichmäßig 25 %.

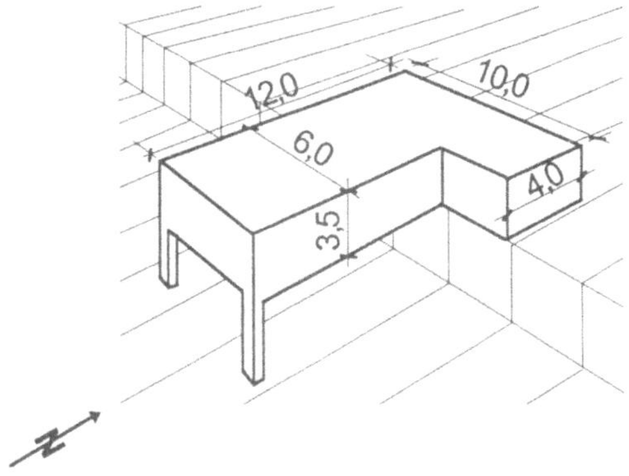

Die Außenwand des Wohngebäudes soll in Holzständerbauweise mit folgendem Aufbau ausgeführt werden:

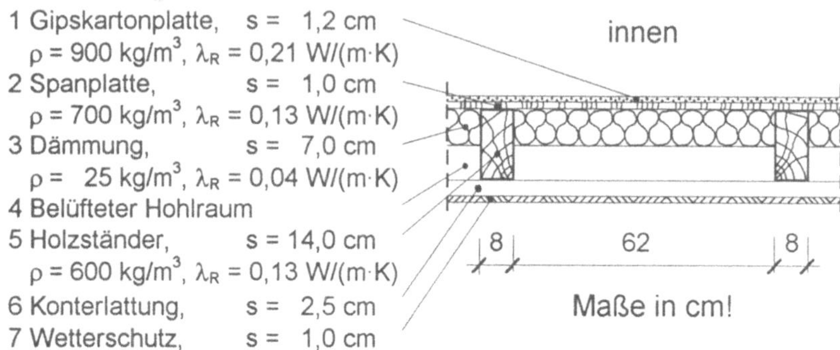

1 Gipskartonplatte, s = 1,2 cm
ρ = 900 kg/m³, λ_R = 0,21 W/(m·K)
2 Spanplatte, s = 1,0 cm
ρ = 700 kg/m³, λ_R = 0,13 W/(m·K)
3 Dämmung, s = 7,0 cm
ρ = 25 kg/m³, λ_R = 0,04 W/(m·K)
4 Belüfteter Hohlraum
5 Holzständer, s = 14,0 cm
ρ = 600 kg/m³, λ_R = 0,13 W/(m·K)
6 Konterlattung, s = 2,5 cm
7 Wetterschutz, s = 1,0 cm

Für die anderen Gebäudeumschließungsflächen werden folgende Angaben gemacht:

$$k_D = 0,35 \ \text{W/(m}^2\text{·K)}$$
$$k_F = 2,60 \ \text{W/(m}^2\text{·K)}; \quad g = 0,72.$$
$$k_{DL} = 0,35 \ \text{W/(m}^2\text{·K)}$$
$$k_G = 0,60 \ \text{W/(m}^2\text{·K)}$$

Gemäß den derzeit gültigen Wärmeschutzbestimmungen ist der Wärmeschutz des geplanten Wohngebäudes zu untersuchen. Gegebenenfalls sind Verbesserungsmaßnahmen vorzuschlagen. Die Außenwandkonstruktion soll auch hinsichtlich des verbesserten Wärmeschutzes überprüft werden.

Lösung

Die derzeit gültigen Wärmeschutzbestimmungen sind DIN 4108 und die Wärmeschutzverordnung.
Nach DIN 4108-5:

$$k_{Rippe} = \cfrac{1}{0,13 + \cfrac{0,012}{0,21} + \cfrac{0,01}{0,13} + \cfrac{0,07}{0,13} + 0,08} \ \text{W/(m}^2\text{·K)} = 1,133 \ \text{W/(m}^2\text{·K)}$$

$$k_{Gefach} = \cfrac{1}{0,13 + \cfrac{0,012}{0,21} + \cfrac{0,01}{0,13} + \cfrac{0,07}{0,04} + 0,08} \ \text{W/(m}^2\text{·K)} = 0,478 \ \text{W/(m}^2\text{·K)}$$

Berechnung der *flächenbezogenen Gesamtmasse*:
Rippe: $\sum s \cdot \rho$ = (0,012 · 900 + 0,01 · 700 + 0,07 · 600) kg/m²
= 59,8 kg/m² < 300 kg/m²: Leichtes Bauteil
Gefach: $\sum s \cdot \rho$ = (0,012 · 900 + 0,01 · 700 + 0,07 · 25) kg/m²
= 19,6 kg/m² < 300 kg/m²: Leichtes Bauteil!

Nach DIN 4108-2 ergeben sich folgende Anforderungen an den Mindestwärmeschutz der Außenwand:

Rippenbereich und Gefachbereich (leichte Bauteile) mit je einer *flächenbezogenen Masse*: Σ s·ρ = (10,8 + 7,0·2) kg/m^2 = 24,8 kg/m^2

Dann ergibt sich durch Interpolation:

k_{Gefach} = 0,478 W/(m^2·K) < 0,64 W/(m^2·K)   erfüllt!
k_{Rippe} = 1,133 W/(m^2·K) > 0,64 W/(m^2·K)   nicht erfüllt!

Nach DIN 4108-2 ergeben sich folgende Anforderungen an den Mindestwärmeschutz der übrigen Bauteile:

k_D = 0,35 W/(m^2·K) < 0,79 W/(m^2·K)   erfüllt!
k_G = 0,60 W/(m^2·K) < 0,81 W/(m^2·K)   erfüllt!
k_{DL} = 0,35 W/(m^2·K) < 0,51 W/(m^2·K)   erfüllt!

Somit ist der Mindestwärmeschutz nach DIN 4108 nicht erfüllt!

Berechnung des Wärmedurchgangskoeffizienten k_W der Außenwandkonstruktion nach DIN 4108-5:

$$k_W = a_{Rippe} \cdot k_{Rippe} + a_{Gefach} \cdot k_{Gefach}$$

$$k_W = \frac{0,08}{0,70} \cdot 1,13 \ \text{W/(m}^2\text{·K)} + \frac{0,62}{0,70} \cdot 0,478 \ \text{W/(m}^2\text{·K)} = 0,55 \ \text{W/(m}^2\text{·K)}$$

Nach der Wärmeschutzverordnung gelten für kleine Wohngebäude mit bis zu 2 Vollgeschossen und nicht mehr als 3 Wohneinheiten die Anforderungen des vereinfachten Nachweises:

k_W = 0,55 W/(m^2·K) > 0,50 W/(m^2·K)   nicht erfüllt!
k_D = 0,35 W/(m^2·K) > 0,22 W/(m^2·K)   nicht erfüllt!
k_G = 0,60 W/(m^2·K) > 0,35 W/(m^2·K)   nicht erfüllt!
k_{DL} = 0,35 W/(m^2·K) > 0,22 W/(m^2·K)   nicht erfüllt!

Da die Forderungen des vereinfachten Nachweises der Wärmeschutzverordnung nicht erfüllt sind, ist zunächst der Jahres-Heizwärmebedarfs Q_H für Gebäude mit normalen Innentemperaturen zu ermitteln:

Flächenberechnung:

A_W = 12,0 m · 3,5 m + 10,0 m · 3,5 m + 2 · 4,0 m · 3,5 m + 8,0 m · 3,5 m + 6,0 m · 3,5 m = 154,0 m^2
        154,0 - (154,0 · 0,25)   = 115,5 m^2

A_F = 154,0 m^2 - 115,5 m^2 = 38,5 m^2

$A_{F,S}$ = ((6,0 m + 4,0 m) · 3,5 m) · 0,25   = 8,75 m^2

$A_{F,O/W}$ = (24,0 m · 3,5 m) · 0,25   = 21,0 m^2

$A_{F,N}$ = (10,0 m · 3,5 m) · 0,25   = 8,75 m^2

A_D = (10,0 m · 4,0 m) + (8,0 m · 6,0 m)   = 88,0 m^2

A_G = (10,0 m · 4,0 m)   = 40,0 m^2

A_{DL} = (8,0 m · 6,0 m)   = 48,0 m^2

A_{ges} = 330,0 m^2

Volumenberechnung: $88,0\ m^2 \cdot 3,5\ m$ $= 308,0\ \ m^3$

A/V - Verhältnis: $\dfrac{330}{308}\ m^{-1}$ $=\ \ 1,07\ m^{-1}$

Ermittlung von $k_{meq,F}$:

$$k_{meq,F} = \frac{k_{eq,FS} \cdot A_{FS} + k_{eq,FO/W} \cdot A_{FO/W} + k_{eq,FN} \cdot A_{FN}}{A_F}\ W/(m^2 \cdot K)$$

$$k_{meq,F} = \frac{(2{,}6 - 0{,}72 \cdot 2{,}4) \cdot 8{,}75 + (2{,}6 - 0{,}72 \cdot 1{,}65) \cdot 21 + (2{,}6 - 0{,}72 \cdot 0{,}95) \cdot 8{,}75}{38{,}5}$$

$k_{meq,F} = 1,4\ W/(m^2 \cdot K)$

Ermittlung des Transmissionswärmebedarfs Q_T:

$Q_T = 84 \cdot (k_W \cdot A_W + k_{meq,F} \cdot A_F + 0,8 \cdot k_D \cdot A_D + 0,5 \cdot k_G \cdot A_G + k_{DL} \cdot A_{DL})$

$Q_T = 84 \cdot (0,55 \cdot 115,5 + 1,4 \cdot 38,5 + 0,8 \cdot 0,35 \cdot 88,0 + 0,5 \cdot 0,6 \cdot 40,0 +$
$\qquad 0,35 \cdot 48,0)\ kWh/a$

$Q_T = 14\ 353\ kWh/a$

Lüftungswärmebedarf: $Q_L = 22,85 \cdot V_L = 18,28 \cdot V$
$\qquad\qquad\qquad\qquad\quad Q_L = 18,28 \cdot 308\ m^3\ \ = 5\ 630\ kWh/a$

Nutzbare Wärmegewinne: $Q_I = 8 \cdot V = 8 \cdot 308\ m^3 = 2\ 464\ kWh/a$

Ermittlung des Jahres-Heizwärmebedarfs Q_H:

$Q_H = 0,9 \cdot (Q_T + Q_L) - Q_I = 0,9 \cdot (14353 + 5630)\ kWh/a - 2464\ kWh/a$
$Q_H = 15\ 521\ kWh/a$

Nachweis: vorh. $Q''_H <$ zul. Q''_H

vorh. $Q''_H = \dfrac{15521}{(308 \cdot 0,32)}\ kWh/(m^2 \cdot a) = 158\ kWh/(m^2 \cdot a)$

$A/V = 1,07\ m^{-1} > 1,05\ m^{-1}$, nach Tabelle 1 der WSVO ergibt sich:
$Q''_{H\ max} = 100\ kWh/(m^2 \cdot a) < 158\ kWh/(m^2 \cdot a)$

Somit ist der Wärmeschutz der einzelnen Gebäudeumschließungsflächen nach der Wärmesschutzverordnung nicht erfüllt!

Zur Frage der Verbesserungsmaßnahmen ist es sinnvoll die einzelnen Wärmedurchgangskoeffizienten der Gebäudeumschließungsflächen mit den Wärmedurchgangskoeffizienten des vereinfachten Nachweises der Wärmeschutzverordnung gleichzusetzen:
$k_W \quad \leq 0,50\ W/(m^2 \cdot K)$, gewählt $k_W = 0,50\ W/(m^2 \cdot K)$.
$k_D \quad \leq 0,22\ W/(m^2 \cdot K)$, gewählt $k_D = 0,22\ W/(m^2 \cdot K)$,
$k_G \quad \leq 0,35\ W/(m^2 \cdot K)$, gewählt $k_G = 0,35\ W/(m^2 \cdot K)$.
$k_{meq,F} \leq 0,70\ W/(m^2 \cdot K)$, gewählt $k_F = 2,20\ W/(m^2 \cdot K)$ und $g = 0,7$.

Die Forderung $k_{meq,F} \leq 0,70$ W/(m²·K), wie eine Überprüfung zeigt wird durch die Werte $k_F = 2,20$ W/(m²·K) und $g = 0,7$ erfüllt.

Zur Frage des verbesserten Wärmeschutzes gilt (vgl. auch DIN ISO 7726):

$$\vartheta_{Li} - \vartheta_{Oi} \leq (3 \ldots 4)\ K$$

Bei $\Delta\vartheta = (20,0°C - (-10,0°C)) = 30,0$ K ergibt sich:

$\vartheta_{Oi} = \vartheta_{Li} - q \cdot R_i = \vartheta_{Li} - k \cdot \Delta\vartheta \cdot R_i$

$\vartheta_{Oi} = (20,0 - 0,50 \cdot 30,0 \cdot 0,13)\ °C = 18,0°C$

Nachweis: $\vartheta_{Li} - \vartheta_{Oi} \leq (3 \ldots 4)\ K$

               $\vartheta_{Li} - \vartheta_{Oi} = (20,0 - 18,0)\ °C = 2,0\ K$

Damit ist ein verbesserter Wärmeschutz gegeben.

318 Gegeben ist ein freistehendes eingeschossiges Wohngebäude in Kaiserslautern mit den äußeren Abmessungen von 9 m x 12 m. Das Gebäude ist vollständig unterkellert, der Dachraum ist nicht ausgebaut. Die Geschoßhöhe beträgt 3 m.

Ermitteln Sie den Wärmeschutz der einzelnen Gebäudeumschließungsflächen, wenn dieser nach den derzeit gültigen Wärmeschutzbestimmungen auf jeden Fall erfüllt ist.
Das Gebäude wird in Holzständerbauweise ausgeführt. Die Außenwand besitzt folgenden Aufbau:

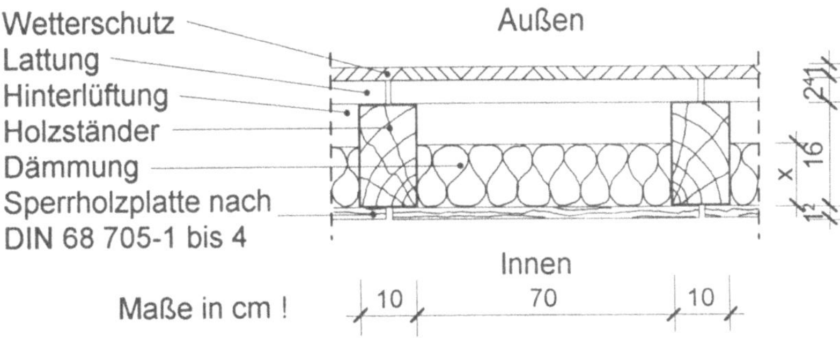

Die Dämmung der Holzständerwand soll so dimensioniert werden, daß diese dem festgelegten Wärmeschutz genügt. Als Dämmung sollen Korkplatten nach DIN 18 161-1 WLG 050 zur Anwendung kommen. Die Dämmschichtdicke kann auf cm aufgerundet werden.

Lösung

Die derzeit gültigen Wärmeschutzbestimmungen sind DIN 4108 und die Wärmeschutzverordnung.

Aufgrund der Tatsache, daß die Wärmeschutzverordnung höhere Anforderungen als DIN 4108 stellt, gelten für den Wärmeschutz der einzelnen Gebäudeumschliessungsflächen bei einem kleinen Wohngebäude mit bis zu zwei Vollgeschossen und nicht mehr als drei Wohneinheiten die Anforderungen des vereinfachten Nachweises der Wärmeschutzverordnung mit den Werten:

$$k_W = 0{,}50 \ W/(m^2{\cdot}K)$$
$$k_D = 0{,}22 \ W/(m^2{\cdot}K)$$
$$k_G = 0{,}35 \ W/(m^2{\cdot}K)$$
$$k_{meq,F} = 0{,}70 \ W/(m^2{\cdot}K)$$

Gesucht ist die Dicke der Dämmung s = x.
Ausrechnen der Flächenanteile:

$$a_{Rippe} = \frac{0{,}10}{0{,}80} = 0{,}125 \ \text{und} \ a_{Gefach} = \frac{0{,}70}{0{,}80} = 0{,}875$$

Dann ergibt sich für den Wärmedurchgangskoeffizienten k_W des Bauteils: $k_W = a_{Rippe} \cdot k_{Rippe} + a_{Gefach} \cdot k_{Gefach}$

Der Wärmedurchgangskoeffizient der Rippe darf nach DIN 4108-2 bei hinterlüfteter Außenhaut nur bis zur Höhe der Dämmschicht angerechnet werden.
Also ergibt sich: $x_{Holzständer} = x_{Dämmung}$

$$k = \frac{1}{R_i + \dfrac{1}{\Lambda} + R_a} = \frac{1}{R_i + \sum\left(\dfrac{s}{\lambda}\right) + R_a}$$

$$k_{Rippe} = \frac{1}{0{,}13 + \dfrac{0{,}012}{0{,}15} + \dfrac{x}{0{,}13} + 0{,}08} \ W/(m^2{\cdot}K)$$

$$k_{Gefach} = \frac{1}{0{,}13 + \dfrac{0{,}012}{0{,}15} + \dfrac{x}{0{,}05} + 0{,}08} \ W/(m^2{\cdot}K)$$

Mit den Flächenanteilen und dem maximal zulässigen Wärmedurchgangskoeffizienten $k_W = 0{,}50 \ W/(m^2{\cdot}K)$ nach WSVO ergibt sich:

$$0,50 \ W(m^2 \cdot K) = \cfrac{0,125}{0,13 + \cfrac{0,012}{0,15} + \cfrac{x}{0,13} + 0,08} + \cfrac{0,875}{0,13 + \cfrac{0,012}{0,15} + \cfrac{x}{0,05} + 0,08}$$

$$0,50 \ W(m^2 \cdot K) = \cfrac{0,125}{0,29 + \cfrac{x}{0,13}} + \cfrac{0,875}{0,29 + \cfrac{x}{0,05}} \ W(m^2 \cdot K)$$

$$0,50 \ W(m^2 \cdot K) = \frac{0,125}{0,29 + 7,69 \cdot x} + \frac{0,875}{0,29 + 20 \cdot x} \ W(m^2 \cdot K)$$

Umformen in eine Quadratische Gleichung:

$$76,9 \ x^2 - 5,214 \ x - 0,248 = 0$$

$$x_{1/2} = \frac{5,214 \pm \sqrt{(5,214)^2 - 4 \cdot 76,9 \cdot (-0,248)}}{2 \cdot 76,9}$$

$x_1 = 0,10 \ m = 10 \ cm$

$x_2 = -0,032 \ m \quad$ Lösung unmöglich!

Also ergibt sich eine notwendige Dämmschichtdicke von 10 cm, um den Anforderungen der derzeit gültigen Wärmeschutzbestimmungen (WSVO) zu genügen.

319 Für zwei Gebäude soll nach der Wärmeschutzverordnung der "Interne Wärmegewinn" Q_I berechnet werden:

Gebäude 1   mit lichter Raumhöhe 3,75 m, 2 Geschosse, Gesamthöhe des Gebäudes 7,50 m.

Gebäude 2   mit lichter Raumhöhe 2,50 m, 3 Geschosse, Gesamthöhe des Gebäudes 7,50 m.

Lösung

Nach der Wärmeschutzverordnung gilt: $Q_I = 25 \cdot A_N$,

bei lichten Raumhöhen von nicht mehr als 2,60 m, hierbei können die nutzbaren, auf die Gebäudenutzfläche $A_N = 0,32 \cdot V$ bezogenen internen Wärmegewinne angenommen werden, für alle Gebäude höchstens mit einem Wert von

$$Q_I = 8 \cdot V,$$

wobei V das beheizte Bauwerksvolumen ist.

Somit gilt für

Gebäude 1: Da Raumhöhe > 2,60 m
$$Q_I = 8 \cdot V$$
Gebäude 2: $Q_I = 25 \cdot A_N = 25 \cdot 0,32 \cdot V = 8 \cdot V.$

Obwohl die Gebäudenutzfläche für das Gebäude 2 das 1,5 fache des Gebäudes 1 beträgt, darf bei Gebäude 2 nicht mit einem höheren internen Wärmegewinn Q_I gerechnet werden.

Die Ermittlung der Gebäudenutzfläche A_N über den Faktor 0,32 gemäß Wärmeschutzverordnung an das Gebäudevolumen V bewirkt, daß jedes Gebäude hinsichtlich der Ermittlung des internen Wärmegewinns so behandelt wird, als ob eine lichte Raumhöhe von 2,60 m vorhanden wäre. Das hat zur Folge, daß bei Gebäuden mit gleichem Volumen, jedoch mit unterschiedlichen Raumhöhen und damit unterschiedlichen Nutzflächen, trotzdem mit dem gleichen internen Wärmegewinn zu rechnen ist.

320 Die Heizenergieverluste eines Gebäudes werden maßgeblich von der Form eines Baukörpers und dem Wärmeschutz der Gebäudehülle beeinflußt. Für Gebäude mit niedrigen Innentemperaturen ($12°C \le \vartheta_i \le 19°C$, Beheizung mindestens 4 Monate im Jahr) ist zu untersuchen, welchen Einfluß die Form eines Baukörpers auf die wärmeschutztechnischen Berechnungen hat. Folgende Baukörper sollen untersucht werden:

	Typ	Körperform	Umfassungs-fläche A	Bauwerks-volumen V
1	Würfel	a, a, a	$6 \cdot a^2$	a^3
2	Quader	4/9a, 3/2a, 3/2a	$\dfrac{43}{6} \cdot a^2$	a^3

3	Quader		$\dfrac{62}{9}\cdot a^2$	a^3
4	Zylinder		$\dfrac{3}{2}\cdot\pi\cdot a^2$	$\pi\cdot\dfrac{a^3}{4}$
5	Kugel		$\pi\cdot a^2$	$\pi\cdot\dfrac{a^3}{6}$

Bei der Untersuchung ist davon auszugehen, daß das maßgebliche Bauwerksvolumen im Bereich 1 000 m^3 . . . 10 000 m^3 . . . 50 000 m^3 variiert und aus Kostengründen nur der unbedingt erforderliche Wärmeschutz nach den zur Zeit gültigen Wärmeschutzbestimmungen realisiert werden soll.

Zu ermitteln ist der Jahres - Transmissionswärmebedarf der wärmeübertragenden Gebäudehüllfläche in Abhängigkeit vom Bauwerksvolumen für die 5 Baukörper.

Die Ergebnisse sind graphisch darzustellen und zu diskutieren.

Lösung

DIN 4108 hat keine Gültigkeit, da $\vartheta_{Li} \geq 19°C$ gefordert wird. Maßgebend ist die Wärmeschutzverordnung, die für den Jahres - Transmissionswärmebedarf eine Abhängigkeit vom beheizten Gebäudevolumen V in m^3 zur wärmeübertragenden Umfassungsfläche eines Gebäudes A in m^2 fordert: $f\left(\dfrac{A}{V}\right)$.

Für die 5 Baukörper werden in der folgenden Zusammenstellung die Verhältnisse A/V ermittelt und der zugehörige maximale Jahres-

Transmissionswärmebedarf der Gebäudehüllfläche der Wärmeschutzverordnung bei zu errichtenden Gebäuden mit niedrigen Innentemperaturen (WSVO Anlage 2 Tabelle 1) entnommen.

Baukörper			1 Würfel	2 Quader	3 Quader	4 Zylinder	5 Kugel
A		m^2	$6 \cdot a^2$	$\dfrac{43}{6} \cdot a^2$	$\dfrac{62}{9} \cdot a^2$	$\dfrac{3}{2} \cdot \pi \cdot a^2$	$\pi \cdot a^2$
V		m^3	a^3	a^3	a^3	$\pi \cdot \dfrac{a^3}{4}$	$\pi \cdot \dfrac{a^3}{6}$
A/V		m^{-1}	$\dfrac{6}{a}$	$\dfrac{43}{6 \cdot a}$	$\dfrac{62}{9 \cdot a}$	$\dfrac{6}{a}$	$\dfrac{6}{a}$
V = 1000 m³	a	m	10,00	10,00	10,00	10,84	12,41
	A/V	m^{-1}	0,600	0,717	0,689	0,554	0,484
	Q'_T	kWh/(m³·a)	12,6	14,5	14,0	11,9	10,7
V = 10000 m³	a	m	21,54	21,54	21,54	23,35	26,73
	A/V	m^{-1}	0,279	0,333	0,320	0,257	0,225
	Q'_T	kWh/(m³·a)	7,5	8,3	8,1	7,1	6,6
V = 50000 m³	a	m	36,84	36,84	36,84	39,93	45,71
	A/V	m^{-1}	0,163	0,195	0,187	0,150	0,131
	Q'_T	kWh/(m³·a)	6,20	6,20	6,20	6,20	6,20

Graphische Darstellung der Ergebnisse:

Maximaler Jahres - Transmissionswärmebedarf [kWh/(m³·a)]

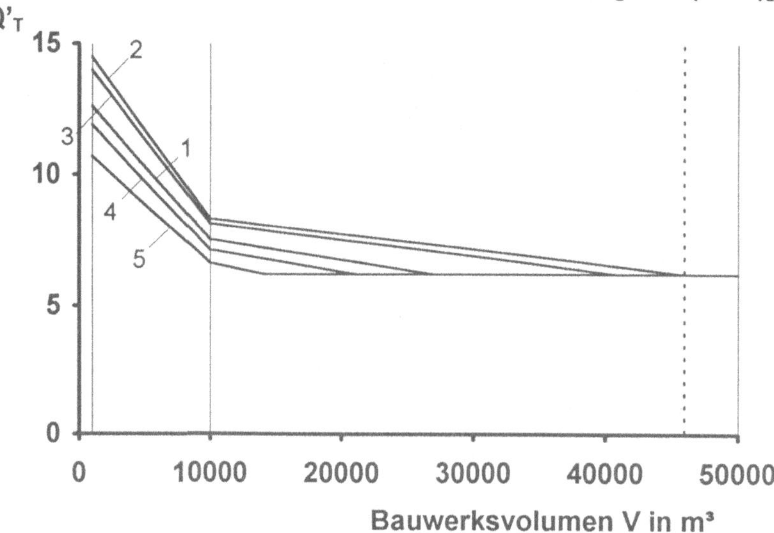

Diskussion:

Im Bereich A/V $\leq$ 0,2, d.h. für V > 46 000 m^3 sind die Anforderungen der Wärmeschutzverordnung an die wärmeübertragende Gebäudehüllfläche bei allen 5 Baukörpern gleich.

Bei sehr kompakten Baukörpern (A/V $\leq$ 0,2 m^{-1}) ändern sich die Anforderungen der Wärmeschutzverordnung nicht mehr. Im Bereich V < 46 000 m^3 werden an die Kugel die geringsten, an den Quader 2 die höchsten Anforderungen (entsprechend dem Verhältnis A/V) gestellt. Es ergeben sich im Vergleich zur Kugel folgende Unterschiede:

Bauwerksvolumen V in m^3		1 000	10 000
1	Würfel	17,8 %	13,6 %
2	Quader	35,5 %	25,8 %
3	Quader	30,8 %	22,7 %
4	Zylinder	11,2 %	7,6 %

Es fällt auf, daß bei einer kompakten Bauweise (Kugel, Würfel, Zylinder) die Differenzen relativ klein sind.

321

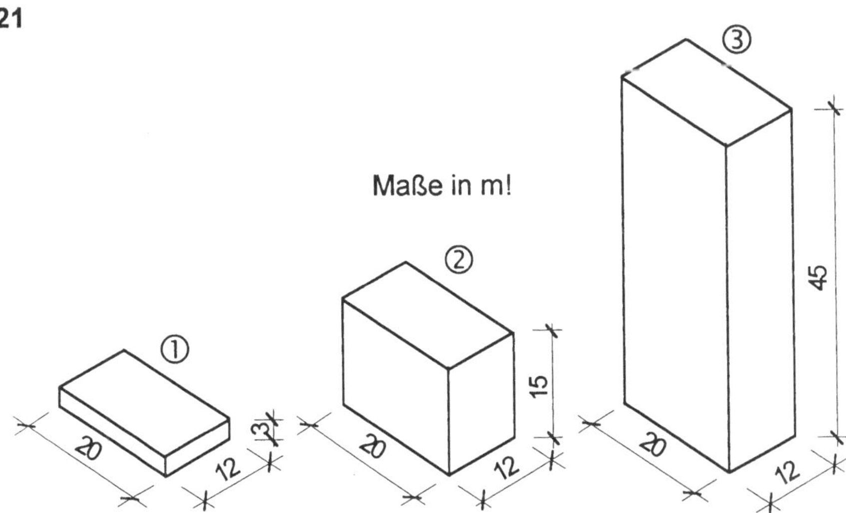

Am Beispiel der skizzierten Gebäude ist zu untersuchen, welchen Einfluß die Form des Baukörpers - im vorliegenden Fall ist die Geschoßzahl als Parameter anzusehen - auf die Wärmeschutzberechnungen nach der Wärmeschutzverordnung hat. Die Gebäude sind vollständig unterkellert.

Für die 3 Baukörper ist der nach der Wärmeschutzverordnung ergebende gerade noch zuläßige maximale Fensterflächenanteil zu ermitteln.

Für alle Gebäude gelten die Wärmedurchgangskoeffizienten des vereinfachten Nachweises der Wärmeschutzverordnung gemäß Beispiel ①.

Die Ergebnisse sind in einem Diagramm aufzutragen und zu diskutieren.

Lösung

Anforderungen des vereinfachten Nachweises der Wärmeschutzverordnung für das Beispiel ①:

$k_W \leq 0,50 \ W/(m^2 \cdot K)$

$k_D \leq 0,22 \ W/(m^2 \cdot K)$

$k_G \leq 0,35 \ W/(m^2 \cdot K)$

$k_{meq,F} \leq 0,70 \ W/(m^2 \cdot K)$

Flächenermittlung:

$$\text{Gebäude ①:} \quad A_{W+F} = 2 \cdot (3 \ m \cdot 20 \ m + 3 \ m \cdot 12 \ m) \quad = \quad 192 \ m^2$$
$$A_D = 20 \ m \cdot 12 \ m \quad\quad\quad\quad\quad = \quad 240 \ m^2$$
$$A_G \quad\quad\quad\quad\quad\quad\quad\quad\quad\quad = \quad 240 \ m^2$$
$$A_{ges} \quad\quad\quad\quad\quad\quad\quad\quad\quad = \quad 672 \ m^2$$
$$\text{Gebäude ②:} \quad A_{W+F} = 2 \ (15 \ m \cdot 20 \ m + 15 \ m \cdot 12 \ m) = \quad 960 \ m^2$$
$$A_D = 20 \ m \cdot 12 \ m \quad\quad\quad\quad\quad = \quad 240 \ m^2$$
$$A_G \quad\quad\quad\quad\quad\quad\quad\quad\quad\quad = \quad 240 \ m^2$$
$$A_{ges} \quad\quad\quad\quad\quad\quad\quad\quad\quad = \ 1\,440 \ m^2$$
$$\text{Gebäude ③:} \quad A_{W+F} = 2 \ (45 \ m \cdot 20 \ m + 45 \ m \cdot 12 \ m) = \ 2\,880 \ m^2$$
$$A_D = 20 \ m \cdot 12 \ m \quad\quad\quad\quad\quad = \quad 240 \ m^2$$
$$A_G \quad\quad\quad\quad\quad\quad\quad\quad\quad\quad = \quad 240 \ m^2$$
$$A_{ges} \quad\quad\quad\quad\quad\quad\quad\quad\quad = \ 3\,360 \ m^2$$

Volumenberechnung:

$$\text{Gebäude ①:} \quad V = 20 \ m \cdot 12 \ m \cdot 3 \ m \quad\quad = \quad\quad 720 \ m^3$$
$$\text{Gebäude ②:} \quad V = 20 \ m \cdot 12 \ m \cdot 15 \ m \quad = \ 3\,600 \ m^3$$
$$\text{Gebäude ③:} \quad V = 20 \ m \cdot 12 \ m \cdot 45 \ m \quad = 10\,800 \ m^3$$

A/V - Verhältnis:

$$\text{Gebäude ①:} \ A/V = 0,933 \ m^{-1}$$
$$\text{Gebäude ②:} \ A/V = 0,4 \quad m^{-1}$$
$$\text{Gebäude ③:} \ A/V = 0,31 \quad m^{-1}$$

Ermittlung des maximalen zulässigen Jahres-Heizwärmebedarfs Q''_H bezogen auf die Gebäudenutzfläche A_N in Abhängigkeit vom Geometrieverhältnis A/V:

$$①: \text{zul. } Q''_H = \frac{13{,}82 + 17{,}32 \cdot 0{,}93}{0{,}32} \text{ kWh/(m}^2\text{·a)} = 93{,}5 \text{ kWh/(m}^2\text{·a)}$$

$$②: \text{zul. } Q''_H = \frac{13{,}82 + 17{,}32 \cdot 0{,}4}{0{,}32} \text{ kWh/(m}^2\text{·a)} = 64{,}8 \text{ kWh/(m}^2\text{·a)}$$

$$③: \text{zul. } Q''_H = \frac{13{,}82 + 17{,}32 \cdot 0{,}31}{0{,}32} \text{ kWh/(m}^2\text{·a)} = 60{,}0 \text{ kWh/(m}^2\text{·a)}$$

Somit errechnet sich für die Gebäudebeispiele ① bis ③ der maximale Jahres-Heizwärmebedarf gemäß den vorstehend ermittelten zulässigen Werten:

$$①: Q_H = Q''_H \cdot 0{,}32 \cdot V = 93{,}5 \cdot 0{,}32 \cdot 720 \quad = \quad 21\,542 \text{ kWh/a}$$
$$②: Q_H \qquad\qquad = 64{,}8 \cdot 0{,}32 \cdot 3\,600 \quad = \quad 74\,650 \text{ kWh/a}$$
$$③: Q_H \qquad\qquad - 60{,}0 \cdot 0{,}32 \cdot 10\,800 = 207\,360 \text{ kWh/a}$$

Nunmehr sind die Anteile für den Transmissionswärmebedarf Q_T, Lüftungswärmebedarf Q_L, und die nutzbaren inneren Wärmegewinne Q_I zu ermitteln; dabei soll der nutzbare solare Wärmegewinn im äquivalenten Wärmedurchgangskoeffizient $k_{meq,F}$ berücksichtigt werden. $Q_T = \dfrac{Q_H + Q_I}{0{,}9} - Q_L$

$$①: Q_I = 8 \cdot V \qquad = 8 \cdot 720 \text{ m}^3 \qquad = \quad 5\,760 \text{ kWh/a}$$
$$ Q_L = 18{,}28 \cdot V \quad = 18{,}28 \cdot 720 \text{ m}^3 \quad = \quad 13\,162 \text{ kWh/a}$$

$$②: Q_I \qquad\qquad = 8 \cdot 3600 \text{ m}^3 \qquad = \quad 28\,800 \text{ kWh/a}$$
$$ Q_L \qquad\qquad = 18{,}28 \cdot 3\,600 \text{ m}^3 \quad = \quad 65\,808 \text{ kWh/a}$$

$$③: Q_I \qquad\qquad = 8 \cdot 10\,800 \text{ m}^3 \qquad = \quad 86\,400 \text{ kWh/a}$$
$$ Q_L \qquad\qquad = 18{,}28 \cdot 10\,800 \text{ m}^3 \quad = 197\,424 \text{ kWh/a}$$

$$①: Q_T = \frac{21542 + 5760}{0{,}9} - 13\,162 \quad \text{kWh/a} = \quad 17\,174 \text{ kWh/a}$$

$$②: Q_T = \frac{74650 + 28800}{0{,}9} - 65\,808 \quad \text{kWh/a} = \quad 49\,136 \text{ kWh/a}$$

$$③: Q_T = \frac{207360 + 86400}{0{,}9} - 197\,424 \text{ kWh/a} = 128\,976 \text{ kWh/a}$$

Ermittlung des maximalen Fensterflächenanteils f:

$$Q_T = 84 \cdot [k_W \cdot A_{w+F} \cdot (1 - f) + k_{meq,F} \cdot A_{W+F} \cdot f + 0{,}8 \cdot k_D \cdot A_D + 0{,}5 \cdot k_G \cdot A_G]$$

Dann ergeben sich nach Auflösen dieser Formel folgende maximale Fensterflächenanteile f der 3 Gebäude:

①: f = 0,63, d.h. 63 % max. Fensterflächenanteil
②: f = 0,11, d.h. 11 % max. Fensterflächenanteil
③: f = 0,02, d.h. 2 % max. Fensterflächenanteil

Diskussion:

Der errechnete Fensterflächenanteil entspricht nicht praktischen Bauausführungen. Der hohe Fensterflächenanteil des Beispiels ① resultiert aus den Wärmedurchgangskoeffizienten des vereinfachten Nachweises der Wärmeschutzverordnung.

Bei den Beispielen ② und ③ müßte der Wärmeschutz der einzelnen Gebäudeumschließungsflächen erheblich verbessert werden oder es sind Wärmegewinne durch Vorhandensein mechanisch betriebener Lüftungsanlagen zu berücksichtigen.

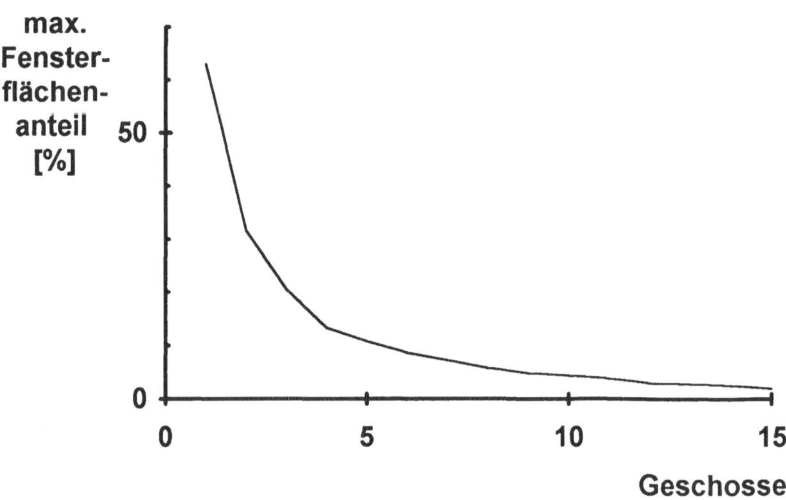

322 Nachfolgend abgebildete Skizzen zeigen 2 Mehrfamilienhäuser mit jeweils 4 Geschossen und je einer Geschoßhöhe von h = 2,75 m. Die beiden Gebäude sind vollständig unterkellert und besitzen über dem letzten Geschoß ein Flachdach. UT kennzeichnet den unbeheizten Treppenraum. Der Fensterflächenanteil beträgt gleichmäßig je Fassade 30 %.

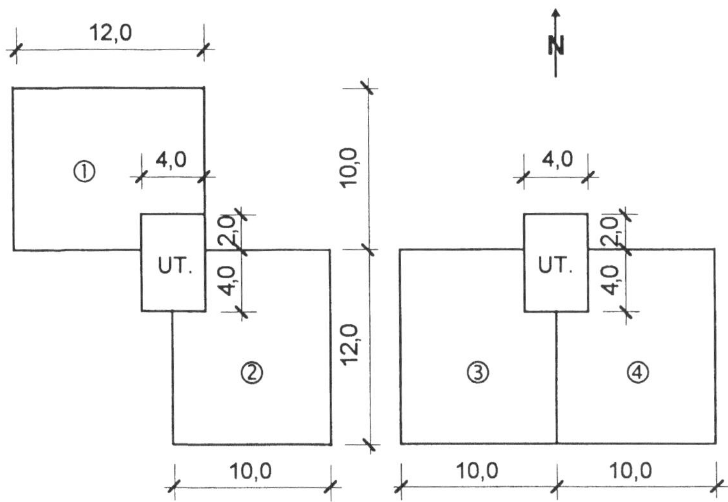

Maße in m!

Für die Wärmedurchgangskoeffizienten der Gebäudeumschlie-ßungsflächen wurden folgende Werte ermittelt:

k_W = 0,50 W/(m²·K); k_F = 2,00 W/(m²·K), g = 0,77;

k_D = 0,22 W/(m²·K); k_G = 0,35 W/(m²·K).

Bei beiden Gebäuden ist der Wärmeschutz gemäß der Wärme-schutzverordnung zu überprüfen und anschließend zu diskutie-ren. Die Nachweise sind einzeln zu führen.

Lösung

Nach der Wärmeschutzverordnung:
Der vereinfachte Nachweis der WSVO kann nicht angewendet werden, da es sich hier um Wohngebäude mit mehr als 2 Voll-geschossen und mehr als 3 Wohneinheiten handelt.

Nachweis der Wärmeschutzverordnung: Berechnung des Jah-res-Heizwärmebedarfs Q_H:

Flächenermittlung Gebäude ①:

A_W = [(10,0 + 12,0 + 8,0 + 8,0) m · 11,0 m] · 0,70 = 292,6 m²
A_{AB} = (2,0 + 4,0) m · 11,0 m = 66,0 m²
$A_{F,S}$ = (8,0 m · 11,0 m) · 0,3 = 26,4 m²
$A_{F,O}$ = (8,0 m · 11,0 m) · 0,3 = 26,4 m²
$A_{F,W}$ = (10,0 m · 11,0 m) · 0,3 = 33,0 m²

$A_{F,N}$ = (12,0 m · 11,0 m) · 0,3 $\qquad\qquad$ = 39,6 m²
A_D = (10,0 · 12,0) m² - (2,0 · 4,0) m² $\qquad$ = 112,0 m²
A_G $\qquad\qquad\qquad\qquad\qquad\qquad$ = 112,0 m²

A_{ges} $\qquad\qquad\qquad\qquad\qquad\qquad$ = 708,0 m²
A_{ges} ohne A_{AB} $\qquad\qquad\qquad\qquad$ = 642,0 m²

Volumenberechnung:
V = (10,0 · 12,0 · 11,0) m³ - (2,0 · 4,0 · 11,0) m³ = 1232,0 m³

Verhältnis A/V: $\qquad\qquad \dfrac{642,0}{1232,0}$ m⁻¹ $\qquad$ = 0,52 m⁻¹

Flächenermittlung Gebäude ②:
Gebäudehöhe: 4,0 m · 2,75 m = 11,0 m
A_W $\qquad\qquad\qquad\qquad\qquad\qquad$ = 292,6 m²
A_{AB} $\qquad\qquad\qquad\qquad\qquad\qquad$ = 66,0 m²
$A_{F,S}$ = (10,0 m · 11,0 m) · 0,3 $\qquad$ = 33,0 m²
$A_{F,O}$ = (12,0 m · 11,0 m) · 0,3 $\qquad$ = 39,6 m²
$A_{F,W}$ = (8,0 m · 11,0 m) · 0,3 $\qquad$ = 26,4 m²
$A_{F,N}$ = (8,0 m · 11,0 m) · 0,3 $\qquad$ = 26,4 m²
A_D $\qquad\qquad\qquad\qquad\qquad\qquad$ = 112,0 m²
A_G $\qquad\qquad\qquad\qquad\qquad\qquad$ = 112,0 m²

A_{ges} $\qquad\qquad\qquad\qquad\qquad\qquad$ = 708,0 m²
A_{ges} ohne A_{AB} $\qquad\qquad\qquad\qquad$ = 642,0 m²

Volumen: V = 1 232,0 m³; A/V = 0,52 m⁻¹

Flächenermittlung Gebäude ③:
Keine Berücksichtigung der Gebäudetrennwand
A_W = [(10,0 + 12,0 + 8,0) m · 11,0 m] · 0,70 $\qquad$ = 231,0 m²
A_{AB} = (2,0 + 4,0) m · 11 m $\qquad\qquad$ = 66,0 m²
$A_{F,S}$ = (10,0 m · 11,0 m) · 0,3 $\qquad$ = 33,0 m²
$A_{F,W}$ = (12,0 m · 11,0 m) · 0,3 $\qquad$ = 39,6 m²
$A_{F,N}$ = (8,0 m · 11,0 m) · 0,3 $\qquad$ = 26,4 m²
A_D = (10,0 · 12,0) m² - (2,0 · 4,0) m² $\qquad$ = 112,0 m²
A_G $\qquad\qquad\qquad\qquad\qquad\qquad$ = 112,0 m²

A_{ges} $\qquad\qquad\qquad\qquad\qquad\qquad$ = 620,0 m²
A_{ges} ohne A_{AB} $\qquad\qquad\qquad\qquad$ = 554,0 m²

Volumen: V = 1 232,0 m³

Verhältnis A/V: $\qquad\qquad \dfrac{554,0}{1232,0}$ m⁻¹ $\qquad$ = 0,45 m⁻¹

Flächenermittlung Gebäude ④:

A_W	$= 231,0 \ m^2$
A_{AB}	$= 66,0 \ m^2$
$A_{F,S}$	$= 33,0 \ m^2$
$A_{F,O}$	$= 39,6 \ m^2$
$A_{F,N}$	$= 26,4 \ m^2$
A_D	$= 112,0 \ m^2$
A_G	$= 112,0 \ m^2$
A_{ges}	$= 620,0 \ m^2$
A_{ges} ohne A_{AB}	$= 554,0 \ m^2$

Volumen: $V = 1\ 232,0 \ m^3$; $A/V = 0,45 \ m^{-1}$

Ermittlung der nutzbaren solaren Wärmegewinne mittels $k_{eq,F}$ mit $k_F = 2,0 \ W/(m^2 \cdot K)$ und $g = 0,77$.

Nach WSVO: $k_{eq,F} = k_F - g \cdot S_F$

Süden: $k_{eq,F \ S} = (2,0 - 0,77 \cdot 2,40) \ W/(m^2 \cdot K) = 0,152 \ W/(m^2 \cdot K)$

Osten/
Westen: $k_{eq,F \ O/W} = (2,0 - 0,77 \cdot 1,65) \ W/(m^2 \cdot K) = 0,73 \ W/(m^2 \cdot K)$

Norden: $k_{eq,F \ N} = (2,0 - 0,77 \cdot 0,95) \ W/(m^2 \cdot K) = 1,27 \ W/(m^2 \cdot K)$

Ermittlung des Transmissionswärmebedarfs Q_T:
$$Q_T = 84 \cdot (k_W \cdot A_W + k_{eq,F \ S} \cdot A_{F \ S} + k_{eq,F \ O/W} \cdot A_{F \ O/W} + k_{eq,F \ N} \cdot A_{F \ N} + $$
$$0,8 \cdot k_D \cdot A_D + 0,5 \cdot k_G \cdot A_G + 0,5 \cdot k_W \cdot A_{AB}) \ kWh/a$$

Gebäude ①:
$$Q_T = 84 \cdot (0,50 \cdot 292,6 + 0,152 \cdot 26,4 + 0,73 \cdot (26,4 + 33,0) + 1,27 \cdot 39,6$$
$$+ 0,8 \cdot 0,22 \cdot 112,0 + 0,5 \cdot 0,35 \cdot 112,0 + 0,5 \cdot 0,5 \cdot 66,0) \ kWh/a$$

$Q_T = 25\ 181 \ kWh/a$. In gleicher Weise berechnet sich für:

Gebäude ②: $Q_T = 24\ 262 \ kWh/a$

Gebäude ③: $Q_T = 20\ 056 \ kWh/a$

Gebäude ④: $Q_T = 20\ 056 \ kWh/a$

Lüftungswärmebedarf: $\quad Q_L = 22,85 \cdot V_L = 18,28 \cdot V$
$$Q_L = 18,28 \cdot 1\ 232 \ m^3 = 22\ 521 \ kWh/a$$
Nutzbare Wärmegewinne: $Q_I = 8 \cdot 1\ 232 \ m^3 \quad = 9\ 856 \ kWh/a$

Ermittlung des Jahres-Heizwärmebedarfs Q_H:
$$Q_H = 0,9 \cdot (Q_T + Q_L) - Q_I$$

	Q_T kWh/a	Q_H kWh/a	vorh. Q''_H kWh/(m²·a)	zul. Q''_H kWh/(m²·a)
Gebäude ①	25 181	33 076	83,9	71,3
Gebäude ②	24 262	32 249	81,8	71,3
Gebäude ③	20 056	28 463	72,2	67,5
Gebäude ④	20 056	28 463	72,2	67,5

Da der vorhandene Jahresheizwärmebedarf Q''_H gößer ist als der zulässige Q''_H, sind die Forderungen nach Wärmeschutzverordnung nicht erfüllt.

Diskussion:

Obwohl alle Gebäude die Wärmedurchgangskoeffizienten des vereinfachten Nachweises der WSVO besitzen, erfüllen sie doch nicht die Anforderungen aufgrund der Mehrgeschossigkeit.

401 Von welchen Größen hängt der sommerliche Wärmeschutz eines Gebäudes ab?

Lösung

Von der Energiedurchläßigkeit der transparenten Außenbauteile, deren Flächenanteil und Orientierung.
Von der Lüftung in den Räumen.
Von der Wärmespeicherfähigkeit, besonders der innenliegenden Bauteile.
Von den Wärmeleiteigenschaften der nichttransparenten Außenbauteile unter instationären Randbedingungen.
Von der Farbgebung der Außenoberflächen.
Von den Sonnenschutzvorrichtungen (z.B. auskragende Bauteile, Rolläden, Fensterläden, Jalousien, Markisen, Vorhänge, usw.).

402 Welche bauphysikalische Forderung soll durch sommerlichen Wärmeschutz nach den Empfehlungen nach DIN 4108-2 erreicht werden?

Lösung

Begrenzung der Wärmezufuhr von Außen in die Räume, um ein behagliches Raumklima (angemessene Raumlufttemperatur) zu erhalten.

403 DIN 4108-2 enthält u.a. Empfehlungen für den sommerlichen Wärmeschutz von Gebäuden. Dadurch soll verhindert werden, daß infolge heißer Tage die Innenlufttemperatur in einzelnen Räumen über die Außenlufttemperatur ansteigt. Warum kann in einem solchen Fall die Innenlufttemperatur über die Außenlufttemperatur ansteigen?

Lösung

Große Fensterflächen ohne Sonnenschutzmaßnahmen und zu geringe Anteile besonders innenliegender wärmespeichernder Bauteile können eine zu hohe Erwärmung eines Raumes zur Folge haben.

Der bei transparenten Bauteilen direkt durchgelassene Anteil der Globalstrahlung wird von den Raumumschließungsoberflächen größtenteils absorbiert und in Wärmestrahlung umgewandelt, für die Glas praktisch undurchlässig ist. Dadurch wird der Raum bei fehlender Wärmespeicherfähigkeit der innenliegenden Raumumschließungsbauteile stark erwärmt. Hinzu kommt noch der sekundär nach Innen infolge langwelliger Infrarotstrahlung (Wärmestrahlung) des absorbierten Anteils der auftreffenden Globalstrahlung und der infolge von Konvektion abgegebene Anteil.

404 Welche technischen Sonnenschutzmaßnahmen gibt es bei Fenstern und welche beiden erzielen die größte Wirkung?

Lösung

Außenjalousien, Innenjalousien, Vorhänge, Absorptionsgläser, Reflexionsgläser.
Größte Wirkung: Außenjalousien, Reflexionsgläser.

405 Durch Fenster gelangt im Sommer häufig zuviel Strahlungsenergie in die Räume, was zu einer unerwünschten Aufheizung der Raumluft führen kann. Welche Sonnenschutzmaßnahmen am und im Bereich eines nach Westen orientierten Fensters in der Reihenfolge ihrer Wirksamkeit unterscheidet man und in welcher Weise beeinflussen diese Maßnahmen das Innenraumklima günstig?

Lösung

Nach DIN 4108-2 und VDI 2078 unterscheidet man:

Außenliegende, bewegliche (steuerbare) hinterlüftete Jalousien/Lamellen/Stores. Wirkung: Verschattung der Glasfläche (Strahlung bleibt "außen"), optimale Anpassung an den Sonnenstand, die Hinterlüftung verhindert Wärmestau.

Bewegliche Markisen/Rolläden außen (ohne Hinterlüftung). Wirkung: Wie vor, aber Wärmestau vor der Fassade möglich.

Starre Verschattungselemente außen, beim Westfenster vertikal besser als horizontal. Wirkung: wie vor, aber keine Anpassung an den Sonnenstand, dadurch Verschattung nicht vollkommen. Dauernde Behinderung der Durchsicht.

Sonnenschutzgläser. Wirkung: Verminderung der eindringenden Energie durch Reflexion. Kein Blendschutz, dauernd geringere Lichtausbeute.

Blendschutzvorhänge innen. Wirkung: Energie gelangt in den Raum, verhindert direktes Auftreffen der Strahlung. Energetisch schlecht.

406 Warum ist die Ausrichtung eines Fensters nach Süden sowohl für den Sommerfall als auch für den Winterfall im mitteleuropäischen Klima günstig? Räume, deren Fenster nach Westen orientiert sind, heizen sich im Tagesverlauf bei sonst gleichen Randbedingungen stärker auf als Räume mit orientierten Fenstern nach Osten. Wie erklären sich diese Phänomene?

Lösung

Im Sommer sollte durch ein Fenster möglichst wenig Wärme in den Innenraum gelangen. Die Strahlung erreicht nur die fensternahen Bereiche des Raumes bzw. im Falle von Sonnenschutzmaßnahmen sind Verschattungselemente (z.B. Konsolen, Auskragungen, usw.) wirksam. Im Winter ist die Sonneneinstrahlung erwünscht und es wird auch der solare Wärmegewinn in den wärmeschutztechnischen Berechnungen berücksichtigt. Die relativ tiefstehende Südsonne dringt ungehindert von Verschattungselementen, Dachüberständen, usw. tief in den Raum.

Die auf West- und Ostfenster direkt auftreffende Strahlungsenergie ist nach Intensität und Dauer etwa gleich. Bei Räumen mit nach Westen orientierten Fenstern kommt es jedoch im Tagesverlauf bereits zu einer Erwärmung infolge der diffusen Strahlung, so daß es am Nachmittag zu höheren Temperaturspitzen im Raum kommt. Osträume erhalten ihr Strahlungsmaximum morgens in einem (durch die Nacht) ausgekühlten Zustand.

Die sommerliche Sonneneinstrahlung auf eine Südfassade ist nicht größer als auf eine Ostfassade nach der Richtlinie VDI 2078, wegen der unterschiedlichen Sonnenhöhe, Azimut, Einfallswinkel und Tageszeit.

407 Was sind transluzente Wärmedämmschichten?

Lösung

Werden auf der Bauteilaußenseite lichtdurchlässige Dämmschichten angeordnet, so läßt sich deutlich eine Verbesserung der Sonnenenergienutzung erzielen.

Die Strahlungsabsorption findet auf der Trennschicht zwischen Wärmedämmschicht und tragender Bauteilschicht statt. Die freiwerdende Wärme wandert überwiegend nach innen und erhöht den Energiegewinn für den Raum.

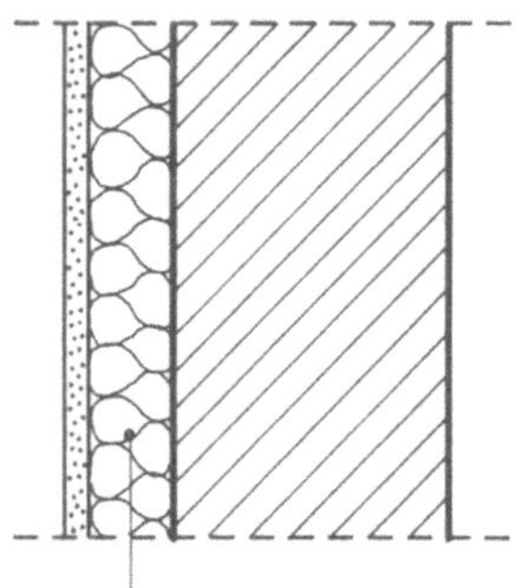

transparente Dämmschicht

Auf diese Weise erreicht der Solargewinnfaktor ψ_W für Wände mit transparenter Außendämmung sehr hohe Werte. Bei Südorientierung dieser Kollektorwand ist bei einer hohen Lichtdurchlässigkeit der Dämmschicht sogar mit Solargewinnfaktoren $\psi_W > 1$ zu rechnen (Südwand $\psi_W \approx 1,15$, Ost- / Westwand $\psi_W \approx 0,93$, Nordwand $\psi_W \approx 0,85$). Die Außenwand erreicht damit negative Wärmedurchgangskoeffizienten bei einer "Südwand"

$$k_{eq,\,W} = (1 - \psi_W) \cdot k_W$$

und wird so über die Heizperiode von einer Energieverlust- zu einer Energiegewinnfläche.

Für übliche Außenwände bewegen sich die Solargewinnfaktoren zwischen $\psi_W = 0,02$ (Nordwand, Farbe hell) und $\psi_W = 0,12$ (Südwand, Farbe dunkel). Für durchschnittliche Klimaverhältnisse reduziert sich der Wärmedurchgangskoeffizient k eines Außenbauteils durch den Strahlungseinfluß nur um 2 bis 12 %. Dieser Prozentsatz ist deshalb so gering, weil die absorbierende Strahlungsenergie nicht in den Raum geleitet, sondern zum größten Teil an die kalte Außenluft abgeführt wird.

408 Durch welche Größen kann die Dauer der Auskühlzeit eines Außenbauteils bei fehlender Masse kompensiert werden?

Lösung

Das Auskühlen homogener Bauteile läßt sich durch die Auskühlzeit kennzeichnen:

$$\frac{S \cdot s}{\Lambda} = S \cdot s \cdot \frac{1}{\Lambda} \text{ und } S = c \cdot \rho$$

ρ in kg/m^3 kennzeichnet die Masse eines Bauteils. Bei fehlender Masse kann daher ein gewisser Ausgleich durch einen höheren Wärmeschutz $\left(\dfrac{1}{\Lambda}\right)$, eine größere Bemessung (s) oder durch eine höhere spezifische Wärmekapazität (c) erreicht werden. Eine vollständige Kompensation ist bei fehlender Masse jedoch nur mit Einschränkungen erreichbar.

409 Zwischen der Wärmespeicherfähigkeit einer 30 cm dicken Wand aus Massivbauteilen [S = c $\cdot$ ρ = 2500 kJ/(m^3·K)] und einer vergleichbaren Wand aus Dämmbaustoff bzw. Luftschichtdicke ist ein Vergleich aufzustellen.

Lösung

Die Wärmespeicherfähigkeit einer Schichtdicke s in m errechnet sich aus der Formel:

$$c \cdot \rho \cdot s \text{ in kJ/(m}^2\text{·K)},$$

$\rho \cdot$ s ist die flächenbezogene Gesamtmasse in kg/m^2 und das Produkt c $\cdot$ ρ die Wärmespeicherfähigkeit S in kJ/(m^3·K). Stoffwerte für die spezifische Wärmekapazität enthält DIN 4108-4. Unter der spezifischen Wärmekapazität versteht man die Wärmemenge, die erforderlich ist, um die Masse eines Körpers um 1 K zu erwärmen. Die spezifische Wärmekapazität wächst mit zunehmender Temperatur. Man beachte - besonders bei Baustoffen -, daß auch die Feuchte Einfluß auf die spezifische Wärmekapazität hat. Bei Gasen und Dämpfen ist die spezifische Wärmekapazität entweder auf konstanten Druck (c$_p$) oder auf konstantes Volumen (c$_V$) bezogen. Bei Gasen ist dieser Unterschied erheblich!
Die Wärmespeicherfähigkeit S von Massivbauteilen liegt etwa i.M. bei 2500 kJ/(m^3·K),
c $\cdot$ ρ $\cdot$ s = S $\cdot$ s = 2500 $\cdot$ 0,3 kJ/(m^2·K) = 750 kJ/(m^2·K),

die von Wärmedämmstoffen bei ca. S = 100 kJ/(m^3·K), d.h. die Wärmespeicherfähigkeit von Massivbauteilen ist i.M. um den Faktor 25 größer als die von Wärmedämmstoffen, und um den Faktor 2000 größer als die von Luft (S $\approx$ 1,3 kJ/(m^3·K)). Bereits hieraus erkennt man, daß die in den Umschließungsbauteilen eines Raumes speicherbare Wärme um ein Vielfaches dessen ausmacht, was die Raumluft selbst speichern kann.

Der Wand aus Massivbauteilen entspricht hinsichtlich ihrer Wärmespeicherfähigkeit einer

$$s = \frac{750 \text{ kJ} / (m^2 \cdot K)}{100 \text{ kJ} / (m^3 \cdot K)} = 7,5 \text{ m}$$

dicken Wand aus Dämmbaustoffen oder einer

$$s = \frac{750 \text{ kJ} / (m^2 \cdot K)}{1,3 \text{ kJ} / (m^3 \cdot K)} \approx 577 \text{ m}$$

dicken Luftschicht.

Das Ergebnis zeigt die indirekte Abhängigkeit der Wärmespeicherfähigkeit von der Masse eines Bauteils; "schwere Bauteile" speichern mehr Wärmeenergie als "leichte Bauteile".

410 Wie groß ist die Temperaturleitfähigkeit für ein Ziegelmauerwerk mit λ = 0,5 W(m·K)?

Lösung

Ein Maß für die Geschwindigkeit der Wärmeleitung eines Baustoffes, mit der sich Änderungen im Temperaturfeld ausbreiten, ist die Temperaturleitfähigkeit a in m^2/s,

$$a = \frac{\lambda}{c \cdot \rho}.$$

Nach DIN 4108-4 beträgt für Ziegelmauerwerk:
λ = 0,5 W/(m·K) = 0,0005 kJ/(m·s·K)
c $\approx$ 0,84 kJ/(kg·K)
ρ $\approx$ 1500 kg/m^3

$$a \approx \frac{0,0005}{0,84 \cdot 1500} \text{ m}^2/\text{s} \approx 40 \cdot 10^{-8} \text{ m}^2/\text{s}$$

Bauteile aus Beton, Ziegelmauerwerk u. dgl. haben eine Temperaturleitfähigkeit von a $\approx$ 40 · 10^{-8} m^2/s, Dämmschichten haben Werte um a $\approx$ 100 · 10^{-8} m^2/s.

Die Änderung der Geschwindigkeit im Temperaturfeld geschieht umso schneller, je größer die Temperaturleitfähigkeit a ist.

Demnach wird durch eine Wärmedämmschicht eine Temperaturänderung langsamer erfolgen als z.B. durch die übrigen Wandbaustoffe, was zu einem "Temperaturstau" führen kann, aber auch bei innenseitiger Wärmedämmung eines Raumes gegenüber fehlender Wärmedämmung die Auskühlzeit verringert.

411 Wie groß ist die gespeicherte Wärmemenge in einer s = 0,3 m dicken Wand von 1,0 m^2 Fläche bei einer Temperaturdifferenz von 1 K

für Ziegelmauerwerk, λ = 0,50 W/(m·K), c · ρ = 1200 kJ/(m^3·K),
für Leichtbeton λ = 0,21 W/(m·K), c · ρ = 600 kJ/(m^3·K),
unter Berücksichtigung des Wärmedurchlaßwiderstandes?

Lösung

Die in einem einschichtigen Bauteil gespeicherte Wärmemenge kann nach der Formel Q = c · ρ · V · $\Delta\vartheta$ berechnet werden.
V . . . Volumen des Bauteils in m^3
$\Delta\vartheta$ . . . Temperaturdifferenz in K
c · ρ . . . Wärmespeicherfähigkeit S in kJ/(m^3·K)

Ziegelmauerwerk: Q = 1200 kJ/(m^3·K) · 0,3 m^3 · 1 K = 360 kJ

Wärmedurchlaßwiderstand: $\dfrac{1}{\Lambda} = \dfrac{0,30}{0,50}$ m^2·K/W = 0,60 m^2·K/W

Leichtbeton: Q = 600 kJ/(m^3·K) · 0,3 m^3 · 1 K = 180 kJ

Wärmedurchlaßwiderstand $\dfrac{1}{\Lambda} = \dfrac{0,30}{0,21}$ m^2·K/W = 1,43 m^2·K/W

Bei einer gleichdicken Wand aus Leichtbeton sind demnach nur 50 % der Wärmemenge einer Wand aus Ziegelmauerwerk gespeichert, obwohl ihre Wärmedämmwirkung nahezu doppelt so hoch ist.

412 Der Einfluß des Wärmespeichervermögens der in Wänden gespeicherten Wärmemenge gegenüber der Raumluft ist zu untersuchen:
Raumabgrenzungen (L x B x H) 4,0 m x 5,0 m x 2,5 m; alle Raumumschließungsflächen (also alle Wände und Decken) sollen theoretisch aus 0,3 m dickem Ziegelmauerwerk bzw. aus 0,06 m dicken Dämmstoffschichten, z.B. Schaumkunststoff, bestehen. Die Temperaturdifferenz soll $\Delta\vartheta$ = 10 K betragen.

Wie wirkt sich in diesem Raum die Zuführung einer Energiemenge von Q = 1 kWh auf die Temperaturerhöhung aus?

Lösung

Die in den Raumumschließungsflächen bzw. der Raumluft gespeicherte Wärmemenge beträgt $Q = c \cdot \rho \cdot V \cdot \Delta\vartheta$, worin V das Volumen des Bauteils bzw. der Raumluft in m^3, $c \cdot \rho$ in $kJ/(m^3 \cdot K)$ die Wärmespeicherfähigkeit bedeuten. Rechenwerte enthält DIN 4108-4.

Ziegelmauerwerk:
$V = 2 \cdot (4{,}0 \text{ m} \cdot 5{,}0 \text{ m} + 4{,}0 \text{ m} \cdot 2{,}5 \text{ m} + 5{,}0 \text{ m} \cdot 2{,}5 \text{ m}) \cdot 0{,}3 \text{ m}$
$V \approx 25{,}5 \text{ m}^3$
$Q = 1200 \text{ kJ}/(m^3 \cdot K) \cdot 25{,}5 \text{ m}^3 \cdot 10 \text{ K}$ $= 306\,000 \text{ kJ}$

Dämmstoff:
$V = 2 \cdot (4{,}0 \text{ m} \cdot 5{,}0 \text{ m} + 4{,}0 \text{ m} \cdot 2{,}5 \text{ m} + 5{,}0 \text{ m} \cdot 2{,}5 \text{ m}) \cdot 0{,}06 \text{ m}$
$V \approx 5{,}1 \text{ m}^3$
$Q = 75 \text{ kJ}/(m^3 \cdot K) \cdot 5{,}1 \text{ m}^3 \cdot 10 \text{ K}$ $= 3\,825 \text{ kJ}$

Raumluft:
$Q = 1{,}3 \text{ kJ}/(m^3 \cdot K) \cdot 4{,}0 \text{ m} \cdot 5{,}0 \text{ m} \cdot 2{,}5 \text{ m} \cdot 10 \text{ K}$ $=$ 650 kJ

Bei der Abkühlung oder Erwärmung eines Raumes mit Umschließungsflächen aus schweren Baustoffen übt die Wärmespeicherfähigkeit der Raumluft einen geringen Einfluß aus. Das Ergebnis ändert sich erheblich, wenn die inneren Raumumschließungsflächen (theoretisch) aus 6 cm dicken Dämmstoffschichten angenommen werden. Das Wärmespeicherfähigkeit der Umfassungsflächen aus Dämmstoff beträgt nur etwa 1,3 % des von Ziegelmauerwerk und nähert sich beträchtlich der Wärmespeicherfähigkeit der Raumluft. Eine auf der Raumseite angebrachte Wärmedämmung vermindert deshalb die Wärmespeicherfähigkeit eines Raumes. Andererseits wird zum Erwärmen der Raumluft eines derartigen Raumes eine geringe Wärmemenge benötigt. Für Räume, die nur kurzfristig beheizt werden, ist deshalb eine innenliegende Wärmedämmung empfehlenswert.

Einfluß auf die Temperaturerhöhung $\Delta\vartheta$ der Raumluft durch eine Energiemenge von Q = 1 kWh = 3600 kJ, etwa eines größeren Heizofens oder der Wärmeabgabe von 8 bis 9 sitzenden Personen bzw. 10 Glühlampen je 100 W:

$$\Delta\vartheta = \frac{3600 \text{ kJ}}{1{,}3 \text{ kJ} / (m^3 \cdot K) \cdot 50 \ m^3} \approx 55{,}4 \text{ K}$$

Bei Vernachlässigung durch Wärmeableitung verursachter Wärmeverluste stellt sich nach Zuführung der gleichen Energiemenge bei der Wand aus Ziegelmauerwerk ausgleichend eine Temperaturerhöhung ein:

$$\Delta\vartheta = \frac{3600 \text{ kJ}}{1200 \text{ kJ} / (m^3 \cdot K) \cdot 25{,}5 \ m^3} \approx 0{,}12 \text{ K}$$

Und im Vergleich hierzu beim Raum aus Dämmstoff:

$$\Delta\vartheta = \frac{3600 \text{ kJ}}{75 \text{ kJ} / (m^3 \cdot K) \cdot 5{,}1 \ m^3} \approx 9{,}4 \text{ K}$$

Der Vergleich der Temperaturerhöhung der Luft bei einem Raum ohne ($\Delta\vartheta \approx 55$ K) und einem zweiten mit speicherfähigen Massen ($\Delta\vartheta \approx 0{,}1$ K) zeigt den großen Einfluß der Wärmespeicherung auf die Auswirkung der Raumlufttemperatur durch Wärmezuführung: Sonneneinstrahlung, Geräte, Personen, usw.

413 Gegeben ist ein Raum mit den Abmessungen 12 m x 4 m x 3 m, etwa Schulraumgröße. Schwere Bauart, die Decke ist mit Akustikplatten verkleidet, die Rückwand mit einem Einbauschrank vollständig belegt. Die 12 m lange Außenwandfläche ist von 3 Fenstern mit Doppelverglasung aus Klarglas zu je 3 m^2 durchbrochen.

Wie groß ist der Gesamtenergiedurchlaßgrad für den sommerlichen Wärmeschutz? Welche Sonnenschutzvorrichtung ist erforderlich?

Gleicher Raum wie vorher, jedoch leichte Bauart. Die Abdeckungen (Akustikplatten und Einbauschrank) können als leichte Bauart bewertet werden. Wie groß ist dann in diesem Fall der Gesamtenergiedurchlaßgrad, und welche Sonnenschutzvorrichtung ist erforderlich?

Der 12 m lange Raum (leichte Bauart) soll nunmehr durch Zwischenwände in 3 Einzelräume von je 4 m Länge aufgeteilt werden, so daß jeder Einzelraum ein Fenster mit einer Fläche von 3 m^2 besitzt. Die Fassadeneinteilung in Außenwand- und Fensterflächen wird hierdurch nicht berührt. Die Decke soll weiterhin mit Akustikplatten und die Rückwand mit Schränken abgedeckt sein.

Welcher Gesamtenergiedurchlaßgrad errechnet sich für den Einzelraum? Sind Sonnenschutzeinrichtungen erforderlich? Wie würde das Ergebnis lauten, wenn es sich bei dem geteilten Raum um eine schwere Bauart handeln würde?
Schlußfolgerungen aus den Ergebnissen.

Lösung

In den Räumen mit größeren Fensterflächen tritt im Sommer das Problem der schwankenden Wärmelieferung infolge Sonneneinstrahlung auf. Unter diesem "sommerlichen Gesichtspunkt" ist eine hohe Wärmespeicherfähigkeit erwünscht. Hierbei ist besonders die Wärmespeicherfähigkeit der Innenbauteile wirksam, da die Außenwände bei Besonnung von außen erwärmt werden und daher für die Stabilität der Raumlufttemperatur wenig beitragen können. Aus diesem Gesichtspunkt ergeben sich Anforderungen an die Fenstergröße, den Sonnenschutz der Fenster oder die Bauart. Diese 3 Größen müssen aufeinander abgestimmt werden, um eine nachteilige Raumerwärmung im Sommer zu vermeiden. Der strahlungsbedingte Energietransport in Räume durch Fenster hängt von der Glas- oder Verglasungsart, bzw. - falls aus mehreren Elementen bestehende "Fensterkonstruktionen" angewendet werden - von den strahlungstechnischen Eigenschaften der "Gesamtkombination" ab (z.B. Jalousie, Glas, Vorhang).
Für die Durchlässigkeit der Sonnenstrahlung durch die transparenten Raumumschließungsflächen muß der Energiedurchlaßgrad g_F herangezogen werden. Er stellt denjenigen Prozentsatz der Sonnenenergie dar, der während eines Strahlungstages unter Berücksichtigung der ständigen Änderung des Einfallwinkels der Sonnenstrahlung durch eine bestimmte Verglasung in den Raum gelangt. Nach DIN 4108-2 kann der Energiedurchlaßgrad für den sommerlichen Wärmeschutz etwa wie folgt eingeteilt werden:

$0{,}25 \ldots 0{,}50$: außenseitige Sonnenschutzvorrichtungen,
$0{,}20 \ldots 0{,}80$: Sonnenschutzgläser oder innenseitige Sonnenschutzvorrichtungen,
$0{,}70 \ldots 0{,}80$: Doppel- und Mehrfachscheiben aus üblichem Klarglas.

Damit eine nachteilige Raumerwärmung im Sommer vermieden werden soll, muß eine bestimmte Relation zwischen der strahlungsbedingten Wärmezufuhr, abhängig von der Fenstergröße und dem Energiedurchlaßgrad sowie der Wärmespeicherfähigkeit, abhängig von der Fläche und der Masse der innenliegenden Raumbegrenzung, eingehalten werden. Als geometrische Raumgröße für einen Raum ist das Verhältnis der Fensterflächen A_F zur speichernden Innenfläche A_I (innenliegende Raumumschließungsflächen) anzusehen.

Zur Berechnung des Verhältnisses A_F/A_I wird die Fensterfläche A_F benötigt. Diese ergibt sich aus den Abmessungen der Fensteröffnung in der Außenwand. Die nicht aus Glas bestehenden Flächenanteile des Fensterstockes und Fensterrahmens brauchen hierbei nicht abgezogen werden.

$$\text{Somit:} \quad A_F = 3 \cdot 3{,}0 \text{ m}^2 = 9{,}0 \text{ m}^2.$$

Die Speicherfläche A_I erhält man durch Summierung aller wärmespeichernden Innenflächen des Raumes, wie der Zwischenwände, des Fußbodens und der Decke. Der nichttransparente Rest der Außenwandfläche wird nicht als Speicherfläche berücksichtigt. Unabhängig von der Raumeinrichtung errechnet sich die Speicherfläche bei leichter Bauart (alle Bauteile mit mittlerer Rohdichte unter 500 kg/m^3) des Raumes als Summe aller inneren Raumumschließungsflächen. Bei schwerer (über 1500 kg/m^3) und mittelschwerer Bauart (ca. 1000 kg/m^3) dürfen jene Flächenanteile der inneren Raumumschließungsflächen, die durch wärmedämmende Einrichtungsgegenstände abgedeckt sind, nicht mitgerechnet werden, da diese Flächen nicht mehr über die für schwere bzw. mittelschwere Bauart charakteristische Wärmespeicherfähigkeit verfügen. Unter solche "abdeckend" wirkenden Gegenstände sind zu zählen: Innenseitige, wärmedämmende Wandverkleidungen, Akustik-Deckenplatten, Einbauschränke, Holz-Fußbodenbeläge und Teppichbeläge. Dünner z.B. PVC-Bodenbelag verringert die Wärmespeicherfähigkeit des Fußbodens kaum. Türflächen brauchen bei der Berechnung der Fläche A_I nicht abgezogen werden. Im folgenden Berechnungsdiagramm nach *Künzel* ist ein entsprechender Abschlag bereits berücksichtigt.

Im Beispiel: Speichernde Innenfläche, ohne Rückwand (Einbauschrank) und ohne Decke (Akustikplatten)

$$A_I = A_{FB} + 2\,A_{IW} = (12{,}0 \cdot 4{,}0 + 2 \cdot 4{,}0 \cdot 3{,}0) \text{ m}^2 = 72{,}0 \text{ m}^2$$

Je nach Größe des Verhältnisses A_F/A_I und der Bauart ist gemäß Diagramm nach *Künzel / Gertis* zu entscheiden, ob das Fenster ohne Sonnenschutz zulässig ist oder ob Sonnenschutzvorrichtungen erforderlich sind. Eine Berechnung und Beurteilung hiernach ist im Sinne einer Abschätzung zu betrachten, die i.a. für die Belange des Wohnungsbaus ausreichend ist.

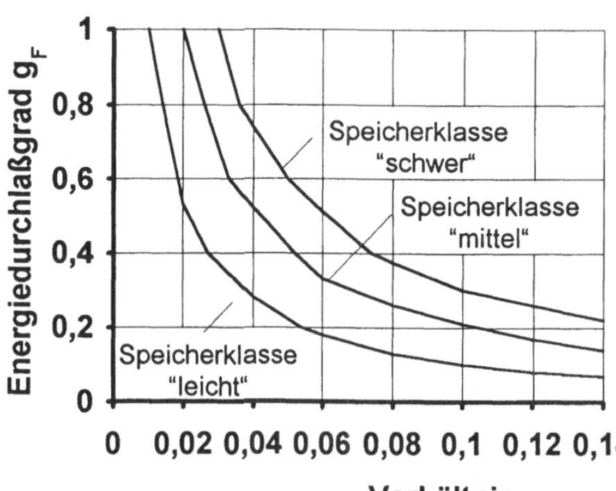

Bild:
Der erforderliche Sonnenschutz von Fenstern, abhängig vom Verhältnis der Fensterfläche A_F zur Gesamtfläche der speicherfähigen Innenflächen A_I (Zwischenwände, Decke) und von der Speicherklasse der Innenbauteile, nach *Künzel* und *Gertis*.

Speicherklasse "leicht":   Bauteile mit mittlerer Dichte < 500 kg/m^3
Speicherklasse "mittel":   Bauteile mit Dichte ca. 1000 kg/m^3
Speicherklasse "schwer": Bauteile mit Dichte über 1500 kg/m^3.

Für das Beispiel: A_F/A_I = 9 / 72 = 0,125 ergibt aus dem Diagramm den Energiedurchlaßgrad g_F = 0,24. Somit sind außenseitige Sonnenschutzvorrichtungen oder Sonnenschutzgläser erforderlich.

Nach DIN 4108-2 ist der Gesamtenergiedurchlaßgrad g_F das Produkt aus Energiedurchlaßgrad g der Verglasung und einem Abminderungsfaktor z der Sonnenschutzvorrichtung: g_F = g · z.
Für transparente Bauteile werden in DIN 4108-2 in Abhängigkeit von der Innenbauart, den Lüftungsmöglichkeiten (im Sommer!), sowie der Gebäude- oder Raumorientierung raumweise Werte, die nicht überschritten werden sollen, für g_F empfohlen:
Maximalwert g_F · f = 0,14 für fehlende natürliche Belüftung, die nach der Norm z.B. in Schulen vorhanden ist. Schwere Innenbauart liegt bei einer Masse von über 600 kg/m^2 der raumumschließenden Bauteile und der Außenwandfläche vor.
f ist der Fensterflächenanteil.
g = 0,8 für Doppelverglasung aus Klarglas nach DIN 4108-2.
Fensterfläche: A_F = 3 · 3,0 m^2= 9,0 m^2

Außenwandfläche ohne Fensterfläche:
$$A_W = 12{,}0 \text{ m} \cdot 3{,}0 \text{ m} - 9{,}0 \text{ m}^2 = 27{,}0 \text{ m}^2$$

Fensterflächenanteil: $\quad f = \dfrac{A_F}{A_W + A_F} = \dfrac{9}{27 + 9} = 0{,}25$

Sonnenschutzvorrichtung: $\quad z = \dfrac{g_F}{f \cdot g} = \dfrac{0{,}14}{0{,}25 \cdot 0{,}8} = 0{,}7$

Gewählt nach Angaben in DIN 4108-2 $z \approx 0{,}7$ für Gewebe bzw. Folien innen bzw. zwischen den Scheiben liegend.

Zur Frage, wenn der gleiche Raum zur leichten Speicherklasse gezählt wird:

$A_I = A_{Decke} + A_{FB} + 2\,A_{IW} + A_{Rückwand}$
$A_I = (48{,}0 + 48{,}0 + 24{,}0 + 12{,}0 \cdot 3{,}0)\ \text{m}^2 = 156\ \text{m}^2$
$A_F/A_I = 9/156 = 0{,}058$, demnach ergibt sich laut Diagramm für den Gesamtenergiedurchlaßgrad $g_F = 0{,}19$, d.h. außenseitige Sonnenschutzvorrichtungen oder Sonnenschutzgläser sind erforderlich.

Für eine leichte Innenbauart ergibt sich nach DIN 4108-2:
$g_F \cdot f = 0{,}12$ bei gleicher Lüftungsvorgabe. Hieraus:
$$z = \frac{g_F}{f \cdot g} = \frac{0{,}12}{0{,}25 \cdot 0{,}8} = 0{,}6$$
Gleiche Sonnenschutzvorrichtung gewählt, aber durch die Gewebestruktur, Farben und die Reflexionseigenschaften kann der Abminderungsfaktor z unterschiedlich festgelegt werden.

Zur Frage:
Aufteilung des 12 m langen Raumes in 3 Einzelräume.
$A_F = 3{,}0\ \text{m}^2$
$A_I = A_{Decke} + A_{FB} + 2\,A_{IW} + A_{Rückwand}$
$\quad = (4{,}0 \cdot 4{,}0 + 4{,}0 \cdot 4{,}0 + 2 \cdot 3{,}0 \cdot 4{,}0 + 4{,}0 \cdot 3{,}0)\ \text{m}^2 = 68{,}0\ \text{m}^2$
$A_F/A_I = 3/68 = 0{,}044$
Gesamtenergiedurchlaßgrad $g_F = 0{,}25$, auch in diesem Fall sind bei leichter Bauart außenseitige Sonnenschutzvorrichtungen oder Sonnenschutzgläser erforderlich.

Änderung dieses Ergebnisses bei schwerer Bauart:
$A_I = A_{FB} + 2\,A_{IW} = (16{,}0 + 24{,}0)\ \text{m}^2 = 40{,}0\ \text{m}^2$
$A_F/A_I = 3/40 = 0{,}075;\ g_F = 0{,}40$
Es sind Sonnenschutzgläser oder innenseitige Sonnenschutzvorrichtungen erforderlich.

Schlußfolgerungen:

Während im Fall des Großraumes bei schwerer Bauart $g_F = 0{,}24$ und bei leichter Bauart $g_F = 0{,}19$ erforderlich ist, genügen im Kleinraum Fenster mit dem Faktor $g_F = 0{,}40$ (schwere Bauart) bzw. $g_F = 0{,}25$ (leichte Bauart) den Schutzanforderungen.
Bei gleicher Fassadengestaltung sind somit Großräume ohne wärmespeichernde Zwischenräume "sonnenschutzbedürftiger" als Kleinräume.
Die Innenbauart beeinflußt aufgrund der Wärmespeicherfähigkeit die sommerliche, thermische Belastung des Raumes. Um die Anforderungen des sommerlichen Wärmeschutzes nach der Norm einhalten zu können, sind bei einem Raum mit leichten Innenbauteilen Sonnenschutzvorrichtungen mit höherer Effizienz erforderlich.
Allgemein läßt sich folgende Regel formulieren, die angibt, wie man den sommerlichen Wärmeschutz eines Raumes günstig gestalten kann:

> Geringe Energiedurchlässigkeit der Verglasung, einschließlich der Sonnenschutzvorrichtung,
> geringer Fensterflächenanteil der Fassade, ggf. günstigere Orientierung der Fensterflächen nach der Himmelsrichtung,
> geringe Wärmeleitfähigkeit der nichttransparenten Außenbauteile bei tageszeitlichem Temperaturgang und Sonnenbestrahlung,
> bei der Farbgebung der Fassade helle Farben bevorzugen,
> höhere Wärmeleitfähigkeit, besonders der innenliegenden Raumumschließungsflächen bevorzugen (z.B. schwere Bauart mit flächenbezogener Masse $\geq 600 \ \mathrm{kg/m^2}$),
> sowie Lüftung der Räume.

414 Der sommerliche Wärmeschutz eines Büroraumes soll verbessert werden. Die vollverglaste Fassade besteht aus Mehrfachverglasung mit Sondergläsern (Metallic 50/47, $g = 0{,}47$). Die abgehängte Decke, der leicht gedämmte Fußboden und die beiden seitlichen leichten Trennwände in Metallständerbauart sind nicht wärmespeicherfähig. Die rückseitige massive Innenwand hat eine anrechenbare Wandmasse von $\approx 200 \ \mathrm{kg/m^2}$.

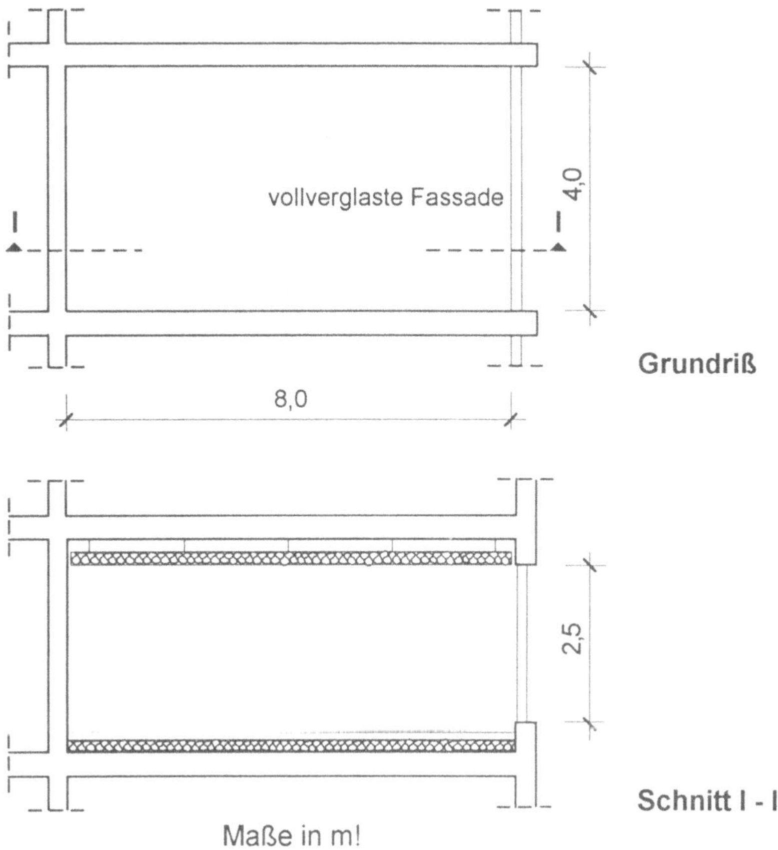

Zu ermitteln ist der notwendige Gesamtenergiedurchlaßgrad mit entsprechender Sonnenschutzvorrichtung.

Lösung

Für den Wärmeschutz von Gebäuden ohne Raumlufttechnische Anlagen werden Anforderungen in DIN 4108-2 Tab. 3 empfohlen. Es werden empfohlene Höchstwerte $g_F \cdot f$ in Abhängigkeit von der natürlichen Lüftungsmöglichkeit und der Innenbauart angegeben (f: Fensterflächenanteil an der Außenwand, g_F: Gesamtenergiedurchlaßgrad des Fensters).

Bei der Innenbauart wird zwischen "leicht" und "schwer" unterschieden. Zur Unterscheidung wird nach der Rechnungsanweisung der Norm der Quotient aus der Masse m_W der raumumschließenden Innenbauteile und der Außenwandfläche ($A_W + A_F$), die die Fensterfläche enthält, ermittelt:

$$m = \frac{\sum m_W}{A_W + A_F} \text{ in kg/m}^2$$

Die Massen der Innenbauteile werden wie folgt ermittelt:

Bei Innenbauteilen ohne Wärmedämmschicht wird die Masse zur Hälfte angerechnet.

Bei Innenbauteilen mit Wärmedämmschicht wird die Masse derjenigen Schichten angerechnet, die zwischen den raumseitigen Bauteiloberflächen und der Dämmschicht angeordnet sind, jedoch höchstens die Hälfte der Gesamtmasse.

Gemäß Aufgabe ist der Fußboden nicht wärmespeicherfähig, desgleichen die abgehängte Decke und die beiden seitlichen Trennwände. Somit verbleibt für die anzunehmende anrechenbare Wandmasse $\sum m_W$ = 200 kg/m^2 · 2,5 m · 4,0 m = 2000 kg, $A_W + A_F$ = 10,0 m^2, somit: $m = \frac{2000}{10}$ = 200 kg/m^2.

Für einen Quotient < 600 kg/m^2 liegt eine leichte Innenbauart vor. Für den Büroraum kann nach DIN 4108-2 Tab.3 erhöhte natürliche Lüftung nicht angenommen werden wegen der vorhandenen geschlossenen Glasfassade, somit $g_F \cdot f \leq 0{,}12$.

Fensterflächenanteil: $\quad f = \dfrac{A_F}{A_W + A_F} = 1{,}0$

$$g_F = g \cdot z \leq 0{,}12$$

Gewählt z.B. Sonderglas Metallic 50/47, Gesamtenergiedurchlaßgrad nach Firmenangabe g = 0,47, hieraus Abminderungsfaktor $z \leq \dfrac{0{,}12}{0{,}47} \approx 0{,}26$

Gewählt nach DIN 4108-2 Tab.5: Jalousien, drehbare Lamellen, hinterlüftet mit z = 0,25 < 0,26.

415 Für transparente Bauteile (Fenster, Fenstertüren, Dachfenster, usw.) werden in DIN 4108-2 beim sommerlichen Wärmeschutz in Abhängigkeit von der Innenbauart, Lüftungsmöglichkeiten (im Sommer!) sowie der Gebäude- und Raumorientierung raumweise Werte, die nicht überschritten werden sollen, für das Produkt aus Gesamtenergiedurchlaßgrad g_F und Fensterflächenanteil f empfohlen. Für den folgenden Büroraum ist diese Überprüfung vorzunehmen.

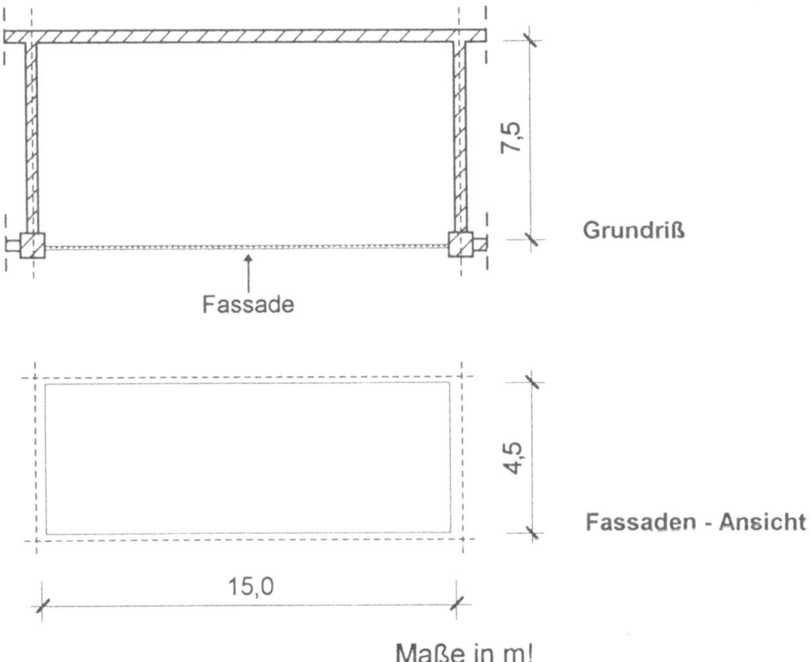

Gegeben sind:

Außenwandfläche $\quad A_W = 15,0 \text{ m} \cdot 4,5 \text{ m} = 67,5 \text{ m}^2$

Fensterfläche $\quad A_F = 14,6 \text{ m} \cdot 4,1 \text{ m} = 59,9 \text{ m}^2$

Fensterflächenanteil $\quad f = \dfrac{59,9}{67,5} = 0,89$

Innenwände aus 24 cm dickem Mauerwerk aus Kalksandsteinen, $\rho = 1600 \text{ kg/m}^3$, mit 1,5 cm dickem Putz aus Kalkmörtel $\rho = 1800 \text{ kg/m}^3$. Decke und Fußboden bestehen aus 20 cm dickem Normalbeton $\rho = 2400 \text{ kg/m}^3$.

Die Decke ist nicht verkleidet, der Fußboden ist mit einem Kunststoffbelag versehen.

Lösung

Zur Ermittlung des Produktes $g_F \cdot f$ sind folgende Rechenwerte zu ermitteln:
Innenbauart leicht oder schwer?
Belüftung?

Masse der Innenbauteile:

Zur Unterscheidung in leichte und schwere Innenbauart wird der Quotient aus der Masse der raumumschließenden Innenbauteile und der Außenwandfläche (A_W + A_F) - die also die Fensterfläche enthält - ermittelt. Für einen Quotienten über 600 kg/m^2 liegt eine schwere Innenbauart vor.

Bei Innenbauteilen mit Wärmedämmschicht darf die Masse derjenigen Schichten angerechnet werden, die zwischen der raumseitigen Bauteiloberfläche und der Dämmschicht angeordnet sind, jedoch höchstens die Hälfte der Gesamtsumme.
Als Dämmschicht gilt eine Schicht mit λ_R ≤ 0,1 W/(m·K) und $\dfrac{1}{\Lambda}$ ≥ 0,25 m^2·K/W. Somit:

Mauerwerk und Putz
(2 · 7,5 m + 15,0 m) · 4,5 m · 0,24 m · 1600 kg/m^3 +
(2 · 7,5 m + 15,0 m) · 4,5 m · 0,015 m · 1800 kg/m^3 = 55 485 kg

Decke und Fußboden
2 · (7,5 m · 15,0 m) · 0,5 · 0,20 m · 2400 kg/m^3 = 54 000 kg

Somit beträgt die Gesamtmasse der Innenbauteile   109 485 kg

Flächenbezogene Masse der Innenbauart:
$\dfrac{109485}{67,5}$ kg/m^2 = 1622 kg/m^2, folglich schwere Innenbauart!

Belüftung:
Keine erhöhte natürliche Belüftung. Sie ist nicht vorhanden, wenn Fenster nachts oder in den frühen Morgenstunden nicht geöffnet werden, z.B. in Bürogebäuden.
Folglich für diesen Betriebsfall:
$$g_F \cdot f = 0,14$$
nach DIN 4108-2 und hieraus:
$$g_F = \frac{(g_F \cdot f)}{f} = \frac{0,14}{0,89} = 0,16 = g \cdot z$$
Als Sonnenschutz ist eine außenliegende Jalousie mit drehbaren Lamellen, hinterlüftet, vorgesehen, hierfür beträgt der Abminderungsfaktor z nach DIN 4108-2: z = 0,25.

Dann ist eine Verglasung mit einer Gesamtenergiedurchlässig-keit von $g = \dfrac{0,16}{0,25} = 0,64$ notwendig. Somit ist eine Mehrfach-verglasung mit Sondergläsern nach DIN 4108-2 anzuwenden.

Wird zusätzlich zu der außenliegenden Jalousie noch ein innen-liegender Sonnenschutz aus Gewebe bzw. Folie eingebaut, er-gibt sich ein Gesamtabminderungsfaktor $z = 0,25 \cdot 0,7 = 0,18$, hieraus $g = \dfrac{0,16}{0,18} = 0,9 > 0,8$. Eine Doppelverglasung aus Klar-glas nach DIN 4108-2 reicht aus.

Man beachte, daß bei Raumkühlung unter Einsatz von Energie - also z.B. durch eine Klimaanlage - die Wärmeschutzverordnung verlangt: $g_F \cdot f \le 0,25$, wobei der Abminderungsfaktor $z \le 0,5$ für bewegliche Teile des Sonnenschutzes betragen muß.

Bei dieser Betrachtung erübrigt sich die Ermittlung der Masse der Innenbauteile und der Belüftungsart. Es beträgt dann:

$$g_F = \frac{(g_F \cdot f)}{f} = \frac{0,25}{0,89} = 0,28 = g \cdot z$$

$z < 0,5$, somit $g = \dfrac{0,28}{0,5} = 0,56 \approx 0,6$.

$z = 0,5$ gilt z.B. für Jalousien innenliegend und zwischen den Scheiben liegend nach DIN 4108-2 bzw. für außenliegende Markisen. Werte $z < 0,5$ vgl. DIN 4108-2. Der Gesamtenergie-durchlaßgrad $g \approx 0,6$ der Verglasung ist nach DIN 4108-2 bzw. DIN 67 507 zu wählen.

416 Was versteht man unter dem Temperatur-Amplituden-Verhältnis TAV?

Lösung

Verhältnis der Temperaturunterschiede auf der inneren Bauteil-oberfläche zu der auf der äußeren Bauteiloberfläche.

417 Welche Bedeutung hat die "Phasenverschiebung" bei der Beur-teilung des Wärmezustands eines Bauteils?

Lösung

Die Phasenverschiebung ist die Zeit in Stunden, um die das Maximum der Temperaturschwingung in einer bestimmten Ein-

dringtiefe eines Bauteils später eintritt als das Maximum der Außentemperaturschwingung. Optimaler Wert: 12 h und große Temperaturamplitudendämpfung.
Bei einer Zeitverschiebung unter 12 h kann durch Lüftung mit z.B. kühler Nachtluft erreicht werden, daß das eintretende Maximum der Innentemperatur herabgesetzt wird.

418 Beim sommerlichen Wärmeschutz ist für die Eindringtiefe der Temperaturwelle das instationäre Verhalten der Bauteile von Bedeutung. Welche Größen spielen hierbei eine Rolle?

Lösung

Die Eindringtiefe der Temperaturwelle in einen Baukörper ist abhängig von der Periodendauer t_0 in s oder h der Schwingung. Dabei dringen Temperaturwellen mit großer Wellenlänge $L = 2\sqrt{\pi \cdot a \cdot t_0}$ in m, tiefer ein als Temperaturwellen mit kleiner Wellenlänge. Die Temperaturleitfähigkeit a in m^2/s bestimmt die Geschwindigkeit, mit der sich Änderungen im Temperaturfeld ausbreiten. Dies geschieht umso schneller, je größer die Temperaturleitfähigkeit a ist, also von der Wärmeleitfähigkeit λ und der Wärmespeicherzahl $S = \rho \cdot c$.

419 Das instationäre Verhalten von Bauteilen wird beim sommerlichen Wärmeschutz durch das Temperaturamplitudenverhältnis bzw. durch die Temperaturamplitudendämpfung gekennzeichnet. Unterschied?

Lösung

Unter der Temperaturamplitudendämpfung Θ versteht man das Verhältnis der Temperaturamplitude $\Delta\vartheta_a$ auf der äußeren Wandoberfläche zur Temperaturamplitude $\Delta\vartheta_i$ auf der inneren Wandoberfläche.

$$\Theta \approx \frac{\Delta\vartheta_a}{\Delta\vartheta_i} \geq 1{,}0$$

Dieser Wert sollte möglichst groß sein, um die Wärmebelastung eines Raumes durch Sonneneinstrahlung und Außentemperatur gering zu halten, anzustreben ist $\Theta > 4$.

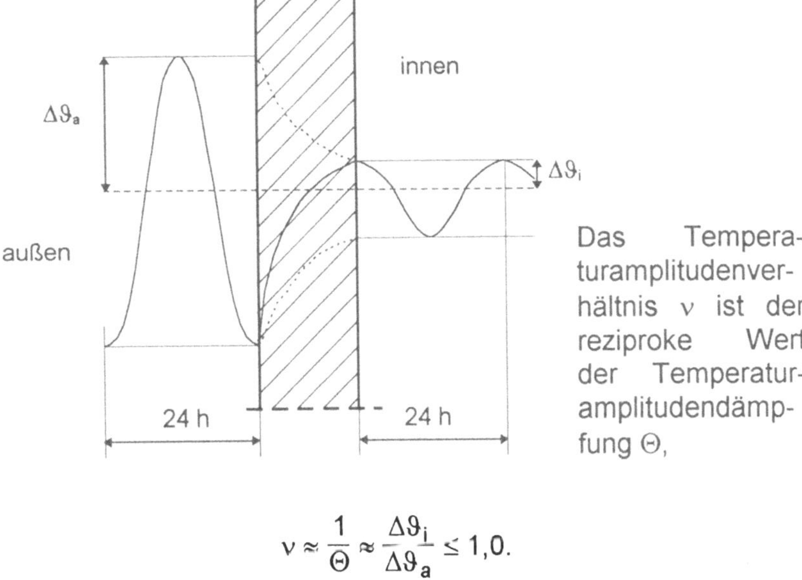

Das Temperaturamplitudenverhältnis v ist der reziproke Wert der Temperaturamplitudendämpfung Θ,

$$v \approx \frac{1}{\Theta} \approx \frac{\Delta\vartheta_i}{\Delta\vartheta_a} \leq 1,0.$$

Der Wert sollte im Hinblick auf den sommerlichen Wärmeschutz möglichst klein sein, $v < 0,25$. Dadurch wird gewährleistet, daß auch bei großen äußeren Temperaturamplituden $\Delta\vartheta_a$ im Sommer die Temperaturamplituden $\Delta\vartheta_i$ der inneren Raumoberflächen möglichst niedrig sind.

Eine Temperaturschwankung an der äußeren Raumoberfläche $\Delta\vartheta_a$ wird nicht nur gedämpft, sondern auch zeitverschoben. Je kleiner das Temperaturamplitudenverhältnis v ist, umso größer ist die Zeit- oder Phasenverschiebung η. Dieser Vorgang ist abhängig von der Speichermasse und dem Wärmedurchlaßwiderstand des Bauteils.

420 Bei Räumen mit besonderer hygienischer Bedeutung wird für Außenwände nach Süden ein Mindestwert der Phasenverschiebung η von 8 h empfohlen. Dieser Wert wird z.B. von einer Wand aus 20 cm Leichtzuschlagstoffbeton [ρ = 1500 kg/m^3; λ_R = 0,67 W/(m·K); c = 0,84 kJ/(kg·K)] und 3 cm dicken - auf der Außenseite angeordneten - Korkplatten [ρ = 400 kg/m^3; λ_R = 0,08 W/(m·K); c = 1,5 kJ/(kg·K)] erreicht. Sind die Korkplatten auf der Innenseite angeordnet (Innendämmung!), so liegt die Phasenverschiebung η bei 8,2 h.

Zu berechnen ist die Dicke einer Außenwand ausschließlich aus:

    Fall 1: Leichtzuschlagstoffbeton,
    Fall 2: Korkplatten,

um den angegebenen Mindestwert der Phasenverschiebung zu erzielen!
Abschließend Diskussion und Schlußfolgerungen aus den Ergebnissen.

Lösung

Die Phasenverschiebung η in h ist der zeitliche Abstand zwischen der maximalen Temperaturamplitude innen und außen in einer bestimmten Eindringtiefe. Für die wärmetechnische Beurteilung eines Außenbauteils ist gerade die Phasenverschiebung eine sehr anschauliche Größe. Sie ist eine bauphysikalische Kenngröße dafür, wie "schnell" Temperaturschwankungen der Außenluft nach innen "durchschlagen". Es ist für die Behaglichkeit von Bedeutung, ob die z.B. sommerliche Wärme durch eine Außenwand oder Dachdecke bereits in den frühen Abendstunden oder erst nach Mitternacht durchdrungen ist und die Temperatur in den Innenräumen erhöht. Besonders kritisch sind die sommerlichen Temperatureinwirkungen, weil durch die Sonneneinstrahlung hohe Oberflächentemperaturen auf Wänden und Flachdachdecken entstehen. Die auf der äußeren Bauteiloberfläche entstehenden Temperaturwellen dringen in die Konstruktion ein und beeinflussen dort den Temperaturverlauf. Sie gelangen dann zur inneren Bauteiloberfläche, wo sie mit einer neuen, abgeminderten Amplitude an die Raumluft übergehen.
Die Berechnung der Phasenverschiebung η erfolgt für ein einschaliges Bauteil mit der Dicke s in m:

$$\eta = 0{,}866 \cdot s \cdot \frac{T_d}{2\pi} \sqrt{\frac{S}{\lambda_R \cdot T_d}} \ h,$$

worin bedeuten $T_d = 24$ h und S in $kJ/(m^3 \cdot K)$ die Wärmespeicherfähigkeit.

Die Wärmespeicherfähigkeit - Ausgangspunkt für alle Betrachtungen über Wärmespeicherung - hat die Einheit $kJ/(m^3 \cdot K)$ und ist das Produkt aus spezifischer Wärmekapazität c in $kJ/(kg \cdot K)$

und Dichte ρ in kg/m^3. $S = c \cdot \rho$. Somit ergibt sich rechnerisch:

Fall 1: $S = 0,84 \cdot 1500$ kJ/(m$^3 \cdot$K) = 1260 kJ/(m$^3 \cdot$K)

$$\eta = 0,866 \cdot s \cdot \frac{24}{2\pi} \sqrt{\frac{1260}{0,67 \cdot 24}} \text{ h} \geq 8,0 \text{ h, hieraus } s = 0,27 \text{ m}$$

Fall 2: $S = 1,5 \cdot 400$ kJ/(m$^3 \cdot$K) = 600 kJ/(m^{3}K)

$$\eta = 0,866 \cdot s \cdot \frac{24}{2\pi} \sqrt{\frac{600}{0,08 \cdot 24}} \text{ h} \geq 8,0 \text{ h, hieraus } s = 0,14 \text{ m}$$

Fazit: Die Anordnung der Dämmschicht (innen bzw. außen) ist ohne bzw. ohne merklichen Einfluß auf die Phasenverschiebung.

Zusammenstellung:

Konstruktion	s	R	Δ R	$\dfrac{\text{Masse}}{\text{Fläche}}$	$\Delta \dfrac{\text{Masse}}{\text{Fläche}}$
	m	m$^2 \cdot$K/W	%	kg/m^2	%
Beton + Kork	0,23	0,67	0	312	0
Beton	0,27	0,40	- 60	405	+ 30
Kork	0,14	1,75	+ 261	56	- 82

Die Aussage, "hochwertige Dämmstoffe können schon mit geringer Dicke meterdicke Betonwände ersetzen", besitzt nur Gültigkeit für den Wärmeschutz und nicht für die Wärmebeharrung. Schwere Konstruktionen (d.h. solche mit größerem Flächengewicht) sind nach dem Wärmeschutz (stationärer Wärmedurchgang) zu dimensionieren, leichte Konstruktionen nach dem Prinzip der Wärmebeharrung (instationärer Wärmedurchgang). Hierbei wird der Wärmedurchlaßwiderstand in der Regel beträchtlich höher liegen.

Mindestwerte der Phasenverschiebung η sind in einschlägigen Normen und Richtlinien nicht festgelegt. Es werden Mindestwerte auf empirischer Grundlage empfohlen (*Eichler*). Eine Phasenverschiebung von $\eta = 12$ h kennzeichnet bereits eine sehr schwere Massivkonstruktion und entspricht etwa einer Vollziegelwand von 1½ - Stein - Dicke.

Bauteil, Lage	η in h
Außenwände von Räumen bei besonderer hygienischer Anforderung nach	
O, NO, NW	6 bis 8
S, SO	8
W, SW	8 bis 10
Einschalige Flachdächer im Wohnungsbau	10 bis 12
Außenwände von Kühl- und Gefrierräumen	10 bis 12
Einschalige Flachdächer von Kühlräumen	12 bis 16

Bei einer Zeitverschiebung von ca. (8) bis 10 bis 12 Stunden kann durch Lüftung mit kühler Nachtluft erreicht werden, daß das eintretende Maximum der Innentemperatur herabgesetzt wird. Eine große Phasenverschiebung ist auch günstig im Kühlhausbau.

Für Bauteile mit großem Verglasungsanteil hat es weniger Sinn, ob z.B. die Restbrüstung noch eine hohe Phasenverschiebung hat, wenn die Sonnenwärme direkt durch die Verglasungen in den Raum gelangt. Hier ist also ein Berechnungsverfahren zu wählen, das den ganzen Raum, die Fenster, die Verschattungseinrichtungen und die Innenbauteile rechnungsmäßig erfaßt.

501 Von welchen rein baulichen Einflußparametern ist die Heizlast (Wärmebedarf) eines Gebäudes abhängig?

Lösung

DIN 4701-1 berücksichtigt folgende Parameter:

Baugeometrie: Maße, Länge, Breite und Höhe der wärmeübertragenden Flächen.
Raum- und Gebäudeumschließungsflächen: Dicke der Bauteilschichten, Baustoffart, Schwere der Bauart, Dachart, usw.
Güteklasse der Fenster: Verglasungsart, Fensterrahmengruppe (RG), Luftzwischenraum (LZR), Rolladenmechanik für Rolläden und Außenjalousien.
Funktions- und Gütemerkmale der Fugen von Bauteilen: Fenster, Türen, Gebäudefugen, usw.
Wärmebrücken
Ausführung von Rolltoren u.ä.
Lage der erdreichberührten Bauteile, Grundwassertiefe und Tiefe der Kellersohle, Bodenart.
Grundrißtyp: Einzel-, Reihenhaus.
Gebäudehöhe, Geographische Lage des Gebäudes, Windeinfluß.
Himmelsrichtungsorientierung
Luftdurchlässigkeit des Gebäudes: Geschoß-, Schachttyp.
Thermische Koppelung zwischen Treppenräumen und übrigem Gebäude.

502 DIN 4108-4 und DIN 4701-2 enthalten Angaben über die Fugendurchlässigkeit von Bauteilen. Warum sind diese Werte unterschiedlich?

Lösung

DIN 4108-4 berücksichtigt in Tabelle 4 die Fugendurchlaßkoeffizienten der Fenster und Fenstertüren zwischen Flügel und Rahmen (nach DIN 4108-2 und DIN 4701-2). Z.B. Fugendurchlaßkoeffizient für alle Fensterkonstruktionen mit alterungsbeständiger, leicht auswechselbarer, weichfedernder Dichtung $a \leq 1{,}0 \ m^3/(h \cdot m \cdot daPa^{2/3})$.

Auch die Wärmeschutzverordnung berücksichtigt für Fenster, Fenstertüren beheizter Räume den Fugendurchlaßkoeffizient a nach DIN 4701-2 z.B. für Gebäudehöhen > 20 m bis 100 m (Beanspruchungsgruppe B und C nach DIN 4701-2, mit mehr als 2 Vollgeschossen):

$a = 1,0 \ m^3/(h \cdot m \cdot daPa^{2/3}) = 0,215 \ m^3/(h \cdot m \cdot Pa^{2/3})$.

DIN 4701-2 enthält in Tab. 9 Angaben über die Fugendurchlässigkeit von Bauteilen, speziell der Fenster und Türen, wobei die Werte abweichend zu DIN 4108 bzw. 4701-2 und der Wärmeschutzverordnung sind, weil diese Fugendurchlässigkeitskoefizienten bei der Ermittlung der Heizlast zusätzlich zu den Undichtigkeiten zwischen Flügeln und Rahmen die Einbauundichtigkeit bauseits zwischen Rahmen und Anschlag berücksichtigen, z.B. für Fenster der Beanspruchungsgruppe B, C:

$a = 0,3 \ m^3/(h \cdot m \cdot Pa^{2/3})$.

Die Luftdichtheit von Fugen ist wie folgt definiert: Der a - Wert entspricht der Luftmenge in m^3, die während einer Stunde durch 1 m Fugenlänge bei einer Luftdruckdifferenz von 1 daPa (deka - Pascal) zwischen innen und außen durch die Fuge hindurchströmt.

Der Zusammenhang zwischen dem Luftvolumenstrom durch eine Fuge in Abhängigkeit von der Druckdifferenz genügt einer Exponentialfunktion, der Exponent beträgt für Fensterfugen etwa 2/3 während für Fugen, die z.B. mit komprimierbaren Schaumstoffen geschlossen sind, n zwischen 0,5 und 1 variiert (turbulente Strömung).

503 Die wärmeübertragende Gebäudehüllfläche eines Bauwerks - Wohnhaus in Kaiserslautern - umschließt $V = 740 \ m^3$, die wärmeübertragende Gebäudeumschließungsfläche beträgt $A = 560 \ m^2$, Gebäudehöhe < 10 m. Überschlägig ist die Heizlast (Wärmebedarf) dieses Gebäudes zu ermitteln.

Lösung

Auf der Basis der Wärmeschutzverordnung und der DIN 4701 kann die Heizlast eines Gebäudes mit für im Vorentwurfsstadium hinreichender Genauigkeit überschlägig ermittelt werden. Die Heizlast eines Gebäudes setzt sich aus der Transmissionsheizlast Q_T zum Ausgleich der Wärmeverluste durch den Wärmedurchgang über die Umschließungsflächen und der Lüftungsheizlast Q_L für Erwärmung der über die Fugen eindringenden Außenluft zusammen, $Q \approx Q_T + Q_L$. Mit den Bezeichnungen der DIN 4108, der Wärmeschutzverordnung und der DIN 4701 kann hierfür geschrieben werden:

$$Q \approx (k_m \cdot A + 0{,}27 \cdot V) \cdot (\vartheta_i - \vartheta_a)$$

worin bedeuten:

A ... wärmeübertragende Umfassungsfläche des Gebäudes gemäß Wärmeschutzverordnung.

V ... Bauwerksvolumen des Gebäudes gemäß Wärmeschutzverordnung.

k_m ... mittlerer Wärmedurchgangskoeffizient der wärmeübertragenden Umfassungsfläche gemäß Wärmeschutzverordnung.

ϑ_i ... Innentemperatur, gewählt nach DIN 4108 bzw. 4701.

ϑ_a ... Außentemperatur nach DIN 4701.

Maximaler mittlerer Wärmedurchgangskoeffizient in Abhängigkeit vom Verhältnis A/V (Solargewinne beim Fenster - k - Wert berücksichtigt)

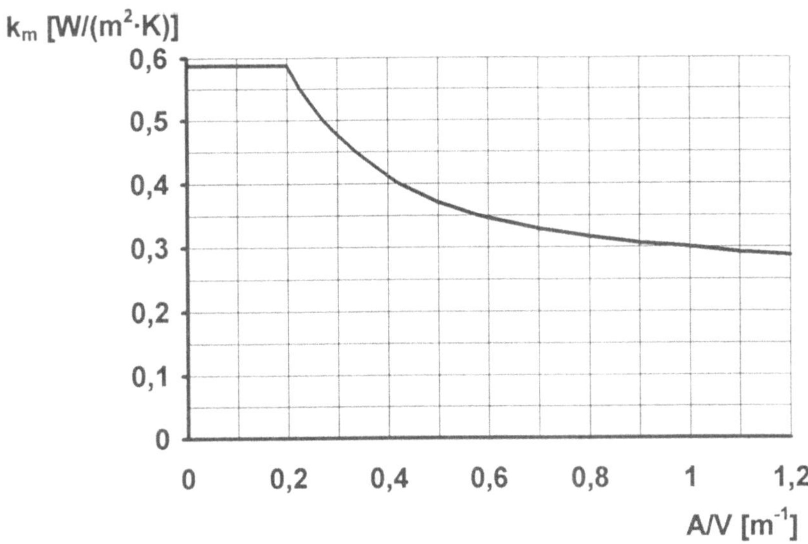

Für ein Gebäude sind stets die Größen A und V bekannt. Für k_m kann als Anhaltswert der mittlere Wärmedurchgangskoeffizient in Abhängigkeit vom Verhältnis A/V nach dem Diagramm gewählt werden, wobei Solargewinne beim Wärmedurchgangs-koeffizient der Fenster berücksichtigt wurden.

Für Daueraufenthaltsräume muß ein aus hygienischen Gründen erforderlicher Mindestwert für die Lufterneuerung vorausgesetzt werden. Die Wärmeschutzverordnung nimmt hierbei einen 0,8 fachen, stündlichen Raumluftwechsel als Mindestwert an. Mit der spezifischen Wärmekapazität der Luft $c \approx 0{,}34$ Wh/(m^3·K) und dem Mindestluftwechsel ß = 0,8 h^{-1} ergibt sich der Faktor 0,27 W/(m^3·K).

Bei der Ermittlung der Größen A und V werden für die Längen, Breiten und Höhen,

bei der Wärmeschutzverordnung die Gebäudeaußenmaße und die Geschoßhöhe,

bei der Norm DIN 4701 die *lichten* Rohbaumaße und die Ge-schoßhöhe,

eingesetzt. Die Formel für die Heizlast Q kann durch entspre-chende Korrekturfaktoren a bei der Größe A und v bei der Größe V den Rechenvorschriften der DIN 4701 angepaßt werden. Die-se beiden Korrekturfaktoren sind vom Gebäudetyp und der Bau-konstruktion abhängig. Außerdem ist nach DIN 4701 die Lüf-tungsheizlast eines Gebäudes kleiner als die Summe der Werte der Lüftungsheizlast aller Einzelräume, da diese für jeden Raum unter der Vorraussetzung der jeweils ungünstigsten Verhältnisse ermittelt werden, d.h. es wird für jeden Raum die maximale Lüf-tungsheizlast ermittelt. Innerhalb eines Gebäudes tritt die maxi-male Lüftungsheizlast jedoch zur gleichen Zeit nur für einen Teil der Räume auf. Dieser Einfluß wird mit dem Faktor ζ korrigiert.

Korrekturfaktor a

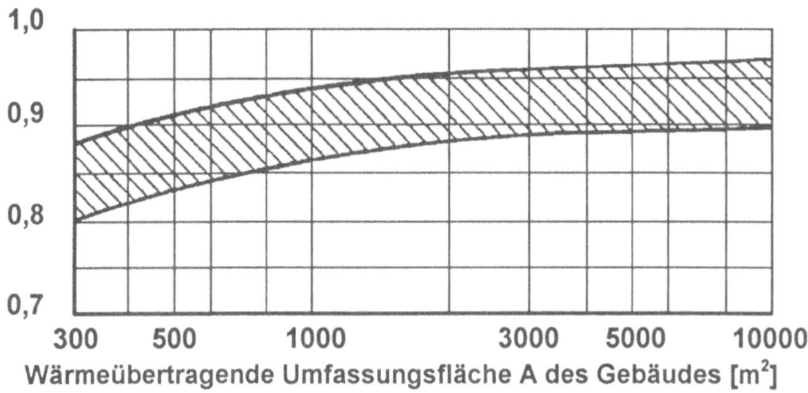

Korrekturfaktor v

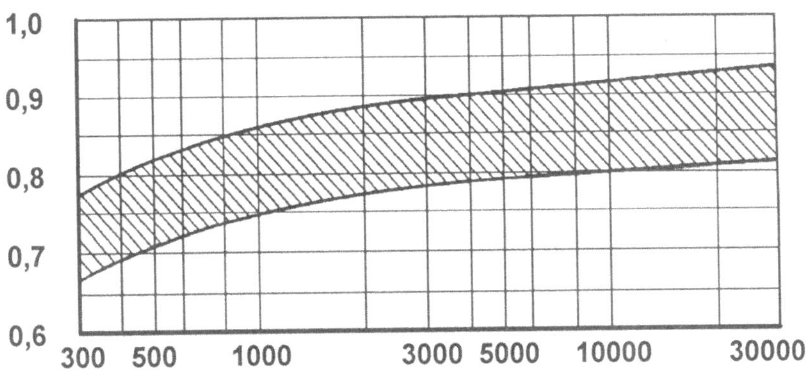

Bauwerksvolumen V [m³], das von der wärmeübertragenden Umfassungsfläche A eingeschlossen wird.

Gleichzeitig wirksamer Lüftungswärmeanteil ζ

Windverhältnisse	ζ	
	Gebäudehöhe H in m	
	≤ 10	> 10
windschwache Gegend, normale Lage	0,5	0,7
alle übrigen Fälle	0,5	0,5

Die Korrekturfaktoren a für A und v für V können den beiden Diagrammen - nach *Usemann / Ullemeyer* - entnommen werden, der gleichzeitig wirksame Lüftungsanteil nach DIN 4701 der Tabelle. Somit lautet die Berechnungsformel:

$$Q \approx (k_m \cdot a \cdot A + 0{,}27 \cdot \zeta \cdot v \cdot V) \cdot (\vartheta_i - \vartheta_a)$$

Nach der Richtlinie VDI 2067 Blatt 2 beträgt die mittlere Innentemperatur eines Wohngebäudes $\vartheta_i \approx 19°C$ wegen der unterschiedlichen Temperierung der Einzelräume (Aufenthaltsräume $\geq 20°C$, Nebenräume $< 20°C$).

Somit rechnerische Lösung: $\dfrac{A}{V} = \dfrac{560{,}0}{740{,}0}\ m^{-1} = 0{,}757\ m^{-1}$

$Q \approx [0{,}32 \cdot (0{,}85 \ldots 0{,}9) \cdot 560{,}0 + 0{,}27 \cdot 0{,}5 \cdot (0{,}75 \ldots 0{,}85) \cdot$
$\quad 740{,}0] \cdot (19{,}0 - (-14{,}0))\ W$

$Q \approx (7500 \ldots 8125)\ W \approx 7{,}5\ kW$ bis $8{,}1\ kW$

$Q \approx 7{,}8\ kW$

Der Streubereich ist bedingt durch unterschiedlichen Wind-, Auftriebseinfluß, Gebäudelage, Gebäudehöhe, Fugenlänge, unterschiedliche Innentemperaturen, usw., das Ergebnis genügt aber genau für eine Vorplanung des Gebäudes.

504 Für das im Grundriß skizzierte Schlafzimmer (im Obergeschoß über dem Wohnzimmer angeordnet) eines Kettenhauses in Kaiserslautern ist die Norm-Heizlast nach DIN 4701 zu ermitteln.

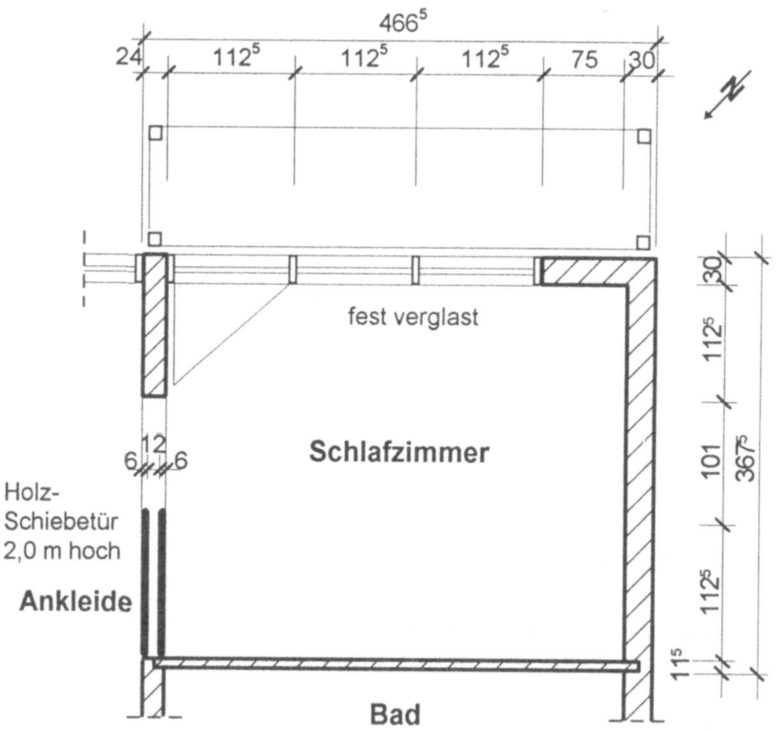

Maße in cm!

Außenwand:	Poroton (800) mit Leichtmörtel, beidseitig verputzt, $k = 0{,}79$ W/(m²·K).
Fenster:	Holzfenster mit Isolierglas mit 12 mm LZR; Höhe der Verglasung: 1,39 m (auch bei der Balkontür); ein Fenster ist fest verglast; $k = 2{,}6$ W/(m²·K).

Fensterbrüstung: Höhe: 0,85 m (Wert gilt auch für Balkontür) $k = 0,72$ W/(m²·K) (Wert gilt auch für den unteren Bereich der Balkontür).

Rolladenkasten: Höhe: 0,32 m; $k = 0,76$ W/(m²·K).

Dach: $k = 0,38$ W/(m²·K).

Innenwand Bad: Putz, Vollsteine aus Bims, Putz, Fliesen.

Innenwand Ankleide: Kalksandsteine (1600), beidseitig verputzt; im Bereich der Schiebetür: Bimsdielen.

Fußboden: Teppichboden, 2,5 cm Gußasphaltestrich, 0,8 cm Druckverteilungsplatten, 2,0 cm Trittschalldämmung, 8,0 cm Beton - Verbundpflaster, 2,2 cm Spanplatte, Holzbalkendecke.

Geschoßhöhe: 2,75 m;
lichte Höhe: 2,50 m;
normale Lage, Grundrißtyp I.

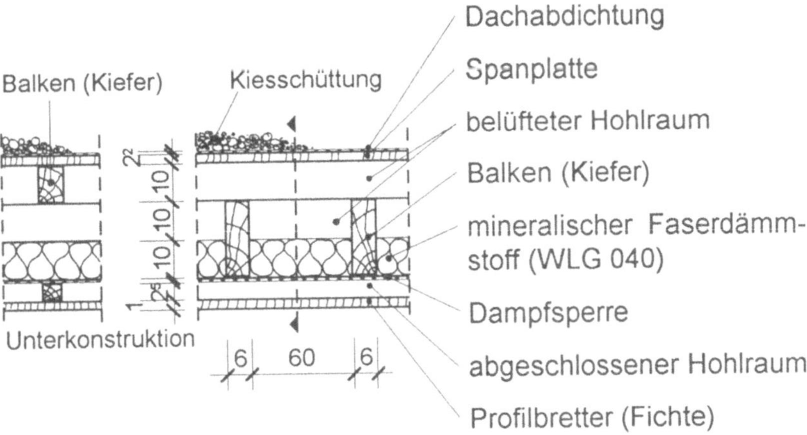

Dachaufbau, Maße in cm!

Wie verändert sich das Ergebnis, wenn sich dieser Raum in einem Geschoßbau befindet?
Wie groß ist dann die Norm - Lüftungsheizlast Q_L in Abhängigkeit des Gebäudetyps, der Höhe über Erdboden und der Gebäudehöhe, sowie die Norm - Heizlast?

Lösung

Festlegung der Temperaturen:

Norm - Außentemperatur für Kaiserslautern:
ϑ_a = 12°C nach DIN 4701-2

Norm - Innentemperatur ϑ_i = 20°C nach DIN 4701-2.

Ermittlung der Wärmedurchgangskoeffizienten

Außenbauteile nach DIN 4701-1:

$k_N = k + \Delta k_A + \Delta k_S$

    für Außenwände und Dach:
    $k < 1,5$ W/(m²·K), daraus folgt: $\Delta k_A = 0$ nach DIN 4701-2.
    für Fenster:
    $k = 2,6$ W/(m²·K), daraus folgt: $\Delta k_A = 0,2$ nach DIN 4701-2.

Nach DIN 4701-1 und DIN 4108-2:
$\Delta k_S = -0,35 \cdot g_v$
  $g_v = g \cdot z$

Doppelverglasung aus Klarglas g = 0,8
Vordach z = 0,3

Hieraus: g_v = 0,8 · 0,3 = 0,24
          Δk_S = (-0,35 · 0,24) W/(m²·K) ≈ -0,1 W/(m²·K)

Fenster:
$k_N = k + \Delta k_A + \Delta k_S = (2,6 + 0,2 - 0,1)$ W/(m²·K) = 2,7 W/(m²·K)

Berechnung der Norm-Lüftungsheizlast nach DIN 4701-1:

$$Q_L = Q_{FL} \text{ bzw. } Q_L = Q_{L\,min}$$

$$Q_{FLG} = \varepsilon_{GA} \cdot \sum (a \cdot l)_A \cdot H \cdot r \cdot (\vartheta_i - \vartheta_a)$$

$$Q_{FLS} = \left(\varepsilon_{SA} \cdot \sum (a \cdot l)_A + \varepsilon_{SN} \cdot \sum (a \cdot l)_N\right) \cdot H \cdot r \cdot (\vartheta_i - \vartheta_a)$$

Grundrißtyp I, Lage normal, windschwach, nach DIN 4701-2:

$$H = 0{,}72 \, \frac{W \cdot h \cdot Pa^{2/3}}{(m^3 \cdot K)}$$

Höhe über Erdboden: < 10 m

$\varepsilon_{GA} = 1{,}0$; $\varepsilon_{SA} = 1{,}0$; $\varepsilon_{SN} = 0$ nach DIN 4701-2

Hieraus folgt: $Q_{FLG} = Q_{FLS}$

Fugendurchlaßkoeffizient a nach DIN 4701-2 für

Fenster zu öffnen: a $= 0{,}6 \; m^3/(m \cdot h \cdot Pa^{2/3})$

Fenster nicht zu öffnen: a $= 0{,}1 \; m^3/(m \cdot h \cdot Pa^{2/3})$

Fenstertür: a $= 0{,}6 \; m^3/(m \cdot h \cdot Pa^{2/3})$

Rolladen, Rollmechanik

von innen zugänglich: $a \cdot l = 4{,}0 \; m^3/(m \cdot h \cdot Pa^{2/3})$

Raumkennzahl r

1 Innentür, normal, ohne Schwelle

Nach DIN 4701-1:

$\sum (a \cdot l) = [(0{,}6 \cdot 5{,}03) + (0{,}1 \cdot 5{,}03) + (0{,}6 \cdot 6{,}73) + 4{,}0] \; m^3/(h \cdot Pa^{2/3})$
$\qquad = 11{,}6 \; m^3/(h \cdot Pa^{2/3})$

$\sum (a \cdot l) \leq 30$, daraus folgt: r = 0,9

$Q_{FL} = 1{,}0 \cdot 11{,}6 \cdot 0{,}72 \cdot 0{,}9 \cdot (20{,}0 - (-12{,}0)) \; W = 240{,}5 \; W$

$Q_{L\,min} = 0{,}17 \cdot V_R \cdot (\vartheta_i - \vartheta_a)$
$\quad V_R = 4{,}125 \cdot 3{,}26 \cdot 2{,}5 \; m^3 = 33{,}6 \; m^3$

$Q_{L\,min} = 182{,}8 \; W < Q_{FL} = Q_L$

Ausfüllen der Tabelle nach DIN 4701:

Bauvorhaben: Kettenhaus
teilweise eingeschränkt beheiztes Gebäude

$\vartheta_i = 20{,}0\,°C$ $\qquad$ $H = 0{,}72\ \dfrac{W \cdot h \cdot Pa^{2/3}}{m^3 \cdot K}$

$\vartheta_a = -12{,}0\,°C$ $\qquad$ $n_T = 1$

$V_R = 33{,}6\ m^3$ $\qquad$ $h\ = <10\ m$

$A_{ges} = 63{,}8\ m^2$ $\qquad$ $\varepsilon_{SA} = 1{,}0$

$\vartheta_U = \text{---}\ °C$ $\qquad$ $\varepsilon_{SN} = 0$

$\Delta V = \text{---}\ m^3$ $\qquad$ $\varepsilon_{GA} = 1{,}0$

		Flächenberechnung				Transmissions-heizlast			Luftdurchlässigkeit					
—	—	b	h	A	A'	k_N	$\Delta\vartheta$	Q_T	n_W	n_S	l	a	$a \cdot l$	A/N
—	—	cm	cm	m^2	m^2	$W/(m^2 K)$	K	W	—	—	m	$\frac{m^3}{m \cdot h \cdot Pa^{2/3}}$	$\frac{m^3}{h \cdot Pa^{2/3}}$	—
AF	SO	112^5	139	1,6	1,6	2,7	32	138	2	2	5,03	0,6	3,0	A
AF	SO	112^5	139	1,6	1,6	2,7	32	138	2	2	5,03	0,1	0,5	A
AT	SO	112^5	139	1,6	1,6	2,7	32	138	2	2	6,73	0,6	4,1	A
RK	SO	338^5	32	1,1	1,1	0,76	32	27					4,0	A
BR	SO	338^5	85	2,9	2,9	0,72	32	67				Σ	11,6	
AW	SO	413^5	275	11,4	2,6	0,79	32	66						
AW	SW	326	275	9,0	9,0	0,79	32	228						
DA	—	412^5	326	13,5	13,5	0,38	29	149						
							Σ	951						

$\Sigma(a \cdot l)_A = 11{,}6\ m^3/(h \cdot Pa^{2/3})$ $\qquad$ $Q_L\ = 241\ W$

$\Sigma(a \cdot l)_N = \text{---}\ m^3/(h \cdot Pa^{2/3})$ $\qquad$ $Q_T\ = 951\ W$

$r\ = 0{,}9$

$Q_{LFL} = 241\ W$ $\qquad$ $Q_L / Q_T = 1:4$

$\Delta Q_{RLT} = \text{---}\ W$ $\qquad$ Norm-Heizlast:

$Q_{L\,min} = 183\ W$ $\qquad$ $Q_N\ = 1192\ W$

Zur Frage, wie verändert sich die Lüftungsheizlast Q_L des Raumes und die Norm - Heizlast, wenn sich der Raum in einem Geschoßbau befindet?

Auswertung der bereits für die Norm - Lüftungsheizlast genannten Formeln nach DIN 4701-1:

Mindestwert der Norm - Lüftungsheizlast
$Q_L = Q_{L\,min} = 183\ W$
Norm - Lüftungsheizlast für Geschoßtyp - Gebäude

$$Q_{FLG} = \varepsilon_{GA} \cdot \Sigma\,(a \cdot l)_A \cdot H \cdot r\,(\vartheta_i - \vartheta_a)$$

Norm - Lüftungsheizlast für Schachttyp - Gebäude

$$Q_{FLS} = \left(\varepsilon_{SA} \cdot \sum (a \cdot l)_A + \varepsilon_{SN} \cdot \sum (a \cdot l)_N \right) \cdot H \cdot r \, (\vartheta_i - \vartheta_a)$$

Die Werte für die Fugendurchlaßkoeffizienten sind nach der Norm für die Beanspruchungsgruppen B und C zu berücksichtigen nach Gebäudehöhe:

$$\text{A:} \quad a = 0{,}6 \; m^3/(m \cdot h \cdot Pa^{2/3})$$
$$\text{B,C:} \quad a = 0{,}3 \; m^3/(m \cdot h \cdot Pa^{2/3})$$

Bei Beanspruchungsgruppe A beträgt Q_{FLG} = 241 W. Die Werte für die Höhenkorrekturfaktoren angeströmt ε_{SA} sowie nicht angeströmt ε_{SN} werden DIN 4701-2 entnommen. Um den Einfluß der Höhenkorrekturfaktoren darzustellen, werden in den folgenden Bildern die Strömungsverhältnisse für ein Geschoßtyp- und ein Schachttyp - Gebäude wiedergegeben, sowie die ε - Werte für zwei Grundrißtypen.

Aus Vereinfachungsgründen erfolgt die Berechnung tabellarisch bis zu einer Gebäudehöhe GH = 40 m, in einer weiteren Graphik sind die realen Ergebnisse bis zu einer Gebäudehöhe GH = 100 m dargestellt.

Hieraus lassen sich einige grundlegende Erkenntnisse ableiten:

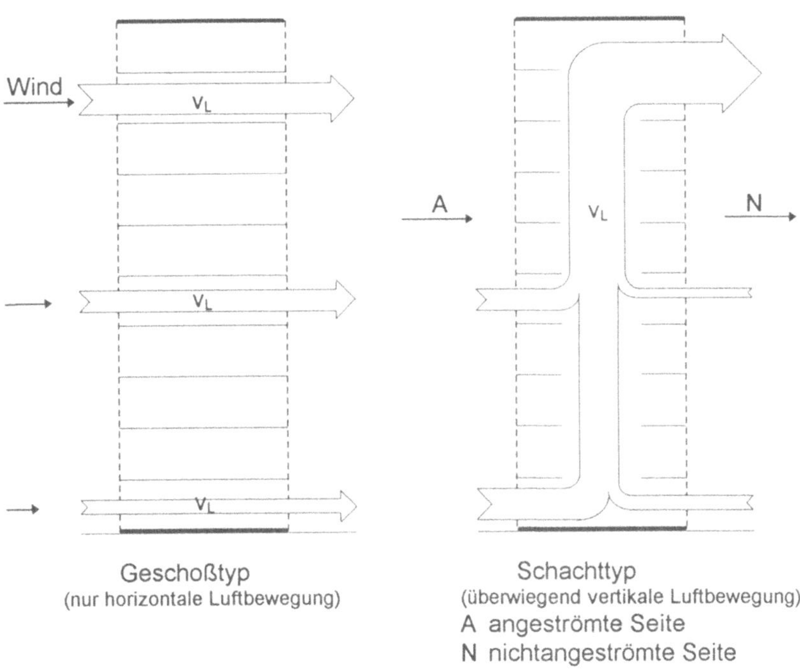

Geschoßtyp
(nur horizontale Luftbewegung)

Schachttyp
(überwiegend vertikale Luftbewegung)
A angeströmte Seite
N nichtangeströmte Seite

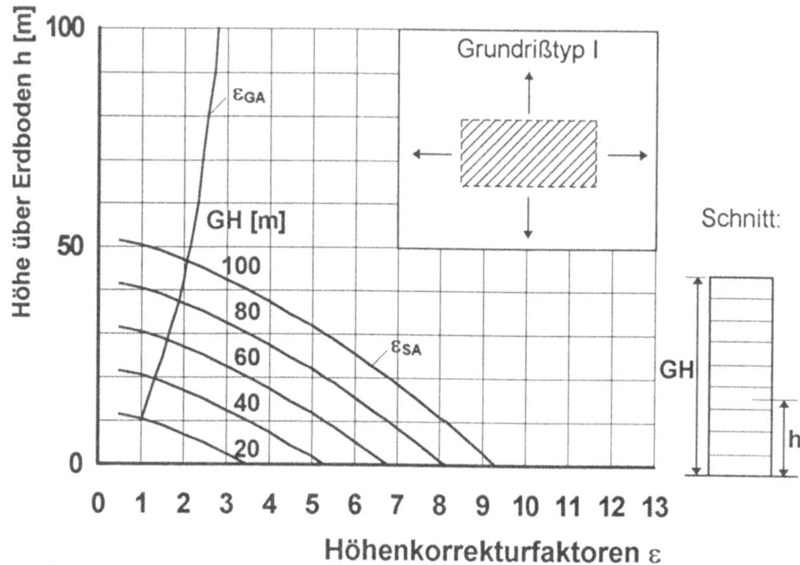

Höhe über Erdboden h [m]
100
50
0
ε_GA
GH [m]
100
80
60
40
20
ε_SA
0 1 2 3 4 5 6 7 8 9 10 11 12 13
Höhenkorrekturfaktoren ε
Grundrißtyp I
Schnitt:
GH
h

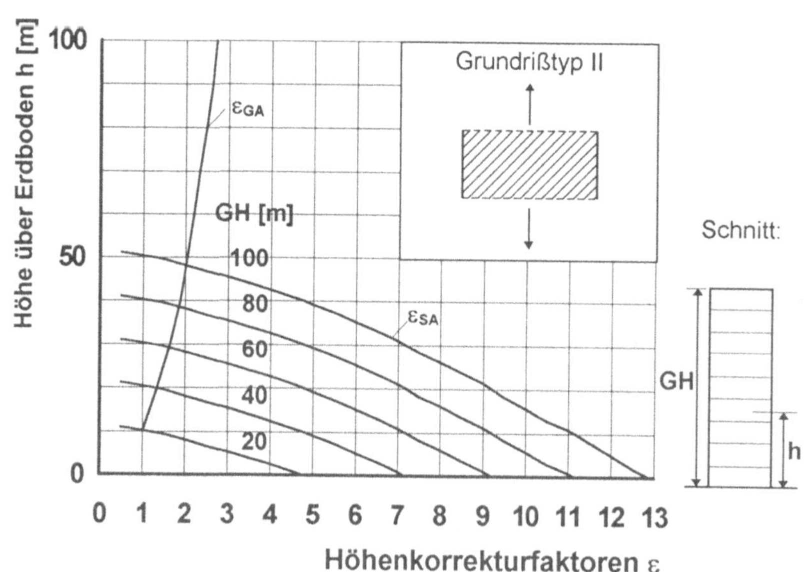

Höhe über Erdboden h [m]
100
50
0
ε_GA
GH [m]
100
80
60
40
20
ε_SA
0 1 2 3 4 5 6 7 8 9 10 11 12 13
Höhenkorrekturfaktoren ε
Grundrißtyp II
Schnitt:
GH
h

Höhe über Erdboden	Geschoßtyp - Gebäude	Schachttyp - Gebäude	
		Gebäudehöhe GH	
		20 m	40 m
h	Q_{FLG}	Q_{FLS}	
m	W	W	W
0	164	573	868
5	164	393	721
10	164	147	557
15	197	0	393
20	229	0	180
25	246	—	0
30	262	—	0
35	278	—	0
40	311	—	0

In der Graphik (Gebäudehöhe bis 100 m) wurden neben den Höhenkorrekturfaktoren ε auch die Ergebnisse für unterschiedliche Hauskenngrößen H ermittelt (windschwache, windstarke Gegend). In jedem Geschoß ergibt sich dann ein Höhenkorrekturfaktor ε, mit dem die Lüftungsheizlast eines jeden Raumes zu multiplizieren ist. Diese Methode kann für alle Räume, die nur angeströmte Durchlässigkeiten aufweisen, uneingeschränkt angewendet werden. Der in jedem Geschoß zu berücksichtigende Höhenkorrekturfaktor ergibt sich aus DIN 4701-2, wobei der größere Wert aus ε_{GA} und ε_{SA} einzusetzen ist. Diesen Zusammenhang zeigen auch instruktiv die vorstehenden Bilder mit den Höhenkorrekturfaktoren ε für verschiedene Grundrißtypen.

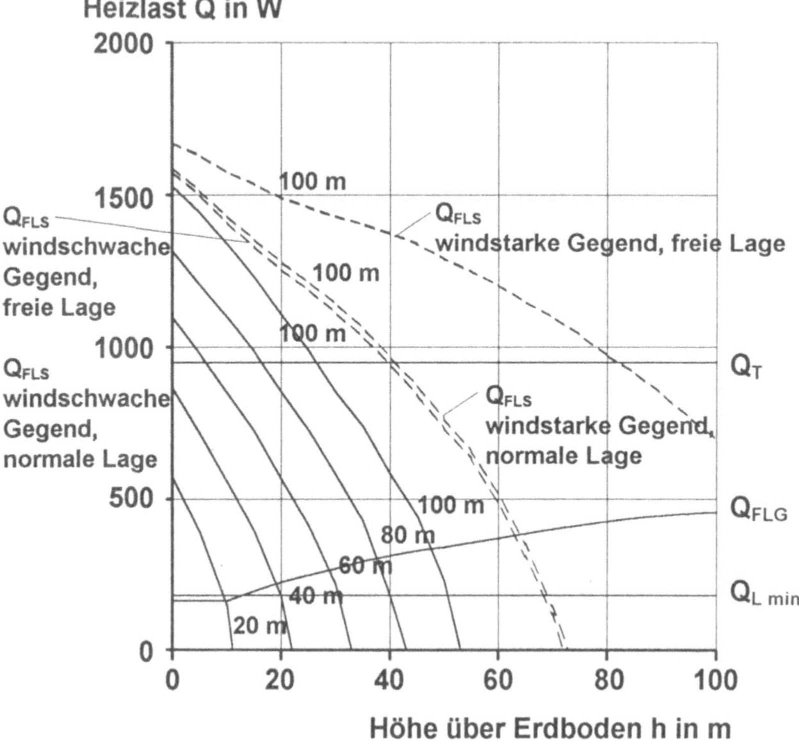

Den wärmetechnisch verschwenderischen Einfluß eines Schachttyp - Gebäudes Q_{FLS} im Gegensatz zum Geschoßtyp - Gebäude Q_{FLG} gibt die letzte Graphik wieder. Das Bild zeigt auch die Relation zur Transmissionsheizlast Q_T, die für alle Betrachtungsfälle - unabhängig von der Gebäudehöhe GH und der Höhe über dem Erdboden h - konstant ist.

505 Für einen Laborraum mit - theoretisch - allseitiger Außenwand mit gleichem Aufbau, der elektrisch beheizt wird, sollen die möglichen Betriebsersparnisse durch Wanddämmung rechnerisch für 1 m^2 Raumumschließungsfläche untersucht werden. Hierbei sollen folgende Betriebswerte Geltung besitzen:

ϑ_{Li} = 20°C, ϑ_{La} = - 15°C,

Außenflächendicke 0,38 m mit λ = 0,68 W/(m·K),

Außenputz 0,02 m, Innenputz 0,015 m;

Dicke der zusätzlich angeordneten Dämmplatte: 0,14 m mit λ = 0,035 W/(m·K);

Stromkosten S in DM/kWh.

Gesucht ist die Ersparnis je 1 m^2 Raumumschließungsfläche gegenüber der ungedämmten Fläche.

Lösung

Betriebskosten je m^2 bei einer Raumumschließungsfläche
ohne Dämmung : B_1
mit Dämmung : B_2

Ersparnis: $E = \dfrac{B_1 - B_2}{B_1} \cdot 100\ \% = \left(1 - \dfrac{B_2}{B_1}\right) \cdot 100\ \%$

Hierbei unter Berücksichtigung der Wärmestromdichte q:

$$B_1 = q_1 \cdot S = k_1 \cdot \Delta\vartheta \cdot S$$
$$B_2 = q_2 \cdot S = k_2 \cdot \Delta\vartheta \cdot S$$

Ersparnis: $E = \left(1 - \dfrac{k_2 \cdot \Delta\vartheta \cdot S}{k_1 \cdot \Delta\vartheta \cdot S}\right) \cdot 100\ \% = \left(1 - \dfrac{k_2}{k_1}\right) \cdot 100\ \%$

mit $\ k_1 = \dfrac{1}{R_i + R_R + R_a},\ \dfrac{1}{k_1} = R_i + R_R + R_a$

$\quad\ k_2 = \dfrac{1}{R_i + R_R + R_D + R_a},\ \dfrac{1}{k_2} = R_i + R_R + R_D + R_a$

nach DIN 4108-5, Index R: Raumumschließungsfläche,
$\qquad\qquad\qquad\qquad\quad$ D: Dämmung.

Weiterhin gilt: $\dfrac{1}{k_2} = \dfrac{1}{k_1} + R_D,\ \dfrac{k_2}{k_1} = \dfrac{1}{1 + k_1 \cdot R_D}$

Somit die Ersparnis:

$$E = \left(1 - \dfrac{1}{1 + k_1 \cdot R_D}\right) \cdot 100\ \% = \dfrac{k_1 \cdot R_D}{1 + k_1 \cdot R_D} \cdot 100\ \%$$

Berechnung des Wärmedurchgangskoeffizienten k_1:

Schicht	Baustoff	s m	λ W/(m·K)	R m^2·K/W
i				0,130
1	Innenputz	0,015	0,75	0,020
2	Außenfläche	0,380	0,68	0,559
3	Außenputz	0,020	0,75	0,027
a				0,040
			$\dfrac{1}{k_1} =$	0,776

$$k_1 = 1{,}29 \ W/(m^2 \cdot K)$$

$$k_2 = \frac{1}{0{,}776 + \dfrac{0{,}140}{0{,}035}} \ W/(m^2 \cdot K) = 0{,}21 \ W/(m^2 \cdot K)$$

Ersparnis: $E = \left(1 - \dfrac{0{,}21}{1{,}29}\right) \cdot 100 \ \% = 83{,}7 \ \%$, und dies ist unabhängig von den Stromkosten!

506 Oft wird die Frage gestellt, was wirtschaftlicher ist - Dämmung der Dachfläche oder der Decke zwischen Wohn- und nicht ausgebautem Dachraum, wenn die jeweils gedämmten Flächen die Anforderung des Mindestwärmeschutzes nach DIN 4108 erfüllen?
Der Wärmedurchgangskoeffizient k der ungedämmten Dachfläche beträgt $k_{Dach} = 6{,}0 \ W/(m^2 \cdot K)$ und die Dachfläche ist etwa 1,6 fach größer als die Deckenfläche.

Der Luftwechsel im Dachraum kann vernachlässigt werden. In der Berechnung bleiben der Wärmeverlust der seitlichen Giebelwände, eventueller Abseitenwände und Dachfenster sowie die Wärmeabgabe eines Schornsteins und Anbindungen an den Treppenraum unberücksichtigt.

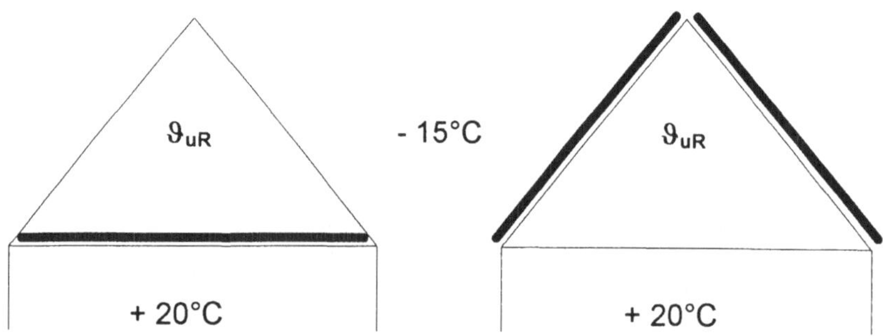

Wie groß ist jeweils die Lufttemperatur im Dachraum ?
Welcher Transmissionswärmebedarf der Decke zwischen Wohn- und nicht ausgebautem Dachraum ist jeweils erforderlich? Wie verändert sich hier der Sachverhalt, wenn die Wärmedämmung jeweils nach den Forderungen der Wärmeschutzverordnung (WSVO), "Vereinfachter Nachweis" bemessen wird?
Beurteilung der beiden Lösungen aus bauphysikalischer Sicht, was wirtschaftlicher ist?

Lösung

Lufttemperatur im Dachraum:
Bei Dämmung der Decke nach DIN 4108-2:
$$k_{Decke} = 0,9 \ W/(m^2 \cdot K)$$

Wärmebilanz nach DIN 4701-1, Formel (2):

$$\vartheta_{uR} = \frac{\sum(k \cdot A \cdot \vartheta_L)_i + \sum(k \cdot A \cdot \vartheta_L)_a + c_{Luft} \cdot V_R \cdot \beta \cdot \vartheta_a}{\sum(k \cdot A)_i + \sum(k \cdot A)_a + c_{Luft} \cdot V_R \cdot \beta}$$

Wenn der Luftwechsel im Dachraum vernachlässigt wird, vereinfacht sich diese Formel zu:

$$\vartheta_{uR} = \frac{(k_{Decke} \cdot 20,0) + [1,6 \cdot k_{Dach} \cdot (-15,0)]}{k_{Decke} + 1,6 \cdot k_{Dach}} \ °C = -12,0°C$$

Bei Dämmung der Dachfläche nach DIN 4108-2:
$$k_{Decke^*} = 1,64 \ W/(m^2 \cdot K); \ k_{Dach^*} \leq 0,90 \ W/(m^2 \cdot K)$$

$$\vartheta_{uR} = \frac{(1,64 \cdot 20,0) + [1,6 \cdot 0,9 \cdot (-15,0)]}{1,64 + 1,6 \cdot 0,9} \ °C = 3,6°C > -12,0°C$$

Transmissionswärmebedarf der Decke
Allgemein gilt $\quad Q_T = A \cdot k \cdot (\vartheta_i - \vartheta_a)$

Bei Dämmung der Decke:
$$Q_{T,Decke} = A_{Decke} \cdot 0,9 \cdot [20,0 - (-12,0)] \ W = 28,8 \cdot A_{Decke} \ W$$

Bei Dämmung der Dachfläche:
$$Q_{T,Decke} = A_{Decke} \cdot 1,64 \cdot (20,0 - 3,6) \ W = 26,9 \cdot A_{Decke} \ W$$
$$< 28,8 \cdot A_{Decke} \ W$$

Nach den Forderungen der WSVO für den Vereinfachten Nachweis gilt bei Dämmung der Decke:
$$k_{Decke} \leq k_D = 0,22 \ W/(m^2 \cdot K)$$

Analog ergeben sich mit den Formeln für $k_{Decke} = 0,22 \ W/(m^2 \cdot K)$ folgende Ergebnisse:
$$\vartheta_{uR} = -14,2°C < -12,0°C$$
$$Q_{T,Decke} = 7,5 \cdot A_{Decke}$$

Bei Dämmung der Dachfläche:
$$k_{Decke} \leq k_G = 0,35 \ W/(m^2 \cdot K)$$
$$k_{Dach} \leq 0,22 \ W/(m^2 \cdot K)$$

Analog ergeben sich mit den Formeln für $k_{Decke} = 0{,}35$ W/(m²·K) und $k_{Dach} = 0{,}22$ W/(m²·K) folgende Ergebnisse:

$$\vartheta_{uR} = 2{,}5°C < 3{,}6°C$$

$$Q_{T,Decke} = 6{,}1 \cdot A_{Decke} < 7{,}5 \cdot A_{Decke}$$

Bei beiden Lösungen ist der jeweilige Transmissionswärmebedarf etwa annähernd gleich groß, auch wenn die entsprechenden Bauteile wärmeschutztechnisch nach der WSVO bemessen würden.
Aus bauphysikalischer Sicht ist die Dämmung der Dachfläche sowohl nach DIN 4108 als auch nach der WSVO die bessere Lösung mit geringerem Transmissionswärmebedarf der Decke über der Wohnung. Der nicht ausgebaute Dachraum ist in diesem Fall höher temperiert und dient als ausgleichender Wärmepuffer.
Zusätzlich besteht jederzeit die Möglichkeit, den nicht ausgebauten Dachraum als trockenen und temperierten Abstellraum oder durch Ausbau als Wohnraum zu nutzen.

507 Es sind die Temperaturverhältnisse in einem Giebelraum mit längerer Heizunterbrechung und in einem beheizten Anliegerraum zu untersuchen.

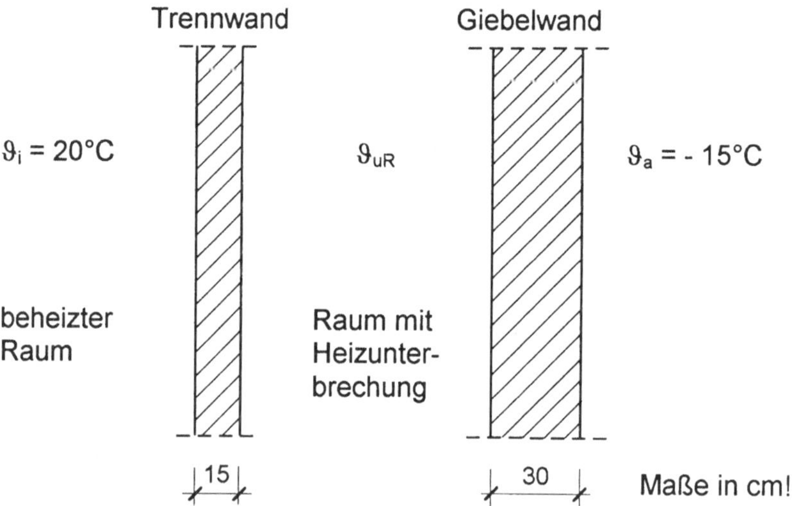

Trennwand (T): $k_T = 2{,}43$ W/(m²·K)
Giebelwand (G): $k_G = 1{,}19$ W/(m²·K)

Gesucht ist die Oberflächentemperatur im beheizten Raum und die Raumtemperatur des Giebelraumes für den Modellfall:

Räume mit zweiachsiger unendlicher Ausdehnung (d.h. Vernachlässigung aller übrigen Raumumschließungsflächen und kein Luftwechsel).
Es ist abzuschätzen (d.h. ohne Berechnung), wie sich diese beiden Werte verändern, wenn eine Trennwand mit höherem Wärmedurchlaßwiderstand installiert wird.

Lösung

Berechnung der Raumtemperatur im Giebelraum durch eine Bilanzrechnung nach DIN 4701-1, Formel (2) ohne Luftwechsel:

$$\vartheta_{uR} = \frac{k_T \cdot A_T \cdot \vartheta_i + k_G \cdot A_G \cdot \vartheta_a}{k_T \cdot A_T + k_G \cdot A_G} = \frac{k_T \cdot \vartheta_i + k_G \cdot \vartheta_a}{k_T + k_G} \text{, da } A_T = A_G.$$

Im Beharrungszustand gilt: $q_{Zu} = q_{Ab}$, da $A_T = A_G$, somit:
$k_T \cdot (\vartheta_i - \vartheta_{uR}) = k_G \cdot (\vartheta_{uR} - \vartheta_a)$, daraus folgt:

$$\vartheta_{uR} = \frac{k_T \cdot \vartheta_i + k_G \cdot \vartheta_a}{k_T + k_G} \text{, was den obigen Rechenansatz bestätigt.}$$

Bei Einsetzen der Zahlenwerte erhält man:

$$\vartheta_{uR} = \frac{2{,}43 \cdot 20{,}0 + 1{,}19 \cdot (-15{,}0)}{2{,}43 + 1{,}19} \, ^\circ C = 8{,}5 ^\circ C$$

Berechnung der Oberflächentemperatur im beheizten Raum:

Aus $k_T \cdot (\vartheta_i - \vartheta_{uR}) = \dfrac{\vartheta_i - \vartheta_{Oi}}{R_i}$ folgt:

$$\vartheta_{Oi} = \vartheta_i - k_T \cdot (\vartheta_i - \vartheta_{uR}) \cdot R_i = \vartheta_i - k_T \cdot \left(\vartheta_i - \frac{k_T \cdot \vartheta_i + k_G \cdot \vartheta_a}{k_T + k_G}\right) \cdot R_i,$$

und durch Umformen:

$$\vartheta_{Oi} = \vartheta_i - k_T \cdot \left(\frac{k_T \cdot \vartheta_i + k_G \cdot \vartheta_i - k_T \cdot \vartheta_i + k_G \cdot \vartheta_a}{k_T + k_G}\right) \cdot R_i$$

$$\vartheta_{Oi} = \vartheta_i - k_T \cdot \frac{k_G}{k_T + k_G} \cdot (\vartheta_i - \vartheta_a) \cdot R_i$$

Einsetzen der Zahlenwerte:

$$\vartheta_{Oi} = \left[20{,}0 - 2{,}43 \cdot \left(\frac{1{,}19}{2{,}43 + 1{,}19}\right) \cdot (20{,}0 - (-15{,}0)) \cdot 0{,}13\right] \, ^\circ C = 16{,}4 ^\circ C$$

Die Raumtemperatur des Giebelraumes beträgt demnach 8,5°C und die Oberflächentemperatur im beheizten Raum 16,4°C.

Zur Frage der Erhöhung des Wärmedurchlaßwiderstandes der Trennwand:

Umformen der Formel für ϑ_{uR}:

$$\vartheta_{uR} = \frac{k_T \cdot \vartheta_i + k_G \cdot \vartheta_a}{k_T + k_G} = \frac{k_T \cdot \vartheta_i}{k_T + k_G} + \frac{k_G \cdot \vartheta_a}{k_T + k_G} = \frac{\vartheta_i}{1 + \dfrac{k_G}{k_T}} + \frac{\vartheta_a}{k_T + k_G}$$

Vereinfachte Schreibweise: $\vartheta_{uR} = A \cdot \vartheta_i + B \cdot \vartheta_a$

Wenn der Wärmedurchlaßwiderstand der Trennwand vergrößert wird, verringert sich k_T, somit:

Fall: 1   fallende Tendenz, so ergibt sich, da $\vartheta_i > 0$ für $A \cdot \vartheta_i$ eine fallende Tendenz.

Fall: 2   steigende Tendenz, so ergibt sich, da $\vartheta_a < 0$ für $B \cdot \vartheta_i$ eine fallende Tendenz.

und somit für die vereinfachte Schreibweise $A \cdot \vartheta_i + B \cdot \vartheta_a$ eine fallende Tendenz bzw. ϑ_{uR} wird geringer werden.

Änderung von ϑ_{Oi} bei Erhöhung des Wärmedurchlaßwiderstandes der Trennwand:

Umformen der Formel für ϑ_{Oi}:

$$\vartheta_{Oi} = \vartheta_i - \frac{1}{1 + \dfrac{k_G}{k_T}} \cdot k_G \cdot (\vartheta_i - \vartheta_a) \cdot R_i = \vartheta_i - C \cdot k_G \cdot (\vartheta_i - \vartheta_a) \cdot R_i$$

Vereinfachte Schreibweise: $\vartheta_{Oi} = \vartheta_i - C \cdot D$

Hieraus kann gefolgert werden:

Fall: 3   fallende Tendenz, da $1/k_T$ größer wird und hieraus ergibt sich für $C \cdot D$ ebenfalls eine fallende Tendenz, woraus sich für die Oberflächentemperatur ϑ_{Oi} ein Temperaturanstieg ergibt.

Zusammenfassung:
Wird eine Trennwand mit höherem Wärmedurchlaßwiderstand installiert, so fällt die Raumtemperatur des Giebelraumes ab und die Oberflächentemperatur im beheizten Raum steigt an.

508 Die Temperatur eines unbeheizten Nebenraumes ist zu ermitteln. Dabei sei angenommen, daß sich darunter und darüber dieselben Räume befinden, so daß über Fußboden und Decke keine Wärmeübertragung erfolgt.

Norm-Außentemperatur: $\vartheta_a = -14°C$;

Luftwechselzahl: $\beta = (0...0,5...1)\,\dfrac{1}{h}$;

lichte Raumhöhe: $\qquad$ h $\quad = 2{,}95$ m.
spezifische Wärmekapazität der Luft $\quad c_{Luft} \approx 0{,}34$ W/(m³·K)

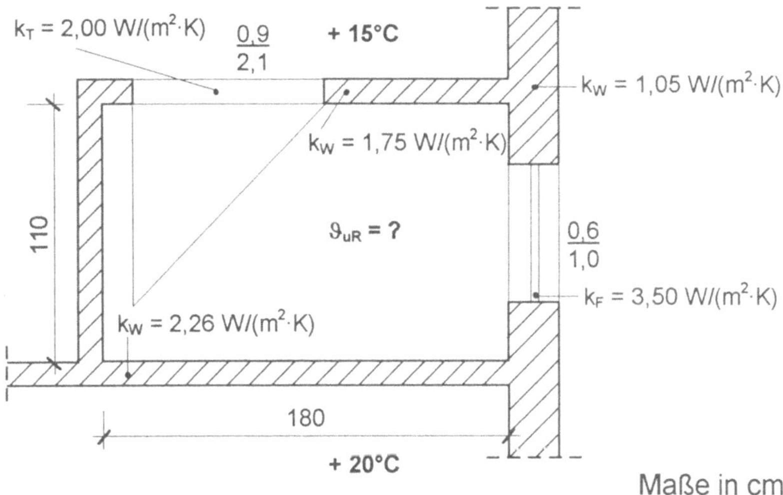

Lösung

Nach DIN 4701-1, Formel (2), errechnet sich für eine Wärmebilanz die unbekannte Raumtemperatur:

$$\vartheta_{uR} = \frac{\sum(k \cdot A \cdot \vartheta_L)_i + \sum(k \cdot A \cdot \vartheta_L)_a + c_{Luft} \cdot V_R \cdot \beta \cdot \vartheta_a}{\sum(k \cdot A)_i + \sum(k \cdot A)_a + c_{Luft} \cdot V_R \cdot \beta}$$

Raumumschließungsfläche		k	ϑ	$k \cdot A$	$k \cdot A \cdot \vartheta$
Bezeichnung	Fläche A in m²	W/(m²·K)	°C	W/K	W
Fenster	0,6·1,0 = 0,60	3,50	-14	2,10	- 29,40
Tür	0,9·2,1 = 1,89	2,00	15	3,78	+ 56,70
Innenwand	(1,1+1,8)·2,95 -1,89 = 6,67	1,75	15	11,67	+175,05
Außenwand	1,1·2,95 - 0,6 = 2,65	1,05	-14	2,78	- 38,96
Innenwand	1,8·2,95 = 5,31	2,26	20	12,00	+240,00
			$\sum$	32,33	+403,39

Raumvolumen: $V_R = 1{,}10\ \text{m} \cdot 1{,}80\ \text{m} \cdot 2{,}95\ \text{m} = 5{,}84\ \text{m}^3$

$$\vartheta_{uR} = \frac{403{,}39 + [0{,}34 \cdot 5{,}84 \cdot \beta \cdot (-14{,}0)]}{32{,}33 + (0{,}34 \cdot 5{,}84 \cdot \beta)}\ °C = \frac{403{,}39 - 27{,}8 \cdot \beta}{32{,}33 + 2{,}0 \cdot \beta}\ °C$$

Daraus folgt unter Berücksichtigung der Luftwechselzahl β für:

β in $\dfrac{1}{h}$	ϑ_{uR} in °C
0	12,5
0,5	11,7
1	10,9

und zeigt den Einfluß des Luftwechsels auf die Raumtemperatur.

509

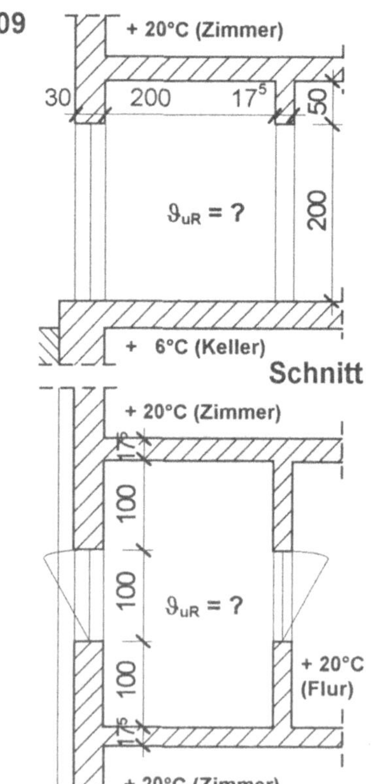

Für einen unbeheizten Windfang (Vorflur) soll unter Vernachläßigung des Luftwechsel die unbekannte Raumtemperatur ϑ_{uR} nach DIN 4701 ermittelt werden.

Aufbau der einzelnen Raumumschließungsflächen:

Fußboden: $k_{FB} = 1{,}14\ \text{W/(m}^2\cdot\text{K)}$
Decke: $k_{DE} = 1{,}33\ \text{W/(m}^2\cdot\text{K)}$
Außenwand: $k_{AW} = 1{,}10\ \text{W/(m}^2\cdot\text{K)}$
Innenwand: $k_{IW} = 1{,}40\ \text{W/(m}^2\cdot\text{K)}$
Außentür: $k_{AT} = 3{,}50\ \text{W/(m}^2\cdot\text{K)}$
Innentür: $k_{IT} = 2{,}00\ \text{W/(m}^2\cdot\text{K)}$

Norm-Außentemperatur: $\vartheta_a = -14°C$
Norm-Innentemperaturen der angrenzenden beheizten Räume:
Flur und Zimmer: $\vartheta_i = 20°C$
Norm-Innentemperatur des unbeheizten Kellerraumes: $\vartheta_K = 6°C$

Grundriß   Maße in cm!

Lösung

Die Berechnung der Temperatur des unbeheizten Nebenraumes erfolgt durch eine Wärmebilanz nach DIN 4701-1, Formel (2):

$$\vartheta_{uR} = \frac{\sum(k \cdot A \cdot \vartheta)_i + \sum(k \cdot A \cdot \vartheta)_a}{\sum(k \cdot A)_i + \sum(k \cdot A)_a}$$

Raumumschließungsfläche		k	ϑ	$k \cdot A$	$k \cdot A \cdot \vartheta$
Bezeichnung	Fläche A in m^2	W/(m^2·K)	°C	W/K	W
AT	2,0	3,50	- 14	7,00	- 98,00
AW	5,5	1,10	- 14	6,05	- 84,70
FB	6,0	1,14	6	6,84	+ 41,04
IT	2,0	2,00	20	4,00	+ 80,00
IW	15,5	1,40	20	21,70	+ 434,00
DE	6,0	1,33	20	7,98	+ 159,60
			Σ	53,57	+ 531,94

$$\vartheta_{uR} = \frac{531{,}94}{53{,}57} \, °C = 9{,}9\,°C$$

Die Temperatur im unbeheizten Vorflur beträgt $\approx$ 10°C.

Wird nach der Norm DIN 4701-1 in Formel (2) der Luftwechsel berücksichtigt, wird die Raumtemperatur um ca. 2 bis 5 K niedriger liegen, z.B. für einen einfachen Luftwechsel:

$$\vartheta_{uR} = \frac{531{,}94 + 0{,}34 \cdot (3{,}0 \cdot 2{,}0 \cdot 2{,}5) \cdot 1{,}0 \cdot (-14{,}0)}{53{,}57 + 0{,}34 \cdot (3{,}0 \cdot 2{,}0 \cdot 2{,}5) \cdot 1{,}0} \, °C = 7{,}9\,°C$$

Nach dieser Formel läßt sich auch die Aussage treffen, daß bei einem Luftwechsel $\beta \to \infty$, z.B. bei einer offenstehenden Außentür, $\vartheta_{uR} \to \vartheta_a$ strebt.

510 Einem Raum soll über abgewinkelte Oberlichter (sogen. Froschaugen) Licht zugeführt werden.
Dabei ist zu ermitteln, welche Temperatur im unbeheizten Luftraum des Oberlichtes herrscht. Die Fugenlüftung kann hierbei vernachlässigt werden.
Auf welchen Wert muß die Temperatur im Luftraum des Oberlichts angehoben werden (z.B. durch Installation einer Heizflä-

che) um Tauwasserbildung auf der Verglasung ① zu verhüten? Für diese Betrachtungen kann die relative Luftfeuchte im Luftraum des Oberlichts mit 70 % angenommen werden.

Abmessungen siehe Skizze.

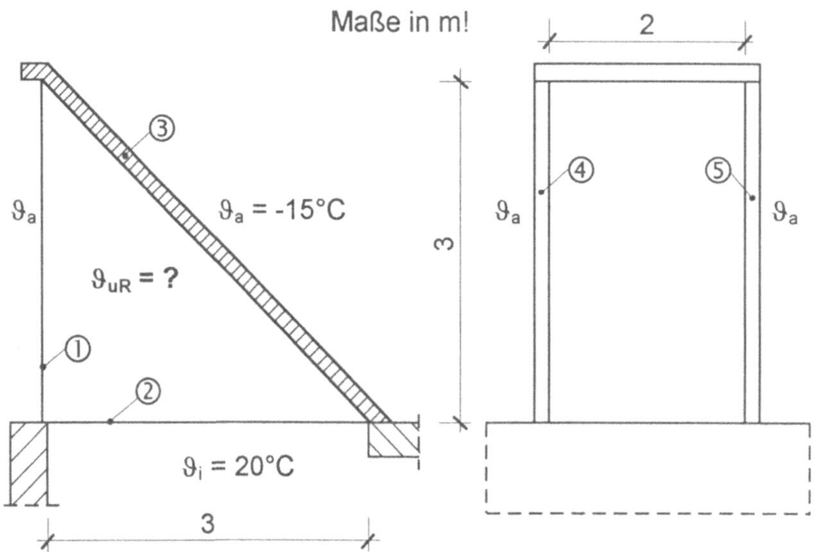

①, ②   Einfachverglasung, 8 mm dick, $\lambda = 0{,}8$ W/(m·K)

③   Abdeckung mit $k = 0{,}6$ W/(m²·K)

④, ⑤   Seitliche Begrenzung mit $k = 1{,}0$ W/(m²·K)

Lösung

$$\vartheta_{uR} = \frac{\sum(k \cdot A \cdot \vartheta)_i + \sum(k \cdot A \cdot \vartheta)_a}{\sum(k \cdot A)_i + \sum(k \cdot A)_a}$$ nach DIN 4701-1, Formel (2).

Wärmedurchgangskoeffizienten der Verglasungen:

$$k_1 = \frac{1}{0{,}13 + \dfrac{0{,}008}{0{,}8} + 0{,}04} \ \text{W/(m}^2\text{·K)} = 5{,}56 \ \text{W/(m}^2\text{·K)}$$

$$k_2 = \frac{1}{0{,}13 + \dfrac{0{,}008}{0{,}8} + 0{,}13} \ \text{W/(m}^2\text{·K)} = 3{,}70 \ \text{W/(m}^2\text{·K)}$$

Bez.	A m²	k W/(m²·K)	ϑ °C	k·A W/K	k·A·ϑ W
①	3 · 2 = 6	5,56	- 15	33,4	- 500,4
②	3 · 2 = 6	3,70	20	22,2	+ 444,0
③	2·3√2 = 8,5	0,6	- 15	5,1	- 76,5
④⑤	2/2 · 3 · 3 = 9	1,0	- 15	9,0	- 135,0
				Σ 69,7	Σ - 267,9

$\vartheta_{uR} = - 3,9°C$

Zur Frage der Tauwasserbildung im Oberlicht:

$$q = k \cdot (\vartheta_{uR} - \vartheta_a) = (\vartheta_{uR} - \vartheta_{Oi}) \cdot \frac{1}{R_i}$$

$$\vartheta_{Oi} = \vartheta_{uR} - k \cdot R_i (\vartheta_{uR} - \vartheta_a) = \vartheta_{uR} (1 - k \cdot R_i) + k \cdot R_i \cdot \vartheta_a$$

Es muß gelten: $\vartheta_{Oi} \geq \vartheta_s$, hierbei: $\vartheta_s = f(\vartheta_{uR}, \varphi_{uR})$ nach DIN 4108-5 für $\varphi_{uR} = 70\ \%$.

Andererseits läßt sich die Leistung der Heizfläche Q_{HF} berechnen aus:

$$\vartheta_{uR} = \frac{\sum k \cdot A \cdot \vartheta + Q_{HF}}{\sum k \cdot A}$$

$$Q_{HF} = \left(\sum k \cdot A\right) \cdot \vartheta_{uR} - \sum k \cdot A \cdot \vartheta$$

ϑ_{uR}	°C	-10,0	- 5,0	0	2	4	6	8	10	12
ϑ_s	°C	-13,9	- 9,1	- 4,3	- 2,6	-0,9	0,9	2,9	4,8	6,7
ϑ_{Oi}	°C	-13,6	-12,2	-10,8	-10,3	-9,7	-9,2	-8,6	-8,1	-7,5

Graphische Lösung:

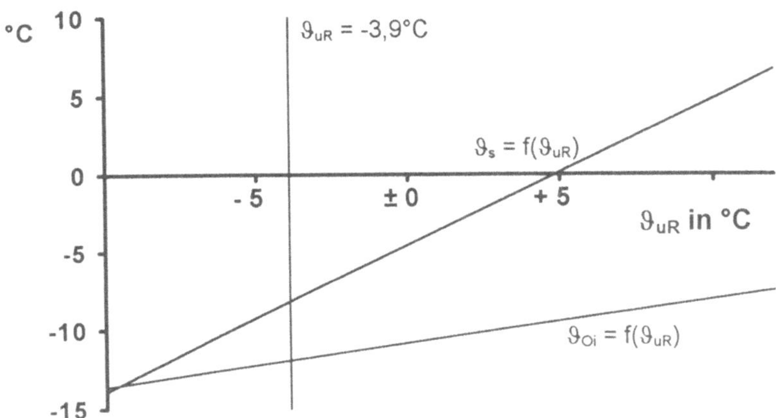

Fazit:

Für $\vartheta_{uR} \geq - 3{,}9°C$ ist ϑ_s immer größer als ϑ_{Oi}. Somit $Q_{HF} = 0$ nach vorstehender Berechnung.
Aber: Für $\vartheta_a < - 15°C$ ist immer Tauwasserbildung an der Scheibe ① zu erwarten!

511 Ein Bungalow - Flügel ist im Querschnitt nach dem Schema ausgeführt. Der Wärmeverlust der Giebelwände, die an die Außenluft grenzen, werden wegen der Geringfügigkeit des Flächenanteils an der Gesamtdachfläche vernachlässigt. Unberücksichtigt bleibt auch der Flächenanteil des Schornsteins und einer Dachbodenluke.

Außentemperatur $\vartheta_a = - 12°C$

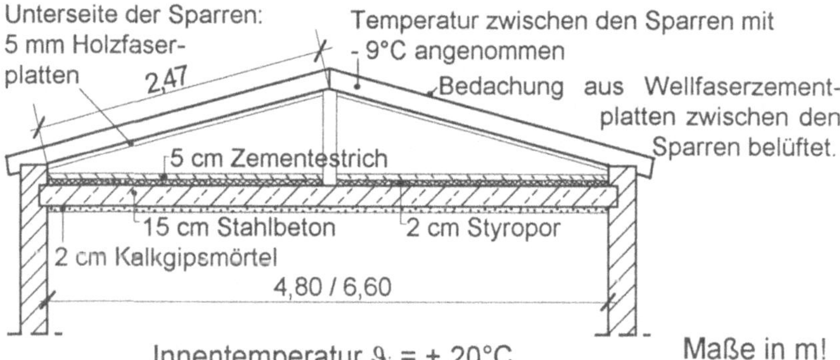

Innentemperatur $\vartheta_i = + 20°C$ Maße in m!

Gesucht ist die Dachbodentemperatur.
Wärmedurchgangskoeffizient für die Holzfaserplatte unter dem Sparren k = 3,2 W/(m²·K) und für die Decke k = 1,2 W/(m²·K).

Lösung

Die Temperatur des unbeheizten Nebenraumes ermittelt sich nach DIN 4701-1 Formel (2) ohne Berücksichtigung eines Luftwechsel:

$$\vartheta_{uR} = \frac{\sum(k \cdot A \cdot \vartheta)_i + \sum(k \cdot A \cdot \vartheta)_a}{\sum(k \cdot A)_i + \sum(k \cdot A)_a}$$

ϑ_i in °C: Innentemperatur des angrenzenden beheizten Raumes, 20°C.
ϑ_a in °C: Außentemperatur, - 12°C.

Mit den gegebenen Zahlenwerten:

$$\vartheta_{uR} = \frac{1{,}20 \cdot 4{,}8 \cdot 6{,}6 \cdot 20{,}0 + 3{,}20 \cdot 2 \cdot 2{,}47 \cdot 6{,}6 \cdot (-9{,}0)}{1{,}20 \cdot 4{,}8 \cdot 6{,}6 + 3{,}20 \cdot 2 \cdot 2{,}47 \cdot 6{,}6} \; °C \approx -1{,}3°C$$

512 Die Heizlast einer Kirche aus Vollziegel - Mauerwerk ist nach DIN 4701 zu bestimmen. Angaben:

Fenster aus Stahl / Blei, einfach verglast, A_{F1} = 385 m^2;
Fläche aus Hohlglasbausteinen, A_{F2} = 120 m^2;
Oberfläche der wärmespeichernden Wände, Innensäulen, Stützen, usw., A_W = 4 650 m^2;
Raumvolumen V_R = 2 700 m^3;
Luftwechsel β = 0 m^3/(h·m^3) bzw. β = 1 m^3/(h·m^3);
Außentemperatur ϑ_a = - 12°C;
Innentemperatur vor dem Anheizvorgang ϑ_o = 5°C, nach dem Anheizvorgang ϑ_i = 12°C;
Anheizdauer Z = 3 h.

Wie verändert sich die Heizlast für die Kirche, wenn alle speichernden Wände mit einer Dämmschicht von 1 cm Dicke und λ_R = 0,035 W/(m·K) - theoretisch! - bekleidet werden?

Lösung

Es handelt sich bei der Kirche gemäß Aufgabenstellung um die Berechnung eines selten beheizten Raumes, d.h. um die Berechnung der Heizlast in besonderen Fällen nach DIN 4701-1. Hierbei wird unterschieden in speichernde und nichtspeichernde Bauteile. Die Berechnung der Heizlast nichtspeichernder Bauteile (Fenster, usw.) Q_F erfolgt mit den Formeln nach DIN 4108-5. Bei der Heizlast der speichernden Bauteile Q_W spielen der Anheizvorgang und die Materialeigenschaften eine wesentliche Rolle. Hierbei wird ein von der Anheizdauer Z abhängiger mittlerer Aufheizwiderstand R_Z berücksichtigt, der abhängig ist vom Wärmeeindringkoeffizient $\sqrt{\lambda \cdot c \cdot \rho}$ und aus DIN 4701-2, Bild 8 entnommen werden kann.

Für die Heizlast der Kirche gilt dann:

$$Q = Q_F + Q_W + Q_L,$$

wobei Q_L die Lüftungsheizlast bedeutet.

Berechnung:

Wärmedurchgangskoeffizient der Stahl / Bleifenster $k_{F1} = 5,8$ W/(m²·K), d.h. $k_{F1} = k_V$ der Verglasung, weil nach DIN 4108-4 bei einem Rahmenanteil < 5 %, was bei solchen Kirchenfenstern meist zutrifft, $k_F = k_V$ angenommen werden kann.

Wärmedurchgangskoeffizient der Hohlglasbausteine nach DIN 4108-4 $k_{F2} = 3,5$ W/(m²·K).

Für die Anheizdauer $Z = 3$ h folgt für den mittleren Aufheizwiderstand: $R_Z \approx 0,21$ m²·K/W.

$$Q_F = Q_{F1} + Q_{F2} = k_{F1} \cdot A_{F1} \cdot (\vartheta_i - \vartheta_a) + k_{F2} \cdot A_{F2} \cdot (\vartheta_i - \vartheta_a)$$
$$Q_F = (k_{F1} \cdot A_{F1} + k_{F2} \cdot A_{F2}) \cdot (\vartheta_i - \vartheta_a)$$
$$Q_F = (5,8 \cdot 385,0 + 3,5 \cdot 120,0) \cdot [12,0 - (-12,0)] \text{ W} = 63\,672 \text{ W}$$

$$Q_W = \frac{A_W}{R_Z} \cdot (\vartheta_i - \vartheta_0) = \frac{4650,0}{0,21} \cdot (12,0 - 5,0) \text{ W} = 155\,000 \text{ W}$$

$$Q_L = \beta \cdot 0,34 \cdot V_R \cdot (\vartheta_i - \vartheta_a)$$
$$Q_L = \beta \cdot 0,34 \cdot 2700,0 \cdot [12,0 - (-12,0)] \text{ W} = 22\,032 \cdot \beta \text{ W}$$

Für $\beta = 0$ m³/(h·m³): $Q_L = 0$ W
Für $\beta = 1$ m³/(h·m³): $Q_L = 22\,032$ W

Ergebnis Addition von $Q_F + Q_W + Q_L$:

Luftwechsel $\beta = 0$ m³/(h·m³): $Q \approx 219$ kW,
Luftwechsel $\beta = 1$ m³/(h·m³): $Q \approx 241$ kW.

Wie ändert sich das Ergebnis bei zusätzlicher Dämmung?

Nach DIN 4701-1 wird dann der mittlere Aufheizwiderstand $R_{Z\,Dä}$ wie folgt berechnet:

$$R_{Z\,Dä} = R_Z + R_{\lambda\,Dä},$$

worin $R_{\lambda\,Dä}$ der Wärmeleitwiderstand der Wärmedämmschicht bedeutet. Ergebnis:

$$R_{Z\,Dä} = \left[0,21 + \frac{0,01}{0,035} \right] \text{ m²·K/W} = 0,5 \text{ m²·K/W}.$$

Somit:

$$Q_W = \frac{A_W}{R_{Z\,Dä}} \cdot (\vartheta_i - \vartheta_0) = \frac{4650,0}{0,50} \cdot (12,0 - 5,0) \text{ W} = 65\,100 \text{ W}.$$

Die anderen Werte für Q_F und Q_L ändern sich nicht,

Luftwechsel $\beta = 0 \ m^3/(h\cdot m^3)$: $Q \approx 129$ kW,
Luftwechsel $\beta = 1 \ m^3/(h\cdot m^3)$: $Q \approx 151$ kW.

Es ergibt sich, daß sich die Heizlast durch das Dämmen der Wände auf ca. 60 % der Ursprungswerte reduziert.

513 Ein im Tiefgeschoß eingebauter Tresorraum, schwerer Bauart, einer Bank besitzt eine Transmissionsheizlast von 1,45 kW. Wie groß ist die Raumheizfläche zu wählen, wenn der Tresorraum einmal durchgehend, das andere Mal 10 h pro Tag zu beheizen ist?
Lüftungsheizlast 0,55 kW.

Lösung

Die Berechnung von Räumen mit sehr schwerer Bauart zählt zu den "besonderen Fällen" nach DIN 4701-1. Wegen der großen Wärmespeicherfähigkeit dieser Räume kann davon ausgegangen werden, daß auch bei unterbrochenem Heizbetrieb die Heizlast über 24 Stunden etwa die gleiche bleibt wie bei durchgehender Beheizung. Die Raumheizflächen mussen bei einem zeitweise unterbrochenem Heizbetrieb zur Deckung der Transmissionswärmeverluste Q_T näherungsweise für einen Leistungsanteil von $\dfrac{24}{Z_B} \cdot Q_T$

ausgelegt werden, Z_B ist die Betriebsdauer in Stunden. Somit für durchgehende Beheizung:

$$Q_{Heizfläche} = \frac{24 \ h}{24 \ h} \cdot 1,45 \ kW + 0,55 \ kW = 2,0 \ kW.$$

Für zeitweise Beheizung:

$$Q_{Heizfläche} = \frac{24 \ h}{10 \ h} \cdot 1,45 \ kW + 0,55 \ kW = 4,0 \ kW.$$

Für die Auslegung der Heizfläche ist zu prüfen, ob der Lüftungswärmeverlust Q_L nur während der Betriebszeit oder dauernd auftritt. Entsprechend ist jeweils die erforderliche Leistung der Raumheizfläche zu ermitteln.

514 Für die Halle gemäß Schema ist die Heizlast für eine Innentemperatur in der Aufenthaltszone ϑ_{AZ} = 15°C, gemessen in 1,5 m Raumhöhe, zu ermitteln. Die Heizlast für Lüftung soll unberücksichtigt bleiben, weil alle Fensterflächen fest verglast sind, die Hallentore eine Luftschleier - Anlage erhalten, und wegen der Luftschadstoffe eine mechanische Hallenlüftungsanlage installiert wird.

ϑ_a = - 14°C, Grundwassertiefe 10 m, Hallenhöhe im Firstbereich ca. 8 m. Einfach - Stahlfenster (k = 4,80 W/(m^2·K)), Holztore (k = 3,00 W/(m^2·K)), Dachhaut (k = 0,60 W/(m^2·K)), Außenwand (k = 2,05 W/(m^2·K)).

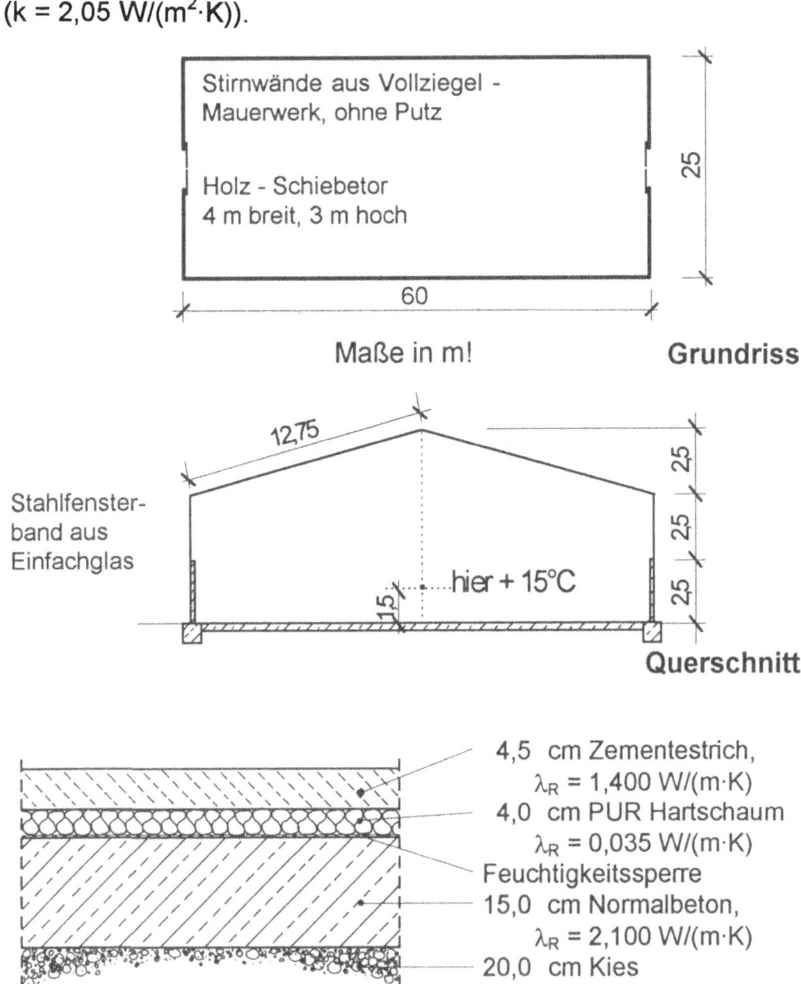

Lösung

Die Heizlastberechnung für Hallen enthält DIN 4701-1 unter den "besonderen Fällen", weil bei solchen Gebäuden die Innenwände fehlen (Reduzierung des Strahlungswärmestroms zu den Fenstern und Außenwänden), die Lufttemperatur mit der Raumhöhe stark zunimmt und die mittlere Umgebungstemperatur deutlich niedriger ist als die "Norm - Innentemperatur".

Die für den Wärmeverlust maßgebende Temperatur ϑ_i in halber Raumhöhe ist wegen der erwähnten Höhenabhängigkeit höher anzusetzen als die Temperatur in der Aufenthaltszone ϑ_{AZ}, um etwa $\Delta\vartheta_h = (1 \ldots 4)$ K, gewählt wegen der überwiegend konvektiven Wärmeabgabe durch eine Raumlufttechnische Anlage $\Delta\vartheta_h = 2$ K, somit $\vartheta_i = 15°C + 2°C = 17°C$. Diese Temperaturkorrektur ist ein Mittelwert und gilt deshalb für alle Bauteile, also für die Hallendecke ebenso wie für den Hallenfußboden. Die weitere Berechnung erfolgt tabellarisch:

$$\text{Transmissionsheizlast}$$
$$\Delta\vartheta = 17{,}0°C - (- 14{,}0°C) = 31{,}0 \text{ K}$$

Bezeichnung	Anzahl	Länge	Breite Höhe	Abzug	Fläche		Temperatur-unterschied	Transmis-sionswärme-verlust
					A	K	$\Delta\vartheta$	Q_T
		m	m	m²	m²	W/(m²·K)	K	W
Tor	2	4,0	3,0		24,0	3,00	31	2 232
Stirnwand	2	25,0	5,0	24,0	226,0	2,05	31	14 362
	2	25,0	2,5 / 2		62,5	2,05	31	3 972
Längswand	2	60,0	2,5		300,0	2,05	31	19 065
Fensterfläche	2	60,0	2,5		300,0	4,80	31	44 640
Dachfläche	2	60,0	12,75		1530,0	0,60	31	28 458

$$\mathbf{Q_T = 112\ 729 \text{ W}}$$

Wärmeverlust gegen Erdreich Q_E:
Die Halle ist nicht unterkellert. Der Wärmeverlust an Erdreich ist nach DIN 4701-1 für den Fall II zu ermitteln. Der Wärmeverlust an Erdreich errechnet sich aus dem Wärmeverlust an die Außenluft Q_{AL} und das Grundwasser Q_{GW},

$$Q_E = Q_{AL} + Q_{GW}$$

Für ein auf dem Erdreich stehendes Gebäude gilt:

$$Q_{AL} = k_{äq, AL, II} \cdot U \cdot b_{AL} \cdot (\vartheta_i - \vartheta_{AL}),$$

worin bedeuten:

ϑ_{AL} die mittlere Außentemperatur, 0 °C

U   Gebäudeumfang, $U = 2 \cdot (60 + 25)$ m = 170 m

b_{AL} der niedrigste Zahlenwert von h_{GW} (Grundwassertiefe)

oder $\dfrac{A_B}{U}$ (Grundfläche des Gebäudes / Gebäudeum-

fang), h_{GW} = 10 m, $\dfrac{A_B}{U} = \dfrac{60 \cdot 25}{170}$ m = 8,82 m, d.h.

b_{AL} = 8,82 m.

$k_{äq,\,AL,\,II}$ der äquivalente Wärmedurchgangskoeffizient des Hallen-fußbodens, der nach folgender Formel in DIN 4701-1 ermittelt werden muß:

$$k_{äq,\,AL,\,II} = \dfrac{1}{\dfrac{b_{AL}}{f_{AL} \cdot \lambda_E} + \Sigma\left(\dfrac{s}{\lambda_R}\right)_B + R_i}$$

R_i ist der innere Wärmeübergangswiderstand nach DIN 4108-4, R_i = 0,17 m²·K/W (Wärme-strom von "oben nach unten").

$\Sigma\left(\dfrac{s}{\lambda_R}\right)_B$ Summe der Wärmedurchlaßwiderstände des

Hallenfußbodens; Aufbau von oben nach un-ten:

Zementestrich,
$$s = 0{,}045 \text{ m}, \quad \lambda_R = 1{,}400 \text{ W/(m·K)}.$$
PUR Hartschaum, WLG 035,
$$s = 0{,}040 \text{ m}, \quad \lambda_R = 0{,}035 \text{ W/(m·K)}.$$
Feuchtigkeitssperre,
Normalbeton nach DIN 1045,
$$s = 0{,}150 \text{ m}, \quad \lambda_R = 2{,}100 \text{ W/(m·K)}.$$
Kies, $s = 0{,}200$ m.

$$\Sigma\left(\dfrac{s}{\lambda_R}\right)_B = \dfrac{0{,}045}{1{,}400} + \dfrac{0{,}040}{0{,}035} + \dfrac{0{,}150}{2{,}100} = 1{,}25 \text{ m}^2\text{·K/W}$$

λ_E Wärmeleitfähigkeit des Erdreiches nach DIN 4701-2, Tabelle 17 für Sand / Kies λ_E = 2,0 W/(m·K).

f_{AL} Außenluft - Geometriefaktor für den Wär-mestrom an die Außenluft nach DIN 4701-2, Bild 2:

f_{AL} = 1,0 für eine Tiefe der Kellersohle h_{GW} = 0 m.

$$k_{äq,\,AL,\,II} = \left(\cfrac{1}{\cfrac{8,82}{1,0 \cdot 2,0} + 1,25 + 0,17} \right) \text{ W/(m}^2\text{·K)} = 0,17 \text{ W/(m}^2\text{·K)}$$

Somit ergibt sich für Q_{AL}:
$$Q_{AL} = 0,17 \cdot 170 \cdot 8,82 \cdot (17,0 - 0) \text{ W} = 4\,333 \text{ W}$$

Wärmeverlust an das Grundwasser Q_{GW}:
$$Q_{GW} = k_{äq,\,GW} \cdot A_B \cdot (\vartheta_i - \vartheta_{GW}),$$
worin bedeuten:

A_B die Bodenfläche des Gebäudes,
$A_B = 60 \text{ m} \cdot 25 \text{ m} = 1500 \text{ m}^2$.

ϑ_{GW} die Grundwassertemperatur. Sie kann nach DIN 4701-1 allgemein der jahresmittleren Außenlufttemperatur gewählt werden, $\vartheta_{GW} \approx 9°C$.

$k_{äq,\,GW}$ ist der äquivalente Wärmedurchgangskoeffizient für den Wärmestrom an das Grundwasser und berechnet sich nach der Norm:

$$k_{äq,\,GW} = \cfrac{1}{\cfrac{(h_{GW} - h_{KG})}{f_{GW} \cdot \lambda_E} + \sum\left(\cfrac{s}{\lambda_R}\right)_B + R_i}$$

h_{GW} = 10 m, Grundwassertiefe,
h_{KG} = 0 m, Tiefe der Kellersohle,
f_{GW} ist der Grundwasser - Geometriefaktor für den Wärmestrom an das Grundwasser nach DIN 4701-2 Bild 3 für das Verhältnis Bodenfläche A_B / Umfang U = 8,82 m, $f_{GW} \approx 1,2$.

$$k_{äq,\,GW} = \left(\cfrac{1}{\cfrac{10 - 0}{1,2 \cdot 2,0} + 1,25 + 0,17} \right) \text{ W/(m}^2\text{·K)} = 0,18 \text{ W/(m}^2\text{·K)}$$

Somit ergibt sich für Q_{GW}:
$$Q_{GW} = 0,18 \cdot 1500 \cdot (17,0 - 9,0) \text{ W} = 2\,160 \text{ W}$$

Heizlast der Halle:

$$Q = Q_T + Q_E = Q_T + Q_{AL} + Q_{GW}$$
$$Q = 112\ 729\ W + 4\ 333\ W + 2\ 160\ W = 119\ 222\ W \approx 120\ kW$$

Bei niedrigen Toren, wie im vorliegenden Fall, genügt das Blasen des Warmluftschleiers von oben. Bei größeren Toren wird auch von beiden Seiten geblasen. Noch besser, jedoch auch teurer, ist bei großen Toren gleichzeitiges Blasen von oben und von den Seiten. Die Luftschleier - Anlagen werden automatisch angestellt, wenn sich die Tore öffnen.

515 Für ein Gewächshaus - Temperierhaus - ganz in Glas ausgeführt - soll die Heizlast nach DIN 4701 ermittelt werden. Es werden folgende Angaben gemacht:

Heizrohre unter den Tischen angeordnet,

Außentemperatur $\vartheta_a = -14°C$

Innentemperatur $\vartheta_i = +12°C$

Gewächshaus aus Stahl, einfach verglast, Scheiben verkittet,

Sockel der Gewächshauswandungen vernachlässigbar klein gegenüber den Glasflächen.

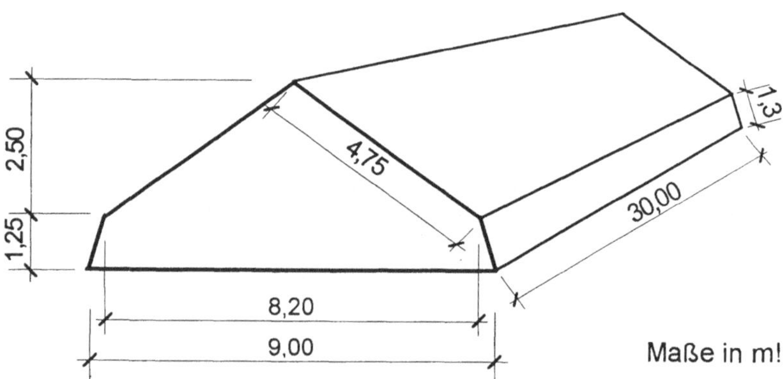

Lösung

Die Berechnung der Heizlast von Gewächshäusern ist ein besonderer Fall nach der Norm. Die Lüftungsheizlast Q_L wird auf die Glasflächen bezogen; wegen der fehlenden inneren Speichermassen der Glaswände sind die inneren Wärmeübergangswiderstände niedriger als bei den üblichen Gebäuden. Der Wärmeverlust an das Erdreich wird wegen des kleinen Anteils - an der Randzone - nicht berücksichtigt.

Die Transmissionsheizlast Q_T ermittelt sich nach der Formel:

$$Q_{T\,Glas} = \frac{A_{Glas}}{R_{k\,Glas}} \cdot (\vartheta_i - \vartheta_a),$$

worin der Wärmedurchgangswiderstand $R_{k\,Glas}$ der transparenten Glasflächen A_{Glas} sich aus den Anteilen:

$R_{i\,Glas}$: Innerer Wärmeübergangswiderstand an den transparenten Flächen nach DIN 4701-2 Tab. 19.

$R_{a\,Glas}$: Äußerer Wärmeübergangswiderstand an den transparenten Flächen nach DIN 4108-4, $R_{a\,Glas} = 0{,}04$ m^2·K/W.

$R_{\lambda\,Glas}$: Wärmeleitwiderstand der transparenten Flächen nach DIN 4701-2 Tab. 20.

zusammensetzt. Folglich: $R_{k\,Glas} = R_{i\,Glas} + R_{\lambda\,Glas} + R_{a\,Glas}$

Für die Lüftungsheizlast gilt:

$$Q_L = \frac{A_{Glas}}{R_{L\,Glas}} \cdot (\vartheta_i - \vartheta_a),$$

worin $R_{L\,Glas}$ ein äquivalenter Wärmedurchgangswiderstand für die Fugenlüftung nach DIN 4701-2 Tab. 21 bedeutet.

Ergebnis:

$\vartheta_i = 12{,}0°C,\ \vartheta_a = -14{,}0°C$

A_{Glas}: 2 Stirnflächen und Seitenflächen

$$A_{Glas} = \left[\frac{9{,}0\ m + 8{,}2\ m}{2} \cdot 1{,}25 + \frac{1}{2} \cdot (8{,}2\ m \cdot 2{,}5\ m) \right] \cdot 2 +$$
$$30\ m \cdot (2 \cdot 1{,}3\ m + 2 \cdot 4{,}75\ m) = 405{,}0\ m^2$$

$$R_{k\ Glas} = R_{i\ Glas} + R_{\lambda\ Glas} + R_{a\ Glas}$$

$$R_{k\ Glas} = (0{,}10 + 0{,}01 + 0{,}04)\ m^2 \cdot K/W = 0{,}15\ m^2 \cdot K/W$$

$$Q_{T\ Glas} = \frac{405{,}0}{0{,}15} \cdot [12{,}0 - (-14{,}0)]\ W = 70\ 200\ W = 70{,}2\ kW$$

$$Q_{L\ Glas} = \frac{405{,}0}{1{,}0} \cdot [12{,}0 - (-14{,}0)]\ W = 10\ 530\ W = 10{,}5\ kW$$

$$Q = 70{,}2\ kW + 10{,}5\ kW = 80{,}7\ kW.$$

601 Worin unterscheiden sich prinzipiell die Berechnungen für Heizlast bzw. Kühllast?

Lösung

Die vielfältigen Einflüsse einzelner Rechnungsbedingungen auf die Kühllast zeigen, daß der Rechnungsvorgang sehr viel komplizierter wird als der für die Heizlast nach DIN 4701. So hängt die Maximallast der Heizungsanlage nur von den außenklimatischen Elementen ab, wobei hier im wesentlichen nur die Temperatur von tragender Bedeutung ist. Bei der Kühllast dagegen kommt außer dem Transmissionswärmeeinfall noch die Sonnenstrahlung mit ihren tages- und jahreszeitlichen stark veränderlichen Werten hinzu. Die Kühllast des Einzelraumes wird damit grundsätzlich noch von der Zeit und Richtung abhängig, so daß der Gesamtwert aller Wärmeeinflüsse für ein Gebäude nicht mehr - wie bei der Heizlast - unmittelbar durch Aufsummieren aller Einzelwerte gewonnen werden kann.

Ein weiterer Unterschied gegenüber der Heizlastberechnung liegt in der grundsätzlich notwendigen Berücksichtigung innerer Wärmequellen. Sie werden bei der Heizlastberechnung außer acht gelassen, da ihre Leistung - gemessen am Heizlastbedarf - i.a. nur sehr gering ist und auch nicht mit Sicherheit immer zur Verfügung steht (Dieser Hinweis ist nicht zu verwechseln mit den Forderungen der Wärmeschutzverordnung, bei der interne Wärmegewinne bei der Auslegung des Wärmeschutzes für ein Gebäude einbezogen werden!). Bei der Kühllastberechnung dürfen die inneren Wärmequellen nicht vernachlässigt werden, denn zuweilen überwiegt sogar der Anteil der inneren Wärmelieferung - man denke dabei nur an Versammlungsräume mit dichter Personenbesetzung, an Großraumbüros mit hoher Beleuchtungsleistung oder an einfallendes Sonnenlicht.

Der entscheidende Unterschied im Aufbau einer Heizlast- gegenüber einer Kühllastberechnung ist jedoch durch die Verschiedenartigkeit des mathematisch - physikalischen Ansatzes bedingt. Bei der Heizlastberechnung geht man von der Vorstellung stationärer Wärmeübertragungsvorgänge aus. Eine Heizungsanlage wird bei Kälte so betrieben , daß größere Temperaturabsenkungen im Gebäude während der Nachtstunden vermieden werden. Die Außentemperaturschwankungen wirken sich deshalb infolge der Speicherfähigkeit der Gebäudemassen auf die Innentemperaturen nur stark gedämpft und mit vielstündigen Verzögerungen aus. Es genügt daher, mit den über 24 Stunden reichenden Mittelwerten der Innen- und Außentemperaturen zu rechnen.

Ganz anders ist das bei der Kühllastberechnung. Hier gilt es, unter dem Einfluß der ständig sich stark ändernden Sonneneinstrahlung die Momentanwerte der über Fenster und Außenwände eindringenden Energie zu erfassen. Der zeitliche Verlauf der Wärmeströmung in den Außenwänden darf deshalb ebenso wenig außer acht gelassen werden wie die sich damit auch ändernden Speichervorgänge im Gebäudeinnern.

Hinzu kommt, daß bei der Gebäudekühlung Energieeinstrahlungen in sehr unterschiedlichen Wellenlängenbereichen betrachtet werden müssen. Bei der Energieaufnahme eines Bauteils durch Licht bzw. Sonnenbestrahlung handelt es sich vorwiegend um kurzwellige Strahlen im sichtbaren Bereich; bei der Energieabgabe bestrahlter Oberflächen dagegen um langwellige, sogenannte Temperaturstrahlung, wobei teilweise sogar eine gewisse gegenseitige Überlagerung nicht auszuschließen ist. Dabei zeigen nun jedoch die üblichen Baustoffe ein recht unterschiedliches Verhalten gegenüber auftreffender und ausgesandter Strahlungsenergie - abhängig nämlich von ihrer Oberflächenbeschaffenheit und den Wellenlängen, die vorherrschen.

Auch weitere Stoffwerte der Baumaterialien, wie die Dichte und die spezifische Wärmekapazität, gehen zumeist in gekoppelter Form als Wärmeeindringkoeffizient oder als Temperaturleitfähigkeit in die Rechnung ein.

Im Vergleich zur Heizlastberechnung fehlt in der Kühllastberechnung der durch die Lüftung bedingte Anteil. Da bei klimatisierten Räumen die notwendige Lufterneuerung gesondert festgelegt und dann durch die Anlage selbst sichergestellt wird, bleibt der Energieaufwand zur Erwärmung oder Kühlung dieser Luft definitionsgemäß bei der Kühllast ohne Berücksichtigung.

Das gilt auch für die freie Lüftung, deren Anteil zu den Zeiten des Kühllastmaximumbedarfs ohnehin unerheblich ist.

Das Kühllastberechnungsverfahren ist auf Räume abgestellt, in denen ständig eine konstante Temperatur eingehalten werden soll. Es kann auch dann angewendet werden, wenn der Raumtemperatur - Sollwert in Abhängigkeit von der Außentemperatur variabel gesteuert wird. Für Räume, die auf Grund erheblicher Unterschiede in den örtlichen Belastungen zonen- und abschnittsweise klimatisiert werden sollen, ist die Berechnung getrennt durchzuführen.

602 Für Wohngebäude oder Gebäude mit Einzelbüros und vergleichbaren Nutzungen sind Raumlufttechnische Anlagen unter bestimmten bauphysikalischen Bedingungen nicht erforderlich, wenn Hinweise in DIN 4108 beachtet werden. Welche sind dies?

Lösung

Das sind die Wärmeschutzforderungen im Sommer: Empfehlungen für transparente Bauteile (Richtwerte für die Begrenzung der Energiedurchlässigkeit durch das Produkt aus dem Fensterflächenanteil und dem Gesamtenergiedurchlaßgrad) und nichttransparente Bauteile (Wärmespeichernde Bauweise der Innenbauteile und nichttransparenten Außenbauteile).

Nur wenn große interne Wärmequellen (z.B. Beleuchtung), große Menschenansammlungen oder besondere Nutzungen vorliegen, können Raumlufttechnische Anlagen (Klimaanlagen) notwendig sein. Derartige Anlagen werden nach der Richtlinie VDI 2078 (Berechnung der Kühllast klimatisierter Räume) bemessen. Auch in der VDI - Richtlinie wird wie in DIN 4108-2 die Wärmespeicherfähigkeit der Bauteile für den wirtschaftlichen Betrieb von Klimaanlagen besonders herausgestellt.

603 Für die Klimatisierung des skizzierten Büroraumes soll überschlägig die Kühllast ermittelt werden. Folgende Angaben werden gemacht:

Die Nebenräume sind nicht klimatisiert, dagegen aber die Aufenthaltsräume über und unter dem Raum.

Gewählte Innentemperatur 24°C bei einer Außentemperatur von + 32°C.

Lichte Raumhöhe: 2,6 m.

Die Umfassung enthält:
2 Verbundfenster mit je 2,8 m^2;
1 Außentür mit 1,9 m^2;
2 Innentüren mit je 1,7 m^2.

Die Außenwand ist in Massivbauweise mit besonderer Wärmedämmung erstellt.
Die Beleuchtung benötigt insgesamt 280 W für Leuchtstofflampen.
Ständige Benutzer: 6 Personen.

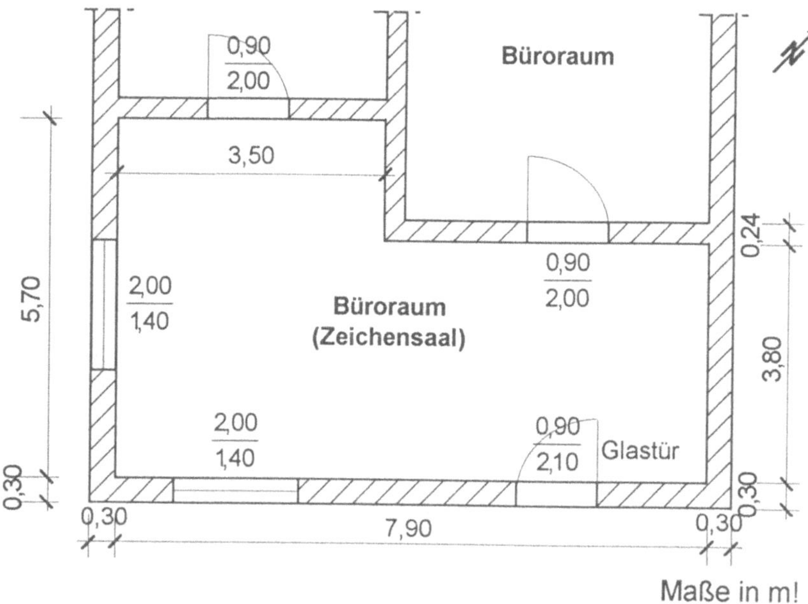

Lösung

Um die Kühllastberechnung für kleinere Räume im Komfortbereich erleichtern zu können, wurden von Geräteherstellern vereinfachte Berechnungsmethoden entwickelt.

Diese Verfahrensweisen basieren vorwiegend auf Erfahrungswerten und dienen deshalb nur unter Vorbehalt für Kostenvoranschläge sowie zur Schätzung der Abmessung von Technikräumen und Installationsbereichen Raumlufttechnischer Anlagen, weil im Vorentwurfsstadium eines Gebäudes oder Raumes verläßliche Berechnungsgrößen fehlen. In solchen Fällen genügt meistens schon eine vorerst überschlägige Ermittlung der Kühllast auf der Basis der Richtlinie VDI 2078, der Norm DIN 4108, der Wärmeschutzverordnung und anderen Rechenvorschriften (z.B. DIN 4701, DIN 4710). Für die überschlägige Berechnung wird ein Formular verwendet, zu dem auf folgendes noch hinzuweisen ist:

Die Überschlagsberechnung reicht dann aus, wenn Raumlufttemperatur- und Feuchtigkeitswerte für den Komfortbereich verlangt werden.

Es wird eine lichte Raumhöhe von etwa 2,80 m zugrundegelegt. Bei dem Transmissionswärmeeinfall durch Fenster sind auch Glastüren wie Fenster anzusetzen.

Wände sollen im Metermaß angegeben werden. Fensterbreiten brauchen nicht von der Wandbreite abgezogen werden. Der Unterschied der verschiedenen Raumhöhen macht sich bei kleinem Fensterflächenanteil am Gesamtergebnis kaum bemerkbar.
Für die Sonneneinstrahlungswärme durch Fenster ist je nach Himmelsrichtung nur der höchste Wert in W·K anzusetzen.

Weil bei Geräten nicht 100 % der elektrischen Energie in Wärme umgewandelt werden, wird nur ein bestimmter Wirkungsgrad angenommen.

Anhaltswerte für die Kühllast üblicher Bürohäuser je m^2 Raumgrundfläche, bezogen auf den Inhalt des zu klimatisierenden Raumes:

Raumvolumen V_R in m^3	100	500	1000	10000	100000
Kühllast in W/m^2	100 - 70	70 - 55	65 - 50	50 - 45	≈ 45

Wärmequelle	Wert W		Faktor K			Kühllast W·K (W)
I. Transmissionswärme durch Einfachfenster 2 · 2,8 + 1,9	7,5	m²	50			375
Doppelfenster		m²	25			
			leicht	massiv		
Außenwände Nord		lfm.	30	20		
Außenwände andere Seiten	18,6	lfm.	60	30*		558
Innenwände	9,8	lfm.	30	30*		294
Dach ohne Wärmeschutz		m²	60			
Dach min. 25 mm Wschutz		m²	30			
Decke ohne Wschutz m. OG		m²	20			
Decke mit Wschutz m. OG		m²	15			
Decke ohne Wschutz o. OG.		m²	35			
Fußboden		m²	10			
Gesamt Transmissionswärme						**1 227**
II. Sonneneinstrahlungswärme durch Fenster			ohne Jalousie	innen Jalousie	außen Jalousie	
Nord		m²	0	0	0	
Nord-Ost		m²	370	160	110	
Ost		m²	190	80	65	
Süd-Ost 2,8 + 1,9	4,7	m²	230	110*	65	517
Süd		m²	350	140	95	
Süd-West 2,8	2,8	m²	230	90*	60	252
West		m²	250	130	80	
Nord-West		m²	465	200	140	
Höchste Sonneneinstrahlungswärme (nur höchstes W x K Ergebnis einsetzen!)						517
III. Von Menschen abgegebene Wärme (einschl. Außenluftanteil)	6	Anz. Pers.	175			1 050
IV. Von elektrischen Geräten und Beleuchtung abgegebene Wärme	280	Watt	0,9			252
V. Zuschlag je Tür, die ständig offen ist oder häufiger geöffnet wird		Anz. Türen	230			
Gesamte Kühllast						**3 046**

* Mit diesen Werten wird im Beispiel gerechnet!

Raumvolumen:

$$V_R = (3{,}50 \cdot 5{,}70 + 3{,}80 \cdot 4{,}40) \cdot 2{,}60 \ \mathrm{m^3} \approx 95{,}34 \ \mathrm{m^3}$$

Kühllast bezogen auf die Raumgrundfläche:

$$\frac{3046}{36,67}\ \text{W/m}^2 = 83,1\ \text{W/m}^2$$

Vergleich mit dem Tabellenwert sehr zufriedenstellend: Für $V_R \approx 100\ \text{m}^3$ beträgt die Kühllast $\approx 80\ \text{W/m}^2$, also zwischen $70\ \text{W/m}^2$ und $100\ \text{W/m}^2$ (nach Tabelle).

604 Die Richtlinie VDI 2078 unterscheidet für die Kühllastberechnung ein Kurzverfahren und das EDV - Verfahren.
Worin unterscheiden sich diese Berechnungen?

Lösung

Beim Kurzverfahren erfolgt die Bestimmung der Kühllast eines Raumes für festvorgegebene Randbedingungen. Diese, wie z.B. die Sonnenstrahlung, unverstellbarer Sonnenschutz oder die Strahlung der Beleuchtung, sind in das Rechenverfahren fest integriert. Die Ergebnisse gelten nur für diese definierten Verläufe innerer und äußerer thermischer Belastungen. Die Speicherwirkung wird durch Kühllastfaktoren berücksichtigt.
Ein EDV - Rechenverfahren mit wählbaren Belastungsverläufen für die Kühllast ermöglicht es, auch Randbedingungen zu berücksichtigen, die vom vorstehenden Kurzverfahren nicht erfaßt werden, z.B. unterschiedliche und zeitveränderliche Sollwerte der Raumlufttemperatur, wandernde Schatten, d.h. beliebige Verschattungen der Fensterflächen und Außenwände, beliebige Betätigung eines beweglichen Sonnenschutzes, unterschiedliche Anlagenbetriebszeiten, d.h. nicht über 24 Stunden durchgehende Betriebsweisen, Berechnung von Anfahrspitzen der Kühllast unter Auslegungsbedingungen und im Normalbetrieb, Berechnung von Raumlufttemperaturen außerhalb der Anlagenbetriebszeit bzw. bei vorgegebener Kühlleistung der Anlage (bevorzugte Kühlleistung) als Auslegungsbedingung, aber auch im Anfahrbetrieb, Ankoppelung der Raumaußenflächen (Fenster, Außenwände und ggf. Deckenflächen) an die Wärmespeicherfähigkeit des Gesamtraumes, unterschiedliche Konvektiv- und Strahlungsanteile der inneren und äußeren thermischen Raumbelastungen, Verwenden des Kühllast - Berechnungsverfahrens für die Energieverbrauchsabrechnung mittels Betriebssimulatoren, usw.

Vorraussetzung für ein EDV - Verfahren ist eine Vereinbarung mit dem Bauherrn gem. VOB. Für die praktische Anwendung darf nach der Richtlinie VDI 2078 ein EDV - gerechtes Rechenverfahren nicht rechenzeit- und datenintensiv sein und muß für die Verwendung von Tischrechnern und Mikrorechnern (Personal Computer) geeignet sein.

605 Ein mehrgeschossiges Bürogebäude soll klimatisiert werden. Gesucht ist die maximale Kühllast für einen Zeichensaal im Zwischengeschoß gemäß Grundriß, bei einer Raumlufttemperatur $\vartheta_{LR} = 24°C$.
Vorgegebene Daten:
Das Gebäude befindet sich in Kühllastzone 3 gemäß Richtlinie VDI 2078.
Gebäudetyp: Bauart L.
Saalbelegung: 6 Personen

Beleuchtungsleistung:	Gefordert: Beleuchtungsstärke 750 lx; vorgesehen: im Raum gleichmäßig verteilt Abluftleuchten (unbelüftete 3 - Banden - Leuchtstofflampen 26 mm $\varnothing$ mit elektronischem Vorschaltgerät) Luftabsaugung im Deckenhohlraum, Zuluftzufuhr ebenfalls im Deckenbereich. Luftdurchsatz durch die Abluftleuchten: 50 m^3/h je 100 W Lampenleistung entsprechend 0,5 m^3/h·W. Zusätzlich: Zeichenbrettbeleuchtung > 60 W je Arbeitsplatz.
Beleuchtungszeit:	7 Uhr bis 12 Uhr und 14 Uhr bis 17 Uhr wahre Ortszeit.
Innenwand:	24 cm Wandbauplatten aus Schlackenbeton, k = 1,66 W/(m^2·K).
Außenwand:	Schwerbetonwand mit Außendämmung, Wandkonstruktion gemäß Tabelle A17 Richtlinie VDI 2078.
Fenster:	Isolierglas mit 9 mm Luftzwischenraum mit wärmegedämmtem Metallrahmen, Innenvorhänge aus Nesselmaterial.

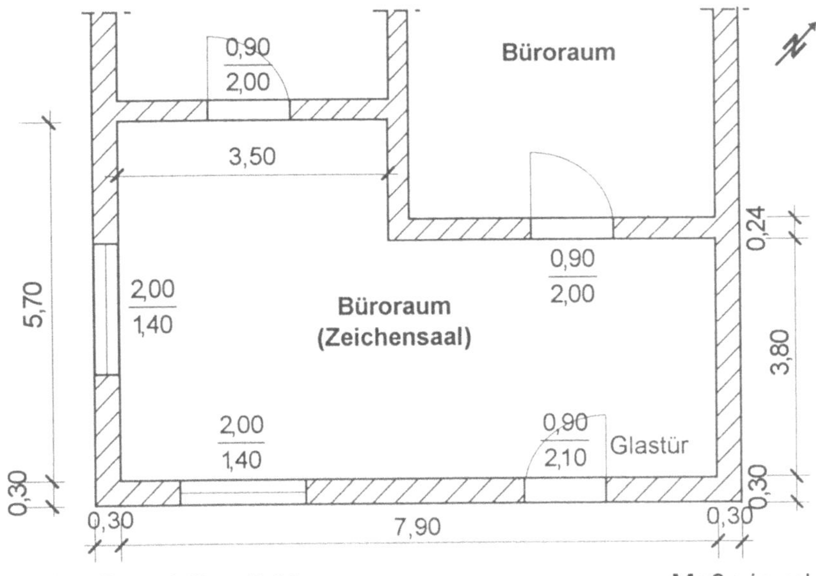

Lichte Raumhöhe: 2,60 m   Maße in m!

Lösung

Bei Räumen mit zeitlich veränderlichen Wärmequellen an der Kühllast gilt es zunächst, den Zeitpunkt (Berechnungszeitpunkt) des voraussichtlichen Maximums abzuschätzen. Er liegt bei Räumen mit mehreren Fensterflächen nach den Überlegungen in der VDI - Richtlinie häufig in zeitlicher Nähe des Höchstwertes der Sonnenstrahlung. Bei mehreren Fensterwänden oder Außenwänden ist die Berechnung zumeist für verschiedene Zeitpunkte durchzuführen. Nach mehreren Studien wurde für das Beispiel herausgefunden, daß die Kühllast für die äußere Belastung ein Maximum im Monat Juli und als Zeitpunkt 17 Uhr ergibt.
Nach Festlegung der maßgeblichen Zeit beginnt die Berechnung in der Reihenfolge der in der Richtlinie VDI 2078 angegebenen Formeln. Dabei ist die wahre Ortszeit aufzunehmen, bei Sommerzeit gelten die Werte für eine Stunde später.
Die Kühllastzone 3 ist in Bild 2 bzw. Tab.1 der VDI - Richtlinie umrissen. Zone 3 ist ein Binnenklima II. Definitionen hierzu vgl. die Richtlinie und DIN 4710.
Durchführung der Berechnung für Juli, 17 Uhr:
Kühllast durch Wärmeabgabe je Person - trockene Wärmeabgabe nach VDI 2078 Tab. A1:

$$q_{P,tr} = 75 \text{ W/Pers.}$$

Kühllastfaktor für innere Lasten mit Konvektionsanteil 50 %, Raumtyp L, nach VDI 2078 Tab. A5:

$$S_i = 0{,}91$$

Kühllast infolge Wärmeabgabe von 6 Personen:

$$Q_{P,tr} = 6 \cdot 75 \cdot 0{,}91 \text{ W} = 410 \text{ W}$$

Feuchte Wärmeabgabe je Person nach VDI 2078 Tab. A1:

$$q_{P,f} = 40 \text{ W/Pers.}$$

und für 6 Personen: $Q_{P,f} = 6 \cdot 40 \text{ W} = 240 \text{ W}$

Kühllast durch Beleuchtungswärme. Annahme gemäß Aufgabenstellung: Alle Zonen des Raumes werden gleichmäßig ausgeleuchtet, d.h. Kern und Außenzonen des Raumes, somit Gleichzeitigkeitsfaktor I = 1. Aus VDI 2078 Tab. A3 wird der flächenbezogene Anschlußwert p = 24 W/(m²·klx) der 3 - Banden Leuchtstofflampen für "übliches Gruppenbüro" als Richtwert entnommen. Raumbelastungsgrad durch Beleuchtung $\mu_B = 0{,}55$ nach VDI 2078 Tab. A4.

Anschlußleistung hieraus:

$$P = \left(\frac{750}{1000} \cdot 24 \cdot 40 \right) \text{ W} = 720 \text{ W}$$

Kühllastfaktor für innere Strahlungslasten (Konvektionsanteil der Leuchten 0 %) nach VDI 2078 Tab. A5:

$$S_i = 0{,}82.$$

Kühllastanteil durch die Abluftleuchten:

$$Q_{B1} = 720 \cdot 1{,}0 \cdot 0{,}55 \cdot 0{,}82 \text{ W} = 325 \text{ W}$$

Zusatzbeleuchtung durch Zeichenbrettbeleuchtung bei 100 % Gleichzeitigkeit:

$$Q_{B2} = 60 \cdot 6 \text{ W} = 360 \text{ W}$$

Da andere innere Wärmequellen nicht vorhanden sind, beträgt die gesamte Kühllast infolge Beleuchtungswärme:

$$Q_B = 325 \text{ W} + 360 \text{ W} = 685 \text{ W}$$

Kühllast durch den Wärmestrom aus dem Gebäudeinnern. Von den angrenzenden Räumen sind beide unklimatisiert. Diese Raumtemperaturen betragen 30°C (Nachbarräume). Nach DIN 4701-2 gilt für die beiden Innentüren: A = 2,0 m · 0,9 m = 1,8 m², ein Wärmedurchgangskoeffizient k = 2,0 W/(m²·K) und somit ein Wärmestrom durch die Türen bedingt:

$$Q_{R,IT} = 2 \cdot 1{,}8 \cdot 2{,}0 \cdot (30{,}0 - 24{,}0) \text{ W} = 43 \text{ W}.$$

Für die Innenwände (Geschoßhöhe!) gilt bei einem Wärmedurchgangskoeffizient k = 1,66 W/(m²·K) ein Wärmestrom von:

$$Q_{R,IW} = 24{,}8 \cdot 1{,}66 \cdot (30{,}0 - 24{,}0) \text{ W} = 247 \text{ W}$$

Und somit Gesamtwärmestrom der Innenwand mit Innentüren:
$$Q_{R,I} = 43\ W + 247\ W = 290\ W.$$

Äußere Kühllast durch den Wärmedurchgang für die Außenwände:

Im Wand- Dachtypenkatalog der VDI 2078 Tabelle A17 findet sich der Wärmedurchgangskoeffizient $k = 0{,}65\ W/(m^2 \cdot K)$, die Bauartenklasse (6) und eine Zeitverschiebung $\Delta Z = +\ 2\ h$, die Schwerbetonwand mit Außendämmung (20 cm Stahlbeton, 5 cm Hartschaumdämmung, jeweils 2,5 cm Innen- und Außenputz). Da die Zeitkorrektur 2 Stunden beträgt, sind die Werte für die äquivalente Temperaturdifferenz um 2 Stunden später aus den Tabellenwerten der VDI 2078 zu entnehmen, also nicht für 17 Uhr, sondern für 19 Uhr, die Raumtemperatur von 24°C ist um 2 K höher, als bei der Berechnung der äquivalenten Temperaturdifferenz vorausgestzt wurde. Deshalb gilt:
$$\Delta\vartheta_{äq1} = \Delta\vartheta_{äq} + (22{,}0 - 24{,}0)°C = \Delta\vartheta_{äq} - 2\ K$$

Flächenberechnung hierzu: Die Außenwandfläche ergibt sich aus Breite und Geschoßhöhe abzüglich der Gesamtfensterfläche. Das Öffnungsmaß der Fenster und Fenstertür beträgt in der

Südostwand $\quad A_{MT} = 0{,}9\ m \cdot 2{,}1\ m = 1{,}9\ m^2$
$\qquad\qquad\quad\ A_{MF} = 1{,}4\ m \cdot 2{,}0\ m = 2{,}8\ m^2$
Südwestwand $\ A_{MF} = 2{,}8\ m^2$
und somit die zugehörigen Wandflächen
Südostwand $\quad A_{SO} = 8{,}5\ m \cdot (2{,}6 + 0{,}3)\ m - (1{,}9 + 2{,}8)\ m^2$
$\qquad\qquad\quad\ A_{SO} = 20{,}0\ m^2$
Südwestwand $\ A_{SW} = 6{,}0\ m \cdot (2{,}6 + 0{,}3)\ m - 2{,}8\ m^2 = 14{,}6\ m^2$
Nordostwand $\ A_{NO} = 4{,}1\ m \cdot (2{,}6 + 0{,}3)\ m = 11{,}9\ m^2.$

Somit Kühllastanteil Q_W der Außenwand mit Hilfe der äquivalenten Temperaturdifferenz nach VDI 2078 Tab. A18, Bauartklasse 6, 19 Uhr:

$$Q_W = (0{,}65 \cdot 20{,}0 \cdot 8{,}4 + 0{,}65 \cdot 14{,}6 \cdot 8{,}0 + 0{,}65 \cdot 11{,}9 \cdot 4{,}7)\ W = 222\ W$$

Kühllast durch Transmission durch die Fenster:
Nach DIN 4108-4, Tabelle 3, Zeile 3, RG 2.1 beträgt der Wärmedurchgangskoeffizient der Fenster gemäß Aufgabenstellung bei wärmegedämmtem Metallrahmen $k_F = 3{,}0\ W/(m^2 \cdot K)$, somit:
$$A_{Mges} = (1{,}9 + 2 \cdot 2{,}8)\ m^2 = 7{,}5\ m^2,$$
bezogen auf das Maueröffnungsmaß.

Nach VDI 2078 Tabelle A8 entnimmt man um 17 Uhr als Außenlufttemperatur für die Kühllastzone 3 - gemäß Aufgabenstellung - : 31,7°C, damit wird:

$$Q_T = 3{,}0 \cdot 7{,}5 \cdot (31{,}7 - 24{,}0)\ \text{W} = 173\ \text{W}$$

Kühllast infolge Strahlung durch die Fenster: Aus VDI 2078 Tabelle A9 kann für das Maximum der Gesamtstrahlung und Diffusionsstrahlung im Juli, 17 Uhr entnommen werden:

Fenster und Fenstertüren in Südostwand:

$$I_{max} = 55\ \text{W/m}^2$$
$$I_{diff,max} = 55\ \text{W/m}^2$$

Fenster in Südwestwand:

$$I_{max} = 271\ \text{W/m}^2$$
$$I_{diff,max} = 110\ \text{W/m}^2$$

Annahme hierbei, daß keine Verschattung, weder durch Nachbargebäude und durch vorstehende Wand- bzw. Fensterelemente, d.h. die gesamte besonnte Glasfläche wird in Rechnung gesetzt. Der Durchlaßfaktor der Fenster und Sonnenschutzeinrichtungen mit innerem Nesselvorhang - gemäß Aufgabenstellung - beträgt nach VDI 2078 Tabelle A13 b = 1,0 · 0,5 = 0,5. Der Kühllastfaktor S_a für die äußeren Strahlungslasten beträgt für Raumtyp L, innerer Sonnenschutz, S_a = 0,63 für die Südwest - Glasfläche nach VDI 2078 Tabelle A16. Damit beträgt die Kühllast durch Strahlung der Fenster:

$$Q_{S(SO)} = [(1{,}9 + 2{,}8)\ \text{m}^2 \cdot 55\ \text{W/m}^2 + (1{,}9 + 2{,}8)\ \text{m}^2 \cdot 55\ \text{W/m}^2] \cdot$$
$$0{,}5 \cdot 0{,}18\ \text{W} = 47\ \text{W}$$
$$Q_{S(SW)} = [2{,}8\ \text{m}^2 \cdot 271\ \text{W/m}^2 + 2{,}8 \cdot 110\ \text{W/m}^2] \cdot 0{,}5 \cdot 0{,}63 = 336\ \text{W}$$
$$Q_S = 47\ \text{W} + 336\ \text{W} = 383\ \text{W}$$

Die gesamte Kühllast beträgt somit im Monat Juli, 17 Uhr:

Trockene Raumkühllast:

$$Q_I = 410\ \text{W} + 685\ \text{W} + 290\ \text{W} = 1\ 385\ \text{W}$$
$$Q_A = 222\ \text{W} + 173\ \text{W} + 383\ \text{W} = 778\ \text{W}$$
$$Q_{KR,tr} = 1\ 385\ \text{W} + 778\ \text{W} = 2\ 163\ \text{W}$$

Feuchte Kühllast:

$$Q_{KR,f} = 240\ \text{W}$$

Für die Auslegung einer Klimaanlage sind somit folgende Werte für die Kühllast zugrunde zu legen:

$$Q_{KR} = Q_{KR,tr} + Q_{KR,f} = 2\ 163\ \text{W} + 240\ \text{W} = 2\ 403\ \text{W}$$

701 Welche Anforderungen werden an Bauteilfugen und solche Fugenkonstruktionen gestellt?

Lösung

Zur Aufnahme unterschiedlicher Formänderungen in den Bauteilen müssen Fugen angeordnet werden. Unter Fugen versteht DIN 52 460 "einen beabsichtigten toleranzbedingten Raum zwischen angrenzenden Bauteilen", also Räume, die zur Vermeidung von Zwängungskräften und / oder zur Erzielung eines passungsgerechten Zusammenfügens von Bauteilen angeordnet werden bzw. angeordnet werden müssen. Entsprechend den Aufgaben dieser Bauteilfugen unterscheidet man:

Bewegungsfugen	zwischen Bauteilen, die das Auftreten von zwängungsfreien Bewegungen zwischen den Bauteilen ermöglichen sollen, wobei die Bauteilbewegungen aus thermischen und hygrischen Veränderungen entstehen.
Setzungsfugen	sollen die aus den Bodenbewegungen herrührenden Relativbewegungen zwischen den Baukörpern zwängungsfrei ermöglichen.
Passungsfugen	sollen das zwängungsfreie Zusammenfügen von Bauteilen unter Beachtung der möglichen Maßabweichungen dieser Bauteile ermöglichen.
Verblendfugen	zwischen Fliesen, Klinkern, Vormauersteinen, usw.
Abschlußfugen	zwischen kleineren Bauelementen und auch unterschiedlichen Baumaterialien, wie z.B. Stahl und Beton, oder Holz und Mauerwerk.
Wasserbelastete Fugen	in Schwimmbädern und Wasserbehältern.

Fugen sollen also Bewegungen des Baukörpers aus Temperatureinflüssen, Schwind- und Kriechprozessen und Belastungen in Baukonstruktionen ohne Schaden aufnehmen und nach außen einen Abschluß bilden, damit z.B. kein Niederschlagswasser eindringt.

Die Ausbildung der mit Dichtungsmassen abgedichteten Fugen muß DIN 18 540 entsprechen. Die Problematik bei der Ausführung von mit Dichtungsmassen abgedichteten Fugen besteht darin, daß die Fugen empfindlich gegen Toleranzen sind und bei der Verarbeitung in hohem Maße witterungsabhängig sind. Die konstruktive Ausbildung der Fugen erläutert DIN 18 540.

Die Kanten der Bauteile sind abzufasen, um der Gefahr einer Umläufigkeit der Fugendichtung zu begegnen. Die Fugeninnenflächen müssen parallel verlaufen, um dem Hinterfüllmaterial ausreichenden Halt zu verschaffen. Das Hinterfüllmaterial muß eine gleichmäßige, möglichst konvexe Begrenzung der Fugentiefe sicherstellen. Es muß mit der Fugendichtungsmasse verträglich und darf nicht wassersaugend sein. Im eingebauten Zustand muß das Hinterfüllmaterial einen ausreichenden Widerstand beim Einbringen und Abglätten der Fugendichtungsmasse leisten.

Im Bereich der Fugen und Anschlüsse muß besonders bei Fassadenelementen der Schlagregenschutz sichergestellt sein. DIN 4108-3 gibt zur Ausbildung von Fugen zwischen vorgefertigten Wandplatten in Abhängigkeit von der Schlagregenbeanspruchung Empfehlungen.

Fugendichtungsmassen, besonders wenn sie dem Licht und der Feuchte ausgesetzt sind, besitzen eine Alterungsbeständigkeit, die gewöhnlich kleiner ist als die Benutzungsdauer eines Bauwerks. Daher sollten die Fugen so geformt und gedichtet werden, daß man die dichtenden Materialien auf einfache Weise auswechseln kann, ohne daß dabei die Baukonstruktionsbaustoffe zerstört werden. Fugen in schlagregenbeanspruchten Gebieten sollten so ausgebildet werden, daß die Fugendichtungsmasse der Einwirkung von Feuchte und Licht weitgehend entzogen wird, sogen. zweistufige Fugen.

Bei Temperaturen über 40°C darf nach DIN 18 540 nicht verfugt werden, damit bei kurzfristiger Abkühlung keine Schäden durch zu frühe Dehnung der Fugendichtungsmasse entsteht. Unter 5°C sollte nicht verfugt werden, einige Hersteller geben auch noch ± 0°C an.

702 Worin unterscheiden sich Fugendurchlässigkeit und Luftdurchlässigkeit von Außenbauteilen?

Lösung

Durch Anblasen eines Gebäudes vom Wind entsteht ein Staudruck in Pa, d.h. ein Überdruck auf der dem Wind zugewandten Gebäudeseite (Luvseite). Dieser Staudruck ist im Verhältnis gleich dem Quadrat der Windgeschwindigkeit. Unter der Wirkung einer Druckdifferenz Δp an den Fugen von Außenbauteilen (z.B. zwischen Fensterflügel und Fensterrahmen, zwischen Fensterrahmen und Außenwand, zwischen Türflügeln und Außenwand, zwischen Außenbauteilen, usw.) tritt Außenluft in das Gebäudeinnere bzw. auf der dem Wind abgewandten Seite (Leeseite) Innenluft aus dem Gebäudeinnern nach außen. Das ausgetauschte Luftvolumen hängt ab von einer Exponentialfunktion Δp^n. Der Exponent n wird beeinflußt von der Länge, Weite und Tiefe der Fuge, sowie von der Beschaffenheit der Oberfläche der Fugenwandungen. Hinreichend genau gilt im Bauwesen $n = \dfrac{2}{3} \approx 0{,}67$.

Das je Meter Fugenlänge pro Zeiteinheit in Abhängigkeit von der Druckdifferenz ausgetauschte Luftvolumen wird als Fugendurchlässigkeit bezeichnet: $a \cdot \Delta p^{2/3}$. Hierbei ist a in $m^3/(m \cdot h \cdot Pa^{2/3})$ der Fugendurchlaß - Koeffizient. Er ist bezogen auf eine Druckdifferenz von 10 Pa = 1 daPa ein bauteilspezifischer Kennwert für die Fugendurchlässigkeit eines Außenbauteils.

Anstelle von Fugendurchlässigkeit spricht man auch von der Luftdurchlässigkeit von Bauteilen. Diese beiden Größen bedeuten dasselbe.

703 In schlagregenbeanspruchten Gebieten werden zweistufige Fugen angeordnet. Funktion?

Lösung

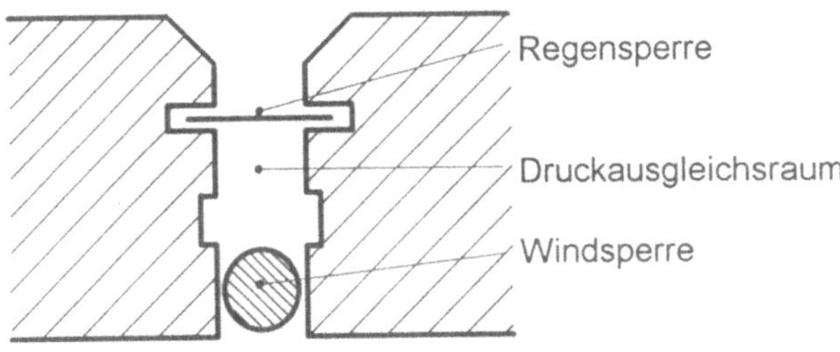

Prinzipskizze einer zweistufigen Fuge.

Die Fugendichtungsmasse liegt im Hintergrund des Fugenspaltes. Sie dient dazu, das Eindringen von Luft in das Bauteilinnere zu verhindern (Windsperre). In der Nähe der äußeren Bauteiloberfläche befindet sich ein loser, in eine Nut eingeschobener Kunststoffstreifen, der den Zutritt von Licht und Schlagregen zur Fugendichtungsmasse verhindert (Regensperre). Er kann leicht erneuert werden. Zwischen Regen- und Windsperre befindet sich ein Hohlraum, der zum Ausgleich des bei Wind auf der Sperre liegenden Staudruckes dient. Durch Undichtigkeiten der Regensperre läuft eindringende Feuchte in die Fuge, im Druckausgleichsraum nach unten, erreicht also die Dichtungsmasse nicht, und kann jeweils in Deckenhöhe nach außen abgeführt werden.

704 Neben Wärmeschutz- und Feuchteschutzmaßnahmen sind Baukonstruktionen gegen unkontrollierte Formänderungen zu schützen. Um welche Maßnahmen handelt es sich?

Lösung

Unter Formänderungen versteht man die Veränderung der Abmessungen einer Konstruktion ein- und mehrdimensional. Formänderungen können lastabhängig und/oder lastunabhängig sein. Lastabhängige Formänderungen entstehen durch die Belastung einer Konstruktion (z.B. Durchbiegen einer Deckenplatte infolge Eigengewicht, Einzellasten, Verkehrslasten), lastunabhängige Formänderungen entstehen ohne Einwirkung einer Belastung (z.B. durch thermische Einflüsse, Schwinden). Vertikal- und / oder Horizontalverformungen in einer Baukonstruktion sind grundsätzlich nicht auszuschließen und lassen sich rechnerisch weitestgehend durch Abstimmung von Materialeigenschaften und Konstruktion ermitteln.
Werden diese Formänderungen planerisch und konstruktiv richtig berücksichtigt, so führt das nicht zu Formänderungssschäden, bei denen z.B. Risse auftreten, die in ungünstigen Fällen auch die Standsicherheit etwa einer Wand beeinträchtigen können. Unkontrollierte Risse stellen zumindest bleibende Schwachstellen einer Konstruktion dar.

705 Welche Einflußgrößen sind für die Formänderung eines Bauteils maßgebend?

Lösung

Materialeigenschaften:
Elastizitätsmodul, Biegesteifigkeit, Festigkeit, Schwindmaß, Kriechzahl, Wärmedehnungskoeffizient.

Zustand des Bauteils:
Betonalter, Feuchtegehalt usw.

Äußere Einwirkungen:
Lasten, relative Luftfeuchte, Temperaturschwankung, Wetter, Klima.

706 Welche Größen sind für die Bestimmung des Bewegungsfugenabstandes von Bedeutung?

Lösung

Abmessungen des Bauteils, Temperaturbeanspruchung, Wärmedehnungskoeffizient, Ausdehnungsmöglichkeiten bzw. Einspannung, Fugenfüllmasse.

707 Was ist bei der Dimensionierung einer Fuge zu beachten?

Lösung

Sämtliche Formänderungen durch Wärmedehnung, Schwinden, Elastischer Dehnung, Kriechdehnung usw. müssen von der Fuge ohne Schaden aufgenommen werden können. Die Gesamtformänderung muß kleiner sein als die zuläßige Gesamtverformung der Fugendichtungsmasse, um deren Funktionsfähigkeit zu erhalten. Zu berücksichtigen ist, daß im Planungsstadium der Zeitpunkt des Einbaus der Fuge in die Konstruktion und die während des Einbaus vorherrschenden Temperaturen nur abgeschätzt werden können und daß das Verfugen in der Regel bei einer anderen Fugenbreite als der Soll-Fugenbreite, nämlich der Ist-Fugenbreite, erfolgt.

708 Können die Bewegungsfugen in Dachdecken von "Warmdächern" entfallen, wenn auf dem Dach Wärmedämmplatten verlegt werden?

Lösung

Nein! Die Wärmedämmschicht macht den Einbau von Bewegungsfugen nicht entbehrlich; es können nur je nach der Wärmeleitfähigkeit der Dämmschicht die Fugenabstände vergrößert werden.

709 Das Bild zeigt den Aufbau eines "Warmdaches", das als Flachdachdecke eines Wohnhauses dient. Die tragende Rohdecke ist aus 16 cm Stahlbeton B25 mit der Konsistenz K3 (weich). Die wirksame Länge der Decke beträgt 10 m. Die Wärmedämmung ist aus 14 cm PS - Hartschaum der Wärmeleitfähigkeitsgruppe WLG 050.

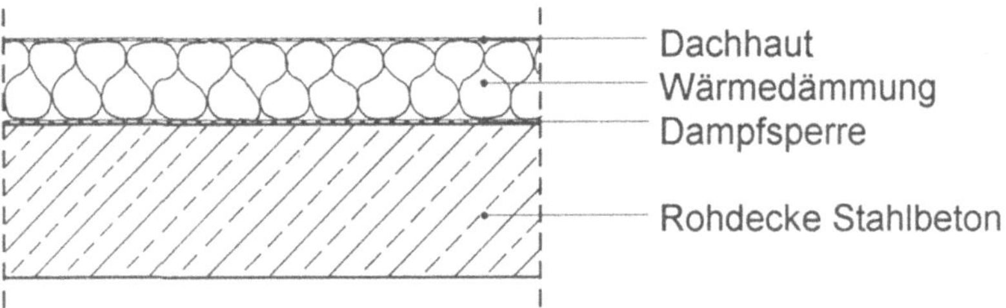

Zu überprüfen ist anhand der vorgegebenen Klimabedingungen die Dehnungsdifferenz zwischen der Außenwand aus beidseitig verputztem Mauerwerk und der Flachdachdecke, wobei die thermische Dehnung der Wand vernachlässigt werden kann.

$$\vartheta_E = 28°C \text{ ist die Einbautemperatur der Fuge.}$$
$$\vartheta_{La,Winter} = 12°C$$
$$\vartheta_{Oa,Sommer} = 65°C$$
$$\vartheta_{Li,Sommer} = \vartheta_{Li,Winter} = 20°C$$

Relative Luftfeuchte im Innenraum $\approx$ 50 %.

Gemäß der Berechnung sind Einflußfaktoren darzulegen, die die Dehnungsdifferenz zwischen Wand und Flachdachdecke positiv beeinflußen können.

Lösung

Die Gesamtdehnung des Warmdaches ist die Summe aus den folgenden Einflußfaktoren: $\varepsilon_{tot} = \varepsilon_\vartheta + \varepsilon_S + \varepsilon_{el} + \varepsilon_K$,
worin ε_ϑ die Wärmedehnung, ε_S die Schwinddehnung, ε_{el} die elastische Dehnung und ε_K die Kriechdehnung bedeuten.

Die Wärmedehnung $\varepsilon_\vartheta = \alpha_\vartheta \cdot \Delta\vartheta$ wird mit Hilfe des Wärmedehnungskoeffizienten α_ϑ ermittelt - der angibt, um wieviel mm/m sich ein bestimmter Baustoff bei einer Temperaturänderung von 1 K dehnt - und der unbekannten Temperaturdifferenz $\Delta\vartheta$. Die Konstruktion wird im Zyklus eines Jahres sommerlichen und winterlichen Temperaturen ausgesetzt. Der Temperaturverlauf im Winter wird nach den gleichen Prinzipien wie für den winterlichen Wärmeschutz ermittelt. Bei der Ermittlung des Temperaturverlaufs im Sommer geht man von der Überlegung aus, daß die Raumtemperaturen im Sommer und Winter gleich sind und anstelle der Außenlufttemperatur im Sommer aufgrund der Besonnung die Oberflächentemperatur der Konstruktion maßgebend ist. Grundsätzlich ist es ausreichend genau, nur die Schichtmitteltemperatur zu berücksichtigen; $\Delta\vartheta$ kennzeichnet dann die maximale Längenänderung der jeweiligen Konstruktionsschicht. Für die Flachdachdecke gilt somit:

Ermittlung der Schichtmitteltemperatur $\vartheta_{m,Sommer}$ nach DIN 4108-5 durch Umformen der Gleichung für die Wärmestromdichte q:

$$\vartheta_{m,Sommer} = \vartheta_{Li} - q \cdot \left(R_i + \frac{1}{2} \cdot \left(\frac{1}{\Lambda}\right)_{Stahlbeton} \right)$$

$$q_{Sommer} = k \cdot \Delta\vartheta = \left(\frac{1}{R_i + \left(\dfrac{1}{\Lambda}\right)_{Stahlbeton} + \left(\dfrac{1}{\Lambda}\right)_{Dämmung}} \right) \cdot (\vartheta_{Li} - \vartheta_{Oa})$$

$$q_{Sommer} = \left(\frac{1}{0,17 + \dfrac{0,16}{2,1} + \dfrac{0,14}{0,05}} \right) \cdot (20,0 - 65,0)\ W/m^2 = -14,77\ W/m^2$$

Dann ergibt sich für die Schichtmitteltemperatur im Sommer:

$$\vartheta_{m,Sommer} = 20,0 - (-14,77) \cdot \left(0,17 + \frac{1}{2} \cdot 0,076 \right)\ °C = 23,1\,°C$$

Ermittlung der Schichtmitteltemperatur im Winter:

$$q_{Winter} = \left(\frac{1}{0,13 + \dfrac{0,16}{2,1} + \dfrac{0,14}{0,05} + 0,04} \right) \cdot (20,0 - (-12,0))\ W/m^2$$

$q_{Winter} = 10,50\ W/m^2$, dann ergibt sich:

$$\vartheta_{m,Winter} = 20,0 - 10,50 \cdot \left(0,13 + \frac{1}{2} \cdot 0,076 \right)\ °C = 18,2\,°C$$

Die Wärmedehnung beträgt somit:

$\varepsilon_\vartheta = \alpha_\vartheta \cdot \Delta\vartheta = \alpha_\vartheta \cdot (\vartheta_m - \vartheta_E)$, mit $\alpha_\vartheta = 0,010$ mm/(m·K) nach Herstellerangabe ergibt sich:

$\varepsilon_{\vartheta,Sommer} = 0,01 \cdot (23,1 - 28,0)$ mm/(m·K) = - 0,049 mm/m

$\varepsilon_{\vartheta,Winter} = 0,01 \cdot (18,2 - 28,0)$ mm/(m·K) = - 0,098 mm/m

Unter Schwinden versteht DIN 4227 die Verkürzung des unbelasteten Betons während der Austrocknung. Ist die Auswirkung des Schwindens vom Wirkungsbeginn bis zum Zeitpunkt t = ∞ zu berücksichtigen, so können die Endschwindmaße $\varepsilon_{S\infty}$ von Mauerwerk DIN 1053-2 bzw. für Beton DIN 4227-1 entnommen werden. Das Endschwindmaß $\varepsilon_{S\infty}$ von Beton steht im Zusammenhang mit dem wirksamen Betonalter t_0, von dem ab der Einfluß des Schwindens berücksichtigt werden soll. Sind die Auswirkungen des Schwindens zu einem anderen als zum Zeitpunkt t = ∞ zu beurteilen, so kann der maßgebende Teil des Schwindens bis zum Zeitpunkt t nach DIN 4227-1 ermittelt werden.
Die Werte für $\varepsilon_{S\infty}$ gelten für den Konsistenzbereich K 2 des Betons. Für K 1 bzw. K 3 sind die Angaben in DIN 4227-1 zu korrigieren: Um 25 % (Faktor 1,25) zu ermäßigen bzw. zu erhöhen.
Weiterhin ist das Endschwindmaß $\varepsilon_{S\infty}$ von der mittleren Dicke der Betonschicht abhängig:

$$d_m = 2 \cdot \frac{A}{U},$$

A ist die Fläche des Betonquerschnitts, U der der Atmosphäre ausgesetzte Umfang des Bauteils. Mit den gegebenen Baumaßen A = 0,16 m · 10,0 m, und U = 10,0 m (die Decke ist nur mit einer Seite der Atmosphäre ausgesetzt, da Lage des Bauteils im Innenraum) ergibt sich die mittlere Dicke mit:

$$d_m = 2 \cdot \frac{1,6\ m^2}{10,0\ m} = 0,32\ m$$

Nach DIN 4227-1 ergibt sich für das gewählte Betonalter $t_0 \approx 90$ Tage:

$\varepsilon_{s\infty1} = 1{,}25 \cdot (- 22{,}6 \cdot 10^{-5})$ m/m $\approx - 0{,}283$ mm/m

Für die Wand ergibt sich: $\varepsilon_{s\infty2} = 0{,}00$ mm/m, gemäß Aufgabenstellung.

Unter Kriechen bezeichnet man die zeitabhängige Zunahme der Verformungen unter andauernden Spannungen. Beton z.B. kriecht besonders in trockener Luft bis zu 4 Jahre. Das Kriechen des Betons hängt vor allem von der Feuchte der umgebenden Luft, den Maßen des Bauteils und der Zusammensetzung des Betons ab. Das Kriechen wird außerdem vom Erhärtungsgrad des Betons beim Belastungsbeginn und von der Dauer und Größe der Beanspruchung beeinflußt. Allgemein ist die Auswirkung des Kriechens nur für den Zeitpunkt $t = \infty$ zu berücksichtigen, für Mauerwerk ist die Endkriechzahl φ_∞ in DIN 1053-2 angegeben, für Beton in Abhängigkeit von der mittleren Dicke d_m, und der Lage des Bauteils in DIN 4227-1. Erhärtet der Beton unter Normaltemperaturen ($\approx 20°C$), so ist das wirksame Betonalter t_0 in DIN 4227-1 gleich dem wahren Betonalter. Ist ein genauer Nachweis erforderlich oder sind die Auswirkungen des Kriechens zu einem anderen als zum Zeitpunkt $t = \infty$ zu beurteilen, so kann φ_t nach DIN 4227-1 ermittelt werden.

Da in der Flachdachdecke das Auftreten einer Normalspannung in betrachteter Dehnungsrichtung zu erwarten ist, können die Kriechdehnung und elastische Dehnung vernachläßigt werden.

Somit Gesamtdehnung:

$\varepsilon_{tot} = \varepsilon_\vartheta + \varepsilon_S = (\varepsilon_{\vartheta1} - \varepsilon_{\vartheta2}) + (\varepsilon_{s\infty1} - \varepsilon_{s\infty2})$

Dann ergibt sich:

$\varepsilon_{tot,Sommer} = (- 0{,}049 - 0) + (- 0{,}283 - 0)$ mm/m $\approx - 0{,}332$ mm/m

$\varepsilon_{tot,Winter} = (- 0{,}098 - 0) + (- 0{,}283 - 0)$ mm/m $\approx - 0{,}381$ mm/m

DIN 18 530 fordert, daß die Dehnungsdifferenz $\Delta \varepsilon_{tot}$ bei unverschiebbarer Lagerung einer Dachdecke auf tragende Wände die Werte

$$- 0{,}4 \text{ mm/m} < \Delta \varepsilon_{tot} < + 0{,}2 \text{ mm/m}$$

nicht überschreiten darf. Damit ist die Anforderung gemäß Beispiel gerade noch erfüllt.

Zur Frage der Einflußfaktoren, die die Dehnungsdifferenz positiv beeinflussen können:

Wärmeleitfähigkeit der Wärmedämmung $\lambda_{R\,Dämmung}$,
Einbautemperatur ϑ_E,
Konsistenz K, Lage des Bauteils, wirksame Länge.

710 Aus welchem Grund kann es sinnvoll sein, ein Garagendach zu dämmen?

Lösung

Aus Gründen der Formänderung. Durch starke Sonneneinstrahlung kommt es auf der Dachoberfläche zu hohen Temperaturen und damit zu starken Bewegungen der Schichten (Dehnungen) mit der Folge von Rissgefahren.
Durch Dämmen der Dachoberseite kommt es zu geringen Temperaturänderungen in der Konstruktion und geringen Temperaturschwankungen im Garagenraum.

711 Für das unten abgebildete Flachdach einer Garagenanlage ist die erforderliche Fugenbreite für den kritischen Fall "Sommer" zu ermitteln.

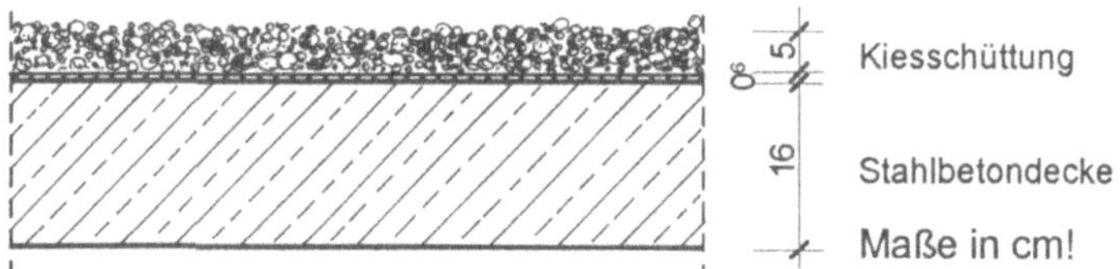

Folgende Klimadaten besitzen Gültigkeit:

$\vartheta_E = \vartheta_V = 10°C$, gleiche Temperatur für Einbau und Verfugen;
$\vartheta_{Oa} = 60°C$,
$\vartheta_{Li} = 28°C$.

Die Fuge ist jeweils zu bemessen für den Fall:

Ohne Fugendichtungsmasse mit einem Fugenabstand von 40 m, 20 m und 10 m bei der Fugenbreite (Abstand zwischen den Fugenflächen) $b_s = 0$, d.h. im Sommer stoßen die Fugenkanten zusammen, mit Fugendichtungsmasse für ein Verformungsvermögen mit der Gesamtverformung $\varepsilon_{F,zul.D} = \varepsilon_{F,zul.K} = 12{,}5\ \%$. Hierfür ist eine realistische Fugenverteilung (Fugenabstand und Fugenbreite) für eine Deckenfeldlänge von 40 m vorzuschlagen.

Index D bedeuten Dilatation und K Kontraktion,

wie vor, aber das Deckenfeld ist an beiden Enden eingespannt.

Anmerkung: Kriechen und Schwinden sowie die elastische Dehnung können vernachlässigt werden!
Index Stb: Stahlbeton

Lösung

Zunächst ist die graphische Ermittlung der Schichtmitteltemperatur ϑ_m des Flachdachs erforderlich, um die Längenänderungen des Bauteils unter den Witterungsbedingungen und der Einbautemperatur $\vartheta_E = \vartheta_V$ der Verfugungstemperatur zu ermitteln:

Nr.	Bauteilschicht	s	λ_R	R	ϑ	
		m	W/(m·K)	m²·K/W	°C	
	Übergang innen			0,17	Li	28,0
1	Stahlbetondecke	0,16	2,1	0,0762	Oi	45,1
2	Dachhaut	0,006	—	—	1	52,8
3	Kiesschüttung	0,05	0,7	0,0714	2	—
	Übergang außen			0,04	Oa	60,0
					La	—

Wärmedurchlaßwiderstand	$\dfrac{1}{\Lambda}$	0,1476	m²·K/W
Wärmedurchgangswiderstand	R_k	0,3576	m²·K/W
Wärmedurchgangskoeffizient	k	2,7964	W/(m²·K)
Wärmestromdichte	q	- 100,76	W/m²

Temperaturschema:

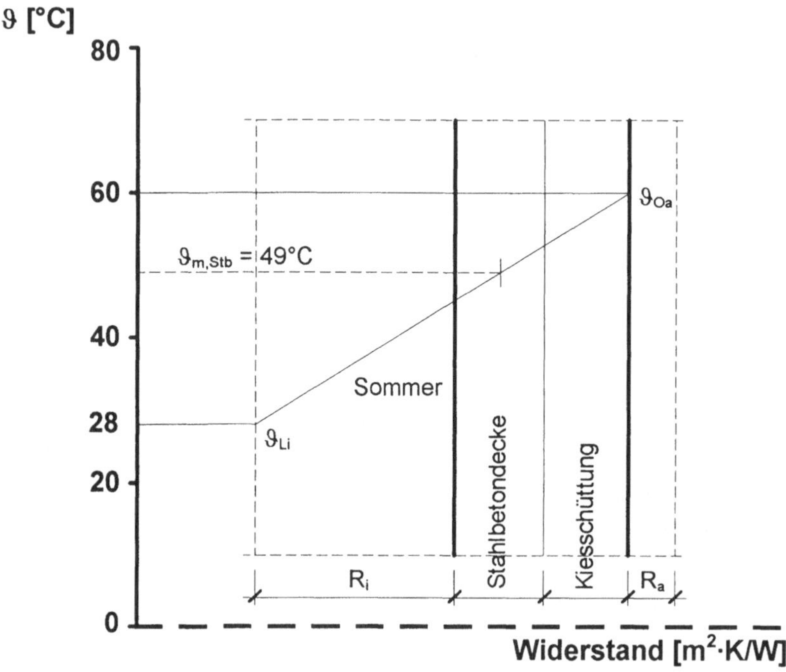

Die erforderliche Fugenbreite $b_E = b_V$ für Einbau und Verfugen ist zu ermitteln für die Einbau- und Verfugungstemperatur $\vartheta_E = \vartheta_V$. Nach dem vorhandenen Temperaturschema beträgt die Schichtmitteltemperatur der Stahlbetondecke $\vartheta_{m,Stb} = 49°C$.

Mit den vorgegebenen Angaben kann die Beantwortung der Fragen durchgeführt werden:

Zur Frage, Fuge ohne Fugendichtmasse bei $b_s = 0$:

Bedingung: $\sum (b_E - b_s) \geq \Delta l = \varepsilon_{tot} \cdot l$

$b_s = 0$ (ohne Fugendichtungsmasse, Abstand der Fugenflanken).

Gesamtdehnung: $\varepsilon_{tot} = \varepsilon_\vartheta + \varepsilon_s + \varepsilon_{el} + \varepsilon_k = \varepsilon_\vartheta$, da Schwinden, Kriechen und die elastische Dehnung unberücksichtigt bleiben.

Somit: $\sum b_E \geq \Delta l \approx \varepsilon_\vartheta \cdot l$

Angenommener Wärmedehnungskoeffizient:
$\alpha_{\vartheta,Stb} = 0{,}010$ mm/(m·K).

Somit Wärmedehnung:

$\varepsilon_\vartheta = \alpha_\vartheta \cdot \Delta\,\vartheta = 0{,}010$ mm/(m·K) · (49,0°C - 10,0°C) = 0,390 mm/m.
Dies ergibt für einen vorgegebenen Fugenabstand l = 40 m:

$\sum b_E \geq 0{,}390$ mm/m · 40,0 m = 15,60 mm,

gewählt $\sum b_E = 16$ mm. Für die übrigen Fugenabstände vgl. die folgende Tabelle analog:

Fugenabstand	[m]	40	20	10
Fugenbreite b_E (Stahlbetondecke)	[mm]	16	8	4

Zur Frage, wie sich das Ergebnis ändert bei einer Fuge mit Fugendichtungsmasse:
Bedingung:

Skizzen:

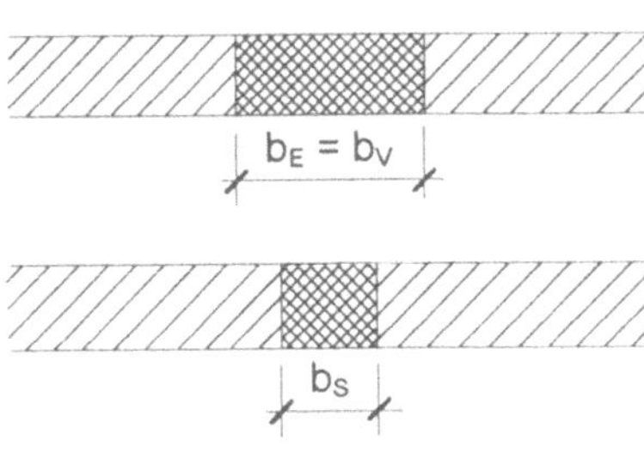

Einbau der Fuge in die Konstruktion = Verfugen mit Fugendichtungsmasse.
Sollfugenbreite = Istfugenbreite

Sommer:
Kontraktion der Fuge = Dilatation der Konstruktion.

Winter:
Dilatation der Fuge = Kontraktion der Konstruktion.

Somit ergibt sich für $b_E = b_V$:

$b_W - b_S \leq \varepsilon_{F,zul} \cdot b_V$
$b_E - b_S \leq \varepsilon_{F,zul\,K} \cdot b_V$
$b_W - b_E \leq \varepsilon_{F,zul\,D} \cdot b_V$

Hier ist die zweite Formel maßgebend, weil sie der größten temperaturbedingten Formänderung entspricht:

$$b_E - b_S \leq \varepsilon_{F,zul.K} \cdot b_V = \varepsilon_{F,zul.K} \cdot b_E$$

Durch mehrfaches Umformen ergibt sich:

$$b_V = b_E \geq \frac{b_E - b_S}{\varepsilon_{F,zul.K}}$$

$$\sum b_E \geq \sum \left(\frac{b_E - b_S}{\varepsilon_{F,zul.K}} \right) = \frac{\sum (b_E - b_S)}{\varepsilon_{F,zul.K}} = \frac{\Delta l}{\varepsilon_{F,zul.K}} = \frac{\varepsilon_\vartheta \cdot l}{\varepsilon_{F,zul.K}} .$$

$\varepsilon_{F,zul.K} = \varepsilon_{F,zul.D} = 12,5\ \%$ für die zulässige vorgegebene Gesamtverformung der Fugendichtungsmasse, gemäß der ersten Frage für die Stahlbetondecke mit einer Fugenbreite von 16 mm ohne Fugenmasse, dann verändert sich dieses Ergebnis:

$$\sum b_E \geq \frac{16\ mm}{0,125} = 128\ mm$$

gewählt z.B. $\quad$ Fugenabstand $l = \dfrac{40,0\ m}{5} = 8,0\ m$

$\qquad\qquad\qquad$ Fugenbreite $b_E = \dfrac{128\ mm}{5} = 25,6\ mm$

Richtwert nach DIN 18 540: $b \geq 35$ mm, maßgebend!

Zur Frage, wann das Deckenfeld mit Einspannungen berechnet werden soll:

Somit können folgende Ergebnisse hergeleitet werden:
Für die außen angeordneten Fugen
$\quad b_E = 1,5 \cdot 25,6$ mm $= 38,4$ mm, gewählt $b = 40$ mm,
für die innen (mitten) angeordneten Fugen
$\quad b_E = 35$ mm gemäß DIN 18 540, maßgebend!

Bei der Wahl einer wirksamen Bauteillänge sind die Formänderungsmöglichkeiten einer Konstruktion zu berücksichtigen. Dabei unterscheidet man nach baupraktischen Erfahrungen 3 Möglichkeiten, wenn die Formänderung einer Konstruktion behindert ist, da am Bauteil zusätzliche Belastungen auftreten, die mit den Gesetzen der Tragwerkslehre ermittelt werden können.

Den Zusammenhang zwischen der Längenänderung eines Bauteils und den auftretenden Temperaturen zeigt anschaulich das folgende Bild:

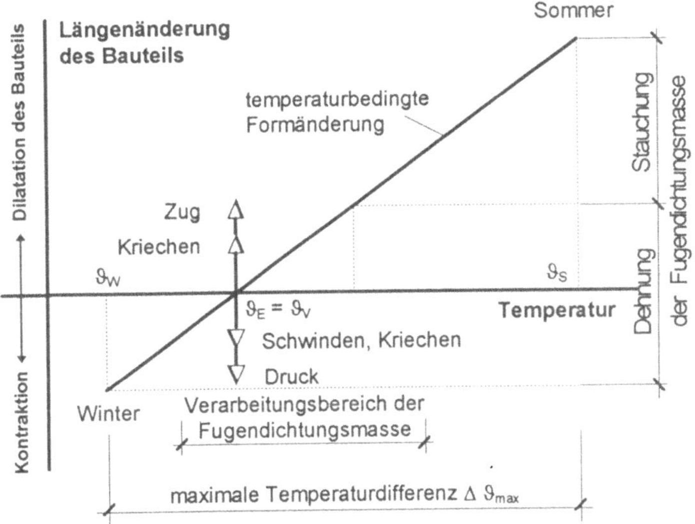

712 Warum muß die Innenschale eines Schornsteins in vertikaler Richtung beweglich sein?

Lösung

Die Außenschale einer Schornsteinkonstruktion steht nicht in direkter Verbindung mit der Innenschale. Der Zwischenraum der beiden Schalen ist mit Luft oder Dämmstoff ausgefüllt. Durch die Rauchgastemperaturen ruft die Innenschale thermische Längenänderungen hervor, die unabhängig wegen der konstruktiven Standsicherheit der Außenschale erfolgen muß.

713 An einer L = 5 m langen Kiesbeton - Vorsatzplatte sind die Bewegungen in der Fuge zu berechnen. Die mögliche Temperaturspanne für die gesamte Vorsatzplatte sei von - 15°C bis 38°C angenommen, wobei die Durchschnittstemperatur der gesamten Platte berücksichtigt werden soll. Die Platten wurden bei einer Einbautemperatur von ϑ_E = 8°C verlegt. Quell- und Schwindbewegungen sollen vernachlässigt werden. Bei der Verankerung der Platten sind folgende Fälle zu unterscheiden:

Fall 1: Fuge zwischen Mittelplatten

Fall 2: Fuge zwischen einer Mittelplatte und einer endverankerten Platte

Fall 3: Fuge zwischen zwei endveranker-ten Platten

Zu ermitteln ist die temperaturbedingte, maximale Längenände-rung und Längenzunahme der Platte.

Welche Mindestfugenbreite muß gewählt werden, wenn die elastische Fugendichtungsmasse nach Firmenangabe maximal um 25 % verdichtet werden darf?

Lösung

Temperaturbedingte Längenänderung: $\Delta l = \varepsilon_{tot} \cdot l$

Die Gesamtdehnung einer Platte beträgt:

$\varepsilon_{tot} = \varepsilon_\vartheta + \varepsilon_S + \varepsilon_{el} + \varepsilon_K$ mm/m, wobei ε_S die Schwinddehnung, ε_{el} die elastische Dehnung und ε_K die Kriechdehnung bedeuten. Gemäß Aufgabenstellung ist nur ε_ϑ zu berücksichtigen: $\varepsilon_{tot} \approx \varepsilon_\vartheta$.

Für die Wärmedehnung gilt: $\varepsilon_\vartheta = \alpha_\vartheta \cdot \Delta \vartheta$.

Für den im Bauwesen üblichen Temperaturbereich kann der lineare Wärmedehnungskoeffizient der Platte als konstant angesehen werden: $\alpha_\vartheta = 0{,}010$ mm/(m·K).

Somit Längenänderung: $\Delta l = \varepsilon_\vartheta \cdot l = \alpha_\vartheta \cdot \Delta \vartheta \cdot l$

Bei der Wahl der wirksamen Baulänge l sind die Formände-rungsmöglichkeiten der Plattenkonstruktion nach baupraktischen Erfahrungen zu berücksichtigen:

Fall 1: $l = L$, Fall 2: $l = \dfrac{3}{2} L$, und Fall 3: $l = 2 L$

Fall 1: $\Delta l = 0{,}01 \cdot [38{,}0°C - (-15{,}0°C)] \cdot 5{,}0$ m $= 2{,}65$ mm

Fall 2: $\Delta l = \dfrac{3}{2} \cdot 2{,}65$ mm $\qquad\qquad = 3{,}98$ mm

Fall 3: $\Delta l = 2 \cdot 2{,}65$ mm $\qquad\qquad = 5{,}30$ mm

Die vorstehenden Ergebnisse kennzeichnen die maximale Längenänderung der Konstruktionsplatte. Diese wird aber bei der temperaturbedingten - thermischen - Formänderung nicht berücksichtigt, weil für die Dilatation und Kontraktion deren Einbautemperatur ϑ_E maßgebend ist, daher errechnet sich die Längenzunahme:

$$\Delta l = 0,01 \text{ mm/(m·K)} \cdot (38,0°C - 8,0°C) \cdot 5,0 \text{ m}$$

Fall 1: Δl		$= 1,50$ mm
Fall 2: $\Delta l = \dfrac{3}{2} \cdot 1,5$ mm		$= 2,25$ mm
Fall 3: $\Delta l = 2 \cdot 1,5$ mm		$= 3,00$ mm

Mindestfugenbreite b_V nach DIN 18 540:

$$b_V - b_S \leq \varepsilon_{F,\text{zul. K}} \cdot b_V$$

Hierin bedeuten:

b_S Fugenbreite bei Kontraktion der Fuge bzw. Dilatation der Konstruktion

b_V Mindestfugenbreite beim Verfugen mit Fugendichtungsmasse (Istfugenbreite)

$\varepsilon_{F,\text{zul. K}}$ ist die zuläßige Gesamtverformung der Fugenmasse.

$\varepsilon_{F,\text{zul. K}}$ = 25 % der Fugendichtungsmasse nach Herstellerangabe.

$$b_V \geq \frac{b_V - b_S}{\varepsilon_{F,\text{zulK}}} = \frac{\alpha_\vartheta \cdot \Delta\vartheta \cdot l}{\varepsilon_{F,\text{zulK}}} \quad \text{und unter Berücksichtigung der Einbau-}$$

temperatur errechnet sich für:

$$\text{Fall 1: } b_V \geq \frac{2,65 - 1,50}{0,25} = 4,6 \text{ mm} \quad (\text{gewählt} \approx 5,0 \text{ mm})$$

$$\text{Fall 2: } b_V \geq \frac{3,98 - 2,25}{0,25} = 6,9 \text{ mm} \quad (\text{gewählt} \approx 7,0 \text{ mm})$$

$$\text{Fall 3: } b_V \geq \frac{5,30 - 3,00}{0,25} = 9,2 \text{ mm} \quad (\text{gewählt} \approx 10,0 \text{ mm})$$

Richtwerte für Fugenbreiten (bezogen auf 10°C) und Maße der Fugendichtung enthält DIN 18 540.

714 Gegeben ist ein zweigeschossiges Wohnhaus mit Flachdach. Das Gebäude steht in Kaiserslautern und ist zentral beheizt.

Zu überprüfen sind:

Die Dehnungsdifferenzen zwischen Wand und Dachdecke, der Verschiebewinkel γ zwischen Flachdachdecke und darunterliegender Geschoßdecke.

Die Berechnungen erfolgen nach DIN 18 530.

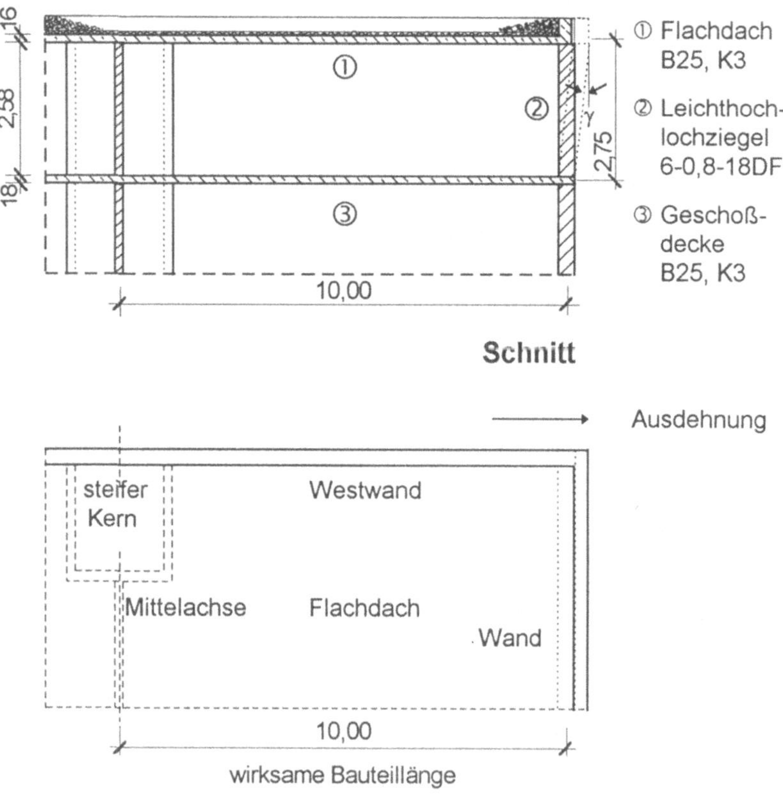

Maße in m; cm!

Angaben zu den maßgeblichen Bauteilen:

Bauteil 1: Flachdachdecke aus Stahlbeton B25 mit der Konsistenz K3, $\lambda_R = 2{,}10$ W/(m·K), $\alpha_\vartheta = 0{,}10$ mm/(m·K).

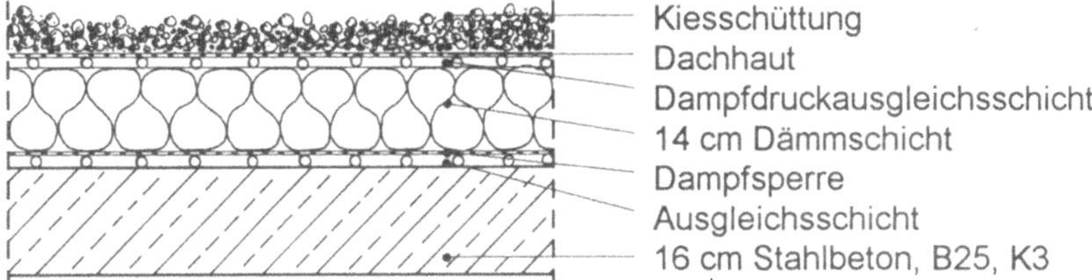

Flachdachaufbau

Bauteil 2: Außenwand aus beidseitig verputzten Leichthochlochziegeln (HLzW 6 - 0,8 - 18 DF), s = 0,365 m, $\lambda_R = 0{,}33$ W/(m·K), $\alpha_\vartheta = 0{,}006$ mm/(m·K).
Die Farbe der Wand kann als grau bezeichnet werden.

Bauteil 3: Geschoßdecke wie Flachdachdecke, 16 cm Stahlbeton, ohne weiteren Aufbau.

Lösung

Erläuterungen zu den Berechnungen:

Die Bewegungen der Flachdach- und Geschoßdecke erfolgen ab der Mittelachse des Kerns, der als steif anzusehen ist. Die wirksame Bauteillänge l der Decken beträgt bis zur Außenwandmitte 10 m. Bei den Berechnungen wird davon ausgegangen, daß die Herstellung der Decken im Sommer vorgenommen wird. Demzufolge sind bei der Berechnung der Wärmedehnungen lediglich die Dehnungen vom Einbauzustand Sommer zu Betriebszustand Winter und Betriebszustand Sommer zu berechnen.

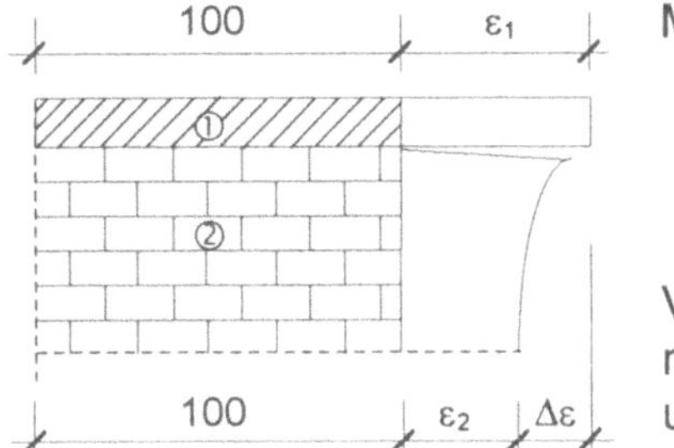

Maße in m!

Veranschaulichung der Dehnungsdifferenz zwischen Wand und Flachdachdecke.

Zur Frage der Dehnungsdifferenz zwischen Wand und Flachdachdecke:

Wärmedehnung

1. Flachdachdecke
Klimatische Randbedingungen nach DIN 4701-2 und Richtlinie VDI 2078:

ϑ_E $\qquad$ = 30°C

$\vartheta_{La,Winter}$ $\qquad$ = - 12°C

$\vartheta_{Oa,Sommer}$ $\qquad$ = 60°C

$\vartheta_{Li,Winter\ und\ Sommer}$ = 20°C

Ermittlung des Wärmedurchgangswiderstandes R_k bzw. des Wärmedurchgangskoeffizienten k der Dachdecke:

Nr.	Bauteilschicht	s	λ_R	R	ϑ	
		m	W/(m·K)	m²·K/W	°C	
	Übergang innen			0,17 (0,13)	Li	20,0
1	Stahlbeton B25	0,16	2,10	0,08	Oi	
2	PS-Hartschaum	0,14	0,04	3,50	1	
	Übergang außen			0,04	Oa	60,0
					La	(-12,0)
	Wärmedurchlaßwiderstand		$\frac{1}{\Lambda}$	3,58	m²·K/W	
	Wärmedurchgangswiderstand	R_k		3,79 (3,75)	m²·K/W	
	Wärmedurchgangskoeffizient	k		0,264 (0,267)	W/(m²·K)	
	Wärmestromdichte	q		-10,67 (+ 8,54)	W/m²	

(Die Klammerwerte gelten für den Winterfall)

Die übrigen Schichten werden wegen ihres geringen Wärmedurchlaßwiderstandes vernachlässigt.

Rechnerische Ermittlung der Schichtmitteltemperatur ϑ_m der Flachdachdecke durch Umformen der Gleichung in DIN 4108-5.

Gesucht ist die Mitteltemperatur der tragenden Bauteilschicht (Stb . . . Stahlbeton):

$$\vartheta_m = \vartheta_{Li} - q \cdot \left(R_i + \frac{1}{2} \cdot \frac{1}{\Lambda_{Stb}} \right)$$

$\vartheta_{m,Sommer} = [20,0 - (- 10,67) \cdot (0,17 + 0,04)]\ °C = 22,2°C$

$\vartheta_{m,Winter} = [20,0 - 8,54 \cdot (0,13 + 0,04)]\ °C = 18,5°C$

Wärmedehnung der Flachdachdecke bei Einbau im Sommer mit Hilfe des Wärmedehnungskoeffizienten α_ϑ und der klimatischen Randbedingungen:-

$\varepsilon_{\vartheta1,Winter} = \alpha_\vartheta \cdot (\vartheta_{m,Winter} - \vartheta_E)$
$\varepsilon_{\vartheta1,Winter} = 0,010 \cdot (18,5 - 30,0)\ mm/m = - 0,115\ mm/m$

$\varepsilon_{\vartheta1,Sommer} = \alpha_\vartheta \cdot (\vartheta_{m,Sommer} - \vartheta_E)$
$\varepsilon_{\vartheta1,Sommer} = 0,010 \cdot (22,2 - 30,0)\ mm/m = - 0,078\ mm/m$

2. Außenwand

Klimatische Randbedingungen nach DIN 4701-2 und Richtlinie VDI 2078:

$\vartheta_E = 30°C$

$\vartheta_{La,Winter} = - 12°C$

$\vartheta_{Oa,Sommer} = 50°C$

$\vartheta_{Li,Winter\ und\ Sommer} = 20°C$

Ermittlung des Wärmedurchgangswiderstandes R_k bzw. des Wärmedurchgangskoeffizienten k der Außenwand:

Nr.	Bauteilschicht	s	λ_R	R		ϑ	
		m	W/(m·K)	m²·K/W		°C	
	Übergang innen			0,13	Li	20,0	
1	Leichthochlochziegel	0,365	0,33	1,11	Oi		
	Übergang außen			0,04	Oa	50,0	
					La	(−12,0)	
Wärmedurchlaßwiderstand $\frac{1}{\Lambda}$				1,11	m²·K/W		
Wärmedurchgangswiderstand R_k				1,28	m²·K/W		
Wärmedurchgangskoeffizient k				0,78	W/(m²·K)		
Wärmestromdichte q				− 24,2 (+ 25,0)	W/m²		

(Die Klammerwerte gelten für den Winterfall)

Rechnerische Ermittlung der Schichtmitteltemperatur ϑ_m der Außenwand:

$$\vartheta_m = \vartheta_{Li} - q \cdot \left(R_i + \frac{1}{2} \cdot \frac{1}{\Lambda}_{Stb} \right)$$

$$\vartheta_{m,Sommer} = \left[20,0 - (-24,2) \cdot \left(0,13 + \frac{1}{2} \cdot 1,11 \right) \right] °C \; = 36,6 °C$$

$$\vartheta_{m,Winter} = \left[20,0 - 25,0 \cdot \left(0,13 + \frac{1}{2} \cdot 1,11 \right) \right] °C \quad = \; 2,9 °C$$

Wärmedehnung der Außenwand bei Einbau im Sommer:

$$\varepsilon_{\vartheta 2, Winter} = \alpha_\vartheta \cdot (\vartheta_{m,Winter} - \vartheta_E)$$
$$\varepsilon_{\vartheta 2, Winter} = 0,006 \cdot (2,9 - 30,0) \; mm/m \quad = - \, 0,16 \; mm/m$$

$$\varepsilon_{\vartheta 2, Sommer} = \alpha_\vartheta \cdot (\vartheta_{m,Sommer} - \vartheta_E)$$
$$\varepsilon_{\vartheta 2, Sommer} = 0,006 \cdot (36,6 - 30,0) \; mm/m \quad = \; 0,04 \; mm/m$$

Schwinden

1. Flachdachdecke, Angaben vgl. DIN 1045 und DIN 4227-1

   Konsistenz : K3 (weich)
   Lage des Bauteils : Innenraum / im Freien
   Mittlere Dicke : $d_m = 2 \cdot \dfrac{A}{U} = 2 \cdot \dfrac{1{,}60}{10{,}0}$ m = 0,32 m

   Damit kann das Endschwindmaß für Beton aus DIN 4227-1 ermittelt werden:

   $\varepsilon_{S1\infty} \approx - 40 \cdot 10^{-5}$ m/m $\approx$ - 0,40 mm/m

   Bei einer Konsistenz K3 sind nach DIN 4227-1 die Werte um 25 % zu erhöhen!

   $\varepsilon_{S1\infty} \approx 1{,}25 \cdot (- 0{,}40)$ mm/m $\approx$ - 0,50 mm/m

   Anmerkung:

   Bei dieser Berechnung wurde d_m für eine gesamte mittlere Dicke der Platte angenommen, was bei einer Flachdachdecke nur gilt, wenn beim Schwinden die Außenseite keinen Witterungseinflüssen ausgesetzt ist. Diese Annahme ist berechtigt bei der über der Stahlbetondecke angeordneten 14 cm dicken Dämmschicht.

2. Außenwand

   Das Endschwindmaß für Mauerziegel kann aus DIN 1053-2 abgelesen werden. Der Wert schwankt zwischen - 0,1 und + 0,2 mm/m, daher gewählt: $\varepsilon_{S1\infty} \approx 0{,}00$ mm/m.

Kriechen

Kriechen ist abhängig von dem Vorhandensein einer konstanten Normalspannung σ_0. In der Flachdachdecke und der Außenwand ist das Auftreten einer Normalspannung in betrachteter Dehnungsrichtung nicht zu erwarten. Die Kriechdehnung und die elastische Dehnung werden daher vernachlässigt.

Die Dehnungsdifferenzen infolge Wärmedehnung und Schwinden betragen somit:

$$\Delta \varepsilon_{tot} = (\varepsilon_{\vartheta 1} - \varepsilon_{\vartheta 2}) + (\varepsilon_{S1\infty} - \varepsilon_{S2\infty})$$

$$\Delta \varepsilon_{Sommer} = [(- 0,078 - 0,04) + (- 0,50 - 0,00)]\ mm/m$$

$$\Delta \varepsilon_{Sommer} = - 0,618\ mm/m$$

$$\Delta \varepsilon_{Winter} = [(- 0,115 - (- 0,16) + (- 0,50 - 0,00)]\ mm/m$$

$$\Delta \varepsilon_{Winter} = - 0,455\ mm/m$$

Vergleich zwischen $\Delta \varepsilon_{vorh.}$ und $\Delta \varepsilon_{zul.}$ (vgl. DIN 18 530):

$$\Delta \varepsilon_{zul.} = - 0,4\ mm/m\ \text{bis}\ 0,2\ mm/m$$

$$\Delta \varepsilon_{vorh.,Sommer} = - 0,618\ mm/m > \Delta \varepsilon_{zul.}$$

$$\Delta \varepsilon_{vorh.,Winter} = - 0,455\ mm/m > \Delta \varepsilon_{zul.}$$

Fazit:

Die Dehnungsdifferenzen im Sommer und Winter sind unzulässig hoch, und es wird aller Voraussicht nach im Bereich des Dachdeckenauflagers zu Rißbildungen kommen. Die hohen Dehnungsdifferenzen werden im wesentlichen durch das Schwinden der Dachdecke hervorgerufen. Besser wäre es, eine steifere Betonkonsistenz zu wählen und den Herstellungszeitpunkt, soweit wie möglich, in den Winter zu verlegen. Die Herstellung der Dachdecke im Winter führt zu einer größeren Wärmedehnung, die der hohen Kontraktion durch Schwinden entgegenwirken würde.
Zur Frage der Dehnungsdifferenz zwischen Wand und Flachdachdecke bei Herstellung der Decken im Winter und einer Betonkonsistenz K2:

Wärmedehnung

Klimatische Randbedingungen:
$$\vartheta_{E,Winter} = 5,0°C$$
sonst wie vor

1. Flachdachdecke

$$\varepsilon_{\vartheta,Winter} = \alpha_{\vartheta} \cdot (\vartheta_{m,Winter} - \vartheta_{E,Winter})$$

$$\varepsilon_{\vartheta,Winter} = 0,010 \cdot (18,5 - 5,0)\ mm/m = 0,135\ mm/m$$

$$\varepsilon_{\vartheta,Sommer} = \alpha_{\vartheta} \cdot (\vartheta_{m,Sommer} - \vartheta_{E,Winter})$$

$$\varepsilon_{\vartheta,Sommer} = 0,010 \cdot (22,2 - 5,0)\ mm/m = 0,172\ mm/m$$

2. Außenwand

$$\varepsilon_{\vartheta,\text{Winter}} = \alpha_\vartheta \cdot (\vartheta_{m,\text{Winter}} - \vartheta_{E,\text{Winter}})$$
$$\varepsilon_{\vartheta,\text{Winter}} = 0,006 \cdot (2,9 - 5,0) \text{ mm/m} \qquad = - 0,013 \text{ mm/m}$$
$$\varepsilon_{\vartheta,\text{Sommer}} = \alpha_\vartheta \cdot (\vartheta_{m,\text{Sommer}} - \vartheta_{E,\text{Winter}})$$
$$\varepsilon_{\vartheta,\text{Sommer}} = 0,006 \cdot (36,6 - 5,0) \text{ mm/m} \qquad = 0,190 \text{ mm/m}$$

Schwinden

1. Flachdachdecke

Konsistenz : K2 (steif)
Lage des Bauteils : Innenraum / im Freien
Mittlere Dicke : wie vor

Damit kann das Endschwindmaß für Beton aus DIN 4227-1 ermittelt werden:

$$\varepsilon_{S1\infty} \approx - 40 \cdot 10^{-5} \text{ m/m} \approx - 0,40 \text{ mm/m}$$

2. Außenwand

Das Endschwindmaß für Mauerwerk kann aus DIN 1053-2 abgelesen werden. Der Wert schwankt zwischen - 0,1 und + 0,2 mm/m, daher gewählt: $\varepsilon_{S2\infty} \approx 0,00$ mm/m.

Die Dehnungsdifferenzen infolge Wärmedehnung und Schwinden betragen somit:

$$\Delta \varepsilon_{\text{Winter}} = [(0,135 - (- 0,013) + (- 0,40 - 0,00)] \text{ mm/m}$$
$$\Delta \varepsilon_{\text{Winter}} = - 0,252 \text{ mm/m}$$
$$\Delta \varepsilon_{\text{Sommer}} = [(0,172 - 0,190) + (- 0,40 - 0,00)] \quad \text{mm/m}$$
$$\Delta \varepsilon_{\text{Sommer}} = - 0,418 \text{ mm/m}$$

Fazit:

Die Dehnungsdifferenzen sind nicht im Rahmen der zulässigen Werte $\Delta \varepsilon_{\text{zul}} = - 0,4$ mm/m bis 0,2 mm/m. Aus Sicherheitsgründen kann auf konstruktive Maßnahmen, wie Ringanker und Gleitlager, nicht verzichtet werden. Bei der endgültigen Ausbildung des Dachdeckenauflagers ist das Ergebnis der nächsten Berechnung (Verschiebung zwischen der Dachdecke und der darunterliegenden Geschoßdecke) zu berücksichtigen.

Zur Frage des Verschiebewinkels γ zwischen Dachdecke (Bauteil 1) und darunterliegender Geschoßdecke (Bauteil 3):

Wärmedehnung

1. Flachdachdecke

Rechnerische Ermittlung der Schichtmitteltemperatur sowie der Wärmedehnung wie vor.

2. Geschoßdecke

$\vartheta_{m,\text{Sommer und Winter}} = 20°C$

Wärmedehnung der Geschoßdecke
$\varepsilon_\vartheta = \alpha_\vartheta \cdot (\vartheta_m - \vartheta_E) = 0,01 \cdot (20,0 - 30,0)$ mm/m
$\varepsilon_\vartheta = -0,10$ mm/m

Schwinden

wie vor

Verschiebung tan γ zwischen Flachdach- und Geschoßdecke nach DIN 18 530 und in DIN 1045 (dort mit Schrägstellung bezeichnet):

$$\tan \gamma = \frac{l}{H} \cdot (\varepsilon_{S1} - \varepsilon_{S3} + \varepsilon_{\vartheta 1} - \varepsilon_{\vartheta 3}),$$

worin H die mittlere Geschoßhöhe zwischen den waagerechten aussteifenden Bauteilen (Decken) und l die Verschiebungslänge bedeuten. Der Tangens des Winkels γ kann genügend genau durch das Bogenmaß ausgedrückt werden.

$$\tan \gamma_{\text{Winter}} = \frac{10,0}{2,75} \cdot [-0,50 - (-0,50) + (-0,115) - (-0,10)] \text{ mm/m}$$

$$\tan \gamma_{\text{Winter}} = -0,05 \text{ mm/m}$$

$$\tan \gamma_{\text{Sommer}} = \frac{10,0}{2,75} \cdot [-0,50 - (-0,50) + (-0,078) - (-0,10)] \text{ mm/m}$$

$$\tan \gamma_{\text{Sommer}} = 0,08 \text{ mm/m}$$

Vergleich zwischen tan γ_{zul} und tan γ_{vorh}:
tan $\gamma_{\text{zul}} = \pm 0,40$ mm/m, d.h. tan γ_{vorh} ist zulässig.

Fazit:

Die Verschiebung tan γ zwischen Flachdach- und Geschoßdecke bleibt weit unter der zulässigen Höchstgrenze. Zu erklären ist dies durch die gute Wärmedämmung der Flachdachdecke, die Temperaturdehnungen zum großen Teil verhindert.

Anmerkung:

Dachdecken sind infolge der Witterungseinflüsse starken Formänderungen unterworfen. Nach der DIN 18 530 darf eine Dachdecke auf Mauerwerk oder auf bewehrten Betonwänden bei mehrgeschossigen Gebäuden mit einer maßgeblichen Verschiebungslänge $l \leq 6{,}0$ m ohne Nachweis unverschiebbar aufgelagert werden. Bei mehrgeschossigen Gebäuden ist entweder eine verschiebbare Lagerung anzuordnen oder ein Nachweis über die Unschädlichkeit der Verformung zu führen. Die Norm fordert ferner, daß die Dehnungsdifferenz

$$\Delta \varepsilon_{tot} = \varepsilon_{el} + \varepsilon_{K} + \varepsilon_{S} + \varepsilon_{\vartheta}$$

bei unterschiedlicher Lagerung der Dachdecke auf tragende Wände die Werte

$$- 0{,}4 \text{ mm/m} < \Delta \varepsilon_{tot} < + 0{,}2 \text{ mm/m}$$

nicht überschreiten darf.

Bei unbewehrten Wänden mit $H \leq 3{,}50$ m und unverschiebbarer Auflagerung der Dachdecke muß der Verschiebewinkel (Schrägstellung) im Bogenmaß innerhalb der Werte

$$- \frac{1}{2500} < \gamma < + \frac{1}{2500}$$

liegen. Der Winkel bewegt sich etwa zwischen den Grenzen $\pm 1{,}4'$. Durch Wärmedehnung, Schwinden, Quellen und Kriechen entstehen Bewegungen in den einzelnen Bauteilen. Werden diese Bewegungen behindert, treten Risse auf, die im Extremfall zur Instabilität des Bauwerkes führen können. Unkontrollierte Risse stellen zumindest bleibende Schwachstellen der Konstruktion dar.

Formänderungen durch Wärmedehnung können durch einen ausreichenden Wärmeschutz auf der Außenseite des Bauteils verringert werden. Unbeschadet den Anforderungen in DIN 4108-2 und der Wärmeschutzverordnung fordert DIN 18 530 bei Dachdecken einen Wärmedurchgangswiderstand auf der Dachdecke von mindestens $1{,}0 \text{ m}^2 \cdot \text{K/W}$. Außerdem soll der Wärmedurchgangswiderstand aller Konstruktionsteile unter der Wärmedämmschicht höchstens 20 % des gesamten Wärmedurchlaßwiderstandes der Dachdecke und der Wärmedämmschicht betragen. Werden die Forderungen nicht eingehalten, so sind stets konstruktive Maßnahmen (z.B. verschiebbare Lagerung, Ringanker) vorzusehen oder ein rechnerischer Nachweis über die Unschädlichkeit der Verformungen zu führen. Besonders Auskragungen und Attiken sind extremen Formänderungen unterworfen und bedürfen besonderer Maßnahmen, vgl. DIN 18 530.

Formänderungen durch Schwinden und Kriechen können durch eine Nachbehandlung des frischen Betons, wie Abdecken, Feuchthalten und möglichst spätes Ausschalen, verringert werden. Eine steifere Betonkonsistenz wirkt sich ebenfalls vorteilhaft aus.

801 In welcher bauphysikalischen Größe wird die Feuchte der Baustoffe berücksichtigt?

Lösung

Im Rechenwert der Wärmeleitfähigkeit λ_R. Hierbei werden u.a. Einflüße der Temperatur, des praktischen Feuchtegehaltes, Schwankungen der Stoffeigenschaft, usw. berücksichtigt.

802 Der Begriff relative Luftfeuchte ist zu erklären.

Lösung

Relative Luftfeuchte $\quad \varphi = \dfrac{p}{p_s} \cdot 100\ \%$

mit p Partialdruck des Wasserdampfes und p_s Sättigungsdruck des Wasserdampfes in der Luft.

Feuchte Luft ist ein Gemisch von trockener Luft und Wasserdampf. Luft kann nur eine bestimmte Wasserdampfmenge aufnehmen. Sie besitzt einen von der Temperatur abhängigen Partialdruck. Ist die Luft nicht mit Wasserdampf gesättigt, so gibt die relative Feuchte das Verhältnis des Partialdruckes der Luft zum Sättigungszustand an. Unberücksichtigt bei dieser Betrachtung bleiben z.B. Gase, Ballaststoffe (Schmutz), usw.

803 Bei einem Psychrometer zeigen das "feuchte" und das "trockene" Thermometer gleiche Temperaturen an. Wie groß ist dann die relative Luftfeuchte?

Lösung

100 %.

804 Durch welche Zustandsgrößen kann der Feuchtegehalt der Luft gekennzeichnet werden und welche dieser Zustandsgrößen bewirken die Wasserdampfdiffusion?

Lösung

Feuchtezustand der Luft: Temperatur, Taupunkt, relative Luftfeuchte, Dichte, Wassergehalt, Wasserdampfteildruck, Wasserdampfsättigungsdruck, Gesamtdruck der feuchten Luft.
Die Wasserdampf-Diffusion wird durch eine Differenz der Wasserdampfteildrücke bewirkt.

805 Nimmt in einem abgeschlossenen Volumen (Raum) bei steigender Lufttemperatur die relative Feuchte zu oder ab?

Lösung

Die relative Luftfeuchte $\varphi = \dfrac{p}{p_s}$ nimmt ab, weil $p_s = f(\vartheta)$ ist und dadurch mit steigender Temperatur das Verhältnis des tatsächlichen Wasserdampfdrucks zum Sättigungsdruck abnimmt.

806 Baustoffe sind dem Einfluß von Feuchtigkeit ausgesetzt, die Berechnungsformeln berücksichtigen dies durch den Feuchtegehalt. Was ist darunter zu verstehen?

Lösung

Der Feuchtegehalt ist eine Verhältniszahl, in Prozent ausgedrückt, und keine physikalische Einheit. Je nachdem, ob die im Baustoff enthaltene Feuchte dem Volumen nach zum Volumen des Baustoffs in Beziehung gesetzt wird, spricht man vom volumenbezogenen Feuchtegehalt u_v oder, falls die Masse der im Baustoff enthaltenen Feuchte bezogen wird auf die Masse des Baustoffs, in dem sie enthalten ist, vom massebezogenen Feuchtegehalt u_m. Somit:

$$u_v \text{ in Vol. - \%}, \quad u_m \text{ in M. - \%}.$$

Umrechnung:

$$u_v = \frac{\text{Rohdichte des Stoffes } \rho \text{ in kg}/\text{m}^3}{\text{Rohdichte des Wassers } \rho = 1000 \text{ kg}/\text{m}^3} \cdot u_m$$

Zwischen der Feuchtebeanspruchung von innen und außen während der Gebäudenutzung und den Trocknungsperioden bildet sich ein Gleichgewichtszustand heraus. Mit Hilfe von Baustoffproben kann aus einer Vielzahl von Untersuchungen der praktische Feuchtegehalt ermittelt werden. Dieser ist nach

DIN 4108-4 der Feuchtegehalt, der bei der Untersuchung genügend ausgetrockneter Gebäude, die dem ständigen Aufenthalt von Menschen dienen, in 90 % aller Fälle nicht überschritten wird.

807 Der Wasserdampfsättigungsdruck in Luft von 20°C beträgt p_s = 2340 Pa, in Luft von 30°C p_s = 4244 Pa.
In einem abgeschlossenen Raum wird die relative Luftfeuchte bei 20°C mit 60% gemessen. Wie groß ist die relative Luftfeuchte, wenn derselbe auf 30°C erwärmt wird?

Lösung

Nach DIN 4108-5 gilt: $\varphi = \dfrac{p_W}{p_s} \cdot 100\%$. Bei 20°C beträgt der Wasserdampfteildruck $p_W = 0{,}60 \cdot 2340$ Pa = 1404 Pa.

Somit $\varphi = \dfrac{1404}{4244} \cdot 100\% = 33\%$

Die relative Feuchte der auf 30°C erwärmten Luft beträgt 33 %.

808 Luft von 30°C soll eine absolute Feuchte von 16 g/m^3 besitzen. Wie verändern sich durch Abkühlen die relative Feuchte, die absolute Feuchte und die Taupunkttemperatur?

Lösung

Die relative Feuchte steigt, die absolute Feuchte und die Taupunkttemperatur ändern sich nicht.

809 Um elektrostatische Aufladungen zu vermeiden, werden in Büroräumen mehr als 45 % relative Raumluftfeuchte bei einer Raumlufttemperatur von 22°C und einer Außenlufttemperatur von - 10°C mit 80 % relativer Feuchte angestrebt. DIN 1946-1 fordert 30 m^3 Außenluft je Person und Stunde. Die Feuchteabgabe je Person und Stunde liegt bei 50 g. Dichte der Raumluft 1,174 kg/m^3.

Wo liegt die Taupunkttemperatur der Raumluft? Welche Masse haben 30 m^3 Raumluft? Wie groß sind die absolute Feuchte der Raumluft bzw. Außenluft? Genügt die Feuchteabgabe der Personen, um den erwünschten Raumluftzustand wegen der elektrostatischen Aufladung zu erhalten?

Lösung

Taupunkttemperatur der Raumluft (22°C, 45 % rel. Feuchte) nach DIN 4108-5: ϑ_s = 9,5°C.
30 m^3 Raumluft haben eine Masse von
$$m = \rho \cdot V = 1,174 \cdot 30 \text{ kg} = 35,22 \text{ kg}.$$
Aus einer Wasserdampftafel oder dem *Mollier*diagramm können entnommen werden:
absolute Feuchte der Raumluft: 7,490 g/kg, bzw.
der Außenluft 1,296 g/kg.
Somit: Absolute Feuchteabgabe einer Person:
50 g / 35,22 kg = 1,42 g/kg
zusätzlich: Absolute Feuchte der Außenluft:
f = (1,296 + 1,42) g/kg = 2,716 g/kg << 7,49 g/kg,
d.h. der Raumluftzustand kann wie gefordert (22°C, 45 % rel. F.) nicht aufrecht erhalten werden, wenn 30 m^3 Außenluft je Person und Stunde nach DIN 1946 dem Raum zugeführt werden.

810 Warum ist bei allen Baustoffen die Wasserdampf - Diffusionswiderstandszahl μ grundsätzlich größer als 1?

Lösung

Bei allen Baustoffen ist μ > 1, weil für die Wasserdampf - Diffusion durch einen Baustoff immer nur eine geringere wirksame Fläche zur Verfügung steht als in einer gleich dicken und gleich großen Luftschicht.

811 In DIN 4108-4 werden für unterschiedliche Stoffe Richtwerte für die Wasserdampf - Diffusionswiderstandszahl angegeben. Es werden für die meisten Stoffe 2 Werte genannt. Welcher ist bei der Berechnung der Wasserdampf - Diffusion anzusetzen?

Lösung

Die aufgeführten Wasserdampf - Diffusionswiderstandszahlen unterliegen, abhängig vom Feuchtegehalt des Bauteils, Schwankungen (DIN 4108-3 und DIN 52 615-1). Für die Tauperiode ist jeweils der ungünstige Wert der Wasserdampf-Diffusionswiderstandszahlen bei der Berechnung der Tauwassermenge zu berücksichtigen, d.h. bei Auftreten von Tauwasser innerhalb einer Bauart sind auf der inneren (warmen) Seite der Tauwasserebene oder des Tauwasserbereiches die kleineren Werte der Wasserdampf - Diffusionswiderstandszahlen in die Berechnung der Tauwassermasse einzusetzen und auf der äußeren (kalten) Seite die größeren. Auf diese Weise errechnet sich ein größtmöglicher Wert der Tauwassermasse (DIN 4108-3). Für die Verdunstungsperiode sind ebenfalls die ungünstigeren Werte wie die für die Tauperiode anzuwenden (DIN 4108-3).

812 In DIN 4108-3 wird für die Wasserdampf - Diffusionswiderstandszahl μ angegeben, daß der ungünstigere Wert gewählt werden soll. Was heißt das für die Auswahl der Wertepaare nach DIN 4108-4:   Dämmung   3/5,
Mauerwerk   50/100,
bei der innen- bzw. außenseitigen Anordnung der Wärmedämmung einer zweischaligen Außenwand?

Lösung

Innendämmung: Dämmung $\mu = 3$
                                   Mauerwerk $\mu = 100$,
Außendämmung: Dämmung $\mu = 5$
                                   Mauerwerk $\mu = 50$.

813 Welche Faustformel kann für die Wahl von Baustoffen einer Außenwand bezüglich der Wärmeleitfähigkeit λ und der Wasserdampf - Diffusionswiderstandszahl μ zur Vermeidung von Tauwasserbildung in der Konstruktion angegeben werden?

Lösung

Die Wärmeleitfähigkeit λ soll von innen nach außen abnehmen, desgleichen soll die Wasserdampf - Diffusionswiderstandszahl μ von innen nach außen abnehmen

814 Die folgenden Baustoffe sind unter dem Gesichtspunkt der Wasserdampfdurchlässigkeit zu ordnen:
1. Hartschaum PS 15
2. Stahlbeton B 25
3. Gipskartonplatten
4. Leichthochlochziegel LHLz 0,6

Lösung

Nach DIN 4108-4 für μ: 4...3...2...1.

815 Es ist rechnerisch der erforderliche Wärmedurchlaßwiderstand zu ermitteln, um Tauwasserbildung auf der Innenoberfläche zu verhüten. Folgende Größen sind bekannt: ϑ_{Li}, φ_i, ϑ_{La}, φ_a.

Lösung

Mindestforderung des Wärmeschutzes nach DIN 4108-5 zur Verhütung von Tauwasser auf der Innenoberfläche der Außenwand: $\vartheta_{Oi} > \vartheta_s$. Durch das Wertepaar ϑ_{Li} und φ_i ist die Taupunkttemperatur ϑ_s festgelegt. Somit Lösung für die Wärmestromdichte:

$$\frac{\vartheta_{Li} - \vartheta_{Oi}}{R_i} = \frac{\vartheta_{Li} - \vartheta_{La}}{R_i + \dfrac{1}{\Lambda} + R_a} \quad \text{Umformung:} \quad \frac{1}{\Lambda} > R_i \frac{\vartheta_{Li} - \vartheta_{La}}{\vartheta_{Li} - \vartheta_s} - \left(R_i + R_a\right)$$

816 Auf welche Arten wird Wärme in luftgefüllten Poren fester Baustoffe übertragen und welchen Einfluß hat die Größe der Poren auf die einzelnen Arten der Wärmeübertragung?

Lösung

In luftgefüllten Poren fester Baustoffe wird Wärme übertragen durch:
  Wärmeleitung (molekulare Wärmeleitung der Porenluft),
  Konvektion (Umwälzung der Porenluft),
  Strahlung unterschiedlich warmer Porenoberflächen,
  Ersatz der Porenluft durch Porenwasser und
  Wasserdampf - Diffusion.

Einfluß der Porengröße: Kennzeichnet man die Wärmeübertragung durch den Wärmedurchlaßkoeffizienten $1/\Lambda$, so kann man feststellen:
Wärmeleitung: Die Wärmeleitfähigkeit bleibt annähernd konstant, so daß sich $\Lambda = \lambda/s$ proportional $1/s$ verändert, d.h. je kleiner die Pore, desto größer der Anteil der Wärmeleitung und umgekehrt.
Konvektion: Je kleiner die Pore, desto stärker wird die Luftumwälzung behindert. Der Konvektionsanteil steigt mit der Porengröße und umgekehrt.

Strahlung: Je kleiner die Pore, desto kleiner wird auch die Temperaturdifferenz zwischen den Porenwänden, d.h. der Strahlungsanteil nimmt mit kleiner werdender Porengröße stark ab und ist etwa proportional $\Delta\vartheta^2$ bis $\Delta\vartheta^4$.

Eine allgemein gültige Antwort für den Ersatz von Porenluft durch Porenwasser und Wasserdampf - Diffusion ist nicht möglich, da weitere Einflußfaktoren (Struktur, Klimabedingung usw.) zu beachten sind.

817 Was versteht man unter "schädlichem" Tauwasser?

Lösung

Eine Tauwasserbildung in Bauteilen ist nach DIN 4108-3 Abschn. 3.2.1 unschädlich, wenn durch Erhöhung des Feuchtegehaltes der Bau- und Dämmstoffe der Wärmeschutz und die Standsicherheit nicht gefährdet werden. Die Vorraussetzungen hierzu regelt die Norm.

818 Unter welchen Voraussetzungen ist dann Tauwasserbildung unschädlich?

Lösung

Während der Tauperiode muß das im Innern des Bauteils anfallende Wasser in der Verdunstungsperiode wieder an die Umgebung abgegeben werden können; die Baustoffe, die mit dem Tauwasser in Berührung kommen, dürfen nicht z.B. durch Korrosion, Pilzbefall geschädigt werden.

819 Durch welche Maßnahmen kann Oberflächenkondensation am wirkungsvollsten verhindert werden?

Lösung

Wärmedurchlaßwiderstand erhöhen und/oder Raumlufttemperatur erhöhen und/oder relative Raumluftfeuchte reduzieren.

820 Wie unterscheiden sich stationärer und instationärer Wärmedurchgang im Vergleich zu stationärem und instationärem Feuchtigkeitsdurchgang?

Lösung

Stationärer Wärmedurchgang: Die Temperaturen sind nur vom Ort aber nicht von der Zeit abhängig. Im Spezialfall des eindimensionalen Wärmestromes ist im stationären Zustand die Wärmestromdichte weder vom Ort noch von der Zeit abhängig.

Instationärer Wärmedurchgang: Diese Größen sind sowohl orts- als auch zeitabhängig.

Stationärer Feuchtigkeitsdurchgang: Im Spezialfall des eindimensionalen Diffusionsstromes ist die Diffusionsstromdichte überall gleich, d.h. von Ort und Zeit unabhängig.

Instationärer Feuchtigkeitsdurchgang: Die Diffusionsstromdichte ist sowohl orts- als auch zeitabhängig. Außerdem ändert der Wasserdampf an oder in der betreffenden Konstruktion seinen Aggregatzustand.

821 Welche Kriterien gibt es für die Beurteilung einer Konstruktion hinsichtlich ihres Wasserdampf - Diffusionsverhaltens.

Haben diese Kriterien auch bei kurzfristig und stoßweise genutzten Räumen (z.B. Dusch- und Waschräume im Wohnbereich) Gültigkeit?

Lösung

Kondensation auf der Oberfläche einer Konstruktion, Kondensation im Innern einer Konstruktion, Feuchtebilanz: Durchfeuchtung - Austrocknung.

Diffusionsvorgänge verlaufen sehr langsam. Die vorgenannten Kriterien haben bei Dusch- und Waschräume im Wohnbereich keine Bedeutung.

822 Bei sehr hoher Raumluftfeuchte kann Tauwasserbildung nicht mehr allein durch ausreichenden Wärmeschutz vermieden werden. Welche Maßnahmen sind erforderlich?

Lösung

Die relative Feuchte der Raumluft muß durch entsprechend häufigen Luftwechsel herabgesetzt werden.

823 Unter welchen Bedingungen kommt es bei einem Außenbauteil
zur Tauwasserbildung:
    An der inneren Oberfläche,
    im Innern des Bauteils
    und zur kritischen Tauwasserbildung?
Ursachen und adäquate Gegenmaßnahmen.

Lösung

Tauwasserbildung an der inneren Oberfläche, wenn diese Temperatur bedingt durch die unzureichend dimensionierte Wärmedämmung des Bauteils unter der Taupunkttemperatur liegt. Gegenmaßnahme: Wärmedurchlaßwiderstand des Außenbauteils erhöhen.
Tauwasserbildung im Innern des Außenbauteils, wenn der Verlauf des Wasserdampfteildruckes z.B. in einem mehrschichtigen Bauteil, bedingt durch eine falsche Schichtenfolge, den Wasserdampfsättigungsdruck erreicht. Gegenmaßnahme: Aufbau des Außenbauteils nach dem bauphysikalischen Grundprinzip für mehrschichtige Konstruktionen richten, wobei der Wärmedurchlaßwiderstand der einzelnen aufeinanderfolgenden Schichten in Richtung des Wärmestroms erhöht und ihre wasserdampfdiffusionsäquivalente Luftschichtdicke in Richtung des Wasserdampfstromes reduziert werden sollen.
Kritische Tauwasserbildung bzw. zunehmende Durchfeuchtung, wenn aus gleichen Gründen, wie vor, die in der Tauperiode im Außenbauteil anfallende Feuchtemenge nicht vollständig in der Verdunstungsperiode ausdiffundieren kann. Gegenmaßnahme: Reduzierung des Feuchteanfalls z.B. durch Lüftung des Raumes bzw. durch Anordnen einer Dampfbremse oder Dampfsperre auf der Innenseite des Außenbauteils, verstärkte Austrocknung des Außenbauteils durch eine zusätzliche Hinterlüftung, usw.

824 Warum kann es manchmal vorkommen, daß beim Aufheizen eines ausgekühlten Raumes sich Tauwasser auf den Oberflächen der Wände oder der Decke bildet? Ist das Phänomen bauphysikalisch bedenklich?

Lösung

Beim Aufheizen steigt in der Regel die Lufttemperatur im Raum wesentlich schneller an als die Raumoberflächentemperatur. So kann es vorkommen, daß die Temperatur der Raumumschlie-

ßungsoberflächen eine Zeitlang unter der Taupunkttemperatur der Raumluft liegt und Tauwasserbildung verursacht. Diese kommt zum Stillstand bei genügend warmen Oberflächen und ausreichender Dämmung.
Diese Tauwasserbildung ist bauphysikalisch unbedenklich.

825 In einer Tageszeitung erschien der folgende Artikel, zu dem kritisch Stellung zu nehmen ist:

Feuchte Keller trockenlegen

Bausubstanz überprüfen - Genügend Zeit für Trockenphase

In zahlreichen Altbauten gibt es Probleme mit feuchten Wänden. Ursache ist häufig ein feuchter Keller. Allmählich steigt die Feuchte im Mauerwerk immer höher, und der Hauseigentümer muß unbedingt Abhilfe schaffen. Welche Möglichkeiten gibt es nun? Zunächst einmal muß die Bausubstanz überpüft werden. Nicht selten ist der Keller innen „zu dick" verputzt worden, wobei man eventuell zusätzlich noch einen Bitumenanstrich angebracht hat. Auch außen wurde das Mauerwerk verputzt, und zwar mit Zementmörtel, so daß die Wand keine Chancen hat „zu atmen".
Notwendig ist, die gesamten <u>Putze innen und außen zu entfernen</u>, was teilweise sehr mühsam ist. Nun kann das Mauerwerk aber austrocknen....

Nicht möglich ist es, die Feuchtigkeit des Erdreiches vom Mauerwerk fernzuhalten. Daher ist dafür Sorge zu tragen, daß aus der flüssigen Mauerwerksfeuchte gasförmig Luftfeuchte wird. Hierzu kann man auf das Mauerwerk <u>Spezialmörtel</u> in einer Dicke von 0,4 bis 0,6 cm aufbringen. Ein derartiger Mörtel hat eine geringere Wärmeleitzahl als ein Zementmörtel, also einen besseren Wärmeschutz. Nun kondensiert die Raumluftfeuchte nicht mehr auf der Wand und die flüssige Feuchte im Mauerwerk wandelt sich bei dem Transport durch den Putz in Wasserdampf um. Da diese Putzschicht zunächst wieder Wasser in den Keller bringt, muß man wieder einige Wochen für eine Austrocknung sorgen....

Lösung

Es wird auf zwei Lösungen verwiesen, um feuchte Kellerwände auszutrocknen. Indirekt geht aus dem Text hervor, daß die Feuchte aus dem Erdreich hervorgeht und eine wirksame Abdichtung fehlt. Obwohl der Text viele Ungereimtheiten enthält, sei nur auf folgende Stellen verwiesen:

<u>Zu ". . . Putze innen und außen zu entfernen . . ."</u>
Sperrende Schichten auf der Innenseite müssen entfernt werden, damit das Mauerwerk austrocknen kann.
Diese Maßnahme kann bei nicht bewohnten Kellerräumen (keine Aufenthaltsräume) sinnvoll sein (Geruch, usw.). Ob diese Maßnahme zu vollkommen trockenen Wänden führt ist

fraglich, da innen wieder Feuchte nachkommen wird. Es kann sich jedoch ein gewisses tolerierbares Feuchtegleichgewicht einstellen.

Zu " . . . Spezialmörtel . . . ":

Spezialmörtel einer Dicke von 0,4 bis 0,6 cm soll wegen seiner wärmedämmenden Wirkung das Kondensieren der Kellerraumluft an den Kellerwandoberflächen vermeiden und das Kondensat im Mauerwerk in Wasserdampf verwandeln.

Geht man davon aus, daß der Keller unbeheizt ist, dann wird die Oberflächentemperatur der Kellerwand kaum unter der der Raumluft liegen. Ein Spezialmörtel mit einem Wärmedurchlaßwiderstand von 0,15 $m^2 \cdot K/W$ wird sowieso keinen großen Einfluß auf die Oberflächentemperatur haben und daher kaum Tauwasserbildung vermeiden. Wasser geht vom flüssigen in den dampfförmigen Zustand über aufgrund der Fähigkeit der Raumluft, Wasserdampf aufzunehmen. Dies wird in einem nassen und muffigen Keller nur möglich sein, wenn man für eine gute Lüftung des Kellerraumes sorgt oder die Kellerraumtemperatur z.B. durch Heizen erhöht. Der Spezialmörtel hat darauf keinen Einfluß, vorausgesetzt, er wirkt nicht sperrend.

826 Ein unbeheizter Kellerraum (ϑ_{Li} = 12°C, φ_i = 90 %) erscheint den Bewohnern des Hauses beim Betreten im Winter "feucht" und "muffig". Beim täglichen Lüften des Kellerraumes wird die Luft vollständig durch Außenluft ersetzt, die sich nach dem Lüften schnell der Kellerraumtemperatur anpaßt.

Ein Sachverständiger schlägt vor, den Kellerraum an einem warmen Frühlingstag (ϑ_{La} = 20°C, φ_a = 70 %) richtig zu lüften, ein anderer meint, ihn an einem kühlen, feuchten Tag (ϑ_{La} = 15°C, φ_a = 80 %) zu lüften. Was ist sinnvoll?

Lösung

Es kann im Kellerraum angenommen werden: $\vartheta_{Li} = \vartheta_{Oi}$.

Nach DIN 4108-5 beträgt die Taupunkttemperatur ϑ_s für die Außenluft ϑ_{La} = 20°C, φ_a = 70 %, ϑ_s = 14,4°C. Folglich fällt bei $\vartheta_{Li} = \vartheta_{Oi}$ = 12°C Tauwasser aus.

Lüften ist an dem warmen Frühlingstag nicht sinnvoll: die Außenluft mit ϑ_{La} = 20°C, φ_a = 70 % hat einen Wasserdampfteildruck von $p_a = \varphi_a \cdot p_{sa}$ = 0,7 · 2340 Pa = 1638 Pa, die Kellerraumluft mit

$\vartheta_{Li} = 12°C$, $\varphi_i = 90\%$ einen solchen von $p_i = 0,9 \cdot 1403$ Pa $= 1263$ Pa. Die Außenluft an einem kühlen feuchten Tag mit $\vartheta_{La} = 15°C$, $\varphi_a = 80\%$ hat eine Taupunkttemperatur nach DIN 4108-5 von $\vartheta_s = 11,6°C$, d.h. es fällt kein Tauwasser aus, aber: Die Kellerraumluft hat mit $\vartheta_{Li} = 12°C$, $\varphi_i = 90\%$ eine Taupunkttemperatur von 10,4°C, so daß die Luft im Keller feuchter als vorher wird. Oder anders berechnet: Die Außenluft mit $\vartheta_{La} = 15°C$, $\varphi_a = 80\%$ hat einen Wasserdampfteildruck von $p_a = 0,8 \cdot 1706$ Pa $= 1365$ Pa, die Innenluft $p_i = 1260$ Pa, so daß die Luft im Keller feuchter wird als vorher.
Beide Gutachter haben eine falsche Meinung geäußert.

827 Zu dem nachstehenden, auszugsweise wiedergegebenen Zeitungsartikel ist bei den markierten Textstellen in bauphysikalischer Hinsicht kritisch Stellung zu nehmen.

Wie kommt Feuchtigkeit <u>in die Wand?</u>

<u>Nur selten ist die Baukonstruktion schuld - Häufiger kommen feuchte Einflüsse von innen</u>

Gerade in der kalten Jahreszeit kommt es öfters vor, daß Wohnungseigentümer und auch Mieter über <u>feuchte Wände</u> klagen und dabei sogar häßliche Flecken und Schimmelbildung reklamieren. In aller Regel wird dann der Baukonstruktion die Schuld gegeben und vom Bauträger eine Nachbesserung verlangt. Doch ist die Baukonstruktion nur in seltensten Fällen Ursache solcher Kalamitäten.

Weit häufiger kommt die Feuchtigkeit vom Innenraum her. Dies läßt sich überprüfen, indem man <u>die Wand mit einem dünnen Steinbohrer anbohrt und den herausfallenden Staub untersucht. Ist er trocken, je weiter der Bohrer vordringt, dann ist die Wurzel des Übels in der Wohnung zu suchen.</u> Die Erklärung, wie die Feuchtigkeit in und an die Wand kommt, ist im Grunde genommen recht einfach:

Luft enthält immer Wasser in Form von unsichtbarem Wasserdampf. Dabei nimmt warme Luft mehr Wasserdampf auf als kalte. <u>So steigert sich der Wasserdampfanteil bei 20 Grad bereits auf 17 Gramm, bei 30 Grad schon auf 30 Gramm pro cbm.</u>

Konkretes Beispiel: Wenn ein Schlafzimmer <u>15 qm Wohnfläche hat und 2,50 m hoch ist, passen etwa 38 cbm Luft hinein. Bei 23 Grad Lufttemperatur kann im Schlafzimmer schon fast 1 Liter Wasser "schweben".</u> Kommt nun diese warme Luft gegen eine kalte Scheibe, kühlt sie auf eine geringe Temperatur ab, wodurch sie nicht mehr soviel Wasser "tragen" kann. Sie gibt einen Teil des Wassers einfach ab! Das kann ebenso an einer kalten Wand geschehen.

Da es viele Menschen gibt, die gern in einem kalten Schlafzimmer schlafen, sind in aller Regel auch die Wände in solchen Zimmern ausgekühlt. Andererseits kommt natürlich aus den übrigen geheizten Räumen der Wohnung warme Luft in den Raum. Luft, die <u>mit Wasserdampf "geladen"</u> ist. Dann gilt unser physikalisches Gesetz: Wasser wird abgegeben, es verdunstet nicht einfach, sondern schlägt sich in der Wand nieder. Ein "Teufelskreis" kann entstehen, da das Wasser in der Wand die Wärme auch noch schneller nach außen leitet und somit die Wand kalt bleibt. Der Niederschlag an dieser Stelle kann also nur stärker werden.

Der Ausweg aus dieser Misere indes ist einfach. Man muß für eine ausreichende Erwärmung und vor allem für Lüftung sorgen, wobei es bei der Lüftung nicht damit abgetan ist, ein Fenster dauernd zu kippen. Sinnvoller ist es, das Fenster kurzzeitig ganz zu öffnen. Auch Vorhänge sollten von Zeit zu Zeit zurückgezogen werden, damit in den Raumecken ebenfalls eine Luftzirkulation möglich ist.

Unterm Strich also ein ganz simpler Sachverhalt: Man muß dafür sorgen, daß sich nicht zuviel warme Luft in kalten Räumen sammeln kann, sondern ein gewisser Austausch gewährleistet ist. Und gleichzeitig gilt es, durch eine dosierte Erwärmung ein Auskühlen der Wand zu vermeiden. Dann ist in aller Regel auch die Feuchtigkeit aus der Wohnung zu verbannen.

Lösung

Zu "... in die Wand. Nur selten ist die Baukonstruktion schuld - Häufiger kommen feuchte Einflüsse von innen":
Meist ist die in diffusionstechnischer Hinsicht falsche Schichtenfolge eines Bauteils (Wand) die Ursache.

Zu "... feuchte Wände ...":
Dies hat z.B. folgende Ursachen:
1. Tauwasserbildung an der inneren Oberfläche des Bauteils: Dämmung zu gering.
2. Tauwasserbildung im Bauteil: Falsche Schichtenfolge.

1. und 2.: Ursache ist die falsche Auslegung des Bauteils.

Zu "... die Wand mit einem dünnen Steinbohrer anbohrt und den herausfallenden Staub untersucht. Ist er trocken, je weiter der Bohrer vordringt, dann ist die Wurzel des Übels in der Wohnung zu suchen.":
Diese Methode ist ebenso ungenau wie falsch.

Zu "Wasserdampfanteil bei 20 Grad bereits auf 17 Gramm, bei 30 Grad schon auf 30 Gramm pro cbm.":
Einheiten der Temperatur und Feuchte sind falsch geschrieben! 20°C und 30°C. 17 g/m^3 und 30 g/m^3.
In Aufenthaltsräumen beträgt die Raumtemperatur ca. 20°C bei einer relativen Luftfeuchte um 60 %.
Die Angaben des Feuchtegehaltes widersprechen der Realität. Ca. 17 g/m^3 Wasserdampfgehalt entsprechen einer absoluten Luftfeuchte von 100 %, richtig müßte der Wert bei einer relativen Luftfeuchte von 60 % lauten: $0{,}6 \cdot 17 \approx 10$ g/m^3. Die Angabe von 30 g/m^3 bei 30°C entspricht einer relativen Luftfeuchte von 100 %. Eine Raumtemperatur von 30°C kommt

bei Aufenthaltsräumen nicht vor. Die Raumtemperatur im Bad beträgt nach DIN 4701-2 maximal 22°C, in Hallenbädern sind höhere Werte möglich.

Zu "... 15 qm Wohnfläche hat und 2,50 m hoch ist, passen etwa 38 cbm Luft hinein. Bei 23 Grad Lufttemperatur kann im Schlafzimmer schon fast 1 Liter Wasser ...":
Einheit der Wohnfläche ist falsch geschrieben! 15 m^2.
Bei 23°C beträgt die absolute Luftfeuchte ca. 22 g/m^3, d.h. bei einem Rauminhalt von ca. 38 m^3 beträgt der Feuchtegehalt bei Sättigung der Luft (100 % relative Luftfeuchte)
38 m^3 · 22 g/m^3 ≈ 840 g, also weniger als 1 Liter Wasserdampf, bei einem realen Luftfeuchtegehalt von 60 % liegt der Wert erheblich darunter, ca. 500 g.

Zu "... mit Wasserdampf "geladen" ...":
Hier handelt es sich um ein Problem der Wasserdampfwanderung zwischen Räumen unterschiedlichem Wasserdampfteildruckes z.B. aus Küche und Bad in einen kalten Wohnraum.
Ein Hinweis, woher die Luft "geladen" ist fehlt, Feuchtequellen?

Zu "Der Ausweg aus dieser Misere indes ist einfach. Man muß für eine ausreichende Erwärmung und vor allem für Lüftung sorgen, ...":
Erwärmung und Lüftung können zu einer Energieverschwendung führen, besser ist es, den Wärmeschutz des Bauteils zu verbessern.

Zu "Unterm Strich also ein ganz simpler Sachverhalt: Man muß dafür sorgen, daß sich nicht zuviel warme Luft in kalten Räumen sammeln kann, sondern ein gewisser Austausch gewährleistet ist. Und gleichzeitig gilt es durch eine dosierte Erwärmung ein Auskühlen der Wand zu vermeiden. Dann ist in aller Regel auch die Feuchtigkeit aus der Wohnung zu verbannen.":
Eine Diskussion dieses Textes erübrigt sich.
Darüberhinaus gibt es noch weitere Ungereimtheiten in diesem Zeitungstext.

828 Bei einem Ortstermin wegen eines Feuchtigkeitsschadens in einer Mietwohnung wird ein "sehr schwüles Klima" in der Wohnung festgestellt. Im Gespräch mit den Mietern stellt sich her-

aus, daß diese von regelmäßigem Lüften im Winter nichts halten: "Das kostet zu viel teure Heizenergie und außerdem hat es gar keinen Sinn, die kalte und so feuchte Außenluft hereinzuholen. Es wird ja innen bloß noch feuchter".
Stimmt das?

Lösung

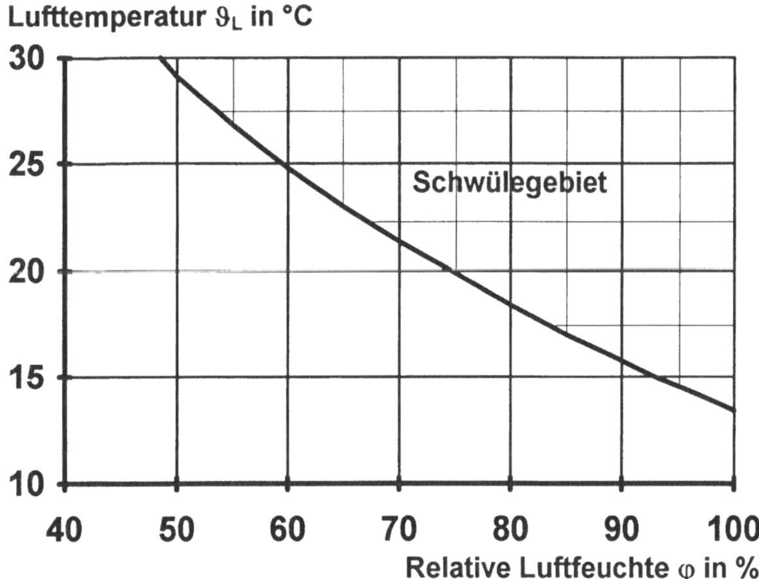

Schwülekurve nach *Ruge*.

Die Wasserdampfabgabe eines nicht körperlich arbeitenden Menschen bei ruhiger Luft und einer mittleren relativen Luftfeuchte zwischen 30°C und 70 % beträgt in Abhängigkeit von der Lufttemperatur:

Lufttemperatur °C	10-16	20	22	24	30
Wasserdampfabgabe g/h	≈ 30	40	≈ 50	60	≈ 100

Bei mehr als 70 % relativer Feuchte und gleichzeitig hoher Temperatur der Raumluft wird die Wasserdampfabgabe gehemmt, bei weniger als 30 % relativer Feuchte und gleichzeitiger hoher Lufttemperatur außerordentlich gesteigert.
Als untere Behaglichkeitsgrenze der relativen Luftfeuchte φ können etwa 30 % gelten, sofern die Raumluft nicht durch Schwebestoffe verunreinigt ist. Luft mit $\geq$ 30 % relativer Luftfeuchte ist

i.a. unschädlich, solange sie sauber ist; erst durch Verunreinigungen werden Reize auf den Rachenschleimhäuten ausgelöst. Trockene Luft in Räumen wird viel häufiger beanstandet als ebenso trockene winterliche Außenluft. Dies ist in der Regel auf den Staubgehalt der Raumluft oder auf zu hohe Lufttemperaturen infolge Überheizung zurückzuführen. Zu hohe Raumlufttemperaturen veranlassen den gesunden Menschen, von der Nasen- zur Mundatmung überzugehen; hierdurch setzt, besonders bei staubhaltiger Luft, eine Austrocknung der Mund- und Rachenschleimhäute mit entsprechender Reizwirkung ein.

Die Verdunstung über die feuchte Haut kann nur dann eintreten, wenn der Wasserdampfdruck an der Hautoberfläche größer als der Wasserdampfteildruck der umgebenden Luft ist, wenn also ein Dampfdruckunterschied besteht. Steigt der Wasserdampfteildruck der Luft an, z.B. in subtropischer Warmluft, in der Sauna oder in Räumen mit hohem Feuchteanfall, so reagiert der Körper reflektorisch mit einer Zunahme der Hauttemperatur, um eine ausreichende Druckdifferenz für eine vermehrte Verdunstung zu produzieren. Der Körper wehrt sich damit gegen die Gefahr eines Wärmestaus, die durch eine gedrosselte Wärmeabgabe infolge verringerter Verdunstung eintreten würde. Mit Hitzkrampf bezeichnet man die übermäßige Verdunstung des Menschen über die Haut, mit Hitzschlag die ungenügende Entwärmung.

Mit zunehmender relativer Feuchte der Raumluft wird die auf der Hautoberfläche erzielbare Wasserverdunstung mit ihrer Kühlwirkung gehemmt und die Empfindung eines schwülen Raumklimas ausgelöst. Deshalb muß besonders das gleichzeitige Auftreten hoher Lufttemperatur und hoher relativer Luftfeuchte vermieden werden. Das Bild zeigt die Grenzkurve der Schwüle nach DIN 1946-2 und ISO 7726. Sie gilt für den körperlich untätigen Menschen in praktisch ruhender Luft und bei Fehlen nennenswerter Strahlungseinflüsse. Alle Kombinationen von ϑ_L und φ oberhalb der Grenzlinie sind unbehaglich. Zur Kennzeichnung von Schwüle ist also stets die Angabe eines Wertepaares aus den Komponeneten ϑ_L und φ erforderlich.

Steigt die Lufttemperatur von 20°C auf 24°C, so nimmt die Wasserdampfabgabe des Menschen an die Raumluft um $\approx$ 50 % zu. Bei sehr schwüler Luft gemäß Aufgabe könnte es sich z.B. um ein Wertepaar ϑ_L = 30°C, φ = 80 % handeln.

Durch den höheren Temperaturunterschied zwischen der sehr warmen und sehr feuchten Raumluft und der kalten Außenluft entsteht an der Innenseite der äußeren Raumumschließungsflächen eine relativ hohe Taupunkttemperatur der Luft. Werte enthält hierzu DIN 4108-5 in einer Tabelle 1 in Abhängigkeit von Temperatur und relativer Feuchte der Luft. Z.B.:

Lufttemperatur ϑ_L = 30°C,

Relative Luftfeuchte φ = 80 %,

Taupunkttemperatur ϑ_S = 26,2°C.

Die "schwüle" Raumluft mit hoher Luftfeuchte kondensiert an den kalten äußeren Raumumschließungsflächen. Diese Flächen wirken als Kondensationszonen, es entsteht Tauwasser. Um die Feuchte aus der Raumluft zu verringern muß der Raum gelüftet werden, so daß die feuchte Raumluft mit trockener Außenluft gemischt werden kann.

Daher ist die Aussage des Mieters falsch.

829 Wie wandert der Wasserdampf - Diffusionsstrom durch ein Bauteil: Von innen nach außen oder von außen nach innen, wenn folgende Randbedingungen vorgeben sind?

ϑ_{Li} = 22°C, $\qquad$ p_{si} = 2648 Pa, $\qquad$ φ_i = 45 %,

ϑ_{La} = 18°C, $\qquad$ p_{sa} = 2067 Pa, $\qquad$ φ_a = 70 %?

Lösung

Maßgebend ist die Wasserdampfteildruckdifferenz:

p_i = 0,45 · 2648 Pa = 1191,6 Pa

und $\quad p_a$ = 0,70 · 2067 Pa = 1446,9 Pa,

somit $p_a > p_i$, d.h. Wasserdampf - Diffusionsstrom von außen nach innen.

830 Die Wärmeleitfähigkeit von Vollziegeln (1800 kg/m³) beträgt bei einer Temperatur von 10°C und einem Feuchtegehalt von 2 V-% 0,79 W/(m·K), bei einem Feuchtegehalt von 13 V-% jedoch 1,35 W/(m·K). Warum nimmt die Wärmeleitfähigkeit dieses Baustoffs mit steigendem Feuchtegehalt zu, obwohl die Wärmeleitfähigkeit von Wasser bei 10°C "nur" 0,58 W/(m·K) beträgt?

Lösung

Die Luft in den Poren des Baustoffs wird z.T. durch Wasser ersetzt. Da die Wärmeleitfähigkeit von Wasser (λ_{Wasser} = 0,58 W/(m·K)) größer ist als die von Luft in Porenform ($\lambda_{Luft} \approx$ 0,02 . . . 0,05 W/(m·K)), führt dies zur Erhöhung der Gesamtwärmeleitfähigkeit aus der

Summe des Feststoffes, der Luft und des Wassers zusammengesetzt, die also mit zunehmendem Feuchtegehalt ansteigt.

831 Warum sind abgeschlossene und hinreichend ruhende Luftschichten diffusionstechnisch problematisch?

Lösung

In den Luftschichten kann es infolge unterschiedlich temperierter Bauteiloberflächen zur Kondensation auf der kälteren Oberfläche kommen. Deshalb fordert für solche hinreichend ruhende Luftschichten DIN 1053-1, daß die Außenschalen unten und oben mit Lüftungsöffnung versehen werden sollen.

832 Warum ist die Wasserdampfsperr- und Bremswirkung der Dachpappen größer als die der "nackten Pappen"?

Lösung

Weil "nackte Pappen" im Gegensatz zur Dachpappe keine bituminösen Deckschichten aufweisen.

833 Wann ist in ein durchlüftetes Dach (sogen. "Kaltdach") eine Dampfsperre einzubauen und wo ist diese anzuordnen?

Lösung

Diffusionstechnisch ist keine Dampfsperre notwendig.
Bei außergewöhnlich hoher Feuchtebelastung (Schwimmbäder, usw.) ist eine Dampfsperre auf der Innenseite (Seite mit dem höheren Wasserdampfteildruck) ratsam, da eine hohe andauernde Feuchtebelastung die Wärmeleitfähigkeit der Dämmschicht ungünstig beeinflussen könnte.

834 Kann sich eine einseitig angebrachte Dampfbremse oder Dampfsperre im Hinblick auf die Diffusion auch "gefährlich" auswirken?

Lösung

Der Austrocknungsprozeß kann in dieser Richtung behindert oder sogar unterbunden werden. Eine Dampfbremse oder Dampfsperre wird dann zur Feuchtigkeitsfalle.

835 An einer Außenwand aus Mauerwerk mit Innendämmung soll zur Vermeidung von Tauwasserbildung innenseitig eine Dampfbremse aufgebracht werden. Wie groß muß die äquivalente Luftschichtdicke $s_{d,Dampfbremse}$ sein, wenn vorher am Bauteil ein Wasserdampfdruckverhältnis $(p_i - p_a) / (p_{si} - p_a) = 4$ festgestellt wurde?

Lösung

$$\frac{(p_i - p_a)}{\sum s_d} = \frac{(p_{si} - p_a)}{s_{d,Mauerwerk}} \quad \text{daraus folgt:}$$

$$\sum s_d = s_{d,Dampfbremse} + s_{d,Dämmung} + s_{d,Mauerwerk} =$$

$$= \frac{(p_i - p_a) \cdot s_{d,Mauerwerk}}{(p_{si} - p_a)} = 4 \cdot s_{d,Mauerwerk}$$

$$s_{d,Dampfbremse} = 3 \cdot s_{d,Mauerwerk} + s_{d,Dämmung}$$

836 Warum spielen beim nichtdurchlüfteten Dach, dem sogen. "Warmdach", diffusionstechnische Probleme als mögliche Schadensursachen eine sehr viel gewichtigere Rolle als bei Außenwänden?

Lösung

Beim Warmdach ist die Wärmedämmschicht unterhalb der Dachhaut angeordnet. Sie ist aus witterungsschutztechnischen Gründen an dieser Stelle notwendig und verstößt so gegen den Grundsatz "Dämmen - wo es kalt ist, Sperren - wo es warm ist", d.h. die Dachhaut mit ihrem hohen Diffusionsdurchlaßwiderstand wirkt auf der falschen Seite der Konstruktion sperrend.

Bei Außenwänden ist die dichte Außenhaut nicht notwendig, weil das Niederschlagswasser infolge Schwerkraftwirkung leichter abfließen kann als bei Dächern.

837 Die untenstehende Skizze zeigt das Diffusionsschema einer Dachkonstruktion während einer Tauperiode. Handelt es sich hierbei um ein

nichtdurchlüftetes Dach, ein sogen. "Warmdach",
nichtdurchlüftetes Dach, ein sogen. "Umkehrdach",
durchlüftetes Dach, ein sogen. "Kaltdach"?

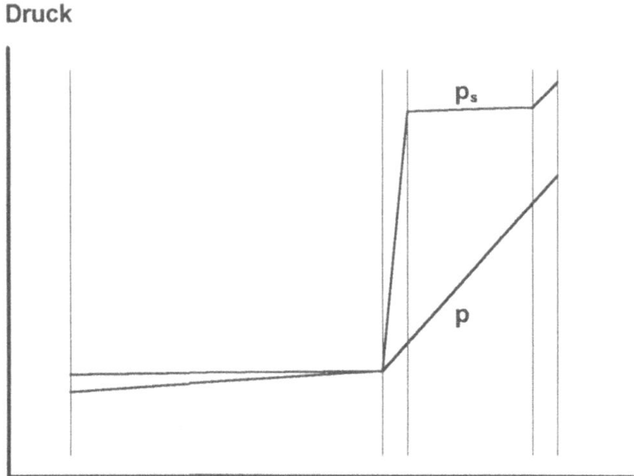

Wasserdampf - Diffusionsschema

Lösung

Es handelt sich um ein nichtdurchlüftetes Dach, ein sogen. "Warmdach". Begründung: Während einer Tauperiode ist der Wasserdampfteildruck innen, d.h. im Raum, größer als außen, d.h. da die Richtung des zunehmenden Druckes durch die Skala gegeben ist, ist links "außen" und rechts "innen". Ein großer Temperaturabfall in einer Schicht (Dämmschicht) bedeutet einen großen Druckabfall, d.h. die Wärmedämmschicht ist unterhalb der Dachhaut und oberhalb der Dampfsperre angeordnet. Dachhaut und Dampfsperre zeichnen sich durch einen großen Wasserdampf - Diffusionsdurchlaßwiderstand aus. Damit ist die Schichtenfolge eines "Warmdaches" gegeben, nämlich tragende Decke, Dampfsperre, Wärmedämmung, Dachhaut.

838 Die nachstehenden Skizzen zeigen den Schnitt durch ein zweischichtiges Außenbauteil (Schicht ① und ②).
Für die gegebenen Werte

ϑ_{Li} : Raumlufttemperatur,

ϑ_{La} : Außenlufttemperatur,

p_i : Wasserdampfteildruck der Raumluft und

p_a : Wasserdampfteildruck der Außenluft

sind der Temperaturverlauf bzw. der Wasserdampfteildruckverlauf anzugeben. Hierbei sind folgende Fälle zu unterscheiden:

Fall A: $\lambda_1 = \lambda_2$, Fall D: $\mu_1 = \mu_2$,
Fall B: $1/\Lambda_1 = 1/\Lambda_2$, Fall E: $s_{d1} = s_{d2}$,
Fall C: $\lambda_1 \gg \lambda_2$, Fall F: $\mu_1 \gg \mu_2$.

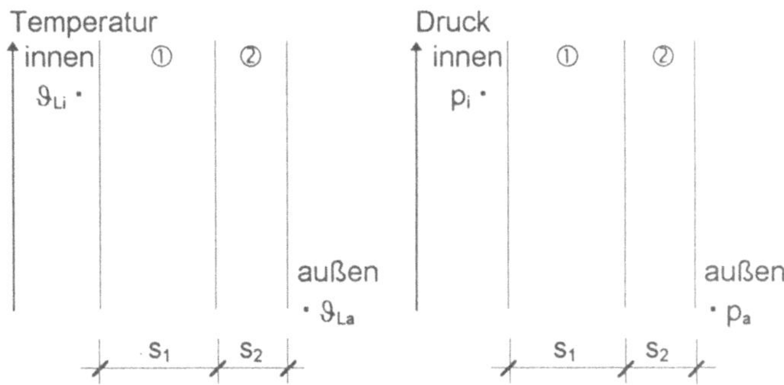

In den einzelnen Schnitten ist jeweils zu kennzeichnen, um welchen Fall es sich handelt.

Lösung

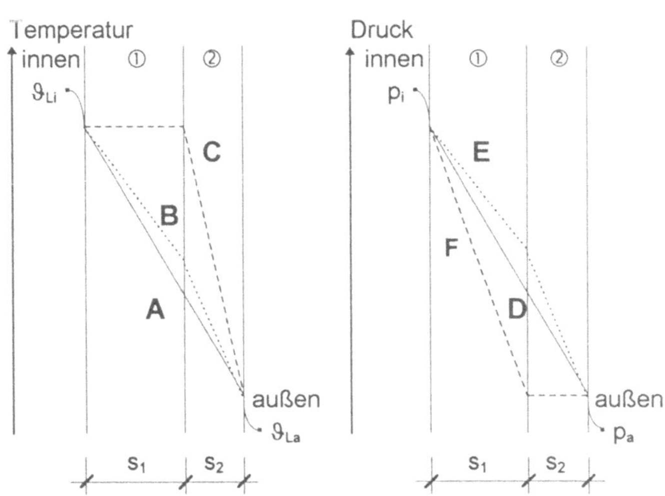

839 Gegeben sind 4 Grundmöglichkeiten für die Anordnung einer Wärmedämmung (Maße in cm!):

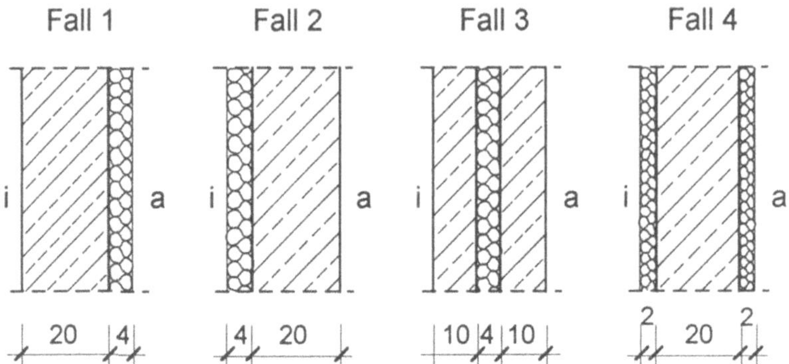

Außenwandseite, Index a: ϑ_{Oa} = - 20°C, φ_a = 90 %,
Innenwandseite, Index i: ϑ_{Oi} =   20°C, φ_i = 80 %.

Beton: λ = 1,0   W/(m·K), μ = 40,
Dämmplatte: λ = 0,04 W/(m·K), μ = 10.

Für die Fälle 1 bis 4 sind die Temperatur- und Wasserdampf -
Diffusionsschemata maßstäblich zu skizzieren. Bei welchen
Wandkonstruktionen besteht keine Gefahr der Kondensation?
Bei den Betrachtungen ist es hinreichend genau, nur die äquiva-
lente Luftschichtdicke s_d zu berücksichtigen.

Falls Kondensation bei einer Konstruktion auftritt, ist $\varphi_{i,\,zul}$ anzugeben.

Lösung

Zusammenstellung der Wärmedurchlaßwiderstände sowie die
äquivalenten Luftschichtdicken der einzelnen Schichten, bezogen auf die 4 Fälle:

Baustoff	s	λ	$\dfrac{1}{\Lambda}$	μ	s_d
	m	W/(m·K)	m^2·K/W	—	m
Beton	0,1	1,0	0,1	40	4,0
	0,2	1,0	0,2	40	8,0
Dämmplatte	0,02	0,04	0,5	10	0,2
	0,04	0,04	1,0	10	0,4

Raum-und Außentemperatur nach DIN 4108-5:

$$\vartheta_{Li} = \vartheta_{Oi} + R_i \cdot \frac{\vartheta_{Oi} - \vartheta_{Oa}}{\dfrac{1}{\Lambda}} = \left(20,0 + 0,13 \cdot \frac{20,0 - (-20,0)}{1,0 + 0,2}\right){}^\circ C = 24,3{}^\circ C$$

$$\vartheta_{La} = \vartheta_{Oa} - R_a \cdot \frac{\vartheta_{Oi} - \vartheta_{Oa}}{\dfrac{1}{\Lambda}} = \left(-20,0 - 0,04 \cdot \frac{20,0 - (-20,0)}{1,0 + 0,2}\right){}^\circ C = -21,3{}^\circ C$$

Wasserdampfdrücke nach DIN 4108-5:

$p_{si} = 3040$ Pa; $\quad p_i = \varphi_i \cdot p_{si} = 0,8 \cdot 3040$ Pa $= 2432$ Pa

$p_{sa} = \ \ 90$ Pa; $\quad p_a = \varphi_a \cdot p_{sa} = 0,9 \cdot \ \ \ 90$ Pa $= \ \ \ 81$ Pa

Ermittlung der Fugentemperaturen mittels Temperaturschema. Aus Vereinfachungsgründen sind alle 4 Konstruktionsfälle im Zusammenhang dargestellt.

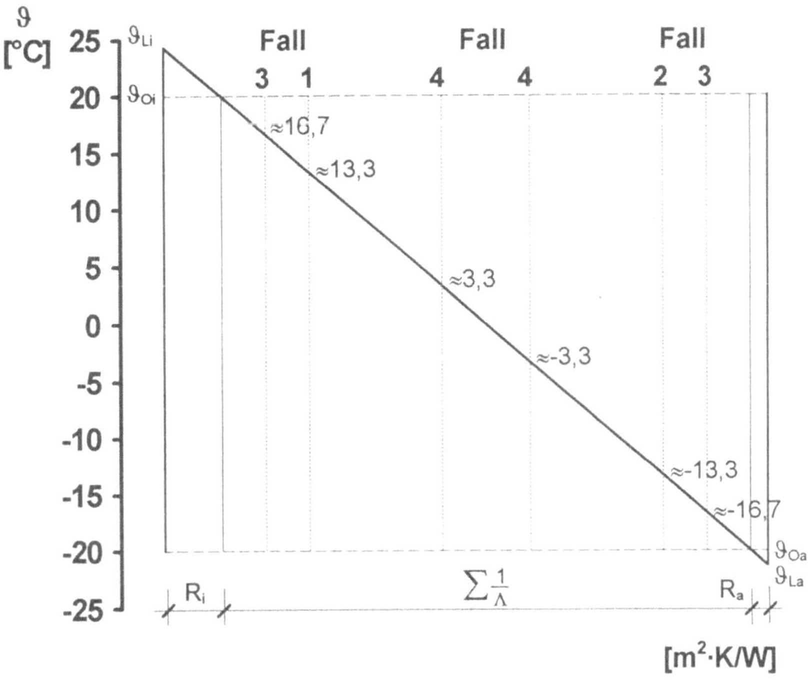

Demnach ergeben sich nach DIN 4108-5 für die ermittelten Fugentemperaturen folgende Sättigungsdrücke:

Fall	Fugentemperatur °C	Wasserdampfsättigungsdruck Pa
1	13,3	1528
2	- 13,3	193
3	16,7	1901
	- 16,7	141
4	3,3	776
	- 3,3	464

Für die Oberflächentemperaturen ergeben sich nach DIN 4108-5 folgende Sättigungsdrücke:

$\vartheta_{Oi} = 20°C$, $p_{sOi} = 2340$ Pa; $\vartheta_{Oa} = - 20°C$, $p_{sOa} = 103$ Pa

Wasserdampf - Diffusionsschema für die 4 Grundmöglichkeiten der Anordnung einer Wärmedämmung:

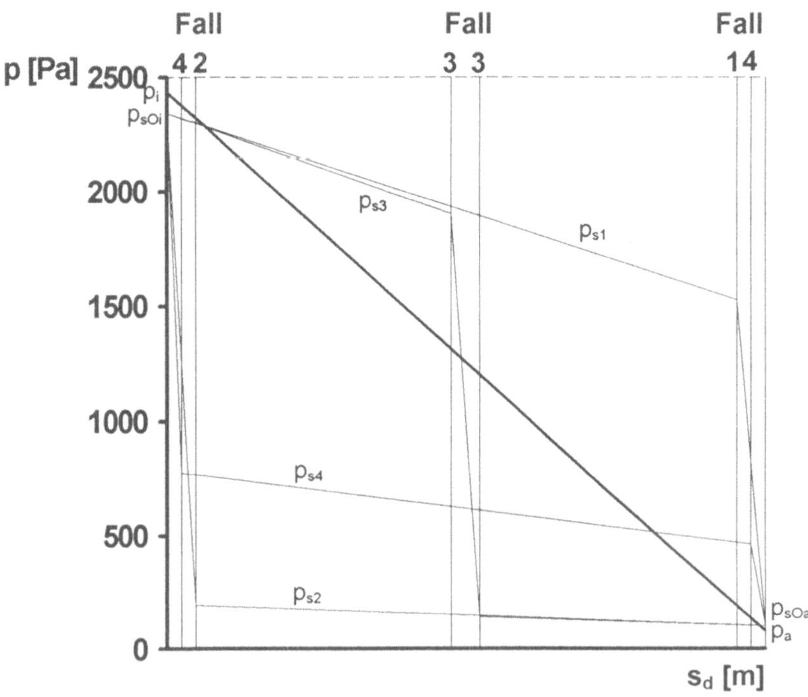

Aus dem Wasserdampf - Diffusionsdiagramm folgt, daß bei jedem der 4 Fälle die Gefahr einer Kondensation besteht.

Zur Frage nach $\varphi_{i,zul}$ ergeben sich durch Ablesen folgende Werte aus dem Diffusionsdiagramm:

Fall		1	2	3	4
$p_{i,zul}$	Pa	2340	199	207	793
$\varphi_{i,zul}$	%	77,0	6,5	6,8	26,1

Zur Beurteilung kann folgender Grundsatz hergeleitet werden: Mehrschichtige Konstruktionen sind diffusionstechnisch unproblematisch, wenn

die Wärmedurchlaßwiderstände der Schichten von "außen" nach "innen" abnehmen und

die Wasserdampf - Diffusionsdurchlaßwiderstände (Teildiffusionswiderstände) von "außen" nach "innen" zunehmen.

Danach müßte der Fall 1 mit der Außendämmung diesem Grundsatz genügen. Solche allgemeinen Aussagen können aber auch falsch sein, wenn bauphysikalisch extreme Konstruktionsbedingungen vorliegen.

840 Für eine Außenwand ist der zur Verhütung von Tauwasserbildung erforderliche Mindestwert des Wärmedurchlaßwiderstandes bzw. Maximalwert des Wärmedurchgangskoeffizienten zu ermitteln. Für die Raumluft sollen folgende Daten Gültigkeit besitzen:

$\vartheta_{Li} = 24°C$; $\vartheta_{La} = - 12°C$; $\varphi_i = 80 \%$.

Auf welchen Wert darf die relative Feuchte der Raumluft bei der Außenwand nach der Forderung für den Mindestwärmeschutz maximal ansteigen, ohne daß sich Tauwasser auf der raumseitigen Oberfläche der Bauteile bildet?

Lösung

Berechnung des zur Verhütung von Tauwasserbildung erforderlichen Wärmedurchlaßwiderstandes nach DIN 4108-2 und DIN 4108-5:

Taupunkttemperatur $\vartheta_s = 20,3°C$
Mindestwert des Wärmedurchlaßwiderstandes:

$$\frac{1}{\Lambda} \geq R_i \cdot \frac{\vartheta_{Li} - \vartheta_{La}}{\vartheta_{Li} - \vartheta_s} - (R_i + R_a)$$

$$\frac{1}{\Lambda} \geq \left(0,13 \cdot \frac{24,0 - (-12,0)}{24,0 - 20,3} - (0,13 + 0,04) \right) \text{m}^2 \cdot \text{K/W} = 1,095 \text{ m}^2 \cdot \text{K/W}$$

Maximalwert des Wärmedurchgangskoeffizienten:

$$k \leq \frac{\vartheta_{Li} - \vartheta_s}{R_i \cdot (\vartheta_{Li} - \vartheta_{La})} = \frac{24,0 - 20,3}{0,13 \cdot (24,0 - (-12,0))} \text{ W/(m}^2 \cdot \text{K)} = 0,791 \text{ W/(m}^2 \cdot \text{K)}$$

Die vorgenannten Werte sind bei den gegebenen Klimadaten einzuhalten.

Ermittlung des Wertepaares ϑ_{Li} / φ_i für den Mindestwärmeschutz. DIN 4108-2 fordert für Außenwände (allgemein):

$$\frac{1}{\Lambda} \geq 0,55 \text{ m}^2 \cdot \text{K/W und } k \leq 1,39 \text{ W/(m}^2 \cdot \text{K)}$$

Ermittlung der Taupunkttemperatur ϑ_s durch Umstellen der vorgenannten Formel für den Wärmedurchgangskoeffizienten:

$$\vartheta_s = \vartheta_{Li} - k \cdot R_i \cdot (\vartheta_{Li} - \vartheta_{La})$$
$$\vartheta_s = [24,0 - 1,39 \cdot 0,13 \cdot (24,0 - (-12,0))]°\text{C} = 17,5°\text{C}$$

Nach der Taupunkttemperaturtafel in DIN 4108-5: $\varphi_i = 67$ %

Die relative Luftfeuchte darf auf maximal 67 % ansteigen, damit sich kein Tauwasser auf der raumseitigen Oberfläche des Bauteils bei den gegebenen Klimabedingungen bildet.

841 Die Außenwand eines Wohnhauses mit folgendem Aufbau soll diffusionstechnisch nach den Normbedingungen überprüft werden.

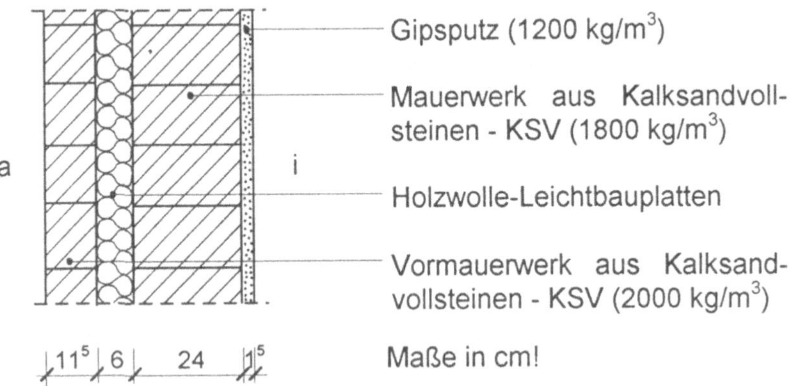

Bei welcher Raumluftfeuchte kommt es zur Tauwasserbildung auf der inneren Oberfläche der Außenwand ?

Ab welcher Raumluftfeuchte fällt Tauwasser in der Konstruktion aus?

Bei welcher Raumluftfeuchte ist mit einer schädlichen Tauwasserbildung in der Konstruktion zu rechnen ?

Lösung

Klimadaten der Tauperiode nach DIN 4108-3 (t_T = 1440 h):

ϑ_{Li} = 20°C; φ_i = ? $\quad\quad$ p_{si} = 2340 Pa.

ϑ_{La} = - 10°C; φ_a = 80 %; $\quad\quad$ p_{sa} = 208 Pa.

Klimadaten der Verdunstungsperiode (t_V = 2160 h):

ϑ_{Li} = ϑ_{La} = 12°C; $\quad\quad$ p_{si} = p_{sa} = 1403 Pa.

φ_i = φ_a = 70 %; $\quad\quad$ p_i = p_a = 982 Pa.

Diffusionstechnische Berechnung für die Tauperiode:

Nr	Bauteilschicht	s [m]	λ_R [W/(m·K)]	R [(m²·K)/W]	ϑ [°C]	p_S [Pa]	$\frac{R_D \cdot T}{D}$ [m·h·Pa/g]	μ [—]	s_d [m]	$\frac{1}{\Delta}$ [m²·h·Pa/g]
	Übergang innen			0,13						—
					Li 20,0	2340				
1	Gipsputz	0,015	0,35	0,043			1500	10	0,15	225
					Üi 16,8	1914				
2	Kalksandstein	0,24	0,99	0,242			1500	15/25	3,6	5 400
					1 15,7	1784				
3	Holzwolle-Leichtbauplatte	0,06	0,093	0,645			1500	2/5	0,12	180
					2 9,7	1203				
4	Kalksandstein	0,115	1,10	0,105			1500	15/25	2,875	4 313
					3 - 6,4	356				
	Übergang außen			0,04						—
					Oa - 9,0	284				
					La -10,0	260				
Wärmedurchlaßwiderstand	$\frac{1}{\Lambda}$	1,035	(m²·K)/W				Summe		6,745	10 118
Wärmedurchgangswiderstand	R_k	1,205	(m²·K)/W							
Wärmedurchgangskoeffizient	k	0,830	W/(m²·K)							
Wärmestromdichte	q	24,90	W/m²							

Zur Frage der Tauwasserbildung auf der inneren Oberfläche:

ϑ_{Oi} = 16,8°C, ϑ_{Oi} = ϑ_s, folgt nach DIN 4108-5 für die gesuchte Raumluftfeuchte: φ_i = 82 %.

Wasserdampf-Diffusionsdiagramm für die Tauperiode zur Frage ob Tauwasser in der Konstruktion ausfällt:

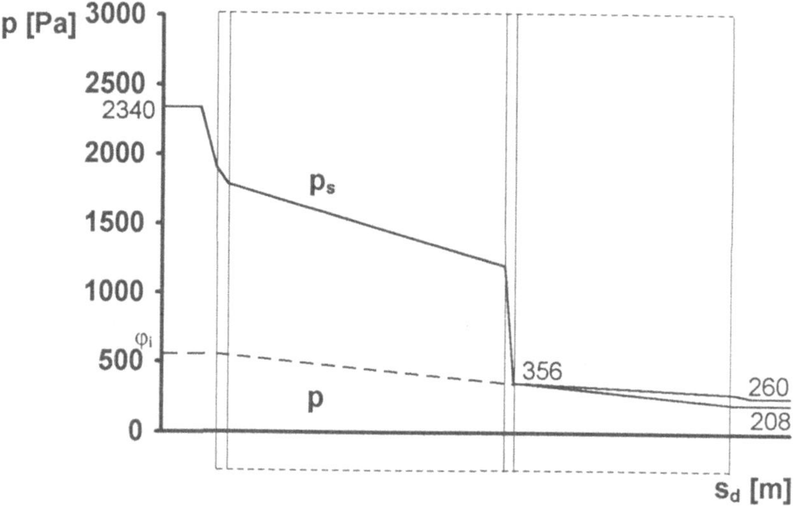

Nach DIN 4108-5 gilt für den Fall a, d.h. Wasserdampf - Diffusion ohne Tauwasserausfall (ohne Reserve):

p_{sw} = 356 Pa. Nach der Tabelle ergeben sich folgende Wasserdampfdiffusions-Durchlaßwiderstände:

$$\frac{1}{\Delta_i} = 5805 \text{ Pa} \quad \frac{1}{\Delta_a} = 4313 \text{ Pa}.$$

Für die verdunstende Tauwassermenge und die Wasserdampf - Diffusionsstromdichten in der Konstruktion nach DIN 4108-5:

$$W_T = 0; \quad i_i = i_a ;$$

$$\frac{p_i - p_{sw}}{\dfrac{1}{\Delta_i}} = \frac{p_{sw} - p_a}{\dfrac{1}{\Delta_a}}$$

$$\frac{p_i - 356}{5805} = \frac{356 - 208}{4313}$$

Auflösen nach p_i: p_i = 555,2 Pa.

$p_i = \varphi_i \cdot p_{si}$. Dann ergibt sich für $\varphi_i = \dfrac{555,2}{2340} = 0,237$,

d.h. ab einer Raumluftfeuchte von 23,7 % fällt Tauwasser in der Konstruktion aus.

Zur Frage über die Bedingungen für schädliches Tauwasser nach DIN 4108-3:

Grenzwert der Tauwassermenge $W_T \geq 1000$ g/m^2

$$W_T = t_T \cdot \left(\frac{p_i - p_{sw}}{\frac{1}{\Delta_i}} - \frac{p_{sw} - p_a}{\frac{1}{\Delta_a}} \right)$$

$$1000 \text{ g/m}^2 = 1440 \cdot \left(\frac{p_i - 356}{5805} - \frac{356 - 208}{4313} \right) \text{ g/m}^2$$

$p_i = 4586,5$ Pa > 2340 Pa. Dieses Ergebnis ist falsch, es widerspricht den Normforderungen nach DIN 4108-3. Es muß W_T kleiner als 1000 g/m^2 sein! Somit Bedingung $W_T \leq W_V$.

Nach DIN 4108-3 müssen die μ - Werte in der Verdunstungsperiode nicht geändert werden, d.h. die $\frac{1}{\Delta}$ - Werte bleiben in der Verdunstungsperiode unverändert. Somit:

$$W_V = t_V \cdot \left(\frac{p_{sw} - p_i}{\frac{1}{\Delta_i}} + \frac{p_{sw} - p_a}{\frac{1}{\Delta_a}} \right)$$

$$W_V = 2160 \cdot \left(\frac{1403 - 982}{5805} + \frac{1403 - 982}{4313} \right) \text{ g/m}^2 = 367,5 \text{ g/m}^2 = W_T$$

$$367,5 \text{ g/m}^2 = 1440 \cdot \left(\frac{p_i - 356}{5805} - \frac{356 - 208}{4313} \right) \text{ g/m}^2.$$

Hieraus: $p_i = 2037$ Pa.

Berechnung der relativen Luftfeuchte:

$$\varphi_i = \frac{p_i}{p_{si}} = \frac{2037}{2340} = 0,87$$

Ab einer Raumluftfeuchte von 87 % verdunstet in der Verdunstungsperiode weniger Tauwasser als in der Tauperiode entsteht. Das bedeutet, daß ab 87 % relativer Raumluftfeuchte in der Konstruktion mit schädlichem Tauwasser zu rechnen ist.

842 Ein Außenwand-Bauteil besteht nach Firmenangaben aus einer Stahlbetonplatte und einer auf der Warmseite angebrachten Wärmedämmschicht.

Baustoff	s m	λ W/(m·K)	μ —
Dämmschicht	0,04	0,04	25
Stahlbetonplatte	0,15	1,20	30

Klimadaten: ϑ_{Li} = 20°C; φ_i = 50 %, ϑ_{La} = 0°C; φ_a = 75 %.

Graphisch ist die notwendige Dicke der Dämmschicht zu bestimmen, bei der in der Wand nicht mehr die Gefahr einer Kondensation besteht.

Die bei einer notwendig werdenden Verbreiterung der Dämmschicht sich ergebenden Änderungen der Wasserdampf-Sättigungsdrücke können vernachlässigt werden. Es ist hinreichend genau, nur die äquivalente Luftschichtdicke zu berücksichtigen.

Lösung

Klimadaten der Tauperiode vorgegeben:

$$\vartheta_{Li} = \ 20°C; \quad \varphi_i \ = 50\,\%; \quad p_{si} = 2340\ \text{Pa}; \quad p_i = 1170\ \text{Pa}.$$
$$\vartheta_{La} = \ \ 0°C; \quad \varphi_a \ = 75\,\%; \quad p_{sa} = \ 611\ \text{Pa}; \quad p_a = \ 458\ \text{Pa}.$$

Diffusionstechnische Berechnungen für die Tauperiode:

Nr	Bauteilschicht	s m	λ_R W/(m·K)	R (m²·K)/W		ϑ °C	ps Pa	$\dfrac{R_D \cdot T}{D}$ $\dfrac{m \cdot h \cdot Pa}{g}$	μ —	s_d m	$\dfrac{1}{\Lambda}$ $\dfrac{m^2 \cdot h \cdot Pa}{g}$
	Übergang innen			0,13	Li	20,0	2340				—
1	Dämmung	0,04	0,04	1,00	Oi	18,0	2065	1500	25	1,0	1 500
2	Stahlbeton	0,15	1,20	0,125	1	2,6	737	1500	30	4,5	6 750
	Übergang außen			0,04	Oa	0,6	640				—
					La	0,0	611				
Wärmedurchlaßwiderstand	$\dfrac{1}{\Lambda}$	1,125	(m²·K)/W					Summe		5,5	8 250
Wärmedurchgangswiderstand	R_k	1,295	(m²·K)/W								
Wärmedurchgangskoeffizient	k	0,772	W/(m²·K)								
Wärmestromdichte	q	15,44	W/m²								

Mit den gegebenen Werten erhält man folgendes Wasserdampf-Diffusionsdiagramm:

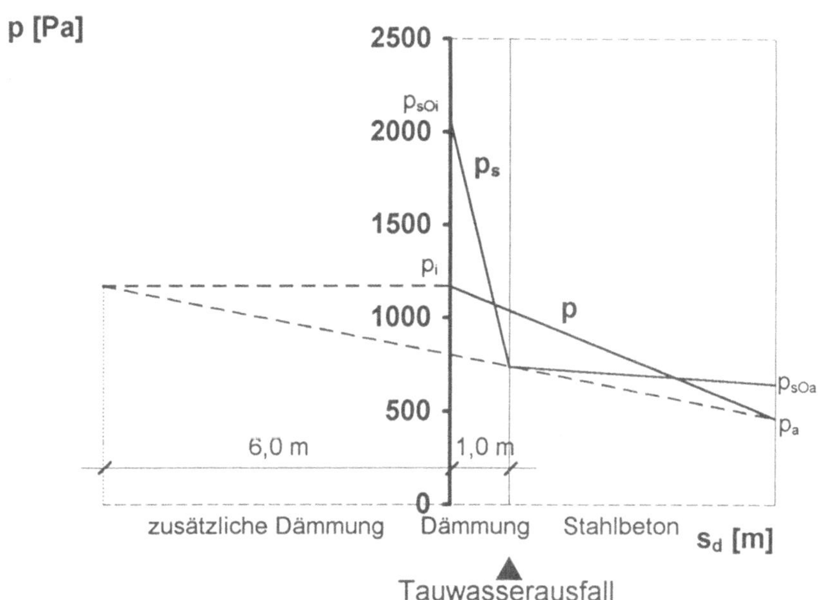

Das Wasserdampf-Diffusionsdiagramm des Außenwandbauteils zeigt auf, daß ein stationärer Feuchtigkeitsdurchgang nicht mehr gegeben ist. Es besteht die Gefahr, daß sich - ausgehend von der Trennfuge im Bauteil - eine Kondensationsebene ausbildet. Laut Aufgabe soll durch eine Verbreiterung der Dämmschicht ein stationärer Feuchtigkeitsdurchgang gewährleistet werden. Wird nur die äquivalente Luftschichtdicke s_d berücksichtigt und die durch die Verbreiterung der Dämmschicht ergebenen temperaturbedingten Veränderungen der Wasserdampfsättigungsdrücke vernachlässigt, so ergibt sich nach der graphischen Lösung folgender Wert für die äquivalente Luftschichtdicke der Dämmung:

$$s_{d,Dämmung} = 1,0\ m + 6,0\ m = 7,0\ m$$

Dann erhält man die erforderliche Dämmschichtdicke $s_{Dämmung}$:

$$s_{Dämmung} \geq \left(\frac{s_d}{\mu}\right)_{Dämmung} = \frac{7,0}{25}\ m = 0,28\ m = 28,0\ cm$$

Rechnerische Lösung:

$$\frac{s_{d,D\ddot{a}mmung} + s_{d,Beton}}{s_{d,Beton}} = \frac{p_i - p_a}{p_{s,D\ddot{a}mmung} - p_a}$$

$$s_{d,D\ddot{a}mmung} = s_{d,Beton} \cdot \left(\frac{p_i - p_a}{p_{s,D\ddot{a}mmung} - p_a} - 1\right) = 4{,}5 \cdot \left(\frac{1170 - 458}{737 - 458} - 1\right) \text{ m}$$

$$s_{d,D\ddot{a}mmung} = 6{,}98 \text{ m}$$

$$s_{D\ddot{a}mmung} \geq \frac{6{,}98}{25} \text{ m} = 0{,}279 \text{ m} = 27{,}9 \text{ cm}$$

Die notwendige Dicke der Dämmschicht muß mindestens $\approx$ 28 cm betragen, um einen stationären Feuchtigkeitsdurchgang gerade noch zu gewährleisten.

843 Gegeben ist folgende Außenwandkonstruktion:

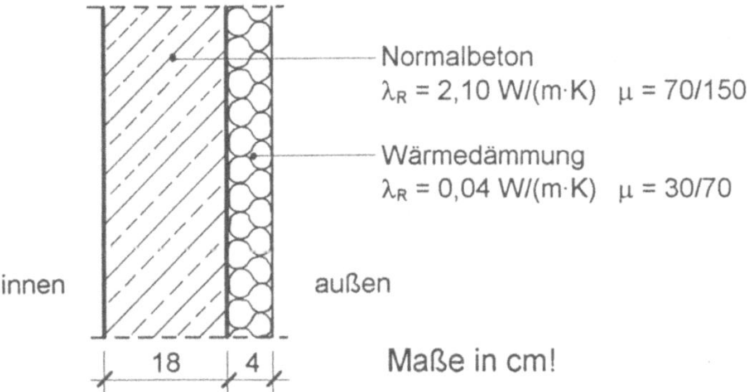

Kann die gleiche Dämmschicht noch einmal innen angebracht werden, ohne daß schädliches Tauwasser in der Konstruktion auftritt?
Welche Wasserdampf - Diffusionswiderstandszahl müßte ein Innenanstrich der Dicke 1 mm bei der obenstehend erwähnten Innendämmung aufweisen, damit die Verdunstungsmenge doppelt so groß wie die anfallende Tauwassermenge ist?

Lösung

Festlegen der Klimabedingungen der Tauperiode nach DIN 4108-3 und 5:

$$\vartheta_{Li} = 20°C, \quad \varphi_i = 50\,\%, \quad p_{si} = 2340 \text{ Pa}, \quad p_i = 1170 \text{ Pa}$$
$$\vartheta_{La} = -10°C, \quad \varphi_a = 80\,\%, \quad p_{sa} = 260 \text{ Pa}, \quad p_a = 208 \text{ Pa}$$

Tabellarische Auswertung:

Nr	Bauteilschicht	s [m]	λ_R [W/(m·K)]	R [(m²·K)/W]	ϑ [°C]		p_s [Pa]	$\dfrac{R_D \cdot T}{D}$ [m·h·Pa/g]	μ [—]	s_d [m]	$\dfrac{1}{\Delta}$ [m²·h·Pa/g]
	Übergang innen			0,13	Li	20,0	2340				
1	Wärmedämmung	0,04	0,04	1,000	Oi	18,3	2105	1500	30/70	1,2	1 800
2	Normalbeton	0,18	2,1	0,086	1	5,0	872	1500	70/150	27,0	40 500
3	Wärmedämmung	0,04	0,04	1,000	2	3,8	803	1500	30/70	2,8	4 200
	Übergang außen			0,04	Oa	- 9,5	272				
					La	-10,0	260				
Wärmedurchlaßwiderstand	$\dfrac{1}{\Lambda}$	2,086	(m²·K)/W					Summe		31,0	46 500
Wärmedurchgangswiderstand	R_k	2,256	(m²·K)/W								
Wärmedurchgangskoeffizient	k	0,443	W/(m²·K)								
Wärmestromdichte	q	13,298	W/m²								

Wasserdampf - Diffusionsdiagramm:

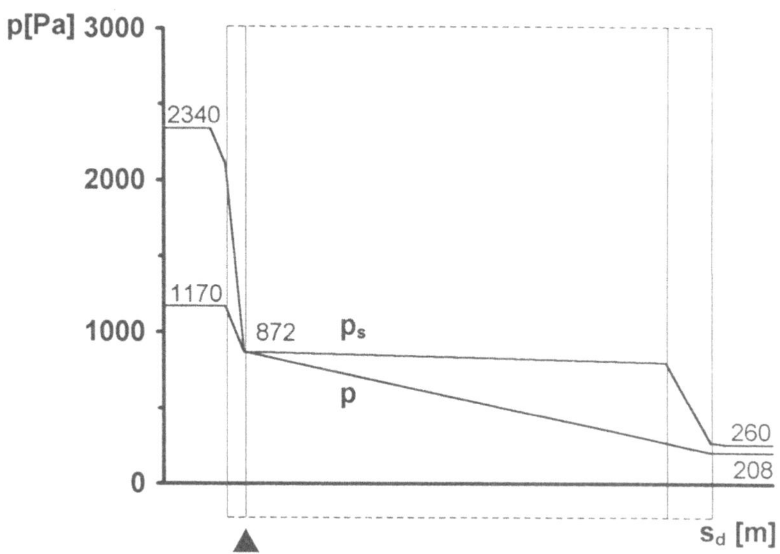

Wasserdampf-Diffusionsströme nach DIN 4108-5:

$$i_i = \frac{p_i - p_{sw}}{\dfrac{1}{\Delta_i}} = \frac{1170 - 872}{1800} \quad g/(m^2 \cdot h) = 0{,}166 \ g/(m^2 \cdot h)$$

$$i_a = \frac{p_{sw} - p_a}{\dfrac{1}{\Delta_a}} = \frac{872 - 208}{40500 + 4200} \quad g/(m^2 \cdot h) = 0{,}015 \ g/(m^2 \cdot h)$$

Tauwassermenge für die Tauperiode $t_T = 1440$ h:

$W_T = (i_i - i_a) \cdot t_T = (0{,}166 - 0{,}015) \cdot 1440 \ g/m^2 = 217{,}4 \ g/m^2$

Festlegung der klimatischen Werte für die Verdunstungsperiode wie vor:

$\vartheta_{Li} = \vartheta_{La} = 12°C, \qquad \varphi_i = \varphi_a = 70 \ \%, \qquad p_i = p_a = 982 \ Pa.$

Tauwasserebene: $\vartheta_w = 12°C, \ \varphi_w = 100 \ \%, \ p_{sw} = 1403 \ Pa$

Wasserdampf-Diffusionsströme:

$$i_i = \frac{p_{sw} - p_i}{\dfrac{1}{\Delta_i}} = \frac{1403 - 982}{1800} \quad g/(m^2 \cdot h) = 0{,}234 \ g/(m^2 \cdot h)$$

$$i_a = \frac{p_{sw} - p_a}{\dfrac{1}{\Delta_a}} = \frac{1403 - 982}{40500 + 4200} \quad g/(m^2 \cdot h) = 0{,}009 \ g/(m^2 \cdot h)$$

Verdunstungsmenge für die Verdunstungsperiode $t_V = 2160$ h:

$W_V = (i_i + i_a) \cdot t_V = (0{,}234 + 0{,}009) \cdot 2160 \ g/m^2 = 525 \ g/m^2$

Da $W_V > W_T$ ist die Innendämmung zulässig.

Gesucht ist nunmehr die Wasserdampf - Diffusionswiderstandszahl μ für einen Innenanstrich:

Gefordert ist, daß die Verdunstungsmenge doppelt so groß ist wie die ausfallende Tauwassermenge, d.h. $W_V = 2 \cdot W_T$. Es muß der Wasserdampf - Diffusionsdurchlaßwiderstand $\dfrac{1}{\Delta_i}$ verändert werden, alle anderen Widerstände bleiben bestehen.

$$W_V = (i_i + i_a) \cdot t_V = \left(\frac{1403 - 982}{1800 + x} + 0{,}009 \right) \cdot 2160 \ g/m^2$$

$$W_T = (i_i - i_a) \cdot t_T = \left(\frac{1170 - 872}{1800 + x} - 0{,}015 \right) \cdot 1440 \ g/m^2$$

Aufgelöst nach x:

$$\left(\frac{1403 - 982}{1800 + x} + 0{,}009 \right) \cdot 2160 = 2 \cdot \left(\frac{1170 - 872}{1800 + x} - 0{,}015 \right) \cdot 1440$$

$$x = -2617 \ m^2 \cdot h \cdot Pa/g$$

Auflösung nach der Wasserdampf-Diffusionswiderstandszahl μ:

$$s_d = \frac{-2617}{1500}\ m\ = -1,745\ m$$

$$\mu = \frac{s_d}{s} = \frac{-1,745}{0,001} = -1745\ m$$

Folge: Ein Innenanstrich mit einem negativen μ - Wert ist nicht möglich, um der Forderung der Aufgabenstellung zu genügen.

844

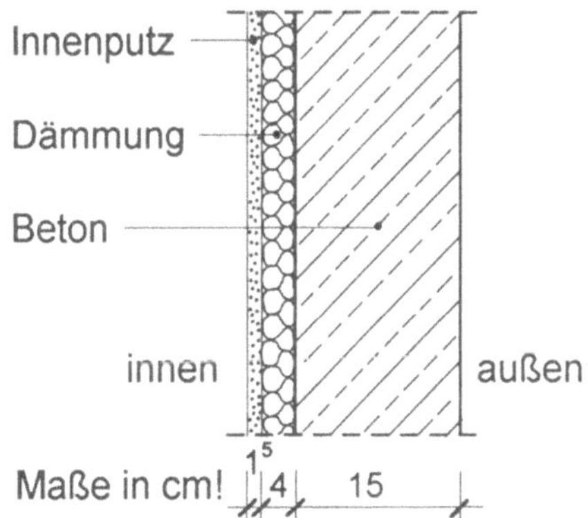

Die Skizze zeigt ein Außenwandbauteil. Folgende Daten besitzen Gültigkeit:
Beton:
$\lambda = 1,40$ W/(m·K), $\mu = 30$;
Dämmung:
$\lambda = 0,047$ W/(m·K), $\mu = 25$;
Innenputz
$\lambda = 0,70$ W/(m·K), $\mu = 10$;
Klimabedingungen:
20°C, 50 % rel. Feuchte;
 0°C, 75 % rel. Feuchte.

Ist während der Tauperiode instationärer Feuchtigkeitsdurchgang zu erwarten, wenn Innenputz und Dämmung bei einer Sanierung vorgesehen werden?
Tritt Kondensation auf, so soll durch Erhöhung der Dämmschichtdicke die Gefahr der Kondensation vermindert werden. Ermittlung der erforderlichen Dämmschichtdicke, bei der stationärer Feuchtigkeitsdurchgang gegeben ist.

Lösung

Zur Frage, ob während der Tauperiode instationärer Feuchtigkeitsdurchgang zu erwarten ist.
Überprüfung mittels Wasserdampf-Diffusionsschema:

Klimabedingungen für die Tauperiode:

Für $\vartheta_{Li} = 20°C$ mit $\varphi_i = 50$ % ergibt sich nach DIN 4108-5:
$p_{si} = 2340$ Pa und $p_i = 0,50 \cdot 2340$ Pa $= 1170$ Pa,
für $\vartheta_{La} = 0°C$ mit $\varphi_a = 75$ % ergibt sich nach DIN 4108-5:
$p_{sa} = 611$ Pa und $p_a = 0,75 \cdot 611$ Pa $= 458$ Pa
Die Oberflächen- und Fugentemperaturen können entweder durch Temperaturschema oder durch Berechnung ermittelt werden.

Wasserdampf-Diffusionstechnische Berechnung der Tauperiode:

Nr	Bauteilschicht	s	λ_R	R	ϑ		p_s	$\dfrac{R_D \cdot T}{D}$	μ	s_d	$\dfrac{1}{\Delta}$
		m	W/(m·K)	(m²·K)/W	°C		Pa	$\dfrac{\text{m·h·Pa}}{\text{g}}$	—	m	$\dfrac{\text{m}^2 \cdot \text{h} \cdot \text{Pa}}{\text{g}}$
	Übergang innen			0,13	Li	20,0	2340				
1	Innenputz	0,015	0,70	0,021	Oi	17,7	2027	1500	10	0,15	225
2	Dämmung	0,04	0,047	0,851	1	17,4	1988	1500	25	1,0	1 500
3	Beton	0,15	1,4	0,107	2	2,6	737	1500	30	4,5	6 750
	Übergang außen			0,04	Oa	0,7	645				
					La	0,0	611				
Wärmedurchlaßwiderstand	$\dfrac{1}{\Lambda}$	0,979	(m²·K)/W					Summe		5,65	8 475
Wärmedurchgangswiderstand	R_k	1,149	(m²·K)/W								
Wärmedurchgangskoeffizient	k	0,87	W/(m²·K)								
Wärmestromdichte	q	17,41	W/m²								

Mit den berechneten Werten ergibt sich folgendes Wasserdampf-Diffusionsdiagramm für die Tauperiode:

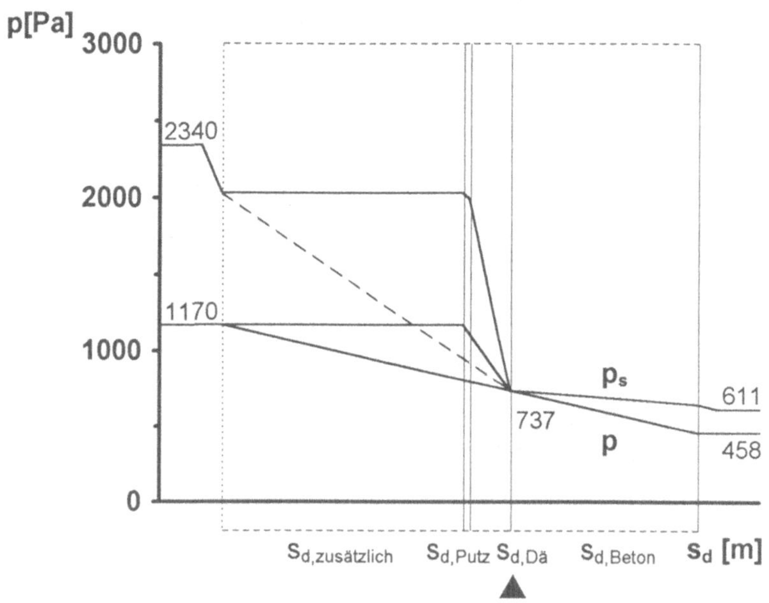

Fazit:

Instationärer Feuchtigkeitsdurchgang ist zu erwarten. An der Fuge Wärmedämmung / Beton ist eine Kondensationsebene vorhanden.

Ermittlung der erforderlichen Dämmschichtdicke, bei der stationärer Feuchtigkeitsdurchgang gegeben ist.

Versuch einer graphischen Lösung. Vorbemerkung:

Diffusionstechnisch gefährdete Konstruktionen sind durch Diffusionsbremsen, d.h. Schichten mit großem Wasserdampf-Diffusionswiderstand und vernachlässigbar kleinem Wärmedurchlaßwiderstand zu sanieren. Die Vergrößerung der Dämmschichtdicke hat einen geänderten Verlauf der Schichtentemperaturen und damit des Wasserdampfsättigungsdruckes zur Folge. Nach der nur für Dampfbremsen gültigen Methode kann aus dem Wasserdampf-Diffusionsschema ermittelt werden, daß der zusätzlich erforderliche Teildiffusionswiderstand $s_{d,zusätzlich}$ ca. 5,8 m (rechnerisch 5,83 m) beträgt. Dieser Wert entspricht einer zusätzlichen Dämmschicht der Dicke:

$$s = \frac{s_{d,zusätzlich}}{\mu} = \frac{5,83}{25} = 0,233 \text{ m} = 23,3 \text{ cm.}$$

Dämmschichtdicke somit: 23,3 cm + 4 cm = 27,3 cm.

Überprüft man die Wirksamkeit dieser Maßnahme (aus baupraktischen Gründen gewählte Dämmschichtdicke 30 cm) an Hand eines Wasserdampf-Diffusionsschemas, so ergibt sich, daß nach wie vor instationärer Feuchtigkeitsdurchgang gegeben ist. Bei der Ermittlung der erforderlichen Dämmschichtdicke wurde nämlich nicht berücksichtigt, daß sich bei einer Änderung der Dämmschichtdicke auch der Verlauf der Schichttemperatur und des Wasserdampfsättigungsdruckes verändert. Die graphische Lösung führt im vorliegenden Fall nicht direkt zum Ziel. Durch iterative Annäherung ist ein Herantasten an die tatsächlich erforderliche Dämmstoffdicke möglich.

Nr	Bauteilschicht	s	λ_R	R	ϑ		p_s	$\dfrac{R_D \cdot T}{D}$	μ	s_d	$\dfrac{1}{\Delta}$
		m	W/(m·K)	(m²·K)/W		°C	Pa	$\dfrac{\text{m·h·Pa}}{\text{g}}$	—	m	$\dfrac{\text{m}^2 \cdot \text{h} \cdot \text{Pa}}{\text{g}}$
	Übergang innen			0,13	Li	20,0	2340				—
1	Innenputz	0,015	0,70	0,021	Oi	19,6	2283	1500	10	0,15	225
2	Dämmung	0,30	0,047	6,383	1	19,6	2283	1500	25	7,5	11 250
3	Beton	0,15	1,4	0,107	2	0,4	630	1500	30	4,5	6 750
	Übergang außen			0,04	Oa	0,1	616				—
					La	0,0	611				
Wärmedurchlaßwiderstand		$\dfrac{1}{\Lambda}$		6,511	(m²·K)/W				Summe	12,15	18 225
Wärmedurchgangswiderstand		R_k		6,681	(m²·K)/W						
Wärmedurchgangskoeffizient		k		0,15	W/(m²·K)						
Wärmestromdichte		q		2,994	W/m²						

Der bei der vorgebenen Raumluftfeuchte zur Verhütung von Kondensation erforderliche Wasserdampf - Diffusionsdurchlaßwiderstand läßt sich aus einem Wasserdampf - Diffusionsschema nur dann direkt ermitteln (durch Verlängern der Tangente des Wasserdampfteildruckes von der Außenluft aus an die Wasserdampfsättigungsdrucklinie bis zur inneren Oberfläche der Kondensation), wenn die für die Verhütung der Kondensation "zusätzlich erforderliche Schicht" keinen zusätzlichen Wärmedurchlaßwiderstand aufweist, wie z.B. Anstriche, Folien, usw.

Zusätzliche dampfdichte Wärmedämmschichten, Putzschichten u.ä. beeinflussen durch ihren Wärmedurchlaßwiderstand den Temperaturverlauf in der Konstruktion und damit auch den Verlauf des Wasserdampfsättigungsdruckes im Wasserdampf - Diffusionsschema, was bei Folien, Anstrichen u.ä. nicht der Fall ist.

Mit den berechneten Werten ergibt sich folgendes Wasserdampf-Diffusionsdiagramm für die Tauperiode:

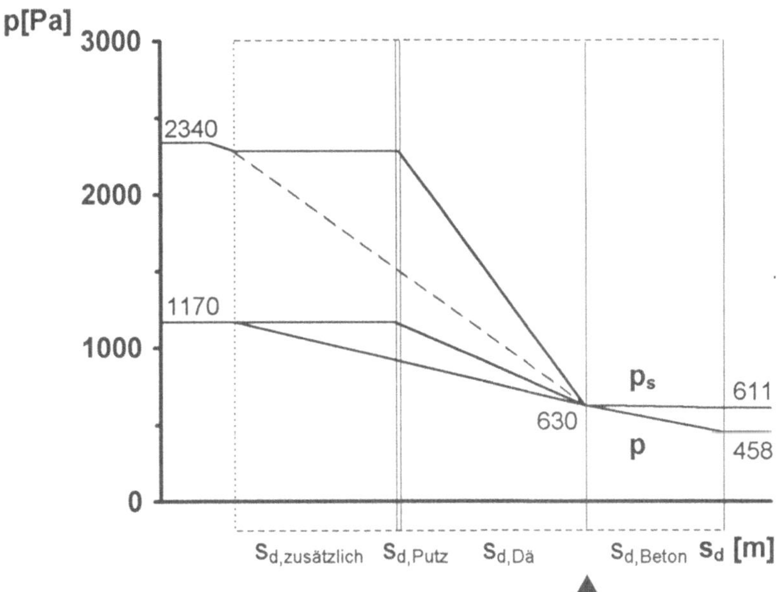

Die 2. Anwendung des Verfahrens ergibt: $s_{d,zusätzlich} \geq 6{,}48$ m.
Zusätzliche Dämmschichtdicke:

$$s = \frac{s_{d,zusätzlich}}{\mu} = \frac{6{,}48}{25} = 0{,}259 \text{ m} = 25{,}9 \text{ cm.}$$

Demnach ergibt sich die Gesamtdicke der Dämmung:

$$30{,}0 \text{ cm} + 25{,}9 \text{ cm} \approx 56 \text{ cm}$$

Die erforderliche Dicke der Dämmung - vgl. rechnerische Lösung - liegt bei ≈ 60 cm.

Rechnerische Lösung:

Soll Kondensation ausgeschlossen werden, so muß entsprechend dem Wasserdampf-Diffusionsschema gefordert werden:

$$p_{s2} \geq p_2,$$

d.h. der Wasserdampfsättigungsdruck in der Fuge muß $\geq$ als der Wasserdampfteildruck an dieser Stelle sein.

Ermittlung von p_{s2}:
Der Wert p_{s2} ist durch die Fugentemperatur ϑ_2 bestimmt.

$$\vartheta_2 = \vartheta_{Li} - q \cdot \left(R_i + \frac{1}{\Lambda_1} + \frac{1}{\Lambda_2}\right) = \vartheta_{Li} - k \cdot (\vartheta_{Li} - \vartheta_{La}) \cdot \left(R_i + \frac{1}{\Lambda_1} + \frac{1}{\Lambda_2}\right)$$

$$\vartheta_2 = \vartheta_{Li} - \frac{R_i + \dfrac{1}{\Lambda_1} + \left(\dfrac{s}{\lambda}\right)_{D\ddot{a}mmung}}{R_i + \dfrac{1}{\Lambda_1} + \left(\dfrac{s}{\lambda}\right)_{D\ddot{a}mmung} + \dfrac{1}{\Lambda_3} + R_a} \cdot (\vartheta_{Li} - \vartheta_{La})$$

Ermittlung von p_2 aus dem Wasserdampf-Diffusionsschema:

$$\frac{p_2 - p_a}{p_i - p_a} = \frac{s_{d3}}{s_{d1} + s_{d2} + s_{d3}}$$

$$p_2 = p_a + \frac{s_{d3}}{s_{d1} + \mu_2 \cdot s_2 + s_{d3}} \cdot (p_i - p_a)$$

s_2	cm	10	20	30	40	50	60	70
ϑ_2	°C	1,212	0,646	0,440	0,334	0,269	0,225	0,194
p_{s2}	Pa	668	642	632	627	625	622	621
p_2	Pa	906	790	722	677	645	621	603

Die graphische Darstellung dieser Werte liefert iterativ die Lösung:

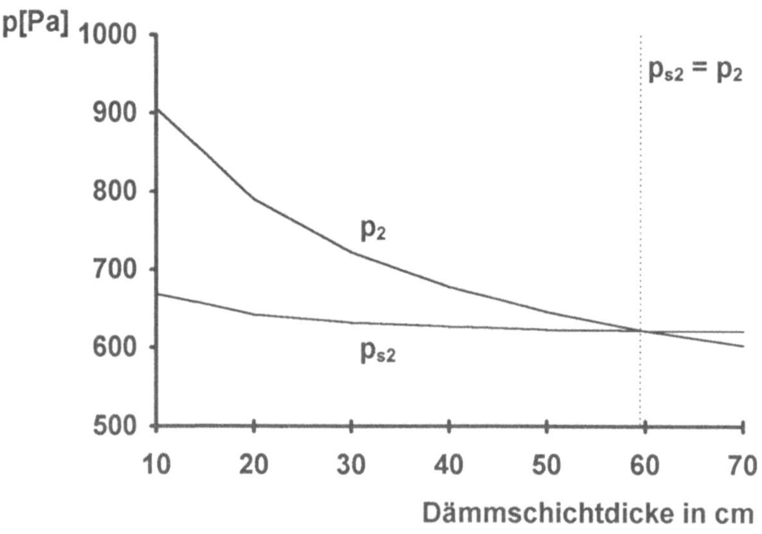

Aus dem Diagramm folgt, daß für Dämmschichtdicken ≥ 59 cm stationärer Feuchtigkeitsdurchgang gegeben ist.

Fazit: Die Dicke der Dämmung müßte auf $\approx$ 60 cm erhöht werden, um Kondensation bei den gegebenen Klimabedingungen auszuschließen.
Dies stellt jedoch weder wirtschaftlich noch konstruktiv eine akzeptable Lösung dar. Die Misere ist dadurch entstanden, daß die Wasserdampf - Diffusionswiderstandszahlen für Beton und Dämmung fast identisch sind.

845 Ein Wohnraum eines Mehrfamilienwohnhauses befindet sich im stationären Temperaturzustand. Die Außenfassade des Wohnraumes weist einen Fensterflächenanteil von 30 % auf. Der restliche Anteil der Fassade besteht aus einer Wandkonstruktion mit nachstehendem Aufbau. In allen an den Wohnraum angrenzenden Nachbarräumen herrscht die gleiche Raumtemperatur wie im Wohnraum.

Wohnraum: Höhe 2,5 m, Wandbreite 4,0 m
Wärmedurchgangskoeffizient des Fensters k_F = 2,0 W/(m^2·K)

Außenwandaufbau:

Innenputz	s = 1,5 cm,	μ = 16,	λ = 0,37 W/(m·K)
Mauerwerk	s = 24,0 cm,	μ = 15,	λ = 0,60 W/(m·K)
Dämmung	s = ?,	μ = 60,	λ = 0,04 W/(m·K)
Außenputz	s = 2,0 cm,	μ = 35,	λ = 0,70 W/(m·K)

Raumlufttemperatur 20°C, Außenlufttemperatur - 10°C.

Wie groß ist die erforderliche Dämmschichtdicke der Außenwand, wenn der Wärmedurchgangskoeffizient der Wand k_W nicht größer als 0,38 W/(m^2·K) sein soll?
Wie groß ist für den Wohnraum der mittlere Wärmedurchgangskoeffizient der Außenfassade?
Wie groß ist der Transmissionswärmeverlust durch die Außenfassade?
Bei welcher relativen Raumluftfeuchte würde bei den angegebenen Randbedingungen an der Innenoberfläche der Außenwand Tauwasser auftreten?
Es ist zu prüfen, ob und wenn ja, an welcher Stelle im Außenwandquerschnitt Tauwasser auftritt, wenn die Norm - Randbedingungen für die Tauperiode zugrunde gelegt werden.

Lösung

Gesuchte Dämmschichtdicke $s_{Dä}$ für k_W = 0,38 W/(m^2·K) nach den Berechnungsformeln in DIN 4108-5:

$$k_W = \cfrac{1}{R_i + \left(\dfrac{s}{\lambda}\right)_{Innenputz} + \left(\dfrac{s}{\lambda}\right)_{Mauerwerk} + \left(\dfrac{s}{\lambda}\right)_{D\ddot{a}mmung} + \left(\dfrac{s}{\lambda}\right)_{Au\ss{}enputz} + R_a}$$

$$0{,}38 \; W/(m^2{\cdot}K) = \cfrac{1}{0{,}13 + \dfrac{0{,}015}{0{,}37} + \dfrac{0{,}24}{0{,}60} + \dfrac{s_{D\ddot{a}}}{0{,}04} + \dfrac{0{,}02}{0{,}70} + 0{,}04} \; W/(m^2{\cdot}K)$$

$$\frac{1}{k_W} = \frac{1}{0{,}38} \; m^2{\cdot}K/W = \left(0{,}64 + \frac{s_{D\ddot{a}}}{0{,}04}\right) m^2{\cdot}K/W = 2{,}63 \; m^2{\cdot}K/W$$

$$s_{D\ddot{a}} = (2{,}63 - 0{,}64) \cdot 0{,}04 \; m = 0{,}08 \; m = 8 \; cm$$

Mittlerer Wärmedurchgangskoeffizient:

$$k_m = \frac{k_W \cdot A_W + k_F \cdot A_F}{A_W + A_F}, \; \text{Fensterflächenanteil } 30 \; \%$$

$$A_W = (2{,}5 \cdot 4{,}0) \; m^2 \cdot 0{,}7 = 7{,}0 \; m^2$$

$$A_F = (2{,}5 \cdot 4{,}0) \; m^2 \cdot 0{,}3 = 3{,}0 \; m^2$$

$$k_m = \frac{(0{,}38 \cdot 7{,}0 + 2{,}0 \cdot 3{,}0)}{7{,}0 + 3{,}0} \; W/(m^2{\cdot}K) = 0{,}87 \; W/(m^2{\cdot}K)$$

Transmissionswärmeverlust nach DIN 4108-5:

$$Q_T = k_m \cdot A \cdot (\vartheta_{Li} - \vartheta_{La}) = 0{,}87 \cdot 10{,}0 \cdot (20{,}0 - (-10{,}0)) \; W = 261 \; W$$

Oberflächentemperatur auf der inneren Außenwandseite:

$$\vartheta_{Oi} = \vartheta_{Li} - q \cdot R_i \; \text{nach DIN 4108-5}$$

Wärmestrom q durch die Außenwand:

$$q = k_W \cdot (\vartheta_{Li} - \vartheta_{La}) = 0{,}38 \cdot (20{,}0 - (-10{,}0)) \; W/m^2 = 11{,}4 \; W/m^2$$

Somit $\vartheta_{Oi} = (20{,}0 - 11{,}4 \cdot 0{,}13)°C = 18{,}5°C$

Gesuchte Raumluftfeuchte φ_i nach DIN 4108-5, bei der an der Innenoberfläche der Außenwand Tauwasser auftritt:

$p_{si} = 2340 \; Pa$ für 20,0°C

$p_i = \varphi \cdot p_{si}$

$p_{sOi} = 2132 \; Pa$ für 18,5°C

$$\varphi_i = \frac{p_{sOi}}{p_{si}} = \frac{2132}{2340} \cdot 100 \; \% \approx 91 \; \% \text{ relative Raumluftfeuchte.}$$

Wo bildet sich Tauwasser in der Außenwand?

Klimabedingungen nach DIN 4108-3: $\vartheta_{Li} = 20°C$, $\vartheta_{La} = -10°C$

$p_i = \varphi_i \cdot p_{si} = 0{,}5 \cdot 2340 \; Pa = 1170 \; Pa$

$p_a = \varphi_a \cdot p_{sa} = 0{,}8 \cdot \quad 260 \; Pa = \quad 208 \; Pa$

Tabellarische Auswertung:

Nr	Bauteilschicht	s	λ_R	R	ϑ		p_s	$\dfrac{R_D \cdot T}{D}$	μ	s_d	$\dfrac{1}{\Delta}$
		m	W/(m·K)	(m²·K)/W	°C		Pa	$\dfrac{m \cdot h \cdot Pa}{g}$	—	m	$\dfrac{m^2 \cdot h \cdot Pa}{g}$
	Übergang innen			0,13	Li	20,0	2340				—
1	Innenputz	0,015	0,37	0,041	Oi	18,5	2132	1500	16	0,24	360
2	Mauerwerk	0,240	0,60	0,400	1	18,1	2079	1500	15	3,60	5 400
3	Dämmung	0,080	0,04	2,000	2	13,5	1548	1500	60	4,80	7 200
4	Außenputz	0,020	0,70	0,029	3	- 9,2	279	1500	35	0,70	1 050
	Übergang außen			0,04	Oa	- 9,5	272				—
					La	-10,0	260				

Wärmedurchlaßwiderstand	$\dfrac{1}{\Lambda}$	2,470	(m²·K)/W	Summe	9,34	14 010
Wärmedurchgangswiderstand	R_k	2,640	(m²·K)/W			
Wärmedurchgangskoeffizient	k	0,379	W/(m²·K)			
Wärmestromdichte	q	11,37	W/m²			

Wasserdampf - Diffusionsdiagramm für die Tauperiode:

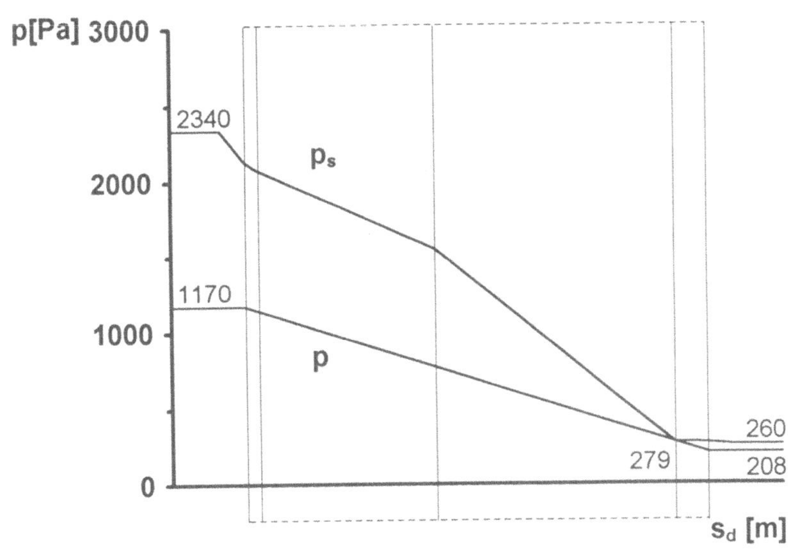

Aus dem Wasserdampf-Diffusionsdiagramm wird ersichtlich, daß dies nach DIN 4108-3 ein Grenzfall der Wasserdampf - Diffusion "ohne Reserve" ist.

846 Hinter einem an eine Außenwand gestellten Schrank kann sich auf der inneren Oberfläche der Außenwand Tauwasser bilden. Worin ist die Ursache für die Tauwasserbildung zu suchen?

Lösung

Ursache für die Tauwasserbildung ist in der Erhöhung des Wärmeübergangswiderstandes an der Innenseite der Außenwand infolge behinderter Luftbewegung zu suchen, weil der Wärmeübergang durch Konvektion (mit der wärmeren Innenluft) und Strahlung (mit den wärmeren Innenwänden) behindert wird. Diese Erhöhung bedeutet ein Absinken der Oberflächentemperaturen auf der inneren Oberfläche der Außenwand und eine Vergrößerung der Gefahr einer Tauwasserbildung.

847

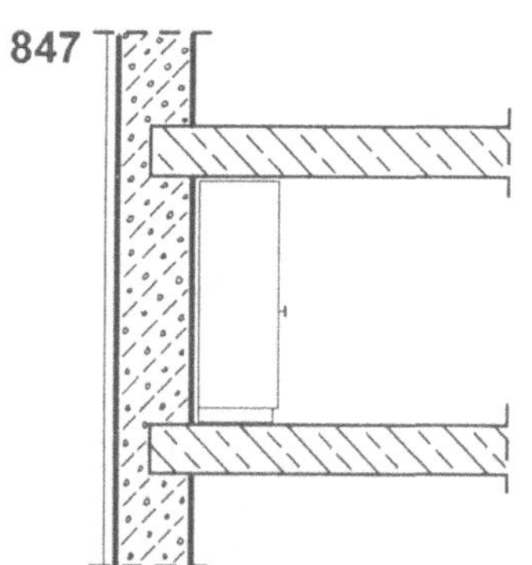

Es ist zu prüfen, ob bei der gegebenen Schranksituation an einer Außenwand mit hinterlüfteter Fassade mit innenseitigen Tauwasserschäden zu rechnen ist. Ist mit dem Entstehen einer Kondensationsebene zu rechnen? Durch welche Maßnahmen könnte eine Kondensation verhindert werden? Sanierungsvorschläge.

Gegeben:

Außenklima $\vartheta_{La} = -10°C$, $\varphi_a = 80\,\%$
Innenklima $\vartheta_{Li} = 18°C$, $\varphi_i = 70\,\%$

Wandaufbau:
Hinterlüftete Fassade;
24,0 cm Gasbeton-Bauplatten nach DIN 1053-1, $\rho = 600\ kg/m^3$;
1,0 cm Gipsmörtel, $\rho = 1400\ kg/m^3$;
2,5 cm "stehende" Luftschicht zur Schrankwandrückseite;
Schrank mit $\dfrac{1}{\Lambda} = 0{,}70\ m^2 \cdot K/W$ und $s_d = 1{,}1\ m$
(nach Firmenangaben).

Lösung

Temperaturunterschied: $\Delta\vartheta = (\vartheta_{Li} - \vartheta_{La}) = 18 - (-10)$ K $= 28$ K

Wasserdampfteildrücke nach DIN 4108-5:

$p_i = 0{,}7 \cdot 2065$ Pa $= 1446$ Pa
$p_a = 0{,}8 \cdot 260$ Pa $= 208$ Pa

Einzelheiten der Berechnung erfolgen im Berechnungsschema für die Wasserdampf - Diffusion nach DIN 4108-5 und im Wasserdampf - Diffusionsdiagramm:

Nr	Bauteilschicht	s	λ_R	R	ϑ		p_S	$\dfrac{R_D \cdot T}{D}$	μ	s_d	$\dfrac{1}{\Lambda}$
		m	W/(m·K)	(m²·K)/W	°C		Pa	$\dfrac{\text{m·h·Pa}}{\text{g}}$	—	m	$\dfrac{\text{m}^2 \cdot \text{h} \cdot \text{Pa}}{\text{g}}$
	Übergang innen			0,13	Li	18,0	2065				—
1	Schrank	—	—	0,70	Oi	16,3	1854	1500	—	1,1	1 650
2	Luftschicht	0,025	—	0,17	1	6,9	995	1500	1	0,025	37,5
3	Gipsmörtel	0,01	0,70	0,014	2	4,6	849	1500	10	0,1	150
4	Gasbeton	0,24	0,24	1,0	3	4,4	837	1500	5/<u>10</u>	2,4	3 600
	Übergang außen			0,08	Oa	- 8,9	286				—
					La	-10,0	260				
Wärmedurchlaßwiderstand		$\dfrac{1}{\Lambda}$	1,884	(m²·K)/W					Summe	3,625	5 437,5
Wärmedurchgangswiderstand		R_k	2,094	(m²·K)/W							
Wärmedurchgangskoeffizient		k	0,478	W/(m²·K)							
Wärmestromdichte		q	13,37	W/m²							

Mit den gegebenen Werten ergibt sich folgendes Wasserdampf - Diffusionsdiagramm:

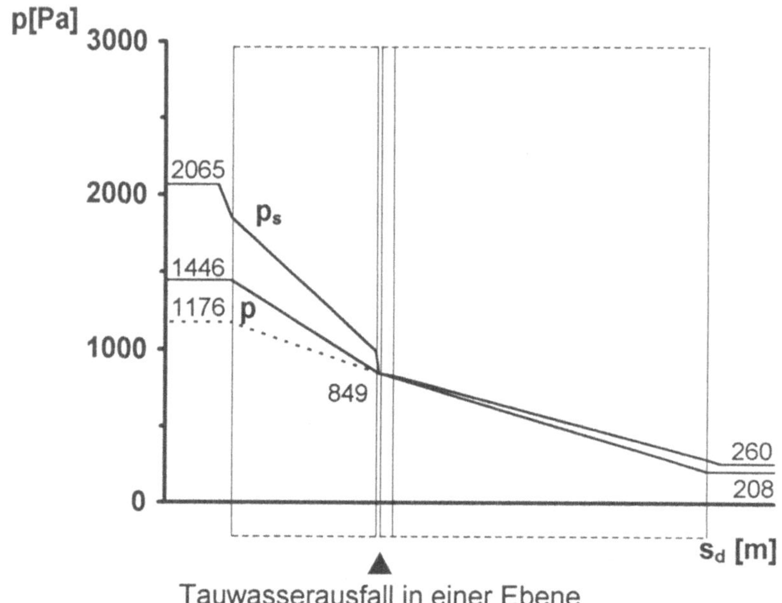

Tauwasserausfall in einer Ebene

Relative Luftfeuchte innen, wenn kein Tauwasser ausfällt:

$$\varphi_i \approx \frac{1176}{2065} \approx 57\ \%$$

Folge:

An der Wandinnenseite bildet sich eine Kondensationsebene aus, es kommt wegen der fehlenden Konvektion hinter der Schrankrückseite zur Tauwasserbildung.
Abhilfe ist auf zweierlei Art möglich:

Durch verstärktes Lüften während der Tauperiode und Senken der Luftfeuchtigkeit im Rauminnern auf ca. 57 %.

Den Schrank ca. 5 bis 10 cm von der Wand abrücken und die Sockelleisten entfernen, um so eine Hinterlüftung des Schrankes und damit eine Erhöhung der Oberflächentemperatur auf der Innenseite der Außenwand zu erreichen. Hierzu ist eine Oberflächentemperatur von ca. $\vartheta_{Oi} = 12{,}5°C$ nach DIN 4108-5 notwendig (für $\varphi_i = 70\ \%$, $\vartheta_{Li} = 18°C$).

848 Die Skizze zeigt den Schnitt durch die Außenwand eines im Jahre 1970 erbauten Wohngebäudes. Bauschäden machten eine bauphysikalische Überprüfung der Außenwand erforderlich. Es konnte nicht geklärt werden, ob Kunstharzschaumplatten oder Holzwolleleichtbauplatten für die Dämmung verwendet wurden.

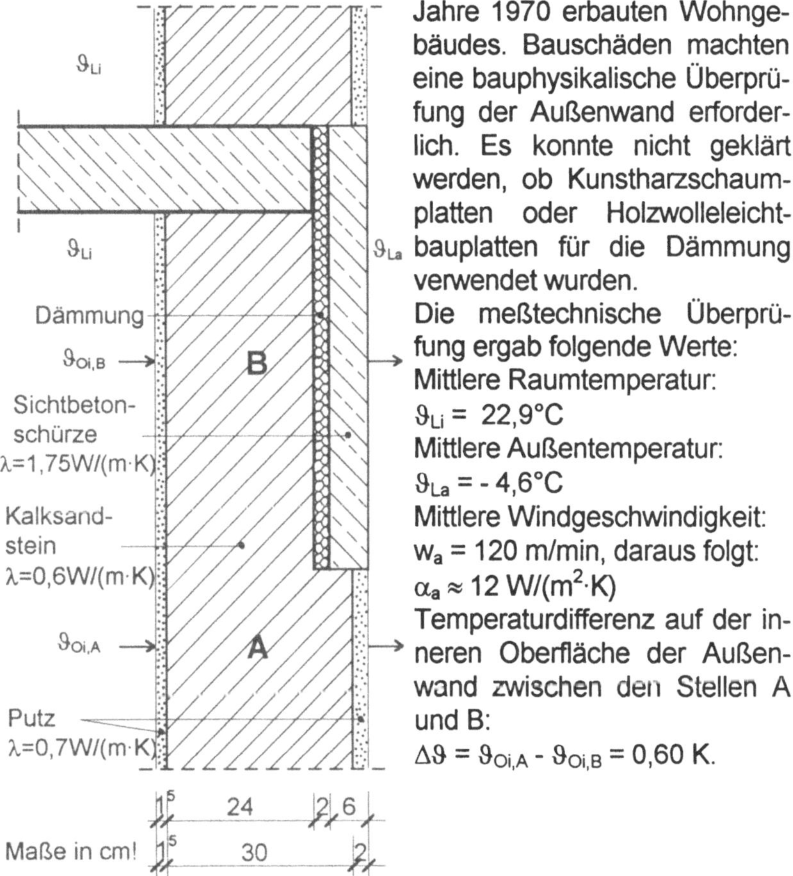

Die meßtechnische Überprüfung ergab folgende Werte:
Mittlere Raumtemperatur:
$\vartheta_{Li} = 22,9°C$
Mittlere Außentemperatur:
$\vartheta_{La} = -4,6°C$
Mittlere Windgeschwindigkeit:
$w_a = 120$ m/min, daraus folgt:
$\alpha_a \approx 12$ W/(m^2·K)
Temperaturdifferenz auf der inneren Oberfläche der Außenwand zwischen den Stellen A und B:
$\Delta\vartheta = \vartheta_{Oi,A} - \vartheta_{Oi,B} = 0,60$ K.

Während der Meßdauer waren die Meßwerte konstant, so daß von einem Beharrungszustand gesprochen werden kann. Die Meßstellen A und B waren so gewählt, daß ein eindimensionaler Wärmefluß vorgelegen hat.

Der Wärmeübergangswiderstand auf der Innenseite der Wand kann mit $R_i = 0,13$ m^2·K/W nach DIN 4108-4 angenommen werden.

Genügt die Außenwand hinsichtlich ihres Wärmeschutzes den Anforderungen der DIN 4108?

Mit welchem Dämmstoff wurde gedämmt?

Während der Meßdauer lag die relative Feuchte der Raumluft zwischen 68 und 79 %. Nun ist zu überprüfen, ob es während dieser Messungen zu Tauwasserbildung auf der Innenseite der Außenwand gekommen ist.

Lösung

DIN 4108-2 fordert allgemein: $\dfrac{1}{\Lambda} \geq 0{,}55 \ \mathrm{m^2 \cdot K/W}$

Schnitt bei A:

$$\frac{1}{\Lambda} = \left(\frac{1}{\Lambda}\right)_{Putz} + \left(\frac{1}{\Lambda}\right)_{Kalksandstein} + \left(\frac{1}{\Lambda}\right)_{Putz}$$

$$\frac{1}{\Lambda} = \frac{0{,}015}{0{,}70} + \frac{0{,}30}{0{,}60} + \frac{0{,}02}{0{,}70} \ \mathrm{m^2 \cdot K/W} = 0{,}55 \ \mathrm{m^2 \cdot K/W}. \text{ Forderung erfüllt!}$$

Nach DIN 4108-5 ergibt sich für die Wärmestromdichte:

$$q = k \cdot (\vartheta_{Li} - \vartheta_{La}) = \frac{(\vartheta_{Li} - \vartheta_{Oi})}{R_i}$$

$$\vartheta_{Oi} = \vartheta_{Li} - (\vartheta_{Li} - \vartheta_{La}) \cdot k \cdot R_i$$

Für den Schnitt A: $\vartheta_{Oi,A} = \vartheta_{Li} - (\vartheta_{Li} - \vartheta_{La}) \cdot k_A \cdot R_i$

Für den Schnitt B: $\vartheta_{Oi,B} = \vartheta_{Li} - (\vartheta_{Li} - \vartheta_{La}) \cdot k_B \cdot R_i$

Somit ergibt sich die Differenz der inneren Oberflächentemperaturen:

$$\Delta\vartheta_{Oi} = \vartheta_{Oi,A} - \vartheta_{Oi,B} = \vartheta_{Li} - (\vartheta_{Li} - \vartheta_{La}) \cdot k_A \cdot R_i - \vartheta_{Li} + (\vartheta_{Li} - \vartheta_{La}) \cdot k_B \cdot R_i$$

$$\Delta\vartheta_{Oi} = R_i \cdot (k_B - k_A) \cdot (\vartheta_{Li} - \vartheta_{La})$$

Durch Auflösen dieser Formel errechnet sich der gesuchte Wärmedurchgangskoeffizient für die Schnittebene B:

$$k_B = k_A + \frac{\Delta\vartheta_{Oi}}{(\vartheta_{Li} - \vartheta_{La}) \cdot R_i}$$

Zunächst erfolgt die Berechnung des Wärmedurchgangskoeffizienten der Schnittebene A nach DIN 4108-5:

$$k_A = \frac{1}{R_i + \dfrac{1}{\Lambda} + R_a} ; \text{ Mit } \alpha_a = 12 \ \mathrm{W/(m^2 \cdot K)} \text{ errechnet sich:}$$

$$k_A = \frac{1}{0{,}13 + 0{,}55 + \dfrac{1}{12}} \ \mathrm{W/(m^2 \cdot K)} = 1{,}31 \ \mathrm{W/(m^2 \cdot K)} < k_{DIN\ 4108-2}.$$

Danach ergibt sich der Wärmedurchgangskoeffizient für die Schnittebene B nach obenstehender Formel:

$$k_B = 1{,}31 + \frac{0{,}60}{(22{,}9 - (-4{,}6)) \cdot 0{,}13} \ \mathrm{W/(m^2 \cdot K)} = 1{,}48 \ \mathrm{W/(m^2 \cdot K)}$$

Hieraus ergibt sich nach DIN 4108-5 der Wärmedurchlaßwiderstand für die Schnittebene B:

$$\left(\frac{1}{\Lambda}\right)_B = \frac{1}{k_B} - (R_i + R_a) = \left[\frac{1}{1{,}48} - \left(0{,}13 + \frac{1}{12}\right)\right] m^2 \cdot K/W = 0{,}462 \ m^2 \cdot K/W$$

Die Außenwand genügt nicht den Forderungen des Wärmeschutzes nach DIN 4108 da: $\quad \dfrac{1}{\Lambda_B} < \dfrac{1}{\Lambda_{DIN\ 4108-2}}$,

$$\text{und:} \quad k_B > k_{DIN\ 4108-2}$$

Zur Frage nach dem eingebauten Dämmstoff:

$$\left(\frac{1}{\Lambda}\right)_B = \left(\frac{s}{\lambda}\right)_{Putz} + \left(\frac{s}{\lambda}\right)_{Kalksandstein} + \left(\frac{s}{\lambda}\right)_{D\ddot{a}mmung} + \left(\frac{s}{\lambda}\right)_{Beton}$$

$$\lambda_{D\ddot{a}mmung} = \frac{s_{D\ddot{a}mmung}}{\left(\dfrac{1}{\Lambda}\right)_B - \left(\dfrac{s}{\lambda}\right)_{Putz} - \left(\dfrac{s}{\lambda}\right)_{Kalksandstein} - \left(\dfrac{s}{\lambda}\right)_{Beton}}$$

$$\lambda_{D\ddot{a}mmung} = \frac{0{,}02}{0{,}462 - \dfrac{0{,}015}{0{,}70} - \dfrac{0{,}24}{0{,}60} - \dfrac{0{,}06}{1{,}75}} \ W/(m \cdot K) = 3{,}18 \ W/(m \cdot K)$$

Daraus folgt, daß keine Dämmung vorhanden ist. Der Zwischenraum ist mit Beton gefüllt.

Zur Frage der Tauwasserbildung:

Schnittebene A:

$$\vartheta_{Oi,\ A} = \vartheta_{Li} - (\vartheta_{Li} - \vartheta_{La}) \cdot R_i \cdot k_A$$
$$\vartheta_{Oi,\ A} = [22{,}9 - (22{,}9 - (-\ 4{,}6)) \cdot 0{,}13 \cdot 1{,}31]°C = 18{,}2°C.$$

Nach DIN 4108-5 ergibt sich der Sättigungsdruck:
$p_{si,\ A} = 2091 \ Pa$

$\vartheta_{Li} = 22{,}9°C$, nach DIN 4108-5: $p_{si} = 2794 \ Pa$.

Dementsprechend ergibt sich die maximale relative Feuchte für die Schnittebene A, damit gerade noch kein Tauwasser auf der Innenseite der Außenwand entsteht:

$$\varphi_{i,A\ zul} = \frac{2091}{2794} \cdot 100 \ \% = 74{,}8 \ \%.$$

Bei Schnittebene B:

$\vartheta_{Oi, B} = \vartheta_{Oi, A} - \Delta\vartheta = 17,6°C$ nach DIN 4108-5: $p_{si, B} = 2014$ Pa.

Dann ergibt sich: $\varphi_{i, B\,zul} = \dfrac{2014}{2794} \cdot 100\,\% = 72,1\,\%$.

Ergebnis: Tauwasserbildung bei Stelle A, wenn $\varphi_i > 74,8\,\%$!
Bei Stelle B, wenn $\varphi_i > 72,1\,\%$!

849 Der Bereich eines Ringankers einer Außenwand ist diffusions-technisch zu untersuchen. Folgende Klimabedingungen besitzen Gültigkeit:

		Temperatur	relative Luftfeuchte
Tauperiode	innen	20°C	80 %
	außen	- 15°C	80 %
Verdunstungs-periode	innen und außen	15°C	60 %

Querschnitt des Ringankers: Schicht-Nr.:

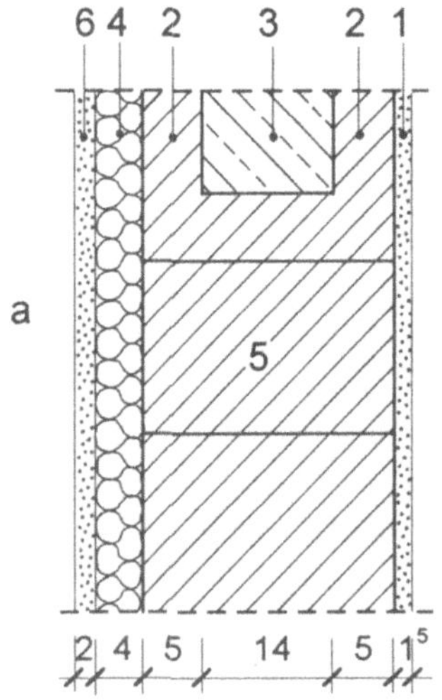

1 Kalkgipsputz
$\mu = 10;$ $\lambda_R = 0,70$ W/(m·K);
2 Kalksandstein (U-Profil)
$\mu = 5/10;$ $\lambda_R = 0,50$ W/(m·K);
3 Stahlbeton B25
$\mu = 70/150;\lambda_R = 2,10$ W/(m·K);
4 Polystyrol-Hartschaum
$\mu = 20/50;$ $\lambda_R = 0,04$ W/(m·K);
5 Kalksandstein
$\mu = 5/10;$ $\lambda_R = 0,50$ W/(m·K);
6 Kunstharzputz
$\mu = 50/200;\lambda_R = 0,70$ W/(m·K);

Maße in cm!

a,i bedeuten Außen- und Innenseite der Wand

Ist ein Tauwasserausfall in der Konstruktion zu befürchten?
Wie lange dürfen die Klimabedingungen während der Tauperi-ode maximal dauern, damit die betreffende Außenwandkon-

struktion gerade noch als unbedenklich bewertet werden kann? Wie lange muß die Verdunstungsperiode in diesem Fall mindestens dauern, damit der Grenzwert der Tauwassermenge nach DIN 4108-3 gerade noch eingehalten wird ?

Lösung

Ein Tauwasserausfall ist möglicherweise an zwei Stellen zu befürchten: An der Innenseite des Ringankers,
an der Außenseite der Wärmedämmung.

Klimabedingungen der Tauperiode nach DIN 4108-5:

$\vartheta_{Li} = 20°C; \quad \varphi_i = 80\%; \quad p_i = 1872\ Pa$

$\vartheta_{La} = -15°C; \quad \varphi_a = 80\%; \quad p_a = 132\ Pa$

Wasserdampf - Diffusionstechnische Berechnung für das Bauteil Ringanker Außenwand in der Tauperiode:

Nr	Bauteilschicht	s	λ_R	R	ϑ		p_S	$\dfrac{R_D \cdot T}{D}$	μ	s_d	$\dfrac{1}{\Delta}$
		m	W/(m·K)	(m²·K)/W	°C		Pa	$\dfrac{m·h·Pa}{g}$	—	m	$\dfrac{m^2·h·Pa}{g}$
	Übergang innen			0,13	Li	20,0	2340				—
1	Kalkgipsputz	0,015	0,70	0,021	Oi	16,9	1926	1500	10	0,15	225
2	Kalksandstein	0,05	0,50	0,1	1	16,5	1878	1500	5/10	0,25	375
3	Stahlbeton	0,14	2,10	0,067	2	14,1	1610	1500	70/150	9,8	14 700
4	Kalksandstein	0,05	0,50	0,1	3	12,5	1451	1500	5/10	0,25	375
5	PS-Hartschaum	0,04	0,04	1,0	4	10,2	1245	1500	20/50	0,8	1 200
6	Kunstharzputz	0,02	0,70	0,029	5	-13,4	191	1500	50/200	4,0	6 000
	Übergang außen			0,04	Oa	-14,1	180				—
					La	-15,0	165				
Wärmedurchlaßwiderstand	$\dfrac{1}{\Lambda}$	1,317	(m²·K)/W					Summe		15,25	22 875
Wärmedurchgangswiderstand	R_k	1,487	(m²·K)/W								
Wärmedurchgangskoeffizient	k	0,673	W/(m²·K)								
Wärmestromdichte	q	23,54	W/m²								

Mit den vorstehend berechneten Werten ergibt sich das Wasserdampf - Diffusionsdiagramm für die Tauperiode:

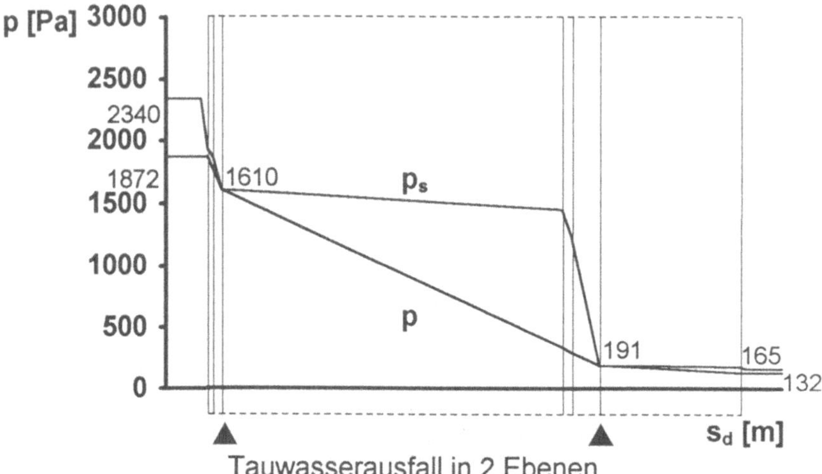

Ergebnis: Tauwasserausfall in 2 Ebenen an den Trennflächen zwischen den Schichten Dämmung und Kalksandstein (U-Profil), sowie Kalksandstein (U-Profil) u. Kalkgipsputz. Sättigungsdrücke: p_{sw1} = 1610 Pa, p_{sw2} = 191 Pa.

Aus der Berechnungstabelle ergeben sich folgende Wasserdampf-Diffusionsdurchlaßwiderstände für die beiden Tauwasserebenen:

$$\frac{1}{\Delta_i} = (225 + 375)\ m^2 \cdot h \cdot Pa/g \qquad = \quad 600\ \ m^2 \cdot h \cdot Pa/g$$

$$\frac{1}{\Delta_a} = \qquad\qquad\qquad\qquad\qquad\qquad 6\ 000\ \ m^2 \cdot h \cdot Pa/g$$

$$\frac{1}{\Delta_z} = (14\ 700 + 375 + 1\ 200)\ m^2 \cdot h \cdot Pa/g\ = 16\ 275\ \ m^2 \cdot h \cdot Pa/g$$

Ermittlung der Wasserdampf - Diffusionsstromdichten i_i, i_a und i_z:

$$i_i = \frac{p_i - p_{sw1}}{\dfrac{1}{\Delta_i}} \quad = \frac{1872 - 1610}{600}\ g/m^2 \cdot h\ = 0{,}437 \qquad g/m^2 \cdot h$$

$$i_a = \frac{p_{sw2} - p_a}{\dfrac{1}{\Delta_a}} \quad = \frac{191 - 132}{6000}\ g/m^2 \cdot h\ = 0{,}010 \qquad g/m^2 \cdot h$$

$$i_z = \frac{p_{sw1} - p_{sw2}}{\dfrac{1}{\Delta_z}} \quad = \frac{1610 - 191}{16275}\ g/m^2 \cdot h\ = 0{,}087 \qquad g/m^2 \cdot h$$

Differenzbildung: $i_i - i_z = 0{,}350$ g/m²·h

$\qquad\qquad\qquad i_z - i_a = 0{,}077$ g/m²·h

Forderung für den Grenzwert der Tauwassermenge nach DIN 4108-5: $W_T \leq 1000$ g/m²

Annahme für die Dauer der Tauperiode t_T in Stunden:

$$W_T = \quad W_{T1} + W_{T2} \quad = (0{,}350 \cdot t_T + 0{,}077 \cdot t_T)\ \text{g/m}^2$$

$$W_T = 0{,}427 \cdot t_T\ \text{g/m}^2 \ \leq 1000\ \text{g/m}^2$$

$$t_T \ \leq \ \frac{1000}{0{,}427}\ \text{h} \quad = 2341{,}9\ \text{h} \approx 98\ \text{Tage.}$$

Klimabedingungen der Verdunstungsperiode:

$$\vartheta_{Li} \ = 15°C\ /\ \varphi_i \ = 60\ \% ;\ p_i \ = 1024\ \text{Pa}$$

$$\vartheta_{La} \ = 15°C\ /\ \varphi_a \ = 60\ \% ;\ p_a \ = 1024\ \text{Pa}$$

Tauwasserausfall in 2 Ebenen, Berechnungen nach DIN 4108-5: Nach DIN 4108-5 bleiben die µ-Werte in der Verdunstungsperiode unverändert, demnach ändern sich die Wasserdampf - Diffusionsdurchlaßwiderstände $\frac{1}{\Delta}$ nicht.

Wasserdampf-Diffusionsdiagramm für die Verdunstungsperiode:

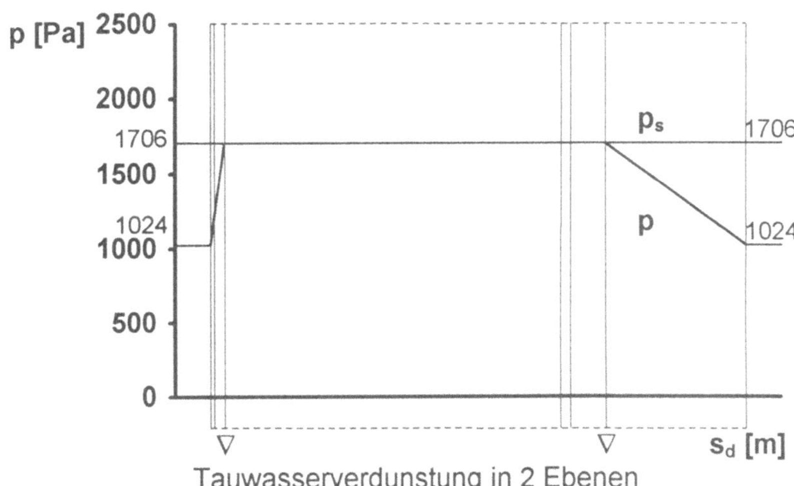

Tauwasserverdunstung in 2 Ebenen

Ermittlung der Wasserdampfdiffusions-Stromdichten i_i und i_a:
p_{sw} = 1706 Pa

$$i_i = \frac{p_{sw} - p_i}{\dfrac{1}{\Delta_i}} = \frac{1706 - 1024}{600}\ g/m^2 \cdot h = 1{,}137\ g/m^2 \cdot h$$

$$i_a = \frac{p_{sw} - p_a}{\dfrac{1}{\Delta_a}} = \frac{1706 - 1024}{6000}\ g/m^2 \cdot h = 0{,}114\ g/m^2 \cdot h$$

Grenzwert der verdunstenden Tauwassermenge nach DIN 4108-5:

$$W_V \geq W_T = 1000\ g/m^2$$
$$W_V = (i_i + i_a) \cdot t_V$$
$$t_V = \frac{W_V}{(i_i + i_a)} = \frac{1000}{1{,}251}\ h = 799{,}4\ h \approx 33\ \text{Tage}$$

Würde man die Verdunstung der in der 2. Tauwasserebene aus-
gefallenen Tauwassermenge zum Raum hin berücksichtigen,
dann ergibt sich:

$$i_{az} = \frac{p_{sw} - p_i}{\dfrac{1}{\Delta_i} + \dfrac{1}{\Delta_z}} = \frac{1706 - 1024}{600 + 16275}\ g/m^2 \cdot h = 0{,}0404\ g/m^2 \cdot h$$

$$W_V = (i_i + i_a + i_{az}) \cdot t_V$$
$$t_V = \frac{W_V}{(i_i + i_a + i_{az})} = \frac{1000}{1{,}291}\ h = 774{,}6\ h \approx 32\ \text{Tage}$$

Der Unterschied in der Verdunstungsperiode ist unbedeutend.
Um die Forderungen der **DIN 4108-5** zu erfüllen, darf die Tauperiode maximal 98 Tage und die Verdunstungsperiode 32 bis
33 Tage dauern.

850 Ein Gebäude soll zum Schutz gegen Schlagregen mit einem
Außenanstrich versehen werden. Welche Größen sind dabei zu
beachten und wie hängen sie miteinander zusammen?

Lösung

Zwei Größen sind zu beachten: Die äquivalente Luftschichtdicke
s_d in m und der Wasseraufnahmekoeffizient w in $kg/(m^2 \cdot h^{0,5})$.
Dabei ist zu beachten, daß die durch den Anstrich bedingte zusätzliche äquivalente Luftschichtdicke die Wasserdampf - Diffusion
nicht unzulässig behindert, dem Grundsatz folgend: die Diffusionsdurchlaßwiderstände sollen von "Innen nach Außen" abnehmen.

Weiterhin sollte der Anstrich, je nach Beanspruchungsgruppe in DIN 4108-3, Abschnitt 4, eine wasserhemmende bis wasserabweisende Wirkung haben.

851 Eine im früheren Wohnungsbau häufig anzutreffende Außenwandkonstruktion besitzt nach Herstellerangaben folgenden Aufbau:

Baustoff	s m	λ W/(m·K)	μ —
Kalkzementputz (außen)	0,020	0,75	12
Hohlblockmauerwerk	0,240	0,40	5
Gipsputz (innen)	0,015	0,60	6

Klimabedingungen: $\vartheta_{Li} = 20°C$; $\vartheta_{La} = 5°C$; $\varphi_a = 80\ \%$.

Die Außenwand soll auf der Außenseite aus Witterungsgründen mit einem Fassadenanstrich versehen werden.

Zu ermitteln ist der zuläßige spezifische Wasserdampf-Diffusionsdurchlaßwiderstand in Abhängigkeit von der relativen Feuchte der Raumluft (0 % bis 100 %). Das Ergebnis ist graphisch aufzutragen. Überdies ist anzugeben, wo Kondensation auftritt. Das Ergebnis ist zu diskutieren.

Der spezifische Wasserdampf-Diffusionsdurchlaßwiderstand von Dispersionsanstrichen liegt nach Herstellerangaben zwischen 0 und 250 m^2·h·Pa/g, derjenige von Anstrichen aus Harzlösungen zwischen 1000 und 4000 m^2·h·Pa/g. Diese Bereiche sind in eine Graphik einzutragen und der Einsatz beider Anstriche in Wohngebäuden zu diskutieren.

Lösung

Klimabedingungen:

$\vartheta_{Li}\ = 20°C$; $p_{si}\ = 2340$ Pa.
$\vartheta_{La}\ =\ 5°C$; $p_{sa}\ =\ 872$ Pa; $\varphi_a = 80\ \%$; $p_a = 698$ Pa.

Die Berechnungen zur Wasserdampf - Diffusion erfolgen tabellarisch:

Nr	Bauteilschicht	s	λ_R	R	ϑ		p_s	$\dfrac{R_D \cdot T}{D}$	μ	s_d	$\dfrac{1}{\Delta}$
		m	W/(m·K)	(m²·K)/W	°C		Pa	$\dfrac{\text{m·h·Pa}}{\text{g}}$	—	m	$\dfrac{\text{m}^2 \cdot \text{h} \cdot \text{Pa}}{\text{g}}$
	Übergang innen			0,13	Li	20,0	2340				—
1	Gipsputz	0,015	0,60	0,025	Oi	17,6	2014	1500	6	0,09	135
2	Mauerwerk	0,240	0,40	0,600	1	17,2	1963	1500	5	1,20	1 800
3	Kalkzementputz	0,020	0,75	0,027	2	6,2	949	1500	12	0,24	360
	Übergang außen			0,04	Oa	5,7	913				—
					La	5,0	872				
Wärmedurchlaßwiderstand	$\dfrac{1}{\Lambda}$	0,652	(m²·K)/W					Summe		1,53	2 295
Wärmedurchgangswiderstand	R_k	0,822	(m²·K)/W								
Wärmedurchgangskoeffizient	k	1,217	W/(m²·K)								
Wärmestromdichte	q	18,255	W/m²								

Berechnung der Grenzbereiche der relativen Luftfeuchte:

$$\varphi_{i,\,zul} = \frac{p_{sOi}}{p_{si}} \cdot 100\,\% \;=\; \frac{2014}{2340} \cdot 100\,\% \;=\; 86{,}1\,\%$$

$$\varphi_{i,min} = \frac{p_{sOa}}{p_{si}} \cdot 100\,\% \;=\; \frac{913}{2340} \cdot 100\,\% \;=\; 39{,}0\,\%$$

Berechnungen für den Bereich: $p_{sOi} \le p_x$, mit p_x dem unbekannten inneren Wasserdampfteildruck bei Aufbringen des äußeren Fassadenanstrichs. Die Wasserdampfteildrücke und die Wasserdampf - Diffusionswiderstände lassen sich vereinfacht geometrisch auftragen und hieraus können folgende Verhältnisse abgeleitet werden.

$$\frac{\sum \dfrac{1}{\Delta} + \dfrac{1}{\Delta_{zul}}}{\dfrac{1}{\Delta_1} + \dfrac{1}{\Delta_2}} = \frac{p_x - p_a}{p_{s2} - p_a}, \text{ Umformen:}$$

$$\frac{1}{\Delta_{zul}} = \frac{p_x - p_a}{p_x - p_{s2}} \cdot \left(\frac{1}{\Delta_1} + \frac{1}{\Delta_2} \right) - \sum \frac{1}{\Delta}$$

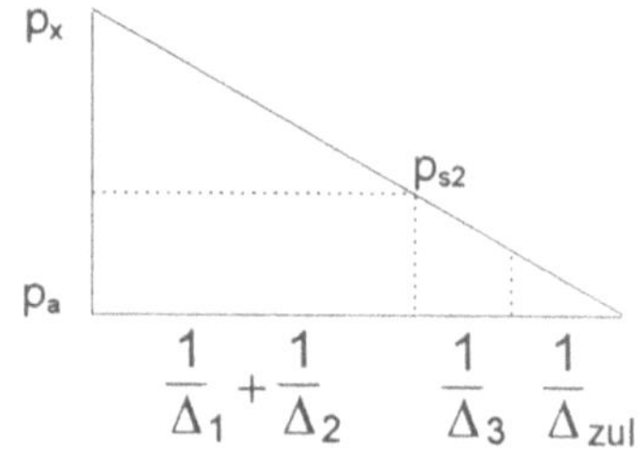

Gültig unter Berücksichtigung der zugehörigen Wasserdmapf-sättigungsdrücke bis:

$$\frac{p_x - p_{sOa}}{p_{s2} - p_{sOa}} = \frac{\sum \frac{1}{\Delta}}{\frac{1}{\Delta_3}}$$

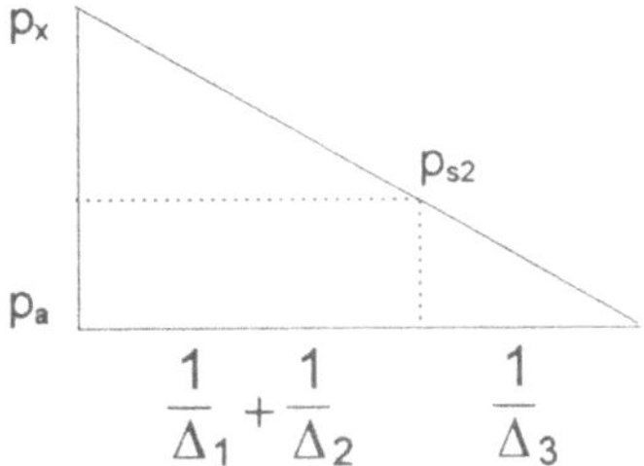

Durch Auflösen der Gleichung nach p_x erhält man:

$$p_x = (p_{s2} - p_{sOa}) \cdot \frac{\sum \frac{1}{\Delta}}{\frac{1}{\Delta_3}} + p_{sOa}$$

$$p_x = \left[(949 - 913) \cdot \frac{2295}{360} + 913 \right] Pa = 1142,5 \; Pa$$

entsprechend: φ_x = 48,8 %.

Somit ergibt sich für den zulässigen Wasserdampf-Diffusionsdurchlaßwiderstand:

$$\frac{1}{\Delta_{zul}} = \left[\frac{p_x - 698}{p_x - 949} \cdot (135 + 1800) - 2295 \right] m^2 \cdot h \cdot Pa/g$$

φ	%	86,1	80,0	70,0	60,0	50,0
p	Pa	2014	1872	1638	1404	1170
$\frac{1}{\Delta_{zul}}$	$m^2 \cdot h \cdot Pa/g$	96,0	166,2	344,9	707,4	1837,7

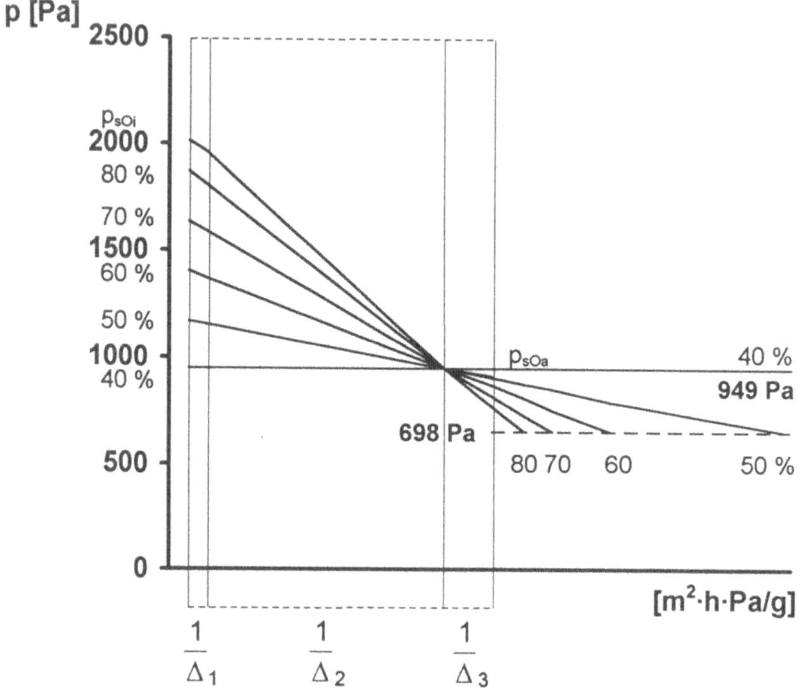

$\dfrac{1}{\Delta_{zul}} = f(\varphi_i)$ nach Angaben eines Herstellers:

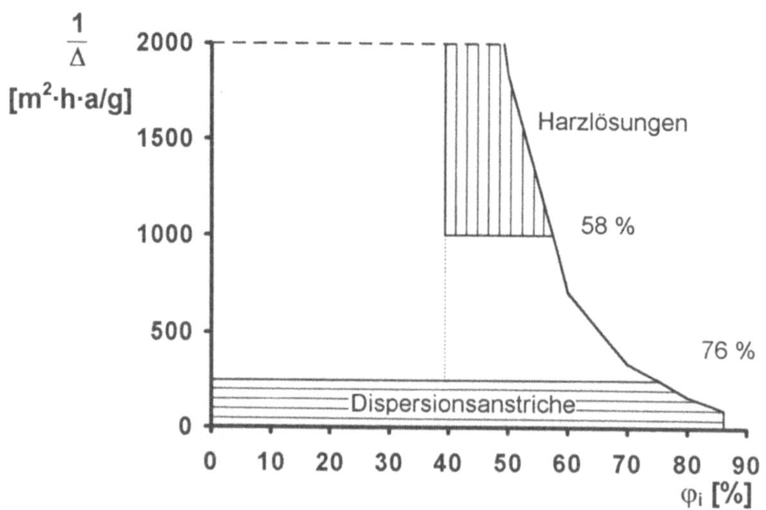

Demnach sind Dispersionsanstriche ohne Bedenken möglich, Anstriche aus Harzlösungen dagegen bei vorliegender Konstruktion im Wohnungsbau nicht.

852 In dem gezeigten zweischaligen, belüfteten Dach (sogen. Kaltdach) erwärmt sich die durchströmende Luft von ϑ_{La} = 0°C auf ϑ_{Le} = 5°C bis zur Entlüftungsöffnung.

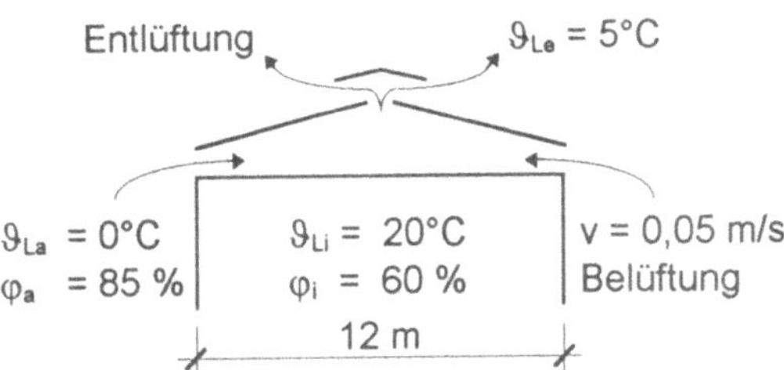

Wieviel Wasserdampf in g/m³ kann die durchströmende Luft maximal aufnehmen?

Welcher Volumenstrom je Meter Dachlänge in m³/(m·h) durchströmt den Dachraum, wenn die Lüftungsöffnungen jeweils A = 0,02 m²/m Dachlänge betragen und dort von einer gemessenen Luftgeschwindigkeit v = 0,05 m/s auszugehen ist?

Welche Diffusionsstromdichte in g/(m²·h) ist unter den getroffenen Annahmen für die Geschoßdecke bei den gegebenen Raumklimabedingungen zulässig (ϑ_{Li} = 20°C, φ_i = 60 %), wenn im Dachraum kein Tauwasser anfallen soll?

Lösung

Aus einer Wasserdampftafel kann entnommen werden:
Max. Wassergehalt von Luft bei 0°C: 4,8 g/m³. Bei einer Außenluftfeuchte von φ_a = 85 % folgt für den Wasserdampfgehalt m_w = 0,85 · 4,8 g/m³ = 4,1 g/m³. Die durchströmende Luft kann somit bis zur Sättigung m = (4,8 - 4,1) g/m³ = 0,7 g/m³ Feuchte aufnehmen.

Volumenstrom:

$V = A \cdot v$ = 0,02 m²/m · 0,05 m/s   = 0,001 m³/(m·s)
               = 3600 s/h · 0,001 m³/(m·s) = 3,6   m³/(m·h)

Abführbare Wasserdampfmenge je Meter Dachtiefe und Stunde:
W = m · V = 0,7 g/m³ · 3,6 m³/(m·h) = 2,5 g/(m·h).

Hieraus folgt für die max. zulässige Wasserdampf - Diffusionsstromdichte durch die anteilig halbe Geschoßdecke (A_{Dach} = 6 m²/m):

$$i = \frac{W}{A_{Dach}} = \frac{2,5}{6,0} \text{ g/(m}^2\text{·h)} = 0,42 \text{ g/(m}^2\text{·h)}$$

853 Die Dachschräge eines ausgebauten Dachgeschosses hat folgenden Aufbau von außen nach innen:

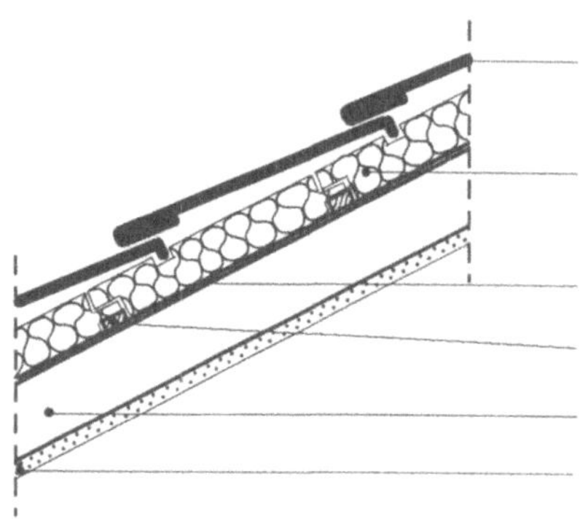

1 cm Betondachstein,
darunter Luftschicht

8 cm Polystyrol-Hartschaum,
WLG 040, $\mu = 30/70$

0,25 mm PVC-Formelement

3 cm Dachlatten

16 cm Dachsparren

0,95 cm Gipskartonplatten

Zwischen den Sparren im Gefach: 16 cm Luftschicht
Abstand der Dachsparren: 60 cm

Die Dachkonstruktion ist für den Gefachbereich diffusionstechnisch zu untersuchen.
Wie ist diese Dachkonstruktion einzuordnen? Zu überprüfen ist, ob für die gegebene Konstruktion nach den Klimabedingungen auf einen rechnerischen Nachweis des Tauwasserausfalls infolge Wasserdampf - Diffusion unter normaler Klimabedingung verzichtet werden kann.

Lösung

Die gegebene Dachkonstruktion ist gemäß Aufbau nach DIN 18 530 als Warmdach einzustufen; weil in der Dachschräge eine ausreichende Belüftung (Hinterlüftung) fehlt, gehört diese Dachkonstruktion zur Kategorie nichtbelüfteter Dächer.
Nach DIN 4108-3 Abschnitt 3.2.3 ist eine Dampfsperrschicht mit $s_d \geq 100$ m erforderlich.

Vorhandene Dampfbremse gemäß Skizze: 0,25 mm PVC-Formelement mit $\mu = 20000/50000$ (nach DIN 4108-4).
Hieraus errechnet sich die äquivalente Luftschichtdicke:
$$s_d = 20000 \cdot 0{,}00025 \text{ m} = 5{,}0 \text{ m} << 100{,}0 \text{ m}$$

Ergebnis:
Auf einen rechnerischen Nachweis des Tauwasserausfalls infolge Wasserdampfdiffusion kann bei dieser Konstruktion nicht verzichtet werden.

Wasserdampf - Diffusion

Rechnerischer Nachweis

Klimabedingungen für die Tauperiode ($t_T = 1440$ h):

$\vartheta_{Li} = 20°C, \varphi_i = 50\%; p_{si} = 2340$ Pa, $p_i = 1170$ Pa

$\vartheta_{La} = -10°C, \varphi_a = 70\%; p_{sa} = 260$ Pa, $p_a = 208$ Pa

Die Wasserdampf - Diffusionstechnische Berechnung im Gefachbereich (Dachsparren) erfolgt tabellarisch:

Nr	Bauteilschicht	s	λ_R	R	ϑ		p_s	$\dfrac{R_D \cdot T}{D}$	μ	s_d	$\dfrac{1}{\Delta}$
		m	W/(m·K)	(m²·K)/W	°C		Pa	$\dfrac{m \cdot h \cdot Pa}{g}$	—	m	$\dfrac{m^2 \cdot h \cdot Pa}{g}$
	Übergang innen			0,13	Li	20,0	2340				—
1	Gipskartonplatte	0,0095	0,21	0,045	Oi	18,4	2119	1500	8	0,076	114
2	Luftschicht	0,16	—	0,17	1	17,8	2039	1500	1	0,16	240
3	PVC-Element	0,00025	—	—	2	15,7	1784	1500	20000 / 50000	5,0	7 500
4	PS-Hartschaum	0,08	0,04	2,0	3	15,7	1784	1500	30/70	2,4	3 600
5	Betondachstein	0,01	2,1	0,005	4	- 9,4	274	1500	70/150	1,5	2 250
	Übergang außen			0,04	Oa	- 9,5	272				—
					La	-10,0	260				

Wärmedurchlaßwiderstand	$\dfrac{1}{\Lambda}$	2,22	(m²·K)/W		Summe	9,136	13 704
Wärmedurchgangswiderstand	R_k	2,39	(m²·K)/W				
Wärmedurchgangskoeffizient	k	0,418	W/(m²·K)				
Wärmestromdichte	q	12,55	W/m²				

Wasserdampf - Diffusionsdiagramm für die Tauperiode:

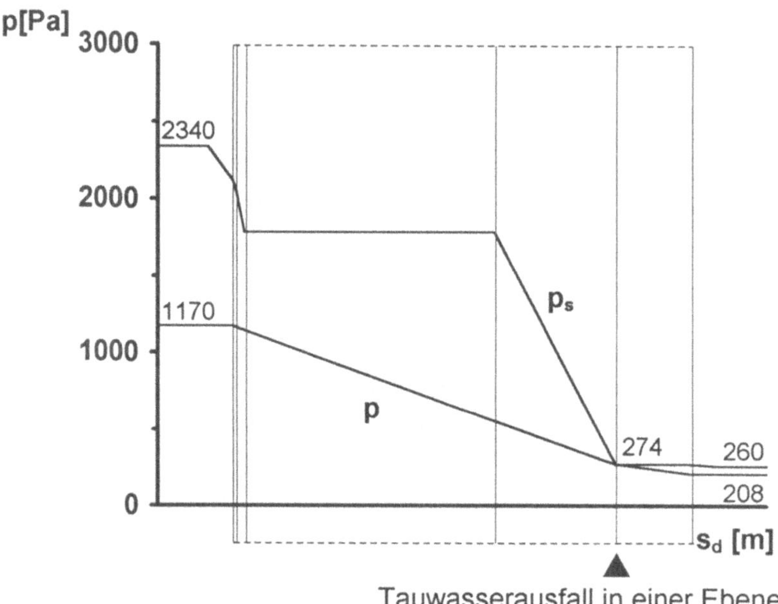

Das Wasserdampf - Diffusionsdiagramm zeigt, daß an der Unterseite der Dacheindeckung Tauwasser entsteht.

Tauwassermenge nach DIN 4108-5:

$$W_T = t_T \cdot (i_i - i_a) = t_T \cdot \left[\left(\frac{p_i - p_{sw}}{\frac{1}{\Delta_i}} \right) - \left(\frac{p_{sw} - p_a}{\frac{1}{\Delta_a}} \right) \right] \text{g/m}^2$$

$$W_T = 1440 \cdot \left[\left(\frac{1170 - 274}{114 + 240 + 7500 + 3600} \right) - \left(\frac{274 - 208}{2250} \right) \right] \text{g/m}^2$$

$$W_T = 70{,}4 \text{ g/m}^2 \ll 1000 \text{ g/m}^2!$$

Somit kein "gefährliches Tauwasser" nach der Forderung in DIN 4108-3.

Klimabedingungen für die Verdunstungsperiode (t_V = 2160 h):

$$\vartheta_{Li} = \vartheta_{La} = 12°C, \quad \varphi_i = \varphi_a = 70\ \%; \quad p_{si} = p_{sa} = 1403\ \text{Pa}$$

$$p_i = p_a = 982\ \text{Pa}$$

$$\vartheta_{Oa} = 20°C\ \text{(Dach!)}$$

Wasserdampf - Diffusionstechnische Berechnung für die Verdunstungsperiode:

Nr	Bauteilschicht	s	λ_R	R	ϑ		p_S	$\dfrac{R_D \cdot T}{D}$	μ	s_d	$\dfrac{1}{\Delta}$
		m	W/(m·K)	(m²·K)/W	°C		Pa	$\dfrac{\text{m·h·Pa}}{\text{g}}$	—	m	$\dfrac{\text{m}^2 \cdot \text{h} \cdot \text{Pa}}{\text{g}}$
	Übergang innen			0,13	Li	12,0	1403				
1				0,045	Oi	12,4	1441				
2				0,17	1	12,6	1460				
3	SIEHE TAUPERIODE!			—	2	13,2	1518	SIEHE TAUPERIODE!			
4				2,0	3	13,2	1518				
5				0,005	4	20,0	2340				
	Übergang außen			—	Oa	20,0	2340				
					La	12,0	1403				
Wärmedurchlaßwiderstand $\dfrac{1}{\Lambda}$				2,22	(m²·K)/W				Summe	9,136	13 704
Wärmedurchgangswiderstand R_k				2,35	(m²·K)/W						
Wärmedurchgangskoeffizient k				0,426	W/(m²·K)						
Wärmestromdichte q				- 3,4	W/m²						

Wasserdampf-Diffusionsdiagramm für die Verdunstungsperiode:

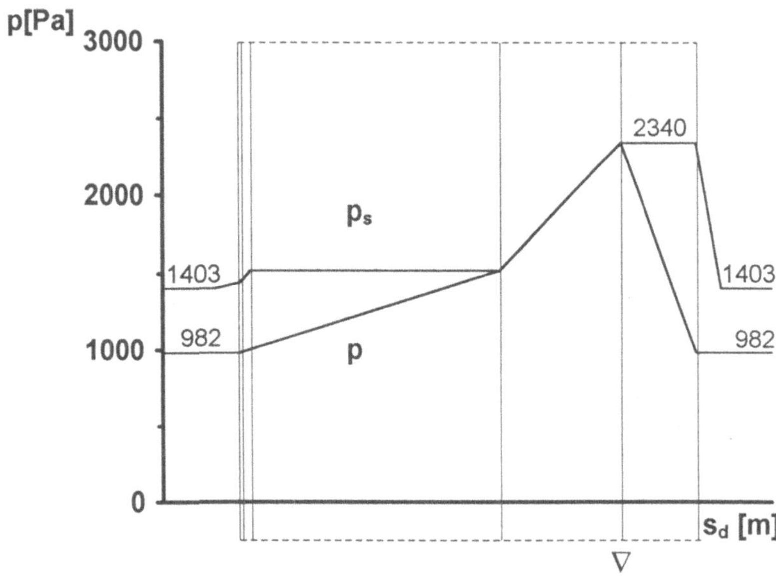

Verdunstende Tauwassermenge nach DIN 4108-5:

$$W_V = t_V \cdot (i_i + i_a) = t_V \cdot \left[\left(\frac{p_{sw} - p_i}{\dfrac{1}{\Delta_i}} \right) + \left(\frac{p_{sw} - p_a}{\dfrac{1}{\Delta_a}} \right) \right] \; g/m^2$$

$$W_V = 2160 \cdot \left[\left(\frac{2340 - 982}{11454} \right) + \left(\frac{2340 - 982}{2250} \right) \right] \; g/m^2$$

$$W_V = 1559{,}8 \; g/m^2$$

Somit $W_V \gg W_T$, d.h. diese Dachkonstruktion ist diffusionstechnisch unbedenklich.

Fazit: Eine allgemeine Forderung nach einer Norm - wie hier z.B. in DIN 4108-3, Abschnitt 3.2.3 - sollte nicht als selbstverständlich hingenommen werden.

854 Der Gefachbereich eines Steildaches ist diffusionstechnisch zu untersuchen.

Folgende Klimabedingungen besitzen Gültigkeit:

		Temperatur	relative Luftfeuchte
Tauperiode	innen	22°C	70 %
	außen	- 10°C	80 %
Verdustungs-periode	innen und außen	12°C	70 %

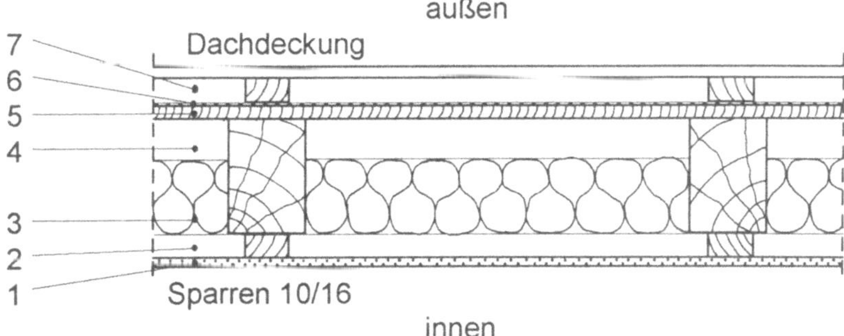

Dachaufbau von innen nach außen:

1 Gipskartonplatte,	$s = 0{,}012$ m
2 abgeschlossene Luftschicht,	$s = 0{,}024$ m
3 Polystyrol-Partikelschaum,	
$\rho \geq 15$ kg/m^3, $\lambda = 0{,}04$ W/(m·K),	$s = 0{,}100$ m
4 abgeschlossene Luftschicht,	$s = 0{,}060$ m
5 Sperrholzplatte nach DIN 68 705,	$s = 0{,}013$ m
6 Bitumendachbahn nach DIN 52 128,	$s = 0{,}002$ m
7 Durchlüftung	

Kann das Dach so ausgeführt werden, oder sind Verbesserungsmaßnahmen erforderlich? Wenn ja, welche?

Die Wirksamkeit der vorgeschlagenen Maßnahmen sind skizzenhaft in einem Wasserdampf - Diffusionsschema nachzuweisen.

Lösung

Klimabedingungen der Tauperiode nach DIN 4108-3 (t_T = 1440 h):

$$\vartheta_{Li} = 22°C; \quad \varphi_i = 70\,\%; \qquad p_{si} = 2645 \text{ Pa}; \quad p_i = 1852 \text{ Pa.}$$
$$\vartheta_{La} = -10°C; \quad \varphi_a = 80\,\%; \qquad p_{sa} = 260 \text{ Pa}; \quad p_a = 208 \text{ Pa.}$$

Wasserdampf - Diffusionstechnische Berechnungen im Gefachbereich (Dachsparren) für die Tauperiode:

Nr	Bauteilschicht	s [m]	λ_R [W/(m·K)]	R [(m²·K)/W]		ϑ [°C]	p_s [Pa]	$\dfrac{R_D \cdot T}{D}$ [m·h·Pa/g]	μ [—]	s_d [m]	$\dfrac{1}{\Delta}$ [m²·h·Pa/g]
	Übergang innen			0,13	Li	22,0	2645				—
1	Gipskarton	0,012	0,21	0,057	Oi	20,7	2443	1500	8	0,096	144
2	Luftschicht	0,024	—	0,17	1	20,1	2354	1500	1	0,024	36
3	Partikelschaum	0,10	0,04	2,5	2	18,4	2119	1500	20/50	2	3 000
4	Luftschicht	0,06	—	0,17	3	-6,5	353	1500	1	0,06	90
5	Sperrholz	0,013	0,15	0,087	4	-8,2	304	1500	50/400	5,2	7 800
6	Bitumen	0,002	0,17	0,012	5	-9,1	281	1500	10000/80000	160	240 000
	Übergang außen			0,08	Oa	-9,2	279				—
					La	-10,0	260				
Wärmedurchlaßwiderstand	$\dfrac{1}{\Lambda}$	2,996	(m²·K)/W					Summe		167,4	251 070
Wärmedurchgangswiderstand	R_k	3,206	(m²·K)/W								
Wärmedurchgangskoeffizient	k	0,312	W/(m²·K)								
Wärmestromdichte	q	9,98	W/m²								

Wasserdampf - Diffusionsdiagramm für die Tauperiode:

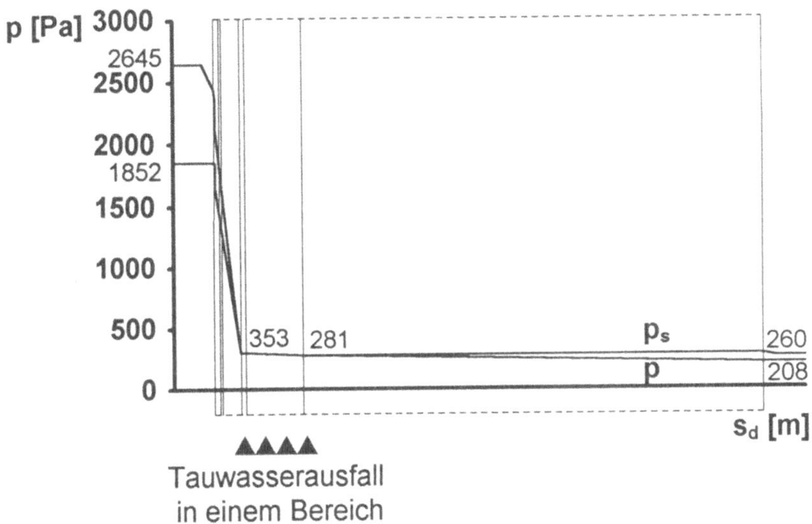

Mit den Werten des Diagramms: p_{sw1} = 353 Pa, p_{sw2} = 281 Pa.

$$\frac{1}{\Delta_i} = (144 + 36 + 3000)\ m^2hPa/g = 3180\ m^2{\cdot}h{\cdot}Pa/g$$

(nach DIN 4108-5)

$$\frac{1}{\Delta_a} = 240000\ m^2{\cdot}h{\cdot}Pa/g$$

(aus vorstehender Tabelle)

Anfallende Kondensatmenge W_T nach DIN 4108-5.

$$i_i = \frac{p_i - p_{sw1}}{\frac{1}{\Delta_i}} = \frac{1852 - 353}{3180}\ g/m^2{\cdot}h = 0{,}4714\ g/m^2{\cdot}h$$

$$i_a = \frac{p_{sw2} - p_a}{\frac{1}{\Delta_a}} = \frac{281 - 208}{240000}\ g/m^2{\cdot}h = 0{,}0003\ g/m^2{\cdot}h$$

$$W_T = (i_i - i_a) \cdot t_T = 0{,}4711\ g/m^2{\cdot}h \cdot 1440\ h = 678{,}4\ g/m^2.$$

Nach DIN 4108-3 Abschnitt 3.2.1 e) ist bei Holz eine Erhöhung des massebezogenen Feuchtegehalts um mehr als 5 %, bei Holzwerkstoffen um mehr als 3 % unzulässig, vgl. auch DIN 68 800-2. Somit ergibt sich die zulässige Tauwassermenge bezogen auf 1,3 cm Sperrholz (Holzwerkstoff):

$$\text{zul. } W_T = \frac{3}{100} \, \% \cdot s \cdot \rho \cdot 1000 \text{ g/kg}$$
$$= 0,03 \cdot 0,013 \cdot 800 \cdot 1000 \text{ g/m}^2 = 312,0 \text{ g/m}^2 < W_T$$

Klimabedingungen der Verdunstungsperiode (t_V = 2160 h)

$$\vartheta_{Li} = \vartheta_{La} = 12°C; \quad \text{nach DIN 4108-5 } p_{si} = 1403 \text{ Pa}$$
$$\text{bei} \quad \varphi_i = \varphi_a = 70 \%; \quad \text{nach DIN 4108-5 } p_i = 982 \text{ Pa}$$
$$\vartheta_{Oa} = 20°C \text{ (Dach!)}$$

Wasserdampf - Diffusionstechnische Berechnungen (Verdunstungsperiode):

Nr	Bauteilschicht	s	λ_R	R	ϑ		p_s	$\dfrac{R_D \cdot T}{D}$	μ	s_d	$\dfrac{1}{\Delta}$
		m	W/(m·K)	(m²·K)/W	°C		Pa	$\dfrac{m \cdot h \cdot Pa}{g}$	——	m	$\dfrac{m^2 \cdot h \cdot Pa}{g}$
	Übergang innen			0,13	Li	12,0	1403				
1				0,057	Oi	12,3	1431				
2				0,17	1	12,5	1451				
3				2,5	2	12,9	1488				
4	SIEHE TAUPERIODE!			0,17	3	19,3	2241	SIEHE TAUPERIODE!			
5				0,087	4	19,8	2310				
6				0,012	5	20,0	2340				
	Übergang außen			——	Oa	20,0	2340				
					La	12,0	1403				
Wärmedurchlaßwiderstand $\frac{1}{\Lambda}$		2,996	(m²·K)/W					Summe	167,4	251 070	
Wärmedurchgangswiderstand R_k		3,126	(m²·K)/W								
Wärmedurchgangskoeffizient k		0,32	W/(m²·K)								
Wärmestromdichte q		- 2,56	W/m²								

Hinweis:

Nach DIN 4108-3 müssen die μ-Werte in der Verdunstungsperiode nicht geändert werden, d.h. die Wasserdampf - Diffusionsdurchlaßwiderstände bleiben unverändert.

Wasserdampf-Diffusionsdiagramm für die Verdunstungsperiode:

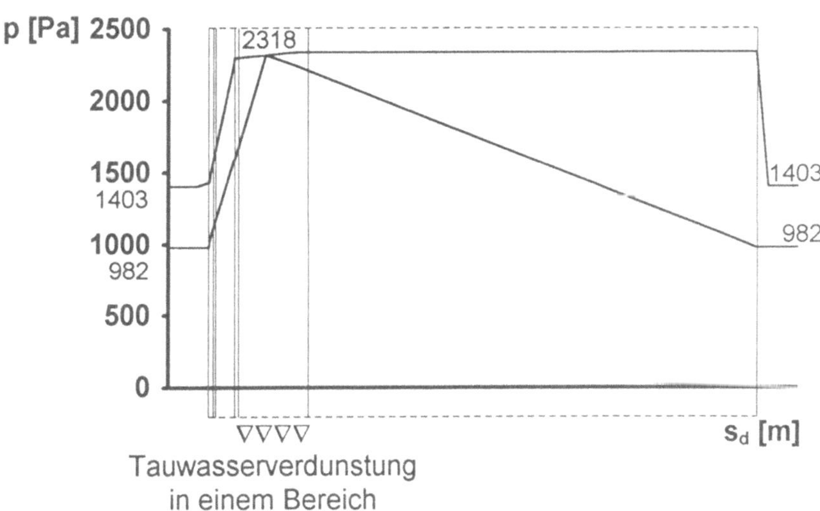

Mit den Werten des Diagramms: p_{sw} = 2318 Pa.

$$\frac{1}{\Delta_i} = \quad\quad\quad\quad\quad 3\,180 \;\; m^2 \!\cdot\! h \!\cdot\! Pa/g$$

$$\frac{1}{\Delta_a} = \quad\quad\quad\quad\quad 240\,000 \;\; m^2 \!\cdot\! h \!\cdot\! Pa/g$$

$$\frac{1}{\Delta_z} = (90 + 7\,800)\; m^2 \!\cdot\! h \!\cdot\! Pa/g \;=\; 7\,890 \;\; m^2 \!\cdot\! h \!\cdot\! Pa/g$$

Austrocknende Kondensatmenge W_V nach DIN 4108-5:

$$i_i = \frac{p_{sw} - p_i}{\dfrac{1}{\Delta_i} + 0,5 \cdot \dfrac{1}{\Delta_z}} = \frac{2318 - 982}{3180 + 0,5 \cdot 7890}\; g/m^2 \!\cdot\! h = 0,1875\; g/m^2 \!\cdot\! h$$

$$i_a = \frac{p_{sw} - p_a}{\dfrac{1}{\Delta_a} + 0.5 \cdot \dfrac{1}{\Delta_z}} = \frac{2318 - 982}{240000 + 3945} \ g/m^2 \cdot h = 0.0055 \ g/m^2 \cdot h$$

$$W_V = (i_i + i_a) \cdot t_V = 0.193 \ g/m^2 h \cdot 2160 \ h = 416.9 \ g/m^2.$$

Fazit: Zunehmende Durchfeuchtung der Konstruktion, da
$\quad\quad W_T = 678.4 \ g/m^2 > 416.9 \ g/m^2 = W_V$ und
$\quad\quad W_T > $ zul. W_T

Maßnahmen:

Dampfdichte Folie an der Innenseite der Dämmung: $s_d \geq 1500$ m.

Hierzu Wasserdampf - Diffusionsschema:

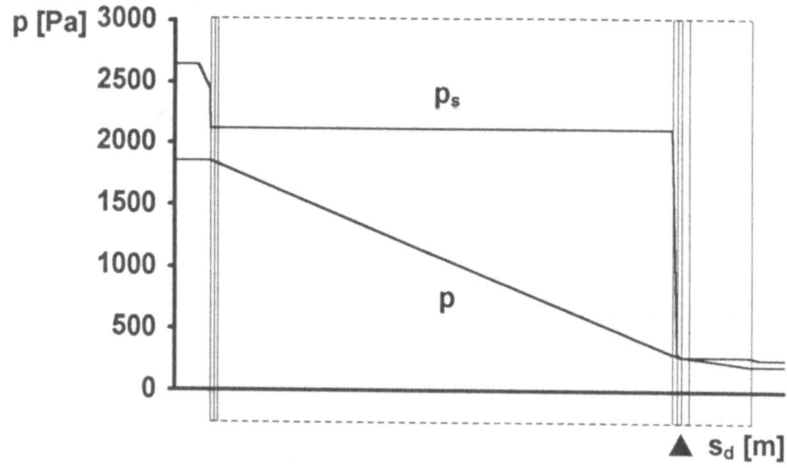

Oder ausreichende Durchlüftung der stehenden horizontalen Luftschicht mit s = 0,06 m.

855 Im Bereich der Traufenausbildung eines Wohngebäudes sind an der Fußpfette Feuchteschäden aufgetreten, die wahrscheinlich infolge von Tauwasserbildung entstanden sind. Der gekennzeichnete Bereich in der Skizze oberhalb der Fußpfette soll diffusionstechnisch untersucht werden.

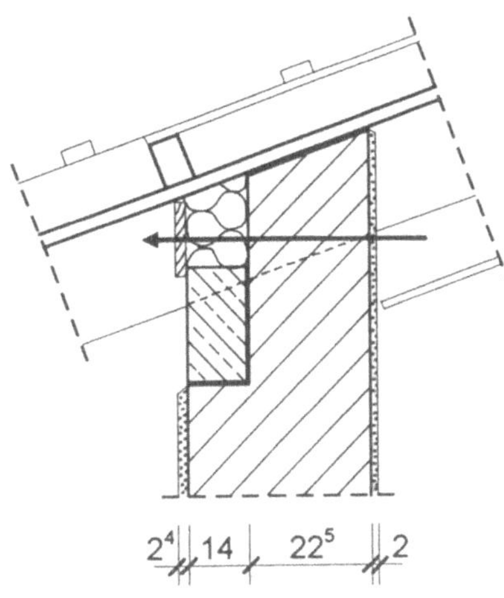

Detail der Traufe
Maße in cm!

Aufbau von innen nach außen:

Innenputz,   s = 0,020 m,
λ_R = 0,87 W/(m·K), μ = 15/35,
ρ = 1800 kg/m³.

Mauerwerk, s = 0,225 m,
λ_R = 0,68 W/(m·K), μ = 5/10,
ρ = 1600 kg/m³.

Dämmung, s = 0,140 m,
λ_R = 0,04 W/(m·K), μ = 1,
ρ = 30 kg/m³

Blendbrett, s = 0,024 m,
λ_R = 0,13 W/(m·K), μ = 40,
ρ = 600 kg/m³.

Vorgegebene Klimabedingungen für die Wasserdampf - Diffusionsberechnung:

Tauperiode: t_T = 60 Tage
ϑ_{Li} = 20°C, φ_i = 60 %; ϑ_{La} = - 15°C, φ_a = 80 %.

Verdunstungsperiode: t_V = 90 Tage
ϑ_{Li} = ϑ_{La} = 12°C, φ_i = φ_a = 70 %.

Werden für den gekennzeichneten Querschnitt die Anforderungen nach DIN 4108-3 erfüllt?
Auf welchen maximalen Wert müßte die relative Luftfeuchte im Dachraum begrenzt werden, damit die Verdunstungsmenge mindestens doppelt so groß ist wie die Tauwassermenge?
Um wieviel % ändert sich der vorhandene Wärmedurchlaßwiderstand $\frac{1}{\Lambda}$, wenn 2/3 der vorhandenen Tauwassermenge auf das Blendbrett und 1/3 auf das Dämm - Material einwirken?
In Form einer Skizze ist ein Sanierungsvorschlag zu machen, so daß im Bauteil - Innern kein Kondensat mehr ausfällt. Dabei soll keine Dampfsperre zur Anwendung kommen.

Lösung

Soweit besondere Bedingungen vorliegen (geometrische Wärmebrücke, Ecke, Anschlußstelle zweier Bauteile), ist die Wahl des Wärmeübergangswiderstandes nach DIN 4108-3 Abschnitt 3.1 vorzunehmen: $R_i \approx 0,17 \; m^2 \cdot K/W$.

Temperaturverlauf und Wasserdampf - Diffusionsschema werden nach DIN 4108-5 tabellarisch ermittelt. Es sind dabei die diffusionstechnisch ungünstigen Wasserdampf - Diffusionswiderstandswerte einzusetzen.

$$p_{si} = 2340 \; Pa, \quad p_i = 0,60 \cdot 2340 \; Pa = 1404 \; Pa$$
$$p_{sa} = 165 \; Pa, \quad p_a = 0,80 \cdot 165 \; Pa = 132 \; Pa$$

Tabellarische Berechnung für die Tauperiode:

Nr	Bauteilschicht	s	λ_R	R	ϑ		p_S	$\dfrac{R_D \cdot T}{D}$	μ	s_d	$\dfrac{1}{\Delta}$
		m	W/(m·K)	(m²·K)/W	°C		Pa	$\dfrac{m \cdot h \cdot Pa}{g}$	—	m	$\dfrac{m^2 \cdot h \cdot Pa}{g}$
	Übergang innen			0,17	Li	20,0	2340				—
1	Innenputz	0,02	0,87	0,023	Oi	18,6	2145	1500	15/35	0,3	450
2	Mauerwerk	0,225	0,68	0,331	1	18,4	2119	1500	5/10	1,125	1 687,5
3	Dämmung	0,14	0,04	3,5	2	15,7	1784	1500	1	0,14	210
4	Blendbrett	0,024	0,13	0,185	3	-13,2	195	1500	40	0,96	1 440
	Übergang außen			0,04	Oa	-14,7	170				—
					La	-15,0	165				
Wärmedurchlaßwiderstand		$\dfrac{1}{\Lambda}$	4,039	(m²·K)/W					Summe	2,525	3 787,5
Wärmedurchgangswiderstand		R_k	4,249	(m²·K)/W							
Wärmedurchgangskoeffizient		k	0,235	W/(m²·K)							
Wärmestromdichte		q	8,237	W/m²							

Mit den berechneten Werten erhält man das Wasserdampf - Diffusionsdiagramm für die Tauperiode:

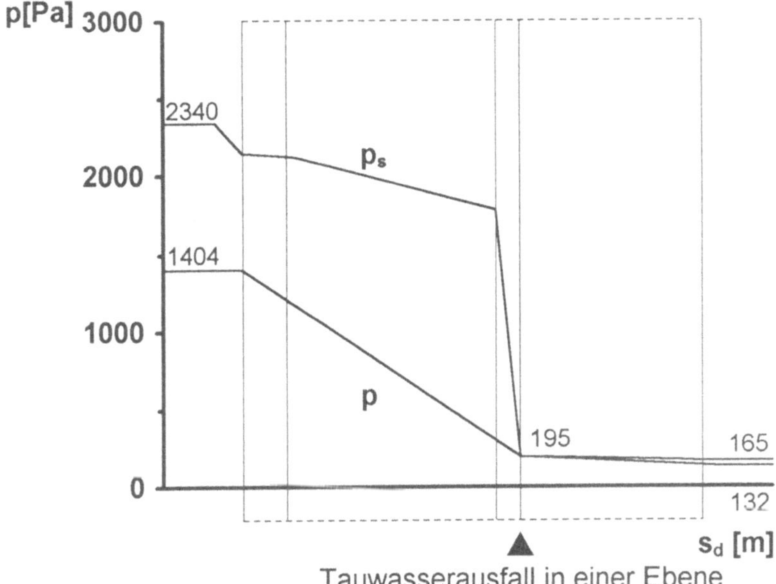

Aus den Berechnungen und dem Wasserdampf - Diffusionsdiagramm ergeben sich nach DIN 4108-5 für die Tauperiode:

$$i_i = \frac{1404 - 195}{2347,5} \quad g/m^2{\cdot}h \ = 0,5150 \ g/m^2{\cdot}h$$

$$i_a = \frac{195 - 132}{1440} \quad g/m^2{\cdot}h \ = 0,0438 \ g/m^2{\cdot}h$$

Tauwassermenge:
$W_T = (0,5150 - 0,0438) \cdot (60 \cdot 24) \ g/m^2 = 678,5 \ g/m^2.$

DIN 4108-3 fordert für den klimatechnischen Feuchteschutz bei Dach- und Wandkonstruktionen:
$$W_T \leq 1000 \ g/m^2,$$
kapillar wasseraufnahmefähige Schichten und somit kapillarer Feuchtetransport werden vorausgesetzt.

Erhöhung des massebezogenen Feuchtegehaltes bei Holz und Holzwerkstoffen nach DIN 4108-3 Abschnitt 3.2.1 e).

Somit ergibt sich die zulässige Tauwassermenge bezogen auf 2,4 cm Blendbrett ($\rho = 600 \ kg/m^3$):

$zul \, W_T = 0,05 \cdot 0,024 \cdot 600 \cdot 1000 \ g/m^2 = 720 \ g/m^2 > W_T = 678,5 \ g/m^2$

Wasserdampf - Diffusionsdiagramm für die Verdunstungsperiode:

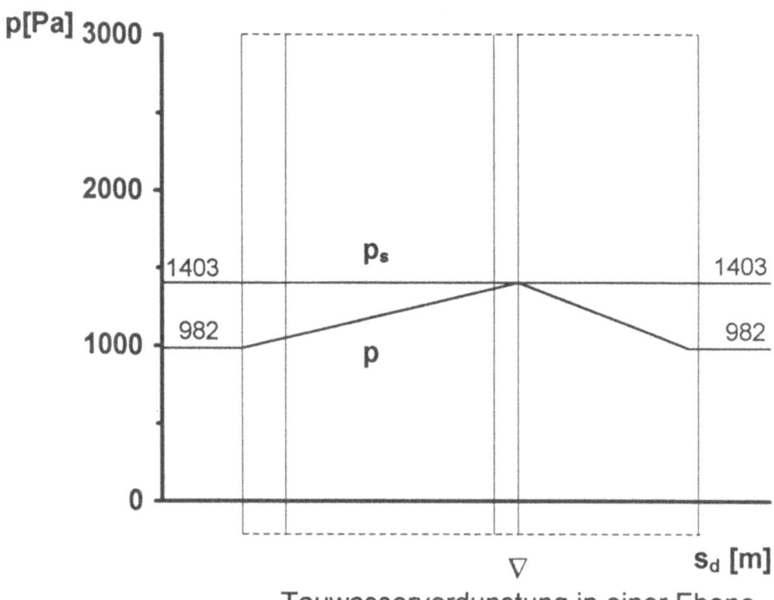

Tauwasserverdunstung in einer Ebene

Berechnung der verdunstenden Tauwassermenge W_V:

$$i_i = \frac{1403 - 982}{2347,5} \ \text{g/m}^2 \cdot \text{h} \ = 0,1793 \ \text{g/m}^2 \cdot \text{h}$$

$$i_a = \frac{1403 - 982}{1440} \ \text{g/m}^2 \cdot \text{h} \ = 0,2924 \ \text{g/m}^2 \cdot \text{h}$$

$$W_V = (0,1793 + 0,2924) \cdot (90 \cdot 24) \ \text{g/m}^2 = 1018,9 \ \text{g/m}^2$$

Fazit: $W_V = 1018,9 \ \text{g/m}^2 \ > \ W_T = 678,5 \ \text{g/m}^2 \ < \ \text{zul.} \ W_T$.

Somit ist das Bauteil nach DIN 4108 zulässig.

Zur Frage, wie groß darf die maximale relative Luftfeuchte betragen, damit die Verdunstungsmenge mindestens doppelt so groß ist, wie die Tauwassermenge:

$$W_V = 1018,9 \text{ g/m}^2 \text{ entsprechend } 2 \cdot W_{T,max}$$

$$W_{T,max} = \frac{W_V}{2} = \frac{1018,9}{2} \text{ g/m}^2 = 509,5 \text{ g/m}^2$$

Mit den zuvor genannten Berechnungsergebnissen wird:

$$i_{T,max} = \frac{W_{T,max}}{t_T} = \frac{509,5}{60 \cdot 24} \text{ g/m}^2\cdot\text{h} = 0,3538 \text{ g/m}^2\cdot\text{h}$$

Somit: $i_{i,max} = i_{T,max} + i_a = (0,3538 + 0,0438) \text{ g/m}^2\cdot\text{h} = 0,398 \text{ g/m}^2\cdot\text{h}$.

Dann ergibt sich der maximal mögliche Wasserdampfteildruck der Luft im Dachraum:

$$p_{i,max} = [(0,398 \cdot 2347,5) + 195] \text{ Pa} \approx 1129 \text{ Pa}$$

max. Raumluftfeuchte: $\varphi_{i,max} = \dfrac{1129}{2340}\cdot 100 \text{ \%} \approx 48 \text{ \%}$.

Zur Frage, um wieviel % sich der vorhandene Wärmedurchlaß-widerstand ändert:

Berechnete Tauwassermenge $W_T = 678,5 \text{ g/m}^2$.

Hiervon sollen 2/3 auf das Blendbrett entfallen:

$$\frac{2}{3} \cdot W_T = \frac{2}{3}\cdot 678,5 \text{ g/m}^2 = 452,3 \text{ g/m}^2$$

und 1/3 auf das Dämm - Material:
$$(678,5 - 452,3) \text{ g/m}^2 = 226,2 \text{ g/m}^2.$$

Masse des Blendbrettes:
$$s \cdot \rho = 0,024 \text{ m} \cdot 600 \text{ kg/m}^3 = 14,4 \text{ kg/m}^2 = 14\,400 \text{ g/m}^2$$

Massebezogener Feuchtegehalt während der Tauperiode des Blendbrettes:

$$u_T = 100 \cdot \frac{\frac{2}{3} \cdot W_T}{s \cdot \rho} = 100 \cdot \frac{452,3 \text{ g / m}^2}{14400 \text{ g / m}^2} \approx 3,1 \text{ \%}$$

Nach DIN 4108-4 Anhang A Tab. A1 beträgt der praktische Feuchtegehalt für Holz, usw. 15 %, d.h. der vorstehend berechnete Wert $u_T = 3,1 \text{ \%} < 15 \text{ \%}$.

Nach DIN 52 612-2 errechnet sich die Änderung der Wärmeleitzahl nach der Formel:

$$\lambda_T = \lambda_R \cdot \frac{1 + \left(u_p + u_T\right) \cdot Z}{1 + u_p \cdot Z} \text{, worin bedeuten:}$$

λ_T Wärmeleitfähigkeit unter Einfluß der Tauwassermenge in W/(m·K).

λ_R Rechenwert der Wärmeleitfähigkeit nach DIN 4108-4 in W/(m·K).

Z Zuschlagswert nach DIN 52 612-2 Tab.1

u_p, u_m Praktischer Feuchtegehalt des betreffenden Baustoffes nach DIN 4108-4 Tab. A1 in %.

u_T Berechneter Feuchtegehalt des betreffenden Baustoffes unter Einfluß der Tauwassermenge in %.

Für das Blendbrett:

$u_p = 15\ \%$, $u_T = 3{,}1\ \%$, $Z = 0{,}15$, $\lambda_R = 0{,}13\ W/(m\cdot K)$

$$\lambda_T = 0{,}13 \cdot \frac{1 + (15 + 3{,}1) \cdot 0{,}15}{1 + 15 \cdot 0{,}15}\ W/(m\cdot K) = 0{,}149\ W/(m\cdot K)$$

Somit ergibt sich für den Wärmedurchlaßwiderstand:

$$\frac{1}{\Lambda_{\text{Blendbrett}}} = \left(\frac{s}{\lambda_T}\right)_{\text{Blendbrett}} = \frac{0{,}024}{0{,}149}\ m^2\cdot K/W = 0{,}161\ m^2\cdot K/W$$

Für das Dämm - Material: $s \cdot \rho = 0{,}14 \cdot 30\ kg/m^2 = 4{,}2\ kg/m^2$

$$u_T = \frac{226{,}2}{4200} \cdot 100\ \% = 5{,}4\ \%$$

$u_p = 5\ \%$, $u_T = 5{,}4\ \%$, $Z = 0{,}05$, $\lambda_R = 0{,}04\ W/(m\cdot K)$.

$$\lambda_T = 0{,}04 \cdot \frac{1 + (5 + 5{,}4) \cdot 0{,}05}{1 + 5 \cdot 0{,}05}\ W/(m\cdot K) = 0{,}049\ W/(m\cdot K)$$

Somit ergibt sich für den Wärmedurchlaßwiderstand:

$$\frac{1}{\Lambda_{\text{Dämmung}}} = \left(\frac{s}{\lambda_T}\right)_{\text{Dämmung}} = \frac{0{,}14}{0{,}049}\ m^2\cdot K/W = 2{,}857\ m^2\cdot K/W$$

Vorhandener Gesamt - Wärmedurchlaßwiderstand der Konstruktion während der Tauperiode:

$$\frac{1}{\Lambda_T} = \left(\frac{s}{\lambda_R}\right)_{\text{Innenputz}} + \left(\frac{s}{\lambda_R}\right)_{\text{Mauerwerk}} + \left(\frac{s}{\lambda_T}\right)_{\text{Dämmung}} + \left(\frac{s}{\lambda_T}\right)_{\text{Blendbrett}}$$

$$\frac{1}{\Lambda_T} = \left[\frac{0{,}02}{0{,}87} + \frac{0{,}225}{0{,}68} + 2{,}857 + 0{,}161\right]\ \text{m}^2\cdot\text{K/W} = 3{,}372\ \text{m}^2\cdot\text{K/W}$$

Vorhandener Wärmedurchlaßwiderstand ohne Feuchteeinfluß nach tabellarischer Berechnung: $\quad\dfrac{1}{\Lambda_T} = 4{,}039\ \text{m}^2\cdot\text{K/W}$.

Minderung des Wärmedurchlaßwiderstandes:

$$\frac{4{,}039\ \text{m}^2\cdot\text{K/W}}{3{,}372\ \text{m}^2\cdot\text{K/W}} = \frac{100\ \%}{x\ \%}$$

$$x = \frac{3{,}372}{4{,}039}\cdot 100\ \% = 83{,}5\ \%$$

Die Minderung beträgt somit: 100 % - 83,5 % = 16,5 % $\approx$ 17 %

Sanierungsvorschag ohne Dampfbremse:

Belüfteter Zwischenraum zwischen dem Blendbrett und der Dämmung schaffen (linke Skizze):

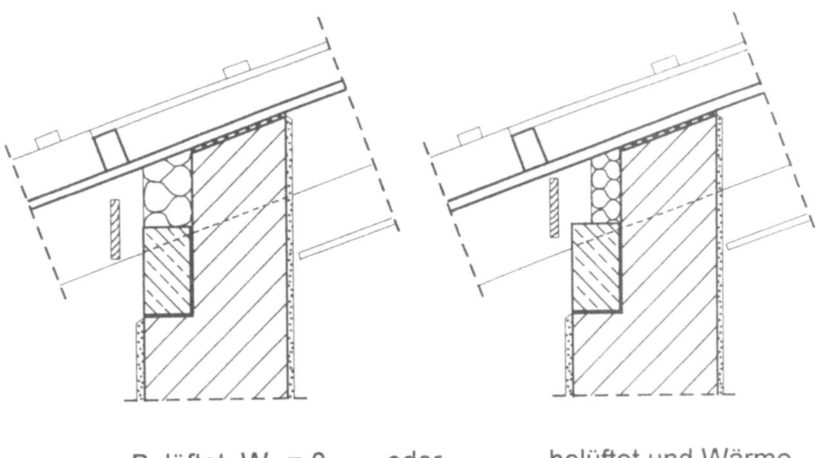

Belüftet, $W_T = 0$ oder   belüftet und Wärmedämmung reduzieren auf s = 10 cm.

856 Gegeben ist der Konstruktionsaufbau der Decke über einer Durchfahrt:

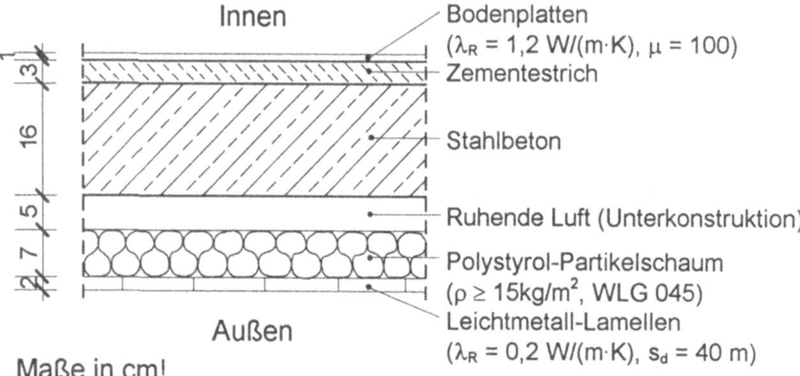

Die skizzierte Deckenkonstruktion soll wasserdampfdiffusionstechnisch nach DIN 4108 untersucht werden.

Folgende Klimabedingungen besitzen Gültigkeit:

Tauperiode (t_T = 50 Tage):
ϑ_{Li} = 20°C, φ_i = 70 %, ϑ_{La} = - 15°C, φ_a = 80 %.

Verdunstungsperiode (t_V = 100 Tage):
ϑ_{Li} = 12°C, φ_i = 70 %, ϑ_{La} =   10°C, φ_a = 50 %.

Wie hoch darf innen die relative Luftfeuchte φ_i während der Verdunstungsperiode maximal sein, damit das während der Tauperiode anfallende Kondensat in einem Zeitraum von 100 Tagen wieder vollständig ausdiffundieren kann?

Lösung

Wasserdampf - Diffusionstechnische Überprüfung:

Anforderungen an durch Wasserdampf - Diffusion belastete Bauteile enthält DIN 4108-3:

Die Tauwassermasse W_T während der Tauperiode muß kleiner sein als die verdunstende Wassermasse während der Verdunstungsperiode W_V, $W_T < W_V$, ferner fordert die Norm:

$$W_V \leq 1000 \ g/m^2.$$

Klimabedingungen für die Tauperiode:

$$\vartheta_{Li} = \ \ 20°C; \quad \varphi_i \ = 70 \ \%; \quad p_{si} = 2340 \ Pa; \quad p_i = 1638 \ Pa.$$
$$\vartheta_{La} = - \ 15°C; \quad \varphi_a = 80 \ \%; \quad p_{sa} = \ \ 165 \ Pa; \quad p_a = \ \ 132 \ Pa.$$

Tauperiode: $t_T = 50$ Tage $= 1200$ Stunden

Die weitere Berechnung erfolgt tabellarisch, die Ergebnisse werden in einem Wasserdampf - Diffusionsdiagramm eingetragen.

Nr	Bauteilschicht	s	λ_R	R	ϑ		p_s	$\dfrac{R_D \cdot T}{D}$	μ	s_d	$\dfrac{1}{\Delta}$
		m	W/(m·K)	(m²·K)/W	°C		Pa	$\dfrac{m \cdot h \cdot Pa}{g}$	—	m	$\dfrac{m^2 \cdot h \cdot Pa}{g}$
	Übergang innen			0,17	Li	20,0	2340				—
1	Bodenplatten	0,01	1,2	0,008	Oi	17,2	1963	1500	100	1	1 500
2	Zementestrich	0,03	1,4	0,021	1	17,1	1950	1500	15/35	0,45	675
3	Stahlbetondecke	0,16	2,1	0,076	2	16,8	1914	1500	70/150	11,2	16 800
4	Stehende Luft	0,05	—	0,170	3	15,5	1762	1500	1	0,05	75
5	Polystyrol	0,07	0,045	1,556	4	12,7	1470	1500	20/50	1,4	2 100
6	Lamellen	0,02	0,2	0,100	5	-12,7	204	1500	2000	40	60 000
	Übergang außen			0,04	Oa	-14,4	175				—
					La	-15,0	165				
Wärmedurchlaßwiderstand	$\dfrac{1}{\Lambda}$		1,931	(m²·K)/W				Summe		54,1	81 150
Wärmedurchgangswiderstand	R_k		2,141	(m²·K)/W							
Wärmedurchgangskoeffizient	k		0,467	W/(m²·K)							
Wärmestromdichte	q		16,348	W/m²							

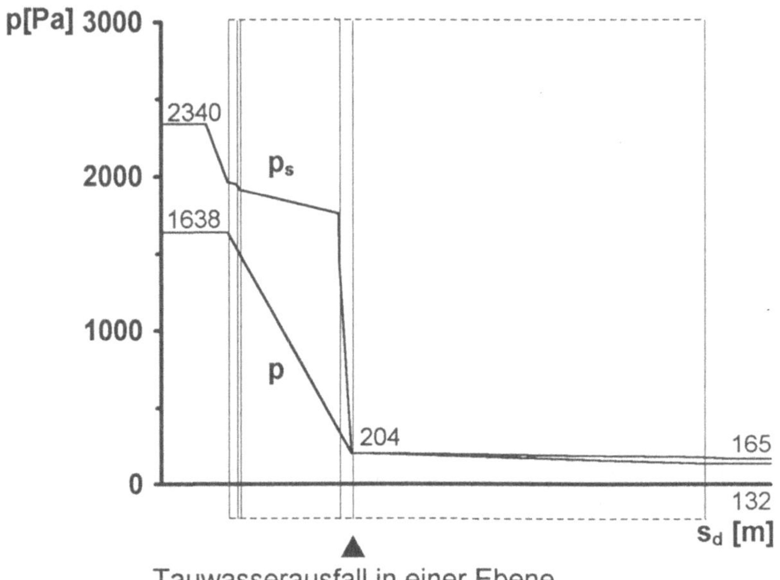

Aus dem Wasserdampf - Diffusionsdiagramm kann entnommen werden, daß an der kalten Seite der Wärmedämmung Tauwasser ausfällt.

Berechnung der Tauwassermenge nach DIN 4108-5:

$$\frac{1}{\Delta_i} = 21\ 150\ m^2 \cdot h \cdot Pa/g, \qquad \frac{1}{\Delta_a} = 60\ 000\ m^2 \cdot h \cdot Pa/g.$$

$$W_T = t_T \cdot (i_i - i_a) = t_T \cdot \left(\frac{p_i - p_{sw}}{\dfrac{1}{\Delta_i}} - \frac{p_{sw} - p_a}{\dfrac{1}{\Delta_a}} \right)$$

$$W_T = 1200 \cdot \left(\frac{1638 - 204}{21150} - \frac{204 - 132}{60000} \right) g/m^2 = 79{,}92\ g/m^2$$

$W_T <$ zul. $W_T = 1000\ g/m^2$ nach DIN 4108-3.

Dieses Rechenergebnis ist dem Ergebnis der Verdunstungsperiode gegenüberzustellen.

Mit den vorgegebenen Klimabedingungen gilt für die Verdunstungsperiode:

$$\vartheta_{Li} = 12°C; \quad \varphi_i = 70\ \%; \qquad p_{si} = 1403\ Pa; \quad p_i = 982\ Pa.$$
$$\vartheta_{La} = 10°C; \quad \varphi_a = 50\ \%; \qquad p_{sa} = 1228\ Pa; \quad p_a = 614\ Pa.$$

Verdunstungsperiode: $t_V = 100$ Tage = 2400 Stunden

Die weitere Berechnung erfolgt tabellarisch, die Ergebnisse werden in einem Wasserdampf - Diffusionsdiagramm eingetragen.

Nr	Bauteilschicht	s	λ_R	R	ϑ		p_s	$\dfrac{R_D \cdot T}{D}$	μ	s_d	$\dfrac{1}{\Delta}$
		m	W/(m·K)	(m²·K)/W	°C		Pa	$\dfrac{m \cdot h \cdot Pa}{g}$	—	m	$\dfrac{m^2 \cdot h \cdot Pa}{g}$
	Übergang innen			0,17	Li	12,0	1403				
1				0,008	Oi	11,8	1385				
2				0,021	1	11,8	1385				
3	SIEHE TAUPERIODE!			0,076	2	11,8	1385	SIEHE TAUPERIODE!			
4				0,17	3	11,7	1375				
5				1,556	4	11,6	1367				
6				0,1	5	10,1	1237				
	Übergang außen			0,04	Oa	10,0	1228				
					La	10,0	1228				
Wärmedurchlaßwiderstand	$\dfrac{1}{\Lambda}$	1,931	(m²·K)/W					Summe	54,1	81 150	
Wärmedurchgangswiderstand	R_k	2,141	(m²·K)/W								
Wärmedurchgangskoeffizient	k	0,467	W/(m²·K)								
Wärmestromdichte	q	0,934	W/m²								

Dementsprechend ergibt sich folgendes Wasserdampf - Diffusionsdiagramm für die Verdunstungsperiode:

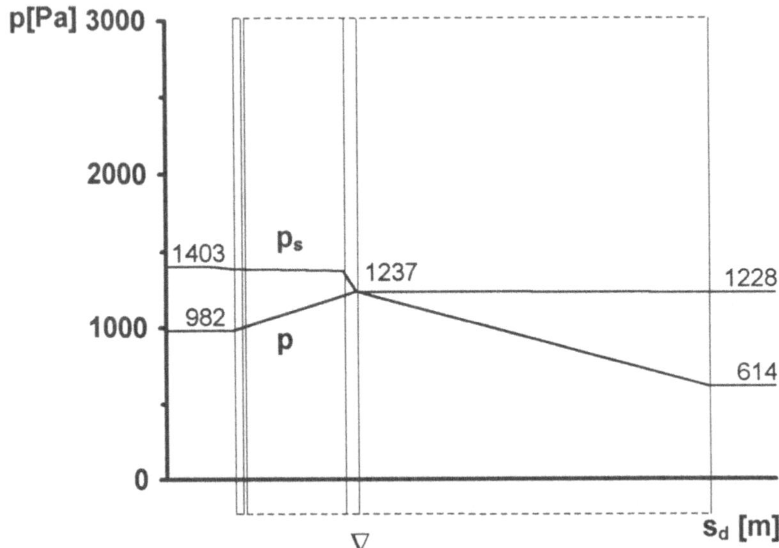

Tauwasserverdunstung in einer Ebene

Ermittlung der verdunstenden Tauwassermasse (t_V = 2400 h):
Nach DIN 4108-5 bleiben die µ-Werte in der Verdunstungsperiode unverändert, demnach ändern sich die Wasserdampfdiffusions-Durchlaßwiderstände $\frac{1}{\Delta}$ nicht.

$$W_V = t_T \cdot (i_i + i_a) = t_V \cdot \left(\frac{p_{sw} - p_i}{\dfrac{1}{\Delta_i}} + \frac{p_{sw} - p_a}{\dfrac{1}{\Delta_a}} \right)$$

$$W_V = 2400 \cdot \left(\frac{1237 - 982}{21150} + \frac{1237 - 614}{60000} \right) \text{g/m}^2 = 53{,}86 \text{ g/m}^2$$

Folge: Die Wassermenge während der Tauperiode W_T ist größer als die verdunstende Tauwassermenge W_V: $W_T > W_V$, folglich ist die Tauwasserbildung schädlich.

Gesucht ist nun die relative Raumluftfeuchte $\varphi_i = \varphi_{i,\,max}$ während der Verdunstungsperiode t_V = 100 Tage, damit das anfallende Kondensat ausdiffundieren kann:

Forderung: $W_V = W_T = 79{,}92 \text{ g/m}^2$.

Somit gilt die Beziehung: $\quad W_V = (i_i + i_a) \cdot t_V = W_T$

und durch Umformen: $\quad i_{i,\,min} = \dfrac{W_T}{t_V} - i_a$

Mit $t_V = 100$ Tage $= 2400$ h und den gegebenen Werten ergibt

sich: $i_{i,\,min} = \left[\dfrac{79{,}92}{2400} - 0{,}0104\right]$ g/(m²·h) $= 0{,}0229$ g/(m²·h)

Andererseits ergibt sich nach DIN 4108-5:

$$i_{i,\,min} = \frac{p_{sw} - p_i}{\dfrac{1}{\Delta_i}} = \frac{1237 - p_i}{21150}$$

Gesucht ist nun zur Ermittlung der maximalen Raumluftfeuchte $\varphi_{i,\,max}$ der max. höchste Wasserdampfteildruck:

$$p_i = p_{sw} - i_i \cdot \frac{1}{\Delta_i} = [1\,237 - 0{,}0229 \cdot 21\,150]\ \text{Pa} = 752{,}7\ \text{Pa}$$

Dann ergibt sich für $\varphi_{i,\,max}$ bezogen auf die Raumlufttemperatur $\vartheta_{Li} = 12°C$ während der Verdunstungsperiode:

$$\varphi_{i,\,max} = \frac{p_i}{p_s} \cdot 100\ \% = \frac{752{,}7}{1403} \cdot 100\ \% = 53{,}7\ \%.$$

D.h. die relative Raumluftfeuchte in der Verdunstungsperiode darf maximal 53,7 % betragen, ohne daß schädliches Tauwasser ($W_T > W_V$) entsteht.

857 In der nachfolgenden Skizze ist die Stahlbetondecke eines Wohnhauses über einer offenen Durchfahrt dargestellt. Diese Decke ist in wärme- und wasserdampfdiffusionstechnischer Hinsicht zu untersuchen.

innen / oben

Bauteilschicht	s [m]	μ [—]
Zementestrich,	0,04	15
PS-Hartschaum WLG 040	0,02	30
Stahlbeton-Decke	0,18	70
PS-Hartschaum WLG 040	?	30
Kunstharzputz	0,01	200

außen / unten

Klimabedingungen:

Tauperiode $\qquad$ φ_i = 75,0 %,

ϑ_{La} = - 20°C, $\quad$ φ_a = 80,0 %.

Verdunstungsperiode $\quad$ ϑ_{Li} = 12°C, $\quad$ φ_i = 75,0 %,

ϑ_{La} = 12°C, $\quad$ φ_a = 70,0 %.

Welche Schichtdicke muß die untere Wärmedämmung (WLG 040) aufweisen, damit die Oberflächentemperatur des Fußbodens bei einer Außenlufttemperatur von - 20°C den Grenzwert für die thermische Behaglichkeit von 17°C nicht unterschreitet und der flächenbezogene Transmissionswärmeverlust über die Decke stündlich auf 80 kWs/m^2 im Durchschnitt beschränkt werden kann?
Fällt Tauwasser in der Konstruktion aus?
Bei welchen Witterungsverhältnissen würde unter den gegebenen Klimabedingungen kein schädliches Tauwasser in den Bauteilen ausfallen?
Um den Tauwasserausfall im Bauteil - Innern zu vermeiden bzw. zu verringern, ist eine konstruktive Verbesserungsmaßnahme vorzuschlagen. Begründung!

Lösung

Zur Ermittlung der Schichtdicke der unteren Wärmedämmung ist die Wärmestromdichte - wie vielfach in der Meßtechnik üblich - in kWs/m^2 angegeben und umzurechnen:

$$q = \frac{Q}{A} = \frac{80000 \text{ Ws} / \text{m}^2}{3600 \text{ s}} = 22,2 \text{ W/m}^2.$$

Für den Wärmedurchgang gilt nach DIN 4108-5:

$$q = k \cdot (\vartheta_{Li} - \vartheta_{La}) = \alpha_i \cdot (\vartheta_{Li} - \vartheta_{Oi}) = \frac{1}{R_i} \cdot (\vartheta_{Li} - \vartheta_{Oi})$$

Nach DIN 4108-4 beträgt der Wärmeübergangswiderstand einer waagerechten Raumfläche R_i = 0,17 m$^2\cdot$K/W. Somit errechnet sich die Raumlufttemperatur oberhalb der Stahlbetondecke:

$$\vartheta_{Li} = \frac{q}{\alpha_i} + \vartheta_{Oi} = q \cdot R_i + \vartheta_{Oi} = (22,2 \cdot 0,17 + 17,0)°C = 20,8°C$$

Erforderlich: $k \leq \dfrac{q}{\vartheta_{Li} - \vartheta_{La}} = \dfrac{22,2}{20,8 - (-20,0)}$ W/(m$^2\cdot$K) = 0,54 W/(m$^2\cdot$K)

und mit den einzelnen Schichten:

$$k = \cfrac{1}{0,17 + \cfrac{0,04}{1,4} + \cfrac{0,02}{0,04} + \cfrac{0,18}{2,1} + \cfrac{x}{0,04} + \cfrac{0,01}{0,7} + 0,04} \; W/(m^2 \cdot K) = 0,54 \, W/(m^2 \cdot K)$$

Hieraus durch Umformen: $x \approx 0,04$ m = 4 cm

Tauwasserausfall in der Konstruktion?

Zunächst sind zur Aufstellung des Wasserdampf - Diffusionsdiagramms die Klimabedingungen zu ermitteln:

Für die Tauperiode

ϑ_{Li} = 20,8°C, p_{si} = 2457 Pa, φ_i = 75,0 %, dies ergibt einen Wasserdampfteildruck p_i = 0,75 · 2457 Pa = 1843 Pa.

ϑ_{La} = - 20,0°C, p_{sa} = 103 Pa, φ_a = 80,0 %, dies ergibt einen Wasserdampfteildruck p_a = 0,80 · 103 Pa = 82 Pa.

Die weiteren Berechnungen erfolgen tabellarisch.

Nr	Bauteilschicht	s	λ_R	R	ϑ		p_S	$\dfrac{R_D \cdot T}{D}$	μ	s_d	$\dfrac{1}{\Delta}$
		m	W/(m·K)	(m²·K)/W	°C		Pa	$\dfrac{m \cdot h \cdot Pa}{g}$	—	m	$\dfrac{m^2 \cdot h \cdot Pa}{g}$
	Übergang innen			0,17	Li	20,8	2457				—
1	Zement-Estrich	0,04	1,4	0,0286	Oi	17,0	1937	1500	15	0,6	900
2	PS-Hartschaum	0,02	0,04	0,5	1	16,4	1866	1500	30	0,6	900
3	Stahlbetondecke	0,18	2,1	0,0857	2	5,3	890	1500	70	12,6	18 900
4	PS-Hartschaum	0,04	0,04	1,0	3	3,4	781	1500	30	1,2	1 800
5	Kunstharzputz	0,01	0,7	0,0143	4	-18,8	116	1500	200	2,0	3 000
	Übergang außen			0,04	Oa	-19,1	113				—
					La	-20,0	103				

Wärmedurchlaßwiderstand	$\dfrac{1}{\Lambda}$	1,629	(m²·K)/W	Summe	17,0	25 500
Wärmedurchgangswiderstand	R_k	1,839	(m²·K)/W			
Wärmedurchgangskoeffizient	k	0,544	W/(m²·K)			
Wärmestromdichte	q	22,19	W/m²			

Wasserdampf - Diffusionsdiagramm für die Tauperiode:

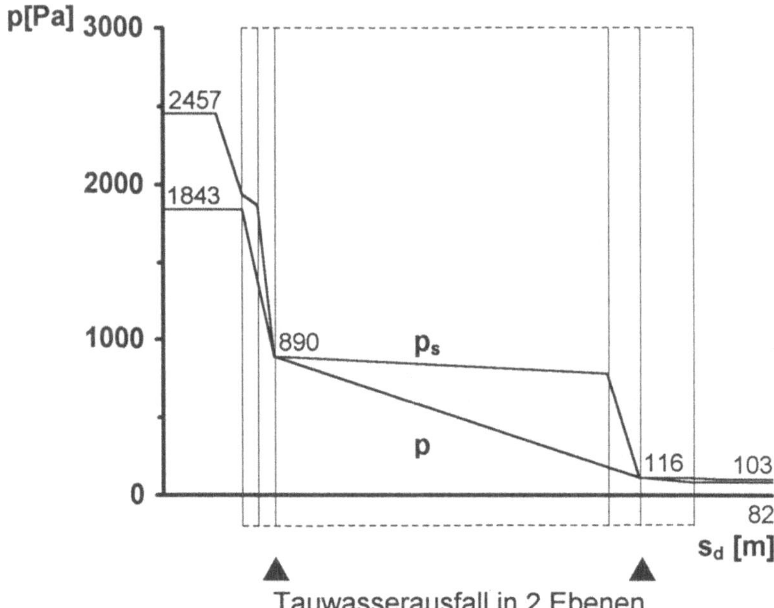

Aus dem Wasserdampf - Diffusionsschema folgt Tauwasserausfall in 2 Ebenen:

Zwischen 1. (oberer) Dämmschicht und Stahlbeton,
zwischen 2. (unterer) Dämmschicht und Kunstharzputz.

Für die Verdunstungsperiode gilt:

$\vartheta_{Li} = \vartheta_{La} = 12{,}0°C$, $p_{si} = p_{sa} = 1403$ Pa,

$\varphi_i = 75{,}0\ \%$, $p_i = 0{,}75 \cdot 1403$ Pa $= 1052$ Pa,

$\varphi_a = 70{,}0\ \%$, $p_a = 0{,}70 \cdot 1403$ Pa $=\ \ 982$ Pa.

Dementsprechend ergibt sich das Wasserdampf - Diffusionsdiagramm für die Verdunstungsperiode:

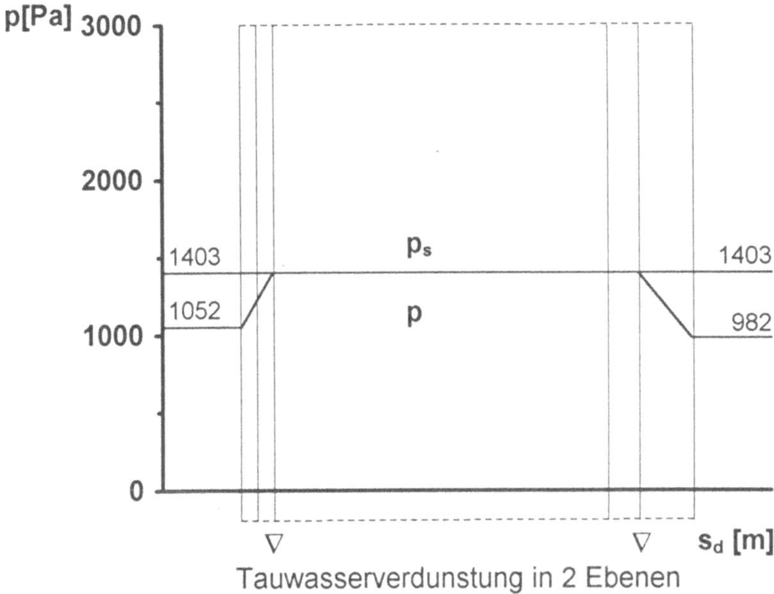

Tauwasserverdunstung in 2 Ebenen

Zur Frage, bei welchem Witterungsverhältnis würde kein schädliches Tauwasser ausfallen:

Für die Tauperiode ergeben sich folgende Resultate:

$$i_i = \frac{p_i - p_{sw1}}{\dfrac{1}{\Delta_i}} = \frac{1843 - 890}{900 + 900} \quad g/(m^2 \cdot h) = 0,5294 \; g/(m^2 \cdot h)$$

$$i_z = \frac{p_{sw1} - p_{sw2}}{\dfrac{1}{\Delta_z}} = \frac{890 - 116}{18900 + 1800} \quad g/(m^2 \cdot h) = 0,0374 \; g/(m^2 \cdot h)$$

$$i_a = \frac{p_{sw2} - p_a}{\dfrac{1}{\Delta_a}} = \frac{116 - 82}{3000} \quad g/(m^2 \cdot h) = 0,0113 \; g/(m^2 \cdot h)$$

Tauwasserausfall während der Tauperiode

$$W_{T1} = (i_i - i_z) \cdot t_T = (0,5294 - 0,0374) \cdot t_T = 0,4920 \cdot t_T$$
$$W_{T2} = (i_z - i_a) \cdot t_T = (0,0374 - 0,0113) \cdot t_T = 0,0261 \cdot t_T$$

Da $W_{T1} > W_{T2}$ ist nach DIN 4108-5 W_{T1} maßgebend.

Fazit: Kein schädliches Tauwasser, wenn $W_{T1} \leq 500$ g/m^2, dann ergibt $t_T < 1016$ h, das entspricht ≈ 42 Tagen.

Für die Verdunstungsperiode folgt:

$$i_i = \frac{p_{sw} - p_i}{\dfrac{1}{\Delta_i}} = \frac{1403 - 1052}{1800} \ \text{g/(m}^2\text{·h)} = 0,1950 \ \text{g/(m}^2\text{·h)}$$

$$i_a = \frac{p_{sw} - p_a}{\dfrac{1}{\Delta_a}} = \frac{1403 - 982}{3000} \ \text{g/(m}^2\text{·h)} = 0,1403 \ \text{g/(m}^2\text{·h)}$$

$W_V = (i_i + i_a) \cdot t_V = 0,3353 \cdot t_V$

$W_T = (i_i - i_a) \cdot t_T = [(0,5294 - 0,0113) \cdot 1016]$ g/m^2 = 526,4 g/m^2

Ergebnis: $W_V \geq W_T$!

Dann ergibt sich für die Dauer der Verdunstungsperiode:

$$t_V \geq \frac{526,4}{0,3353} \ \text{h} = 1570 \ \text{h} \approx 65 \ \text{Tage.}$$

Würde man die Verdunstung der in der 1. Tauwasserebene zwischen oberer Dämmschicht und Stahlbeton anfallende Tauwassermenge nach außen hin mit berücksichtigen, ergibt sich:

$$i_a = \frac{p_{sw} - p_i}{\dfrac{1}{\Delta_z} + \dfrac{1}{\Delta_i}} = \frac{1403 - 1052}{22500} \ \text{g/(m}^2\text{·h)} = 0,0156 \ \text{g/(m}^2\text{·h)}$$

$W_V = (0,1950 + 0,1403 + 0,0156) \cdot t_V = 0,3509 \cdot t_V$

$$t_V \geq \frac{526,4}{0,3509} \ \text{h} = 1500 \ \text{h} \approx 63 \ \text{Tage.}$$

Verbesserungsmaßnahmen:

Nach dem Wasserdampf - Diffusionsschema ist der Grundsatz für eine diffusionstechnisch unproblematische Schichtenfolge einer mehrschichtigen Konstruktion nicht gegeben, welcher von "innen" nach "außen" abnehmende Wasserdampf - Diffusionsdurchlaßwiderstände fordert.

Empfehlungen:

Entweder: Einen Fließbelag oder genoppten PVC - Bodenbelag als Dampfbremse mit hoher Wasserdampf - Diffusionswiderstandszahl μ,

oder: Eine Dampfsperre unter dem Zement - Estrich anordnen.

Möglich ist auch eine Verstärkung der Wärmedämmschicht und
ein belüfteter Zwischenraum ($\geq 5{,}0$ cm) unter der 2. Dämmschicht.

858 Nach DIN 4108-2 Tab. 1 müssen Außenwände und Wände, die
Aufenthaltsräume gegen Bodenräume, Durchfahrten, offene
Hausflure, Garagen (auch beheizte) oder dgl. abschließen oder
an das Erdreich grenzen, einen Mindest - Wärmedurchlaßwiderstand von $\dfrac{1}{\Lambda} \geq 0{,}55$ m^2·K/W haben.

Wie hoch darf in Räumen mit solchen Außenwänden die relative
Luftfeuchte der $\vartheta_{Li} = 20°C$ warmen Luft steigen, wenn sich gerade noch kein Tauwasser (Oberflächenkondensat) bei einer Außenlufttemperatur $\vartheta_{La} = -10°C$ und $-15°C$ bilden soll?
Bei welchen Außenlufttemperaturen ϑ_{La} bildet sich auf der inneren Oberfläche der Außenwand Tauwasser, wenn die Raumluft-
feuchte $\varphi_i = 60\ \%$ und $70\ \%$ bei $\vartheta_{Li} = 20°C$ Raumlufttemperatur
beträgt?

Lösung

Die Mindestforderung des Wärmeschutzes beruht auf der Aussage, die Bildung von Tauwasser auf der inneren Oberfläche
von Gebäudeaußenteilen zu verhüten. Die Bildung von Tauwas-
ser ist eine Funktion des Wärmedurchlaßwiderstandes $\dfrac{1}{\Lambda}$ bzw.
des Wärmedurchgangskoeffizienten k des temperaturbean-
spruchten Bauteils und kann mit Formeln nach DIN 4108-5 berechnet werden.

Forderung: $\vartheta_{Oi} \geq \vartheta_{s}$

$$\vartheta_{Oi} = \vartheta_{Li} - \frac{1}{\alpha_i} \cdot q = \vartheta_{Li} - \frac{1}{\alpha_i} \cdot k \cdot (\vartheta_{Li} - \vartheta_{La}) = \vartheta_{Li} - R_i \cdot k \cdot (\vartheta_{Li} - \vartheta_{La})$$

Der erforderliche Wärmedurchlaßwiderstand zur Verhütung von
Tauwasserbildung auf der inneren Oberfläche von Außenbauteilen kann dann nach Umformen der vorgenannten Formel ermittelt werden:

$$\frac{1}{\Lambda} \geq R_i \cdot \frac{\vartheta_{Li} - \vartheta_{La}}{\vartheta_{Li} - \vartheta_{s}} - (R_i + R_a)$$

Nach DIN 4108-4 gelten für die Wärmeübergangswiderstände $R_i = 0,13$ m²·K/W und $R_a = 0,04$ m²·K/W. Den Zusammenhang zwischen Taupunkttemperatur der Luft in Abhängigkeit von Temperatur und relativer Raumluftfeuchte enthält Tabelle 1 in DIN 4108-5.

Zur Frage nach der relativen Raumluftfeuchte:

Durch Umformen und Auflösen nach der Taupunkttemperatur der Raumluft ϑ_s:

$$\vartheta_s = \vartheta_{Li} - R_i \cdot \dfrac{\vartheta_{Li} - \vartheta_{La}}{\dfrac{1}{\Lambda} + (R_i + R_a)}$$

$$\vartheta_s = \left[20,0 - 0,13 \cdot \dfrac{20,0 - (-10,0)}{0,55 + (0,13 + 0,04)} \right] °C = 14,6°C$$

Nach Tabelle 1 in DIN 4108-5 ergibt sich für eine Lufttemperatur $\vartheta_{Li} = 20°C$, Taupunkttemperatur $\vartheta_s = 14,6$ eine relative Raumluftfeuchte von $\varphi_i = 71$ %.
Ergebnis für $\vartheta_{La} = -15°C$: $\vartheta_s = 13,7°C$, daraus $\varphi_i \approx 67$ %.

Zur Frage nach der Außenlufttemperatur ϑ_{La}:

Durch Umformen und Auflösen nach der Außenlufttemperatur ϑ_{La}:

$$\vartheta_{La} = \vartheta_{Li} - \left[\dfrac{1}{\Lambda} + (R_i + R_a) \right] \cdot \dfrac{1}{R_i} \cdot (\vartheta_{Li} - \vartheta_s)$$

Für $\varphi_i = 60$ %, $\vartheta_{Li} = 20°C$ ergibt sich nach Tabelle 1 in DIN 4108-5 $\vartheta_s = 12°C$ und somit:

$$\vartheta_{La} = \left[20,0 - [0,55 + (0,13 + 0,04)] \cdot \dfrac{1}{0,13} \cdot (20,0 - 12,0) \right] °C$$

$\vartheta_{La} = -24,3°C$,
und für $\varphi_i = 70$ %: $\vartheta_{La} = -11,0°C$.

Aus Sicherheitsgründen wird für Räume mit hygienischer Bedeutung (Wohnung und wohnähnliche Räume) in DIN 4108-2 berücksichtigt, daß die inneren Oberflächentemperaturen ϑ_{Oi} um mindestens (1 . . . 2) K über der Taupunkttemperatur ϑ_s der Raumluft liegen.

859 Eine Garage soll zu einem beheizten Hobbyraum ausgebaut werden. Dazu ist eine nachträgliche Dämmung des Garagendaches notwendig. Da das Garagendach gleichzeitig als Terrasse dient und daher die Dachhöhe nicht verändert werden kann, soll die Aufbringung der Dämmung innenseitig erfolgen. Daraus ergibt sich folgender Aufbau:

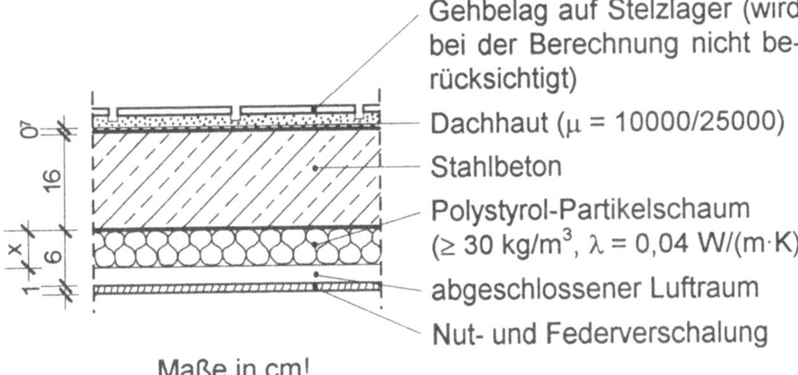

Maße in cm!

Wie dick muß die Dämmung ausgeführt werden, damit die Anforderungen aus DIN 4108-2 erfüllt sind?

Weiterhin ist das Dach in wasserdampfdiffusionstechnischer Hinsicht zu überprüfen. Kann die Dämm-Maßnahme so ausgeführt werden, oder ergeben sich Bedenken? Die Meinung ist zu begründen, gegebenenfalls mit einem Gegenvorschlag.

Lösung

DIN 4108-2 fordert für den Wärmedurchgang durch das Dach:
$$k \leq 0,79 \ \text{W/(m}^2\text{·K)}$$

Für den Wärmedurchgang durch das Dach gelten:

$$k = \frac{1}{R_i + \dfrac{1}{\Lambda} + R_a} \qquad \text{mit} \qquad \frac{1}{\Lambda} = \sum_{i=1}^{n} \frac{s_i}{\lambda_{Ri}}$$

Für den abgeschlossenen Luftraum mit unbekannter Dicke ist zunächst der äquivalente Wärmeleitwiderstand zu schätzen. In DIN 4701-2 Tabelle 15 wird für eine waagerechte Luftschicht, Wärmestrom von unten nach oben, für eine Luftschichtdicke s = 0,02 m: R_λ = 0,15 W/(m·K) angegeben, hier $\lambda_{\text{äquiv}}$ = 0,13 m^2·K/W.

Einsetzen der gegebenen Werte:

$$0,79 \ \text{W/(m}^2\text{·K)} = \frac{1}{0,13 + \dfrac{0,06 - x}{0,13} + \dfrac{x}{0,04} + \dfrac{0,16}{2,1} + \dfrac{0,01}{0,13} + 0,04} \ \text{W/(m}^2\text{·K)}$$

Hieraus $x = 0,0278$ m ≈ 3 cm Dämmung.

Nach dem Konstruktionsschema ergibt sich:
6 cm Zwischenraum - 3 cm Dämmung = 3 cm Luftschicht

Eine Überprüfung nach DIN 4701-2 für eine Luftschichtdicke $s = 3$ cm ergibt einen Wärmeleitwiderstand $R_\lambda \approx 0,15$ m$^2\cdot$K/W.

Wasserdampf - Diffusionstechnische Untersuchung:

Klimadaten der Tauperiode ($t_T = 1440$ h) nach DIN 4108-3:

$$\vartheta_{Li} = 20°C \text{ mit } \varphi_i = 50\ \%;\quad p_{si} = 2340 \text{ Pa}, p_i = 1170 \text{ Pa}$$
$$\vartheta_{La} = -10°C \text{ mit } \varphi_a = 80\ \%;\quad p_{sa} = 260 \text{ Pa}, p_a = 208 \text{ Pa}$$

Wasserdampf - Diffusionstechnische Berechnung für die Tauperiode erfolgt nach folgendem Schema:

Nr	Bauteilschicht	s	λ_R	R	ϑ		p_s	$\dfrac{R_D \cdot T}{D}$	μ	s_d	$\dfrac{1}{\Delta}$
		m	W/(m·K)	(m²·K)/W		°C	Pa	$\dfrac{\text{m·h·Pa}}{\text{g}}$	—	m	$\dfrac{\text{m}^2\cdot\text{h}\cdot\text{Pa}}{\text{g}}$
	Übergang innen			0,13	Li	20,0	2340				—
1	Nut-und Feder	0,01	0,13	0,077	Oi	17,0	1937	1500	40	0,4	600
2	Luftraum	0,03	0,13	0,231	1	15,2	1729	1500	1	0,03	45
3	Dämmung	0,03	0,04	0,75	2	9,9	1218	1500	40/100	1,2	1 800
4	Stahlbeton	0,16	2,1	0,076	3	- 7,3	330	1500	70/150	24	36 000
5	Dachhaut	0,007	—	—	4	- 9,1	281	1500	10000 / 25000	175	262 500
	Übergang außen			0,04	Oa	- 9,1	281				—
					La	-10,0	260				
Wärmedurchlaßwiderstand		$\dfrac{1}{\Lambda}$	1,134	(m²·K)/W				Summe		200,63	300 945
Wärmedurchgangswiderstand		R_k	1,304	(m²·K)/W							
Wärmedurchgangskoeffizient		k	0,767	W/(m²·K)							
Wärmestromdichte		q	23,01	W/m²							

Wasserdampf - Diffusionsdiagramm für die Tauperiode:

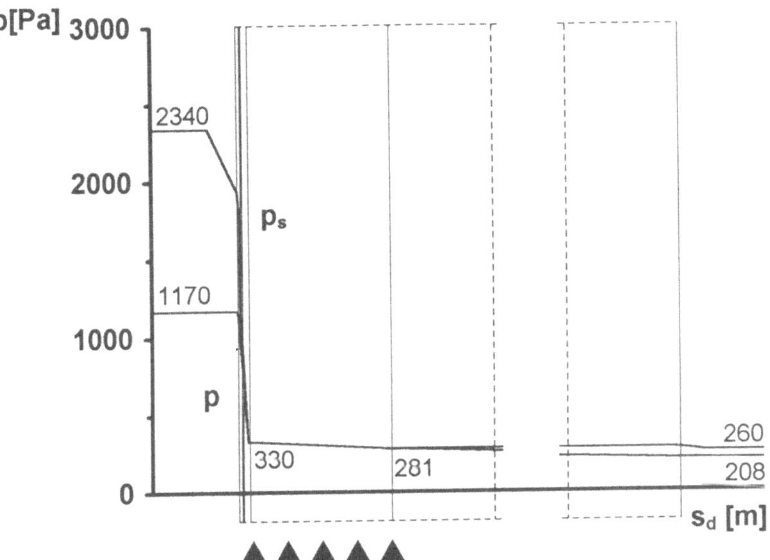

p_{sw1} = 330 Pa und p_{sw2} = 281 Pa

Es ergeben sich folgende innere und äußere Wasserdampf - Diffusionsdurchlaßwiderstände:

$$\frac{1}{\Delta_i} = (600 + 45 + 1\ 800)\ m^2 \cdot h \cdot Pa/g = 2\ 445\ m^2 \cdot h \cdot Pa/g$$

$$\frac{1}{\Delta_a} = 262\ 500\ m^2 \cdot h \cdot Pa/g$$

Ermittlung der inneren äußeren Wasserdampf - Diffusionsstromdichten i_i und i_a während der Tauperiode nach DIN 4108-5:

$$i_i = \frac{p_i - p_{sw1}}{\dfrac{1}{\Delta_i}} = \frac{1170 - 330}{2445}\ g/m^2 \cdot h = 0{,}3436\ g/m^2 \cdot h$$

$$i_a = \frac{p_{sw2} - p_a}{\dfrac{1}{\Delta_a}} = \frac{281 - 208}{262500}\ g/m^2 \cdot h = 0{,}0003\ g/m^2 \cdot h$$

Somit anfallende Tauwassermenge W_T während der Tauperiode:
$$W_T = (i_i - i_a) \cdot t_T = 0{,}3433\ g/m^2 \cdot h \cdot 1440\ h = 494{,}4\ g/m^2$$

Erhöhung des massebezogenen Feuchtegehaltes bei Holz und Holzwerkstoffen nach DIN 4108-3 Abschnitt 3.2.1 e).

Somit ergibt sich die zulässige Tauwassermenge bezogen auf 1,0 cm Nut- und Federverschalung (Annahme: Kiefer):

$$\text{zul } W_T = 0{,}05 \cdot 0{,}01 \cdot 600 \cdot 1000 \text{ g/m}^2 = 300 \text{ g/m}^2 < W_T = 494{,}4 \text{ g/m}^2$$

Klimabedingungen der Verdunstungsperiode (t_V = 2160 h) nach DIN 4108-5:

$$\vartheta_{Li} = 12°C \text{ mit } \varphi_i = 70 \text{ \%}; \qquad p_{si} = 1403 \text{ Pa}, \ p_i = 982 \text{ Pa}$$
$$\vartheta_{La} = 12°C \text{ mit } \varphi_a = 70 \text{ \%}; \qquad p_{sa} = 1403 \text{ Pa}, \ p_a = 982 \text{ Pa}$$
$$\vartheta_{Oa} = 20°C \text{ (Dach!)}$$

Wasserdampf - Diffusionstechnische Berechnung für die Verdunstungsperiode nach folgendem Schema:

Nr	Bauteilschicht	s [m]	λ_R [W/(m·K)]	R [(m²·K)/W]	ϑ	[°C]	p_s [Pa]	$\frac{R_D \cdot T}{D}$ [m·h·Pa/g]	μ [—]	s_d [m]	$\frac{1}{\Delta}$ [m²·h·Pa/g]
	Übergang innen			0,13	Li	12,0	1403				
1				0,077	Oi	12,8	1479				
2				0,231	1	13,3	1528				
3	SIEHE TAUPERIODE!			0,75	2	14,8	1684	SIEHE TAUPERIODE!			
4				0,076	3	19,5	2268				
5				—	4	20,0	2340				
	Übergang außen			—	Oa	20,0	2340				
					La	12,0	260				

Wärmedurchlaßwiderstand	$\frac{1}{\Lambda}$	1,134	(m²·K)/W	Summe 200,63 300 945
Wärmedurchgangswiderstand	R_k	1,264	(m²·K)/W	
Wärmedurchgangskoeffizient	k	0,791	W/(m²·K)	
Wärmestromdichte	q	- 6,33	W/m²	

Nach DIN 4108-4 müssen die μ - Werte in der Verdunstungsperiode nicht geändert werden, d.h. die Wasserdampf - Diffusionsdurchlaßwiderstände bleiben unverändert.

Wasserdampf-Diffusionsdiagramm für die Verdunstungsperiode:

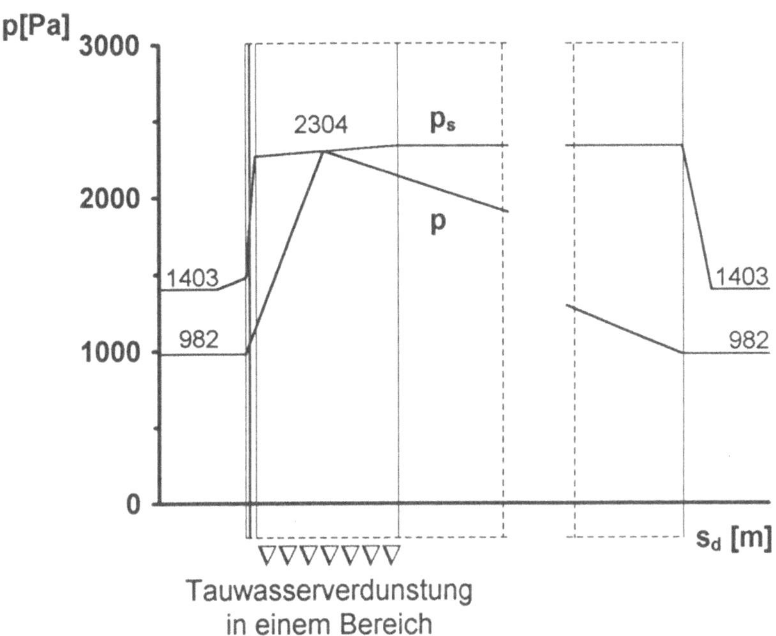

p_{sw} = 2304 Pa

$$\frac{1}{\Delta_i} = 2\,445 \ \text{m}^2 \cdot \text{h} \cdot \text{Pa/g}$$

$$\frac{1}{\Delta_a} = 262\,500 \ \text{m}^2 \cdot \text{h} \cdot \text{Pa/g}$$

$$\frac{1}{\Delta_z} = 36\,000 \ \text{m}^2 \cdot \text{h} \cdot \text{Pa/g}$$

Ermittlung der inneren äußeren Wasserdampf - Diffusionsstromdichten i_i und i_a während der Verdunstungsperiode nach DIN 4108-5:

$$i_i = \frac{p_{sw} - p_i}{\dfrac{1}{\Delta_i} + 0{,}5 \cdot \dfrac{1}{\Delta_z}} = \frac{2304 - 982}{2445 + 0{,}5 \cdot 36000} \ \text{g/m}^2 \cdot \text{h} = 0{,}0647 \ \text{g/m}^2 \cdot \text{h}$$

$$i_a = \frac{p_{sw} - p_a}{\dfrac{1}{\Delta_a} + 0{,}5 \cdot \dfrac{1}{\Delta_z}} = \frac{2304 - 982}{262500 + 18000} \ \text{g/m}^2 \cdot \text{h} = 0{,}0047 \ \text{g/m}^2 \cdot \text{h}$$

Somit verdunstende Kondensatmenge W_V während der Verdunstungsperiode:

$$W_V = (i_i + i_a) \cdot t_V = 0{,}0694 \ g/m^2 \cdot h \cdot 2160 \ h = 149{,}9 \ g/m^2$$

Forderung nach DIN 4108-3: $W_T \leq 1000 \ g/m^2$, erfüllt!

Aber: Zunehmende Durchfeuchtung der Konstruktion, da
$$W_T = 494{,}4 \ g/m^2 \ > \ W_V = 149{,}9 \ g/m^2,$$
$$\text{und } W_T \ > \ \text{zul. } W_t = 300 \ g/m^2.$$

Maßnahmen:
Dampfdichte Folie ($s_d \geq 1500$ m) auf der Innenseite der Dämmung, damit kein Tauwasser oder nur eine geringe Tauwassermenge sich bildet, die während der Verdunstungsperiode aber wieder ausdiffundiert.

Nachweis.
Gesucht: s_d der Folie, ohne daß Tauwasser ausfällt.

Tauperiode, Vorraussetzung: $\quad i_i = i_a$!

$$i_i = 0{,}0003 \ g/m^2 \cdot h$$

$$i_i = \frac{p_i - p_{sw}}{\dfrac{1}{\Delta_i}} \quad \text{mit } p_{sw} = 281 \ Pa$$

Somit ergibt sich für den Grenzfall, daß kein Tauwasser ausfällt, der neue innere Wasserdampf - Diffusionsdurchlaßwiderstand:

$$\frac{1}{\Delta_i} = [2445 + (0{,}16 \cdot 70 \cdot 1500) + (s_{d,neu} \cdot 1500)] \ m^2 \cdot h \cdot Pa/g$$

$$i_i = \frac{1170 - 281}{19245 + (s_{d,neu} \cdot 1500)} \ g/m^2 \cdot h = 0{,}0003 \ g/m^2 \cdot h$$

Auflösen nach $s_{d,neu}$. Dann ergibt sich: $s_{d,neu} = 1962{,}7$ m

Fazit:
Mit einer dampfdichten Folie auf der Innenseite der Dämmung mit $s_d \geq 1962{,}7$ m ≈ 2000 m (z.B. nach Angaben in DIN 4108-4: Metallfolie, Bitumendachbahn nach DIN 52 129) fällt kein Tauwasser in der Konstruktion aus.

Dementsprechend ergibt sich das Wasserdampf - Diffusionsdiagramm:

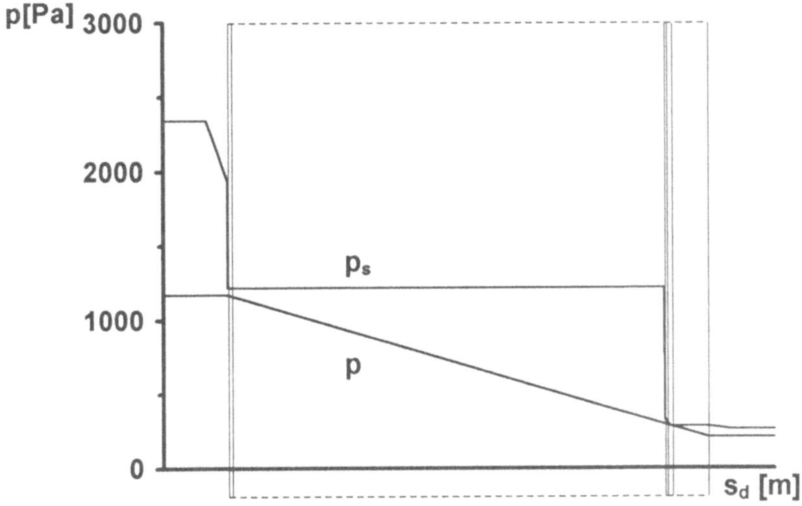

Der bei der vorgegebenen Raumluftfeuchte zur Verhütung von Kondensation erforderliche Wasserdampf - Diffusionsdurchlaß-widerstand läßt sich auf diese Weise nur ermitteln, wenn die für das Verhüten von Kondensation zusätzliche Schicht keinen zusätzlichen Wärmedurchlaßwiderstand aufweist, wie z.B. Anstriche, Folien, usw.

Begründung: Dampfdichte Wärmedämmschichten, Putzschichten u.ä. beeinflussen durch ihren Dämmwert den Temperaturverlauf in der Konstruktion und damit auch den Verlauf des Wasserdampfsättigungsdruckes im Wasserdampf - Diffusionsschema, was aber bei Folien, Anstrichen, u.ä. nicht der Fall ist.

860

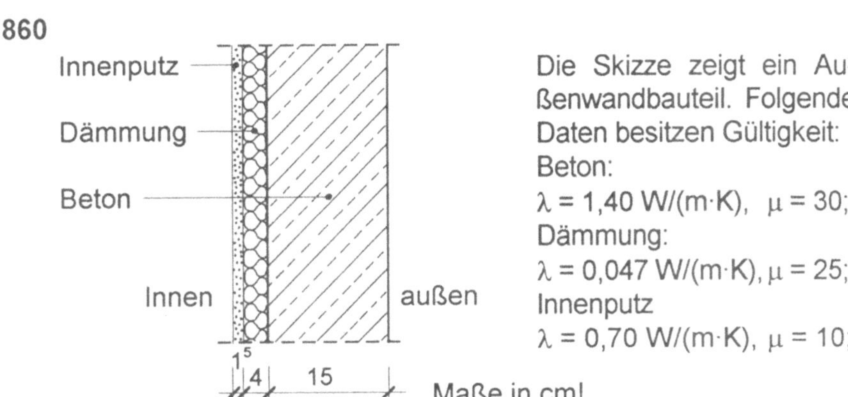

Die Skizze zeigt ein Außenwandbauteil. Folgende Daten besitzen Gültigkeit:
Beton:
$\lambda = 1{,}40$ W/(m·K), $\mu = 30$;
Dämmung:
$\lambda = 0{,}047$ W/(m·K), $\mu = 25$;
Innenputz
$\lambda = 0{,}70$ W/(m·K), $\mu = 10$;

351

Die Wärmedämmschicht des Außenbauteils ist so zu dimensionieren, daß auch im lotrechten Winkelbereich (Ecke) von solchen Außenwandbauteilen Tauwasserbildung verhütet wird.
Wie ändert sich das Ergebnis für einen waagerechten Winkelbereich?
Klimabedingungen: $\vartheta_{Li} = 24°C$, $\varphi_i = 65\ \%$, $\vartheta_{La} = -18°C$, $\varphi_a = 90\ \%$.

Lösung

Forderung für die Verhütung von Tauwasserbildung:

$$\vartheta_{Oi,Ecke} \geq \vartheta_S \text{ (Taupunkt)}$$

Ermittlung des Taupunktes ϑ_s:

$\vartheta_{Li} = 24°C$, $\varphi_i = 65\%$, nach DIN 4108-5 folgt der Wasserdampfsättigungsdruck mit $p_{si} = 2985$ Pa sowie der Wasserdampfteildruck $p_i = \varphi_i \cdot p_{si} = 0{,}65 \cdot 2985$ Pa $= 1940$ Pa.
Für p = 1940 Pa ergibt sich nach DIN 4108-5 eine Taupunkttemperatur $\vartheta_s = 17°C = \vartheta_{Oi,Ecke}$.
Für die Berechnung der Oberflächentemperatur im Winkelbereich wird allgemein die Formel nach *A. P. Weber* verwendet:

$$\vartheta_{Oi,Ecke} \approx \vartheta_{Li} - \frac{1{,}42 \cdot k \cdot \left(\vartheta_{Li} - \vartheta_{La}\right)}{\alpha_{i,Ecke}}$$

$$\text{mit} \quad \alpha_{i,Ecke,waagerechter\ Winkel} \approx 4{,}7 \text{ W/(m}^2\cdot\text{K)}$$
$$\alpha_{i,Ecke,lotrechter\ Winkel} \approx 5{,}2 \text{ W/(m}^2\cdot\text{K)}$$

Für den Wärmedurchgangskoeffizient des ungestörten Bauteils der Außenwandkonstruktion gilt nach DIN 4108-5:

$$k = \frac{1}{R_i + \left(\dfrac{1}{\Lambda}\right)_{Putz} + \left(\dfrac{1}{\Lambda}\right)_{Dämmung} + \left(\dfrac{1}{\Lambda}\right)_{Beton} + R_a}$$

Einsetzen der Zahlenwerte: $s_{Dämmung} = x$

$$k = \frac{1}{0{,}13 + \dfrac{0{,}015}{0{,}70} + \dfrac{x}{0{,}047} + \dfrac{0{,}15}{1{,}40} + 0{,}04} \text{ W/(m}^2\cdot\text{K) und hieraus}$$

$$\frac{1}{k} = 0{,}3 + \frac{x}{0{,}047} \text{ in m}^2\cdot\text{K/W}$$

Auflösen der Formel von *A. P. Weber* nach $\dfrac{1}{k}$ und Einsetzen in das vorstehende Ergebnis, sowie Auflösen nach der gesuchten Dämmschichtdicke $s_{Dämmung} = x$.

$$x = \left(\frac{24{,}0 - (-18{,}0)}{24{,}0 - 17{,}0} \cdot \frac{1{,}42}{5{,}2} - 0{,}3 \right) \cdot 0{,}047 \text{ m} = 0{,}063 \text{ m}$$

Die Dämmschicht müßte mindestens $x = s_{\text{Dämmung}} = 6{,}3$ cm $\approx$ 7 cm dick sein, um Tauwasserbildung im lotrechten Winkelbereich der Außenwand zu verhüten.
Für einen waagerechten Winkelbereich ergibt sich $s_{\text{Dämmung}} = 0{,}071$ m.

861 Haben Einfachverglasungen eines Fensters nur bauphysikalische Nachteile oder gilt auch für sie die Behauptung, daß alles wenigstens einen kleinen Vorteil habe?

Lösung

Einfachverglasungen eines Fensters wirken im Raum als Kondensationsfläche, sobald die innere Oberflächentemperatur den Taupunkt der Raumluft z.B. unterschreitet.

Der in der Raumluft enthaltene Wasserdampf (Luftfeuchte) kondensiert an der "kalten" Verglasung tropfenförmig. Als Vorteil ist anzusehen, daß Feuchtigkeitserscheinungen an außenseitigen nichttransparenten Raumflächen mehr oder weniger vermieden werden und somit eventuelle Feuchtigkeitsschäden

862 Fenster mit "Isolierverglasung" sind rechnerisch zu untersuchen. Bei Isolierverglasungen sind die Scheiben am Rande durch Metallprofile oder Glas auf Glas luft- und diffusionsdicht miteinander verbunden. Die Untersuchungen sind auf Fenster mit Zweifach- und Dreifachverglasung zu beschränken. Folgende Angaben sind bekannt: Scheibendicke: 6 mm; lichter Scheibenabstand LZR: 15 mm; Lufttemperatur im Raum: 20°C.

Bei welchen Außenlufttemperaturen schlägt sich Tauwasser auf der Innenseite der Verglasung nieder? Die relative Feuchte der Raumluft kann hierbei mit maximal 70 % angenommen werden.
Um Tauwasserbildung zwischen den Scheiben zu vermeiden, werden die Zwischenräume mit "trockener Luft" gefüllt. Luft mit einer Temperatur von 10°C steht zur Verfügung. Wie trocken muß diese Luft bzw. wie hoch darf die relative Feuchte dieser Luft höchstens sein, um Tauwasserbildung zwischen den Scheiben mit Sicherheit auszuschließen bei $\vartheta_{La} = -18°C$?
Wie verändern sich die vorstehenden Ergebnisse, wenn die relative Feuchte der Raumluft maximal 60 % beträgt?

Lösung

Ansatz: $q = k \cdot (\vartheta_{Li} - \vartheta_{La}) = \dfrac{\vartheta_{Li} - \vartheta_{Oi}}{R_i}$, daraus folgt:

$$\vartheta_{La} = \vartheta_{Li} - \frac{\vartheta_{Li} - \vartheta_{Oi}}{k \cdot R_i}$$

Für ϑ_{Li} = 20°C. Bei einer relativen Luftfeuchte φ_i = 70 % folgt nach DIN 4108-5: ϑ_s = 14,4°C.

Forderung: $\vartheta_{Oi} \geq \vartheta_s$, daraus folgt: $\vartheta_{Oi} \geq$ 14,4°C.

Ermittlung der Wärmedurchgangskoeffizienten:

Zweifach-Verglasung:

$$k_2 = \cfrac{1}{R_i + \left(\dfrac{1}{\Lambda}\right)_{Glas} + \left(\dfrac{1}{\Lambda}\right)_{Luft} + \left(\dfrac{1}{\Lambda}\right)_{Glas} + R_a}$$

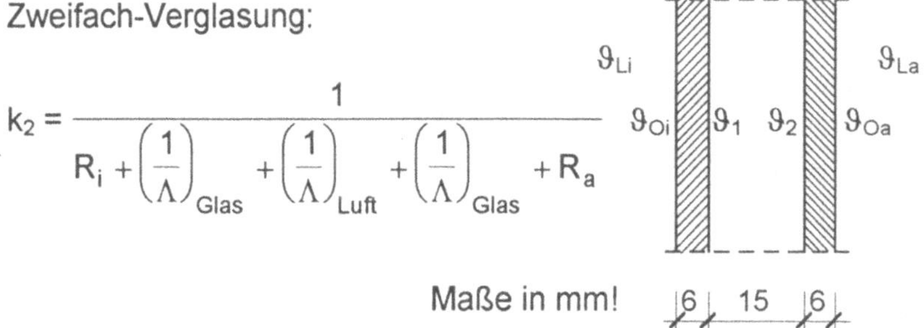

Mit $\left(\dfrac{1}{\Lambda}\right)_{Luft}$ = 0,14 m²·K/W nach DIN 4108-4 und λ_{Glas} = 0,8 W/(m·K) nach DIN 4108-4 ergibt sich:

$$k_2 = \cfrac{1}{0{,}13 + 2 \cdot \dfrac{0{,}006}{0{,}8} + 0{,}14 + 0{,}04} \ \text{W/(m}^2\text{·K)} = 3{,}08 \ \text{W/(m}^2\text{·K)}$$

Dreifach-Verglasung:

$$k_3 = \cfrac{1}{R_i + \left(\dfrac{1}{\Lambda}\right)_{Glas} + \left(\dfrac{1}{\Lambda}\right)_{Luft} + \left(\dfrac{1}{\Lambda}\right)_{Glas} + \left(\dfrac{1}{\Lambda}\right)_{Luft} + \left(\dfrac{1}{\Lambda}\right)_{Glas} + R_a} =$$

$$= \cfrac{1}{0{,}13 + 3 \cdot \dfrac{0{,}006}{0{,}8} + 2 \cdot 0{,}14 + 0{,}04} \ \text{W/(m}^2\text{·K)} = 2{,}12 \ \text{W/(m}^2\text{·K)}$$

Zur Frage der Außenlufttemperaturen bei Tauwasserbildung auf der Innenseite der Verglasung:

$$\vartheta_{La,2} = \left(20{,}0 - \frac{(20{,}0 - 14{,}4)}{0{,}13 \cdot 3{,}08}\right) \ \text{°C} = 6{,}0 \text{°C}$$

$$\vartheta_{La,3} = \left(20{,}0 - \frac{5{,}6}{0{,}13 \cdot 2{,}12}\right) \,°C \quad = -0{,}3°C$$

Demnach tritt Tauwasserbildung an der Innenseite der Verglasung bei Außenlufttemperaturen von 6,0°C (Zweifachverglasung) und - 0,3°C (Dreifachverglasung) auf.

Zur Frage der Tauwasserbildung zwischen den Scheiben:

Zweifachverglasung:

$$\vartheta_2 = \vartheta_{Li} - q \cdot \left(R_i + \left(\frac{1}{\Lambda}\right)_{Glas} + \left(\frac{1}{\Lambda}\right)_{Luft}\right)$$

$$\vartheta_2 = \vartheta_{Li} - k_2 \cdot (\vartheta_{Li} - \vartheta_{La}) \cdot \left(R_i + \left(\frac{1}{\Lambda}\right)_{Glas} + \left(\frac{1}{\Lambda}\right)_{Luft}\right)$$

Für $\vartheta_{La} = -18°C$ folgt:

$$\vartheta_2 = \left[20{,}0 - 3{,}08 \cdot (20{,}0 - (-18{,}0)) \cdot \left(0{,}13 + \frac{0{,}006}{0{,}8} + 0{,}14\right)\right] °C = -12{,}5°C$$

Forderung:

$$\vartheta_2 \quad = -12{,}5°C \geq \vartheta_s, \quad \text{nach DIN 4108-5: } p_{s,\vartheta 2} = 208 \text{ Pa;}$$

bei $\quad \vartheta_{Luft} = 10{,}0°C \qquad$ nach DIN 4108-5: $p_{s,Luft} = 1228$ Pa;

somit: $\quad \varphi_2 = \dfrac{p_{s,\vartheta 2}}{p_{s,Luft}} \cdot 100 \% = 16{,}9 \%.$

Dreifach-Verglasung

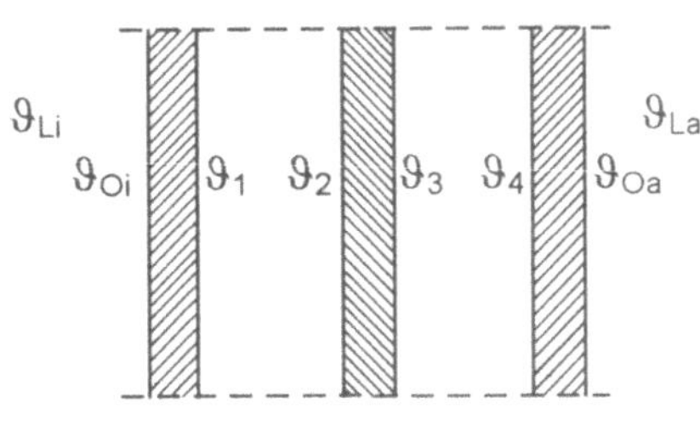

Maße in mm!

$$\vartheta_4 = \vartheta_{Li} - k_3 (\vartheta_{Li} - \vartheta_{La}) \cdot \left(R_i + \left(\frac{1}{\Lambda}\right)_{Glas} + \left(\frac{1}{\Lambda}\right)_{Luft} + \left(\frac{1}{\Lambda}\right)_{Glas} + \left(\frac{1}{\Lambda}\right)_{Luft}\right)$$

$$\vartheta_4 = \left[20{,}0 - (2{,}12 \cdot 38{,}0) \cdot \left(0{,}13 + 2 \cdot \frac{0{,}006}{0{,}8} + 2 \cdot 0{,}14\right)\right] °C = -14{,}2°C$$

nach DIN 4108-5: $p_{s,\vartheta 4} = 178$ Pa; und $p_{s,Luft} = 1228$ Pa;

somit: $\quad \varphi_3 = \dfrac{178}{1228} \cdot 100 \% = 14{,}5 \%.$

Ergebnis: Bei Zweifach-Verglasung darf die relative Feuchte max. 16,9 % und bei Dreifachverglasung max. 14,5 % betragen.

Die Ergebnisse ändern sich nicht, wenn die relative Feuchte des Raumes maximal 60 % beträgt.

863 In einem Badezimmer herrscht nach dem Duschen eine Lufttemperatur von 25°C und eine relative Luftfeuchte von $\approx$ 100 %. Die Außenlufttemperatur liegt bei 8°C und es regnet (relative Luftfeuchte ebenfalls ca. 100 %). Kann durch das Öffnen des Fensters die hohe Feuchte im Bad abgeführt werden?

Lösung

Ja. Bedingt durch die geringere Außenlufttemperatur ist die Menge der absoluten Luftfeuchte in der kalten Außenluft geringer als in der warmen Innenluft (bezogen jeweils auf 1 m^3 Luft). Der Wasserdampf-Sättigungsdruck der Luft steigt bei absoluter Luftfeuchte an. Durch ein längeres Öffnen des Fensters und Aufwärmen einströmender kalten Außenluft kann die Raumluftfeuchte abgeführt werden.

864 In einem Badezimmer ($V = 20$ m^3) ist eine relative Luftfeuchte von 90 % bei einer Raumlufttemperatur von 20°C ($p_s = 2340$ Pa; $f_s = 17,29$ g/m^3) vorhanden. Wie verändern sich die relative Raumluftfeuchte, der Wassergehalt der Luft und der Taupunkt, wenn das Badezimmer auf 30°C ($p_s = 4244$ Pa) erwärmt wird?

Lösung

Bei 20°C:

$$p_i = \varphi_i \cdot p_{si} = 0,9 \cdot 2340 \text{ Pa} = 2106 \text{ Pa}$$
$$f \approx \varphi_i \cdot f_s \approx 0,9 \cdot 17,29 \text{ g/m}^3 \approx 15,56 \text{ g/m}^3$$

Bei 30°C:

$$\varphi = \frac{p_i}{p_{si}} = \frac{2106 \text{ Pa}}{4244 \text{ Pa}} \approx 0,50 = 50 \text{ \%}$$
$$f_s \approx \frac{f}{\varphi_i} \approx \frac{15,56}{0,50} \text{ g/m}^3 \approx 31,12 \text{ g/m}^3$$
$$m_{sw} = f_s \cdot V = 31,12 \text{ g/m}^3 \cdot 20,0 \text{ m}^3 = 622,4 \text{ g}$$

Der Taupunkt bleibt unverändert.

865 In einem Duschraum (V_R = 10 m^3) werde täglich ein Duschbad in der Zeit t_D = 0,25 h genommen (Raumtemperatur ϑ_i = 22°C). Für den benachbarten Flur soll gelten: ϑ_N = 20°C; $\varphi_{i,N}$ = 50 %.

Im Duschraum ist eine natürliche Lüftung mit einem Luftwechsel β = 1 m^3/(m^3·h) vorgesehen. Zu ermitteln ist die mittlere relative Luftfeuchte φ_m im Duschraum, die für eine bauphysikalische Berechnung angenommen werden müßte.

Lösung

Bei kurzzeitig und stoßweise benutzten Naßräumen, z.B. Bade-, Duschräumen, sind für diffusionstechnische Berechnungen nicht die max. Feuchtigkeitswerte, sondern Durchschnittswerte anzunehmen. Die durchschnittliche relative Luftfeuchte solcher Räume, die durch den gegebenen Luftwechsel und die Luft aus dem Nachbarraum beeinflußt wird, kann nach folgender Überlegung berechnet werden:

Die Nutzungs- / Betriebszeit (Σ t) kann als ein Tagessummenwert, also 24 h, oder Zeit für eine Schicht (Tagesschicht, z.B. 8 h) angenommen werden. Die Anzahl der Duschen n, die eine bestimmte Zeit lang t_D (Dauer der Duschzeit in h) gleichzeitig tätig sind, ist meist angegeben. Am Ende stellt sich als Ergebnis der Berechnung im Duschraum eine maximale relative Luftfeuchte φ_{max} ein. Sie klingt langsam aber wieder ab, und zwar innerhalb der Dauer der Abklingzeit t_A in h. Danach herrscht im Duschraum die relative Luftfeuchte φ_0, die ohne den Duschprozeß vorhanden wäre.

Der oder die Nachbarräume, die durch Türen mit dem Duschraum verbunden sind, haben eine Raumtemperatur ϑ_N. Der Duschraum hat eine natürliche und / oder künstliche Lüftung, die durch den Luftwechsel β ausgedrückt wird. Nach praktischen Erfahrungen kann man in solchen Naßräumen mit β = 1 bis 2 für den Luftwechsel rechnen. Die zur Abführung der Verdunstungsfeuchte erforderliche Luftmenge in Abhängigkeit der Lufttemperatur im Naßraum beträgt nach Literaturangaben (*Eichler*):

ϑ_i in °C	22	25	28	30
L* in m^3/h Brause	200	140	100	70

Luftbedarf für die Brausen des Duschraumes $L = L^* \cdot n$ in m^3/h je Brause. Im vorliegenden Fall ist $n = 1$, folglich:
$L = L^* = 200\ m^3/h$ je Brause. Die Größe der Abklingzeit t_A ermittelt sich aus der Beziehung: $t_A = t_D \cdot \dfrac{L}{V_R \cdot \beta}$ in h.

Die Restzeit nach der Abklingzeit ist $t_0 = \Sigma t - (t_D + t_A)$ in h, und die Pausenzeit zwischen den Duschvorgängen: $t_P = \Sigma t - t_D$ in h, mit den gegebenen Zahlenwerten:

$$t_A = 0{,}25 \cdot \frac{200}{10 \cdot 1}\ h \qquad = 5{,}00\ h$$

$$t_P = 24\ h - 0{,}25\ h \qquad = 23{,}75\ h$$

$$t_0 = (24 - (0{,}25 + 5))\ h = 18{,}75\ h$$

Die relative Luftfeuchte im Duschraum wird von der Luft des Nachbarraumes stark beeinflußt, etwa durch Offenstehenlassen der Zwischentür. Ohne Duschprozeß beträgt die relative Luftfeuchte im Duschraum: $\varphi_{i,D} = \dfrac{p_{Si,N} \cdot \varphi_{i,N}}{p_{Si,D}}$ in %.

Maximale relative Luftfeuchte am Ende der Duschzeit:

$$\varphi_{max,D} = \varphi_{i,D} + 100 \cdot t_D \cdot \left(\frac{L}{V_R} - \beta\right) \text{ in \%.}$$

Als arithmetisches Mittel der Luftfeuchte während der Abklingzeit ergibt sich: $\quad \overline{\varphi} = \dfrac{\varphi_{max,D} + \varphi_{i,D}}{2} \qquad$ in %
und schließlich wird der gesuchte Wert, die mittlere relative Luftfeuchte im Duschraum aus der Beziehung ermittelt:

$$\varphi_m = \frac{t_A \cdot \overline{\varphi} + t_0 \cdot \varphi_{i,D}}{t_P} \qquad \text{in \%}$$

Für den vorliegenden Betriebsfall mit Zahlenwerten nach DIN 4108-5: $\quad \varphi_{i,D} = \dfrac{2340 \cdot 50}{2645}\ \% = 44{,}2\ \%$

$$\varphi_{max,D} = \left[44{,}2 + 100 \cdot 0{,}25 \cdot \left(\frac{200}{10} - 1\right)\right]\ \% = 519{,}2\ \%$$

$$\overline{\varphi} = \frac{519{,}2 + 44{,}2}{2}\ \% = 281{,}7\ \%$$

$$\varphi_m = \frac{5 \cdot 281{,}7 + 18{,}75 \cdot 44{,}2}{23{,}75}\ \% = 94{,}2\ \%$$

Dieser Wert ist den weiteren Berechnungen, z.B. für eine Wasserdampf-Diffusionsberechnung zugrunde zu legen. Erscheint dieser Wert aus praktikablen Überlegungen zu hoch, kann eine Verbesserung dadurch erzielt werden, daß entweder der Luftwechsel β oder das Raumvolumen V_R des Duschraumes vergrößert wird. Auch diese Maßnahmen lassen sich berechnen. Man setzt dann den Wert φ_m in der gewünschten Größe fest und erhält den gewünschten Luftwechsel β durch Umformen obiger Formeln rechnerisch zu:

$$\beta = \frac{50 \cdot t_D^2 \cdot \dfrac{L}{V_R}}{t_P \cdot V_R\left(\varphi_m - \varphi_{i,D}\right) + 50 \cdot t_D^2 \cdot L} \quad \text{in } m^3/(m^3 \cdot h)$$

Die gewünschte Luftfeuchte φ_m des Duschraumes wird auch eingehalten, wenn anstelle des vergrößerten Luftwechsels β das Raumvolumens V_R nach folgender Beziehung ausgelegt wird:

$$V_R = 10 \sqrt{\frac{\left(t_D \cdot L\right)^2}{2 \cdot t_P\left(\varphi_m - \varphi_{i,D}\right) \cdot L}} \quad \text{in } m^3.$$

Sollte die mittlere relative Luftfeuchte φ_m rechnerisch > 100 % betragen, so muß eine grundsätzliche Verbesserung mehrerer Raumparameter vorgesehen werden. Der Wert φ_m ist dann festzusetzen.

866 In einer Schwimmhalle (25,0 m x 11,5 m x 4,5 m) war eine schall-absorbierende Akustikdecke zur Raumschalldämpfung unter einem nicht - belüfteten Flachdach montiert worden. Die Luftfeuchtigkeit in der Schwimmhalle wurde mit Hilfe einer Lüftungsanlage, über einen Hygrostaten gesteuert, auf 60 % gehalten. Weitere Klimabedingungen:
Lufttemperatur in der Halle: $\vartheta_{Li} = 25°C$
Temperatur der Außenluft: $\vartheta_{La} = -10°C$

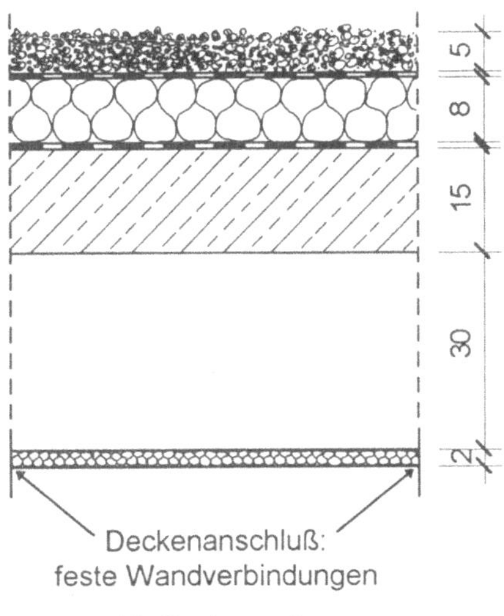

Baustoff	s	λ	μ
	m	W/(m²·K)	—
Kiesschüttung	0,050	1,2	20
Bitumenpappe (3 Lagen)	0,005	0,15	3 000
Lochglasvliesbahn	0,002	0,6	400
Bitumengebundener expandierter Korkstein (120 kg/m³)	0,080	0,04	5
Aluminiumfolie, geklebt	0,0001	175,0	600 000
Lochglasvliesbahn	0,002	0,6	400
Stahlbetondecke	0,150	1,8	60
Deckenhohlraum	0,300		
Kunstharzgebundene Mineralfaserplatten	0,020	0,04	6

Kurze Zeit nach Inbetriebnahme des Bades bildeten sich am Decken-Wandanschluß und in der Mitte des Deckenfeldes Feuchtigkeitsflecken.

Die Deckenkonstruktion ist für die gegebenen Klimadaten rechnerisch zu überprüfen. Es ist hinreichend genau, nur die äquivalenten Luftschichtdicken s_d zu berücksichtigen.

Welchen Wert müßte die Oberflächentemperatur der Betondekke annehmen, um Tauwasserbildung an der Betondecke mit Sicherheit auszuschließen?

Lösung für die Behebung des Bauschadens? Der Dachaufbau soll hierbei weder in seinen Abmessungen noch in seiner vorgegebenen Schichtenfolge verändert werden. Der Lösungsvorschlag ist rechnerisch zu überprüfen.

Lösung

Klimabedingungen nach DIN 4108-5:

$$\vartheta_{Li} = 25°C; \quad p_{si} = 3169\,Pa; \quad \varphi_i = 60\,\%; \quad p_i = 1901\,Pa$$
$$\vartheta_{La} = -10°C; \quad p_{sa} = 260\,Pa; \quad \varphi_a = 80\,\%; \quad p_a = 208\,Pa.$$

Eine Überprüfung des Wärmeschutzes und der Wasserdampf - Diffusion erfolgt schematisch nach DIN 4108-5:

Nr	Bauteilschicht	s	λ_R	R	ϑ		p_S	$\dfrac{R_D \cdot T}{D}$	μ	s_d	$\dfrac{1}{\Delta}$
		m	W/(m·K)	(m²·K)/W	°C		Pa	$\dfrac{\text{m·h·Pa}}{\text{g}}$	—	m	$\dfrac{\text{m}^2 \cdot \text{h} \cdot \text{Pa}}{\text{g}}$
					Li	25,0	3169				
	Übergang innen			0,13							—
					Oi	23,5	2897				
1	Mineralfaserpl.	0,02	0,04	0,5				1500	6	0,12	180
					1	17,7	2027				
2	Luft	0,30	—	0,17				1500	1	0,3	450
					2	15,7	1784				
3	Stahlbeton	0,15	1,8	0,083				1500	60	9	13 500
					3	14,7	1674				
4	Glasvliesbahn	0,002	0,6	0,003				1500	400	0,8	1 200
					4	14,7	1674				
5	Aluminiumfolie	0,0001	175	0				1500	600000	60	90 000
					5	14,7	1674				
6	Korkstein	0,08	0,04	2,0				1500	5	0,4	600
					6	- 8,6	294				
7	Glasvliesbahn	0,002	0,6	0,003				1500	400	0,8	1 200
					7	- 8,7	291				
8	Bitumenpappe	0,005	0,15	0,033				1500	3000	15	22 500
					8	- 9,0	284				
9	Kiesschüttung	0,05	1,2	0,042				1500	20	1	1 500
					Oa	- 9,5	272				
	Übergang außen			0,04							—
					La	-10,0	260				

Wärmedurchlaßwiderstand	$\dfrac{1}{\Lambda}$	2,834	(m²·K)/W
Wärmedurchgangswiderstand	R_k	3,004	(m²·K)/W
Wärmedurchgangskoeffizient	k	0,333	W/(m²·K)
Wärmestromdichte	q	11,65	W/m²

Summe: 87,42 | 131 130

Mit den gegebenen Werten erhält man folgendes Wasserdampf - Diffusionsdiagramm:

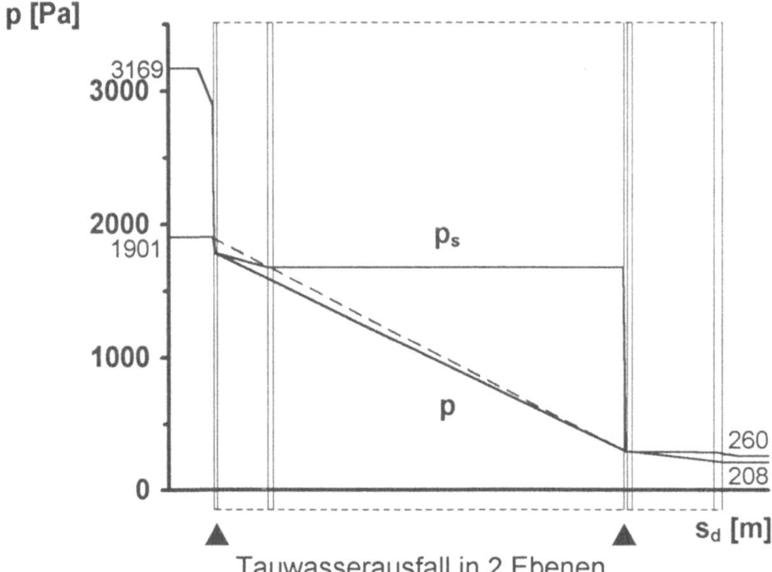

Fazit: Zwei Kondensationsebenen, an der Unterseite der Stahlbetondecke und der Fuge Korkstein / Glasvliesbahn. Grund hierfür ist die Dämmwirkung des Deckenhohlraumes durch die abgehängte Akustikdecke.

Die Oberflächentemperatur der Stahlbetondecke darf nicht unter Taupunkttemperatur der Hallenluft sinken, um Tauwasserbildung zu vermeiden.

Nach DIN 4108-5 beträgt die Taupunkttemperatur für die Hallenluft ϑ_{Li} = 25°C und φ_i = 60 %: ϑ_s = 16,7°C.

Lösungsvorschlag:

Anhebung der Temperatur im Deckenhohlraum durch Hinterlüftung, d.h. einen seitlichen Abstand zwischen der waagerecht abgehängten Decke und der anschließenden Wandfläche, und keine feste Wandverbindung. Die rechnerische Überprüfung erfolgt wiederum tabellarisch.

Nr	Bauteilschicht	s	λ_R	R	ϑ		p_S	$\dfrac{R_D \cdot T}{D}$	μ	s_d	$\dfrac{1}{\Delta}$
		m	W/(m·K)	(m²·K)/W	°C		Pa	$\dfrac{\text{m·h·Pa}}{g}$	—	m	$\dfrac{\text{m}^2 \cdot \text{h} \cdot \text{Pa}}{g}$
	Übergang innen			0,13	Li	25,0	3169				—
1	Stahlbeton	0,15	1,8	0,083	Oi	23,1	2827	1500	60	9	13 500
2	Glasvliesbahn	0,002	0,6	0,003	1	21,8	2613	1500	400	0,8	1 200
3	Aluminiumfolie	0,0001	175	0	2	21,8	2613	1500	600000	60	90 000
4	Korkstein	0,08	0,04	2,0	3	21,8	2613	1500	5	0,4	600
5	Glasvliesbahn	0,002	0,6	0,003	4	- 8,2	304	1500	400	0,8	1 200
6	Bitumenpappe	0,005	0,15	0,033	5	- 8,3	301	1500	3000	15	22 500
7	Kiesschüttung	0,05	1,2	0,042	6	- 8,8	288	1500	20	1	1 500
	Übergang außen			0,04	Oa	- 9,4	274				—
					La	-10,0	260				
Wärmedurchlaßwiderstand	$\dfrac{1}{\Lambda}$	2,164	(m²·K)/W					Summe		87,0	130 500
Wärmedurchgangswiderstand	R_k	2,334	(m²·K)/W								
Wärmedurchgangskoeffizient	k	0,428	W/(m²·K)								
Wärmestromdichte	q	15,0	W/m²								

Die Oberflächentemperatur ϑ_{Oi} beträgt dann $\approx$ 23,1°C.

867 Für ein Kühlhaus sind folgende Klimabedingungen bekannt:

Lage	Zeitraum	Temperatur °C	relative Luftfeuchte %	Wasserdampf-teildruck Pa
außen	Dez. - Feb.	0	85	519
	März - Mai	8	70	751
	Juni - Aug.	16	65	1182
	Sep. - Nov.	8	80	858
innen	Jan. - Dez.	- 10	80	208

In welchem Zeitraum ist die Gefahr der Durchfeuchtung der Kühlhausumschließungsflächen am größten?

Lösung

Die Gefahr der Durchfeuchtung ist umso größer, je größer die Wasserdampf - Diffusionsstromdichte in der Kühlhausumschließungskonstruktion ist. Die Wasserdampf - Diffusionsstromdichte ist der Wasserdampfteildruckdifferenz zwischen innen und außen proportional. Im vorliegenden Fall ist diese Differenz im Zeitraum Juni - August am größten, nämlich (1182 - 208) Pa = 974 Pa, d.h. in diesem Zeitraum ist die Gefahr der Durchfeuchtung am größten.

868 Im obersten Geschoß eines Gebäudes ist die Unterbringung eines Tiefkühlraumes geplant. Wegen zu großer Raumhöhe wird die Decke abgehängt. Der Hohlraum zwischen Flachdach und Deckenabhängung ist belüftet, d.h. im Hohlraum herrscht Außentemperatur. Um Winddichtigkeit zu garantieren, ist die Unterseite der Deckenabhängung mit einer Alufolie kaschiert.

Folgende Klimadaten besitzen Gültigkeit:

	Zeitraum	Temperatur °C	relative Luftfeuchte %
Außen	Okt.-März	1,5	90
	April-Sept.	13,3	75
Innen	Jan.-Dez.	- 20,0	100

Dachaufbau:

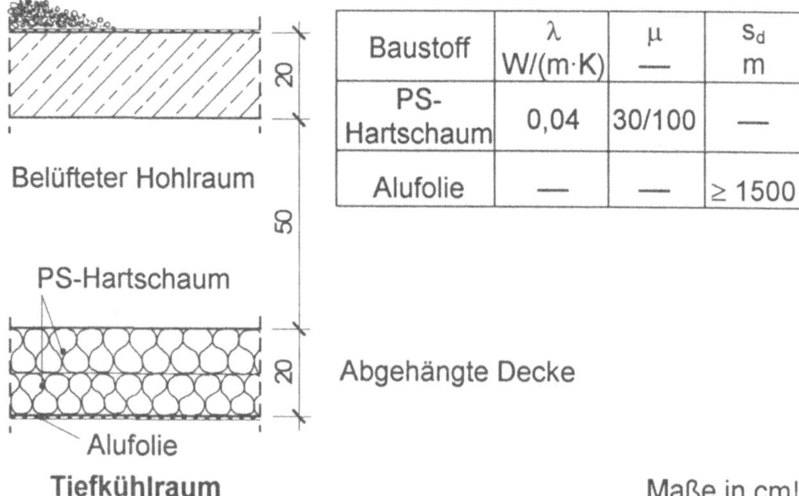

Baustoff	λ W/(m·K)	μ —	s_d m
PS-Hartschaum	0,04	30/100	—
Alufolie	—	—	≥ 1500

Maße in cm!

Ist zunehmende Durchfeuchtung zu befürchten?
Falls ja: Verbesserungsvorschläge und deren Wirksamkeit.

Lösung

Klimabedingungen für den Zeitraum Oktober bis März:

$p_{si} = p_i = 103$ Pa;
$p_{sa} = 682$ Pa; $p_a = 0{,}9 \cdot 682$ Pa $= 614$ Pa.

Wasserdampf - Diffusionstechnische Berechnung der Tiefkühlraumdecke für den Zeitraum Oktober bis März:

Nr	Bauteilschicht	s	λ_R	R	ϑ		p_s	$\dfrac{R_D \cdot T}{D}$	μ	s_d	$\dfrac{1}{\Delta}$
		m	W/(m·K)	(m²·K)/W	°C		Pa	$\dfrac{\text{m·h·Pa}}{\text{g}}$	—	m	$\dfrac{\text{m}^2 \cdot \text{h} \cdot \text{Pa}}{\text{g}}$
	Übergang außen			0,08	La	1,5	682				—
1	PS-Hartschaum	0,2	0,04	5,00	Oa	1,2	667	1500	30/100	6	9 000
2	ALU-Folie	≈ 0	200	0	1	-19,3	111	1500	—	1500	2 250 000
	Übergang innen			0,17	Oi	-19,3	111				—
					Li	-20,0	103				
Wärmedurchlaßwiderstand $\dfrac{1}{\Lambda}$				5,00	(m²·K)/W			Summe		1 506	2 259 000
Wärmedurchgangswiderstand R_k				5,25	(m²·K)/W						
Wärmedurchgangskoeffizient k				0,1905	W/(m²·K)						
Wärmestromdichte q				4,096	W/m²						

Klimabedingungen für den Zeitraum April bis September:

$p_{si} = p_i = 103$ Pa;
$p_{sa} = 1528$ Pa; $p_a = 0{,}75 \cdot 1528$ Pa $= 1146$ Pa.

Wasserdampf - Diffusionstechnische Berechnung der Tiefkühlraumdecke für den Zeitraum April bis September:

Nr	Bauteilschicht	s	λ_R	R		ϑ	p_S	$\dfrac{R_D \cdot T}{D}$	μ	s_d	$\dfrac{1}{\Delta}$
		m	W/(m·K)	(m²·K)/W		°C	Pa	$\dfrac{m \cdot h \cdot Pa}{g}$	—	m	$\dfrac{m^2 \cdot h \cdot Pa}{g}$
	Übergang außen			0,08	La	13,3	1528				—
1	PS-Hartschaum	0,2	0,04	5,00	Oa	12,8	1479	1500	30/100	6	9 000
2	ALU-Folie	≈ 0	200	0	1	-18,9	115	1500	—	1500	2 250 000
	Übergang innen			0,17	Oi	-18,9	115				—
					Li	-20,0	103				
Wärmedurchlaßwiderstand	$\dfrac{1}{\Lambda}$		5,00	(m²·K)/W				Summe		1 506	2 259 000
Wärmedurchgangswiderstand	R_k		5,25	(m²·K)/W							
Wärmedurchgangskoeffizient	k		0,1905	W/(m²·K)							
Wärmestromdichte	q		6,344	W/m²							

Für die beiden diffusionstechnischen Berechnungen der Tiefkühlraumdecke ergeben sich Wasserdampf - Diffusionsdiagramme, die zusammengefaßt dargestellt werden können:

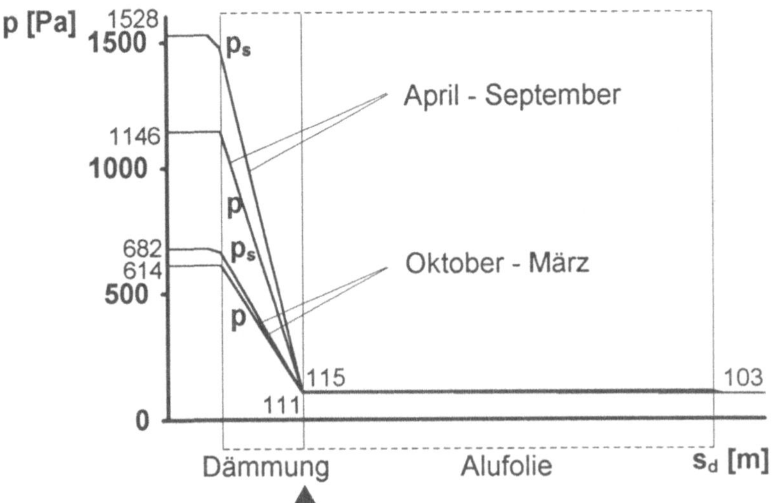

Tauwasserausfall in einer Ebene

Beide Zeiträume (Oktober bis März und April bis September) sind Tauperioden, da jeweils an der Fuge Dämmung / Alufolie Tauwasser ausfällt. Eine zunehmende Durchfeuchtung ist zu befürchten!

Verbesserungsvorschlag: Die Alufolie muß auf der Außenseite der Dämmung angeordnet werden. Dadurch wird weder der Temperaturverlauf noch der Verlauf der Wasserdampf-Sättigungsdrücke verändert. Somit korrigiertes Wasserdampf - Diffusionsdiagramm:

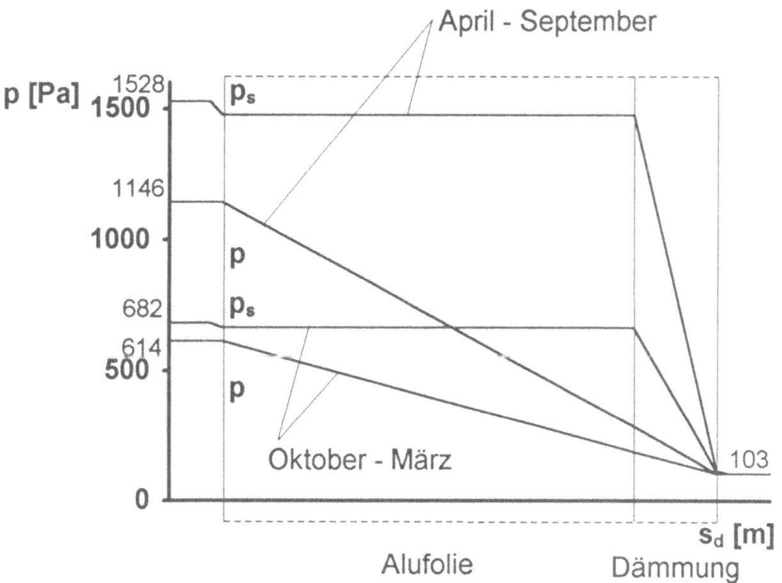

869 In einem Tiefkühlraum herrscht ein typischer Raumluftzustand mit ϑ_{Li} = - 18°C und φ_i = 80 % bei einer Geschwindigkeit der mechanisch umgewälzten Raumluft von $w_i \approx$ 6 m/s. Der Außenwandaufbau des Raumes von innen nach außen besteht aus 4 cm Polyurethanhartschaum (λ = 0,035 W/(m·K), μ = 50) und 15 cm Beton (λ = 2,04 W/(m·K), μ = 34).
Zu ermitteln ist, ob bei einem extremen Sommeraußenluftzustand von ϑ_{La} = 28°C und einem absoluten Feuchtegehalt von 18 g/kg und einer Außenluftgeschwindigkeit von w_a = 1 m/s mit Wasserausscheidung in der Wand ("Bereich der Durchfeuchtung") zu rechnen ist?

Lösung

Für die erzwungene Luftströmung längs einer Platte kann der Wärmeübergangskoeffizient nach den Formeln von *Jürges* berechnet werden:

$$\alpha \approx 6{,}2 + 4{,}2 \cdot w \quad \text{in W/(m}^2\text{·K) für } w \le 5 \text{ m/s}$$
$$\alpha \approx 7{,}15\, w^{0{,}78} \quad \text{in W/(m}^2\text{·K) für } w > 5 \text{ m/s}$$

Somit für:

$$\alpha_i \approx 7{,}15 \cdot 6^{0{,}78} \quad \text{W/(m}^2\text{·K)} \approx 28{,}9 \; \text{W/(m}^2\text{·K)}$$
$$\alpha_a \approx (6{,}2 + 4{,}2 \cdot 1) \quad \text{W/(m}^2\text{·K)} \approx 10{,}4 \; \text{W/(m}^2\text{·K)}$$

Temperaturunterschied: $\Delta\vartheta = (28 - (- 18))°\text{C} = 46$ K

Wasserdampfteildrücke nach DIN 4108-5:

$$p_i = \varphi_i \cdot p_{si} = 0{,}8 \cdot 125 \text{ Pa} = 100 \text{ Pa}$$

Für $\vartheta_{La} = 28°$C und $x = 18$ g/kg folgt nach dem *Mollier*diagramm für feuchte Luft: $\varphi_a = 75{,}5$ % und somit:

$$p_a = \varphi_a \cdot p_{sa} = 0{,}755 \cdot 3781 \text{ Pa} \approx 2855 \text{ Pa}$$

Eine Überprüfung des Wärmeschutzes und der Wasserdampf - Diffusion erfolgt schematisch nach DIN 4108-5.

Nr	Bauteilschicht	s	λ_R	R	ϑ		p_S	$\dfrac{R_D \cdot T}{D}$	μ	s_d	$\dfrac{1}{\Delta}$
		m	W/(m·K)	(m²·K)/W	°C		Pa	$\dfrac{\text{m·h·Pa}}{\text{g}}$	—	m	$\dfrac{\text{m}^2 \cdot \text{h} \cdot \text{Pa}}{\text{g}}$
	Übergang innen			0,035	Li	-18,0	125				—
1	PU-Schaum	0,04	0,035	1,143	Oi	-16,8	139	1500	50	2,0	3 000
2	Beton	0,15	2,04	0,074	1	22,2	2678	1500	34	5,1	7 650
	Übergang außen			0,096	Oa	24,7	3114				—
					La	28,0	3781				
Wärmedurchlaßwiderstand		$\dfrac{1}{\Lambda}$	1,217	(m²·K)/W					Summe	7,1	10 650
Wärmedurchgangswiderstand	R_k		1,348	(m²·K)/W							
Wärmedurchgangskoeffizient	k		0,742	W/(m²·K)							
Wärmestromdichte	q		- 34,13	W/m²							

Mit den errechneten Werten ergibt sich folgendes Wasserdampf - Diffusionsdiagramm:

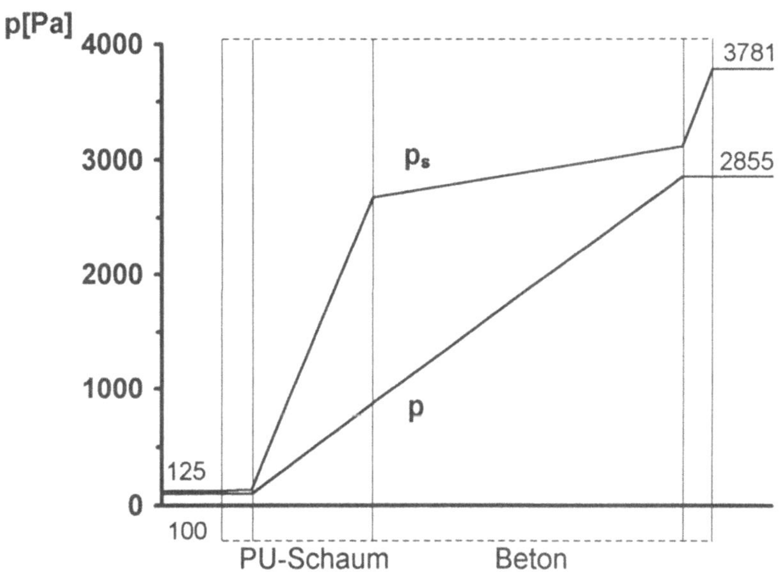

Folgerung:

Es erfolgt keine Wasserausscheidung in der Wand. Im bauphysikalischen Sinn hat diese Wandkonstruktion eine genügende Reserve.
Eine Berechnung der Tauwassermenge erübrigt sich damit.

870 Für eine einschichtige Außenwand eines Raumes $V_R = 40$ m^3, $\dfrac{1}{\Lambda} = 0,5$ m^2·K/W, sind folgende Randbedingungen vorgegeben:
$\vartheta_{La} = -15°C$, $\varphi_a = 70\ \%$, $\vartheta_{Li} = 20°C$;
Gaskonstante der Luft $R_{GK} = 462$ J/(kg·K).
Welche relative Luftfeuchte ist für den Raum maximal zulässig, wenn die Konstruktion tauwasserfrei gehalten werden soll?
Welcher Luftvolumenstrom ist erforderlich, um dies bei einer inneren Feuchtelast von $m_i = 0,6$ kg/h zu gewährleisten?
Wie groß ist die für diesen Raum sich errechnende Luftwechselzahl?

Folgerungen für eine geplante Gebäudesanierung?

Lösung

Gesuchte relative Luftfeuchte:
Nach DIN 4108-5 errechnet sich der Wärmedurchgangskoeffizient der einschichtigen Konstruktion:

$$k = \frac{1}{R_i + \dfrac{1}{\Lambda} + R_a} = \frac{1}{0,13 + 0,50 + 0,04} \; W/(m^2 \cdot K) = 1,49 \; W/(m^2 \cdot K)$$

Wärmestrom

$$q = k \cdot (\vartheta_{Li} - \vartheta_{La}) = 1,49 \cdot (20,0 - (-15,0)) \; W/m^2 = 52,15 \; W/m^2$$

Innere Oberflächentemperatur der Wand

$$\vartheta_{Oi} = \vartheta_{Li} - R_i \cdot q = (20,0 - 0,13 \cdot 52,15)°C = 13,2°C$$

Nach der Tabelle 1 in DIN 4108-5 beträgt für ϑ_{Li} = 20°C:

$\vartheta_{Oi} = \vartheta_s$ = 13,2°C die zugehörige Raumluftfeuchte φ_i = 65 %.

Bis zu einer relativen Luftfeuchte $\varphi_i \leq$ 65 % bleibt die Konstruktion tauwasserfrei.

Luftvolumenstrom:
Die Berechnung erfolgt mit Hilfe der Gasgesetze. Innere Feuchtelast m_i = 0,6 kg/h. Es errechnet sich die Feuchte der Luft allgemein aus der Beziehung

$$p \cdot V = m \cdot R_{GK} \cdot T, \qquad m = \frac{p \cdot V}{R_{GK} \cdot T},$$

mit V in m³/h gesuchter Luftvolumenstrom, R_{GK} Gaskonstante, T thermodynamische (absolute) Temperatur in K, sowie p der zugehörige Luftdruck in Pa.

$$\text{Bilanz: } m_i + m_a = m_{si},$$

m_{si} ist die maximale Feuchte der Raumluft,

m_a der Feuchtegehalt der Außenluft,

$$\text{Somit Bilanz für den Raum: } m_i + \frac{p_a \cdot V}{R_{GK} \cdot T_a} = \frac{p_{si} \cdot V}{R_{GK} \cdot T_i}$$

Auflösen dieser Formel nach dem gesuchten Luftvolumenstrom:

$$V = \frac{m_i}{\dfrac{p_{si}}{R_{GK} \cdot T_i} - \dfrac{p_a}{R_{GK} \cdot T_a}}$$

$$p_a = \varphi_a \cdot p_{sa} = 0,70 \cdot 165 \; Pa = 115,5 \; Pa$$
$$p_i = \varphi_i \cdot p_{si} = 0,65 \cdot 2340 \; Pa = 1521 \; Pa$$
$$T_i = \vartheta_{Li} + 273 \; K = (20 + 273) \; K = 293 \; K$$
$$T_a = \vartheta_{La} + 273 \; K = (-15 + 273) \; K = 258 \; K$$

$$V = \frac{0,6}{\dfrac{1521}{462 \cdot 293} - \dfrac{115,5}{462 \cdot 258}} \; m^3/h = 58,4 \; m^3/h$$

Notwendiger Luftvolumenstrom V = 58,4 m³/h um die Raumkonstruktion tauwasserfrei zu halten.

Luftwechselzahl:

$$\text{ß} = \frac{V}{V_R} \, h^{-1} = \frac{58,4}{40,0} \, h^{-1} = 1,46 \, h^{-1}$$

Der Luftwechsel muß $\beta \approx 1,5$ fach betragen; üblich sind nach DIN 4701-1 bzw. 4108-2 in wohnähnlich genutzten Räumen Werte $\beta \approx 0,8$ fach. Der erhöhte Luftwechsel führt somit zu höheren Lüftungswärmeverlusten des Raumes.

Folgerungen für eine Gebäudesanierung:

Anzustreben ist eine Verbesserung der Wärmedämmung zur Erhöhung der inneren Wandoberflächentemperatur ϑ_{Oi}.
Zu prüfen ist, ob die innere Feuchtelast m_i = 0,6 kg/h reduziert werden kann, um den Luftwechsel zu reduzieren.
Zu prüfen ist, wie der erforderliche Luftwechsel realisiert werden kann: Fugenlüftung der / des Fenster(s), ggf. maschinelle Lüftung.

871 Die Skizze zeigt den Schnitt durch das Außenbauteil eines Studentenwohnheimes.

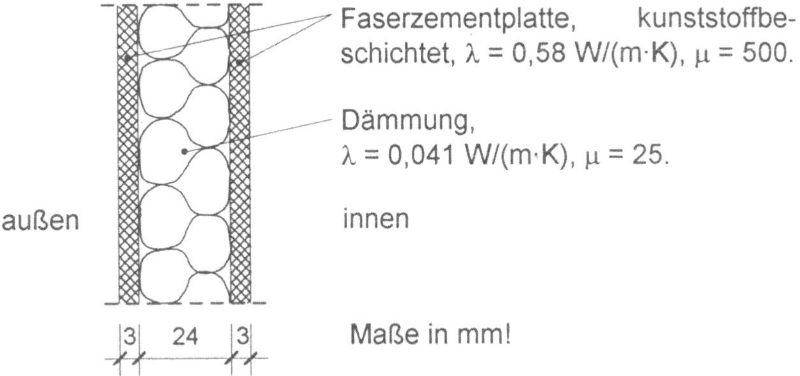

Um in einigen Räumen den Heizungsenergieverbrauch zu reduzieren, wurde von den Mietern folgende Dämm-Maßnahme, die im Do-it-yourself-Verfahren durchgeführt werden soll, vorgeschlagen:

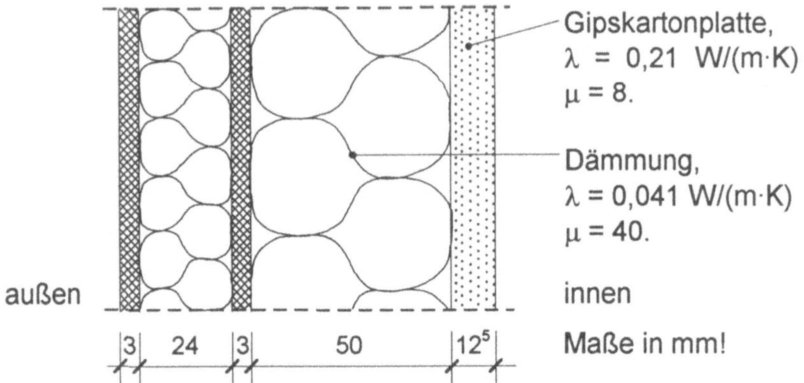

Die vorgeschlagene Maßnahme ist hinsichtlich des Wasserdampf - Diffusionsverhaltens zu überprüfen, d.h. ob stationärer Feuchtigkeitsdurchgang zu erwarten, zunehmende Durchfeuchtung zu befürchten ist und zusätzliche Maßnahmen (wenn ja, welche?) erforderlich sind.

Der Überprüfung sind die Klimabedingungen nach DIN 4108-3 zugrundezulegen.

Lösung

Überprüfung stationärer / instationärer Feuchtigkeitsdurchgang nach DIN 4108-3:

Mit den gegebenen Klimabedingungen gilt für die Tauperiode:

$$\vartheta_{Li} = 20°C; \quad \varphi_i = 50\,\%; \qquad p_{si} = 2340 \text{ Pa}; \quad p_i = 1170 \text{ Pa}.$$
$$\vartheta_{La} = -10°C; \quad \varphi_a = 80\,\%; \qquad p_{sa} = 260 \text{ Pa}; \quad p_a = 208 \text{ Pa}.$$

Die Berechnung der Wasserdampf - Diffusion erfolgt nach dem folgenden Berechnungsschema:

Nr	Bauteilschicht	s	λ_R	R	ϑ		p_s	$\dfrac{R_D \cdot T}{D}$	μ	s_d	$\dfrac{1}{\Delta}$
		m	W/(m·K)	(m²·K)/W	°C		Pa	$\dfrac{\text{m·h·Pa}}{\text{g}}$	—	m	$\dfrac{\text{m}^2 \cdot \text{h} \cdot \text{Pa}}{\text{g}}$
	Übergang innen			0,13	Li	20,0	2340				—
1	Gipskartonplatte	0,0125	0,21	0,060	Oi	18,1	2079	1500	8	0,1	150
2	Dämmung	0,05	0,041	1,220	1	17,2	1963	1500	40	2,0	3 000
3	Faserzementpl.	0,003	0,58	0,005	2	- 0,7	577	1500	500	1,5	2 250
4	Dämmung	0,024	0,041	0,585	3	- 0,8	572	1500	25	0,6	900
5	Faserzementpl.	0,003	0,58	0,005	4	- 9,3	276	1500	500	1,5	2 250
	Übergang außen			0,04	Oa	- 9,4	274				—
					La	-10,0	260				

Wärmedurchlaßwiderstand	$\dfrac{1}{\Lambda}$	1,875	(m²·K)/W	Summe	5,7 8 850
Wärmedurchgangswiderstand	R_k	2,045	(m²·K)/W		
Wärmedurchgangskoeffizient	k	0,489	W/(m²·K)		
Wärmestromdichte	q	14,67	W/m²		

Mit den berechneten Werten erhält man das folgende Wasserdampf - Diffusionsdiagramm:

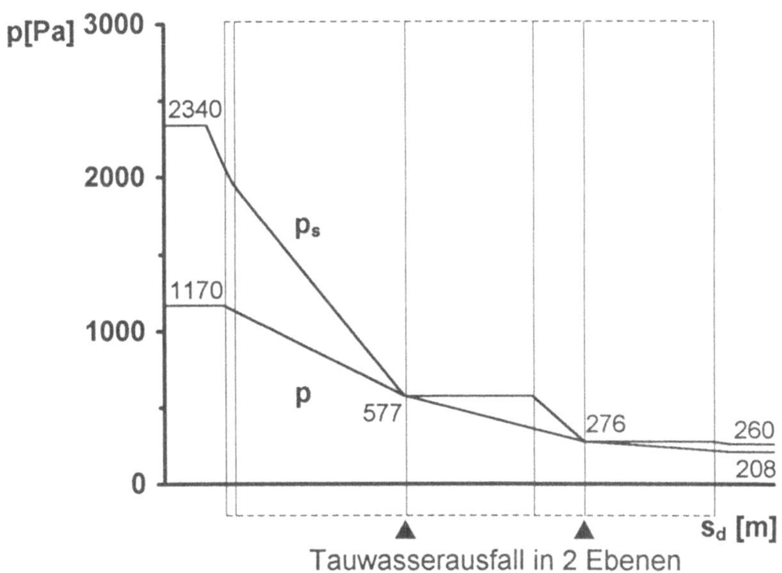

Ergebnis aus dem Wasserdampf - Diffusionsschema: Es handelt sich um einen instationären Feuchtigkeitsdurchgang mit Kondensation an den Trennflächen Dämmung / Faserzementplatte durch 2 Kondensationsebenen.

Aus der Berechnungstabelle ergeben sich folgende Wasserdampf - Diffusionsdurchlaßwiderstände für die beiden Kondensationsebenen:

$$\frac{1}{\Delta_i} = (150 + 3000) \ m^2 \cdot h \cdot Pa/g \ = 3\,150 \ m^2 \cdot h \cdot Pa/g$$

$$\frac{1}{\Delta_a} = \ 2\,250 \ m^2 \cdot h \cdot Pa/g$$

$$\frac{1}{\Delta_z} = (2250 + 900) \ m^2 \cdot h \cdot Pa/g \ = 3\,150 \ m^2 \cdot h \cdot Pa/g$$

Ermittlung der anfallenden Kondensatmenge mit Hilfe der Wasserdampf - Diffusionsstromdichten i_i, i_a und i_z nach DIN 4108-5:

$$i_i = \frac{p_i - p_{sw1}}{\dfrac{1}{\Delta_i}} = \frac{1170 - 577}{3150} \ g/m^2 \cdot h \ = 0,188 \ g/m^2 \cdot h$$

$$i_a = \frac{p_{sw2} - p_a}{\dfrac{1}{\Delta_a}} = \frac{276 - 208}{2250} \ g/m^2 \cdot h \ = 0,030 \ g/m^2 \cdot h$$

$$i_z = \frac{p_{sw1} - p_{sw2}}{\dfrac{1}{\Delta_z}} = \frac{577 - 276}{3150} \ g/m^2 \cdot h \ = 0,096 \ g/m^2 \cdot h$$

Anfallende Kondensatmenge:

$$W_{T1} = t_T \cdot (i_i - i_z) \ \ = 1440 \cdot (0,188 - 0,096) \ g/m^2 = 132,5 \ g/m^2$$
$$W_{T2} = t_T \cdot (i_z - i_a) \ \ = 1440 \cdot (0,096 - 0,030) \ g/m^2 = \ \ 95,0 \ g/m^2$$
$$W_T \ = W_{T1} + W_{T2} = 227,5 \ g/m^2$$

Klimabedingungen der Verdunstungsperiode nach DIN 4108-5:

$$\vartheta_{Li} = \vartheta_{La} = 12°C; \ \ \ \ \ \ \ \ \ \ \varphi_i = \varphi_a = 70 \ \%;$$
somit: $p_{si} = p_{sa} = 1403 \ Pa$, und $p_i = p_a = 0,9 \cdot 1403 \ Pa = 982 \ Pa$

Nach DIN 4108-5 bleiben die μ-Werte in der Verdunstungsperiode unverändert, demnach ändern sich die Wasserdampf - Diffusionsdurchlaßwiderstände $\dfrac{1}{\Delta}$ nicht.

Wasserdampf-Diffusionsdiagramm für die Verdunstungsperiode:

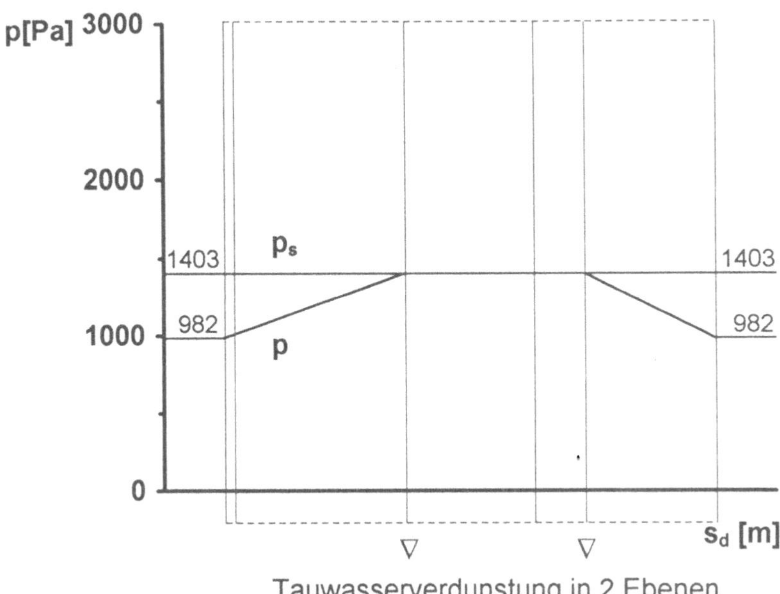

Tauwasserverdunstung in 2 Ebenen

Ermittlung der Wasserdampf - Diffusionsstromdichten i_i und i_a:

$$p_{SW} = 1403\ Pa$$

$$i_i = \frac{p_{sw} - p_i}{\dfrac{1}{\Delta_i}} = \frac{1403 - 982}{3150}\ g/m^2{\cdot}h = 0{,}134\ g/m^2{\cdot}h$$

$$i_a = \frac{p_{sw} - p_a}{\dfrac{1}{\Delta_a}} = \frac{1403 - 982}{2250}\ g/m^2{\cdot}h = 0{,}187\ g/m^2{\cdot}h$$

Verdunstende Kondensatmenge:
$$W_V = t_V \cdot (i_i + i_a) = 2160 \cdot 0{,}321\ g/m^2 = 693{,}4\ g/m^2$$

Hieraus folgt: $W_V > W_T$, daher keine zunehmende Durchfeuchtung der Konstruktion!
Eine zusätzliche Wasserdampf - Diffusionstechnische Maßnahme ist nicht erforderlich.

872 Der Wärmeschutz eines 12 Jahre alten Wohngebäudes mit nachfolgendem Aufbau soll durch Aufbringen einer Innendämmung erhöht werden.

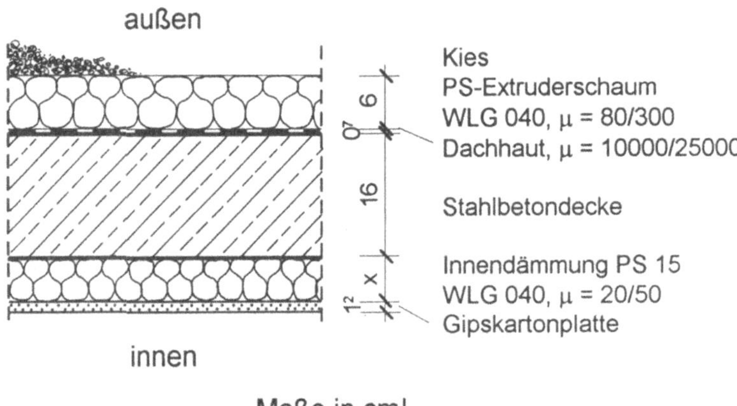

Wegen evtl. Wasseraufnahme der oberen Dämmschicht und der damit verbundenen Erhöhung der Wärmeleitfähigkeit soll der Wärmeschutz 10 % über den derzeit gültigen Forderungen der Wärmeschutzverordnung liegen. Gesucht sind:

Die notwendige Dämmstoffdicke der Innendämmung. Übliche Abmessungen: 3, 4, 5, 6, 7, . . . 10 cm.

Untersuchung in wasserdampfdiffusionstechnischer Hinsicht! Ist zunehmende Durchfeuchtung zu befürchten?

Vorausgesetzt, es fällt Tauwasser während der Tauperiode an: Welcher Dämmstoff (derselben Wärmeleitfähigkeitsgruppe und handelsüblicher Abmessung) müßte verwendet werden, um Tauwasserbildung im Bauteil auszuschließen?

Lösung

Bei baulicher Erweiterung eines Gebäudes für normale oder niedrige Innentemperaturen sind die Forderungen für die Begrenzung des Wärmedurchgangs bei erstmaligem Einbau, Ersatz und bei Erneuerung von Bauteilen nach der Wärmeschutzverordnung (Anlage 3, Tabelle 1) einzuhalten. Für den gegebenen Betriebsfall: Decke, die Räume nach oben gegen die Außenluft abgrenzt, gilt $k_D \leq 0,3$ W/(m²·K).

Gefordert: Erhöhung um 10 %: $k_D \leq 0,27$ W/(m²·K)

Nach DIN 4108-5 gilt für einen Wärmedurchgangskoeffizient:

$$k_D = \cfrac{1}{R_i + \left(\dfrac{s}{\lambda}\right)_{Gips} + \left(\dfrac{s}{\lambda}\right)_{Dämmung} + \left(\dfrac{s}{\lambda}\right)_{Beton} + \left(\dfrac{s}{\lambda}\right)_{Dämmung} + R_a}$$

Auflösen dieser Formel nach der Schichtdicke der Innendämmung:

$$s_{Dämmung} = \lambda_{Dämmung} \cdot \left(\frac{1}{k_D} - R_i - \left(\frac{s}{\lambda}\right)_{Gips} - \left(\frac{s}{\lambda}\right)_{Beton} - \left(\frac{s}{\lambda}\right)_{Dämmung} - R_a \right)$$

$$s_{Dämmung} = 0,04 \cdot \left(\frac{1}{0,27} - 0,13 - \frac{0,012}{0,21} - \frac{0,16}{2,1} - \frac{0,06}{0,04} - 0,04 \right) m$$

$$s_{Dämmung} = 0,076 \ m$$

Gewählte handelsübliche Dämmstoffdicke: 8 cm.

Das Ergebnis deckt sich auch mit der Forderung nach DIN 4108-2, in der für eine flächenbezogene Gesamtmasse ≥ 300 kg/m² der Mindestwert des Wärmedurchlaßwiderstandes einer Decke, die Aufenthaltsräume nach oben gegen die Außenluft abgrenzt:

$$\frac{1}{\Lambda_D} \geq 1,1 \ m^2 \cdot K/W \ \text{bzw.} \ k_D \leq 0,79 \ W/(m^2 \cdot K) \ \text{gefordert wird.}$$

Gemäß Aufgabenstellung Verbesserung der Werte um 10 %:

$$\frac{1}{\Lambda_D} \geq 1,21 \ m^2 \cdot K/W \ \text{bzw.} \ k_D \leq 0,71 \ W/(m^2 \cdot K).$$

Beide Forderungen einer Dämmstoffdicke der Innendämmung mit $s_{Dämmung} = 8$ cm sind erfüllt.

Untersuchung des "Umkehrdaches" in wasserdampfdiffusions-technischer Hinsicht nach DIN 4108-5:

Mit den Klimabedingungen nach DIN 4108-3 gilt für die Tauperiode:

$$\vartheta_{Li} = 20°C; \quad \varphi_i = 50\ \%; \qquad p_{si} = 2340\ Pa; \quad p_i = 1170\ Pa.$$
$$\vartheta_{La} = -10°C; \quad \varphi_a = 80\ \%; \qquad p_{sa} = 260\ Pa; \quad p_a = 208\ Pa.$$

Die weitere Berechnung erfolgt tabellarisch:

Nr	Bauteilschicht	s	λ_R	R	ϑ		ps	$\dfrac{R_D \cdot T}{D}$	μ	s_d	$\dfrac{1}{\Delta}$
		m	W/(m·K)	(m²·K)/W	°C		Pa	$\dfrac{m \cdot h \cdot Pa}{g}$	—	m	$\dfrac{m^2 \cdot h \cdot Pa}{g}$
	Übergang innen			0,13	Li	20,0	2340				—
1	Gipskartonplatte	0,012	0,21	0,057	Oi	19,0	2197	1500	8	0,096	144
2	PS 15	0,08	0,04	2,0	1	18,5	2132	1500	20/<u>50</u>	1,6	2 400
3	Stahlbeton	0,16	2,1	0,076	2	2,8	748	1500	70/<u>150</u>	24	36 000
4	Dachhaut	0,007	—	—	3	2,2	716	1500	10000/<u>25000</u>	175	262 500
5	Extruderschaum	0,06	0,04	1,5	4	2,2	716	1500	80/<u>300</u>	18	27 000
6	Kies	—	—	—	5	- 9,7	267	1500	—	—	—
	Übergang außen			0,04	Oa	- 9,7	267				—
					La	-10,0	260				
Wärmedurchlaßwiderstand	$\dfrac{1}{\Lambda}$			3,633	(m²·K)/W				Summe	218,7	328 044
Wärmedurchgangswiderstand	R_k			3,803	(m²·K)/W						
Wärmedurchgangskoeffizient	k			0,263	W/(m²·K)						
Wärmestromdichte	q			7,889	W/m²						

Den Zusammenhang des Wasserdampf - Diffusionsvorganges zeigt das Schema für die Tauperiode:

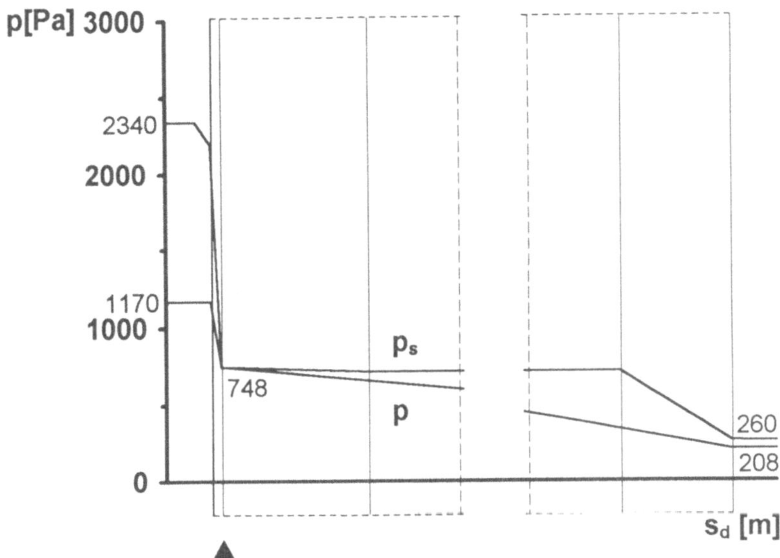

Tauwasserausfall in einer Ebene

Ermittlung der Tauwassermenge (t_T = 1440 h):

$$\frac{1}{\Delta_i} = (144 + 2\,400) \qquad\qquad m^2 \cdot h \cdot Pa/g = \quad 2\,544\ m^2 \cdot h \cdot Pa/g$$

$$\frac{1}{\Delta_a} = (36\,000 + 262\,500 + 27\,000)\ m^2 \cdot h \cdot Pa/g = 325\,500\ m^2 \cdot h \cdot Pa/g$$

$$W_T = t_T \cdot (i_i - i_a) = t_T \cdot \left(\frac{p_i - p_{sw}}{\dfrac{1}{\Delta_i}} - \frac{p_{sw} - p_a}{\dfrac{1}{\Delta_a}} \right)$$

$$W_T = 1440 \cdot \left(\frac{1170 - 748}{2544} - \frac{748 - 208}{325500} \right) g/m^2 = 236{,}5\ g/m^2$$

$$W_T < zul.\ W_T = 1000\ g/m^2$$

Mit den Klimabedingungen nach DIN 4108-3 gilt für die Verdunstungsperiode:

$$\vartheta_{Li} = \vartheta_{La} = 12°C; \qquad \varphi_i = \varphi_a = 70\,\%;$$

somit: $p_{si} = p_{sa} = 1403\ Pa$, und $p_i = p_a = 0,7 \cdot 1403\ Pa = 982\ Pa$

$\vartheta_{Oa} = 20°C$ (Dach!)

Die weitere Berechnung erfolgt tabellarisch:

Nr	Bauteilschicht	s	λ_R	R	ϑ		p_s	$\dfrac{R_D \cdot T}{D}$	μ	s_d	$\dfrac{1}{\Delta}$
		m	W/(m·K)	(m²·K)/W		°C	Pa	$\dfrac{m\cdot h\cdot Pa}{g}$	—	m	$\dfrac{m^2 \cdot h \cdot Pa}{g}$
	Übergang innen			0,13	Li	12,0	1403				
1				0,057	Oi	12,3	1431				
2				2,0	1	12,4	1441				
3	SIEHE TAUPERIODE!			0,076	2	16,7	1901	SIEHE TAUPERIODE!			
4				—	3	16,8	1914				
5				1,5	4	16,8	1914				
6				—	5	20,0	2340				
	Übergang außen			—	Oa	20,0	2340				
					La	12,0	1403				
Wärmedurchlaßwiderstand $\dfrac{1}{\Lambda}$	3,633 (m²·K)/W								Summe	218,7	328 044
Wärmedurchgangswiderstand R_k	3,763 (m²·K)/W										
Wärmedurchgangskoeffizient k	0,266 W/(m²·K)										
Wärmestromdichte q	- 2,126 W/m²										

Den Zusammenhang des Wasserdampf - Diffusionsvorganges zeigt das Schema für die Verdunstungsperiode:

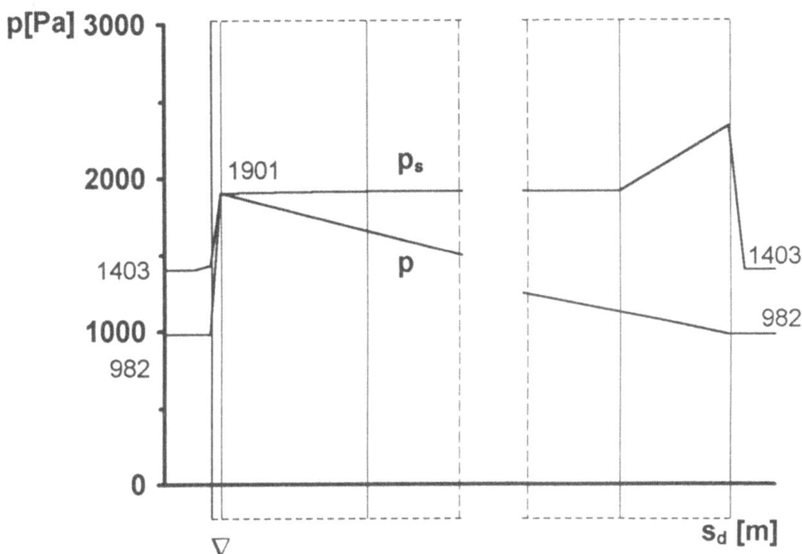

Tauwasserverdunstung in einer Ebene

Ermittlung der verdunstenden Tauwassermenge (t_V = 2160 h):
Nach DIN 4108-5 bleiben die µ-Werte in der Verdunstungsperiode unverändert, demnach ändern sich die Wasserdampf - Diffusionsdurchlaßwiderstände $\frac{1}{\Delta}$ nicht.

$$W_V = t_T \cdot (i_i + i_a) = t_V \cdot \left(\frac{p_{sw} - p_i}{\dfrac{1}{\Delta_i}} + \frac{p_{sw} - p_a}{\dfrac{1}{\Delta_a}} \right)$$

$$W_V = 2160 \cdot \left(\frac{1901 - 982}{2544} + \frac{1901 - 982}{325500} \right) g/m^2 = 786,4 \ g/m^2$$

Folge: Die Wassermenge in der Verdunstungsperiode W_V ist größer als die Tauwassermenge W_T, $W_V > W_T$, folglich ist die Tauwasserbildung unschädlich.

Zur Frage, falls Tauwasser während der Tauperiode anfällt, und dies ist der Fall bei W_T = 236,5 g/m^2:

Als einzige Möglichkeit käme Schaumglas nach DIN 18 174 mit $s_d \geq$ 1500 m in Frage, um Tauwasserbildung im Bauteil auszuschließen. Selbst bei Polystyrol - Extruderschaum mit einer Wasserdampf - Diffusionswiderstandszahl μ = 80/250 käme es noch zum Tauwasserausfall. Angaben nach DIN 4108-4.

901 Wie groß ist der Schallpegel bei normaler Unterhaltung?

Lösung

ca. 50 dB

902 Unter welchen Umständen können 2 Töne mit gleichem Schallpegel verschieden laut empfunden werden? Durch welche Größe wird dieses Empfinden ausgedrückt?

Lösung

Wenn sich die Frequenzen unterscheiden.
Dieses Empfinden wird durch die Lautstärke ausgedrückt.

903 Welcher Unterschied besteht zwischen Schalldämmung und Schalldämpfung?

Lösung

Schalldämmung: Sender und Empfänger befinden sich in 2 verschiedenen Räumen. Sender in Raum 1 erzeugt Schallpegel L_1, Empfänger im Raum 2 empfängt Schallpegel L_2. Schalldämmende Wirkung wird durch $L_1 - L_2$ erzielt.
Schalldämpfung: Sender und Empfänger befinden sich im selben Raum. Die Minderung des Schallpegels wird durch "schallschluckende" Maßnahmen (Schallabsorptionsflächen wie Wandbekleidungen, Mörtel, usw.) erreicht.

904 Welche Faktoren bestimmen im wesentlichen die Raumakustik eines Hörsaals?

Lösung

Abnahme der Schallenergie durch Absorption,
Schallabsorptionsgrad,
Schallschluckung der Flächen, Menschen, Ausstattungen,
Nachhallzeit,
Raumvolumen,

Dispersion, Koinzidenz,
Grenzfrequenz,
Resonanzfrequenz,
Flächenbezogene Massen der Raumumschließungsflächen,
Steifigkeit der Dämm-Materialien.

905 Welcher Zusammenhang besteht in der Akustik zwischen Schallabsorptionsgrad und Nachhallzeit?

Lösung

Je größer der Schallabsorptionsgrad, um so kleiner (d.h. geringer) ist die Nachhallzeit.

906 Warum wird im Rahmen bauakustischer Untersuchungen auch die Nachhallzeit meßtechnisch erfaßt?

Lösung

Ein Teil der in den Empfangsraum eindringenden Schallenergie wird an dessen Begrenzungsflächen, Raumausstattungen, Einrichtungsgegenständen, usw. absorbiert. Der im Empfangsraum entstehende Schallpegel wird nun umso kleiner, je größer die äquivalente Schallabsorptionsfläche des Raumes ist. Die äquivalente Schallabsorptionsfläche eines Raumes läßt sich durch die Nachhallzeit ermitteln.
Genau genommen gilt dies nur für diffuse Schallfelder, sowie bei gleichmäßig im Raum verteilter Absorption mit nicht zu hohen Absorptionsgraden. Für die Abschätzung der in Wohnungen, Büroräumen u.ä. benötigten Schallabsorption ist sie jedoch ausreichend.

907 Für die am Beispiel der dargestellten Trennwand (unter Verwendung der vorgegebenen Bezeichnungen) sind die folgenden Schallgrößen zu erläutern.

Transmissionsgrad
Reflexionsgrad
Absorptionsgrad
Dissipationsgrad

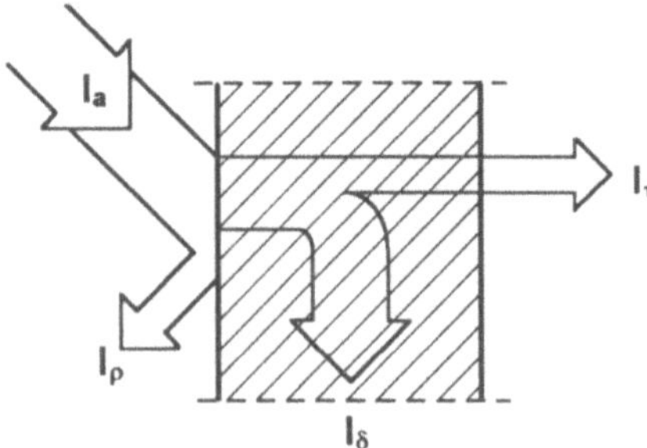

Lösung

I_a	auftreffender Schall mit einer bestimmten Intensität,
I_τ / I_a	Transmissionsgrad,
I_ρ / I_a	Reflexionsgrad,
$(I_a - I_\rho) / I_a$ oder $(I_\delta + I_\tau) / I_a$	Absorptionsgrad,
$I_\delta + I_a$	Dissipationsgrad.

908 Die Intensität eines 100 Hz - Tones beträgt 10^{-9} W/m^2. Um wieviel muß die Intensität mindestens erhöht werden, damit eine Lautstärkeerhöhung wahrgenommen werden kann?

Lösung

Die Schallintensität eines Tones mit der Frequenz f = 100 Hz beträgt
$I = 10^{-9}$ W/m^2 = 10^{-13} W/cm^2
Die Schallintensität an der Hörschwelle bei 1 kHz beträgt:
$I_0 = 10^{-12}$ W/cm^2
Um die Lautstärkeerhöhung wahrzunehmen müßte die Intensität um den Faktor 10 erhöht werden.

909 Das Bild zeigt zwei periodische Schwingungen a und b unterschiedlicher Amplitude und Frequenz.

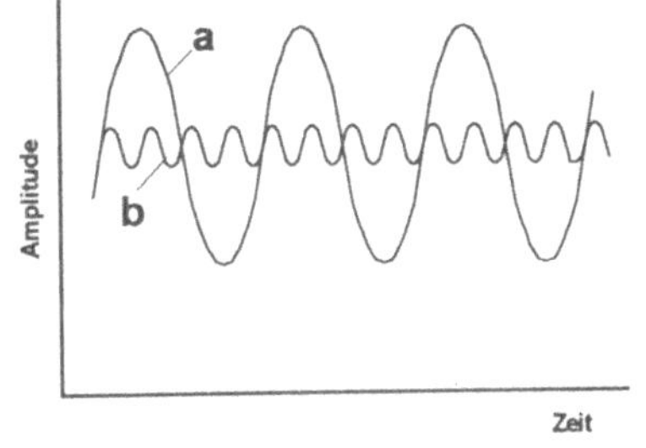

Welche der beiden Kurven gibt die höhere Frequenz an?
Handelt es sich bei diesen beiden Schwingungen um ein Geräusch oder Klang?
Welche Eigenschaft charakterisiert die unterschiedliche Amplitudengröße?

Lösung

Höhere Frequenz: b.
Beide Schwingungen: Klang.
Amplitudengröße: Schalldruck, Lautstärke.

910 Eine Oktave ist in 3 Terzbereiche (Dritteloktaven) eingeteilt mit den Mittenfrequenzen 100 Hz, 126 Hz und 159 Hz. Welchen Frequenzbereich umfaßt dann die Oktave und wie groß sind die Terzbereiche?

Lösung

Terzschritte unterteilen eine Oktave logarithmisch in drei gleiche Teile. Jede Oktave bzw. Terz ist durch die untere und obere Eckfrequenz bestimmt:

$$\text{Oktave:} \quad f_0, f_3;$$
$$\text{Terz:} \quad f_0, f_1;$$
$$f_1, f_2;$$
$$f_2, f_3.$$

Die Mittenfrequenzen f_0, f_{12} und f_{23} teilt den Oktav- bzw. Terzschritt in zwei logarithmisch berechnete gleiche Teile. Die jeweiligen Mittenfrequenzen benennt die entsprechende Oktave bzw. Terz, z.B.: f_0, f_{01}, f_1, usw.

Berechnungen:

Gegeben Mittenfrequenzen f_{01}, f_{12} und f_{23}, gesucht sind die Randfrequenzen f_0, f_1, f_2 und f_3.

$$f_{01}^2 = f_0 \cdot f_1, \text{ hieraus } f_1 = \frac{f_{01}^2}{f_0}$$

$$f_{02}^2 = f_1 \cdot f_2, \text{ hieraus } f_2 = \frac{f_{02}^2}{f_1} = \frac{f_{02}^2}{f_{01}^2} = f_0$$

$$f_{03}^2 = f_2 \cdot f_3, \text{ hieraus } f_3 = \frac{f_{03}^2}{f_2} = \frac{f_{03}^2}{f_{02}^2} = \frac{f_{01}^2}{f_0}$$

$$2 \cdot f_0 = \frac{f_{03}^2 \cdot f_{01}^2}{f_{02}^2 \cdot f_0}, \quad f_0^2 = \frac{f_{03}^2 \cdot f_{01}^2}{2 \cdot f_{02}^2}$$

$$\text{Somit:} \quad f_0 = \frac{f_{03} \cdot f_{01}}{\sqrt{2} \cdot f_{02}} = \frac{159 \cdot 100}{\sqrt{2} \cdot 126} \text{ Hz} = 89{,}2 \text{ Hz,}$$

$$f_1 = \frac{f_{01}^2}{f_0} = 112{,}1 \text{ Hz,}$$

$$f_2 = \frac{f_{02}^2}{f_{01}^2} \cdot f_0 = 141{,}6 \text{ Hz,}$$

$$f_3 = 2 \cdot f_0 = 178{,}4 \text{ Hz.}$$

Frequenzbereiche nach DIN 45 401: Oktave   (89...178) Hz
Terz   (89...112) Hz
(112...142) Hz
(142...178) Hz

911 Wie nennt man die Grenzen, die den menschlichen Hörbereich angeben? Um wieviel Mal größer ist der Schallpegel der Obergrenze im Vergleich zu dem der Untergrenze?

Lösung

Hörschwelle: $p_{min} = 2 \cdot 10^{-5}$ N/m^2 = p_0;
Schmerzgrenze: $p_{max} = 20$ N/m^2.

Schallpegel: $L = 20 \lg \dfrac{p}{p_0}$;

Bezugsschalldruck: $p_0 = p_{min} = 2 \cdot 10^{-5}$ N/m^2.

Dann ergibt sich:

$$L_{min} = 20 \lg \frac{20}{20} = 0 \text{ dB}$$

$$L_{max} = 20 \lg \frac{20}{2 \cdot 10^{-5}} = 120,0 \text{ dB}$$

$$L_{max} - L_{min} = 120,0 \text{ dB} - 0 \text{ dB} = 120,0 \text{ dB}$$

912 Die Schalldämmung von Bauteilen ist frequenzabhängig. Welche Frequenzen werden in der Regel besser gedämmt, hohe oder tiefe?

Lösung

Hohe Frequenzen.

913 Von welchen Größen hängt die Grenzfrequenz üblicher Baustoffe ab?

Lösung

Unter Grenzfrequenz (Koinzidenzgrenzfrequenz, Spuranpassungsgrenzfrequenz) f_g in Hz versteht man die Frequenz, bei der die Wellenlänge des Luftschalls mit der Wellenlänge der Biegewelle des Bauteils übereinstimmt. In diesem Frequenzbereich tritt wegen der Spuranpassung eine Verschlechterung der Luftschalldämmung auf. Die Grenzfrequenz ist abhängig vom dynamischen Elastizitätsmodul, der Bauteildicke und Dichte und von der breitenbezogenen Biegesteifigkeit einer Bauteilplatte.

Liegt die Grenzfrequenz eines Bauteils innerhalb des Frequenzbereiches 100 Hz . . . 2000 Hz, so erfährt die Schalldämmung einen "Einbruch". Daher ist für die Schalldämmung von Bauteilen entscheidend, daß die Grenzfrequenz außerhalb dieses Bereiches liegt:

$$f_g < \ 100 \text{ Hz (ausreichend biegesteif),}$$
$$f_g > 2000 \text{ Hz (ausreichend biegeweiches Bauteil).}$$

914 Welcher Unterschied besteht zwischen einer biegeweichen und biegesteifen Schale im Sinne der Bauakustik?

Lösung

Nach DIN 4109 gilt eine Schale als biegesteif, deren Grenzfrequenz f_g unter 2000 Hz liegt. Im Bauwesen ist es ungünstig, wenn die Grenzfrequenz im Hauptfrequenzbereich (200 - 2000 Hz) liegt. Dies ist der Fall bei plattenförmigen Bauteilen aus Beton, Leichtbeton, Mauerwerk, Gips und Glas mit flächenbezogener Masse zwischen 20 und ca. 100 kg/m^2 und bei Platten aus Holz- und Holzwerkstoffen mit flächenbezogener Masse über 15 kg/m^2. Günstig wirkt sich eine hohe Biegesteifigkeit aus, wenn die Grenzfrequenz im unteren Frequenzbereich (100 - 200 Hz) oder unter 100 Hz liegt. Beispiele: Platten, plattenförmige Bauteile aus Beton, Leichtbeton und Mauerwerk mit einer flächenbezogenen Masse von mindestens 150 kg/m^2 und mehr.

Nach der gleichen Norm gilt eine Schale als biegeweich, wenn sie eine Grenzfrequenz f_g oberhalb von 2000 Hz besitzt. Sie haben ihre wesentliche Bedeutung für die Konstruktion zweischaliger Bauteile, die durch eine Luftschicht oder eine federnde Dämmschicht getrennt bzw. verbunden sind.

915 Durch welche Maßnahmen kann aus einer im bauakustischen Sinne biegesteifen Schale eine biegeweiche Schale werden?

Lösung

Nach DIN 4109 ist die Biegesteife eines Bauteils durch die Grenzfrequenz gekennzeichnet:

$$f_g = 60 \cdot \frac{1}{s}\sqrt{\frac{\rho}{E}} \quad > \quad 2000\,\text{Hz} \quad \rightarrow \quad \text{biegeweich.}$$

Maßnahmen: wenn die Rohdichte (ρ in kg/m^3) größer gewählt wird, während E-Modul (E in MN/m^2) und Schichtdicke (s in m) gleich bleiben, oder
wenn E-Modul kleiner gewählt wird bei gleicher Rohdichte und Schichtdicke, oder
wenn bei gleicher Rohdichte und gleichem E-Modul die Schichtdicke kleiner gewählt wird.

916 Welche Faktoren (Materialeigenschaften, konstruktive Maßnahmen) haben Einfluß auf die Größenordnung der Luftschalldämmwirkung einer einschaligen Wand?

Lösung

Materialeigenschaften: Masse, Rohdichte, Biegesteifigkeit, Porigkeit (Schallschluckung).
Konstruktive Maßnahmen: Dichtigkeit (keine Fugen), Raumeinpassung.
Die Luftschalldämmung einschaliger Bauteile hängt aber in erster Linie von der flächenbezogenen Masse ab, d.h. einschalige Bauteile haben eine umso bessere Luftschalldämmung, je schwerer sie sind. Nicht die Art des Materials ist in erster Linie für die Größe der Schalldämmung entscheidend, sondern die flächenbezogene Masse.
In der Regel nimmt die Luftschalldämmung auch mit der Frequenz stetig zu. Nur im Bereich der Grenzfrequenz, der Spuranpassung, verschlechtert sich die Luftschalldämmung, weil sich hier bei einer Resonanz die Wirkungen von Massenträgheit und Biegesteifigkeit gegenseitig aufheben. Die Biegesteifigkeit (E · I, E: Elastizitätsmodul, I: Trägheitsmoment) kann sich also verschiedenartig auswirken.
Ungünstig ist die Wirkung der Biegesteifigkeit, wenn die Grenzfrequenz im Hauptfrequenzbereich (200 - 2000 Hz) liegt.
Liegt die Grenzfrequenz im unteren Frequenzbereich (100 - 200 Hz) oder sogar unter 100 Hz, wirkt sich die Biegesteifigkeit günstig aus.

Einen großen Einfluß auf die Schalldämmung hat die infolge nicht vernachlässigbare Biegesteifigkeit mögliche Koinzidenz oder Spuranpassung.

Wird ein einschaliges Bauteil an einer Stelle punktförmig mit einer bestimmten Frequenz zu periodischen Schwingungen angeregt, so entstehen auf dem Bauteil Biegewellen, die von der Anregungsstelle auf dem Bauteil fortwandern (Wellenlänge λ_B).

Bringt man nun eine zweite, gleichphasige Anregungsstelle im Abstand λ_B von der ersten auf dem Bauteil an, so wird diese die Wirkung der ersten Anregung verstärken. Eine ähnliche Verstärkung kann in der Praxis dann zustande kommen, wenn Luftschall schräg auf ein Bauteil auftrifft. Dieser Verstärkungseffekt kann bei senkrechtem Schalleinfall nicht auftreten, weil dabei Druckmaxima oder Druckminima das Bauteil auf der ganzen Fläche gleichzeitig treffen. Als Voraussetzung für diese verstärkte Anregung, die Hand in Hand geht mit einer verstärkten Abstrahlung und damit gleichbedeutend ist mit einer verminderten Schalldämmung, muß die Projektion (oder "Spur") der Luftwellenlänge λ auf die Oberfläche des Bauteils mit der Biegewellenlänge λ_B übereinstimmen. Diesen Effekt bezeichnet man als Spuranpassung oder Koinzidenz.

917 Wann ist die Luftschalldämmung einer zweischaligen Trennwand besser als bei einer gleichschweren einschaligen?

Lösung

Es sind die folgenden drei Frequenzbereiche zu unterscheiden:
Unterhalb der Resonanzfrequenz keine Verbesserung der Schalldämmwirkung,
in der Nähe der Resonanzfrequenz Verschlechterung der Schalldämmwirkung,
oberhalb der Resonanzfrequenz Verbesserung der Schalldämmwirkung.

918 Welchen Bedingungen sollten einschalige Bauteile mindestens genügen, und was muß bei zweischaligen Konstruktionen beachtet werden, um eine ausreichende Dämmung gegen Luftschall zu erreichen?

Lösung

Einschalige Bauteile: möglichst schwer (über 450 kg/m^2) und so dick wie möglich, Biegesteifigkeit möglichst groß; günstige Verteilung der Masse; Dichtigkeit bzw. keine Fugen.

Zweischalige Konstruktionen: verschiedene Steifigkeiten der Schalen wählen (d.h. unterschiedliche Dicken bzw. Biegesteifigkeiten); Steifigkeit der Zwischenschicht (dämpfendes Medium) möglichst niedrig, Schalenabstand möglichst groß; Ausschaltung von z.B. Körperschallbrücken; Mörtelbrücken; Undichtigkeiten (Luftschallbrücken).

919 Wie lautet das physikalische Ersatzschema für eine zweischalige Konstruktion?

Lösung

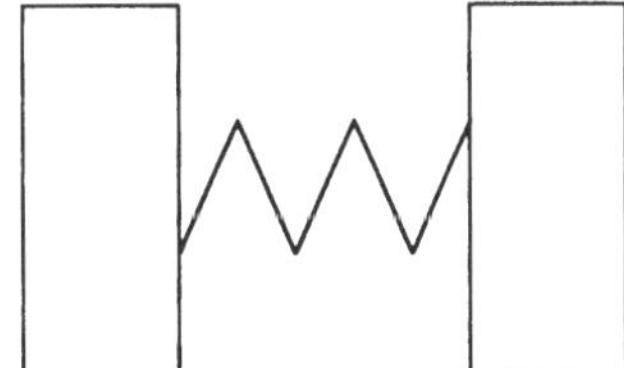

Masse - Feder - Masse.

920 Welche Größen bestimmen innerhalb einer zweischaligen Trennwand die Lage der Resonanzfrequenz?

Lösung

Gewicht der Schalen, Hohlraum (Schalenabstand), Steifigkeit der Dämmung.

921 Was muß bei der Ausführung einer zweischaligen Trennwand beachtet werden?

Lösung

Die Resonanzfrequenz muß genügend tief liegen. Maßgebend dafür sind der Schalenabstand (muß genügend groß sein) und die dynamische Steifigkeit der Hohlraumfüllung (z.B. sind Hartschaumplatten ungünstig). Weiterhin ist die Schallübertragung durch die Randeinspannung zu beachten (Randdämmstreifen) und über Schallbrücken (Verbindungselemente beider Schalen).

922 Durch welche maßgebenden Einflüße wird die Schalldämmwirkung einer zweischaligen Wand wesentlich verringert?

Lösung

Resonanzfrequenz liegt im akustisch ungünstigen Bereich (etwa 100 bis 3200 Hz); ungenügender Schalenabstand; Hohlraumfüllung besitzt zu hohe Steifigkeit; Schallübertragung über Randeinspannung; Schallbrücken (Verbindung zweier Schalen).

923 Durch welche konstruktive Maßnahmen kann bei der zweischaligen Wand die Resonanzfrequenz reduziert werden?

Lösung

Durch Ausbilden unterschiedlich biegesteifer (d.h. dicker) Schalen. Durch Vergrößern des Schalenabstandes. Durch Reduzierung der dynamischen Steifigkeit s' des dämpfenden Stoffes im Schalenzwischenraum. Durch eine biegesteife Konstruktion, d.h. möglichst große Massen.

924 Was versteht man unter der "*Berger*schen Regel" im Zusammenhang mit dem Luftschallschutzmaß (LSM) und dem Trittschallschutzmaß (TSM)?

Lösung

Theoretisches Massegesetz zur Ermittlung des Schalldämm-Maßes (Schalldämmwirkung) als Funktion der Frequenz für ein einschaliges Bauteil mit linearem Zusammenhang bei logarithmischem Abszissenmaßstab. Eine Verdoppelung der Flächenmasse oder der Frequenz vergrößert das Schalldämm-Maß um $\approx$ 6 dB.

925 Welcher Unterschied besteht zwischen folgenden Kenngrößen: Trittschallpegel, Norm - Trittschallpegel und bewerteter Norm - Trittschallpegel?

Lösung

Trittschallpegel L_T ist der Schallpegel (je Terz), der im Raum unter einer Decke entsteht (Empfangsraum), wobei die Decke mit oder ohne Deckenauflage von einem aufgesetzten Norm - Hammerwerk nach DIN 52 210-1 angeregt wird. Der Trittschallpegel L_T ist frequenzabhängig.

Norm - Trittschallpegel ist der Trittschallpegel (je Terz), der im Empfangsraum die Bezugs - Absorptionsfläche $A_0 = 10$ m² hätte. Der Norm - Trittschallpegel L_n ist frequenzabhängig. Bezeichnet A die äquivalente Schallabsorptionsfläche des Empfangsraumes in m², so errechnet sich der Norm - Trittschallpegel nach DIN 4109:

$$L_n = L_T + 10 \lg \frac{A}{A_0}$$

Wird der Norm - Trittschallpegel am Bau gemessen, so wird dieser als L'_n gekennzeichnet.

Bewerteter Norm - Trittschallpegel $L_{n,w}$ ist eine Einzelangabe zur Kennzeichnung des Trittschallverhaltens gebrauchsfertiger Decken- und Treppenkonstruktionen. Zur Beurteilung des Trittschallschutzes wird die frequenzabhängige Bezugskurve für den Norm - Trittschallpegel nach DIN 52 210-4 um ganze dB nach oben (ungünstig) bzw. nach unten (günstig) verschoben, bis die mittlere Überschreitung der Bezugskurve durch die Meßkurve ≤ 2 dB wird. $L_{n,w}$ entspricht dem Wert der verschobenen Bezugskurve bei 500 Hz. Im Beispiel: TSM = 60 dB - 50 dB = 10 dB. - $L_{n,w}$ = 50 dB.

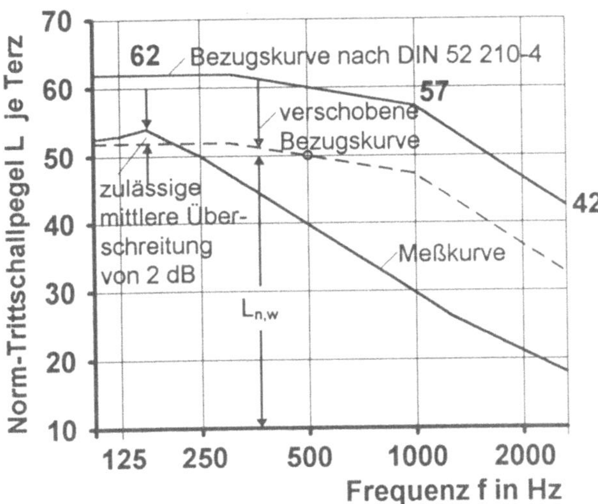

926 Was ist eine Schallbrücke?

Lösung

Das sind starre Verbindungen zwischen Einzelschalen mehr-
schaliger Bauwerksteile, besonders doppelschaliger Konstruktionen. Solche Schallbrücken können statisch bedingt sein oder
von Unachtsamkeiten bei der Herstellung herrühren. Sie bewirken eine zusätzliche Schallübertragung und haben dadurch eine
erhebliche Verschlechterung der Schalldämmung zur Folge. In
jedem Fall haben sie besonders bei hohen Frequenzen einen
ungünstigen Einfluß auf die Schalldämmung, weil sie eine elastische Zwischenschicht doppelschaliger Konstruktionen kurz-
schließen. Besonders bei tiefen Frequenzen wird Schall nicht
nur über die Brücken, sondern auch über die großflächige Zwischenschicht bei Doppelwänden übertragen.
Der Einfluß von Schallbrücken kann besonders bei biegesteifen
Schalen so stark sein, daß die erzielten Schalldämm - Maße
niedriger sind als die des gleich schweren einschaligen Bau-
werkteils. Ist wenigstens eine der beiden Schalen biegeweich,
so ist der Einfluß der Schallbrücken wesentlich geringer. Hier
sind durchaus einzelne, feste jedoch geringflächige - punktförmige - Verbindungsstellen zwischen den Schalen zulässig. In
der Praxis kann man diese punktförmige Befestigung z.B. dadurch realisieren, daß an den Befestigungsstellen Pappschei-
ben, Filzstreifen o.ä. unterlegt werden.
Bei schwimmendem Estrich treten Schallbrücken in Form starrer
Verbindungen zwischen der lastverteilenden Platte und der
Rohdecke bzw. den angrenzenden Wänden auf. Besonders die
erstgenannten Schallbrücken können dazu führen, daß die Wirkung eines schwimmenden Estrichs völlig zunichte gemacht
wird. Gegen die Art von Schallbrücken zwischen der lastverteilenden Platte und den Wänden hilft die ordnungsgemäße Ausführung des Randdämmungsstreifens.
Es gilt der Grundsatz bei Schallbrücken allgemein: Ein schall-
dämmendes Element muß in seinen schalltechnischen Eigenschaften möglichst von denen aller angeschlossenen Bauteile
verschieden sein.

927 Zwei Schallquellen mit den Einzelschallpegeln 50 dB und 100 dB
haben einen Gesamtschallpegel von 50, 75, 100, 125 oder 150 dB?

Lösung

100 dB, da bei der Addition zweier Schallquellen für $\Delta L > 20$ dB keine Pegelerhöhung berücksichtigt wird. Schon eine Pegeldifferenz $\Delta L > 6$ dB wird vom menschlichen Hörvermögen nicht differenziert.

928 Um wieviel dB erhöht sich der Schallpegel bei einer Verdoppelung der Bezugs - Schallintensität I_0 und wie groß ist I_0?

Lösung

Erhöhung des Schallpegels um:

$\Delta L = 10 \lg \dfrac{I}{I_0}$, mit $I = 2 \cdot I_0$ folgt $\Delta L = 10 \lg 2 = 3$ dB.

$I_0 = 10^{-12}$ W/m^2 ist die Schallintensität an der Hörschwelle bei 1000 Hz.

929 Um wieviel dB erhöht sich der Schallpegel bei Verdoppelung des Schalldrucks?

Lösung

Nach DIN 4109 wird

$$L = 20 \lg \frac{2p}{p_0} = 20 \lg 2 + 20 \lg \frac{p}{p_0} = \Delta L + 20 \lg \frac{p}{p_0}$$

Erhöhung des Schallpegels um $\Delta L = 20 \lg 2 = 20 \cdot 0{,}30 = 6{,}0$ dB.

930 Beim Zusammenwirken von zwei Schallquellen gleicher Intensität erhöht sich der gesamte Schallpegel um 3 dB. Wie groß ist der Schalldruckpegel der Schallquelle, wenn der gesamte Schalldruckpegel jetzt nur noch soviel betragen darf, wie ursprünglich bei einer Schallquelle?

Lösung

Für den Schallpegel $L_1 = L_2$ wird der Gesamtschallpegel
$L_{ges} = L_1 + 10 \lg n = L_1 + 10 \lg 2 = L_1 + 3$ dB;

Wenn $L_{ges,neu} = L_1 = L_2 = L_{1,neu} + 3$ dB sein soll, folgt für
$L_{1,neu} = L_{2,neu} = L_{ges,neu} - 3$ dB $= L_1 - 3$ dB.

931 In Tests haben "Meisterschnarcher" 69 dB erzielt.
Wieviele Schreibmaschinen mit einem vorhandenen Schallpegel von je L = 55 dB sind notwendig, wenn der vom "Meisterschnarcher" erzeugte Schallpegel durch Schreibmaschinen ersetzt werden soll?

Lösung

L_{ges} = 69 dB.
Schallpegel einer Schreibmaschine L_i = 55 dB.
Gesuchte Anzahl der Schreibmaschinen n_i.

Nach DIN 4109 ist $L_{ges} = L_i + 10 \lg (n_i)$ und hieraus
$10 \lg (n_i) = 69$ dB - 55 dB = 14 dB, d.h. $n_i \approx 25$.

932 Trifft die Aussage zu, daß 10 lärmarme Fahrzeuge, die jeweils 10 dB unter den Grenzwerten bleiben, so laut wie ein herkömmliches Fahrzeug sind?

Lösung

Ja, weil L_{ges} $= L_i + 10 \lg (n)$, bei $L_{i,neu} = L_i - 10$ dB für n = 10;
$L_{ges,neu} = L_{i,neu} + 10 \lg (10) = (L_i - 10,0$ dB$) + 10$ dB $= L_i$.

933 Der Schallpegel am Bedienungsplatz einer Maschine beträgt L_{ges} = 79 dB. Der Störpegel beträgt $L_{stör}$ = 72 dB.
Wie groß ist der Schallpegel der Maschine und wann muß der Störpegel nicht berücksichtigt werden?

Lösung

Nach der Richtlinie VDI 2058 Blatt 2 errechnet sich:
$L_{masch} = 10 \lg (10^{0,1 \cdot 79} - 10^{0,1 \cdot 72}) = 78,0$ dB.

Der Störpegel kann vernachlässigt werden, wenn die Schallpegeldifferenz 10 dB überschreitet.

934 Drei Schallquellen erzeugen in 4 m Entfernung von der Schallquelle jeweils einen Schalldruckpegel von L_1 = 58 dB, L_2 = 69 dB und L_3 = 70 dB.
Wie groß ist der gesamte Schalldruckpegel in 4 m Entfernung?

Lösung

Da $L_2 - L_1 = 11$ dB > 10 dB, ist L_1 vernachlässigbar.

$$L_{ges} = 70,0 \text{ dB} + 10 \lg \left(1 + 10^{\frac{-(70,0-69,0)}{10}}\right) = 72,5 \text{ dB}.$$

935 In einer Halle werden Motoren getestet. Der je Motor entstehende Schallpegel beträgt 120 dB. Wie groß ist der Gesamtpegel in der Halle, wenn gleichzeitig 3 Motoren laufen und infolge von Zubehöreinrichtungen ein zusätzlicher Schallpegel von 110 dB entsteht?

Lösung

Nach DIN 4109 Beiblatt 1: $L_{ges} = 10 \lg \sum\limits_{i=1}^{n} \left(n \cdot 10^{\frac{L_0}{10}}\right)$ dB

$$L_{ges} = 10 \lg (3 \cdot 10^{12} + 1 \cdot 10^{11}) = 125 \text{ dB}$$

Somit beträgt der Gesamtschalldruckpegel in der Halle 125 dB.

936 In einem Büro sind 12 Büromaschinen aufgestellt. Es ist zwischen 5 Typen mit folgenden Einzelschallpegeln zu unterscheiden:

Typ	I	II	III	IV	V
Einzelschallpegel in dB	48	52	55	75	80

Sind alle Maschinentypen in Betrieb, so beträgt der Gesamtschalldruckpegel 83,3 dB. Wieviele Maschinen sind von jedem Typ im Büro aufgestellt?
Wieviele Maschinen von jedem Typ sind in Betrieb, wenn im Büro ein Schallpegel von 49,6 dB gemessen wird?

Lösung

Nach DIN 4109-1:

$$L_{ges} = 10 \lg \sum\limits_{i=1}^{n} \left(n \cdot 10^{\frac{L_0}{10}}\right) \text{ dB} = 83,3 \text{ dB}$$

$$L_{ges} = 10 \lg(n_V \cdot 10^8 + n_{IV} \cdot 10^{7,5} + n_{III} \cdot 10^{5,5} + n_{II} \cdot 10^{5,2} + n_I \cdot 10^{4,8})$$

Durch die 5 Unbekannten n_I bis n_V ist diese Formel nur durch Iteration lösbar. Ansatz:
$$10^{8,33} = 2{,}138 \cdot 10^8 = 2 \cdot 10^8 + 1 \cdot 10^7 + 3 \cdot 10^6 + 8 \cdot 10^5 + ..$$

Die Lösung ergibt sich nur durch Ausprobieren:
Der Gesamtschalldruckpegel L_{ges} muß sich in erster Linie aus den Schallpegeln der Maschinen IV und V zusammensetzen:

$$L_{ges} = 10 \lg (1 \cdot 10^8 + 1 \cdot 10^{7,5}) = 81{,}2 \text{ dB}$$
$$L_{ges} = 10 \lg (2 \cdot 10^8 + 1 \cdot 10^{7,5}) = 83{,}6 \text{ dB} \qquad \text{(zuviel!)}$$
$$L_{ges} = 10 \lg (1 \cdot 10^8 + 3 \cdot 10^{7,5}) = 82{,}9 \text{ dB}$$

Mit dem Gesamtschalldruckpegel von 82,9 dB sind 4 Maschinen berücksichtigt; d.h. es fehlen noch 8 Maschinen der Typen I - III.

$$L_{ges} = 10 \lg (1 \cdot 10^8 + 3 \cdot 10^{7,5} + 6 \cdot 10^{5,5} + 1 \cdot 10^{5,2} + 1 \cdot 10^{4,8})$$
$$L_{ges} = 82{,}94 \text{ dB}$$
Der Schalldruckpegelunterschied zu 83,3 dB resultiert aus einem Hintergrundgeräusch ΔL_{ges}.

Zur Frage: $L_{ges} = 49{,}6$ dB folgt, daß kein Typ II bis V vorhanden ist, weil deren Einzelschallpegel höher ist.
Nur Typ I mit $L_0 = 48{,}0$ dB in Betrieb! Wieviele Maschinen?
Lösung ergibt sich wiederum durch Probieren:
$$L_{ges} = 10 \lg (2 \cdot 10^{4,8}) = 51{,}0 \text{ dB} \qquad \text{(zuviel!)}$$

Folge:
Im Büro ist bei einem Schallpegel von 49,6 dB nur eine Maschine vom Typ I mit 48 dB in Betrieb.
Der Schallpegelunterschied zu 49,6 dB resultiert aus einem Hintergrundgeräusch ΔL_{ges}.

937 In einer Werkstatt wurde an einem Maschinenarbeitsplatz ein Schalldruckpegel einschließlich Fremdschall von außen bei 500 Hz von 81 dB gemessen. Bei der in der Halle installierten maschinellen Warmluftheizungsanlage mit einem Schalldruckpegel von 75 dB wurde einschließlich Fremdschall ein Schalldruckpegel von 78 dB gemessen. Beide Messungen, an der Maschine und an der Warmluftheizungsanlage wurden getrennt durchgeführt, d.h. bei der Maschinenmessung war die Warmluftheizungsanlage ausgeschaltet und umgekehrt.

Wie groß ist jeweils der Schalldruckpegel der Maschine und des Fremdschalls?

Kann der Schalldruckpegel des Fremdschalls vernachlässigt werden?

Wie groß ist in der Werkstatt der Gesamtschalldruckpegel, wenn 6 Maschinen gleicher Bauart wie vor installiert werden und wenn zusätzlich die Warmluftheizungsanlage betrieben wird?

Lösung

Annahme: Schalldruckpegel der Maschine und des Fremdschalls L_{M+F} = 81 dB

Schalldruckpegel der Warmluftheizungsanlage L_H = 75 dB

Schalldruckpegel der Warmluftheizungsanlage und des Fremdschalls L_{H+F} = 78 dB

Schalldruckpegel der Maschine L_M

Schalldruckpegel des Fremdschalls L_F

Bedingung nach DIN 4109 Beiblatt 1:

$$L_{M+F} = 10 \lg \left(10^{0,1 \cdot L_M} + 10^{0,1 \cdot L_F} \right) = 81,0 \text{ dB}$$

$$L_{H+F} = 10 \lg \left(10^{0,1 \cdot L_H} + 10^{0,1 \cdot L_F} \right) = 78,0 \text{ dB}$$

Nach der letzten Gleichung errechnet sich der Schalldruckpegel des Fremdschalls:

$L_F = 10 \lg \left(10^{0,1 \cdot L_{H+F}} - 10^{0,1 \cdot L_H} \right) \approx 75,0$ dB, woraus folgt:

$L_F = L_H = 75,0$ dB

Nach der ersten Gleichung errechnet sich der Schalldruckpegel der Maschine: $L_M = 10 \lg \left(10^{0,1 \cdot L_{M+F}} - 10^{0,1 \cdot L_F} \right) \approx 80,0$ dB

Zur Frage, ob der Schalldruckpegel des Fremdschalls vernachläßigt werden kann:

$L_{M+F} - L_F = 81$ dB - 75 dB = 6 dB

Da der Unterschied der Schalldruckpegel < 10 dB ist, kann der Fremdschalldruckpegel nicht vernachläßigt werden.

Zur Frage des Gesamtschalldruckpegels von 6 Maschinen und zusätzlicher Warmluftheizungsanlage, sowie Schalldruckpegel des Fremdschall:

$L_{ges} = \left(6 \cdot 10^{0,1 \cdot L_M} + 10^{0,1 \cdot L_H} + 10^{0,1 \cdot L_F} \right) \approx 88,0$ dB

938 Dem Umwelt-Beauftragten eines Betriebes gelingt es, den Schalldruckpegel einer im Freien, am Boden montierten Maschinenanlage um 3 dB zu verringern.

Die Schallabstrahlung kann rund um die Maschine allseitig ungehindert erfolgen. Um wieviel näher zur Maschine könnten Wohnungen errichtet werden, wenn derselbe Schalldruckpegel wie vor der Verbesserung akzeptiert wird.

Lösung

Schalldruckpegel der Maschinenanlage vor der Verbesserung L_1. Schalldruckpegel wie vor nach der Verbesserung:

$$L_2 = L_1 - 3{,}0 \text{ dB}.$$

Die geometrische Schallausbreitungsdämpfung bei punktförmigen Schallquellen beträgt $L_2 = L_1 - 20 \lg \dfrac{r_2}{r_1}$.

r_1 ist die radiale Entfernung zwischen der Maschinenanlage und den Wohnungen bezogen auf den Schalldruckpegel L_1.

r_2 ist die verringerte Entfernung durch den verbesserten Schalldruckpegel L_2.

Mit den eingesetzten Werten ergibt sich:
$$\frac{r_2}{r_1} = (10)^{-\frac{3}{20}} = 0{,}71.$$

Annahme z.B.: $r_1 = 60$ m, daraus folgt:
$r_2 = 60 \text{ m} \cdot 0{,}71 \approx 43$ m.

939 Gemäß der nachfolgenden Abbildung wurde zur damaligen Zeit eine Nachricht bzw. ein Befehl durch kurzen Zuruf von Turm zu Turm weiter gegeben. Beim Sprechen oder Rufen dauert eine Silbe etwa 0,25 Sekunden. Wie weit müssen die einzelnen Türme mindestens voneinander entfernt angeordnet sein, wenn das Echo des vom nächsten Turm reflektierten Wortes bzw. Textes um zwei Silben später als der Zuruf beim Rufer eintreffen soll?

Das siebenfache Echo an der Stadtmauer von Avignon, aus Musurgia universalis des *A. Kircher*, Rom 1650.

Lösung

Schallgeschwindigkeit gewählt c ≈ 340 m/s.
s_T in m ist der Abstand zwischen den einzelnen Türmen. Die Dicke der Echomauern soll unberücksichtigt bleiben.
Gemäß Aufgabe beträgt die Zeit für das Rufen einer Silbe t_{Silbe} = 0,25 s.

Ansatz: Die Länge des Reflexionsweges und die Dauer der Silben beträgt: $2 \cdot s_T = c \cdot (2 \cdot t_{Silbe})$

Hieraus: $s_T = c \cdot t_{Silbe}$ = 340 m/s · 0,25 s
s_T = 85 m, also Abstand der Türme ca. 85 m bei Vernachlässigung der Turmdicke.

940 Zwischen welchen Frequenzen liegt der Schallschutzbereich im Bauwesen?

Lösung

Im Frequenzbereich 100 bis 3150 Hz, das sind 16 Terzen (nach DIN 52 210-4).

941 Was versteht man unter dem "Bau - Schalldämm - Maß"?

Lösung

Das Schalldämm - Maß R ist eine Meßgröße zur Kennzeichnung der Luftschalldämmung eines Bauteils und ist frequenzabhängig. Werden die Messungen am Bau oder im Labor mit "bauähnlichen Nebenwegen" durchgeführt, so spricht man nach DIN 52 210 vom Bau - Schalldämm - Maß R', d.h. Schalldämm - Maß mit Schallübertragung über flankierende Bauteile.

942 Welches Schalldämm-Maß müßte eine Trennwand haben, damit nur 1/10000 der Schallenergie in den Nachbarraum gelangt?

Lösung

$$\text{Nach DIN 4109: } R = 10 \lg \frac{p_1}{p_2} = 10 \lg \frac{10000}{1} = 10 \cdot 4 \text{ dB} = 40 \text{ dB.}$$

943 Eine Trennwand soll ein Schalldämm-Maß von 45 dB besitzen. Wieviel Prozent, der in einem Raum erzeugten Schallenergie würde dann in den Nachbarraum gelangen?

Lösung

Nach DIN 4109 wird mit:

p_1 die auf die Trennwand auftreffende Schallenergie,
p_2 die von der Rückseite der Trennwand in den Nachbarraum durchgelassene Schallenergie

das Schalldämm-Maß $R = 45 \text{ dB} = 10 \lg \frac{p_1}{p_2}$ berechnet.

Durch Umformen errechnet sich $\frac{p_2}{p_1} = 0{,}00003$, d.h. 0,003 % der Schallenergie gelangen in den Nachbarraum.

944 Das bewertete Schalldämm - Maß der trennenden Bauteile in einem Wohnhaus soll von benachbarten Räumen 62 dB betragen. Wie kann diese Forderung erreicht werden bei zwei übereinander liegenden Räumen und bei zwei nebeneinander liegenden Räumen?

Lösung

Nach DIN 4109 Beiblatt 1 Tabelle 35 muß bei einem erforderlichen Schalldämm - Maß von $R'_w = 62$ dB bei

übereinander liegenden Räumen die Massivdecke eine flächenbezogene Masse von $m \geq 500$ kg/m² besitzen mit schwimmendem Estrich nach Tabelle 17 und biegeweicher Unterdecke nach Tabelle 11, Zeilen 7 und 8,

nebeneinander liegenden Räumen eine zweischalige Wand mit durchgehender Gebäudetrennfuge jede Schale eine flächenbezogene Masse von $m \geq 160$ kg/m² besitzen, eine dreischalige Wand aus einer schweren, biegesteifen Schale mit $m \geq 500$ kg/m² mit biegeweichen Vorsatzschalen auf beiden Seiten nach Tabelle 7 bestehen.

945 Die bauakustische Messung zweier Trennwände ergab die unten dargestellten Verläufe des Luftschalldämm - Maßes in Abhängigkeit der Meßfrequenzen. Die eine Wand ist zweischalig ausgeführt; ihre beiden Schalen sind biegesteif und gleich dick. Das Flächengewicht der einschaligen Wand ist gleich dem Gesamtflächengewicht der zweischaligen Wand.
Welche der aufgetragenen Kurven gibt das Schalldämm - Maß der zweischaligen Wand an? Begründung!
Wie groß sind die bauakustisch kritischen Frequenzen der beschriebenen Bauteile und wie werden sie bezeichnet?
Wie sind die beiden Wände bauakustisch zu beurteilen?

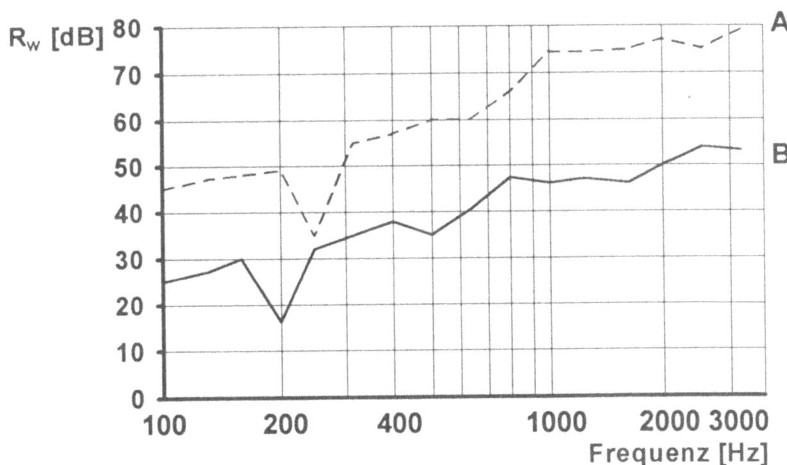

Lösung

Die Kurve A gibt das Schalldämm - Maß der zweischaligen Wand
an, Begründung: beide Wände haben die gleiche flächenbezogene
Masse, das Schalldämm - Maß der zweischaligen Wand ist daher
größer als das der einschaligen Wand (Kurve B).
Kritische Frequenzen:
Kurve A: Resonanzfrequenz $f_0 \approx 250$ Hz
Kurve B: Grenzfrequenz $f_g = 200$ Hz

Beurteilung:
Beide Wände sind bauakustisch schlecht.
Bei der Wand A ist die Resonanzfrequenz zu hoch, sie sollte
unter 100 Hz liegen, das Luftschalldämm - Maß R_W ist gut, da es
über den Norm - Bezugswerten (DIN 52 210-4) liegt.
Bei der Wand B ist die Grenzfrequenz zu hoch, sie sollte unter
100 Hz liegen, das Luftschalldämm - Maß R_W liegt unter den
Bezugswerten (DIN 52 210-4) und ist nicht ausreichend.

946 Durch eine bauakustische Untersuchung in einem Wandprüf-
stand soll das Schalldämm-Maß einer einschaligen Massivwand
($S_{Wand} = 16$ m^2) ermittelt werden. Aus den Messungen ergeben
sich bei f = 500 Hz folgende Daten:

Schalldruckpegel im Senderaum L_1 = 100   dB
Schalldruckpegel im Empfangsraum L_2 = 42   dB
Nachhallzeit im Empfangsraum   T   = 1,10 s
Raumvolumen des Empfangsraumes V = 67,5 m^3

Wie hoch ist das Schalldämm-Maß der Massivwand?

Wie groß darf das einzubauende Fenster höchstens sein, wenn
durch den Einbau einer Tür ($S_{Tür} = 2$ m^2) und eines Fensters
($S_{Fenster}$), die ein gleiches Schalldämm-Maß von 30 dB besitzen,
der Schallschutz der Wandkonstruktion höchstens um 40 % geschwächt werden darf?

Unter welchen Voraussetzungen kann die Ermittlung des resultierenden Schalldämm - Maßes der einschaligen Massivwand
mit Fenster und Tür ausschließlich auf die Flächen dieser Öffnungen ("Schall - Loch"), ohne Berücksichtigung des Schalldämm - Maßes der Wand bezogen werden?

Lösung

Ermittlung des Schalldämm-Maßes R der einschaligen Massivwand mit der Fläche von $S_{Wand} = 16\ m^2$.
$T = 1{,}10\ s;\ V = 67{,}5\ m^3$.
Äquivalente Schallabsorptionsfläche nach DIN 4109:

$$A = 0{,}163 \cdot \frac{V}{T} = 0{,}163 \cdot \frac{67{,}5}{1{,}10}\ m^2 \approx 10{,}0\ m^2$$

$$R = D + 10\ \lg \frac{S}{A} = L_1 - L_2 + 10\ \lg \frac{S}{A}$$

$$= 100{,}0\ dB - 42{,}0\ dB + 10\ \lg \left(\frac{16{,}0}{10{,}0}\right) \approx 60{,}0\ dB$$

Zur Frage des Schallschutzes der Wand mit Fenster und Tür:
Die Flächen der Tür und des Fensters können zusammengefaßt werden, weil diese beiden Bauteile gleiches Schalldämm-Maß aufweisen.
$S_{Wand} = 16\ m^2;\ S_{Tür} = 2\ m^2;$ gesucht: $S_{Fenster}$.
$S_2 = S_{Fenster} + S_{Tür}$

Nach DIN 4109 sowie Beiblatt 1 zur DIN 4109 gilt für das resultierende Schalldämm - Maß eines aus Elementen verschiedener Schalldämmung bestehenden Bauteils:

$$R_{w,res} = R_1 - 10\ \lg \left[1 + \frac{S_2}{S_{ges}} \left(10^{0{,}1 \cdot (R_1 - R_2)} - 1 \right) \right]$$

Für $R_{w,res}$ gilt (100 % - 40 %) von R_1 und hieraus:
$R_1 = 60\ dB,\ R_{w,res} = 36\ dB,\ R_2 = 30\ dB$.

$$\frac{S_2}{S_{ges}} = \frac{\left(10^{0{,}1 \cdot (R_1 - R_{w,res})} - 1 \right)}{\left(10^{0{,}1 \cdot (R_1 - R_2)} - 1 \right)},\ \text{Werte eingesetzt:}$$

$$\frac{S_2}{S_{ges}} \approx 0{,}25$$

$$S_2 \approx 0{,}25 \cdot S_{ges} = 0{,}25 \cdot 16{,}0\ m^2 = 4{,}0\ m^2$$

$$S_{Fenster} = S_2 - S_{Tür} = 4{,}0\ m^2 - 2{,}0\ m^2 = 2{,}0\ m^2$$

Tür- und Fensterflächen sind somit gleichgroß.

Zur Frage der Berücksichtigung:

Wenn das Schalldämm-Maß der Wandkonstruktion (ohne Öffnung) wesentlich höher (> 20 dB) ist als das Schalldämm-Maß der Öffnungen (Fenster, Tür, etc.) und ohne Einfluß einer Flankenübertragung, kann die Ermittlung des resultierenden Schalldämm-Maßes $R_{w,res}$ ausschließlich auf die Fläche der Öffnungen („Schall - Löcher") bezogen werden.

947 Zwei Büroräume unterschiedlicher Nutzung mit einer Raumhöhe von 2,6 m werden durch eine 4,5 m breite Wand voneinander getrennt. In der einschaligen Trennwand ist eine 1 m x 2 m große Tür eingebaut.

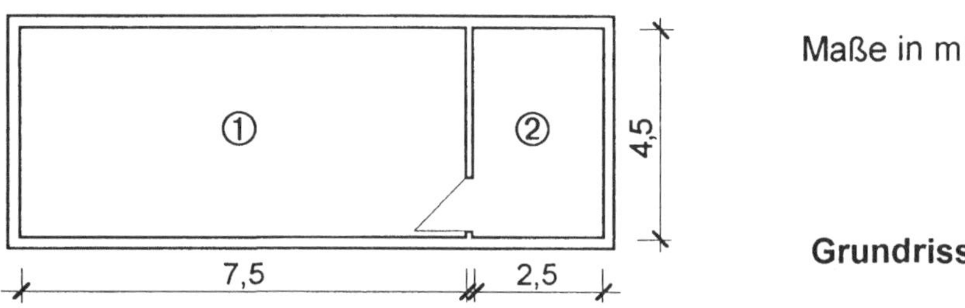

Die Räume ① und ② sind so auszustatten, daß dort jeweils eine optimale Sprachverständigung möglich ist. Wie groß sollen entsprechend die Nachhallzeiten der Räume sein?
Wie groß muß die äquivalente Schallabsorptionsfläche in den Räumen ① und ② sein?
Das bewertete Schalldämm - Maß des gesamten Trennbauteils (einschalige Wand und geschlossene Tür) beträgt 42 dB. Nach Herstellerangabe besitzt die Tür im geschlossenen Zustand ein bewertetes Schalldämm - Maß von 37 dB. Wie groß ist das bewertete Schalldämm - Maß der einschaligen Wand?
Wie groß muß der Schalldruckpegel im lauten Raum ② sein, wenn im leisen Raum ① ein Schalldruckpegel von 30 dB gemessen wird und die Tür geschlossen ist?
Durch welche möglichen Wege wird der Schall aus dem Raum ② in den Raum ① übertragen? Die Übertragungswege sind in einer Konstruktionsskizze zu markieren.

Lösung

Raum ①: Raumvolumen $V_① = 7,5 \cdot 4,5 \cdot 2,6 \text{ m}^3 = 87,8 \text{ m}^3$,
Raum ②: Raumvolumen $V_② = 2,5 \cdot 4,5 \cdot 2,6 \text{ m}^3 = 29,3 \text{ m}^3$.

Für Büroräume unter 300 m³ Rauminhalt gilt für die Nachhallzeiten als Anhaltswert im besetzten Raum nach DIN 18 041 und ISO 11 654: $T_① = T_② = 0,5$ Sekunden.

Nach DIN 4109 gilt für die Nachhallzeit:

$$T = 0{,}163 \cdot \frac{V}{A}, \text{ hieraus } A = 0{,}163 \cdot \frac{V}{T}$$

Werte eingesetzt ergibt für die äquivalente Schallabsorptions-fläche im:

$$\text{Raum } \textcircled{1}: A_{\textcircled{1}} = 0{,}163 \cdot \frac{87{,}8}{0{,}5} \text{ m}^2 = 28{,}6 \text{ m}^2,$$

$$\text{Raum } \textcircled{2}: A_{\textcircled{2}} = 0{,}163 \cdot \frac{29{,}3}{0{,}5} \text{ m}^2 = 9{,}6 \text{ m}^2.$$

Bewertetes Schalldämm - Maß der einschaligen Wand:

$$R = R_0 - 10 \lg \left[1 + \frac{S_1}{S_0} \cdot \left(10^{\frac{R_0 - R_1}{10}} - 1\right)\right] \text{ nach DIN 4109 Beiblatt 1.}$$

$S_1 = 2{,}0 \text{ m}^2$ Türfläche;
$S_0 = 4{,}5 \cdot 2{,}6 \text{ m}^2 = 11{,}7 \text{ m}^2$ Fläche des Trennbauteils;
$R = 42$ dB, Schalldämm - Maß des Trennbauteils (Wand und geschlossenen Tür), gemäß Aufgabe;
$R_1 = 37$ dB, Schalldämm - Maß der geschl. Tür, gemäß Aufgabe.

Somit Auflösen der vorstehenden Formel nach dem Schall-dämm - Maß der einschaligen Wand:

$$10^{\frac{R_0}{10}} \cdot \left(10^{-\frac{R}{10}} - \frac{S_1}{S_0} \cdot 10^{-\frac{R_1}{10}}\right) = 1 - \frac{S_1}{S_0}$$

$$R_0 = 10 \lg \frac{1 - \dfrac{S_1}{S_0}}{10^{-\frac{R}{10}} - \dfrac{S_1}{S_0} \cdot 10^{-\frac{R_1}{10}}} \approx 45 \text{ dB}$$

Schalldruckpegel im lauten Raum $\textcircled{2}$:

$$R = \Delta L + 10 \lg \frac{S_0}{A_{\textcircled{1}}} = 42 \text{ dB}$$

$$\Delta L = L_{\textcircled{2}} - L_{\textcircled{1}} = R - 10 \lg \frac{11{,}7}{28{,}6} \approx 46 \text{ dB}$$

$$L_{\textcircled{2}} = L_{\textcircled{1}} + 46 \text{ dB} = 30 \text{ dB} + 46 \text{ dB} = 76 \text{ dB}$$

Übertragungswege:

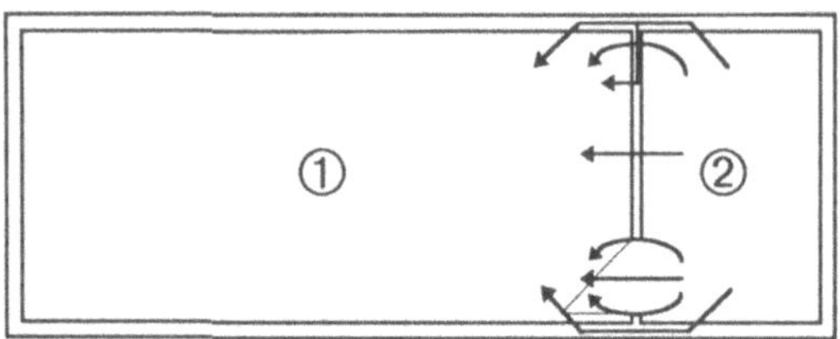

948 Ein Vortragsraum mit einer Nachhallzeit von 0,8 s wird in zwei gleich große Seminarräume aufgeteilt. Der Raum ist 12,0 m lang, 7,0 m breit und 3,5 m hoch. Das bewerte Schalldämm-Maß der Trennwand zwischen den Seminarräumen soll 42 dB betragen. Wieviel äquivalente Schallabsorptionsfläche besitzt der ursprüngliche Vortragsraum?

Wie groß ist das Schalldämm-Maß der Trennwand tatsächlich, wenn bei einem Schalldruck von $p = 1{,}12 \cdot 10^{-1}$ N/m^2 in dem einen Raum, im anderen Raum (im unbesetzten Zustand) noch ein Schalldruck von $p = 2{,}0 \cdot 10^{-3}$ N/m^2 gemessen wird, wobei die äquivalente Schallabsorptionsfläche des leisen Raumes 50 % der äquivalenten Schallabsorptionsfläche des ursprünglichen Vortragsraumes beträgt?

Wieviel äquivalente Schallabsorptionsfläche muß zusätzlich in den leisen Raum eingebracht werden, damit bei einem Schallpegel von 75 dB im lauten Raum und dem vorhandenen Schalldämm-Maß gemäß der zweiten Frage der Schallpegel im leisen Raum (im unbesetzten Zustand) 35 dB nicht überschreitet?

Wie groß ist die flächenbezogene Masse der Trennwand nach dem vorhandenen Schalldämm-Maß gemäß der zweiten Frage, und wie dick ist die Trennwand bei einem Material aus Beton bzw. Vollziegel?

Lösung

Äquivalente Schallabsorptionsfläche nach DIN 4109:

$$A = 0{,}163 \cdot \frac{V}{T}; \qquad V = 12{,}0 \text{ m} \cdot 7{,}0 \text{ m} \cdot 3{,}5 \text{ m} = 294{,}0 \text{ m}^3$$

$$A = 0{,}163 \cdot \frac{294}{0{,}8} \text{ m}^2 = 59{,}9 \text{ m}^2$$

Zur Frage wie groß ist das Schalldämm-Maß der Trennwand:

Umrechnen des Schalldrucks p (N/m^2) in den Schalldruckpegel L (dB). Nach DIN 1320 ist:

$$p_1 = 1,12 \cdot 10^{-1} \ N/m^2, \text{ hieraus } L_1 = 20 \lg \frac{1,12 \cdot 10^{-1}}{2,0 \cdot 10^{-5}} = 75,0 \ dB$$

$$p_2 = 2,0 \cdot 10^{-3} \ N/m^2, \text{ hieraus } L_2 = 20 \lg \frac{2,0 \cdot 10^{-3}}{2,0 \cdot 10^{-5}} = 40,0 \ dB$$

Nach DIN 4109 beträgt das Schalldämm-Maß der Trennwand:

$$R = D + 10 \lg \frac{S}{A}$$

$$D = L_1 - L_2 \qquad = 35,0 \ dB$$
$$S = 7,0 \ m \cdot 3,5 \ m = 24,50 \ m^2$$
$$A = 59,90 \ m^2 \cdot 0,5 = 29,95 \ m^2$$

Einsetzen in vorstehende Gleichung:

$$R = 35 + 10 \lg \frac{24,50}{29,95} = 34,13 \ dB$$

Frage nach der äquivalenten Schallabsorptionsfläche:
$L_1 = 75,0$ dB hieraus Schallpegeldifferenz:

$$D = 75,0 \ dB - 35,0 \ dB = 40,0 \ dB$$

Nach DIN 4109 beträgt das Schalldämm - Maß:

$R = D + 10 \lg \dfrac{S}{A}$. Durch Einsetzen vorstehender Ergebnisse:

$$34,13 \ dB = 40,0 \ dB + 10 \lg \frac{24,50}{A_{neu}} \ dB$$

$$10 \lg \frac{24,50}{A_{neu}} = -5,87$$

$$\lg \frac{24,50}{A_{neu}} = -0,587$$

Ansatz zur Lösung hierzu: $\lg (a) = x$ und hieraus: $10^x = a$.

$$\frac{24,50}{A_{neu}} = 10^{-0,587}$$

$$A_{neu} = \frac{24,50}{10^{-0,587}} \ m^2 = 24,50 \cdot 10^{0,587} \ m^2 = 94,7 \ m^2$$
$$94,7 \ m^2 - 29,95 \ m^2 = 64,7 \ m^2$$

Fazit: Die äquivalente Schallabsorptionsfläche A muß um zusätzlich 64,7 m^2 im leisen Raum erhöht werden!

Ermittlung der flächenbezogenen Masse und der Dicke der Trennwand mit dem Schalldämm - Maß R = 34,13 dB.

Nach DIN 4109 Beiblatt 1, Tabelle 1 beträgt die flächenbezogene Masse m $\approx$ 86 kg/m^2 bei einem bewerteten Schalldämm-Maß von 34,13 dB.
Gewählt z.B. Beton mit ρ = 2400 kg/m^3, hieraus:

$$s = \frac{m}{\rho} = \frac{86}{2400}\ m = 0{,}036\ m \approx 4\ cm\ Betonwanddicke.$$

Gewählt z.B. Vollziegel mit ρ = 1200 kg/m^3, hieraus:

$$s = \frac{m}{\rho} = \frac{86}{1200}\ m = 0{,}072\ m \approx 8\ cm\ Vollziegelwanddicke.$$

Die Trennwanddicke bei einem vorhandenen Schalldämm-Maß von 34,13 dB muß mindestens 4 cm Beton bzw. 8 cm Vollziegel betragen, wobei diese Werte auf handelsübliche Maße zu übertragen sind.

949 Erfüllt in einem Geschoßhaus eine Wohnungstrennwand mit folgenden Eigenschaften die Anforderungen an den Schallschutz nach DIN 4109? Gegebenenfalls sind Verbesserungen zu machen.

Vorgegeben: Mauerwerk, 24 cm, ρ = 1400 kg/m^3 mit beidseitigem, vollflächig haftendem Kalkgipsputz, 1,5 cm, ρ = 1400 kg/m^3.

Lösung

Forderungen nach DIN 4109 Tab. 3 für Geschoßhäuser mit Wohnungen erf. R'$_w$ = 53 dB als erforderliches Luftschalldämm - Maß zum Schutz gegen Schallübertragung aus einem fremden Wohnbereich.

Nachweis dieser Forderung mit den gegebenen Baustoffangaben:
Flächenbezogene Masse der Wohnungstrennwand:

$$m' = 1400\ kg/m^3 \cdot (0{,}24\ m + 2 \cdot 0{,}015\ m) = 378\ kg/m^2.$$

Nach DIN 4109 Beiblatt 1 Tab.1 beträgt das bewertete Schalldämm - Maß von einschaligen Wänden bei einer flächenbezogenen Masse

$$m' = 350 \text{ kg/m}^2 \qquad R'_{w,R} = 51 \text{ dB}$$
$$m' = 380 \text{ kg/m}^2 \qquad R'_{w,R} = 52 \text{ dB}$$

Ergebnis: Mit dem vorhandenen Schalldämm - Maß von
$R'_{w,R} > 51$ dB bzw. $R'_{w,R} < 52$ dB ist der Nachweis nicht erfüllt.
Anzustreben ist daher ein Erhöhen der Rohdichte des Mauer-
werks z.B. auf 1600 kg/m^3. Dann ergibt dies für die Wand
$$m' = 1600 \text{ kg/m}^3 \cdot 0,24 \text{ m} + 2 \cdot 1400 \text{ kg/m}^3 \cdot 0,015 \text{ m} = 426 \text{ kg/m}^2$$
als vorhandene, flächenbezogene Masse.

Nach der gleichen Normtabelle beträgt für
$$m' = 410 \text{ kg/m}^2 \qquad R'_{w,R} = 53 \text{ dB}$$
$$m' = 450 \text{ kg/m}^2 \qquad R'_{w,R} = 54 \text{ dB}$$

Die Forderung ist erfüllt; für die flächenbezogene Masse
$m' = 426$ kg/m^2 ist auch ohne Interpolation ablesbar, daß
$R'_w = 53$ dB als Forderung erfüllt ist.

950 Auf eine Wohnungstrennwand (Massivwand) wurde als Schall-
schutzmaßnahme eine Vorsatzschale aus Gipskartonplatten auf
einem Dämmstoffpolster angeordnet, ohne Erfolg. Wie sind hier
Fehler zu erklären?

Lösung

Es handelt sich hier um eine Wandausbildung mit biegeweicher
Vorsatzschale vor einschaligen biegesteifen Wänden, die in ihrem schalltechnischen Verhalten DIN 4109 Beiblatt 1, Tabelle 7
behandelt.

Fehlerursachen können sein:

Unzureichende Dicke der Gipskartonplatte, notwendig 12,5 mm
bis 15 mm in Ausführung nach DIN 18 181,
Hohlraumausfüllung mit Faserdämmstoff nach DIN 18 165-1 mit
Nenndicken > 60 mm,
Holzstiele (Ständer) oder C - Wandprofile aus Stahlblech nach
DIN 18 182-1 an schwerer Schale befestigt mit Abstand
> 500 mm.

Bei der zweischaligen Konstruktion besteht die Gefahr, daß sich im Bereich der Resonanzfrequenz die Luftschalldämmung verschlechtert, weil die beiden Schalen unter Zusammendrücken der als Feder wirkenden Zwischenschicht gegeneinander mit maximaler Amplitude schwingen. Die Resonanzfrequenz hängt von der flächenbezogenen Masse der beiden Schalen und der dynamischen Steifigkeit der Zwischenschicht ab. Um die Weiterleitung von Körperschall und die Schallnebenwegübertragung möglichst gering zu halten, sollte die Vorsatzschale auf der "lauten" Bauteilseite angeordnet werden. Die schallschluckende Einlage muß weichfedernd sein, DIN 4109 fordert einen längenspezifischen Strömungswiderstand von ≥ 5 kNs/m^4.

951 In einer Schreinerei wird ein Dauerschallpegel von 85 dB gemessen. Die einschalige Trennwand ($S = 50$ m^2) zu einem angrenzenden Büroraum ($V = 90$ m^3) hat ein Luftschalldämm-Maß von $R = 47$ dB. Zur Ermittlung der äquivalenten Schallabsorptionsfläche A wurden im leeren Büroraum Nachhallmessungen durchgeführt.
Bei diesen Nachhallmessungen stellte man fest, daß beim plötzlichen Abschalten einer Schallquelle der Anfangspegel nach 0,8 Sekunden um 50 dB abgesunken war.
Aus den Ergebnissen der Nachhallmessungen ist die äquivalente Schallabsorptionsfläche A des leeren Büroraumes zu ermitteln.
Mit welchem Schallpegel ist im Büroraum etwa zu rechnen?
Welche flächenbezogene Masse müßte die Trennwand theoretisch mindestens haben, um im Büroraum einen Schallpegel von maximal 35 dB zu gewährleisten?
Ist für den voll eingerichteten Büroraum eine Verringerung oder Vergrößerung der Nachhallzeit zu erwarten?
Wie wirkt sich dies auf den Schallpegel im eingerichteten Büroraum aus?

Lösung

Für die Schallintensität bestehen folgende Zusammenhänge:
Zusammenhang Schallintensität - Schallpegel:

$$I = I_0 \cdot 10^{\frac{L}{10}}$$

Zusammenhang Schallintensität - Zeit:

$$I(t) = I(0) \cdot e^{-\frac{c \cdot A}{4 \cdot V} \cdot t}$$

Durch Zusammenfassen der beiden Gleichungen ergibt sich:

$$I(0) = I_0 \cdot 10^{\frac{L(0)}{10}}$$

$$I(0,8) = I_0 \cdot 10^{\frac{L(0)-50}{10}} = I_0 \cdot 10^{\frac{L(0)}{10}} \cdot 10^{-\frac{50}{10}}$$

Für t = 0,8 s und Schallgeschwindigkeit c = 340 m/s eingesetzt:

$$10^{-5} = e^{-\frac{340 \cdot A}{4 \cdot 90} \cdot 0,8} = 10^{-5} = e^{-0,76 \cdot A}$$

Äquivalente Schallabsorptionsfläche somit: $A = 15,2 \ m^2$.

Zur Frage, mit welchem Schallpegel im Büroraum zu rechnen ist, wird die Lösung über das Luftschalldämm-Maß nach DIN 4109 erreicht:

$$R = (L_1 - L_2) + 10 \lg \frac{S}{A}$$

$$47,0 \ dB = (85,0 - L_2) + 10 \lg \frac{50,0}{15,2}$$

Hieraus Schallpegel im Büroraum: $L_2 \approx 43 \ dB$.

Flächenbezogene Masse der Trennwand:
Nach DIN 4109 Beiblatt 1, Tabelle 1 ergibt sich z.B. für ausgewähltes Mauerwerk, bei einem Luftschalldämm-Maß von

$$R'_W \geq (85,0 - 35,0) + 10 \lg \frac{50,0}{15,2} \ dB \approx 55 \ dB,$$ eine flächenbezogene Masse $m = 490 \ kg/m^2$.

Die vorstehende Berechnung erfolgte für den leeren Büroraum.
Zu erwarten ist für den eingerichteten Büroraum (größere äquivalente Schallabsorptionsfläche) eine Verringerung der Nachhallzeit, sowie eine Verringerung des Schalldruckpegels.

952 In einer Fabrikhalle verursacht der Produktionsbetrieb einen Dauerschallpegel von 80 dB. Die einschalige Trennwand zu einem angrenzenden Büroraum (Volumen $V = 80 \ m^3$, Nachhallzeit T = 1,03 s) hat eine Fläche von $S = 40 \ m^2$ und ein Luftschalldämm-Maß von 45 dB.
Welche Schallübertragungswege sind hier zwischen den Räumen möglich? Mit welchem Schallpegel ist im Büroraum etwa zu rechnen?
Es ist allgemein bekannt, daß ab einem Dauerschallpegel von 45 dB die geistige Arbeit stark erschwert wird. Wie groß muß das Schalldämm-Maß der Trennwand nun sein, wenn der Dauerschallpegel aus dem Produktionsbetrieb um 10 dB erhöht wird und man im Büro zusätzlich noch mit einer Lärmbelastung von 40 dB aus dem Verkehrslärm zu rechnen hat.

Hierzu ist eine geeignete Wandkonstruktion mit entsprechenden Abmessungen vorzuschlagen.

Lösung

Schallübertragungswege:

direkte Übertragung durch die Trennwand
Flankenübertragung durch die Seitenwände, Decke, Fußboden

Nach DIN 4109 ergibt sich für das Schalldämm-Maß der Trennwand:

$$R = D + 10 \lg \frac{S}{A} = L_1 - L_2 + 10 \lg \frac{S}{A}$$

Auflösen nach dem Schallpegel im Büroraum L_2:

$$L_2 = L_1 - R + 10 \lg \frac{S}{A}$$

Äquivalente Schallabsorptionsfläche im Büroraum nach DIN 4109:

$$A = 0{,}163 \cdot \left(\frac{V}{T}\right) = 0{,}163 \cdot \left(\frac{80{,}0}{1{,}03}\right) m^2 = 12{,}66 \; m^2$$

$$L_2 = 80{,}0 \; dB - 45{,}0 \; dB + 10 \lg \left(\frac{40{,}0}{12{,}66}\right) dB = 40{,}0 \; dB$$

Gesucht ist nun das Schalldämm-Maß der Trennwand bei einem Dauerschallpegel von 45 dB.
Schalldämm-Maß der Trennwand nach DIN 4109:

$$R = L_1 - L_2 + 10 \lg \frac{S}{A}$$

L_1 (im Produktionsbetrieb) $= 80 \; dB + 10 \; dB = 90 \; dB$

L_2 (im Büroraum) ≤ 45 dB (ohne äußere Lärmbelastung)

D.h. von den 45 dB muß noch der Verkehrslärm (linienförmige Schallquelle) abgezogen werden:

$$L_2 = 10 \lg \sum_{i=1}^{n}\left(n \cdot 10^{\frac{L_0}{10}}\right) dB$$

$$45{,}0 \; dB = 10 \lg \left(10^{\frac{40}{10}} + 10^{\frac{X}{10}}\right)$$

$X = 43{,}35 \; dB,$ das ist die Lärmbelastung im Büro durch den Betrieb!

Somit beträgt das erforderliche Schalldämm-Maß der Trennwand nach DIN 4109:

$$R = 90{,}0 \text{ dB} - 43{,}35 \text{ dB} + 10 \lg \left(\frac{40{,}0}{12{,}66} \right) \text{ dB} = 51{,}65 \text{ dB}$$

Um den Schallpegel im Büro auf 45 dB zu begrenzen, ist ein Schalldämm-Maß der Wand von $\approx$ 52 dB erforderlich!

Geeignete Konstruktion für das Schalldämm-Maß der Trennwand von R = 52 dB:

Nach Tabelle 1 im Beiblatt 1 zu DIN 4109 beträgt dementsprechend die flächenbezogene Masse bei einer einschaligen, biegesteifen Wand m = 380 kg/m^2.

Gewählt z.B. Beton mit ρ = 2400 kg/m^3, hieraus:

$$s = \frac{m}{\rho} = \frac{380}{2400} \text{ m} = 0{,}16 \text{ m} = 16 \text{ cm Betonwanddicke.}$$

953 An ein geplantes Fassaden - Fertigteilelement für ein Bürogebäude gemäß Skizze werden aufgrund starker Verkehrslärmbelästigung (f_{err} = 120 Hz) schalltechnisch erhöhte Anforderungen gestellt.

Welches Luftschalldämm - Maß müssen die Fenster mindestens haben, wenn das gesamte Fertigteil einen Transmissionsgrad von $1{,}0 \cdot 10^{-6}$ aufweisen soll?

Erfüllt das Fenster diese Anforderungen, wenn in einem Laborversuch für das Fenster folgende Meßwerte für die angegebene Erregerfrequenz f_{err} ermittelt wurden?

Senderaum:	Schalldruck	$63{,}2 \cdot 10^{-3}$	N/m^2
Empfangsraum:	Schalldruck	$0{,}2 \cdot 10^{-3}$	N/m^2
	Prüffläche	4,0	m^2
	Nachhallzeit	4,4	s
	Volumen	27,0	m^3

Für die Berechnung des Luftschallschutzmaßes der zweischaligen Sandwich - Platte kann Flankenschallübertragung ausgeschlossen werden.

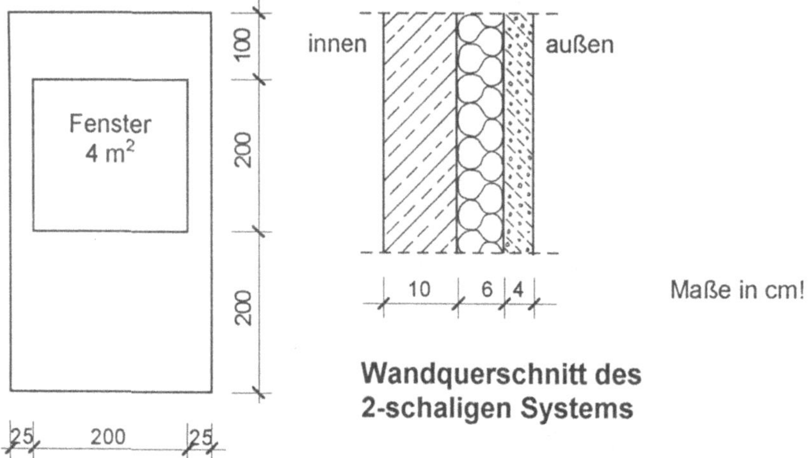

**Ansicht
Fassaden-Fertigteil**

**Wandquerschnitt des
2-schaligen Systems**

Wandaufbau von innen nach außen:

Normalbeton ρ = 2400 kg/m³
Mineralwolle E_{dyn} = 0,113 MN/m²
Leichtbeton ρ = 800 kg/m³

Lösung

Nach DIN 4109 Beiblatt beträgt das resultierende Schalldämm - Maß eines aus Elementen verschiedener Schalldämmung bestehenden Bauteils:

$$R_{ges} = R_W - 10 \lg \left[1 - \frac{S_F}{S_{ges}} \left(10^{\frac{R_W - R_F}{10}} - 1 \right) \right]$$

worin R_W das Schalldämm - Maß der nichttransparenten Wandkonstruktion und R_F des Fensters bedeuten.
Gesucht ist wegen der vorliegenden Meßergebnisse auf dem Prüfstand das Schalldämm - Maß R_F des Fensters. Um diesen Wert zu erhalten, ist ein Umformen der vorstehenden Formel notwendig:

$$\lg \left[1 - \frac{S_F}{S_{ges}} \left(10^{\frac{R_W - R_F}{10}} - 1 \right) \right] = \frac{R_W - R_{ges}}{10}$$

$$1 + \frac{S_F}{S_{ges}} \left(10^{\frac{R_W - R_F}{10}} - 1 \right) = 10^{\frac{R_W - R_{ges}}{10}}$$

$$10^{\frac{R_W - R_F}{10}} - 1 = \left(10^{\frac{R_W - R_{ges}}{10}} - 1 \right) \cdot \frac{S_{ges}}{S_F}$$

$$\frac{R_W - R_F}{10} = \lg\left[\left(10^{\frac{R_W-R_{ges}}{10}} - 1\right) \cdot \frac{S_{ges}}{S_F} - 1\right]$$

$$R_W - R_F = 10 \lg\left[\left(10^{\frac{R_W-R_{ges}}{10}} - 1\right) \cdot \frac{S_{ges}}{S_F} - 1\right]$$

$$R_F = R_W - 10 \lg\left[1 + \frac{S_{ges}}{S_F}\left(10^{\frac{R_W-R_{ges}}{10}} - 1\right)\right]$$

Gegeben: $S_{ges} = 2,5 \text{ m} \cdot 5,0 \text{ m} = 12,5 \text{ m}^2$
            $S_F = 2,0 \text{ m} \cdot 2,0 \text{ m} = 4,0 \text{ m}^2$

Der Schalltransmissionsgrad τ gibt das Verhältnis der von einem Bauteil durchgelassenen Schallenergie zu der auf das Bauteil auftreffenden Schallenergie an. Er charakterisiert die Schallenergiedurchlässigkeit und ist frequenzabhängig.

Der Transmissionsgrad einer Konstruktion in der Akustik ist wie folgt definiert: $\tau_{ges} = 10^{-\frac{R_{ges}}{10}}$,
und hieraus kann das erforderliche Schalldämm - Maß der Konstruktion ermittelt werden mit:

$$R_{ges} = -10 \lg \tau_{ges}.$$

Mit dem vorgegebenen Transmissionsgrad gemäß Aufgabenstellung wird für $\tau_{ges} = 1 \cdot 10^{-6}$:

$$R_{ges} = -10 \lg 1 \cdot 10^{-6} \text{ dB} = 60,0 \text{ dB}.$$

Gesucht ist nun das Schalldämm - Maß der Wand R_W. Gegeben ist gemäß Skizze der Schalenabstand des zweischaligen Konstruktionssystems mit a = 6 cm = 0,06 m, wobei die Dämmschicht mit beiden Schalen vollflächig verbunden ist. Die dynamische Steifigkeit der Zwischenschicht (Dämmschicht) beträgt nach DIN 4109 Beiblatt:

$$s' = \frac{E_{dyn}}{a} = \frac{0,113}{0,06} \text{ MN/m}^3 = 1,883 \text{ MN/m}^3$$

Flächenbezogene Masse der beiden Schalen:
     1. Schale: $m_1 = 0,04 \text{ m} \cdot 800 \text{ kg/m}^3 = 32 \text{ kg/m}^2$
     2. Schale: $m_2 = 0,10 \text{ m} \cdot 2400 \text{ kg/m}^3 = 240 \text{ kg/m}^2$
Erregerfrequenz $f_{err} = 120$ Hz.

Da die Erregerfrequenz sehr niedrig ist, muß geprüft werden, ob die Resonanzfrequenz von Einfluß ist.

Für die Resonanzfrequenz einer leichten biegeweichen Schale in Verbindung mit einem schweren Bauteil bei Verbindung der beiden Schalen durch eine vollflächige Dämmschicht gilt nach DIN 4109 Beiblatt 2:

$$f_0 = 160 \sqrt{s' \left(\frac{1}{m_1} + \frac{1}{m_2} \right)} = 160 \sqrt{1{,}883 \left(\frac{1}{32} + \frac{1}{240} \right)} \ Hz \approx 42 \ Hz$$

$$42 \ Hz < f_{err} = 120 \ Hz$$

Unter der Resonanzfrequenz f_0 ist die Eigenfrequenz eines zweischaligen Bauteils zu verstehen, bei der beide Schalen unter Zusammendrücken der als Feder wirkenden Zwischenschicht (Dämmung) gegeneinander mit maximaler Amplitude schwingen, hierbei verschlechtert sich die Luftschalldämmung.

Die Resonanzfrequenz f_0 hängt von den Flächenmassen der beiden Schalen m_1 und m_2 ab sowie von der dynamischen Steifigkeit. Die Berechnung zeigt, daß die Resonanzfrequenz f_0 kleiner der Erregerfrequenz f_{err} ist und somit die Bedingung in der Aufgabenstellung erfüllt ist.

Für das Luftschall - Maß einer zweischaligen Konstruktion gilt nach der genannten Norm:

$$R_W = R_1 + R_2 - \Delta R,$$

wobei R_1, R_2 das Schalldämm - Maß der Einzelschichten 1 und 2 bedeutet, allgemein:

$$R_i = 20 \ lg \ \frac{2\pi \cdot f \cdot m_i}{2 \cdot Z_L},$$

worin $Z_L = \rho_L \cdot c_L \approx 414$ kg/(m^{2}s) die Impedanz (Scheinwiderstand) der Luft in kg/(m^{2}s) bedeutet. Das Schalldämm - Maß R_i ist von der flächenbezogenen Masse m_i in kg/m^2 und der Frequenz f abhängig; diesen Zusammenhang beschreibt das vorstehende *Berger*sche Massengesetz. Dieses Gesetz gilt für den allseitigen Schalleinfall und besagt, daß eine Verdoppelung der Flächenmasse m_i oder der Frequenz f das Schalldämm - Maß vergrößert unter der Voraussetzung gleichmäßiger Massenverteilung in der Konstruktion und fehlender Undichtigkeiten (d.h. durchgehender Fugen). Das Schalldämm - Maß ist bei diffusem

Schalleinfall um $\Delta R = 20 \ lg \ \dfrac{4\pi \cdot f \cdot a}{c_L}$

kleiner als bei senkrechtem Einfall auf das Bauteil, worin c_L die Schallgeschwindigkeit in Luft bedeutet, $c_L \approx 340$ m/s und a der Schalenabstand, a = 0,06 m. Somit Schalldämm - Maß der Wand R_W:

$$R_W = \left[20 \lg \frac{2\pi \cdot 120 \cdot 32}{2 \cdot 414} + 20 \lg \frac{2\pi \cdot 120 \cdot 240}{2 \cdot 414} - 20 \lg \frac{4\pi \cdot 120 \cdot 0,06}{340} \right] dB$$

$$= [29,3 + 46,8 - (- 11,5)]\ dB = 87,6\ dB \approx 88\ dB$$

Somit ist für das Fensterelement folgendes Schalldämm - Maß erforderlich:

$$R_F = 88\ dB - 10 \lg \left[1 + \frac{12,5}{4,0} \cdot \left(10^{\frac{88-60}{10}} - 1 \right) \right] = 88\ dB - 33\ dB = 55\ dB$$

Die Frage könnte auch mit genügender Genauigkeit überschlägig beantwortet werden, weil $R_F = 55\ dB \ll R_W = 88\ dB$, es gilt dann:

$$R_{ges} \approx R_F + 10 \lg \frac{S_{ges}}{S_F}$$

$$R_F \approx R_{ges} - 10 \lg \frac{S_{ges}}{S_F} \approx 60\ dB - 10 \lg \frac{12,5}{4,0}\ dB$$

$$\approx 60\ dB - 5\ dB \approx 55\ dB.$$

Zur Frage, ob das Fenster diese Anforderungen erfüllt, wenn in einem Laborversuch für das Fenster die genannten Meßergebnisse festgestellt wurden:

$$R_F = L_{p1} - L_{p2} + 10 \lg \frac{S}{A}$$

Äquivalente Schallabsorptionsfläche $\quad A = 0,163 \cdot \frac{V}{T}$

Allgemein: Schalldruckpegel $\qquad L_p = 20 \lg \frac{p}{p_0}$

p in Pa Schalldruck (Effektivwert der Messung) und p_0 Bezugsschalldruck (d.h. Schalldruck an der Hörschwelle bei $f \approx 1000$ Hz, $p_0 = 2 \cdot 10^{-5}$ Pa).

$$L_{p1} = 20 \lg \frac{63,2 \cdot 10^{-3}}{2 \cdot 10^{-5}}\ dB = 70\ dB$$

$$L_{p2} = 20 \lg \frac{0,2 \cdot 10^{-3}}{2 \cdot 10^{-5}}\ dB = 20\ dB$$

$$\Delta L_p = 70,0\ dB - 20,0\ dB = 50\ dB$$

$$\text{oder}\quad \Delta L_p = 20 \lg \frac{63,2 \cdot 10^{-3}}{0,2 \cdot 10^{-3}}\ dB = 50\ dB$$

Äquivalente Schallabsorptionsfläche: $A = 0,163 \cdot \frac{27,0}{4,4} = 1,0\ m^2$

$$R_F = 50\ dB + 10 \lg \frac{4,0}{1,0}\ dB = 50\ dB + 6\ dB = 56\ dB,$$

d.h. die Anforderungen an das Schalldämm - Maß R_F des Fensters werden erfüllt.

954 Bei der Prüfung der Trittschalldämmung einer Decke wird ein Trittschallpegel L gemessen. Der Störpegel L_{st}, der unmittelbar vor und nach der Bestimmung des Trittschallpegels registriert wird, ist arithmetisch gemittelt worden.
Hierbei gilt: $L - L_{st} < 10$ dB. Wie groß ist der tatsächlich durch Hammerwerk hervorgerufene Trittschallpegel?

Lösung

Es bedeuten L_m der gemessene Schallpegel inklusive Störpegel und L_{korr} der korrigierte Schallpegel. Nach den Anforderungen in DIN 4109 muß der gemessene Schallpegel korrigiert werden. Eine Schallpegeladdition wird wie folgt ermittelt:

$$L_{ges} = 10 \lg \sum_{i=1}^{n} 10^{0,1 \cdot L_i}$$

$$L_m = 10 \lg \left(10^{0,1 \cdot L_{korr}} + 10^{0,1 \cdot L_{st}} \right)$$

Nach dem korrigierten Schallpegel aufgelöst ergibt sich:

$$L_{korr} = \left(10^{0,1 \cdot L_m} - 10^{0,1 \cdot L_{st}} \right)$$

955 Bei einem Deckenprüfstand wird der Norm-Trittschallpegel einer Decke mit Auflagen $L_n = 56$ dB ermittelt. Die nach den Anforderungen der DIN 4109 an mehreren Punkten gemessenen Trittschallpegel betragen jeweils:

$$L_1 = 52,0 \text{ dB}, \quad L_2 = 54,5 \text{ dB}, \quad L_3 = 54,6 \text{ dB}, \quad L_4 = 55,8 \text{ dB}.$$

Wie groß ist die Nachhallzeit des Empfangsraumes ($V = 60 \text{ m}^3$)?

Lösung

Mittlerer Schalldruckpegel für die 4 Meßpunkte nach DIN 52210-1:

$$\overline{L} = 10 \lg \left[\frac{1}{n} \left(\sum_{i}^{n} 10^{0,1 \cdot L_i} \right) \right]$$

$$= 10 \lg \left[\frac{1}{4} \left(10^{5,2} + 10^{5,45} + 10^{5,46} + 10^{5,58} \right) \right] \text{dB} = 54,4 \text{ dB}$$

$$L_n = \overline{L} + 10 \lg \frac{A}{A_0}$$

Bezugs-Schallabsorptionsfläche $A_0 = 10 \text{ m}^2$ nach DIN 4109, somit:

$$A = A_0 \cdot 10^{0{,}1 \cdot (L_n - \bar{L})} = 10{,}0 \text{ m}^2 \cdot 10^{0{,}1 \cdot (56{,}0 - 54{,}4)} = 14{,}45 \text{ m}^2$$

$A = 0{,}163 \cdot \dfrac{V}{T}$ für den Zusammenhang zwischen Schallabsorptionsfläche A, Raumvolumen V und Nachhallzeit T nach DIN 4109. Auflösung nach der gesuchten Nachhallzeit:

$$T = 0{,}163 \cdot \frac{V}{A} = 0{,}163 \cdot \frac{60{,}0}{14{,}45} \text{ s} = 0{,}6768 \text{ s} \approx 0{,}68 \text{ s}$$

956 Die Decke einer kleinen Maschinenhalle (Abmessung: L x B x H = 15 m x 8 m x 5 m) wird zur Absenkung des statischen Raumschallpegels mit schallschluckendem Material verkleidet. Gemessen wurden die Nachhallzeiten bei folgenden Ausstattungszuständen:

Zustand 1: Halle leer, Decke Trapezblech ohne Verkleidung bei 500 Hz, T = 7,17 s.

Zustand 2: Halle leer, Decke mit Verkleidung bei 500 Hz, T = 2,51 s.

Zustand 3: Halle mit Maschinen, Material und Personal, Decke mit Verkleidung bei 500 Hz, T = 1,49 s.

Wie groß ist die Gesamtschallpegelminderung bei 500 Hz? Vorschlag für eine geeignete Konstruktion (Material, Abmessung, Aufbau) der Verkleidung.
Wie groß wäre die Nachhallzeit T (bei 500 Hz) für Ausstattungszustand 3, wenn eine kleinere Seitenwand noch zusätzlich mit Gipskartonplatten (1 cm dick) versehen würde, die eine Verbesserung des Schallabsorptionsgrades von $\Delta\alpha = 0{,}05$ erbringt?

Lösung

Gesamtschallpegelminderung $\Sigma\, \Delta L_i$ bei 500 Hz:

Eine Schallpegelminderung ΔL_i durch eine zusätzliche Schallabsorptionsfläche A_i beträgt $\Delta L_i = 10 \lg A_i$

$$\Sigma\, \Delta L_i = 10\,[(\lg A_2 - \lg A_1) + (\lg A_3 - \lg A_2)]$$
$$= 10\,(\lg A_3 - \lg A_1) = 10 \lg \left(\frac{A_3}{A_1}\right)$$

wobei sich der Index i auf den vorgegebenen Zustand 1, 2 bzw. 3 bezieht. Weiterhin gilt nach DIN 4109 für die äquivalente Schallabsorptionsfläche folgende Gleichung:

$$A = 0{,}163 \cdot \frac{V}{T} \text{ in } m^2$$

$$\Sigma \, \Delta \, L_i = 10 \lg \left(\frac{0{,}163 \cdot \dfrac{V}{T_3}}{0{,}163 \cdot \dfrac{V}{T_1}} \right) = 10 \lg \left(\frac{T_1}{T_3} \right) = 10 \lg \left(\frac{7{,}17}{1{,}49} \right) = 6{,}8 \text{ dB}$$

Vorschlag für eine Verkleidung:

Gemäß Aufgabe müssen die beiden Ausstattungszustände 1 und 2 verglichen werden, um die äquivalente Schallabsorptionsfläche sowie Material hierzu errechnen zu können.

$$A = 0{,}163 \cdot \frac{V}{T_2} - 0{,}163 \cdot \frac{V}{T_1} = 0{,}163 \cdot V \left(\frac{1}{T_2} - \frac{1}{T_1} \right) = \Delta\alpha \cdot A_D$$

$V = 15{,}0 \text{ m} \cdot 8{,}0 \text{ m} \cdot 5{,}0 \text{ m} = 600{,}0 \text{ m}^3$

Fläche der Decke: $A_D = 15{,}0 \text{ m} \cdot 8{,}0 \text{ m} = 120{,}0 \text{ m}^2$

Mit diesen beiden Ergebnissen folgt:

$$\Delta\alpha = \frac{0{,}163 \cdot V}{A_D} \cdot \left(\frac{1}{T_2} - \frac{1}{T_1} \right) = \frac{0{,}163 \cdot 600{,}0}{120{,}0} \cdot \left(\frac{1}{2{,}51} - \frac{1}{7{,}17} \right) = 0{,}21$$

Annahme: Der Schallabsorptionsgrad der unverkleideten Decke beträgt $\alpha_{Du} = 0{,}09$.

Dann ergibt sich der Schallabsorptionsgrad der Verkleidung:

$\alpha_{Dv} = 0{,}21 + 0{,}09 = 0{,}30$

Gewählt wird eine Konstruktion der Deckenverkleidung nach Angaben eines Herstellers: Platten aus kunstharzgebundenen Mineralwollfasern, mit wenig poröser Oberfläche, auf Lattenrost mit 2,5 cm Abstand.

Nachhallzeit bei Ausstattungszustand 3 mit zusätzlich zur Deckenverkleidung angeordneten Gipskartonplatten auf einer Seitenwand:

$$T_3' = \frac{0{,}163 \cdot V}{A_3 + \Delta A}$$

$$A_3 = \frac{0{,}163 \cdot V}{T_3} = \frac{0{,}163 \cdot 600{,}0}{1{,}49} \text{ m}^2 = 65{,}64 \text{ m}^2$$

Kleinere Seitenwand nach der Hallenabmessung:

$\Delta A = 8{,}0 \text{ m} \cdot 5{,}0 \text{ m} = 40{,}0 \text{ m}^2$

$$T_3' = \frac{0{,}163 \cdot 600{,}0}{65{,}64 + 0{,}05 \cdot 40{,}0} \text{ s} = 1{,}45 \text{ s}$$

Die Nachhallzeit verbessert sich von $T_3 = 1{,}49$ s auf $T_3' = 1{,}45$ s.

957 Welche Möglichkeiten gibt es, die Trittschalldämmung einer Rohdecke zu verbessern?

Lösung

Die Trittschalldämmung einer Rohdecke kann durch:

Aufbringen von Belägen (Estrich + Gehbelag, z.B. Linoleum, PVC, Gummibelag, Teppichboden, usw.),
schwimmenden Estrich (z.B. Zementestrich auf Dämmschicht),
Erhöhung der flächenbezogenen Masse,
eine im Abstand angebrachte Verkleidung auf der Unterseite der Decke (durch geringere Schallabstrahlung einer biegeweichen Schale)

verbessert werden. Die letzte Maßnahme ist sinnvoll bei leichten Deckenkonstruktionen.

958 In einem Geschoßhaus mit Wohnungen und Arbeitsräumen ist ein Dauerschallpegel $L_1 = 85$ dB in einem der Arbeitsräume zu erwarten. Eine schalltechnische Untersuchung im darunterliegenden Wohnraum hat bei 500 Hz folgende Daten ergeben:

Trenndecke:	Normalbetonplatten, Betongruppe B II, Festigkeitsgruppe B 35 nach DIN 1045, $s = 12$ cm mit 2,5 mm Linoleum - Gehbelag.
Wohnzimmer:	$L \times B \times H = 6{,}0$ m $\times$ 5,0 m $\times$ 2,5 m, $T = 1{,}50$ s, Luftschallpegel $L_2 = 47$ dB, Trittschallpegel $L_T = 72$ dB.
Grundgeräusch der Störpegel:	Tagsüber $L_{stör} = 38$ dB, nachts $L_{stör} = 25$ dB.

Es ist zu überprüfen, ob die Deckenkonstruktion die Anforderungen des Mindestschallschutzes nach DIN 4109 erfüllt? Gegebenenfalls ist eine geeignete Verbesserungsmaßnahme vorzuschlagen und die Schalldämmung nachzuweisen.

Nach Aussage des Mieters ist die Lärmbelästigung in der Nacht stärker als tagsüber, obwohl die Größe des Dauerschallpegels im Arbeitsraum eine Konstante ist. Wie ist diese Aussage zu beurteilen?

Lösung

Schalldämmungsberechnung nach DIN 4109:

Luftschall:

$L_1 = 85$ dB, $L_2 = 47$ dB (Untersuchung), $L_{stör} = 38$ dB.

Deckenfläche: $S = 6{,}0$ m $\cdot$ $5{,}0$ m $= 30{,}0$ m^2

Äquivalente Schallabsorptionsfläche:

$$A = 0{,}163 \cdot \frac{V}{T} = 0{,}163 \cdot \frac{30{,}0 \cdot 2{,}5}{1{,}50}\ \text{m}^2 = 8{,}15\ \text{m}^2$$

L_2 (Untersuchung) - $L_{stör} = 47$ dB - 38 dB = 9 dB < 10 dB, somit ist eine Korrektur bei zwei sich überlagernden Schallpegeln erforderlich!

$$L_{ges} = 10\ \lg\left(10^{0{,}1 \cdot L_1} + 10^{0{,}1 \cdot L_2} + \ldots\ldots + 10^{0{,}1 \cdot L_n}\right)$$

$$L_2\ (\text{ohne Störung}) = 10\ \lg\left(10^{0{,}1 \cdot 47} + 10^{0{,}1 \cdot 38}\right)\ \text{dB} = 47{,}5\ \text{dB}$$

Schallpegeldifferenz: $D = L_1 - L_2 = 85{,}0$ dB - 47,5dB = 37,5 dB

Schalldämm - Maß:

$$R = D + 10\ \lg\frac{S}{A} = 37{,}5\ \text{dB} + 10\ \lg\frac{30{,}0}{8{,}15}\ \text{dB} = 43{,}2\ \text{dB}$$

Erforderlich sind aber nach DIN 4109 Tab.3: $R_W = 54$ dB.

Trittschall:

$$L_n = L_T + 10\ \lg\frac{A}{A_0} = 72{,}0\ \text{dB} + 10\ \lg\frac{8{,}15}{10{,}0}\ \text{dB} = 71{,}1\ \text{dB}$$

TSM = 63,0 dB - L_n = 63,0 dB - 71,1 dB = - 8,1 dB
Erforderlich sind aber nach DIN 4109 Tab. 3:
$TSM_{min} = 10$ dB

Verbesserungsmaßnahme, Vorschlag:

Schwimmender Estrich mit $m = 70$ kg/m^2, s' (dynamische Steifigkeit) = 20 MN/m^3, dazu harter oder weichfedernder Belag, Normalbetonplatten B35, Dicke s = 12 cm = 0,12 m, Rohdichte $\rho = 2400$ kg/m^3, flächenbezogene Masse der Decke:
$m_{Beton} = s \cdot \rho = 0{,}12$ m $\cdot$ 2400 kg/m^3 = 288 kg/m^2

Mit diesen Angaben Berechnung für den Luftschall nach DIN 4109 Beiblatt 1, Tabelle 12:

$$m_{ges} = m_{Beton} + m_{Estrich} = (288 + 70)\ kg/m^2 = 358\ kg/m^2$$
$$R_w' > 56\ dB > R_{w\ erf}' = 54\ dB\ (\text{DIN 4109 Tabelle 3})$$

Trittschall:

Nach DIN 4109 Beiblatt 1, Tabelle 16 für Decken aus Normalbetonplatten: $m_{ges} = 358\ kg/m^2$; $TSM_{eq} \approx -12\ dB$.

Nach DIN 4109 Beiblatt 2, Bild 2 für schwimmende Estriche:
$s' = 20\ MN/m^3$; $m_{Estrich} = 70\ kg/m^2$

Trittschallverbesserungsmaß $\Delta L = 30\ dB$
$TSM = TSM_{eq} + \Delta L$
$TSM = -12\ dB + 30\ dB = 18\ dB > TSM_{erf} = 10\ dB$

Zur Frage der Lärmbelästigung in der Nacht:
Das menschliche Ohr gewöhnt sich mit der Zeit subjektiv an den ständig vorhandenen Störschallpegel. Weil tagsüber die Differenz zwischen dem Schallpegel der Immission aus dem darüberliegenden Arbeitsraum und dem Störschallpegel sehr gering ist, nimmt man subjektiv die Lärmbelästigung nicht so intensiv wahr. In jedem Fall muß die schalltechnische Untersuchung durch Ermittlung des Störschallpegels unmittelbar vor und nach der Untersuchung korrigiert werden:

$L_2 - L_{stör} = 47\ dB - 38\ dB = 9\ dB < 10\ dB$
Dagegen ist diese Differenz in der Nacht etwas mehr als doppelt so groß wie tagsüber:
$L_2 - L_{stör} = 47\ dB - 25\ dB = 22\ dB$
Deshalb ist der Immissionsschallpegel in der Nacht deutlich wahrzunehmen.

959 Ein Konferenzraum (siehe Skizze) soll raumakustisch untersucht werden.
Welchen Schallabsorptionsgrad müßten die Wände mindestens haben, damit im unbesetzten Raum eine Nachhallzeit von 0,6 s nicht überschritten wird?
Im Konferenzraum sind nach Herstellerangaben vorhanden:

20 gepolsterte Stühle	$A = 0,3$ m^2/Stck
2 Tische	$A = 0,1$ m^2/Stck
4 Sideboards	$A = 0,15$ m^2/Stck
1 Holzdoppeltür	$\alpha = 0,1$
Fußbodenbelag (Naturfilz)	$\alpha = 0,18$
Decke aus Holzdielen	
(2,5 cm dick)	$\alpha = 0,14$

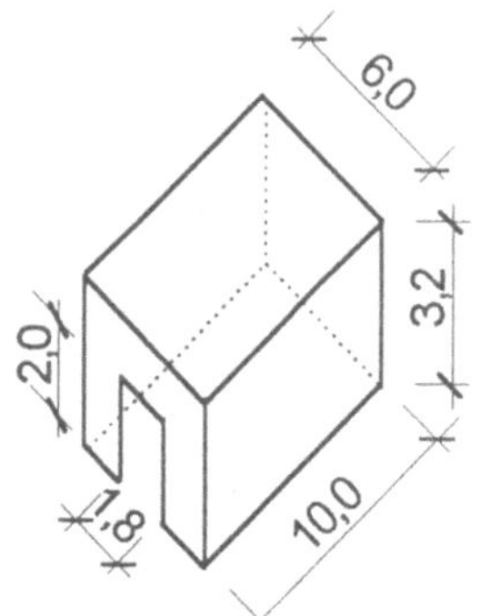

Die Untersuchung soll für eine Frequenz von 500 Hz durchgeführt werden.

Die Oberflächen der Längswände und der Stirnwand, in der sich die Tür befindet, sollen in Putz ($\alpha = 0,03$) ausgeführt werden. Welchen Schallabsorptionsgrad muß dann die hintere Stirnwand besitzen, damit die Forderung aus der ersten Frage erfüllt ist? Im mit 20 Personen besetzten Konferenzraum ($A = 0,45$ m^2 je Stuhl) wird ein Schallpegel von 70 dB gemessen. Läßt sich dieser Schallpegel durch Veränderung des Schallabsorptionsgrades der vorhandenen Flächen um $\Delta L = 10$ dB absenken?

Lösung

Zur Frage des Schallabsorptionsgrades:
Nach DIN 4109 erforderliche äquivalente Schallabsorptionsfläche:

$$A_{erf} = 0,163 \cdot \frac{V}{T} \text{ in } m^2$$

Raumvolumen $V = 10,0$ m $\cdot$ 6,0 m $\cdot$ 3,2 m = 192,0 m^3. Somit:

$$A_{erf} = 0,163 \cdot \frac{192}{0,6} \, m^2 = 52,2 \, m^2$$

Gesucht ist der Schallabsorptionsgrad α der Wände:

Nach DIN 52 212: $A_{erf.} = \sum_{i=1}^{n}\left((\alpha_i \cdot S_i) + (n \cdot A_i)\right) + (\alpha \cdot S)_{erf.}$

Umstellen: $(\alpha \cdot S)_{erf.} = A_{erf.} - \sum_{i=1}^{n}\left((\alpha_i \cdot S_i) + (n \cdot A_i)\right)$

Erforderlicher Schallabsorptionsgrad somit:

$$\alpha_{erf.} = \frac{A_{erf.} - \sum_{i=1}^{n}\left((\alpha_i \cdot S_i) + (n \cdot A_i)\right)}{S}$$

Fläche S der Wände:
$$S = (10,0 \cdot 3,2 \cdot 2)\ m^2 + (6,0 \cdot 3,2 \cdot 2)\ m^2 - (1,8 \cdot 2,0)\ m^2 = 98,8\ m^2$$

Berechnung der Schallabsorptionsflächen mit $\alpha_i \cdot S_i + n \cdot A_i$:

Fußboden:	$0,18 \cdot (10,0 \cdot 6,0)$	$m^2 = 10,8\ m^2$
Decke:	$0,14 \cdot (10,0 \cdot 6,0)$	$m^2 =\ \ 8,4\ m^2$
1 Holzdoppeltür:	$0,1 \cdot (1,8 \cdot 2,0)$	$m^2 =\ \ 0,4\ m^2$
20 gepolsterte Stühle :	$20 \cdot 0,3$	$m^2 =\ \ 6,0\ m^2$
2 Tische:	$2 \cdot 0,1$	$m^2 =\ \ 0,2\ m^2$
4 Sideboards:	$4 \cdot 0,15$	$m^2 =\ \ 0,6\ m^2$
		$26,4\ m^2$

Erforderlicher Schallabsorptionsgrad $\alpha = \dfrac{52,2 - 26,4}{98,8} = 0,26$.

Zur Anwendung können z.B. Platten aus kunstharzgebundenen Mineralwollfasern (mit wenig poröser Oberfläche, auf Lattenrost mit 2,5 cm Abstand) kommen, mit einem Schallabsorptionsgrad α von 0,3 nach Herstellerangaben.

Wie groß ist der Schallabsorptionsgrad α der hinteren Stirnwand?
Für Putz: $\alpha = 0,03$

$$\alpha = \frac{52,2 - 26,4 - \left\{\left[(10,0 \cdot 3,2 \cdot 2) + (6,0 \cdot 3,2) - (1,8 \cdot 2)\right] \cdot 0,03\right\}}{(6,0 \cdot 3,2)} = 1,22$$

Dieser Schallabsorptionsgrad von $\alpha = 1,22$ kann von der Stirnwand nicht erfüllt werden, da $\alpha > 1$.

Ersetzen des unbesetzten Gestühls durch besetzte Stühle:
$$52,2\ m^2 - (20 \cdot 0,3)\ m^2 + (20 \cdot 0,45)\ m^2 = 55,2\ m^2$$
Nach DIN 52 212 beträgt die Schallpegeldifferenz:

$$\Delta L = 10\ \lg\left(\frac{A_2}{A_1}\right). \text{ Durch Umformen:}$$

$$\lg \left(\frac{A_2}{A_1}\right) = \frac{\Delta L}{10}$$

$$\left(\frac{A_2}{A_1}\right) = 10^{\frac{\Delta L}{10}}$$

$$A_2 = A_1 \cdot 10^{\frac{\Delta L}{10}}$$

Einsetzen der bekannten Werte für A_1 und ΔL:

$$A_2 = 55,2 \cdot 10^{\frac{10}{10}} \ m^2 = 552,0 \ m^2$$

Abzug aller Gegenstände:

20 gepolsterte Stühle (besetzt):	$20 \cdot 0,45$	$m^2 = 9,0 \ m^2$
2 Tische:	$2 \cdot 0,1$	$m^2 = 0,2 \ m^2$
4 Sideboards:	$4 \cdot 0,15$	$m^2 = 0,6 \ m^2$
		$\overline{}$
		$9,8 \ m^2$

$$A_{erf} = 552,0 \ m^2 - 9,8 \ m^2 = 542,2 \ m^2$$

Um den vorhandenen Schallpegel von 70 dB um 10 dB zu senken, muß die vorhandene äquivalente Schallabsorptionsfläche $A_{erf} = 542,2 \ m^2$ betragen.
Dadurch ergibt sich folgender Schallabsorptionsgrad α:

Ausrechnen der Flächen S_i:
$$S_i = (6,0 \cdot 3,2 \cdot 2) \ m^2 + (10,0 \cdot 3,2 \cdot 2) \ m^2 + (6,0 \cdot 10,0 \cdot 2) \ m^2 = 222,4 \ m^2$$
$$A_{erf} = S \cdot \alpha$$

$$\alpha = \frac{A_{erf}}{S} = \frac{542,2}{222,4} = 2,44$$

Dieser Schallabsorptionsgrad von $\alpha = 2,44$ ist nicht zu erfüllen, da $\alpha > 1$.

960 Es soll ein Mehrzweckraum mit 500 Zuhörerplätzen und 20 Bühnenplätzen errichtet werden.
Verwendungszweck: Der Mehrzweckraum soll als Versammlungsraum, Aula einer Schule, Theater, Konzertsaal, usw. für Ansprachen, Proben (bei leerem oder wenig besetztem Raum) und Aufführungen von Orchestern , Chören (20 Personen), Theatergruppen (Schauspieler auf kleiner Bühne agierend), Versammlungsstätte (Redner hinter einem Podium) geeignet sein.

Folgende Angaben werden vorgegeben:

Raumvolumen $\approx 2500\ m^3$,
Decke aus Holzdielen: 380 m^2,
Mehrzweckraum (Saal): Rückwand 146 m^2, Seitenwände 146 m^2,
Boden: Parkett auf Blindboden 340 m^2,
Bühne: Rückwand und Seitenwände 115 m^2, Putz auf Mauer-
        werk, Holzfußboden 42 m^2,
Holztüren 8 m^2, Fenster 85 m^2,
Bestuhlung: Holzgestühl,
Akustikelemente aus 2 cm Mineralfaserplatten mit Luftschicht
auf 2 cm Lattenrost 32 m^2.

Es ist rechnerisch die Nachhallzeit frequenzabhängig bei leerem
und vollbesetztem Mehrzweckraum zu ermitteln.

Lösung

Zunächst ist der optimale Wert der Nachhallzeit für den jeweiligen Frequenzbereich zu ermitteln und dann die erforderliche
Gesamt - Schallabsorption des Raumes zu bestimmen. Hieraus
ist die notwendige Anzahl von Schallschluckelementen für den
Frequenzbereich um f = 500 Hz auszurechnen und die Raumflächen für das Anordnen anzugeben.

Für die äquivalente Schallabsorptionsfläche des Raumes gilt:
$$A = \Sigma\,(\alpha_i \cdot S_i) = \alpha_1 \cdot S_1 + \alpha_2 \cdot S_2 + \ldots + \alpha_n \cdot S_n$$

α_i ... Schallabsorptionsgrad der
S_i ... zugehörigen Fläche in m^2.

Nachhallzeit nach DIN 4109: $T = 0{,}163 \cdot \dfrac{V}{A}$ in s, mit

V ... Raumvolumen,
A ... Äquivalente Schallabsorptionsfläche.

Der Schallabsorptionsgrad α wird Herstellerangaben entnommen.

Die Berechnung für die Nachhallzeiten für Frequenzen
f = 125 Hz bis 4000 Hz erfolgt tabellarisch:

		S	f = 125 Hz		f = 250 Hz		f = 500 Hz		f = 1000 Hz		f = 2000 Hz		f = 4000 Hz	
			α	A	α	A	α	A	α	A	α	A	α	A
		m^2	—	m^2	—	m^2	—	m^2	—	m^2	—	m^2	—	m^2
1	Decke	380	0,24	91,2	0,20	76,0	0,14	53,2	0,12	45,6	0,10	38,0	0,12	45,6
2	Saal: Rückwand	146	0,02	2,9	0,02	2,9	0,03	4,4	0,04	5,8	0,05	7,3	0,05	7,3
3	Saal: Seitenwände	146	0,02	2,9	0,02	2,9	0,03	4,4	0,04	5,8	0,05	7,3	0,05	7,3
4	Türen	8	0,20	1,6	0,15	1,2	0,10	0,8	0,08	0,6	0,09	0,7	0,11	0,9
5	Fenster	85	0,10	8,5	0,04	3,4	0,03	2,6	0,02	1,7	0,02	1,7	0,02	1,7
6	Bühne: Rückwand und Seitenwand	115	0,02	2,3	0,02	2,3	0,03	3,5	0,04	4,6	0,05	5,8	0,05	5,8
7	Bühne: Holzfußboden	42	0,20	8,4	0,15	6,3	0,14	5,9	0,10	4,2	0,05	2,1	0,05	2,1
8	Saalboden	340	0,20	68,0	0,15	51,0	0,10	34,0	0,10	34,0	0,05	17,0	0,10	34,0
9	Akustikplatten	32	0,10	3,2	0,35	11,2	0,85	27,2	1,10	35,2	1,10	35,2	1,00	32,0
Σ Absorptionen 1 - 9		—	—	189,0	—	157,2	—	136,0	—	137,5	—	115,1	—	136,7
10	Holzgestühl	—	0,02	10,0	0,02	10,0	0,02	10,0	0,04	20,0	0,04	20,0	0,03	15,0
Σ Absorptionen 1 - 10		—	—	199,0	—	167,2	—	146,0	—	157,5	—	135,1	—	151,7
11	Zuhörer (500 Saal, 20 Bühne)	—	0,15	78,0	0,30	156,0	0,45	234,0	0,45	234,0	0,45	234,0	0,45	234,0
Σ Absorptionen 1 - 9, 11		—	—	267,0	—	313,2	—	370,0	—	371,5	—	349,1	—	370,7
Nachhallzeit	Aula leer	—	2,05		2,44		2,79		2,59		3,02		2,69	
T in s	Aula vollbesetzt	—	1,53		1,30		1,10		1,10		1,17		1,10	

Der Verlauf der Nachhallzeit T in Abhängigkeit von der Frequenz f enthält nach der Tabelle das folgende Diagramm.

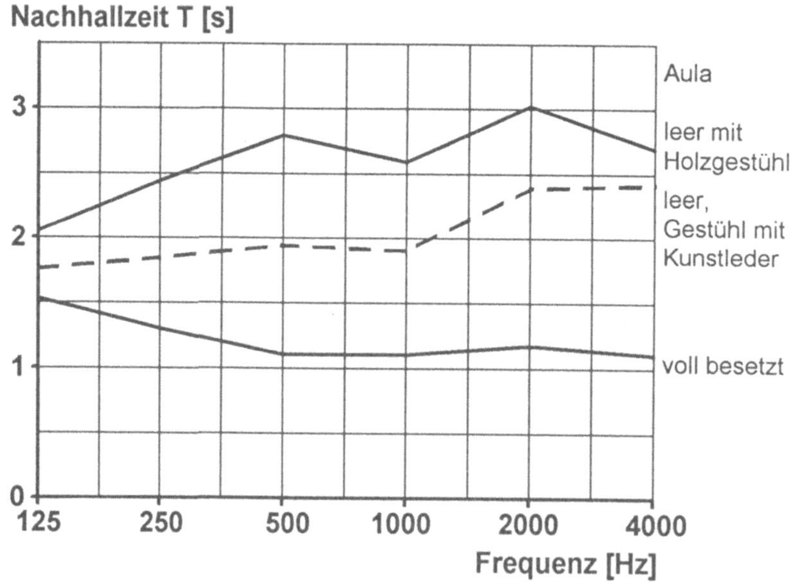

Die Nachhallzeiten außerhalb 500 Hz bleiben im Bereich der Toleranz, d.h. das Raumvolumen je Platz: 2500 m^3 / 500 Personen = 5 m^3 / Person ist günstig für die Raumakustik; die Gesamt - Schallabsorption für mittlere und höhere Frequenzen wird noch nicht von vornherein allzusehr durch die Schallabsorptionsfläche der Zuhörer belastet; zur Regulierung der Nachhallzeiten bleibt daher noch ein geringer Spielraum. Die vorgesehenen Schallabsorptionselemente sind nicht zu ändern oder zu ergänzen. Auch im Bereich tiefer Frequenzen ist die Gesamt - Schallabsorption nicht zu vergrößern, weil mit der abgehängten Decke und dem Parkettboden genügend tieffrequente Schallabsorptionselemente vorhanden sind. Wäre die Fläche der Schallabsorptionselemente für tiefe Frequenzen nicht ausreichend, müßten z.B. vorgesetzte mitschwingende Platten oder *Helmholtz*resonatoren zusätzlich angeordnet werden.

Bei einem Raumvolumen von 2500 m³ kann eine Nachhallzeit von $T \approx 1{,}1$ s im Bereich von f = 500 Hz bis 1000 Hz als günstig bei Vollbesetzung angesehen werden. Die Abhängigkeit der Nachhallzeit T von der Gesamt - Schallabsorptionsfläche A kann in einem doppelt log. Koordinatensystem dargestellt werden. Für eine Nachhallzeit $T \approx 1{,}1$ s beträgt die Gesamt - Schallabsorptionsfläche ≈ 370 m².

Nachhallzeit T [s]

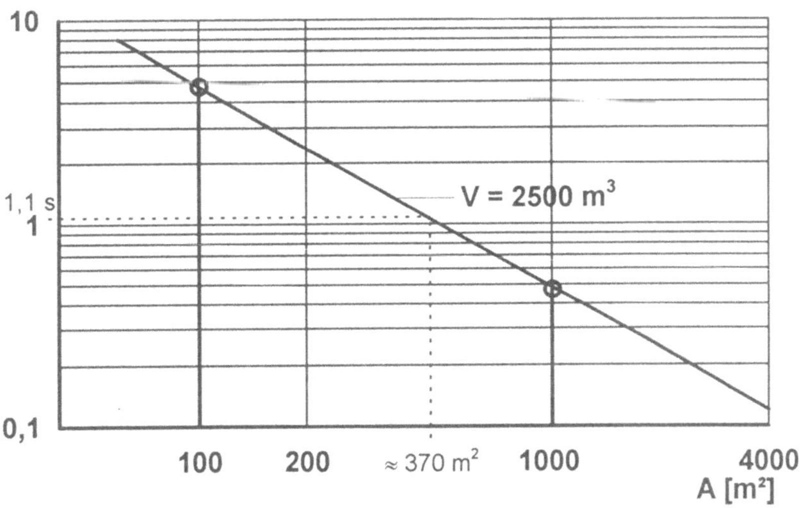

Nach der vorstehenden Tabelle beträgt die gesamte Schallabsorptionsfläche für f = 500 Hz ≈ 370 m², für f = 1000 Hz ≈ 372 m².

Bei der Probenarbeit im leeren Saal ist das Holzgestühl für die Nachhallzeit ungünstig. Wird z.B. das Gestühl mit Kunstleder bezogen, so ergeben sich geringere Nachhallzeiten von $T \approx$ 2 Sekunden, es kann bei leerem oder wenig besetztem Saal besser geprobt werden.

961 Einer von zwei benachbarten Räumen hat sich bezüglich seiner Nutzung geändert. Daher soll die Trennwand zwischen Raum ① und Raum ② untersucht und verbessert werden.

Welches Schalldämm - Maß besitzt die vorhandene Trennwand zwischen Raum ① und Raum ② unter Zugrundelegung folgender Meßdaten?

Raum ①:
Gemessener Schalldruck
$p_1 = 2{,}00 \cdot 10^{-1}$ N/m^2

Raum ②:
Gemessener Schalldruck
$p_2 = 1{,}42 \cdot 10^{-3}$ N/m^2

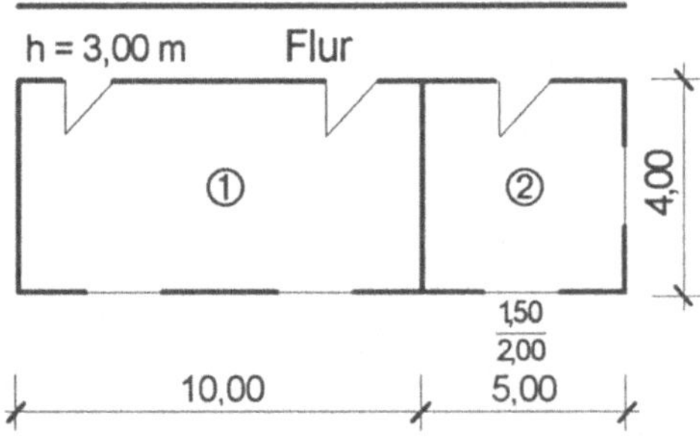

Maße in m!

Schallabsorptionsgrade der Flächen in Raum ②:

Fenster	α_F	= 0,05
Wand	α_W	= 0,20
Fußboden	α_{FB}	= 0,15
Decke	α_D	= 0,70
Flurwand und Tür	α_{FW}	= 0,10
Mobiliar:	A_i	= 7,00 m^2

Wieviel % der im Raum ① anfallenden Schallenergie geht durch die vorhandene Trennwand hindurch?
Um wieviel m^2 müßte die äquivalente Schallabsorptionsfläche von Raum ② erhöht werden, damit eine Schallpegeldifferenz zwischen Raum ① und Raum ② von 45 dB nicht überschritten wird?
Vorschlag, durch welche Maßnahmen eine nachträgliche Verbesserung des Schalldämm - Maßes der Trennwand erreicht werden kann.

Lösung

Nach DIN 4109 beträgt das Schalldämm - Maß (Luftschalldämmung von Bauteilen):

$$R = D + 10 \lg \frac{S}{A},$$

wobei die Schallpegeldifferenz D die Differenz zwischen dem Schallpegel im Raum ① (Senderaum) und dem Schallpegel im Raum ② (Empfangsraum) bedeuten:

$$D = L_1 - L_2 = 20 \lg \frac{p_1}{p_0} - 20 \lg \frac{p_2}{p_0} = 20 \lg \frac{p_1}{p_2}, \text{ mit dem Bezugs-}$$

schalldruck $p_0 = 20 \ \mu\text{Pa}$ und den Zahlenwerten:

$$D = 20 \lg \frac{2{,}00 \cdot 10^{-1}}{1{,}42 \cdot 10^{-3}} \approx 43 \ \text{dB}$$

Ermittlung der äquivalenten Schallabsorptionsfläche A des Empfangsraumes ② und der Bauteilfläche S der Wand:

$A = \sum \alpha_i \cdot S_i + \sum A_i$, lichte Raumhöhe h = 3,00 m.

$$
\begin{aligned}
S_F &= 2 \cdot 2{,}0 \ \text{m} \cdot 1{,}5 \ \text{m} &&= 6{,}0 \ \text{m}^2 \\
S_W &= [(5{,}0 + 4{,}0) \cdot 3{,}0 - 6{,}0] \ \text{m}^2 &&= 21{,}0 \ \text{m}^2 \\
S_{FB} &= S_D = 5{,}0 \ \text{m} \cdot 4{,}0 \ \text{m} &&= 20{,}0 \ \text{m}^2 \\
S_{FW} &= 5{,}0 \ \text{m} \cdot 3{,}0 \ \text{m} &&= 15{,}0 \ \text{m}^2 \\
S_{TW} &= 4{,}0 \ \text{m} \cdot 3{,}0 \ \text{m} &&= 12{,}0 \ \text{m}^2
\end{aligned}
$$

$$
\begin{aligned}
A &= [6{,}0 \cdot 0{,}05 + 21{,}0 \cdot 0{,}20 + 20{,}0 \cdot (0{,}15 + 0{,}70) + 15{,}0 \cdot 0{,}1 \\
&\quad + 12{,}0 \cdot 0{,}2 + 7{,}0] \ \text{m}^2 = 32{,}4 \ \text{m}^2
\end{aligned}
$$

Somit Schalldämm - Maß der Trennwand:

$$R = \left(43{,}0 + 10 \lg \frac{4{,}0 \cdot 3{,}0}{32{,}4} \right) \text{dB} = 43{,}0 \ \text{dB} - 4{,}3 \ \text{dB} = 38{,}7 \ \text{dB}$$

Zur Frage, wieviel % der im Raum ① erzeugten Schallenergie durch die Trennwand hindurchgeht:
Das errechnete Schalldämm - Maß betrug:

$$R = 10 \lg \frac{p_1}{p_2}, \text{ hieraus durch Umformen:}$$

$$38{,}7 \ \text{dB} = 10 \lg \frac{p_1}{p_2} \ \text{dB}$$

$$3{,}87 \ \text{dB} = \lg \frac{p_1}{p_2} \ (\text{umformen: } x = \lg a \text{ und } 10^x = a)$$

$$10^{3{,}87} = 7413 = \frac{p_1}{p_2}, \text{ mit } p_1 \text{ der erzeugten Schallenergie und}$$

p_2 der durchgelassenen Schallenergie. Dann ergibt sich:

$$\frac{p_2}{p_1} = \frac{1}{7413} \cdot 100\ \% = 0{,}000135 \cdot 100\ \% = 0{,}0135\ \% = 0{,}135\ ‰$$

Zur Frage, um wieviel m^2 die äquivalente Schallabsorptionsfläche des Raumes ② erhöht werden muß, um eine Schallpegeldifferenz von D = 45 dB nicht zu überschreiten:

$$R = D + 10\ \lg \frac{S_{TW}}{A_{neu}}$$

$$38{,}7\ dB = 45 + 10\ \lg \frac{12{,}0}{A_{neu}}$$

$$\lg \frac{12{,}0}{A_{neu}} = \frac{38{,}7 - 45{,}0}{10} = -0{,}63$$

Umformen mit $\lg a = x$, $10^x = a$

$$10^{-0{,}63} = \frac{12{,}0}{A_{neu}}, \text{ dann ergibt sich: } A_{neu} = \frac{12{,}0}{10^{-0{,}63}} = 51{,}2\ m^2$$

$$A_{neu} - A = 51{,}2\ m^2 - 32{,}4\ m^2 = 18{,}8\ m^2, \text{ kaum realisierbar!}$$

Vorschlag: Eine nachträgliche Verbesserung des Schalldämm - Maßes R und damit der äquivalenten Schallabsorptionsfläche der Trennwand kann durch eine zweischalige Vorsatzschale und ein Erhöhen der Flächenmassen erfolgen.

962 Der Schlafraum (Raumvolumen $V = 60\ m^3$, Nachhallzeit $T = 0{,}8$ s) eines Wohnhauses hat zur Straße hin eine $7{,}5\ m^2$ große fensterlose Außenwand. Die Straße liegt in $r = 20$ m Entfernung. Im Abstand von $r_0 = 1$ m von der Straße entfernt wird nachts bedingt durch den Verkehrslärm ein mittlerer Schallpegel von 90 dB gemessen.

Wie groß müßte das Luftschalldämm-Maß der Außenwand sein, wenn im Schlafraum kein höherer Schallpegel als 25 dB gemessen werden sollte?

Eine geeignete Wandkonstruktion (Material, Abmessung) ist vorzuschlagen und zu begründen.
Wie groß wäre das Luftschalldämm-Maß der Außenwand, wenn in die Wand nachträglich ein $1{,}5\ m^2$ großes Fenster mit einem Schalldämm-Maß von 35 dB eingebaut wird?

Lösung

Straßenverkehr als linienförmige Schallquelle

Schallpegel am Wohnhaus, nach DIN 18005-1:
Für r = 20 m und r_0 = 1 m:

$$L_2 = L_1 - 10 \lg \left(\frac{r}{r_0}\right) = 90{,}0 \text{ dB} - 10 \lg \left(\frac{20{,}0}{1{,}0}\right) = 77{,}0 \text{ dB, vor der Au-}$$

ßenwand.

Luftschalldämm-Maß der Außenwand nach DIN 4109:

$$R = L_1 - L_2 + 10 \lg \frac{S}{A}$$

Nach DIN 4109 ist eine äquivalente Schallabsorptionsfläche A im Schlafzimmer erforderlich:

$$A = 0{,}163 \cdot \left(\frac{V}{T}\right) = 0{,}163 \cdot \left(\frac{60{,}0}{0{,}8}\right) \text{ m}^2 = 12{,}2 \text{ m}^2$$

Somit: $R = 77 \text{ dB} - 25 \text{ dB} + 10 \lg \left(\frac{7{,}5}{12{,}2}\right) \text{ dB} \approx 50 \text{ dB}$

Gewählt: Wandkonstruktion (z.B. einschalig) nach DIN 4109

Ermittlung der flächenbezogenen Masse und der Dicke der Trennwand mit R = 50 dB.
Nach DIN 4109 Beiblatt 1, Tabelle 1 beträgt dementsprechend die flächenbezogene Masse m = 320 kg/m^2.

Gewählt z.B. Beton mit ρ = 2400 kg/m^3, hieraus:

$$s = \frac{m}{\rho} = \frac{320}{2400} \text{ m} = 0{,}13 \text{ m} = 13 \text{ cm Betonwanddicke,}$$

oder gewählt z.B. Vollziegel mit ρ = 1200 kg/m^3, hieraus:

$$s = \frac{m}{\rho} = \frac{320}{1200} \text{ m} = 0{,}27 \text{ m} = 27 \text{ cm Vollziegelwanddicke.}$$

Zur Frage, Luftschalldämm-Maß der Außenwand mit Fenster

Nach DIN 4109 Beiblatt 1, Bild 20:

Gesamte Außenwandfläche S_{ges} = 7,5 m^2, Fensterfläche S_2 = 1,5 m^2, somit Verhältnis: $S_{ges} : S_2$ = 5,0.
Luftschalldämm-Maß der Außenwand $R_{w,R,1}$ = 50 dB,

Schalldämm-Maß des Fensters $R_{w,R,2} = 35$ dB,
somit Differenz: $R_{w,R,1} - R_{w,R,2} = 15$ dB.
$R_{w,R,1} - R_{w,R,res} \approx 8{,}0$ dB
$R_{w,R,res} = R_{w,R,1} - 8{,}0$ dB $= 42{,}0$ dB

Durch das 1,5 m^2 große Fenster nimmt das Luftschalldämm-Maß der Außenwand von 50 dB auf 42 dB ab, d.h. um 8 dB.

963 Der Lageplan zeigt ein Wohngebiet.

Auf dem Anwesen A sollen über mehrere Sommermonate hinweg am Tag aus baubetrieblichen Gründen (zur Durchführung umfangreicher Gebäudesanierungsmaßnahmen) Holzbearbeitungsmaschinen im Freien aufgestelt werden. Die Bauaufsichtsbehörde verlangt nun eine rechnerische Überprüfung, ob der zulässige Schallpegel auf den bewohnten Nachbargrundstücken überschritten wird.

Die Schallquellen werden sämtlich bei B angeordnet. Bekannt sind die im Freien gemessenen abgestrahlten Geräusche der Holzverarbeitungsmaschinen unter Vollast bei einem charakteristischen Arbeitszyklus nach DIN 45 635-2 der einzelnen Maschinen (jeweils in 4 m Abstand!) aus Firmenangaben. Sie gelten für die Belastung der Maschine, also nicht für den Leerlauf.

Nr.	Art der Maschine	Luftschallemission in dB
1	Abrichte	43
2	Kreissäge	47
3	Dickenhobel	40
4	Fräse	53
5	Bandschleifmaschine	47
6	Bandsäge	40
7	Furniersäge	43
8	Schlitzmaschine	90

Bei der rein theoretischen Durchrechnung soll der Einfachheit halber der Fremdgeräuschpegel vernachlässigt werden.
Mit welchem Störschallpegel ist bei allseitig gleichmäßiger Schallausbreitung bei den Bezugspunkten I, II, III und IV des Lageplans zu rechnen? Als Bezugsmaß kann für die gruppenförmige Aufstellung der Maschinen r = 4 m gewählt werden.

Als Immisionsrichtwert "Außen" soll nach Forderung der Bauaufsicht gemäß der TA Lärm für Gebiete, in denen vorwiegend Wohnungen untergebracht sind, tags 55 dB gelten. Wird diese Forderung erfüllt?
Wie ändert sich das Ergebnis, wenn nur die Maschinen 1 bis 7 in Betrieb sind?
Wie groß dürfte der höchste Schalldruckpegel sein, um die Forderung der Bauaufsicht zu erfüllen?

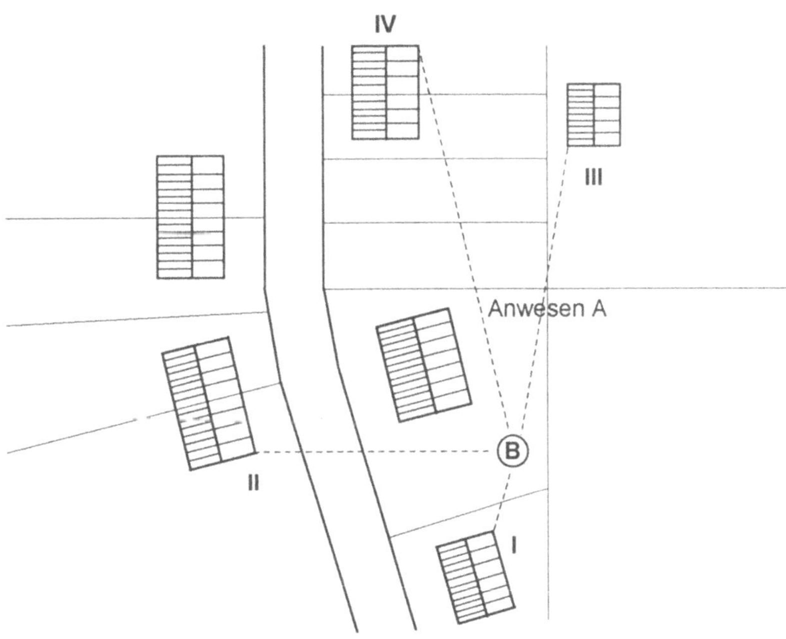

Lageplan

Entfernung der Bezugspunkte: B - I: 12 m
B - II: 36 m
B - III: 52 m
B - IV: 60 m

Lösung

Ermittlung des Gesamtschalldruckpegels.
Für die Schallintensität gilt:

$$I = 10^{\frac{L}{10}} \cdot 10^{-16} \text{ W/cm}^2, \text{ durch Umformen: } L = 10 \lg \frac{I}{10^{-16}} \text{ dB.}$$

Die Berechnung des Gesamtschalldruckpegels am Bezugspunkt **B** erfolgt tabellarisch:

Nr.	L in dB	I in W/cm^2
1	43	$19\ 953 \cdot 10^{-16}$
2	47	$50\ 119 \cdot 10^{-16}$
3	40	$10\ 000 \cdot 10^{-16}$
4	53	$199\ 526 \cdot 10^{-16}$
5	47	$50119 \cdot 10^{-16}$
6	40	$10\ 000 \cdot 10^{-16}$
7	43	$19\ 953 \cdot 10^{-16}$
8	90	$1\ 000\ 000\ 000 \cdot 10^{-16}$
Gesamtschalldruckpegel	90	$1\ 000\ 359\ 670 \cdot 10^{-16}$

Ermittlung der Störschalldruckpegel an den Bezugspunkten I bis IV des Lageplans.

Die Schalldruckpegelabnahme beträgt:

$$\Delta L = 20 \lg \frac{r}{r_0}.$$

Somit beträgt der Störschalldruckpegel: $L_{stör} = L - \Delta L$.

Bei Addition zweier Schalldruckpegel kann der kleinere Schalldruckpegel vernachlässigt werden, wenn dieser Unterschied > 20 dB beträgt. Von allen Maschinen hat Nr. 4 die geringste Pegeldifferenz zur Maschine Nr. 8, somit:

$$L_8 - L_4 = 90 - 53\ dB = 37\ dB.$$

Es muß weiterhin nur die Maschine Nr. 8 betrachtet werden mit dem Gesamtschalldruckpegel $L = 90\ dB = L_0$.

Berechnung der Störschalldruckpegel für die Bezugspunkte I bis IV:

$$\Delta L = L_0 - L_r = 20 \lg \frac{r}{r_0}.$$

$r_0 = 4$ m als Bezugsmaß gem. Aufgabenstellung gewählt.

$$r_I = 12\ m, \qquad \frac{r_I}{r_0} = \frac{12}{4} = 3 \qquad \Delta L \approx 10\ dB$$

$$r_{II} = 36\ m, \qquad \frac{r_{II}}{r_0} = \frac{36}{4} = 9 \qquad \Delta L \approx 19\ dB$$

$$r_{III} = 52\ m, \qquad \frac{r_{III}}{r_0} = \frac{52}{4} = 13 \qquad \Delta L \approx 22\ dB$$

$$r_{IV} = 60\ m, \qquad \frac{r_{IV}}{r_0} = \frac{60}{4} = 15 \qquad \Delta L \approx 24\ dB$$

Störschalldruckpegel für den Bezugspunkt:

L_I = (90 - 10) dB = 80 dB
L_{II} = (90 - 19) dB = 71 dB
L_{III} = (90 - 22) dB = 68 dB
L_{IV} = (90 - 24) dB = 66 dB

Die Forderung der Bauaufsichtbehörde zur Berücksichtigung der TA Lärm wird nicht erfüllt, da der Störschalldruckpegel aller Bezugspunkte > 55 dB.

Für welche Entfernung r von der Schallquelle wäre die Forderung nun zu erfüllen, wenn die Immissionswerte eingehalten werden sollen?

ΔL = (90 - 55) dB = 35 dB

Hieraus: 35 dB $= 20 \lg \dfrac{r}{r_0}$

$$10^{1,75} = \frac{r}{4} = 56; \quad \text{daraus folgt: } r = 56 \cdot 4 \text{ m} = 225 \text{ m!}$$

Lösung zur Zusatzfrage ohne Maschine Nr. 8, d.h. Ermittlung des Gesamtschalldruckpegels Nr. 1 bis Nr. 7:

$$L_{ges} = 10 \lg (2 \cdot 10^{4,3} + 2 \cdot 10^{4,7} + 2 \cdot 10^4 + 1 \cdot 10^{5,3}) \text{ dB} \approx 56 \text{ dB}$$

Somit errechnet sich der Störschallpegel für den Bezugspunkt I im Lageplan:
56 - L_I = (56 - 10) dB = 46 dB.
Alle Forderungen sind dementsprechend für die Bezugspunkte **II** bis **IV** erfüllt.

Zur Frage des höchsten Schalldruckpegels:
$$\frac{r_I}{r_0} = \frac{12}{4} = 3 \qquad \Delta L \approx 10 \text{ dB}$$
Somit höchster Schalldruckpegel: L_0 = (55 + 10) dB = 65 dB

964 Der Lageplan zeigt ein Wohngebiet mit Lärmschutzregelung. Am Rande dieses Wohngebietes soll eine KFZ-Werkstatt mit Werkhof (ohne Überdachung und Einfassung) erstellt werden.

Wie hoch darf der emittierende Schallpegel der Maschinen auf dem Werkhof sein, damit der von der TA Lärm geforderte Schallpegel von 55 dB für Wohngebiete nicht überschritten wird?

Maschinen und Geräte mit folgenden Schalldruckpegeln (jeweils in $r_0 = 4$ m Abstand gemessen) sollen im Werkhof zur Anwendung kommen:

Typ	A	B	C	D	E
Anzahl	3	5	4	2	2
Schalldruckpegel in dB	45	50	60	65	70

Welche Maschinen dürfen in Betrieb sein, damit die Forderung der TA Lärm noch erfüllt ist?

Wie sieht das Ergebnis aus, wenn um den Werkhof eine Mauer von $h = 3$ m Höhe errichtet wird?

Die Wohngebäude sind zweigeschossig. Wie groß ist die Schalldruck - Pegelminderung, bedingt durch die Mauer, am Fenster des Gebäudes für die Annahme: Industriegeräusch?

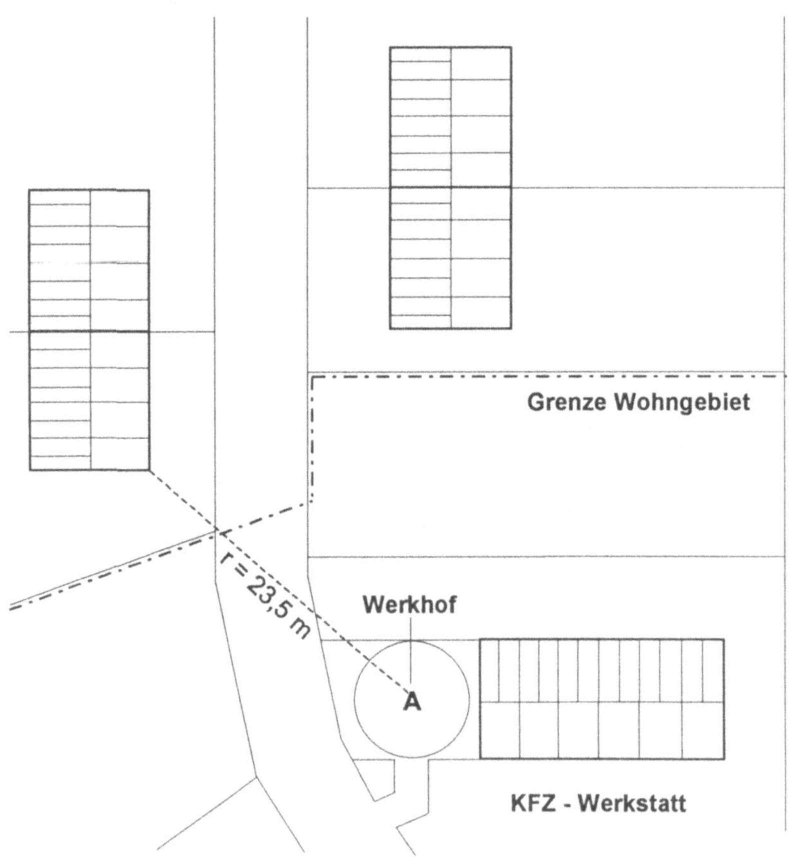

Lageplan

Lösung

Wenn in unmittelbarer Nähe eines Wohngebietes durch einen Bebauungsplan ein Gewerbegebiet festgesetzt wird, darf die Lärmproblematik nicht unberücksichtigt bleiben. Wenn Vorkehrungen zum Schutz vor schädlichen Umwelteinwirkungen oder zur Vermeidung oder Minderung solcher Einwirkungen geboten sind, kommen nur bauliche oder technische Schutzmaßnahmen in Frage, nicht aber Emissions- oder Immissionsgrenzwerte, die nur das Ziel des Immissionsschutzes festlegen, aber nichts über die konkret zu treffenden Maßnahmen aussagen.

Der Bebauungsplan muß inhaltlich so eindeutig sein, daß Bürger und Bauaufsichtsbehörden ihm verständlich entnehmen können, mit welchen Auswirkungen namentlich Nachbargrundstücke bei der Verwirklichung eines Vorhabens im Planbereich rechnen müssen. Es muß auch festgelegt sein, nach welchem technischen Regelwerk die Lärmpegel ermittelt werden sollen. Die Ergebnisse sind nämlich nach TA Lärm, VDI - Richtlinien und DIN - Normen nicht einheitlich.

Schalldruckpegel im Werkhof des Gewerbebetriebes nach DIN 4109:

$$L_{Werkhof} = L_{TA\ Lärm} + \Delta L = L_{TA\ Lärm} + 20\ lg\left(\frac{r}{r_0}\right)$$

r = 23,5 m aus der Zeichnung entnommen.

$$L_{Werkhof} = 55,0\ dB + 20\ lg\left(\frac{23,5}{4,0}\right)\ dB = 70,4\ dB$$

Sollen am Immissionsort vor dem Fenster des Gebäudes 55 dB nicht überschritten werden, darf die Schallquelle auf dem Werkhof maximal 70,4 dB betragen. Es ist zu ermitteln, wie groß die Schallquelle auf dem Werkhof ist, wenn alle Maschinen des Typs A - E in Betrieb sind, d.h. Addition von ungleichen Schallquellen nach DIN 4109:

$$L_{ges} = 10\ lg\ \sum_{i=1}^{n}\left(n \cdot 10^{\frac{L_0}{10}}\right)\ dB$$

$$L_{ges} = 10\ lg\ (3 \cdot 10^{\frac{45}{10}} + 5 \cdot 10^{\frac{50}{10}} + 4 \cdot 10^{\frac{60}{10}} + 2 \cdot 10^{\frac{65}{10}} + 2 \cdot 10^{\frac{70}{10}})$$

$$L_{ges} = 74,9\ dB$$

Sind alle Maschinen in Betrieb, ist der Schalldruckpegel zu hoch! Eine Lösung ergibt sich nur durch ausprobieren:

Möglichkeit 1:   Typ A - D, kein Typ E
L_{ges} = 70,4 dB
Möglichkeit 2:   1 x Typ E, 1 x Typ C
L_{ges} = 70,4 dB
Möglichkeit 3:   Typ A + Typ B, 1 x Typ E
L_{ges} = 70,3 dB

Bei diesen 3 Möglichkeiten wird die Forderung der TA Lärm (55 dB) eingehalten.

Sind alle Maschinen vom Typ A - E in Betrieb beträgt der Schalldruckpegel der Schallquelle auf dem Werkhof 74,9 dB und vor dem Immissionsort ist ein Schalldruckpegel von:

$$74,9 \text{ dB} - 20 \lg \frac{23,5}{4,0} = 59,5 \text{ dB}$$

Es ist nun zu untersuchen, wenn alle Maschinen in Betrieb sein sollen, ob durch eine 3 m hohe Mauer (Hindernis) die Forderung der TA Lärm (55 dB) erfüllt wird?

Schallausbreitung unter Berücksichtigung einer Mauer nach DIN 18 005-1 Bilder 10, 11 und 14:

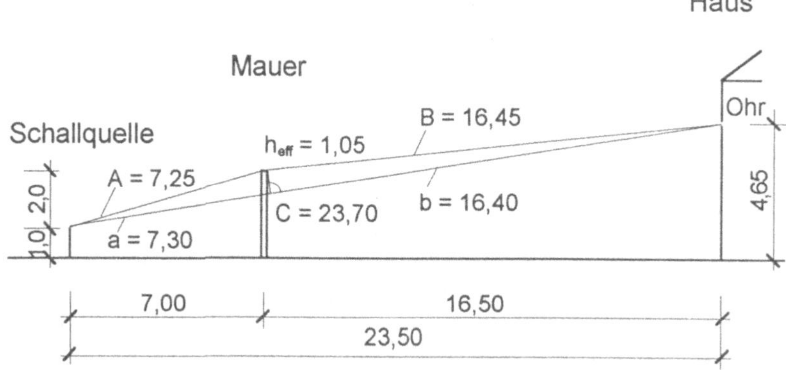

Definition des Schirmwertes z

Der Schirmwert z ist der kürzeste Umweg des Schalles über oder um das Hindernis Mauer gegenüber der direkten Verbindung zwischen der Schallquelle auf dem Werkhof und dem Immissionsort d.h. vor dem Fenster des zweigeschossigen Gebäudes.

z = A + B - C = 7,25 m + 16,45 m - (7,30 m + 16,40 m) = 0 m

Anmerkung: Bei der Bestimmung von z ist zu beachten, daß z nur wenige cm betragen kann und im allgemeinen sehr klein im Verhältnis zu den drei Größen A,B und C ist. Deshalb genügt es nicht, diese aus einer Zeichnung abzugreifen.

Näherungsweise (wenn a > h_{eff} und b > h_{eff}) gilt:

$$z \approx \frac{h_{eff}^2}{2} \cdot \left(\frac{1}{a} + \frac{1}{b}\right) = \frac{1,05^2}{2} \cdot \left(\frac{1}{7,30} + \frac{1}{16,40}\right) m = 0,109 \; m \approx 0,1 \; m$$

Dieses Ergebnis kann auch direkt dem Bild 11 der genannten Norm entnommen werden.

Korrekturfaktor K $\approx$ h_{eff} · (a + b) = 1,05 m · (7,30 m + 16,40 m) = 1,05 m · 23,70 m = 24,90 m^2

Für Industriegeräusche nach Bild 14 ergibt sich die Schalldruckpegelminderung $\Delta L_z \approx$ 7 dB, und somit Schalldruckpegel am Immissionsort: L = 59,5 dB - 7,0 dB = 52,5 dB d.h. die Forderung nach TA Lärm ist erfüllt (< 55 dB).

965 Durch bauakustische Messungen soll das Luftschalldämm-Maß R_W eines trennenden Bauteils für das zu bestimmende Luftschalldämm-Maß bestimmt werden. Für dieses Luftschalldämm-Maß ist die Fehlerbetrachtung durchzuführen.
Es gilt für die Fehler für: $\Delta S = \Delta A = 0$.

Lösung

Nach DIN 4109 gilt: $R_W = L_1 - L_2 + 10 \; lg \left(\dfrac{S}{A}\right)$

Nach den Grundlagen für die Fortpflanzung von Fehlern und Fehlergrenzen gemäß DIN 1319 und Richtlinie VDI / VDE 2620, sowie Aufgabe 102 errechnet sich die absolute Ergebnisfehlergrenze für das Luftschalldämm - Maß R_W:

$$G_{R_W}' = \left|\frac{\partial R_W}{\partial L_1} \Delta L_1\right| + \left|\frac{\partial R_W}{\partial L_2} \Delta L_2\right| = |\Delta L_1| + |\Delta L_2|$$

Die relative Ergebnisfehlergrenze für das Luftschalldämm - Maß R_W:

$$\frac{G_{R_W}'}{R_W} = \frac{|\Delta L_1| + |\Delta L_2|}{L_1 - L_2 + 10 \; lg \left(\dfrac{S}{A}\right)}$$

Die statistische (wahrscheinliche) absolute Ergebnisfehlergrenze für das Luftschalldämm - Maß R_W:

$$G''_{R_W} = \sqrt{\left(\Delta L_1\right)^2 + \left(\Delta L_2\right)^2}$$

Die relative statistische Ergebnisfehlergrenze für das Luftschalldämm - Maß R_W:

$$\frac{G''_{R_W}}{R_W} = \frac{\sqrt{\left(\Delta L_1\right)^2 + \left(\Delta L_2\right)^2}}{L_1 - L_2 + 10\,\lg\left(\dfrac{S}{A}\right)}$$

966 Bei einem aneinandergereihten Gebäude (z.B. Reihen-, Doppelhaus) ist das Luftschalldämm-Maß einer Fassade aus Mauerwerk gesucht, die durch ein Fenster mit einer Verbundverglasung geschwächt ist. Der Anteil der Fensterfläche (S_2) an der gesamten Wandfläche (S_{ges}) beträgt jeweils:

$$\frac{S_2}{S_{ges}} = 100\ \%,\ \text{bzw.}\ 60\ \%,\ 30\ \%\ \text{und}\ 10\ \%.$$

Aus Versuchen ist bekannt: $R_{w,1}$ = 54 dB; $R_{w,2}$ = 29 dB; wobei $R_{w,1}$ das Luftschalldämm-Maß der Wand aus Mauerwerk und $R_{w,2}$ das Luftschalldämm-Maß der Verbundverglasung bedeuten. Welche Schlußfolgerungen können aus dem Ergebnis gezogen werden?

Wie groß ist der Wärmedurchgangskoeffizient k der Verbundverglasung mit innenliegender, nicht mit der Außenluft in Verbindung stehender Luftschicht, wenn gefordert wird, daß die Verglasung jeweils biegeweich sein und die Resonanzfrequenz < 100 Hz betragen soll? Wie groß darf der Anteil der Fensterfläche sein, wenn die Wand mit Fenster die Forderungen der Wärmeschutzverordnung (WSVO) und des geforderten Mindestwärmeschutzes (R = 35 dB) erfüllen soll? (Der Wärmedurchgangskoeffizient von Mauerwerk beträgt k_W = 0,975 W/(m²·K)).

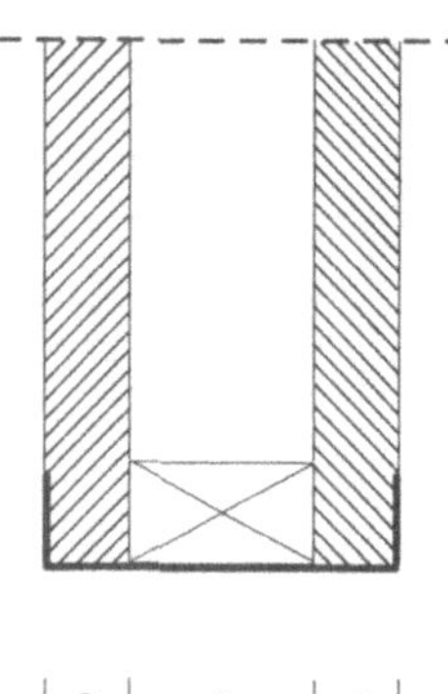

Lösung

Gemäß Aufgabenstellung gilt:

$R_{w,1} = 54$ dB $\quad$ bei $\dfrac{S_2}{S_{ges}} = \quad 0$ %, d.h. die Wand besteht nur

aus Mauerwerk.

$R_{w,2} = 29$ dB $\quad$ bei $\dfrac{S_2}{S_{ges}} = 100$ %, d.h. die Wand besteht nur

aus der Fensterfläche (Verbundverglasung).

Nach DIN 4109, Beiblatt 1 beträgt $R_{w,res}$ bei einem Fensterflächenanteil von 60 %:

$$R_{w,res} = R_{w,R,1} - 10 \lg \left[1 + \frac{S_2}{S_{ges}} \cdot \left(10^{0,1 \cdot (R_{w,R,1} - R_{w,R,2})} - 1 \right) \right]$$

$$R_{w,res} = 54,0 \text{ dB} - 10 \lg \left[1 + 0,6 \cdot \left(10^{0,1 \cdot (54,0-29,0)} - 1 \right) \right] \text{ dB}$$

$$R_{w,res} = 31,2 \text{ dB}$$

Zusammenstellung des Luftschalldämm-Maßes für alle Fensterflächenanteile:

$\dfrac{S_2}{S_{ges}}$ in %	0,0	0,1	0,3	0,6	1,0
$R_{w,res}$ in dB	54	≈ 39	≈ 34	≈ 31	29

Hieraus ist zu folgern, daß schon eine kleine Öffnung oder eine kleine Aussparung das Schalldämm-Maß einer Wand erheblich reduziert.

Unter der Grenzfrequenz (Koinzidenzgrenzfrequenz, Spuranpassungsgrenzfrequenz) versteht man die Frequenz, bei der die Wellenlänge des Luftschalls mit der Wellenlänge der Biegewelle des Bauteils - hier Fenster - übereinstimmt, was eine Verschlechterung der Luftschalldämmung zur Folge hat. Für eine biegeweiche Verglasung gilt, daß die Grenzfrequenz der Verglasung $f_g \geq 2000$ Hz betragen soll. Die Grenzfrequenz wird in der Literatur (z.B. *Hohmann / Setzer*, DIN EN 20 717) meist bezogen auf 1 cm Dicke angegeben, somit: $f_g = \dfrac{f_{g0}}{s}$.

$f_{g0} = 1100\ Hz \cdot cm$ beträgt die Grenzfrequenz einer Wand aus Glas von s = 1,0 cm Dicke.

Durch Umstellen der Gleichung ergibt sich:

$$s = \frac{f_{g0}}{f_g} = \frac{1100\ Hz \cdot cm}{2000\ Hz} = 0{,}55\ cm,\ \text{gefordert: } s \leq 0{,}55\ cm \leq 5{,}5\ mm$$

Anzustreben ist eine Resonanzfrequenz $f_0 \leq 100\ Hz$ bei zweischaligen Bauteilen, da sich im Bereich der Resonanzfrequenz die Luftschalldämmung verschlechtert.

Nach DIN 4109 Beiblatt 2 beträgt die Resonanzfrequenz:

$$f_0 = \frac{85}{\sqrt{m' \cdot a}}.$$

Flächenbezogene Masse m' = 25 kg/m² bei ≈ 1 cm Dicke für Fensterglas der 1. Schale bzw. der 2. Schale.

Umstellen dieser Gleichung auf den gesuchten Schalenabstand

$$a = \frac{(85)^2}{(f_0)^2 \cdot m'} = \frac{(85)^2}{(100)^2 \cdot 25}\ m = 0{,}0289\ m = 2{,}89\ cm \approx 3{,}0\ cm$$

Hieraus ist nunmehr der Wärmedurchgangskoeffizient des Fensters zu ermitteln: $k = \dfrac{1}{R_i + \dfrac{1}{\Lambda} + R_a}$

Einsetzen der Werte nach DIN 4108-4:

$$k = \frac{1}{0{,}13 + \dfrac{0{,}0055}{0{,}80} + 0{,}17 + \dfrac{0{,}0055}{0{,}80} + 0{,}04}\ W/(m^2 \cdot K) = 2{,}827\ W/(m^2 \cdot K)$$

Gefordert ist nun nach der Wärmeschutzverordnung 1995 für aneinandergereihte Gebäude für den Wärmedurchgangskoeffizient der Fassadenfläche (einschließlich Fenster):

$k_{m,W+F} \leq 1{,}0\ W/(m^2 \cdot K)$.

Für den Fensterflächenanteil f kann geschrieben werden:

$k_{m,W+F} = f \cdot k_F - k_W \cdot (1 - f)$

$$f = \frac{k_{m,W+F} - k_W}{k_F - k_W} = \frac{1{,}0 - 0{,}975}{2{,}827 - 0{,}975} = 0{,}0135 \approx 1{,}35\ \%$$

Nach den Forderungen des Mindestschallschutz nach DIN 4109 Beiblatt 1 mit $R_{w,res} = 35\ dB$:

$$f = \frac{S_2}{S_{ges}} = \frac{10^{0{,}1 \cdot (R_{w,R,1} - R_{w,res})} - 1}{10^{0{,}1 \cdot (R_{w,R,1} - R_{w,R,2})} - 1} = 0{,}2488 = 24{,}9\ \%$$

Um sowohl die Anforderungen nach der Wärmeschutzverordnung, als auch den notwendigen Mindestschallschutz zu gewährleisten, ist somit ein Fensterflächenanteil von max. $\approx$ 1,4 % zulässig.

967 Was versteht man unter "Zimmerlautstärke"?

Lösung

Es ist nicht erforderlich, eine Höchstgrenze in dB festzulegen. Der Begriff ermöglicht es, bei einer z.B. Musikwiedergabe vom Tonträger festzustellen, ob die Lautstärke noch oder nicht mehr vom Nachbarn hinzunehmen ist. Damit wird es möglich, das Musikhören in einer Lautstärke auszuscheiden, die deutlich vernehmbar über ein Zimmer hinaus in eine Nachbarwohnung dringt.

Mietparteien berufen sich auf § 2 des Grundgesetzes: "Jeder hat das Recht auf freie Entfaltung seiner Persönlichkeit, soweit er nicht die Rechte des anderen verletzt".

Geräusche, die bei der Haushaltsführung entstehen, sind von den Nachbarn hinzunehmen. Kein Problem sind also Staubsaugen und Wäsche waschen. Auch Baden und Duschen sind erlaubt - auch nachts. In vielen Formular-Mietverträgen sind Ruhezeiten geregelt - meistens von 20 bis 7 Uhr und von 13 bis 15 Uhr: "Während dieser Zeit sollten Mieter sich bemühen, ihre Nachbarn nicht mit Lärm zu behelligen". Staubsaugen und Rasenmähen sind zu unterlassen. Für Handwerksarbeiten gilt im Prinzip das Gleiche. Werden jedoch notwendige Arbeiten etwa durch die Mittagspause erheblich verzögert, darf weitergearbeitet werden. Nur am Wochenende sind die Ruhezeiten verbindlich.

Formelzeichen, Größen und Einheiten

Diese Zusammenstellung enthält die in diesem Buch "Bauphysik, Problemstellungen, Aufgaben und Lösungen" verwendeten Formelzeichen, Größen und Einheiten. In den Beispielen mußten vielfach theoretische Ergebnisse, die auf die SI - Einheiten zurückgehen, aus baupraktischen Gründen auf handelsübliche Maße und Einheiten bezogen werden. Für gleiche bauphysikalische Größen werden vielfach unterschiedliche Einheiten verwendet, z.B. für den Wärmeeindringkoeffizient b in $Wh^{0,5}/(m^2 \cdot K)$ und in $J/(m^2 \cdot K \cdot s^{0,5})$. Deshalb werden auch in den Aufgaben mehrfach unterschiedliche Einheiten aus Übungszwecken zur Anwendung gebracht. Zusätzlich werden verschiedene Größen für eine übersichtlichere Anwendung mit Indizes versehen. Die Bedeutung der Indizes wird jeweils in den Aufgaben erläutert.

Zeichen	Einheit	Größe, Benennung, Bedeutung
A	m^2	Äquivalente Schallabsorptionsfläche Fläche Grundfläche eines Raumes Umfassende Gebäudefläche
A_D	m^2	Dachfläche
A_F	m^2	Fensterfläche
A_G	m^2	Grundfläche eines Gebäudes
A_M	m^2	Gesamte Fensterfläche = Maueröffnungsmaß
A_N	m^2	Gebäudenutzfläche
A_W	m^2	Wandfläche an Außenluft grenzend
A_0	m^2	Bezugsabsorptionsfläche
A_1	m^2	Teilfläche
a	$m^2/(m \cdot h \cdot Pa^{2/3})$ m m^2/a	Fugendurchlaßkoeffizient Schalenabstand Temperaturleitfähigkeit
b	— $Ws^{0,5}/(m^2 \cdot K)$	Energiedurchlaßgrad Wärmeeindringkoeffizient
b_E	m	Fugenbreite
b_S	m	Fugenbreite bei Kontraktion der Fuge bzw. Dilatation der Konstruktion
b_V	m	Mindestfugenbreite
C_s	$W/(m^2 \cdot K^4)$	Strahlungszahl des "Schwarzen Körpers"
C_1	$W/(m^2 \cdot K^4)$	Strahlungszahl eines Körpers
$C_{1,2}$	$W/(m^2 \cdot K^4)$	Strahlungsaustauschzahl

Zeichen	Einheit	Größe, Benennung, Bedeutung
c	J/kg·K m/s	Spezifische Wärmekapazität Schallgeschwindigkeit
c_L	m/s	Schallgeschwindigkeit in Luft
D	dB	Schallpegeldifferenz
d_m	m	Mittlere Dicke
E	W/m^2	Gesamtstrahlung
E_s	W/m^2	Gesamtstrahlung schwarzer Körper
E_{dyn}	MN/m^2	Dynamisches Elastizitätsmodul
E_N	klx	Nennbeleuchtungsstärke
F	N	Kraft
f	% Hz	Fensterflächenanteil Frequenz
f_G	—	Reduktionsfaktor
f_g	Hz	Grenzfrequenz
f_{AL}	—	Außenluft - Geometriefaktor
f_{GW}	—	Grundwasser - Geometriefaktor
f_{SP}	—	Speicherfunktion eines Raumes
f_0	Hz	Resonanzfrequenz
Gt	d·K/a	Gradtagzahl
g_F	—	Gesamtenergiedurchlaßgrad einer Verglasung
H	$Wh·Pa^{2/3}/(m^3·K)$ m	Hauskenngröße Mittlere Geschoßhöhe
h	m	Höhe
h_A	m	Höhe des Immissionspunktes
h_{eff}	m	Effektive Höhe
h_G	m	Geschoßhöhe
h_{GW}	m	Grundwassertiefe
h_{KG}	m	Tiefe der Kellersohle
I	W/cm^2 W/m^2	Intensität der Sonneneinstrahlung Schallintensität
I_{dir}	W/m^2	Direktstrahlung
I_j	$kWh/(m^2·a)$	Strahlungsangebotswerte
I_0	W/m^2	Bezugsschallintensität
i	$kg/(m^2·h)$	Wasserdampf-Diffusionsstromdichte
K	—	Korrekturfaktor
k	$W/(m^2·K)$	Wärmedurchgangskoeffizient
k_{AB}	$W/(m^2·K)$	Wärmedurchgangskoeffizient eines Bauteils zu Gebäudeteilen wesentlich niedrigerer Innentemperatur
k_D	$W/(m^2·K)$	Wärmedurchgangskoeffizient einer Dachdecke

Zeichen	Einheit	Größe, Benennung, Bedeutung
k_{DL}	$W/(m^2 \cdot K)$	Wärmedurchgangskoeffizient eines Bauteils gg. Außenluft grenzend
k_{eq}	$W/(m^2 \cdot K)$	Äquivalenter Wärmedurchgangskoeffizient
k_F	$W/(m^2 \cdot K)$	Wärmedurchgangskoeffizient eines Fensters
k_G	$W/(m^2 \cdot K)$	Wärmedurchgangskoeffizient eines Bauteils gg. Erdreich, nicht beheizten Kellerraum
k_m	$W/(m^2 \cdot K)$	Mittlerer Wärmedurchgangskoeffizient Gesamtfläche
k_{mFeq}	$W/(m^2 \cdot K)$	Mittlerer, äquivalenter Wärmedurchgangskoeffizient des Fensters
k_N	$W/(m^2 \cdot K)$	Norm - Wärmedurchgangskoeffizient
k_W	$W/(m^2 \cdot K)$	Wärmedurchgangskoeffizient einer Außenwand
k_{W+F}	$W/(m^2 \cdot K)$	Wärmedurchgangskoeffizient für eine Fassadenfläche aus Wand und Fenster
L	m dB	Länge eines Zylinders Schallintensitätspegel
L_A	dB	A - Bewerteter Schalldruckpegel
L_{ges}	dB	Gesamtschalldruckpegel
L_n	dB	Norm-Trittschallpegel
$L_{n,w}$	dB	Bewerteter Norm-Trittschallpegel
L_r	dB	Schalldruckpegel in der Entfernung r von der Schallquelle
L_T	dB	Trittschallpegel
L_w	dB	Schalleistungspegel
$L_{w,A}$	dB	A-Bewerteter Schalleistungspegel
L_1	dB	Schalldruckpegel
LSM	dB	Luftschallschutzmaß
I	— m m	Gleichzeitigkeitsfaktor der Beleuchtung Länge Verschiebungslänge
m	kg/m^2 kg	Flächenbezogene Masse Masse
n	—	Anzahl der Gegenstände oder Personen
P	W W	Gesamtanschlußleistung von Leuchten Leistung
p	Pa	Druck Schalldruck Wasserdampfteildruck
p_i, p_a	Pa	Wasserdampfteildruck innen, außen
p_s	Pa	Wasserdampfsättigungsdruck
p_{sw}	Pa	Wasserdampfsättigungsdruck in einer Ebene

Zeichen	Einheit	Größe, Benennung, Bedeutung
p_0	Pa	Bezugsschalldruck
Q	J	Energie, Wärmemenge
Q	W	Wärmestrom
Q_A	W	Äußere Kühllast
Q_{AL}	W	Wärmeverlust an die Außenwand
Q_B	W	Beleuchtungswärme
Q_E	W	Wärmeabgabe von Einrichtungen
Q_{FL}	W	Lüftungsheizlast für freie Lüftung
Q_G	W	Wärmeaufnahme oder -abgabe beim Stoffdurchsatz
Q_{GW}	W	Wärmeverlust an das Grundwasser
Q_H	kWh/a	Jahres-Heizwärmebedarf
Q'_H	kWh/(m³·a)	Jahres-Heizwärmebedarf je m³ beheiztem Bauwerksvolumen
Q''_H	kWh/(m²·a)	Jahres-Heizwärmebedarf je m² Gebäudenutzfläche
Q_I	W kWh/a	Gebäudeinnere Kühllast Jährlich nutzbarer interner Wärmegewinn
Q_{KG}	W	Kühllast eines Gebäudes
Q_{KR}	W	Kühllast eines Raumes
Q_L	kWh/a W W W	Jahres-Lüftungswärmebedarf Lüftungswärmestrom Lüftungsheizlast Norm - Lüftungsheizlast
$Q_{L\,min}$	W	Mindest - Lüftungsheizlast
Q_M	W	Maschinen-, Gerätewärme
Q_N	W	Norm - Heizlast
Q_P	W	Wärmeabgabe von Personen
Q_R	W	Aus Nachbarraum zuströmende Wärme
Q_S	kWh/a	Jährlich nutzbarer solarer Wärmegewinn
Q_T	W W kWh/a	Norm - Transmissionsheizlast Transmissionswärmestrom Transmissionsheizlast
Q'_T	kWh/(m³·a)	Jahres-Transmissionswärmebedarf je m³ beheiztem Bauwerksvolumen
q	W/m²	Wärmestromdichte
R	dB J/(kg·K) m²·K/W	Schalldämm - Maß Spezifische Gaskonstante Wärmedurchlaßkoeffizient
R_a	m²·K/W	Wärmeübergangswiderstand außen
R_i	m²·K/W	Wärmeübergangswiderstand innen
R_k	m²·K/W	Wärmedurchgangswiderstand

Zeichen	Einheit	Größe, Benennung, Bedeutung
R_L	$m^2 \cdot K/W$	Äquivalenter Wärmedurchgangswiderstand für Fugenlüftung
$R_{w,res}$	dB	Resultierendes Schalldämm-Maß
R_Z	$m^2 \cdot K/W$	Aufheizwiderstand
R_λ	$m^2 \cdot K/W$	Wärmeleitwiderstand
r	m	Entfernung von der Schallquelle
	m	Radius eines Zylinders
	—	Raumkennzahl
r_0	m	Bezugsentfernung
S	m^2	Fläche
	m^2	Trennfläche
	$J/(m^3 \cdot K)$	Wärmespeicherzahl
	$W/(m^2 \cdot K)$	Wärmespeicherkennwert
S_F	$W/(m^2 \cdot K)$	Strahlungsgewinnungskoeffizient
S_i	m^2	Teilfläche
S_i, S_a	—	Kühllastfaktor für innere, äußere Lasten
s	m	Schichtdicke eines Materials
s_d	m	Wasserdampfdiffusionsäquivalente Luftschichtdicke
s'	N/m^2	Dynamische Steifigkeit einer Schicht
T	s	Nachhallzeit
	s	Periodendauer
	K	Thermodynamische Temperatur
TAV	—	Temperaturamplitudenverhältnis
1 / TAV	—	Temperaturamplitudendämpfung
TSM	dB	Trittschallschutzmaß
t	s	Zeit
t_T	h	Dauer der Tauperiode
t_V	h	Dauer der Verdunstungsperiode
t_0	h	Betonalter
U	m	Gebäudeumfang
u_m	%	Massebezogener Feuchtegehalt fester Stoffe
u_v	%	Volumenbezogener Feuchtegehalt fester Stoffe
V	m^3/s	Volumenstrom
	m^3	Beheiztes Gebäudevolumen
V_R	m^3	Raumvolumen
v	m/s	Geschwindigkeit
W_T	kg/m^2	Tauwassermenge
W_V	kg/m^2	Verdunstungsmenge
z	—	Abminderungsfaktor einer Sonnenschutzmaßnahme
	m	Schirmwert

Zeichen	Einheit	Größe, Benennung, Bedeutung
α	— $W/(m^2 \cdot K)$	Schallabsorptionsgrad Wärmeübergangskoeffizient
α_K	$W/(m^2 \cdot K)$	Wärmeübergangskoeffizient durch Konvektion
α_S	$W/(m^2 \cdot K)$	Wärmeübergangskoeffizient durch Strahlung
α_ϑ	$mm/(m \cdot K)$	Wärmedehnungskoeffizient
$1/\alpha$	$m^2 \cdot K/W$	Wärmeübergangswiderstand
β	h^{-1}	Luftwechselzahl
γ	°	Verschiebewinkel
Δ	$kg/(m^2 \cdot h \cdot Pa)$	Wasserdampf - Diffusionsdurchlaßkoeffizient
Δh	m	Höhendifferenz über 1000 m
Δk_A	$W/(m^2 \cdot K)$	Außenflächenkorrektur Wärmedurchgangskoeffizient
Δk_S	$W/(m^2 \cdot K)$	Sonnenkorrektur für Wärmedurchgangskoeffizient
ΔL	dB	Schallpegelminderung
Δl	mm	Längenänderung
Δp	Pa	Druckdifferenz
$\Delta \vartheta$	K	Temperaturdifferenz
$\Delta \vartheta_{äq}$	K	Äquivalente Temperaturdifferenz
$1/\Delta$	$m^2 \cdot h \cdot Pa/kg$	Wasserdampf - Diffusionsdurchlaßwiderstand
δ	—	Schalldissipationsgrad
ε	—	Emissionsgrad Höhenkorrekturfaktor
ε_{el}	mm/m	Elastische Dehnung
ε_K	mm/m	Kriechdehnung
ε_S	mm/m	Schwinddehnung
ε_{tot}	mm/m	Gesamtdehnung
ε_ϑ	mm/m	Temperaturbedingte Wärmedehnung
ζ	—	Gleichzeitig wirksamer Lüftungsanteil
η	h lm/W	Phasenverschiebung Systemlichtausbeute
η_{LB}	—	Betriebswirkungsgrad der Leuchte
η_R	—	Raumwirkungsgrad
Θ	—	Temperaturamplitudendämpfung
ϑ_{AL}	°C	Mittlere Außentemperatur
ϑ_E	°C	Einbautemperatur
ϑ_K	°C	Kontakttemperatur
$\vartheta_{Li}, \vartheta_{La}$	°C	Lufttemperatur im Raum bzw. außen
ϑ_{LR}	°C	Raumlufttemperatur
$\vartheta_{Oi\ Ecke}$	°C	Oberflächentemperatur Raumecke oder Winkel
$\vartheta_{Oi}, \vartheta_{Oa}$	°C	Oberflächentemperatur innen, außen

Zeichen	Einheit	Größe, Benennung, Bedeutung
ϑ_s	°C	Taupunkttemperatur
ϑ_{uR}	°C	Temperatur des unbeheizten Raumes
ϑ_1	°C	Trennschichttemperatur
κ	$W/(m^2 \cdot K)$	Teilwärmedurchgangskoeffizient
Λ	$W/(m^2 \cdot K)$	Wärmedurchlaßkoeffizient
$1/\Lambda$	$m^2 \cdot K/W$	Wärmedurchlaßwiderstand
λ	$W/(m \cdot K)$ m	Wärmeleitfähigkeit eines Materials Wellenlänge
$\lambda_{äquiv}$	$W/(m \cdot K)$	Äquivalente Wärmeleitfähigkeit
λ_K	$W/(m \cdot K)$	Wärmeleitfähigkeit durch Konvektion
λ_L	$W/(m \cdot K)$	Wärmeleitfähigkeit durch Leitung
λ_R	$W/(m \cdot K)$	Rechenwert der Wärmeleitfähigkeit eines Materials
λ_S	$W/(m \cdot K)$	Wärmeleitfähigkeit durch Strahlung
μ	—	Wasserdampf - Diffusionswiderstandszahl
μ_B	—	Raumbelastungsgrad infolge Beleuchtung
ν	—	Temperaturamplitudenverhältnis
ρ	— kg/m^2 —	Reflexionsgrad Rohdichte Schallreflexionsgrad
Σ	—	Summe
σ	K^3	Umrechnungsfaktor
τ	—	Schalltransmissionsgrad Transmissionsgrad
φ	% rel. F.	Relative Luftfeuchte
φ_∞	—	Endkriechzahl
ψ	—	Solargewinnfaktor

Wärmeschutz - Berechnungstabelle

Nr.	Bauteilschicht	s	λ_R	R		ϑ	
		m	W/(m·K)	m²·K/W		°C	
	Übergang innen				Li	
1					Oi	
2					1	
3					2	
4					3	
5					4	
6					5	
7					6	
8					7	
	Übergang außen				Oa	
					La	

Wärmedurchlaßwiderstand	$\dfrac{1}{\Lambda}$		m²·K/W
Wärmedurchgangswiderstand	R_k		m²·K/W
Wärmedurchgangskoeffizient	k		W/(m²·K)
Wärmestromdichte	q		W/m²

Wärmeschutznachweis-Berechnungstabelle nach WSVO

Nachweis des baulichen Wärmeschutzes				Objekt		
Hüllfläche	Fläche m^2 A	k - Wert $W/(m^2 \cdot K)$	max. k kl. Geb. $W/(m^2 \cdot K)$	Wichtung f	q W/K $A \times k \times f$	Q_T q x 84 norm. Temp. q x 30 niedr. Temp. kWh/a
Außenwand A_W			0,5	1		
Dach A_D			0,22	0,8		
Grundfläche A_G			0,35	0,5		
Abseitenwand A_{AB}				0,5		
Fenster $k_F = g \cdot S_F$		k_{eq}	$k_{m,eqF}$			
Nord $\cdot$ 0,95			$\leq 0,7$	1		
Ost $\cdot$ 1,65			vorh.	1		
West $\cdot$ 1,65			$k_{m,eqF}$	1		
Süd $\cdot$ 2,40			=	1		

ges. [ ] $k_m = q/A =$ [ ] $W/(m^2 \cdot K)$ [ ] kWh/a

Solargewinne $0,46 \cdot I \cdot g \cdot A = Q_S$			
			A = [ ] m^2
Nord	$0,46 \cdot 160 \cdot$	$\cdot$ = [ ] kWh/a	V = [ ] m^3
Ost/West	$0,46 \cdot 275 \cdot$	$\cdot$ = [ ] kWh/a	A/V = [ ] m^{-1}
Süd	$0,46 \cdot 400 \cdot$	$\cdot$ = [ ] kWh/a	$A_N = 0,32 \cdot V = 0,32 \cdot$
		$Q_S =$ [ ] kWh/a	A_N = [ ] m^2

Interne Wärmegewinne

Wohngebäude
$Q_I = 25 \cdot A_N = 25 \cdot$ = [ ] kWh/a $Q_I = 8 \cdot V = 8 \cdot$ = [ ] kWh/a

Bürogebäude
$Q_I = 31,25 \cdot A_N = 31,25 \cdot$ = [ ] kWh/a $Q_I = 10 \cdot V = 10 \cdot$ = [ ] kWh/a

Lüftungswärmebedarf

ohne mech. Lüftungsanlage: $Q_L = 22,85 \cdot 0,8 \cdot V = 18,28 \cdot$ = [ ] kWh/a

mit mech. Lüftungsanlage:
  mit Wärmerückgewinnung: $Q_L = 18,28 \cdot 0,8 \cdot V = 14,62 \cdot$ = [ ] kWh/a
  ohne Wärmerückgewinnung: $Q_L = 18,28 \cdot 0,95 \cdot V = 17,37 \cdot$ = [ ] kWh/a
  mit Wärmepumpe $Q_L = 18,28 \cdot 0,8 \cdot V = 14,62 \cdot$ = [ ] kWh/a

Jahres - Heizwärmebedarf

$Q_H = 0,9 \cdot (Q_T + Q_L) - Q_I = 0,9 \cdot ($ + $) -$ = [ ] kWh/a

$Q_H = 0,9 \cdot (Q_T + Q_L) - (Q_I + Q_S)$
  $= 0,9 \cdot ($ + $) - ($ + $) =$ [ ] kWh/a

Zuläßiger Jahres - Heizwärmebedarf	mit normalen Innentemperaturen:

$Q'_H = 13,82 + 17,32 \cdot A/V = 13,82 + 17,32 \cdot$ = [ ] kWh/($m^3 \cdot$a)
$Q''_H = 43,18 + 54,12 \cdot A/V = 43,12 + 54,12 \cdot$ = [ ] kWh/($m^3 \cdot$a)
$Q'_H = Q_H / V =$ / = [ ] kWh/a
$Q''_H = Q_H / A_N =$ / = [ ] kWh/a

mit niedrigen Innentemp.: $Q_T = V \cdot (3,0 + 16 \cdot A/V) = V \cdot (3,0 + 16 \cdot$) [ ] kWh/a

Reihenmittelhäuser $k_{m,W+F} = (k_W \cdot A_W + k_F \cdot A_F)/(A_W + A_F)$	**Forderungen** erfüllt
$k_{m,W+F} = ($ $\cdot$ + $\cdot$ $)/($ $\cdot$ $) =$ [ ] $W/(m^2 \cdot K)$	
Forderung $k_{m,W+F} \leq 1,0$ $W/(m^2 \cdot K)$	**Ja** | nein

Berechnungstabelle für die Norm-Heizlast

Bauvorhaben:

ϑ_i = $\qquad$ $H = \dfrac{W \cdot h \cdot Pa^{2/3}}{m^3 \cdot K}$

ϑ_a = °C $\qquad$ n_T =

V_R = m^3 $\qquad$ h = $\quad$ m

A_{ges} = m^2 $\qquad$ ε_{SA} =

ϑ_U = °C $\qquad$ ε_{SN} =

ΔV = m^3 $\qquad$ ε_{GA} =

		Flächenberechnung				Transmissions-heizlast			Luftdurchlässigkeit					
—	—	b	h	A	A'	k_N	$\Delta\vartheta$	Q_T	n_W	n_S	l	a	a · l	A/N
—	—	cm	cm	m^2	m^2	$W/(m^2 \cdot K)$	K	W	—	—	m	$\frac{m^3}{m \cdot h \cdot Pa^{2/3}}$	$\frac{m^3}{h \cdot Pa^{2/3}}$	—
													Σ	
								Σ						

$\Sigma (a \cdot l)_A$ = $\qquad$ $m^3/(h \cdot Pa^{2/3})$ $\qquad$ Q_L = $\quad$ W

$\Sigma (a \cdot l)_N$ = $\qquad$ $m^3/(h \cdot Pa^{2/3})$ $\qquad$ Q_T = $\quad$ W

r =

Q_{LFL} = $\quad$ W $\qquad\qquad$ Q_L / Q_T =

ΔQ_{RLT} = $\quad$ W $\qquad\qquad$ Norm - Heizlast:

$Q_{L,min}$ = $\quad$ W $\qquad\qquad$ Q_N = $\quad$ W

Berechnungstabelle für die Kühllast

Wärmequelle	Wert W	Faktor K			Kühllast W·K (W)
I. Transmissionswärme durch Einfachfenster		m^2	50		
Doppelfenster		m^2	25		
			leicht	massiv	
Außenwände Nord		lfm.	30	20	
Außenwände andere Seiten		lfm.	60	30	
Innenwände		lfm.	30	30	
Dach ohne Wärmeschutz		m^2	60		
Dach min. 25 mm Wschutz		m^2	30		
Decke ohne Wschutz m. OG		m^2	20		
Decke mit Wschutz m. OG		m^2	15		
Decke ohne Wschutz o. OG.		m^2	35		
Fußboden		m^2	10		
Gesamt Transmissionswärme					
		ohne Jalousie	innen Jalousie	außen Jalousie	
II. Sonneneinstrahlungswärme durch Fenster					
Nord		m^2	0	0	
Nord-Ost		m^2	370	160	110
Ost		m^2	190	80	65
Süd-Ost		m^2	230	110	65
Süd		m^2	350	140	95
Süd-West		m^2	230	90	60
West		m^2	250	130	80
Nord-West		m^2	465	200	140
Höchste Sonneneinstrahlungswärme (nur höchstes W x K Ergebnis einsetzen!)					
III. Von Menschen abgegebene Wärme (einschl. Außenluftanteil)	Anz. Pers.	175			
IV. Von elektrischen Geräten und Beleuchtung abgegebene Wärme	Watt	0,9			
V. Zuschlag je Tür, die ständig offen ist oder häufiger geöffnet wird	Anz. Türen	230			
Gesamte Kühllast					

Wasserdampf - Diffusionsberechnungstabelle

Nr	Bauteilschicht	s	λ_R	R	ϑ		p_s	$\dfrac{R_D \cdot T}{D}$	μ	s_d	$\dfrac{1}{\Delta}$
		m	W/(m·K)	(m²·K)/W	°C		Pa	$\dfrac{\text{m·h·Pa}}{\text{g}}$	—	m	$\dfrac{\text{m}^2 \cdot \text{h} \cdot \text{Pa}}{\text{g}}$
	Übergang innen				Li						—
1					Oi			1500			
2					1			1500			
3					2			1500			
4					3			1500			
5					4			1500			
6					5			1500			
7					6			1500			
8					7			1500			
	Übergang außen				Oa						—
					La						

Wärmedurchlaßwiderstand	$\dfrac{1}{\Lambda}$		(m²·K)/W	Summe		
Wärmedurchgangswiderstand	R_k		(m²·K)/W			
Wärmedurchgangskoeffizient	k		W/(m²·K)			
Wärmestromdichte	q		W/m²			

Wasserdampf - Diffusionsdiagramme

Bauteil:
Tauperiode: $t_T =$ h

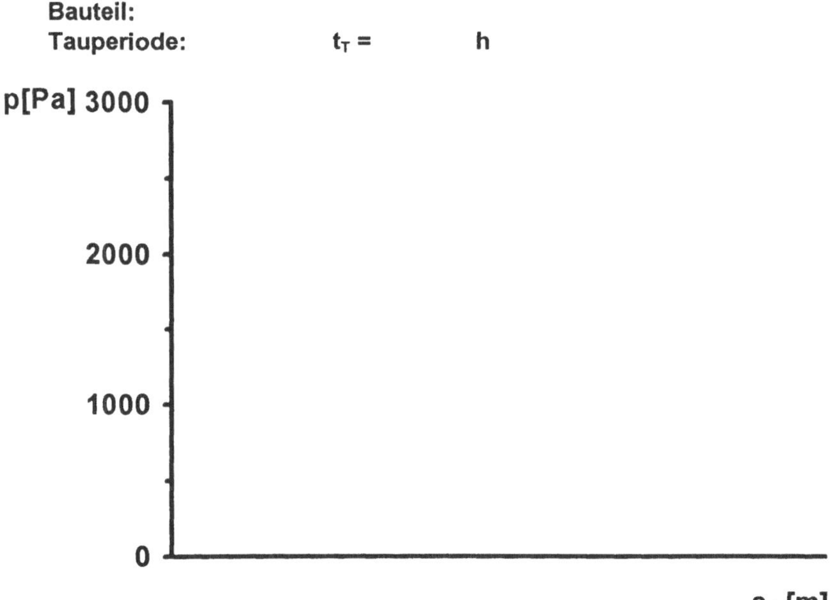

Bauteil:
Verdunstungsperiode: $t_V =$ h

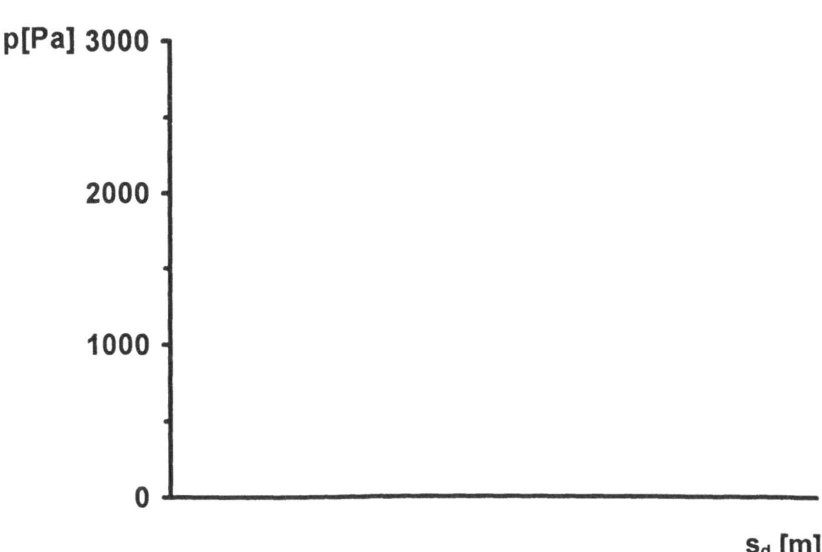

Literaturverzeichnis

Cammerer, J.S.: Die Wärmeschutzwirkung von Schnee auf Dächern, in: Haustechn. Rdsch. 35 (1930). S. 498 - 500. - Vgl. auch: Bericht der Reichsforschungsgesellschaft für Wirtschaftlichkeit im Bau- und Wohnungswesen. Berlin. Nr.2 (1930). S. 14.

Eichler, F.: Bauphysikalische Entwurfslehre. Bd. 1: Berechnungsgrundlagen. 4. Aufl. 1970. Berlin, Köln, Braunsfeld. S. 112 - 113.

Gertis, K.: Fenster und Sonnenschutz, in: Glaswelt 25 (1972). S. 202 - 213.

Hohmann, R. und M.J. Setzer: Bauphysikalische Formeln und Tabellen. Wärmeschutz, Feuchteschutz, Schallschutz. 2.Aufl. 1995. Düsseldorf.

Jürges, W. und W. Nußelt: Die Kühlung einer ebenen Wand durch einen Luftstrom, in: Gesundh.-Ing. 45 (1922). S. 641. - Vgl. auch: Jürges, W.: Der Wärmeübergang an einer ebenen Wand, in: Beihefte zum Gesundh.-Ing. 1925. München. - Vgl. auch: Taschenbuch für Heizung und Klimatechnik. 66. Aufl. München, Wien, S. 127.

Kast, W.: Auswirkungen der Wärmeschutzverordnung, in: HLH 46 (1995). Nr. 9. S. 457 - 462.

Künzel, H.: Der Wärmeschutz von Ecken, in: Gesundh.-Ing. 82 (1961). S. 297 bis 300.

Künzel, H.: Klimadaten, Wärmedämmung, Wärmespeicherfähigkeit, Güte der Bauausführung und Raumtemperatur als korrespondierende Sachverhalte, in: XX. Kongreß für Heizung, Lüftung, Klimatechnik. Düsseldorf. 1974. Klepzig - Verlag. Kongreßbericht S. 133 - 142 und 158 - 169.

Niemann, H.: Die Wärmeübertragung durch natürliche Konvektion in spaltförmigen Hohlräumen, in: Gesund.-Ing. 69 (1948). Nr. 8. S. 224 - 228.

Ruge, H.: Ein Beitrag zur praktischen Brauchbarkeit von Schwülekurven. Veröff. des Marine - Sanitätswesens. H. 22. Berlin. 1932.

Schwarz, B.: Wärme aus Beton, Systeme zur Nutzung der Sonnenenergie. 1987. Düsseldorf.

Usemann, K.W. und K. Ullemeyer: Überschlägige Ermittlung des Wärmebedarfs. Arbeitsblatt 124, in Gesundh.-Ing. 111 (1990). S. 189 - 190.

Weber, A.P.: Der Wärme- und Feuchtigkeitsschutz von Mauerecken, in: Sanitäre Technik 1961, Nr. 11.

ISO 11 654: Acoustics - Sound absorbers for use in buildings. Rating of sound absorption. September 1994.

DIN ISO 7726: Thermal environments, Instruments and methods for measuring physical quantities. 1985.

E DIN EN 832: Wärmetechnisches Verhalten von Gebäuden. 1992.

DIN EN 20 354: Messung der Schallabsorption im Hallraum. 1993. Ersatz für DIN 52 212. 1961.

DIN EN 20 717: Einzelangaben für die Schalldämmung in Gebäuden und von Bauteilen. 1993.

DIN EN 27 726: Instrumente und Verfahren zur Messsung physikalischer Größen. 1993.

DIN 1045: Beton und Stahlbeton. Bemessung und Ausführung. 1988.

DIN 1053-1: Rezeptmauerwerk. Berechnung und Ausführung. 1990.

DIN 1053-2: Mauerwerk. Mauerwerk nach Eignungsprüfung. Berechnung und Ausführung. 1984.

DIN 1319-1: Grundlagen der Meßtechnik. Grundbegriffe. 1992.

DIN 1320: Akustik. Grundbegriffe. 1992.

DIN 1946-2: Raumlufttechnik. Gesundheitstechnische Anforderungen (VDI - Lüftungsregeln). 1993.

DIN 4108-2: Wärmeschutz im Hochbau. Wärmedämmung und Wärmespeicherung. Anforderungen und Hinweise für Planung und Ausführung. 1981.

DIN 4108-3: Wärmeschutz im Hochbau. Klimabedingter Feuchteschutz. Anforderungen und Hinweise für Planung und Ausführung. 1981.

DIN 4108-4: Wärmeschutz im Hochbau. Wärme- und feuchteschutztechnische Kennwerte. 1991.

DIN 4108-5: Wärmeschutz im Hochbau. Berechnungsverfahren. 1981.

Vornorm DIN V 4108-6: Wärmeschutz im Hochbau. Berechnung des Jahresheizwärmebedarfs von Gebäuden. 1995.

E DIN 4108-X: Wärmeschutz im Hochbau. Wärmebrücken - Anhang.

DIN 4109: Schallschutz im Hochbau. Anforderungen und Nachweise. 1989.
Beiblatt 1 zu DIN 4109: Schallschutz im Hochbau. Ausführungsbeispiele und Rechenverfahren. 1989.

Beiblatt 2 zu DIN 4109: Schallschutz im Hochbau. Hinweise für Planung und Ausführung. Vorschläge für einen erhöhten Schallschutz. Empfehlungen für den Schallschutz im eigenen Wohn- und Arbeitsbereich. 1989.

DIN 4227-1/A1: Spannbeton. Bauteile aus Normalbeton mit beschränkter oder voller Vorspannung. 1994.

DIN 4701-1: Regeln für die Berechnung der Heizlast von Gebäuden. Grundlagen der Berechnung. 1995.

DIN 4701-2: Regeln für die Berechnung der Heizlast von Gebäuden. Tabellen, Bilder, Algorithmen. 1995.

DIN 4710: Meteorologische Daten zur Berechnung des Energieverbrauches von heiz- und raumlufttechnischen Anlagen. 1982.

DIN 18 005-1: Schallschutz im Städtebau. Berechnungs- und Bewertungsgrundlagen. 1987.

DIN 18 041: Hörsamkeit in kleinen und mittelgroßen Räumen. 1968.

DIN 18 165-1: Faserdämmstoffe für das Bauwesen. Dämmstoffe für die Wärmedämmung. 1991.

DIN 18 181: Gipskartonplatten im Hochbau. Grundlagen für die Verarbeitung. 1990.

DIN 18 182-1: Zubehör für die Verarbeitung von Gipskartonplatten. Profile aus Stahlblech. 1987.

DIN 18 530: Massive Deckenkonstruktionen für Dächer. Planung und Ausführung. 1987.

DIN 18 540: Abdichten von Außenwandfugen im Hochbau mit Fugendichtstoffen. 1995.

DIN 45 401: Normfrequenzen für Messungen. 1985.

DIN 45 635-2: Geräuschmessung an Maschinen, Luftschallemission, Hallraum - Verfahren, Rahmen - Meßverfahren. 1987.

DIN 52 210-1: Bauakustische Prüfungen. Luft- und Trittschalldämmung. Meßverfahren. 1984.

DIN 52 210-4: Bauakustische Prüfungen. Luft- und Trittschalldämmung. Ermittlung von Einzel - Angaben. 1984.

DIN 52 460: Fugen- und Glasabdichtungen. Begriffe. 1991.

DIN 52 612-2: Bestimmung der Wärmeleitfähigkeit mit dem Plattengerät. Weiterbehandlung der Meßwerte für die Anwendung im Bauwesen. 1984.

DIN 52 612-3: Bestimmung der Wärmeleitfähigkeit mit dem Plattengerät. Wärmedurchlaßwiderstand geschichteter Materialien für die Anwendung im Bauwesen. 1979.

DIN 52 615: Wärmeschutztechnische Prüfungen der Wasserdampfdurchlässigkeit von Bau- und Dämmstoffen. 1987.

DIN 67 507: Lichttransmissionsgrade, Strahlungstransmissionsgrade und Gesamtenergiedurchlaßgrade von Verglasungen. 1980.

DIN 68 800-2: Holzschutz im Hochbau. Vorbeugende bauliche Maßnahmen. 1996.

VDI 2058 Blatt 2: Beurteilung von Lärm hinsichtlich Gehörgefährdung. 1988.

VDI 2067 Blatt 1: Berechnung der Kosten von Wärmeversorgungsanlagen. Betriebstechnische und wirtschaftliche Grundlagen. 1983.

VDI 2078: Berechnung der Kühllast klimatisierter Räume (VDI - Kühllastregeln). 1994.

VDI / VDE 2620-1: Fortpflanzung von Fehlergrenzen bei Messungen. Grundlagen. 1972.

VDI / VDE 2620-2: Fortpflanzung von Fehlergrenzen bei Messungen. Beispiele zur Fortpflanzung von Fehlern und Fehlergrenzen. 1974.

Verordnung über einen energiesparenden Wärmeschutz bei Gebäuden (Wärmeschutzverordnung - WärmeschutzV) vom 16. August 1994, in: BGB 1. I S. 2121.

Allgemeine Verwaltungsvorschrift zu § 12 der Wärmeschutzverordnung (AVV Wärmebedarfsausweis) vom 20. Dezember 1994, in: BGB 1. I S. 12543.

Technische Anleitung zum Schutz gegen Lärm (TA Lärm) vom 16. Juli 1968. Beilage zum Bundesanzeiger Nr. 137 vom 26. Juli 1968.

Hochschullehrer - Memorandum. Die Bauphysik muß fester Bestandteil der Architektur- und Bauingenieurausbildung werden, in: Bauphysik 9 (1987), S. 251 - 258.

Stichwortverzeichnis

Dieses Stichwortverzeichnis soll die Anwendung dieses Buches erleichtern und unterstützen. Die Auswahl von Stichwörtern unterliegt der subjektiven Beurteilung der Verfasser. Die hinter den Stichwörtern gesetzten Zahlen geben die jeweiligen Aufgabennummern an. Beim Aufsuchen der Stichwörter ist zu beachten, daß zu den aufgeführten Aufgaben gegebenenfalls auch die in ihnen genannten Tabellen, Bilder und Berechnungen gehören. Nicht aufgenommen wurden Stichwörter aus dem Inhalts- und Literaturverzeichnis sowie der Zusammenstellung der Formelzeichen, Größen und Richtlinien.

Umweltverträglich Energieeffizient Der Standard von morgen

Judith Huber/Gerhard Müller/Stephan Oberländer
Das Niedrigenergiehaus
Ein Handbuch
Mit Planungsregeln zum Passivhaus
1996. 144 Seiten, 145 Abbildungen, 8 Tabellen. Kart.
DM 58,-/öS 423,-/sFr 52,50
ISBN 3-17-013527-9

Der gesamte Bereich der Gebäudeplanung beinhaltet ein hohes Potential zur Einsparung und optimalen Nutzung von Energie. Der Stand der Technik erlaubt heute die Realisierung von alltagstauglichen Niedrigenergie- und Passivhäusern ohne wesentliche Mehrkosten und Einbußen an Komfort. Dieses Handbuch liefert dem planenden, ausführenden und bauleitenden Architekten, aber auch dem Bauhandwerker und interessierten Bauherrn praxisnahe und praxisbewährte Information. Vom konzeptionellen Ansatz, den wichtigsten Planungsregeln und -elementen über weitere Maßnahmen zur Senkung des Energiebedarfs, Beurteilungskatalogen für Baustoffe und Konstruktionen, Alternativen in Ausführungsdetails, Wirtschaftlichkeitsberechnungen bis hin zur konkreten Veranschaulichung an gebauten Beispielen bietet dieses Buch leicht auffindbare Hilfen und Hinweise für eine energieeffiziente und umweltverträgliche Baupraxis, die heute schon die Standards von morgen erfüllt.

W. Kohlhammer GmbH · 70549 Stuttgart · Tel. 0711/78 63 - 280